黄河水利委员会治黄著作出版资金资助出版图书

黄河动床模型试验理论和方法

屈孟浩　著

黄河水利出版社

内 容 提 要

　　本书论述了著者长期从事黄河动床模型试验工作的主要研究成果,包括黄河动床模型试验相似原理,模型沙基本特性研究和选配,模型变态率的选择和模型加糙方法,模型设计、制作和验证,以及模型试验、分析的具体方法、关键技术和基本仪器设备等内容。不仅从理论上探讨了黄河动床模型试验的相似原理,而且还结合黄河动床模型试验的实例,详细介绍了黄河动床模型试验的成果和经验。可供从事河工模型试验研究人员和大专院校水利专业的师生参考。

图书在版编目(CIP)数据

　　黄河动床模型试验理论和方法/屈孟浩著.—郑州:
黄河水利出版社,2005.12
　　ISBN 7-80621-878-5

　　Ⅰ.黄…　Ⅱ.屈…　Ⅲ.黄河－动床模型－水工模型
试验　Ⅳ.TV152

　　中国版本图书馆 CIP 数据核字(2005)第 000503 号

出　版　社:黄河水利出版社
　　　　　地址:河南省郑州市金水路 11 号　　邮政编码:450003
发行单位:黄河水利出版社
　　　　　发行部电话:0371-66026940　　传真:0371-66022620
　　　　　E-mail:yrcp@public.zz.ha.cn
承印单位:河南省瑞光印务股份有限公司
开本:787 mm×1 092 mm　1/16
印张:36.75
字数:846 千字　　　　　　　　　　　印数:1—1 000
版次:2005 年 12 月第 1 版　　　　　　印次:2005 年 12 月第 1 次印刷
书号:ISBN 7-80621-878-5/TV·387　　　　定价:96.00 元

前 言

黄河下游河床宽浅、沙洲林立、含沙量高、洪峰暴涨猛落,河道冲淤变幅很大,主流迁徙无常,是举世闻名的善淤、善徙、善决的大河,也是世界上防洪任务很重、最难治理的河流。其演变规律极其复杂,仅凭已有的水流和泥沙基本知识,不进行物理模型试验,很难提出比较切合实际的河道整治方案。

此外,在黄河上修建水利枢纽,由于含沙量高、地形地貌复杂,不经过泥沙模型试验,也很难设计出符合实际情况的泄流建筑物的布置形式。

因此,黄河动床模型是黄河治理开发中不可缺少的技术手段。新中国成立以后,1953 年黄委会泥沙研究所所长吴以斅首次提出:研究黄河的治理途径,首先要对黄河的挟沙能力、冲刷能力和模型律进行研究。在吴以斅所长领导下,成立了黄河浑水模型试验研究组,并由龚时旸任组长,开始了黄河浑水模型律的探讨和研究。

实际上,利用河工模型试验手段研究治黄问题,早在 20 世纪 30 年代,德国水利专家恩格斯和方修斯已有先例;西欧其他国家也有可供借鉴的试验方法。因此,我们的研究路线是:

(1)广泛收集前人模型律和模型试验方法,采用前人模型律来设计黄河模型,并进行试验来检验前人模型律是否适用于黄河。

(2)在检验前人动床模型律的基础上,补充提高,提出自己的模型律。

经过 3 年(1953~1955 年)的准备工作和模型沙基本特性的试验研究,我们获得以下初步概念:

(1)以往的动床模型律(泥沙模型律),大多数是研究底沙(床沙)运动规律的模型律,不能反映悬沙运动规律。

(2)我国郑兆珍和苏联皮卡洛夫的模型律,考虑了悬沙运动特性,但很不完善,能否适用于游荡型黄河,需要通过模型试验检验、补充和完善。

(3)根据罗赫金河相学观点(如什拉斯金·罗辛斯基·安德列夫、福莱德金等人)建立的"自然模型法"能造成游荡型小河,但造成的小河与黄河存在什么关系? 需要进一步研究。

(4)20 世纪 50 年代初,苏联专家阿尔屠宁来中国后,根据他的方法,曾进行过黄河变态动床模型设计,但挟沙能力比尺仍难确定(因为当时黄河挟沙能力公式尚未诞生)。

通过以上分析,我们认为研究黄河动床模型律,应该从以下几方面入手:

(1)与天津大学合作,利用人民胜利渠实测资料,按郑兆珍浑水模型律设计模型,检验郑氏模型律用于黄河的可能性。

(2)采用不同粒径模型沙,进行造床试验,摸索造成游荡型小河的经验。

通过3年努力,在室内造成了游荡型小河,并初步积累了造床试验经验。

1959年,苏联专家罗辛斯基来华参观了我们的试验后,介绍了他们进行自然模型试验的经验,建议我们应按自然模型法进行黄河模型试验。因此,1959~1960年我们进行了大量的黄河自然模型试验,并编写黄河自然模型试验总结,送往苏联交流。

自然模型法是一种定性的模型试验方法,只能定性研究黄河游荡型河道宏观变化趋势,并不能研究河床冲淤定量问题和分水分沙、含沙量垂线分布等问题。因此,1963年以后,我们积极收集资料,结合黄河特点,对黄河动床模型试验中几个关键问题(模型变率问题、模型沙选择问题以及模型相似准则)进行深入研究,终于摸索出一套适合于黄河情况的黄河动床模型相似律和试验方法,并用这种方法进行了一些模型试验。

1977年,黄河出现了高含沙量洪水,下游河道淤积严重,并出现一些异常现象,引起许多专家重视,纷纷对高含沙水流的运动规律开展了研究,在黄河水利科学研究院(简称黄科院,其前身为黄委会泥沙研究所、黄委会水利科学研究所)取得高含沙水流研究成果的基础上,1982~1986年我们分别在黄河下游模型、小浪底枢纽悬沙模型以及黄河北干流府谷桥泥沙模型中进行了高含沙水流模拟试验,并提出了黄河高含沙水流模型试验方法。

40多年来,在黄科院广大同志的支持下,在动床组(即原浑水模型试验组)同志的共同努力下,黄河动床模型试验从无到有、从小到大、从少到多,取得了一定的成绩,为治黄事业作出了应有的贡献,也积累了一些经验。但是黄河泥沙问题极其复杂,黄河动床泥沙模型试验方法,还有许多问题有待于进一步研究和不断完善。为此,著者将40多年来的研究过程和经验编写成册,供有关同志进一步研究黄河动床模型试验技术时参考。

本书所述动床模型试验方法的特点是:在模型设计和模型沙的选配上,充分考虑了黄河河床宽浅、泥沙细、含沙量高、洪峰沙峰暴涨猛落、滩槽泥沙交换频繁等特点,是研究黄河游荡型河道河床演变和河道整治较好的模型试验方法。

本书本着理论联系实际的原则,着重于理论与实践的密切结合。例如书中讨论模型变率时,首先从理论上论述了模型变态对试验成果可能带来的影响,同时也用实例说明变态的影响情况;又如模型沙的选配,本书介绍了各种模型沙的特性,特别是煤灰的基本特性,同时还介绍了模型沙特性的试验方法。

黄河泥沙很细,细颗粒泥沙(包括煤灰)有絮凝现象,其沉降规律与无絮凝泥沙的沉降规律不同。本书介绍了有絮凝现象时的选沙方法和试验方法。此外,通过模型试验实例,介绍了各类模型试验遇到的细节问题的处理方法。

本书共十一章。第一章,叙述前人研究概况(所谓前人是指在著者开始此项课题之前的学者,并不包括著者的同期人和后来人)和黄科院早期进行动床模型试验的经验教训;第二章至第七章,黄河动床模型相似律、设计方法和试验方法;第八章至第十一章,黄河动床模型试验的具体操作方法、实例及仪器设备。

本书内容简明、通俗,可供大专院校师生及工程技术人员参考、使用。

由于著者水平有限,本书的缺点和差错在所难免,敬请读者批评指正。

屈孟浩

2005 年 4 月

目　录

第一章　前人动床模型试验方法研究概述

本书是以著者 1978 年编写的《黄河动床模型试验方法和相似原理》为基础编写而成的,是黄河水利科学研究院许多同志共同努力的结果,也是在前人模型试验方法的基础上,逐步发展建立起来的。

根据文献记载,泥沙模型试验,迄今已有 100 多年的历史。而早期比较成功的动床模型试验是 1885 年雷诺(Reynolds)进行的英格兰马尔赛河河口的动床模型试验,其水平比尺 $\lambda_L = 31\,800$,垂直比尺 $\lambda_H = 960$,变率 $e = 33$,是一个大变率动床模型试验。雷诺进行的另一个动床模型试验,$\lambda_L = 10\,560$,$\lambda_H = 396$,也获得了成功。

两个模型的时间比尺均按 $\lambda_t = \lambda_L / \lambda_V$ 计算,经过数千个潮汐周期的试验以后,模型中形成的沙洲和河槽与原型定性相似。

1888 年佛尔朗 - 哈尔特对"新河"的河口进行了同样的试验研究工作,由于模型沙没有按原型沙的特征模拟,模型试验结果与原型有一些差别。

但必须指出,1885 年和 1888 年的动床模型试验都没有准确的选沙方法,雷诺的成功是侥幸的,通过动床模型试验,佛尔朗 - 哈尔特发现两个有趣的问题:

(1)模型沙没有严格按原型条件模拟,使模型试验结果与原型有差别。

(2)进行动床模型试验要考虑时间比尺,水流运动时间比尺没有泥沙运动时间比尺重要。

佛尔朗在 100 多年前发现的水流运动时间比尺与泥沙运动时间比尺之间的差别,一直是动床模型试验操作中一个公认的问题。

早期的动床模型试验缺乏泥沙运动理论的指导,动床模型试验的各项比尺的确定与泥沙运动规律还没有发生联系。因此,早期的动床模型试验完全靠验证试验来检验模型的可靠性,只要模型试验能够重演原型过去的演变过程(如河床冲淤过程,洪水变化过程……),就认为该模型与原型是相似的,就可以利用该模型试验来预报原型未来的变化。这个方法到目前为止仍有实际意义。

恩格斯是黄河河工模型试验的先驱,早在 1932～1935 年,他就进行了黄河动床河工模型试验,获得了全球性赞赏。当时泥沙研究工作和模型试验研究工作还处于启蒙阶段,既没有动床模型律,又没有黄河可靠的实测地形资料和水文泥沙资料,模型的各项比尺包括流量比尺、流速比尺、含沙量比尺和水沙过程都是根据经验选定的。

模型沙则是根据水槽试验来决定,即将几种可供采用的模型沙(包括伊沙河的淤泥、德国的黄土、石英石、细沙、煤屑和黄河的黄土)分别铺在长 30m、宽 1.4m、深 0.7m 的水槽内,进行基本试验,根据起动条件和形成沙浪的情况来确定选用的模型沙。

通过水槽试验,恩格斯发现黄河的黄土很细,不易起动,并容易形成沙浪;伊沙河的淤泥不会形成沙浪,也不易推移;德国的细沙虽然容易推移,也有缺陷。对比试验结果只有 $\gamma_s = 1.33 \text{t/m}^3$、$D = 0 \sim 2.1 \text{mm}$ 的沥青煤屑做模型沙比较合适,故采用沥青煤屑做模型沙。

这种通过水槽预备试验选择沙的方法,至今仍普遍采用,这也是恩格斯的首创。

遗憾的是当时既没有黄河具体河段的地形资料,又无可供采用的悬沙和底沙颗粒级配资料。模型试验的起始地形是概化地形,其水沙过程是假定的概化过程。因此,20世纪30年代恩格斯的黄河动床模型试验方法是一种定性的动床模型试验方法(概化模型试验方法)。

由于早期的动床模型设计中,缺乏泥沙运动理论的指导,在设计过程中和操作过程中,会遇到不少困难。例如,在有的动床模型中,由于模型流速低,为了模拟原型泥沙运动的情况,则需要采用轻质沙做模型沙(如采用沥青混合物、煤屑和塑料沙做模型沙)。

为了模型沙能在模型中运动,另一种措施是采用变态模型进行试验。雷诺做了两个大变率的动床模型试验以后,提出以后再做其他动床模型试验时,他将采用更大的垂直比尺变率的模型。

模型变态以后,模型的河岸边坡加大,超出了模型沙的休止角,岸坡失去稳定性,需要采用其他方法防止河岸的坍塌(防止河岸坍塌的方法,要根据试验人员的经验而定)。

实际上,模型比尺(包括模型变率)和模型沙的选择,都不是任意的,都是有一些限度的,这个限度要根据动床模型的相似准则和具体试验要求来确定。一般讲,其先决条件是:模型设计要保证模型的水流运动必须具备足够的强度(即足够的流速),以挟带(或推动)泥沙运动。例如,采用煤屑做模型沙,模型的流速只能在 $0.09 \sim 0.3 \text{m/s}$ 的范围内选择,平均流速为 0.15m/s。

根据模型的限制流速,确定模型的流速比尺 λ_v 和垂直比尺 λ_H。

根据模型沙的糙率和原型糙率,确定模型糙率比尺 λ_n 和模型比降比尺 λ_j,$\lambda_j = \left[\dfrac{\lambda_v \lambda_n}{\lambda_H^{2/3}} \right]^2$;然后,根据 $\lambda_j = \dfrac{\lambda_H}{\lambda_L}$ 确定模型水平比尺 λ_L。

模型比尺确定之后,根据模型比尺进行制模,然后用原型过去的洪水过程线(一般采用一年或两年的洪水过程线)进行验证试验,如果模型放水以后,水流运动和河床演变与原型不相似,则需调整时间比尺或模型比降比尺,使模型与原型相似(当然也可以改变其他模型比尺和改变模型沙)。

从此可以得出一个重要的概念:进行动床模型试验,不仅掌握模型试验的理论很重要,而且要具备丰富的实践艺术(经验)。有些动床模型试验的成果不佳,不是模型试验的主持人的理论水平不高,而恰恰是他们的经验不足所造成的。

1899年,法国杜波依斯(P·DaBoys)第一次提出推移质运动的拖曳力理论以后,动床模型设计的选沙方法有所发展。

杜波依斯指出,泥沙沿河底运动受到的水流推移力为:

$$T = \xi_0 \gamma H J \frac{\pi D^2}{4} \tag{1-1}$$

受到的阻力为:

$$F = f(\gamma_s - \gamma) \frac{\pi D^3}{6}$$

模型沙开始起动时,即

$$\frac{3\xi\gamma HJ}{2f(\gamma_s - \gamma)D} = 1$$

或

$$\Phi HJ = D \tag{1-2}$$

式中　Φ——参数,$\Phi = \dfrac{3}{2}\dfrac{\xi\gamma}{f(\gamma_s - \gamma)}$;

　　　　ξ——颗粒推移系数;

　　　　f——颗粒阻力系数;

　　　　其他符号含义同前。

温克里(Winkel)将式(1-2)作为动床模型设计的准则,提出确定动床模型比降的方法为:

$$\frac{D}{\Phi H} \leqslant J \leqslant \frac{g}{C_0^2} \tag{1-3}$$

式(1-3)中 $\Phi = 8\sim20$(根据格列依试验得到),同时提出,模型沙粒径比尺为:

$$\lambda_D = \frac{\lambda_\xi}{\lambda_{f_0}} \frac{\lambda_H \lambda_J}{\lambda_{\gamma_s - \gamma}}$$

在一般情况下,$\lambda_\xi = 1$、$\lambda_{f_0} = 1$。

采用天然沙做模型沙,$\lambda_D = \lambda_H \lambda_J$,输沙量比尺为:

$$\lambda_G = \lambda_B (\lambda_\xi \lambda_H \lambda_J)^6 \tag{1-4}$$

水流流速比尺为:

$$\lambda_v = \lambda_c (\lambda_R \lambda_J)^{0.5} = \lambda_c (\lambda_H \lambda_J)^{0.5} = \lambda_c \lambda_D^{0.5} \tag{1-5}$$

温克里认为:

$$C = A(Re)^\beta \tag{1-6}$$

式中　$A = 42, \beta = 1/8$。

因此

$$\lambda_v = \lambda_{Re}^{1/2} \lambda_D^{1/2} \tag{1-7}$$

最后,温克里得出:

$$\lambda_v = \lambda_H^{5/7} \lambda_D^{4/7} \tag{1-8}$$

温克里认为,在动床模型内研究水工建筑物的试验时,时间比尺不起多大的作用。温克里的方法到现在还得到普遍应用,但该方法的缺点是任意令 $\lambda_\xi = 1$、$\lambda_f = 1$、$\lambda_A = 1$、$\lambda_\beta = 1$,会使模型试验结果带来误差。

温克里确定模型比降时,采用的 Φ 值是根据格列依临界推移力试验资料确定的。

格列依试验成果中的 Φ 值,其变化范围为 $8\sim20$,与颗粒的密度、形状以及级配有关。可惜 Φ 值与上述因素没有建立关系式,降低了温克里设计方法的使用价值。

有的动床模型试验工作者建议采用肖克利旭公式计算模型沙的临界推移力:

$$\tau_0 = \sqrt{0.003\,85(\gamma_s - \gamma)V\Psi^2} \tag{1-9}$$

式中　τ_0——临界推移力,g/cm^2;

　　　V——泥沙颗粒的体积,cm^3;

　　　Ψ——颗粒形状系数,按表 1-1 确定。

表 1-1　　　　　　　　　　　　　模型沙颗粒形状系数

颗粒形状	圆状	天然沙	棱状	片状
Ψ	1.0	1.26	3.11	4.38

　　肖克利旭公式适用于均匀沙。非均匀沙,有的学者采用克拉米尔的试验研究成果。克拉米尔(Kramer)公式为:

$$\tau_0 = \frac{16.7}{M}(\gamma_s - \gamma)D \tag{1-10}$$

式中　D——模型加权平均粒径,cm;

　　　M——不均匀系数。

　　此外,阿布拉莫夫进行动床模型选沙时,提出了确定模型比降公式:

$$\frac{D}{\varphi_0 H_0} < J_0 < \frac{D}{\varphi_1 H_1} \tag{1-11}$$

式中　φ_0、φ_1——系数,φ_0 取 10~20,φ_1 取 2~4;

　　　H_0——模型沙起动时水深;

　　　H_1——模型最大水深。

　　显然上述方法都是经验方法,使用时都必须慎重对待。

　　弗格里(Vegel)根据上述研究,总结出如下的动床模型设计方法和步骤:

　　(1)根据实验室的场地条件(保证水流必须为紊流)选择 λ_L 和 λ_H。

　　(2)进行原型沙和模型沙的临界推移力试验。

　　(3)求出原型沙和模型沙的临界推移力关系式:$\tau_0 = \gamma H_0 J_0$,式中 H_0 和 J_0 是任意选择的。

　　(4)根据已知的原型水流的平均比降 J 按下式求原型泥沙开始运动时的水深 H:$H = H_0 \frac{J_0}{J}$。

　　(5)根据已选定的 λ_H 值,求模型沙起动时的水深:$H_m = \frac{H}{\lambda_H}$。

　　(6)根据模型沙基本试验成果:$\tau_{0(m)} = \gamma H_{0(m)} J_{0(m)}$ 计算模型比降:$J_m = \frac{H_{0(m)}}{H_m} J_{0(m)}$。

　　最后,反求 $\lambda_L = \frac{\lambda_H}{\lambda_J}$。

　　1936 年舍尔兹研究泥沙运动的成果(简称舍尔兹曲线,图 1-1)发表以后,有的学者采用舍尔兹曲线作为动床试验模型设计的指南。

　　他们认为:要想使模型河床的稳定性与原型相似,或河床的冲刷与原型相似,必须 $\lambda_{Fr*} = 1$,$\lambda_{Re*} = 1$。即:

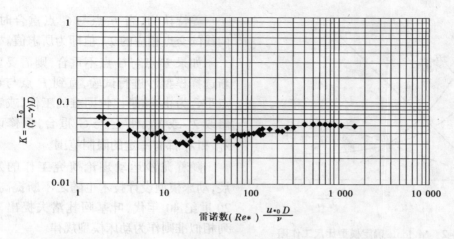

$$K = \frac{\tau_0}{(\gamma_s - \gamma)D}$$

雷诺数($Re*$) $\frac{u*_0 D}{\nu}$

图 1-1 舍尔兹曲线

$$\lambda_\gamma \lambda_H \lambda_J = \lambda_{\gamma_s - \gamma} \lambda_d \tag{1-12}$$

$$\lambda_d = \frac{\lambda_H \lambda_J}{\lambda_{\gamma_s - \gamma}} \tag{1-13}$$

西欧有许多学者采用这种方法设计动床模型,著者认为,这种方法到目前为止,还是有意义的。黄河动床模型设计也采用这种方法来选择模型沙。

博格尔特(Bogrdi)认为,在动床模型中,可以放弃 $\lambda_{Fr*} = 1$ 和 $\lambda_{Re*} = 1$ 的相似条件。他的理由是:

(1)当 $Re*\geqslant100$ 时,围绕颗粒运动的水流属于紊流,则不必遵守 $\lambda_{Re*} = 1$ 的相似条件。

(2)根据他引用试验资料的分析,动床模型的床面形态(沙纹、沙丘……)和泥沙运动的形式仅仅是 β 的函数。

$$\frac{1}{\beta} = D^{0.88} \left(\frac{v_*^2}{gd} \right) \tag{1-14}$$

各种河床形态的 β 值见表 1-2。

表 1-2　　　　　　　　　　　　　　**各河床形态的 β 值**

β	550	322	60	24	9.7
河床形态(泥沙运动形式)	起动	沙纹	沙丘	过渡	反向沙丘

爱伦(Alen)发展了动床模型试验技术,他根据英国曼彻斯特大学的模型试验经验,写出了内容广泛而详细的指南。

姜特(Jonte)对动床模型技术进行了有趣的研究工作,他采用稳定断面法来确定模型比尺。具体做法是在模型中铺满选好的模型沙,然后放入一定流量进行造床试验,直到模型小河槽达到稳定以后,测量模型的比降和水深,与原型的流量、比降、水深的临界值进行比较(见图 1-2),获得模型比尺。

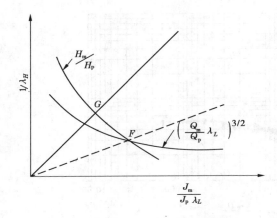

图 1-2　M.Jonte 确定模型比尺工作图

姜特认为,当 F 点与 G 点重合时,两线的交点相应的 λ_H 值即为所求值。

如果 F 点与 G 点不重合,则需要重新选择模型沙进行试验,直到 F 点与 G 点重合为止,这是比较困难的工作,或者修改 λ_J 或 λ_Q,使 F 与 G 重合,但修改 λ_Q 和 λ_J 都有一定的限制范围。

随着泥沙运动理论研究工作的发展,动床模型设计技术也随之不断提高,20 世纪 40 年代,叶基阿扎洛夫提出下列相似准则作为动床模型规律。

$$\frac{\lambda_{P''}}{\lambda_{J_0}^{1/2}\lambda_\xi} = 1 \qquad (1\text{-}15)$$

$$\frac{\lambda_{g''}}{\lambda_\gamma \lambda_{q'} \lambda_{J_0}^{1/2}} = 1 \qquad (1\text{-}16)$$

$$\frac{\lambda_\xi \lambda_R \lambda_J}{\lambda_{f_0} \lambda_{\frac{\gamma_s-\gamma}{\gamma}} \lambda_D} = 1 \qquad (1\text{-}17)$$

式中　P''——含沙量,$P'' = \dfrac{g''}{\gamma g}$,以水下重量计;

　　　g''——单宽输沙率,以水下重量计;

　　　q'——单宽流量;

　　　J——比降;

　　　ξ——流速系数,$\xi = \dfrac{v_{D/2}}{v_0}$;

　　　$v_{D/2}$——颗粒重心处的局部纵向流速;

　　　v_0——起动流速;

　　　D——泥沙粒径;

　　　R——水力半径;

　　　f_0——泥沙起动对河床的阻力系数。

以上所述的动床模型试验方法,基本上都是研究底沙(推移质)运动为主的动床模型试验方法,并不是研究悬沙运动为主的模型试验方法。

1950 年苏联 Φ·N·皮卡洛夫提出了悬沙运动模型试验方法,他提出的模型相似律是:

$$\left.\begin{array}{l}\lambda_{\omega_0} = \lambda_v \\ \lambda_{S_V} = 1\end{array}\right\} \qquad (1\text{-}18)$$

式中　λ_{ω_0}——泥沙颗粒沉速比尺;

　　　λ_v——水流平均流速比尺;

　　　λ_{S_V}——水流体积含沙量比尺;

S_V——以体积计的含沙量。

1952 年,天津大学郑兆珍教授从泥沙扩散理论出发,也提出了较为系统的挟沙水流模型相似律。他的主要观点是:

$$\left.\begin{array}{l} \lambda_v = \lambda_H^{0.5} \\[2mm] \lambda_v = \dfrac{\lambda_H^{1/6}}{\lambda_n}\sqrt{\lambda_H \lambda_J} \\[2mm] \lambda_{\omega_0} = \lambda_v\left(\dfrac{\lambda_H}{\lambda_L}\right)^{0.5} \\[2mm] \lambda_{S_V} = 1 \\[2mm] \lambda_{t_1} = \dfrac{\lambda_L}{\lambda_v} \\[2mm] \lambda_{t_1} = m\lambda_{t_2} \end{array}\right\} \tag{1-19}$$

式中　λ_n——模型糙率比尺;

　　　λ_J——模型比降比尺;

　　　λ_H——模型垂直比尺;

　　　λ_{t_1}——模型水流时间比尺;

　　　λ_{t_2}——泥沙沉降时间比尺(河床变形时间比尺);

　　　m——模型变率参数,$m = \lambda_n \times \lambda_{\omega_0}^{1/3}$;

其他符号含义同前。

苏联的 И.И 列维教授 1956 年也提出了动床模型的计算方法,其主要观点为:

(1)泥沙起动流速比尺

$$\lambda_{v_c} = \lambda_v = \lambda_H^{1/2} \tag{1-20}$$

在变率大、水深很小时,此要求往往不能满足;在许多情况下为:

$$\lambda_{v_c} = \lambda_v \neq \lambda_H^{1/2}$$

(2)摩阻流速比尺 $\lambda_{U_{0*}}$ 为:

$$\lambda_{U_{0*}} \approx \lambda_{v_c}\lambda_\lambda^{1/2} \approx \left(\lambda_d\lambda_{\frac{\gamma_s-\gamma}{\gamma}}\right)^{1/2}\lambda_{f(Re_d)} \tag{1-21}$$

式(1-21)中 λ_λ 为模型阻力系数比尺;$U_{0*} = a_0\sqrt{g\rho'df(Re_d)} = \sqrt{gRJ_0}$,在自动模型区 $\lambda_{f(Re_d)} = 1.0$。

此时,模型中泥沙颗粒的最小允许比尺为:

$$\lambda_{d\,\min} = \left(\dfrac{d_{\mathrm p}}{d_{\mathrm m}}\right)_{\min}$$

式中　$d_{\mathrm p}$——原型沙的粒径;

　　　$d_{\mathrm m}$——模型沙的粒径。

$$\lambda_{d\,\min} \geqslant \dfrac{1}{\sqrt[3]{\lambda_{\frac{\rho_s-\rho}{\rho}}}}\left(\dfrac{Re_{*\mathrm p}}{Re_{*\mathrm m}}\right)^{2/3} \tag{1-22}$$

式中 $Re_{*\text{p}}$——原型上的数值，$Re_{*\text{p}} = \left(\dfrac{U_* d}{\gamma}\right)_{\text{p}}$；

$\quad\quad Re_{*\text{m}}$——取决于沙浪坡度和沙浪相对高度的模型沙粒雷诺数，其最大值 $Re_{*\text{m}} =$ 14，相应的沙浪坡度是 1/50，相对高度为 0.10。在动床模型中，$Re_{*\text{m}}$ 可以采用 14，其相应的沙粒粒径为 $d \approx 0.5\text{mm}$。

（3）当原型属于过渡区域或在水力学上属于光滑区时，颗粒粒径的模型比尺根据模型和原型中 $Re_{*\text{p}} = Re_{*\text{m}}$ 的条件来确定。

$$\lambda_d = \frac{1}{\sqrt[3]{\lambda_{\frac{\gamma_\text{s} - \gamma}{\gamma}}}} \tag{1-23}$$

（4）当糙率的几何比尺破坏时（在"光滑"区，因雷诺数的减小），模型的阻力系数显著地超过原型水流的阻力系数。选择模型沙时，要考虑到使在河底上形成的沙浪形状有可能接近于原型情况。

（5）模型的水平比尺和垂直比尺间的比值，应根据不均匀流运动方程式的相同条件来确定，并与河床阻力系数的变率有关：

$$\lambda_H = \lambda_L \lambda_\lambda \tag{1-24}$$

几何比尺的允许极限变率由条件 $\dfrac{B}{H} > 6 \sim 10$ 决定；模型中，河床阻力系数 λ_m 应利用在动床模型上进行专门试验的方法来确定；对于初步计算，可利用实验室发表的资料及列维文中所引用的曲线。

如果模型和原型属于光滑区，那么 λ_m 可近似地按下式计算：

$$\lambda_\text{m} = 3.3\left(0.000\,8 + \frac{0.056}{Re^{0.25}}\right)\sqrt[4]{J_2} \tag{1-25}$$

式（1-25）适用于沙浪表面坡度 $J_\text{m} > 0.01$ 时的情形；当 $J_\text{m} < 0.01$ 时，$\lambda_\text{m} = \lambda_0$。

列维教授在 1960 年，又根据沉沙池研究中的试验公式，得出如下挟沙水流模型试验的相似条件（参阅李昌华、金德春《河工模型试验》，1981 年）。

对于正态模型，须满足：

$$\lambda_v = \lambda_\omega = \lambda_H^{1/2} \tag{1-26}$$

当原型的颗粒雷诺数 $Re_{dp} > 150$ 时：

$$\lambda_d = \frac{1}{\sqrt[3]{\lambda_{\rho_\text{s} - \rho}}}\left(\frac{150}{Re_{dp}}\right)^{2/3} \tag{1-27}$$

当 $Re_{dp} < 150$ 时：

$$\lambda_d = \frac{1}{\sqrt{\lambda_{\rho_\text{s} - \rho}}} \tag{1-28}$$

对于变态模型，则有下式：

$$\frac{\lambda_\omega}{\lambda_v} = \left(\frac{\lambda_H}{\lambda_L}\right)^{2/3} \tag{1-29}$$

与此同时，列维根据巴连布拉特的挟沙水流总能量平衡方程式，还得出了含沙量比尺

关系式为:

$$\lambda_{S_V} = \frac{\lambda_J \lambda_v}{\lambda_\omega \lambda_{\rho_s - \rho}}$$ (1-30)

(注:在推导上式的过程中,列维教授曾人为地忽略了一些项。)

1954年,爱因斯坦及钱宁根据十余年来在河道水力学及输沙理论中所积累的知识,提出了动床河工模型律。

(1)阻力相似:

$$\lambda_v^2 \lambda_J^{-1} \lambda_d^{-1-2m} \lambda_c^{-2} = 1$$ (1-31)

(2)佛氏定律:

$$\lambda_v \lambda_H^{-1/2} = 1$$ (1-32)

(3)推移质运动相似:

$$\lambda_{qb} \lambda_{\rho_s - \rho}^{-3/2} \lambda_d^{-3/2} = 1$$ (1-33)

式中 λ_{qb}——推移质输沙率比尺。

式(1-33)的物理意义是推移质输沙强度 Φ 在原型和模型中相等。

(4)泥沙起动相似:

$$\lambda_{\rho_s - \rho} \lambda_d \lambda_H^{-1} \lambda_J^{-1} = 1$$ (1-34)

式(1-34)的物理意义是水流强度 Ψ 在原型和模型中相等。

(5)沙粒雷诺数(床面糙率代表粒径和近壁层流层厚度之比)相似,即在床面粗糙时忽略不计,而对于细沙必须满足:

$$\lambda_d \lambda_H^{1/2} \lambda_J^{1/2} = 1$$ (1-35)

在法国规模最大的尼尔壁克水力实验室,根据长期的经验,也将该条件确定为变态模型所必须满足的条件之一。

(6)悬沙相对分配相似:

$$B \lambda_{qb} \lambda_{qT}^{-1} = 1$$ (1-36)

式中 λ_{qT}——总输沙率比尺;

B——因流量或水位不同而异的系数。

式(1-36)的物理意义是悬沙量与总输沙量的比例相似。

此外,钱宁根据悬沙扩散理论含沙量分布公式得出了含沙量垂线分布相似的条件:

$$\frac{\lambda_\omega}{\lambda_{K*} \lambda_{u*}} = 1$$ (1-37)

式(1-37)的物理意义是紊动扩散与重力沉降比相似。

(7)河床冲淤变化相似:

$$\lambda_{qT} \lambda_{t_1}^{-1} \lambda_L^{-1} \lambda_H^{-1} \lambda_{\rho_s - \rho}^{-1} = 1$$ (1-38)

式(1-38)可用来决定模型的操作时间。

(8)水流连续条件:

$$\lambda_v \lambda_{t_1}^{-1} \lambda_L^{-1} = 1$$ (1-39)

(9)模型坡降相似条件：

$$\lambda_J \lambda_L \lambda_H^{-1} = 1 \tag{1-40}$$

1954 年爱因斯坦及钱宁将阻力相似条件写成如下形式：

$$\lambda_v = \frac{1}{\lambda_n} \lambda_H^{1+y} / \lambda_L^{1/2} \tag{1-41}$$

而泥沙起动相似条件是由 $\dfrac{\tau'}{\tau_0} = \text{idem}$ 得到的，亦得：

$$\frac{\lambda'_\tau}{\lambda_{\tau_0}} = \frac{\lambda_\rho \lambda_{R'_b} \lambda_J}{\lambda_{\rho_s - \rho} \lambda_d} = 1 \tag{1-42}$$

式中　τ'——河床糙率由沙粒控制时，水流的切力；

　　　　R'_b——与沙粒阻力相对应的水力半径。

为了验证钱宁动床模型律用于黄河的可能性，在钱宁指导下，我们进行了初次验证试验。

钱宁动床模型律有 9 个相似条件，要使模型试验达到精确相似必须满足 9 个相似条件，在初次验证试验时，我们放弃了某些相似条件，仅按下列条件设计模型。

$$\left.\begin{array}{l}
\lambda_v^2 = \Delta v \cdot \lambda_J \cdot \lambda_H^{1+2m} \lambda_D^{-2m} \lambda_C^2 \\[2mm]
\lambda_v^2 = \Delta F^2 \lambda_H \\[2mm]
\lambda_J = \Delta J \dfrac{\lambda_H}{\lambda_L} \\[2mm]
\lambda_D = \Delta \Psi \dfrac{\lambda_H \lambda_J}{\lambda_{\gamma_s - \gamma}} \\[2mm]
\lambda_D^2 \lambda_J \lambda_H = \Delta \delta^2 \\[2mm]
\Delta \delta^2 \lambda_D^{-3} \lambda_{\gamma_s - \gamma}^{-1} = \Delta \Psi^{-1} \\[2mm]
\lambda_{t_2} = \lambda_{\gamma_s - \gamma} \dfrac{\lambda_L^2 \lambda_H}{\lambda_{Q_T}} \\[2mm]
\dfrac{\Delta F^2}{\Delta v} = \lambda_J \lambda_H^{0.2m} \lambda_C^2 \lambda_D^{-2m}
\end{array}\right\} \tag{1-43}$$

式中　Δv——允许流速偏离值(或阻力偏离值)；

　　　　ΔF——允许佛氏数偏离值；

　　　　ΔJ——允许比降偏离值(即第 2 次变态)；

　　　　$\Delta \Psi$——允许泥沙起动偏离值；

　　　　$\Delta \delta$——允许沙粒雷诺数偏离值。

上述动床模型律，基本上都是由水流运动方程和泥沙运动方程推导出来的。它们的共同缺点，是没有考虑模型变态问题，没有交待模型变率的确定方法和依据。

众所周知，如果按模型垂直比尺与水平比尺相等的模型律($\lambda_L = \lambda_H$)设计平原河流(如黄河下游)的动床模型，则由于河道过于宽浅，会遇到很多难以克服的困难。如果不按 $\lambda_L = \lambda_H$ 的模型律去设计模型，则模型变率如何选择，又成了一个大难题。因此，进行模型试验，仅有水流运动相似准则和泥沙运动相似准则还不够，还必须具有模型变率的选择准则。

自从罗赫金发表河相学的假说后,苏联不少学者对模型变态的选择有了一些简单的方法。例如,阿尔屠宁认为,模型变率可以采用天然河流的河相关系式$\sqrt{\dfrac{B}{H}}$值来确定。20世纪40年代,苏联费里勘纳教授对于动床模型试验的变率问题,提出了新的见解,他认为在河工模型试验中,采用变态模型(即$\lambda_L \neq \lambda_H$)合乎河流本性,合乎河床形态相关律。根据俄国河工专家罗赫金的河相学假说,采用尺度分析,他推导出的河相学关系式为:

$$\frac{bD}{h^2}\left(\frac{D}{h}\right)^{m-2} = \text{const} \tag{1-44}$$

式中　b——河段平均河宽;

　　　h——河段平均水深;

　　　D——河床泥沙粒径;

　　　m——河相参数,由造床试验资料确定。

根据河相关系式和水流流速公式(1-45)、水量平衡公式(1-46)、河床冲淤平衡公式(1-47)及输沙公式(1-48):

$$u = B\left(\frac{h}{D}\right)^n \sqrt{ghi} \tag{1-45}$$

$$\frac{\partial q}{\partial x} + \frac{\partial \omega}{\partial t} = 0 \tag{1-46}$$

$$\frac{\partial q}{\partial x} + \frac{\partial (b \cdot z)}{\partial t} = 0 \tag{1-47}$$

$$P = \text{ch}Du^3(u - u_0) \tag{1-48}$$

式中　B——系数;

　　　g——重力加速度;

　　　i——比降;

　　　u——平均流速;

　　　q——流量;

　　　ω——过水面积;

　　　P——输沙率;

　　　z——河底高程;

　　　u_0——起动流速。

他定出了下列模型比尺关系(即费氏河工模型律):

$$\left.\begin{array}{l}
\lambda_L = \lambda_H^m \lambda_D^{1-m} \\[2mm]
\lambda_u = \lambda_L^{-0.5} \lambda_H^{n+1} \lambda_D^{1-n} \\[2mm]
\lambda_{u1} = \dfrac{\lambda_v}{\lambda_L}\lambda_H, \quad \lambda_{u2} = \lambda_v^4 \dfrac{\lambda_D}{\lambda_L} \\[2mm]
\lambda_Q = \lambda_H^2 + n + \dfrac{m}{2} \\[2mm]
\lambda_{t_2} = \dfrac{\lambda_E}{\lambda_{v_0}} = \lambda_Q \dfrac{-3 - 4n - 3m}{2 + n + \dfrac{m}{2}}
\end{array}\right\} \tag{1-49}$$

式中　λ_L——模型水平比尺；

　　　λ_H——模型垂直比尺；

　　　λ_u——模型流速比尺；

　　　λ_Q——模型流量比尺；

　　　λ_{u_1}——模型洪水位上升速度比尺；

　　　λ_{u_2}——模型河床上升速度比尺；

　　　λ_{t_2}——模型河床冲淤时间比尺。

由于河相关系式中的 m 值,是根据造床试验结果所形成的河床形态统计出来的河相参数,而该河床形态又是在水流和河床相互作用下自然形成的,因此费里勘纳在其1949年再版的《河流动力学》一书中,正式命名他的模型律为自然模型法。从此以后,自然模型法逐渐被广泛应用。

C·T· 阿尔图宁认为动床模型与原型相似,至少须具备以下三个条件:

(1)水流运动重力相似条件

$$F_{\gamma原} = F_{\gamma模} \tag{1-50}$$

(2)河床形状相似条件

$$\left(\frac{B}{H}\right)^m_原 = \left(\frac{B}{H}\right)^m_模 \tag{1-51}$$

式(1-51)中 $m = \left(\dfrac{f}{f_0}\right)^{0.1}$；$f = \dfrac{(\gamma_s - \gamma)d}{\gamma HJ}$；$f_0 = \dfrac{(\gamma_s - \lambda)d}{(\gamma HJ)_0} = 25$。

原型和模型的参数 m 值相同,即模型泥沙的可动性与原型相似,模型的推移力与原型相似。

(3)底沙含沙量相似条件

$$\left(\frac{G}{Q}\right)_原 = \left(\frac{G}{Q}\right)_模 \tag{1-52}$$

模型上的底沙输沙率可以根据 N·Q·奥尔洛夫公式算出,即:

$$q_1 = 0.006\gamma\left(\frac{HJ}{\sigma - 1} - 0.04\right) \tag{1-53}$$

第二章 黄河下游动床模型相似律和模型试验方法的研究

从我们查阅到的文献资料来看,已有的动床河工模型试验方法较多,但可以归纳为两大类。一类是根据水流运动方程式和泥沙运动方程式推导出来的相似律和模型比尺进行试验的方法,我们称它为"比尺模型法";另一类是根据造床试验造成一条与原型相似小河,然后利用这条小河来研究原型的河床演变问题的模型试验方法,我们称它为"自然模型法"。

这两种模型试验方法,各有各的特点,其中"比尺模型法"的模型比尺是根据严格的相似准则确定的,比较严谨,模型边界条件也明确,能够定量地回答具体河段的河床演变问题,问题是在泥沙运动理论研究刚刚开始的 20 世纪 50 年代,黄河动床模型相似律还很难建立,因此当时"比尺模型法"很难采用。相比之下,"自然模型法"对水流和泥沙运动的相似要求较低,试验时便于操作,而且有成功的经验可供借鉴。因此,50 年代末期,在苏联专家的帮助下,1959 年我们顺利地摸索出"黄河自然模型法",并采用该方法进行了不少黄河模型试验,为治黄建设提供了不少科学依据。但通过试验以后,我们逐渐发现"自然模型法"是一种定性的动床模型试验方法,只能定性地研究黄河游荡型河道宏观的演变趋势,并不能研究具体河段河床演变和河道整治的定量问题。而且随着黄河治理开发的蓬勃发展,治黄事业又要求我们必须回答许多黄河演变和治理的定量问题。因此,1963 年以后,在全国泥沙研究工作大踏步前进的形势下,我们积极收集资料,结合黄河的特点,开展基础研究(对黄河动床模型的相似律,进行深入研究)。在 20 世纪 70 年代终于探索出一套适用于黄河情况的黄河动床模型试验相似律和试验方法,并用这套方法成功地完成了诸如三盛公水利枢纽、渠村闸分洪、小浪底水利枢纽等重大工程,以及一系列有关下游防洪、河床演变和河道整治等重大课题的浑水动床模型试验,提供了有价值的科学依据,促进了这些工程建设的顺利进行和运用。本章是该模型相似律和试验方法的总结。

第一节 黄河动床模型试验的特点

研究黄河动床模型相似律和试验方法,首先要了解黄河动床模型试验的特点。

(1)黄河下游最大河宽达 10km 以上,而平均水深仅 2m 左右,如果采用正态模型进行试验,按最小的平均水深去选择模型比尺,则需要做宽达 100m 以上的大模型,这在布置和操作上会带来许多困难。如果按一般实验室的面积去选择模型比尺,则模型的水深和流速均小于动床模型试验的起码要求,模型的流态和泥沙运动与原型均不相似。所以,进行黄河动床模型试验,必须考虑"模型的变态问题"。研究黄河动床模型试验方法时,必须研究模型变率问题。

（2）黄河河床极不稳定，随着来水来沙条件的不同，主流位置经常变化。一般定床加沙的模型试验方法和在河底加糙的方法，都不好采用。要利用动床本身糙率的规律来满足阻力相似。在本身糙率难以满足试验要求时，要研究采用对输沙影响较小的加糙方法。

（3）黄河含沙量高，泥沙细，在模型中，泥沙更细。细泥沙在沉降过程中，流速小时，有絮凝现象。絮凝以后，其运动规律与单颗粒的运动规律不同。因此，选配模型沙时，要考虑泥沙的絮凝与反絮凝问题。黄河悬沙模型的模型沙必须是有絮凝特性的模型沙（如郑州火电厂的细煤灰）。

（4）黄河的洪峰和沙峰暴涨猛落，在模型试验中，要使模型的冲淤过程与原型相似，不但要考虑河床冲淤过程的相似条件，还应考虑水流运动过程（例如洪水传递过程）的相似条件。即进行黄河动床模型试验时，要妥善处理模型的水流时间比尺与河床冲淤时间比尺之间的关系，亦即模型时间变态问题。

（5）黄河系堆积性河流，在黄河河床演变过程中，悬沙和底沙互相交换的机会多，水流漫滩以后，还有滩槽水沙交换现象。因此，在黄河动床模型中，要使模型的悬沙和底沙相互交换的情况与原型基本相似，必须处理好悬沙比尺与底沙比尺之间的关系。

以上五点，是著者1978年总结黄河动床模型试验方法时，提出的主要特点，也是一般动床模型试验的关键问题。

第二节　黄河动床模型相似准则的基本概念

一、基本概念

黄河动床模型试验与其他水工模型试验的原理一样，都是建立在相似理论基础之上的。只有当模型和原型的确相似时，才能根据模型试验的成果预测原型可能发生的情况。所以进行动床模型试验时，首先要掌握相似原理的基本概念。因为只有利用相似原理，才能将原型缩造成模型，反之，也只有利用相似原理，才能将模型试验的成果按相似关系推算到原型。

简单地讲，相似原理是研究两个物体（例如模型和原型）的相似现象和相似关系的基本理论。

两个物体存在相似，根据相似原理，是指这两个物体在静止或运动时，其形态是相似的；受到外力作用以后，其各个质点的运动、力场的分布是相似的，即受力的作用是相似的。在模型河流中间（深泓区），受外力作用大，底沙运动的速度快，如果这种现象与原型也相似，即速度分布场相似，则称为力场分布相似。如果在模型试验整个过程中上述现象每时每刻都与原型相似，则称为模型运动过程相似，简称为运动相似。

此外，两个物体（例如原型和模型）如果是相似的，则这两个物体之间的一切运动现象，都必须属于同一类型，彼此都可以用同样的方程式来表达。并且两个物体之间的各种现象（如长度、速度、含沙量、流量等）彼此之间都存在着固定的比例关系，将模型的各种现象乘以其固定的比尺与原型的各种现象彼此完全一样。这时，这两个物体（例如模型和原型）彼此之间才能称为相似。

在自然界中,类似的现象比较容易找到。三门峡水库工程大改建以后的最初几年,黄河下游河道发生了新的变化,其发展规律与柳河闸德海水库修建以后,柳河下游的河道发展规律有类似之处(即性质上是相似的)。但是这两条河流,无论在长度、速度、泥沙的质量和数量上,彼此之间都不存在固定的比尺关系,因此不能按固定的比尺关系把柳河下游的河床冲淤数量和部位,直接换算成黄河下游河床的冲淤数量和部位。这类现象只能称为类似,而不是相似。

综上所述,所谓模型与原型的相似是指:

(1)模型和原型的一切现象(包括长度、速度等等)是属于同一类型的,并且可以用相同的方程式表达。

(2)模型和原型的各种运动现象,彼此之间存在固定的比例关系。

(3)将模型各种运动现象乘以其比尺后,与原型各种运动现象是相等的。

以上三条是模型与原型相似的基本定义,也是前提。要使模型试验结果与原型相似,除了必须符合上述基本前提以外,还必须同时具备以下几个相似条件:

第一,模型与原型的几何形态必须相似。

动床模型试验所研究的对象是天然河流的演变过程和泥沙冲淤规律,这些现象都是在一定的空间内发生的,受特定的空间条件所支配。例如游荡型河道的河床演变,是在游荡河道的形态支配下进行的;弯曲型河道的河床演变,是在弯曲河道的形态支配下进行的。要在模型中重演天然河道的演变规律,除了按一定比尺将原型的地形塑造成模型以外,还要设法保证模型的河型一定与原型相似,即几何相似。

第二,模型与原型的起始条件必须相似。

天然河道的演变规律与上游来水来沙有密切关系。一个具体河段的河势变化与其进口的水流条件有密切关系。黄河下游河工谚语"一弯变,弯弯变",意思是说上游的来水着溜条件变了,下游河道的河势也会产生一系列变化。要使模型的运动规律与原型相似,必须要求模型的起始条件与原型相似,例如模型的进口流向、流速沿横向分配、主流位置、水沙条件、水沙过程以及副流情况等必须相似。

第三,模型与原型的边界条件必须相似。

天然河道的河床演变是在复杂的边界条件下进行的。河道的边界条件有的是固定的,有的是活动的。有的河段在某一个时段内修了许多工程,这些边界条件对河道的演变起了非常重要的作用。在模型试验中,要使模型的河床演变与原型相似,必须要求模型的边界条件(包括模型的尾部条件)与原型保持相似。

以上三点是动床模型试验与原型相似的基本条件。

二、相似基本准则

前面所谈的模型与原型的基本相似条件,都是一些基本概念,并没有谈到相似的力学和数学关系的表达形式。根据上述的基本概念,既不能设计具体的模型,也不能检查模型与原型是否相似。

为了探求模型与原型相似的数学(或力学)的表达形式,许多试验研究工作者,从上述相似基本原理出发,推导了许多简单的相似准则,可以称为"相似基本准则"。例如在动床模型试验中,经常碰到的"相似基本准则",就是佛汝德相似准则(或重力相似准则)。在其他水工模型试验中,经常碰到的相似准则有雷诺准则、魏伯准则、柯启相似准则等。

　　这些相似准则是从模型和原型主要作用力相似的角度推导出来的,也可以从模型和原型水流运动相似条件来推导。当模型遵守了上述相似准则时,可以认为模型与原型的水流运动基本上是相似的,或流态基本上是相似的。但20世纪50年代在动床模型试验中,除了重力相似准则和阻力相似准则已被人们广泛应用以外,其他的相似准则,特别是泥沙运动相似的基本准则,还没有统一的认识。此外,对模型几何相似准则和水流运动的时间相似准则的重要意义,也往往被人们所忽视。因此,在总结黄河动床模型试验方法时,首先要讨论动床模型试验的水流运动相似条件和泥沙运动相似条件。即着重论述进行黄河动床模型设计时应该遵守哪些泥沙运动相似准则。

第三节　动床模型试验相似条件

　　动床模型试验主要研究天然河道的水流运动、泥沙冲淤以及河床演变过程等问题。因此,设计动床模型时,要考虑水流运动相似条件和泥沙运动相似条件。

一、水流运动相似条件

　　水流运动相似条件,包括水流纵向运动相似条件、横向运动相似条件、纵向流速垂线分布相似条件、环流运动相似条件、紊流运动相似条件等。

(一)水流纵向运动相似条件

　　在河流中(包括室内模型小河),水流的纵向运动(图2-1)一般可以分为下列三种情况。

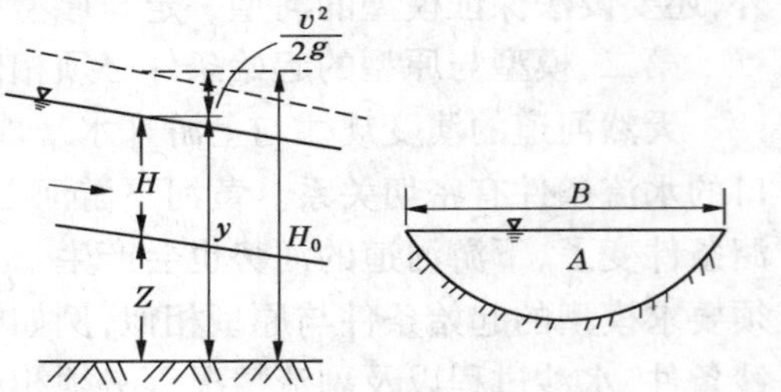

图 2-1　明渠流运动示意图

　　(1)均匀稳定流:

$$J_e = J_0 = v^2/(C^2 R) \qquad (2\text{-}1)$$

　　(2)不均匀稳定流:

$$J_e = J_0 - \frac{\partial H}{\partial x} - \frac{v}{g}\frac{\partial v}{\partial x} = \frac{v^2}{C^2 R} \qquad (2\text{-}2)$$

　　(3)不均匀不稳定流:

$$J_e = J_0 - \frac{\partial H}{\partial x} - \frac{v}{g}\frac{\partial v}{\partial x} - \frac{1}{g}\frac{\partial v}{\partial t} = \frac{v^2}{C^2 R} \qquad (2\text{-}3)$$

$$H_0 = H + Z + \frac{v^2}{2g}$$

式中　　v——纵向平均流速;

　　　　H——平均水深;

　　　　R——水力半径,在宽浅河道中 $R = H$;

　　　　H_0——动水位;

g——重力加速度；

Z——河底高程；

t——时间；

B——河宽；

A——过水面积；

x、y——沿水流方向和水深方向的坐标。

在天然河流中,不均匀稳定流渐变运动的情况较多。

如果原型水流运动属于不均匀稳定流,根据相似原理第一条,模型水流运动亦必须属于不均匀稳定流;原型水流的纵向运动可以用式(2-2)表示,模型水流的纵向运动也可以用式(2-2)表示。由于式(2-2)用于原型时,可以写成:

$$J_{0原} - \left(\frac{\partial H}{\partial x}\right)_{原} - \left(\frac{v}{g}\frac{\partial v}{\partial x}\right)_{原} = \left(\frac{v^2}{C^2 R}\right)_{原} \tag{2-4}$$

式(2-2)用于模型时,可以写成:

$$J_{0模} - \left(\frac{\partial H}{\partial x}\right)_{模} - \left(\frac{v}{g}\frac{\partial v}{\partial x}\right)_{模} = \left(\frac{v^2}{C^2 R}\right)_{模} \tag{2-5}$$

假定模型的水流运动与原型彼此是相似的,则根据相似原理的第二条,即模型与原型流速、水深、水力半径、河床糙率等因素彼此之间必须存在一定的比尺关系。即:

$$\frac{v_{原}}{v_{模}} = \lambda_v ; \frac{H_{原}}{H_{模}} = \lambda_H ; \frac{R_{原}}{R_{模}} = \lambda_R ; \frac{C_{原}}{C_{模}} = \lambda_C ; \frac{x_{原}}{x_{模}} = \lambda_x = \lambda_L$$

根据相似原理第三条的规定,可将以上比尺关系代入式(2-5),其结果与式(2-4)是相等的。式(2-5)变换为:

$$\frac{J_{0原}}{\lambda_J} - \frac{\lambda_L}{\lambda_H}\left(\frac{\partial H}{\partial x}\right)_{原} - \frac{\lambda_L}{\lambda_v^2}\left(\frac{v}{g}\frac{\partial v}{\partial x}\right)_{原} = \frac{\lambda_C^2 \lambda_R}{\lambda_v^2}\left(\frac{v^2}{C^2 R}\right)_{原} \tag{2-6}$$

根据初等数学原理得知,要使式(2-6)和式(2-4)相等,必须要求式(2-6)的各项系数和式(2-4)的各项系数彼此相等。即:

$$\frac{1}{\lambda_J} = \frac{\lambda_L}{\lambda_H} = \frac{\lambda_L}{\lambda_v^2} = \frac{\lambda_C^2 \lambda_R}{\lambda_v^2} \tag{2-7}$$

根据式(2-7)的第一项和第二项,得:

$$\lambda_J = \frac{\lambda_H}{\lambda_L} \tag{2-8}$$

根据式(2-7)的第二项和第三项,得:

$$\frac{\lambda_L}{\lambda_H} = \frac{\lambda_L}{\lambda_v^2}$$

即:

$$\lambda_v = \lambda_H^{0.5} \tag{2-9}$$

根据式(2-7)的第一项和第四项,得:

$$\frac{1}{\lambda_J} = \frac{\lambda_C^2 \lambda_R}{\lambda_v^2}$$

即:

$$\lambda_v = \lambda_C (\lambda_R \lambda_J)^{0.5} \tag{2-10}$$

式(2-8)、式(2-9)、式(2-10)即为一般不均匀稳定水流运动的相似条件。其中式(2-9)是前面已经谈到的重力相似准则(费劳德数相似准则),式(2-10)是阻力相似准则,式(2-8)是比降相似准则。

从以上简单的分析中,可以清楚地看出,在一般动床模型中,要使模型水流纵向运动与原型相似,则必须同时满足重力相似准则、阻力相似准则和比降相似准则。

如果水流为不均匀不稳定流运动时,其运动方程式为式(2-3),根据相似原理,仿照前面的推导,可以得到模型与原型水流纵向运动的相似条件式:

$$\frac{1}{\lambda_J} = \frac{\lambda_L}{\lambda_H} = \frac{\lambda_L}{\lambda_v^2} = \frac{\lambda_C^2 \lambda_R}{\lambda_v^2} = \frac{\lambda_t}{\lambda_v} \tag{2-11}$$

即:

$$\lambda_v = \lambda_H^{0.5} \tag{2-12}$$

$$\lambda_v = \lambda_C (\lambda_R \lambda_J)^{0.5} \tag{2-13}$$

$$\lambda_J = \frac{\lambda_H}{\lambda_L} \tag{2-14}$$

$$\lambda_t = \frac{\lambda_L}{\lambda_v} \tag{2-15}$$

从式(2-11)~式(2-15)可以看出,在不均匀不稳定流的模型试验中,要求水流运动与原型相似,除了必须同时满足水流重力相似和阻力相似、比降相似条件以外,还必须同时满足式(2-15)时间相似条件。

如果水流为均匀稳定流,则仿照上述办法可以推导出水流纵向运动的相似条件:

$$\lambda_J = \frac{\lambda_v^2}{\lambda_C^2 \lambda_R} \tag{2-16}$$

$$\lambda_v = \lambda_C (\lambda_R \lambda_J)^{0.5} \tag{2-17}$$

即阻力相似准则。说明在均匀稳定流的模型试验中,只要满足阻力相似准则,就可以使模型的水流运动与原型相似。

在模型试验中,要同时满足重力相似和阻力相似准则,则必须使模型糙率满足下述相似条件:

$$\lambda_n = \frac{\lambda_H^{1/6}}{e^{0.5}} \tag{2-18}$$

式中 e——模型变率,$e = \frac{\lambda_L}{\lambda_H}$。

(二)水流横向运动相似条件

在河湾处,由于水流离心力的作用,水流除产生纵向运动以外,还产生横向运动。因此,在弯道模型中,还必须满足水流横向运动相似条件。

横向水流运动的近似方程式可以用下式表示:

$$-\frac{\partial y}{\partial z} = \frac{C^2 RJ}{gr} = \frac{v^2}{gr} \tag{2-19}$$

式中 z——沿弯曲半径方向的坐标轴;

r——弯曲半径;

J——水流纵向比降。

根据相似原理,要使模型水流的横向运动与原型达到相似,必须:

$$\frac{\lambda_H}{\lambda_z} = \frac{\lambda_C^2 \lambda_R \lambda_J}{\lambda_r} = \frac{\lambda_v^2}{\lambda_r} \tag{2-20}$$

式中 $\lambda_r = \lambda_z = \lambda_L$, $\lambda_R = \lambda_H$。

因此,式(2-20)可以写成:

$$\frac{\lambda_H}{\lambda_L} = \frac{\lambda_v^2}{\lambda_L} \tag{2-21}$$

$$\frac{\lambda_C^2 \lambda_H \lambda_J}{\lambda_L} = \frac{\lambda_v^2}{\lambda_L} \tag{2-22}$$

即:

$$\lambda_v = \lambda_H^{0.5}$$

$$\lambda_v = \lambda_C (\lambda_H \lambda_J)^{0.5} \tag{2-23}$$

根据以上的推导,我们得知,当模型同时满足重力相似条件和阻力相似条件时,水流横向运动可以满足相似。

(三)水流纵向流速垂线分布相似条件

水流纵向流速的垂线分布,一般可用普兰特流速分布微分方程表示:

$$\frac{\mathrm{d}u}{\mathrm{d}y} = \frac{u_*}{\kappa y} \tag{2-24}$$

式中 u——纵向流速(点流速);

u_*——切力流速,$u_* = \sqrt{gHJ}$;

κ——卡门常数,清水中 $\kappa = 0.38$,浑水中 $\kappa_{cp} = 0.19$[1]。

根据相似原理,要使模型与原型流速垂线分布相似,必须:

$$\frac{\lambda_v}{\lambda_H} = \frac{\lambda_{u_*}}{\lambda_\kappa \lambda_H} \tag{2-25}$$

即:

$$\lambda_v = \frac{\lambda_{u_*}}{\lambda_\kappa} \tag{2-26}$$

在一般情况下,可以假设 $\lambda_\kappa = 1$,因此要使模型的纵向流速垂线分布与原型相似,必须:

$$\lambda_v = \lambda_{u_*} = (\lambda_H \lambda_J)^{0.5} \tag{2-27}$$

由于 $\lambda_v = \lambda_H^{0.5}$,因此从式(2-27)可以得到:$\lambda_J = 1$ 和 $\lambda_H = \lambda_L$。

从以上的推导可以看出,要使模型的纵向流速沿垂向分布与原型相似,必须 $\lambda_L = \lambda_H$,即必须遵守 $e = 1$ 的准则。

(四)环流运动的相似条件

弯道水流产生环流以后,环流运动方程式可以用下式表示:

$$gJ_n + v_r \frac{\partial v_r}{\partial r} + \frac{v_x}{r} \frac{\partial v_r}{\partial \varphi} + v_y \frac{\partial v_r}{\partial y} - \frac{v_x^2}{r}$$

---

[1] 参阅《引黄人民胜利渠挟沙能力的研究》。

$$= \frac{\partial(v'^2_r)}{\partial r} - \frac{1}{r}\frac{\partial}{\partial \varphi}(v'_x v_y) - \frac{\partial}{\partial y}(v'_r v'_y) - \frac{v'^2_r}{r} + \frac{v'^2_x}{r} \qquad (2\text{-}28)$$

式中　J_n——水流横比降;

v_r——径向流速;

v_x——纵向流速;

v_y——垂向流速;

φ——弯道中心角。

根据相似原理,要使模型的环流运动与原型相似,必须:

$$\frac{\lambda_H}{\lambda_L} = \frac{\lambda^2_{v_r}}{\lambda_r} = \frac{\lambda_{v_y}\lambda_{v_r}}{\lambda_r\lambda_\varphi} = \lambda_{v_y}\frac{\lambda_{v_r}}{\lambda_H} = \frac{\lambda^2_{v_x}}{\lambda_r}$$

$$= \frac{\lambda'_{v_r}\lambda'_{v_y}}{\lambda_r\lambda_\varphi} = \frac{\lambda'_{v_r}\lambda'_{v_y}}{\lambda_H} = \frac{\lambda'^2_{v_r}}{\lambda_r} = \frac{\lambda'^2_{v_y}}{\lambda_r} \qquad (2\text{-}29)$$

根据上式,得:

$$\lambda_r = \lambda_L,\ \lambda_{v_r} = \lambda_v = \lambda_H^{0.5},\ \lambda_\varphi = 1$$

$$\frac{\lambda_H}{\lambda_r\lambda_\varphi} = 1$$

在 $\lambda_H = \lambda_r = \lambda_L$ 的条件下,$\lambda_{v_y} = \lambda_{v_x}$,模型的的环流结构才能与原型相似。

在 $\lambda_H \neq \lambda_r \neq \lambda_L$ 的条件下,$\lambda_{v_y} \neq \lambda_{v_r} \neq \lambda_{v_x}$,模型的环流结构与原型并不相似(即变态模型水流的环流结构与原型并不相似)。

(五)环流垂线流速分布相似条件

环流垂线流速分布公式可用下式表示:

$$\frac{v_r}{v_x} = \frac{1}{k^2}\frac{h}{r}\left[F_1(n) - \frac{\sqrt{g}}{K \cdot C}F_2(n)\right] \qquad (2\text{-}30)$$

式中　n——相对水深,$n = \dfrac{y}{H}$。

根据相似原理,要使模型的环流垂线流速分布与原型相似,必须:

$$\frac{\lambda_{u_r}}{\lambda_{u_x}} = \frac{\lambda_H}{\lambda_r} = \frac{\lambda_H}{\lambda_r\lambda_C} \qquad (2\text{-}31)$$

由于 $\lambda_k = 1$、$\lambda_r = 1$、$\lambda_H = \lambda_r$、$\lambda_C = \left(\dfrac{\lambda_L}{\lambda_H}\right)^{0.5}$,因此要使模型的环流垂线流速分布与原型相似,必须:

$$\lambda_H = \lambda_L = \lambda_r \qquad (2\text{-}32)$$

应该说明,只有在正态模型中,才能获得模型的环流垂线流速分布与原型相似。

(六)水流紊动相似条件

泥沙在水中悬浮,是由于水流紊动所引起的,因此在悬沙模型试验中,要考虑水流的紊动相似条件。水流紊流运动方程式一般可用下式表示:

$$\frac{\partial \overline{v}_x}{\partial T} + \frac{\partial \overline{v}^2_x}{\partial x} + \frac{\partial \overline{v}_x v_y}{\partial y} + \frac{\partial \overline{v}_x v_z}{\partial z} + \frac{\partial \overline{v'_x v'_x}}{\partial x} + \frac{\partial \overline{v'_x v'_y}}{\partial y} + \frac{\partial \overline{v'_x v'_z}}{\partial z}$$

$$= \overline{x} - \frac{1}{\rho}\frac{\partial p}{\partial x} + \nu^2 \overline{v}_x \tag{2-33}$$

式中　v_x、v_y、v_z——流速在 x、y、z 轴方向的分速；

　　　v'_x、v'_y、v'_z——流速在 x、y、z 轴方向的瞬时脉动分速；

　　　p——压力；

　　　$\overline{x}$——单位质量的质量力在 x 方向的分力；

　　　ν——运动黏滞系数。

$$\nu^2 \overline{v}_x = \frac{\partial^2 v_x}{\partial x^2} + \frac{\partial^2 v_x}{\partial y^2} + \frac{\partial^2 v_x}{\partial z^2} \tag{2-34}$$

在二元稳定水流中,式(2-34)可简化为:

$$\frac{\mathrm{d}\,\overline{v'_x v'_y}}{\mathrm{d}y} = \overline{x} + \nu^2\frac{\mathrm{d}^2\overline{v}_x}{\mathrm{d}y^2} \tag{2-35}$$

以 gJ 代替 $\overline{x}$,将式(2-35)积分以后,并假定:

$$\overline{v'_x v'_y} = 0, \qquad \left(\frac{\mathrm{d}\overline{v'_x}}{\mathrm{d}y}\right)h = 0$$

则由公式(2-35)可以得到:

$$\mu\frac{\mathrm{d}v_x}{\mathrm{d}y} - \overline{x'}\overline{v'_y} = gJ(H-y)_y \tag{2-36}$$

式(2-36)坐标原点位于河底,式中第一项为水流分子运动所产生的黏滞剪应力 $\tau_1 = \mu\dfrac{\mathrm{d}v_x}{\mathrm{d}y}$,第二项为水流紊动所产生的紊动剪应力 $\tau_2 = \rho\,\overline{v'_x}\overline{v'_y}$,式(2-36)可以写成:

$$\mu\frac{\mathrm{d}v_x}{\mathrm{d}y} - \rho\overline{v'_x}\overline{v'_y} = \gamma J(H-y) \tag{2-37}$$

在紊流中 τ_2 比 τ_1 大很多倍,因此 τ_1 可以忽略不计,式(2-37)可以写成:

$$-\rho\overline{v'_x}\overline{v'_y} = \gamma J(H-y) \tag{2-38}$$

$$\overline{v'_x}\overline{v'_y} = gJ(H-y) = ku_*^2 \tag{2-39}$$

根据相似原理,要使模型水流的紊动与原型相似,必须:

$$\lambda_{v'_y}\lambda_{v'_x} = \lambda_{u_*}^2 \tag{2-40}$$

在一般情况下,可以认为 $\lambda_{v'_x} = \lambda_{v'_y}$,因此,得:

$$\lambda_{v'_y} = \lambda_{u_*} \tag{2-41}$$

必须指出,水流向上脉动分速 v'_y 的比尺 $\lambda_{v'_y}$ 与水流切力流速比尺 λ_{u_*} 相等,还可以从许多公式中推导。

例如 M·A·费里勘纳夫及明斯基的公式:

$$\sigma_v = au'_* \tag{2-42}$$

式中　σ_v——向上脉动分速的均方差值,$\sigma_v = \dfrac{v'_y}{\sqrt{\dfrac{2}{\pi}}}$;

　　　a——常数,$a_{理论} = 0.83$,$a_{经验} = 1.13$。

因此取 $v'_y = 0.9u_*$。

ГОНИАНОБ 公式：

$$v'_y = \frac{0.25}{\sqrt[\eta]{g}} u_*$$

ГОСТУСКИИ 公式：

$$v'_y = 4.1u_*$$

ИИМАКАБЕЕБ 公式：

$$v'_y = 3.13 \frac{1}{\sqrt{g}} u_*$$

从以上这些公式，就可以获得水流紊动相似条件：$\lambda_{v'_y} = \lambda_{u_*}$。

表 2-1 是水流运动相似条件统计表，从表中可以看出：

(1)在河道模型试验中，要使模型的水流运动与原型相似，需要遵守的水流运动相似条件有水流纵向运动相似条件、横向运动相似条件、紊流运动相似条件、环流运动相似条件、流速垂线分布相似条件等。但是这些运动相似条件，可以归纳为 5 个基本相似准则，即水流运动重力相似准则、阻力相似准则、几何相似准则、比降相似准则以及水流运动时间相似准则。在河道模型试验中，若能同时满足上述 5 个基本准则，就能使模型的水流运动与原型全面地相似。

(2)在一般均匀稳定流的河道模型中，若能满足水流阻力相似准则与比降相似准则，就能使模型水流的纵向运动与原型相似。可是在不均匀稳定流的河道模型中，要使模型水流的纵向运动与原型相似，除了要满足阻力相似准则和比降相似准则外，还必须同时满足重力相似准则(流速很小时，可以允许重力相似准则有偏离)。

在不均匀和不稳定流的河道模型试验中，要使模型水流的纵向运动与原型相似，除了同时满足水流阻力相似准则、重力相似准则以及比降相似准则外，还必须同时满足水流运动时间相似准则。

(3)在研究水流流速分布、环流运动等问题的模型试验中，要使模型水流的流速垂线分布和环流运动等与原型相似，除了遵守水流重力相似准则、阻力相似准则、比降相似准则以外，还要遵守几何相似准则。

总之，我们认为在黄河河道模型中，不是研究任何问题的模型试验都必须遵守上述 5 个基本相似准则，而是根据模型试验任务的不同和河道特性、水沙条件等具体情况的不同，遵守其中几个相似准则。其他的相似准则，可以酌情放弃，或允许其有一定的偏差。

二、泥沙运动相似条件

进行动床模型试验时，欲使模型试验结果与原型相似，除了严格遵守水流运动相似准则外，还必须严格遵守泥沙运动相似准则，否则模型试验成果很难保证与原型相似。黄河动床模型试验也不例外。

所谓泥沙运动相似准则，通常是指底沙运动相似准则、悬沙运动相似准则、含沙量垂线分布相似准则、水流挟沙能力相似准则以及河床冲淤(过程)相似准则，其中底沙运动相似准则又可以称为推移质运动相似准则。这些泥沙运动相似准则，均可以由泥沙运动方程式推导而得,但推导的结果,在具体应用时,都还存在一些问题,仍需采用经验方法来修正。

表 2-1 水流运动相似基本准则统计

项　目	运　动　方　程　式	要求遵守的基本相似准则
水流纵向运动相似	均匀稳定流: $$J_e = J_0 = \frac{v^2}{C^2 R}$$	阻力相似:$\lambda_v = \lambda_H^{2/3}/\lambda_n \cdot \lambda_J^{0.5}$ 比降相似:$\lambda_J = \lambda_H/\lambda_L$
	不均匀稳定流: $$J_e = J_0 - \frac{\partial H}{\partial x} - \frac{v}{g}\frac{\partial v}{\partial x} = \frac{v^2}{C^2 R}$$	阻力相似:$\lambda_v = \lambda_H^{2/3}/\lambda_n \cdot \lambda_J^{0.5}$ 比降相似:$\lambda_J = \lambda_H/\lambda_L$ 重力相似:$\lambda_v = \lambda_H^{0.5}$
	不均匀不稳定流: $$J_e = J_0 - \frac{\partial H}{\partial x} - \frac{v}{g}\frac{\partial v}{\partial x} - \frac{1}{g}\frac{\partial v}{\partial t} = \frac{v^2}{C^2 R}$$	阻力相似:$\lambda_v = \lambda_H^{2/3}/\lambda_n \cdot \lambda_J^{0.5}$ 比降相似:$\lambda_J = \lambda_H/\lambda_L$ 重力相似:$\lambda_v = \lambda_H^{0.5}$ 时间相似:$\lambda_t = \lambda_L/\lambda_v$
水流横向运动相似	$$-\frac{\partial y}{\partial z} = \frac{C^2 RJ}{gr} = \frac{v^2}{gr}$$	阻力相似:$\lambda_v = \lambda_H^{2/3}/\lambda_n \cdot \lambda_J^{0.5}$ 比降相似:$\lambda_J = \lambda_H/\lambda_L$ 重力相似:$\lambda_v = \lambda_H^{0.5}$
纵向流速垂线分布相似	$$\frac{\mathrm{d}u}{\mathrm{d}y} = \frac{u_*}{\kappa y}$$	阻力相似:$\lambda_v = \lambda_H^{2/3}/\lambda_n \cdot \lambda_J^{0.5}$ 比降相似:$\lambda_J = \lambda_H/\lambda_L$ 重力相似:$\lambda_v = \lambda_H^{0.5}$ 几何相似:$\lambda_L = \lambda_H$
环流运动相似	$$gJ_n + v_r\frac{\partial v_r}{\partial r} + \frac{v_x}{r}\frac{\partial v_r}{\partial \varphi} + v_y\frac{\partial v_r}{\partial y} - \frac{v_x^2}{r}$$ $$= \frac{\partial \overline{v_r'^2}}{\partial r} - \frac{1}{r}\frac{\partial}{\partial \varphi}(\overline{v_x'v_y'})$$ $$- \frac{\partial}{\partial y}(\overline{v_r'v_y'}) - \frac{\overline{v_r'^2}}{\gamma} + \frac{\overline{v'^2}}{r}$$	重力相似:$\lambda_v = \lambda_H^{0.5}$ 几何相似:$\lambda_L = \lambda_H$
环流垂线流速分布	$$\frac{v_r}{v_x} = \frac{1}{k^2}\frac{h}{r}\left[F_1(n) - \frac{\sqrt{g}}{K \cdot C}F_2(n) \right]$$	阻力相似:$\lambda_v = \lambda_H^{2/3}/\lambda_n \cdot \lambda_J^{0.5}$ 重力相似:$\lambda_v = \lambda_H^{0.5}$ 几何相似:$\lambda_L = \lambda_H$
紊流运动相似	$$u'\frac{\mathrm{d}v_x}{\mathrm{d}y} - k\overline{v_x'} \quad \overline{v_y'} = \gamma(H-h)J$$	阻力相似:$\lambda_v = \lambda_H^{2/3}/\lambda_n \cdot \lambda_J^{0.5}$ 比降相似:$\lambda_J = \lambda_H/\lambda_L$ 重力相似:$\lambda_v = \lambda_H^{0.5}$ 紊动相似:$\lambda_v' = \lambda_{u*}$

例如,底沙运动相似准则,通常又称为底沙起动相似准则,习惯上采用模型沙的 D_{50} 的起动流速 v_{0m} 与原型沙 D_{50} 的起动流速 v_{0p} 之比满足相似要求来表示(注: v_0 是指泥沙起动时的平均流速)。实际上天然河流的床沙组成相当复杂,泥沙起动规律也相当复杂,不仅与泥沙的颗粒组成及容重有关,而且与泥沙在河床上的排列状况有关,而排列状况又与泥沙组成有关,不少学者的试验研究证明,由于 D_{50} 相同的泥沙,其颗粒组成不同,其起动条件和输移量也不相同,因此仅仅采用 D_{50} 的起动流速表达泥沙起动条件是不全面的。

此外,泥沙在清水中的起动流速与在浑水中的起动流速也不完全相同,因此一概采用清水起动流速作为模型沙起动相似条件也不全面。

又如水流挟沙能力相似准则,由于影响水流挟沙能力的因素太多,特别是游荡型河流,边界条件极其复杂,在模型中泥沙很细,絮凝现象突出,仅凭一般挟沙水流挟沙能力推导出的挟沙能力相似条件,不加校正也会出现较大的偏差。

因此,我们认为习惯上常用的泥沙运动相似准则,仅仅能作为黄河动床模型设计时参考。正式应用时,均需要通过预备试验进行不断修正。因此,黄河动床模型泥沙运动相似条件,根据笔者经验,需从以下几个方面进行探讨。

(一)黄河动床模型试验泥沙运动相似的基本准则

黄河系以悬沙运动为主的堆积性河流,泥沙很细,汛期洪峰暴张猛落,水流的流量和流速变化异常迅速,因此黄河泥沙在运动过程中,运动的形式不仅变化很快,而且变化频繁。在大流速情况下,泥沙以悬移的形式运动;在小流速情况下,较粗的泥沙淤到河底,以推移的形式运动。因此,进行黄河动床模型试验,要使泥沙运动与原型相似,必须保证当原型泥沙悬浮时,模型泥沙也呈悬浮;当原型泥沙推移时,模型泥沙也呈推移;而且推移的泥沙和悬移的泥沙是一种模型沙。

换而言之,黄河动床模型设计时,要按照一种既能反映泥沙悬移运动又能反映推移运动的准则选择模型沙,才能保证模型泥沙运动与原型相似。

以往许多学者指出:在泥沙运动过程中,泥沙运动的形式可以采用 ω/ku_* 来判别,当 $\omega/ku_* < 5$ 时,泥沙以悬移的形式运动;当 $\omega/ku_* > 5$ 时,泥沙以推移的形式运动。即模型沙的 ω/ku_* 值与原型沙的 ω/ku_* 值相等时,可以保证模型运动的形式与原型相似。

因此,我们将 $\lambda_{\omega/ku_*} = 1$ 作为黄河动床模型泥沙运动形式相似的准则。在悬沙模型试验中,不少学者主张将 $\lambda_\omega = \lambda_{u_*}$ 作为悬沙模型的相似条件,例如,郑兆珍则将它作为悬沙淤积相似条件、钱宁将它作为悬沙含沙量垂线分布相似条件、李昌华将它作为泥沙悬浮相似条件等。

说明在动床模型中,按 $\lambda_\omega/\lambda_k\lambda_{u_*}$ 选沙,不仅能满足泥沙运动的形式与原型相似,而且能满足悬沙淤积相似、含沙量垂线分布相似、泥沙悬浮相似。此外,根据黄河泥沙一般特性的分析,黄河游荡型河道的河床质 $D_{50} \approx 0.1\text{mm}$,这种泥沙其沉速可以用 $\omega = [(\gamma_s - \gamma) \cdot D]^{0.5}$ 表示。若将此式代入黄河动床模型泥沙运动相似基本准则 $\lambda_\omega/\lambda_k\lambda_{u_*}$,则可以获得 $(\lambda_{\gamma_s-\gamma}\lambda_D)^{0.5} = (\lambda_H\lambda_J)^{0.5}$,即 $\lambda_D = \lambda_H\lambda_J/\lambda_{\gamma_s-\gamma}$。这与黄河动床模型沙起动相似准则完全一样,充分说明在黄河动床模型中,按泥沙运动相似基本准则选沙,还有可能同时满足底沙起动相似条件。

因此,我们将 $\lambda_\omega / \lambda_k \lambda_{u_*} = 1$ 作为黄河动床模型试验泥沙运动相似的基本准则。

(二)底沙运动相似准则

所谓模型底沙运动相似准则,是指模型床面上的泥沙受河床底部(或临底)水流的作用(包括水流迎面作用力、上举力、水压力等)开始运动(或开始移动)的条件,与原型的相似性。

底沙开始运动的条件有两种常见的表达形式。

一种是以起动流速与粒径的关系建立起来的公式。如 1934 年 Aliy 首次提出的艾里公式:

$$v_b = K[(\rho_s - \rho)gD/\rho]^{1/2} \tag{2-43}$$

式中 v_b——临底流速,$v_b = v_0(D/H)^{1/6}$。

沙莫夫采用 $v_0(D/H)^{1/6}$ 代替 v_b 后,由式(2-43)得:

$$v_0 = K[(\rho_s - \rho)gD/\rho]^{1/2}(H/D)^{1/6} \tag{2-44}$$

式中 v_0——泥沙起动时,水流的平均流速。

式(2-44)即人们常见的最简单的泥沙起动公式。

另一种表达泥沙起动的关系式是 1879 年杜波依首先提出的临界推移力公式:

$$\tau_0 = \gamma HJ = \alpha(\rho_s - \rho)gd$$

或

$$\alpha = \gamma HJ / [(\gamma_s - \gamma)d] \tag{2-45}$$

根据以上两种不同的表达泥沙起动的公式,我们可以导出两种表达动床模型底沙运动的相似准则:

$$\lambda_{v_0} = \lambda_v = \lambda_{K_1}(\lambda_{\gamma_s - \gamma} \cdot \lambda_D)^{1/2} \lambda_{H/D}^{1/6} = (\lambda_H)^{1/6}/\lambda_n(\lambda_H \lambda_J)^{1/2} \tag{2-46}$$

$$\lambda_\tau = \lambda_{\tau_0} = \lambda_\gamma \lambda_H \lambda_J = \lambda'_{K1} \lambda_{\gamma_s - \gamma} \cdot \lambda_D \tag{2-47}$$

当泥沙开始起动河底无沙浪,$\lambda_n \approx \lambda_D^{1/6}$,故式(2-46)可以写成:

$$\lambda_{K_1}(\lambda_{\gamma_s - \gamma} \cdot \lambda_D)^{1/2} = (\lambda_H \cdot \lambda_J)^{1/2}$$

即

$$\lambda_K \lambda_{\gamma_s - \gamma} \cdot \lambda_D = \lambda_H \cdot \lambda_J \tag{2-48}$$

式(2-48)与式(2-47)基本一致,也与第二节所述的黄河动床模型底沙运动基本相似准则基本一致。因此,20 世纪 70 年代笔者将上述两种表达形式的相似准则作为黄河动床模型底沙运动的相似准则,在进行正态动床模型试验时,采用 $\lambda_{v_0} = \lambda_v$ 作为底沙运动相似准则,在进行变态动床模型试验时,采用 $\lambda_\tau = \lambda_{\tau_0}$ 作为底沙运动相似准则。

必须指出,根据许多学者的研究,起动流速公式中的 K_1 和起动推移力公式中的 K'_1 都是 Re_* 的函数(见图 2-2 和图 2-3),即 $K_1 = f(Re_*)$、$K'_1 = f'(Re_*)$。因此,严格讲,在黄河动床模型试验中,按式(2-45)选沙,必须满足 $\lambda_{Re_*} = 1$ 的相似条件。但从实际应用的观点出发,我们认为 $\lambda_{Re_*} = 1$ 的相似条件是可以放弃的(例如可按 $Re_* > 4.0$ 选沙)。

从图 2-2 可以看出,$f(Re_*)$ 关系曲线大致可以分为 3 个区域:$1 < Re_* < 4$, $K_1 \approx f(Re_*)$ 为第 1 区域;$4 < Re_* < 70$, $K_1 \approx 0.03$,为第 2 区域;$70 < Re_* < 1\,000$, $K_1 \approx$

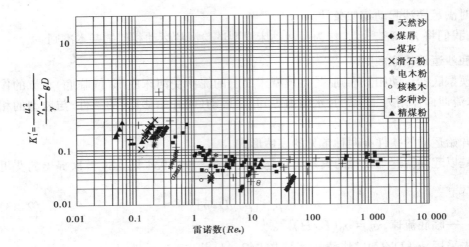

图 2-2 $K'_1 = f'(Re_*)$关系图

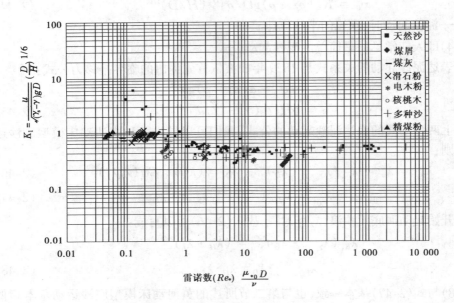

图 2-3 $K_1 \sim Re_*$关系图

0.056,为第 3 区域。

如果模型和原型的 Re_* 同属于第 2 区域,或模型和原型都属于第 3 区域,即使 $\lambda_{Re_*} \neq 1$,λ_{K_1} 仍然接近于 1,在此情况下,不考虑 $\lambda_{Re_*} = 1$ 的条件是可以的。

如果模型和原型的 Re_* 都属于第 1 区域,则必须满足 $\lambda_{Re_*} = 1$ 的条件,才能获得 $\lambda_{K_1} = 1$。可是,第 1 区域内 $K_1 = f(Re_*)$ 的点群关系相当散乱,不同比重的模型沙其点群关系也不相同。用这种散乱的关系作为模型沙运动的相似准则,本身就不够严格。因此,在此区域内,也可以放弃 $\lambda_{Re_*} = 1$ 的相似条件(允许 $\lambda_{Re_*} \neq 1$,即有一定偏差)。

还必须指出,沙莫夫泥沙起动公式的推导是有条件的:

（1）河床组成必须是无黏性的粗颗粒泥沙。

（2）水流流速分布必须符合指数分布公式。

（3）水流必须是清水或接近清水，即 $\kappa = 0.4$ 的情况。

可是在黄河动床模型试验中，泥沙较细并且有黏性，水流含沙量较大，$\kappa \neq 0.4$，流速分布也不完全符合指数关系式。因此，进行黄河动床模型试验时，我们主举张采用预备试验方法，来确定原型沙和模型沙不同水深下底沙运动相似条件。

由于每种模型沙的起动规律不尽相同，我们建议确定具体模型沙的起动流速时，要充分考虑各种模型沙的特性。

（三）悬沙运动相似条件

黄河悬移质泥沙很细，其运动规律可以用水流紊动扩散理论描述。

图 2-4 是河流中距河底距离为 y、厚度为 $\mathrm{d}y$，面积为 A 的任一深水水体内泥沙运动示意图。

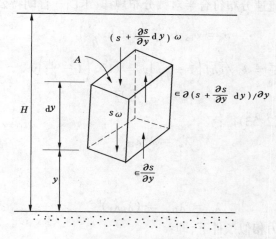

图 2-4　悬沙运动示意图

根据紊动扩散原理，在 $\mathrm{d}t$ 时段内，从水体底部进入该水体内的泥沙总量为：

$$\omega \cdot s \cdot A \cdot \mathrm{d}t + \in \frac{\partial s}{\partial y} \cdot A \cdot \mathrm{d}t$$

从水体顶部进入该水体内的泥沙总量为：

$$\omega \left(s + \frac{\partial s}{\partial y}\mathrm{d}y \right) A \cdot \mathrm{d}t + \in \frac{\partial \left(s + \frac{\partial s}{\partial y}\mathrm{d}y \right)}{\partial y} A \cdot \mathrm{d}t$$

假定在 $\mathrm{d}t$ 时段内，从水体四侧进入该水体内的泥沙总量可以忽略不计，则在 $\mathrm{d}t$ 时段内，该水体内沙量的变化为：

$$A \cdot \mathrm{d}y \cdot \mathrm{d}s = \left[\in \frac{\partial s}{\partial y} + \frac{\partial^2 s}{\partial y^2}\mathrm{d}y + \omega s + \omega \frac{\partial s}{\partial y}\mathrm{d}y \right] A \cdot \mathrm{d}t - \left[\in \frac{\partial s}{\partial y} + \omega s \right] A \cdot \mathrm{d}t$$

$$= \left[\in \frac{\partial^2 s}{\partial y^2} + \omega \frac{\partial s}{\partial y} \right] A \cdot \mathrm{d}y \cdot \mathrm{d}t \tag{2-49}$$

即在单位水体内，含沙量单位时间的变化率为：

$$\frac{\partial s}{\partial t} = \in \frac{\partial^2 s}{\partial y^2} + \omega \frac{\partial s}{\partial y} \tag{2-50}$$

在模型试验中,如果模型单位水体内的含沙量在单位时间内的变化率与原型相似,则模型的悬沙运动必定与原型相似,即模型的悬沙淤积与原型相似。换而言之,要使模型的悬沙运动与原型相似,则模型和原型的悬沙运动都必须遵循式(2-50)的规律。即模型的悬沙运动必须遵守下列相似条件:

$$\frac{\lambda_S}{\lambda_{t_2}} = \frac{\lambda_\in \lambda_S}{\lambda_H^2} = \lambda_\omega \frac{\lambda_S}{\lambda_H} \tag{2-51}$$

$$\lambda_{t_2} = \frac{\lambda_H}{\lambda_\omega} \tag{2-52}$$

$$\lambda_\omega = \frac{\lambda_\in}{\lambda_H} \tag{2-53}$$

如果模型和原型的流速分布符合半对数分布规律(卡门－普朗特公式):

$$v = v_{cp} + \frac{v_*}{K}\left(1 + \ln\frac{y}{h}\right)$$

$$\in = k\sqrt{ghJ}\left(1 - \frac{y}{H}\right)y = kU_*\left(1 - \frac{y}{h}\right)y$$

则:

$$\lambda_\in = \lambda_{U_*}\lambda_K\lambda_h \tag{2-54}$$

将式(2-54)代入式(2-53)得:

$$\lambda_\omega = \lambda_K\lambda_{U_*} \tag{2-55}$$

式(2-55)中 $\lambda_K = 1$。

因此

$$\lambda_\omega = \lambda_{U*} = (\lambda_H\lambda_J)^{0.5} \tag{2-56}$$

在满足水流运动重力相似条件下,即:

$$\lambda_v = \lambda_H^{0.5}$$

则

$$\lambda_\omega = \lambda_v\lambda_J^{0.5} = \lambda_v\left(\frac{\lambda_H}{\lambda_L}\right)^{0.5} \tag{2-57}$$

如果模型和原型的流速分布符合抛物线分布规律,如符合马卡维也夫公式:

$$\frac{v}{v_{cp}} = \frac{v_{max}}{v_{cp}} - \frac{mn}{H^{1/6}}\left(\frac{y}{H}\right)^2$$

$$\in = \frac{g_{mdH}^{5/6}}{2m} = \frac{gvH}{MC} \tag{2-58}$$

式中 M——系数,一般情况下 M 为常数。

$$\lambda_\in = \frac{\lambda_v\lambda_H}{\lambda_C} \tag{2-59}$$

将式(2-59)代入式(2-53)得:

$$\lambda_\omega = \frac{\lambda_v}{\lambda_C} = (\lambda_H\lambda_J)^{0.5} \tag{2-60}$$

式(2-60)与式(2-56)完全一样。因此,笔者认为,应将式(2-56)作为黄河泥沙模型悬沙运动的相似条件。

实际上式(2-56)还可以从黄河沉沙池的泥沙落淤公式直接推导而得。

众所周知,泥沙在沉沙池内的沉降规律可用下式表示:

$$\omega = K^{-1} \frac{H}{L} v \qquad (2-61)$$

根据黄河下游引黄沉沙池实测资料和模型试验资料的分析,式中的 K 值并非常数,而是随泥沙在静水中的沉速大小及水流流速大小而变的变数(见图2-5、图2-6)。

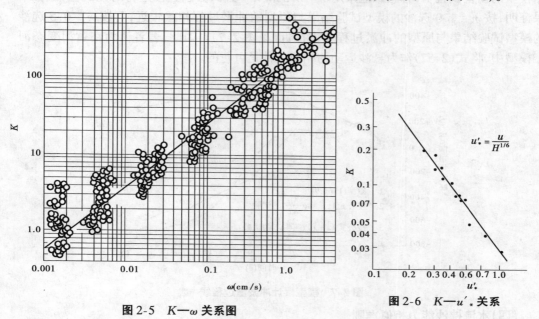

图 2-5　K—ω 关系图　　　　　　　图 2-6　K—u'_* 关系

简单地说,K 可用下式表示:

$$K = K_0 \left(\frac{v}{\omega} \right)^m \qquad (2-62)$$

将式(2-62)代入式(2-61),得:

$$\omega = K_0 v \left(\frac{v}{\omega} \right)^m \left(\frac{H}{L} \right) \qquad (2-63)$$

或

$$\omega = K_0^{\frac{1}{1+m}} v \left(\frac{H}{L} \right)^{\frac{1}{1+m}} = K'_0 v \left(\frac{H}{L} \right)^n \qquad (2-64)$$

式(2-64)中 K'_0 为系数,$n = \frac{1}{1+m} = 0.5 \sim 1.0$。

根据式(2-64)可得:

$$\lambda_\omega = \lambda_v \left(\frac{\lambda_H}{\lambda_L} \right)^n$$

苏联列维采用 $n = \frac{2}{3}$。当 $n = 0.5$ 时,上式可以写成:

$$\lambda_\omega = \lambda_v \left(\frac{\lambda_H}{\lambda_L} \right)^{0.5} \tag{2-65}$$

式(2-65)与式(2-57)完全相同。因此,在黄河悬沙动床模型中,采用式(2-57)作为悬沙运动相似条件。它不仅反映悬沙的悬浮相似的情况,也反映了悬沙淤积相似情况,故称为黄河动床模型的"悬沙运动相似条件"。

为了检验在黄河动床模型中采用式(2-57)作为悬沙运动相似条件的可靠性,在某动床模型的预备试验中,有意识地采用 $n = 0.5$ 和 $n = 1.0$,分别选沙进行对比试验,试验结果证明,按 $n = 1.0$ 选沙的模型试验结果与原型的冲淤过程相差较远,而按 $n = 0.5$ 选沙的模型试验结果与原型的冲淤过程基本接近(见图 2-7)。因此,著者认为在黄河变态河工模型中,将式(2-57)作为悬沙运动的相似条件是可行的。

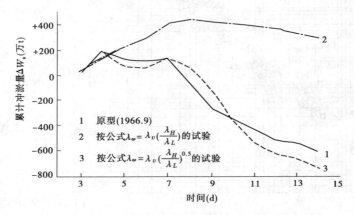

图 2-7 模型累计冲淤量过程线

(四)水流挟沙能力相似准则

在动床悬沙模型试验中,人们都以为模型沙的选择是决定动床模型试验成败的关键,实际上在动床模型试验过程中,加沙率比尺的选择对模型试验成败所起的作用,也不亚于模型沙的选择。著者从事黄河动床模型试验达 40 余年之久,在这方面获得失败的教训不少。

早在 20 世纪 50 年代初期,黄河挟沙能力的研究刚刚开始,黄河动床模型律也刚开始研究,挟沙能力比尺的选择缺乏可靠的理论指导,只好学习苏联学者从事模型试验的经验。当时苏联学者的经验比我们多,其中,皮卡洛夫的经验对我们影响较大,他提出挟沙水流模型试验应按沉速比尺与流速比尺相等选沙,模型含沙量比尺应等于1(即 $\lambda_S = 1$)。

天津大学郑兆珍教授当时也提出类似的理论。郑氏认为,苏联皮卡洛夫的经验是他的方法的特例,可以采纳应用。因此,著者 1955 年参加第一个悬沙模型试验时,采用了天然沙做模型沙,按 $\lambda_S = 1$ 进行试验,但试验结果是模型发生严重淤积,模型试验以失败而告终。

著者参加的第二个动床模型试验,按苏联列维教授的输沙公式确定输沙比尺,即按 $\lambda_{q_p} = \lambda_v^4 /(\lambda_H^{0.25} \lambda_D^{0.25} \lambda_{\gamma_s - \gamma}^{0.25})$ 加沙,试验结果发现模型加沙量偏多,立即改用岗恰洛夫公式确定模型加沙量,试验结果因加沙量偏小,模型进口段又发生冲刷,与原型不相似;然后又加大模型加沙量,结果因加沙过多,模型进口段淤积,与原型又是不相似。经过多次反复调试,最后总算获得了与原型定性相似的试验成果。这给我们一个重要的启发,任何名人公式,其使用效果都是有限的,决不是在任何地点使用都能奏效。

20世纪50年代黄河动床模型试验,采用反复调试方法确定模型加沙量,不仅著者如此,其他试验人员也不例外。例如,某项大型游荡型河道模型试验,模型做好后,开始按扎马林挟沙能力公式确定模型加沙量,试验结果是模型进口段发生冲刷,河型向弯曲型发展;然后改用预备试验 $S—Q$ 关系曲线确定模型加沙量,试验结果因加沙量仍不足,模型进口段依然发生冲刷,最后又改用模型预备试验 $\frac{v}{H^{0.2}}—p$ 关系曲线的上限加沙,试验结果才获得与原型定性相似的试验成果,而模型的淤积量仍大于原型10倍以上。

以上实例充分说明,在动床模型试验中,挟沙能力比尺的确定也是影响动床模型试验成败的重要因素。20世纪50年代,因我们经验不足,确定加沙比尺,除采用上述方法外,还采用过钱宁动床模型律确定加沙比尺的方法。

钱宁模型律确定加沙比尺的方法,是先按爱因斯坦输沙公式计算模型和原型各级流量的输沙率,然后由原型和模型输沙率之比,求得模型输沙率比尺。这种方法不仅计算程序非常复杂,计算结果有时与原型相差较大,而且各级流量的输沙比尺和时间比尺均不是常数,在变率大的模型中,各级流量历时短,操作难度大,因此这种确定模型加沙比尺方法未能广泛采用。

在学习前人确定模型加沙方法遭到失败以后,我们开始摸索自己的方法。经过摸索,获得以下几种方法。

1.预备试验确定挟沙比尺法

预备试验确定挟沙比尺法是在做好的模型中,用选择好的模型沙,即符合模型起动相似和悬沙相似的模型沙,按照原型的水沙条件,进行预备试验,然后根据试验资料和原型测量资料,分别建立模型和原型 $S—f(Q)$ 关系或 $\eta—f(Q)$ 关系图(η 为排沙百分数),再根据模型和原型相应的含沙量求得模型加沙比尺。

通过预备试验确定模型加沙比尺的方法还有其他种种,在此不一一赘述。这些方法从表面看,没有充分理论依据,但实践证明这些方法是比较可靠的经验方法。50年代以来,我们进行的许多模型试验,按这种方法确定模型加沙比尺,均取得成功的试验成果。

2.采用不稳定流输沙平衡方程式来确定模型加沙率比尺法

在稳定水流中,水流输沙平衡方程式可以用下式表示:

$$\frac{\partial(FS)}{\partial t} + \frac{\partial(QS)}{\partial x} = B \cdot \gamma_0 \frac{\partial Z}{\partial t} \tag{2-66}$$

式中　F——河道过水断面面积;

　　　B——河宽;

　　　Z——淤积厚度;

　　　S——含沙量;

　　　γ_0——河床淤积物容重。

根据相似原理,要使模型水流输沙条件与原型相似,必须

$$\frac{\lambda_F}{\lambda_t} \cdot \lambda_S = \frac{\lambda_Q \lambda_S}{\lambda_L} = \lambda_L \lambda_{\gamma_0} \frac{\lambda_H}{\lambda_t}$$

由公式第一项与第三项得：

$$\lambda_S = \lambda_{\gamma_0}$$

这种方法,用于水沙变化迅速的洪水模型试验比较合适,其缺点是水流挟沙力的概念不明确。

3. 采用水流挟沙能力基本方程式确定挟沙能力比尺

关于水流挟沙能力问题,近几十年来,不少科技人员进行过研究,通过研究获得水流挟沙能力基本方程式：

$$\frac{S_V(1 - S_V)}{1 + \alpha S_V} = K_s \frac{vJ}{\alpha \omega} \tag{2-67}$$

式中 S_V——体积比含沙量, $S_V = \dfrac{S}{\gamma_s}$；

S——含沙量,kg/m^3；

γ_s——泥沙密度；

γ——水的密度；

α——泥沙相对密度,$\alpha = \dfrac{\gamma_s}{\gamma_s - \gamma}$；

K_s——挟沙系数。

维里勘纳夫根据柯洛罗兹资料分析得：$K_s = 0.021 \sim 0.027$。

朱鹏程认为 K_s 和 S_V 有关,$S_V < 0.015$ 时,$K_s = 0.038$；$S_V = 0.038 \sim 0.12$ 时,K_s 随着 S_V 的增大而增大。

李昌华认为 $K_s = 0.1 S_V^{0.2}$。

如果采用式(2-67)求挟沙能力比尺,则挟沙能力比尺的计算式相当复杂,不好使用。因此,我们需对式(2-67)进行改造。改造的步骤如下：

(1)令 $\Phi(S) = \dfrac{1 - S_V}{1 + \alpha S_V} = \dfrac{1 - \dfrac{S}{\gamma_s}}{1 + \alpha \dfrac{S}{\gamma_s}}$；

(2)将水流挟沙基本公式改写为 $S \cdot \Phi(S) = K_s \dfrac{\gamma_s vJ}{\alpha \omega} = K_s \dfrac{\gamma_s \cdot \gamma vJ}{(\gamma_s - \gamma)\omega}$；

(3)根据计算,各种含沙量的 $\Phi(S)$ 值列于表 2-2；

表 2-2 挟沙函数 $\Phi(S)$ 计算

$S(kg/m^3)$	100	200	300	400	500	600	700	800	900
$\Phi(S)$	0.905 86	0.822 15	0.747 22	0.679 76	0.618 70	0.563 18	0.512 48	0.465 99	0.423 21

(4)根据表 2-2 资料绘 $\Phi(S)$—S 图,由图 2-8 可以求得：

当 $S < 200\text{kg/m}^3$ 时，$\Phi(S) = K_1 S^{-0.1}$，$S = K_1 \left(\dfrac{\gamma_s}{\gamma_s - \gamma} \dfrac{vJ}{\omega} \right)^{1.1}$

当 $200\text{kg/m}^3 < S < 600\text{kg/m}^3$ 时，$\Phi(S) = K_2 S^{-0.33}$，$S = K_2 \left(\dfrac{\gamma_s}{\gamma_s - \gamma} \dfrac{vJ}{\omega} \right)^{1.5}$

当 $600\text{kg/m}^3 < S < 900\text{kg/m}^3$ 时，$\Phi(S) = K_3 S^{-0.66}$，$S = K_3 \left(\dfrac{\gamma_s}{\gamma_s - \gamma} \dfrac{vJ}{\omega} \right)^{3}$

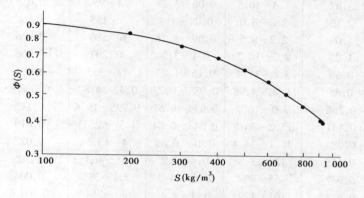

图 2-8 $\Phi(S)$—S 关系图

即人们常用的挟沙能力公式，式中的指数 m 并不是常数，而是随含沙量的变化而变化的变数。

根据分析：

$$S = 600 \sim 900\text{kg/m}^3 \text{ 时}, m_1 \approx 3.0$$
$$S = 200 \sim 600\text{kg/m}^3 \text{ 时}, m_1 \approx 1.5$$
$$S = 100 \sim 200\text{kg/m}^3 \text{ 时}, m_1 \approx 1.1$$
$$S < 100\text{kg/m}^3 \text{ 时}, m_1 \approx 1.0$$

这时挟沙能力即为低含沙水流的挟沙能力。

$$S = K \frac{\gamma_s}{\gamma_s - \gamma} \frac{\gamma vJ}{\omega} \tag{2-68}$$

根据相似原理，由式(2-68)可获得低含沙水流动床模型的挟沙能力比尺计算通式：

$$\lambda_S = \lambda_K \left[\lambda \frac{\gamma_s}{\gamma_s - \gamma} \frac{\lambda_v \lambda_J}{\lambda_\omega} \right]^{m_1} \tag{2-69}$$

式(2-69)中，$\lambda_\omega = \lambda \lambda_J^m$；$m = 0.5 \sim 1.0$，当 $m = 1.0$ 时，则 $\dfrac{\lambda_v \lambda_J}{\lambda_\omega} = 1.0$。

式(2-69)可以写成：

$$\lambda_{S_V} = \lambda_K \frac{\lambda_{\gamma_s}}{\lambda_{\gamma_s - \gamma}}$$

许多人都认为 $\lambda_K \approx 1$。因此，获得挟沙能力通用简式：

$$\lambda_S = \frac{\lambda_{\gamma_s}}{\lambda_{\gamma_s - \gamma}} \tag{2-70}$$

但是,根据我们的分析,式(2-68)的 K 值并不是常数(见表 2-3),即式(2-69)中的 $\lambda_K \neq 1.0$,因此并不能总认为 $\lambda_K = 1$。

表 2-3 挟沙能力公式 K 值分析

资料来源	ω_0 (cm/s)	v_* / ω_0	$\alpha' v J / \omega$	S (kg/m³)	K_S	m
柯洛罗兹	3.87	1.3~10.5	0.06~3.25	4~95	0.015	1.05
	2.10	2.2~6.0	0.09~4.4	3~155	0.04	1.05
	1.09	2.2~9.5	0.09~4.72	6~586	0.066	1.05
	1.05	2.5~10.7	0.1~3.5	4~207	0.066	1.05
	0.68	3.8~11.4	0.15~1.83	15~353	0.094	1.05
范家骅	0.85	2.98~4.98	0.038~0.22	0.42~4.82	0.008 8	
	0.266	7.0~18.7	0.034~0.51	0.795~19.4	0.115	
	0.141	15.2~30.8	0.048~0.84	1.5~92.75	0.019	
	0.084	16.1~34.4	0.16~0.69	4~43.5	0.027	
舒敏玫	0.125	18~28.8	0.4~1.2	55~463	0.02	1.40
	0.037	55~83	0.55~4.0	7.1~387	0.004	
	0.018	101~129	1.1~4.4	30~354	0.001 6	

由表 2-3 可以看出,K 值不仅与 ω 有关,而且与 $\dfrac{v_*}{\omega}$ 有关,初步分析:

用柯洛罗兹资料分析(见图 2-9):

$$K_S = \frac{\omega^{0.24}}{1 + 2\omega^{1.5}}, \quad K_S = \left(\frac{v_*}{\omega}\right)^{1.2}$$

用范家骅资料分析(见图 2-10):

$$K_S = \left(\frac{\omega^{0.24}}{1 + 2\omega^{1.5}}\right)^{1.25}$$

用 K 值代入水流挟沙能力综合公式,可以获得低含沙水流挟沙能力公式:

$$S_1 = K_0 \left(\frac{\omega^{0.24}}{1 + 2\omega^{1.5}}\right)^n \frac{\gamma_s}{\gamma_s - \gamma} \frac{vJ}{\omega} \tag{2-71}$$

或

$$S_2 = K_0 \left(\frac{v_*}{\omega}\right)^{1.2} \frac{\gamma_s}{\gamma_s - \gamma} \frac{vJ}{\omega} \tag{2-72}$$

根据相似原理,由式(2-72)可以写出挟沙能力比尺:

$$\lambda_S = \lambda_{K_0} \left(\frac{\lambda_{v_*}}{\lambda_\omega}\right)^{1.2} \frac{\lambda_{\gamma_s}}{\lambda_{\gamma_s - \gamma}} \frac{\lambda_v \lambda_J}{\lambda_\omega} \tag{2-73}$$

为了检验式(2-73)的使用可行性,我们用国内已有悬沙模型试验资料进行过验算,验算结果见表 2-4 和表 2-5。

必须指出,表 2-4 中的模型特征值(包括 λ_L、λ_H、λ_v、λ_ω 及 λ_S 等)是根据黄科院编写的试验报告获得的,表 2-5 中的模型特征值(包括 λ_L、λ_H、λ_v、λ_ω 及 λ_S 等)是根据国内泥沙模型报告汇编获得的。由表 2-4 和表 2-5 可以看出,表中的 $\lambda_{S_计}$ 与各模型的实测 $\lambda_{S_试}$ 基本上

是接近的,充分说明:

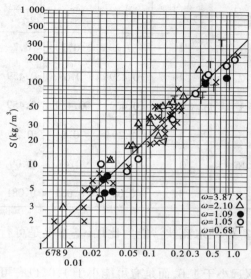

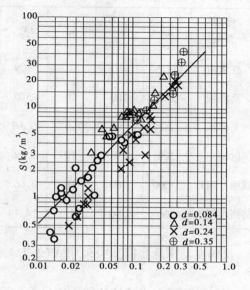

$$\left(\frac{\omega^{0.24}}{1+2\omega^{1.5}}\right)^n \cdot \frac{\gamma_s}{\gamma_s - \gamma} \frac{vJ}{\omega}$$

$$\left(\frac{\omega^{0.24}}{1+2\omega^{1.5}}\right)^{1.25} \cdot \frac{\gamma_s}{\gamma_s - \gamma} \frac{vJ}{\omega}$$

图 2-9　$S - \left(\dfrac{\omega^{0.24}}{1+2\omega^{1.5}}\right)^n \cdot \dfrac{\gamma_s}{\gamma_s - \gamma} \dfrac{vJ}{\omega}$ 关系图　　　图 2-10　$S - \left(\dfrac{\omega^{0.24}}{1+2\omega^{1.5}}\right)^{1.25} \cdot \dfrac{\gamma_s}{\gamma_s - \gamma} \dfrac{vJ}{\omega}$ 关系图

表 2-4　　　　　　　　　　　　黄河悬沙模型挟沙能力比尺验算

模型名称	λ_L	λ_H	λ_v	λ_ω	λ_L/λ_H	$\dfrac{\lambda_v\lambda_J}{\lambda_\omega}$	$\lambda_{S试}$	$\lambda_{S计}$	$\dfrac{\lambda_{\gamma_s}}{\lambda_{\gamma_s-\gamma}}$
小浪底库区悬沙模型	300	45	6.70	1.614	6.66	0.622	1.7	1.67	0.86
温孟滩移民区悬沙模型	600	60	7.75	1.38	10	0.563	1.8	1.92	0.86
透水桩坝悬沙模型	360	60	7.75	2.0	6.0	0.645	2.0	1.63	0.86
花园口至东坝头模型	800	60	7.75	1.09	13.33	0.528	1.8	2.1	0.86
小浪底至苏泗庄模型	600	60	7.75	1.38	10	0.561	1.91	1.92	0.86
温孟滩河段整治模型	800	80	8.94	1.59	10	0.561	2.0	1.91	0.86

注:$\lambda_{S计}$ 是按式(2-73)的计算值。

表 2-5 全国泥沙模型试验汇编资料悬沙模型挟沙能力比尺验算

模型名称	λ_L	λ_H	λ_v	λ_ω	λ_L/λ_H	$\dfrac{\lambda_v \lambda_J}{\lambda_\omega}$	$\lambda_{S试}$	$\lambda_{S计}$	$\dfrac{\lambda_{\gamma_s}}{\lambda_{\gamma_s-\gamma}}$
红水河	62.5	62.5		7.9	1	1	0.7	0.7	0.7
葛洲坝	200	100	10	5.0	2	1	0.459	0.69	0.459
葛洲坝	50	50	7.07	7.07	1	1	0.459	0.459	0.459
射阳河	500	100	10	1.56	5	1	1.29	0.6	0.22
钱塘江河口	1 500	100	10	0.667	15	1	0.5	0.47	0.09
葛洲坝正态	200	200	14.1	14.14	1	1	0.08	0.081	0.081

(1)在动床悬沙模型中采用式(2-73)来计算模型水流挟沙能力比尺,基本上是可行的。

(2)动床模型水流挟沙能力比尺 λ_{S_*} 不是永远小于 1.0,而是有可能小于 1.0,也有可能大于 1.0。

(3)计算动床模型 λ_{S_*} 时,不仅要考虑 $\dfrac{\lambda_{\gamma_s}}{\lambda_{\gamma_s-\gamma}}$ 和 $\dfrac{\lambda_v \lambda_J}{\lambda_\omega}$,而且还要考虑 $\dfrac{\lambda_{v_*}}{\lambda_\omega}$(即不仅要考虑泥沙的沉降相似,还要考虑泥沙悬浮相似)。

根据式(2-70)与式(2-73)的对比分析,可知动床模型水流挟沙能力比尺公式中的 λ_K,可以用 $\left(\dfrac{\lambda_{v_*}}{\lambda_\omega}\right)^{1.2}$ 代替。但根据我们分析, λ_K 不仅与 $\dfrac{\lambda_{v_*}}{\lambda_\omega}$ 有关,而且与模型沙的沉降特性有关。例如,我们曾经用黄河下游实测的饱和挟沙能力资料和模型饱和挟沙能力资料,共同建立 $S_* - \dfrac{\gamma_s}{\gamma_s-\gamma}\dfrac{vJ}{\omega}$ 关系图(见图 2-11)。

由图 2-11 得知,采用煤灰做模型沙时,在 $\dfrac{\gamma_s}{\gamma_s-\gamma}\dfrac{vJ}{\omega}$ 相似的条件下,原型的水流挟沙能力 S_* 比模型大 4 倍,即 $\lambda_K \approx 4.0$。因此,我们认为,在模型设计阶段,可用 $\lambda_S = 4\dfrac{\lambda_{\gamma_s}}{\lambda_{\gamma_s-\gamma}}\times\dfrac{\lambda_v \lambda_J}{\lambda_\omega}$ 来初估模型的 λ_{S_*} 值。表 2-6 是我们用 $\lambda_S = 4\dfrac{\lambda_{\gamma_s}}{\lambda_{\gamma_s-\gamma}}\dfrac{\lambda_v \lambda_J}{\lambda_\omega}$ 对黄河某些悬沙模型 λ_{S_*} 的估算表。

由表 2-6 可以看出,根据 $\lambda_S = 4\dfrac{\lambda_{\gamma_s}}{\lambda_{\gamma_s-\gamma}}\dfrac{\lambda_v \lambda_J}{\lambda_\omega}$ 估算的 λ_S 值与模型试验获得的 λ_S 值非常接近。

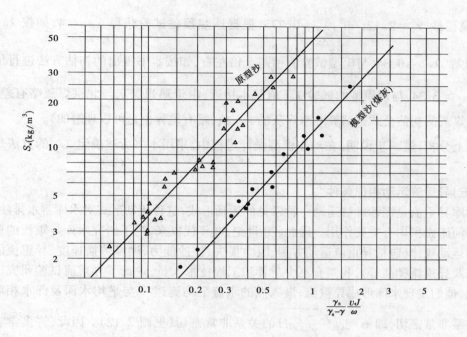

图 2-11 $S_* - \dfrac{\gamma_s}{\gamma_s - \gamma} \dfrac{vJ}{\omega}$ 关系图

表 2-6 黄河悬沙模型挟沙能力比尺估算表

模型名称	λ_L	λ_H	λ_v	λ_ω	$\dfrac{\lambda_v \lambda_J}{\lambda_\omega}$	$\lambda_{S_{试}}$	$\lambda_{S_{计}}$
小浪底水库库区模型	300	45	6.70	1.614	0.622	1.7	2.11
温孟滩移民区防洪模型	600	60	7.75	1.38	0.561	1.8	1.90
透水桩坝整治模型	360	60	7.75	2.0	0.645	2.0	2.1
花园口至东坝头模型	800	60	7.75	1.09	0.528	1.8	1.8
小浪底至苏泗庄模型	600	60	7.75	1.38	0.561	1.91	1.9
温孟滩河段整治模型	800	80	8.94	1.59	0.561	2.0	1.9

注:表中 $\lambda_{S_{计}} = 4 \dfrac{\lambda_{\gamma_s}}{\lambda_{\gamma_s - \gamma}} \dfrac{\lambda_v \lambda_J}{\lambda_\omega}$, $\dfrac{\lambda_{\gamma_s}}{\lambda_{\gamma_s - \gamma}} = 0.86$。

值得提出的是 1994 年前后,中国水利水电科学研究院采用煤灰做模型沙进行了黄、渭、洛河汇流区动床模型试验,模型水平比尺 $\lambda_L = 600$,垂直比尺 $\lambda_H = 60$,流速比尺 $\lambda_v = $

7.75，模型沙 $\gamma_s = 2.12 \text{t/m}^3$，$\lambda_\omega = 0.775$，根据该院预备试验获得 $\lambda_{S_*} = 4$，如按 $\lambda_{S_*} = \dfrac{\lambda_{\gamma_s}}{\lambda_{\gamma_s - \gamma}}$ 计算，$\lambda_{S_*} = 0.84$，与模型试验值相差 5 倍左右，如按本书提出的初估方法进行估算可得 $\lambda_{S_*} = 3.34$，与该模型的试验 λ_{S_*} 值基本接近（由于郑州煤灰与北京煤灰略有差异，用郑州煤灰的初估公式来估算北京煤灰的 λ_{S_*} 值，略有差异也是可以理解的）。

以上分析，进一步说明，在动床模型设计过程中，采用本书所述确定 λ_{S_*} 的方法是可行的。

（五）异重流运动相似条件

水库异重流是泥沙悬移运动一种常见的运动形式，这种运动形式对水库蓄水排沙、减少下游河床淤积均有重要作用。因此，20 世纪 50 年代以来，为了研究水库异重流的形成条件和运动规律（包括异重流运动方程、阻力损失、挟沙能力、洪峰传播速度、异重流的稳定性以及异重流爬高等），我国有不少学者和工程技术人员，进行了异重流试验研究。通过试验，他们发现水库形成异重流，潜入点的水流平均流速 v 与平均水深及浑水相对容重的关系非常密切，即 v 与 $\sqrt{\dfrac{\gamma' - \gamma}{\gamma'} gH}$ 的关系非常密切（见图 2-12）。因此，许多学者认为 $Fr' = K\dfrac{v}{\sqrt{\dfrac{\Delta\gamma}{\gamma'}gH}}$ 可以表征异重流形成条件的判别数。

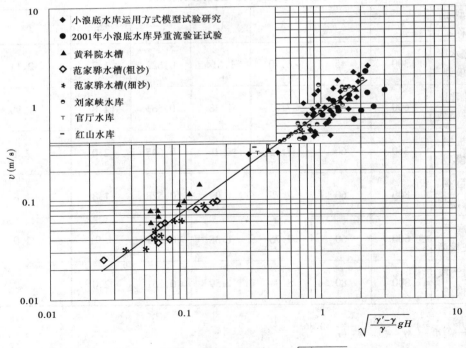

图 2-12　异重流潜入点水力条件 $v \sim \sqrt{\dfrac{\gamma' - \gamma}{\gamma'} gH}$ 关系图

图 2-12 中的资料既有野外水库实测,也有室内水槽试验资料和模型试验资料,说明上述判别数,既能表达天然河流产生异重流的情况,又能表达室内模型产生异重流的条件。因此,我们认为异重流运动相似条件可以用下式表示:

$$\lambda_{Fr'} = \frac{\lambda_v}{\sqrt{\frac{\lambda_{\Delta\gamma}}{\lambda_{\gamma'}}\lambda_H}} = 1 \tag{2-74}$$

式中 Fr'——修正佛氏数;

v——异重流潜入点处水流平均流速;

H——异重流潜入点处平均水深;

$\Delta\gamma$——异重流浮容重,$\Delta\gamma = \gamma' - \gamma$;

γ——清水容重;

γ'——浑水容重。

由浑水特性得知:$\gamma' = \frac{S}{\gamma_s}\left(\frac{\gamma_s - \gamma}{1}\right) + \gamma$,$\Delta\gamma = \gamma' - \gamma = \left(\frac{\gamma_s - \gamma}{\gamma_s}\right)\cdot S$。

低含沙量时,$\lambda_{\gamma'} = \lambda_\gamma$。故低含沙量模型试验异重流运动相似条件为:

$$\lambda_{Fr} = \frac{\lambda_v}{\sqrt{\frac{\lambda_{\gamma_s - \gamma}}{\lambda_{\gamma_s}\lambda_\gamma}\lambda_S\lambda_H}} \tag{2-75}$$

由于 $\lambda_\gamma = 1$,$\lambda_v = \lambda_H^{1/2}$,故得:

$$\lambda_S = \frac{\lambda_{\gamma_s}}{\lambda_{\gamma_s - \gamma}}, \quad \lambda_{Fr} = 1$$

若 $\lambda_S \neq \dfrac{\lambda_{\gamma_s}}{\lambda_{\gamma_s - \gamma}}$,则 $\lambda_{Fr} \neq 1$。

因此,进行异重流模型试验,一律要求 $\lambda_{Fr'} = 1$ 是不现实的,只有当 $\lambda_S = \dfrac{\lambda_{\gamma_s}}{\lambda_{\gamma_s - \gamma}}$ 时,才有可能获得 $\lambda_{Fr} = 1$。换句话说,进行异重流模型试验时,要采用灵活的办法进行试验,并采用灵活的办法,将试验成果应用于原型。如何灵活地将试验成果用于原型,要通过具体模型的实例进行解释(详见具体模型试验)。

此外,根据稳定异重流运动方程式可以推导出异重流运动相似准则有两个,即异重流发生条件相似准则 $\lambda_{Fr'} = \dfrac{\lambda_v}{\sqrt{\frac{\lambda_{\Delta\gamma}}{\lambda_{\gamma'}}\lambda_H}} = 1$,及异重流运动阻力相似准则 $\lambda_{Ce} = \lambda_J^{-0.5}$。

有关试验研究证明,在发生异重流运动的情况下,无论是室内的试验资料或者是野外的测验资料,其阻力系数基本上均为同一常数(见图 2-13)。

因此,可以认为异重流运动的阻力相似条件为 $\lambda_{Ce} = 1$,即要使模型的异重流运动与原型相似,除了满足 $\lambda_{Fr} = 1$ 的条件外,还必须 $\lambda_{\lambda'} = \lambda_{Ce} = \lambda_J^{-0.5} = 1$。

换而言之,只有在正态模型中,才有可能使异重流运动与原型基本相似。因此,研究

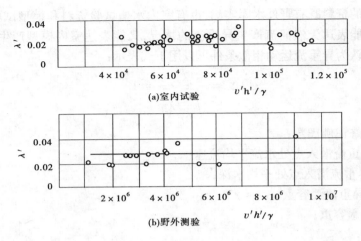

图 2-13 $\lambda'-v'h'/\gamma$ 关系图

黄河异重流运动的模型试验,不宜采用大变率的模型试验。

由于客观条件所限,必须采用大变率的模型进行异重流模型试验时,也应该对模型试验成果进行修正,才能用于原型。

此外,进行水库异重流模拟试验,还必须遵守模型的来水来沙条件相似,以及模型进口条件的相似等原则,否则在模型试验中,难以形成异重流。

(六)河床冲淤过程相似条件

动床模型试验的任务不仅要研究河床纵向冲淤变化和河床平面变化,而且要研究河床冲淤变化过程,即要研究河床冲淤随时间的变化过程。因此,进行动床模型试验,不仅要遵守泥沙冲淤相似条件,而且要遵守河床冲淤过程相似条件。

众所周知,天然河流的河床冲淤变化过程是可以由河床变形方程式描述的,例如由底沙冲淤引起的河床变形,可以用下式表示:

$$\frac{\partial q_{sb}}{\partial x} = -\gamma_0 \frac{\partial z}{\partial t} \tag{2-76}$$

由悬沙冲淤引起的河床变形,可以用下式表示:

$$\frac{\partial Q_S}{\partial x} = -\gamma_0 \frac{B \partial z}{\partial t} \tag{2-77}$$

根据相似原理,由式(2-76)和式(2-77)均可以推导出动床模型试验河床冲淤过程相似条件:

$$\lambda_{t_2} = \frac{\lambda_{\gamma_0}}{\lambda_S}\lambda_{t_1} \tag{2-78}$$

式中 λ_{t_2}——动床模型河床冲淤过程时间比尺;

λ_{t_1}——动床模型试验水流运动时间比尺;

λ_{γ_0}——动床模型河床淤积物淤积干容重比尺;

λ_S——动床模型试验含沙量比尺。

实践证明,稳定流河工动床模型试验,只要满足了水流运动相似条件和泥沙运动相似条件,又满足了河床冲淤过程相似条件,即按式(2-78)的时间比尺进行放水试验,是可以获得与原型冲淤相似的试验成果的。例如,20世纪70年代国内许多科学研究单位,按照上述相似准则进行模型设计和试验,均获得了与原型河床冲淤变化基本相似的研究成果,就是有力的证明(见表2-7)。

因此,我们把式(2-78)称为动床模型河床冲淤过程相似条件。

表2-7　　　　　　　　　20世纪70年代国内部分动床模型试验概况摘录

模型名称	模型主要比尺	相似概况
葛洲坝水利枢纽全沙模型试验	$\lambda_L = 200$ $\lambda_H = 100$ $\lambda_{t_1} = 20$ $\lambda_{t_2} = 98$ 采用电木粉做模型沙 $\lambda_S = \dfrac{\lambda_{\gamma_s}}{\lambda_{\gamma_s - \gamma}} = 0.459$ 按λ_{t_2}放水试验	(1)模型水流流速沿河宽的分布、回流范围、泡漩高度均与原型基本相似; (2)泥沙冲淤部位、冲淤数量及淤沙粒径均与原型基本相似
葛洲坝水利枢纽悬沙模型试验	$\lambda_L = \lambda_H = 200$ $\lambda_{t_1} = 14.14$ 采用白土粉做模型沙,经多次调试得$\lambda_S = 1.1, \lambda_{t_2} = 36$ 采用塑料沙做模型沙,经多次调试得$\lambda_S = 0.081, \lambda_{t_2} = 264$ 模型放水按λ_{t_2}操作	(1)采用较小的正态模型,做到了水流流态和流速分布与原型基本相似; (2)采用酸性白土粉做模型沙,取得了淤积与原型相似; (3)采用塑料沙做模型沙,取得了冲刷与原型相似
射阳河闸下裁弯模型试验	$\lambda_L = 500$ $\lambda_H = 100, \lambda_{t_1} = 50$ 采用80目木粉做模型沙 非汛期$\lambda_{t_2} = 295$ 汛期$\lambda_{t_2} = 208$ 经反复调试$\lambda_S = 1.29$	按λ_{t_2}进行放水试验,取得模型冲淤情况与原型基本相似
黄河三盛公水库动床模型试验	采用煤灰做模型沙 $\lambda_L = 500, \lambda_H = 60$ $\lambda_S = 1.0$调试获得 $\lambda_{t_2} = 120$ $\lambda_{t_1} = \lambda_L / 7.75 = 64.5$	按λ_{t_2}放水试验,模型与原型基本上达到了阻力相似,冲淤过程相似,冲淤规律相似

(七)动床模型试验时间比尺变态问题

式(2-78)是动床模型试验河床冲淤过程相似条件。由式(2-78)可以看出,动床模型试验有两个时间比尺,一个是水流运动时间比尺 λ_{t_1},另一个是河床冲淤时间比尺 λ_{t_2},两个时间比尺之间的关系是 $\lambda_{t_2}/\lambda_{t_1} = \lambda_{\gamma_0}/\lambda_S = m$。

当 $\lambda_{\gamma_0} \neq \lambda_S$ 时, $m \neq 1$, $\lambda_{t_2} \neq \lambda_{t_1}$,即动床模型河床冲淤过程时间比尺与水流运动时间比尺不相等,这种现象称为动床模型时间比尺变态。根据有关人员的分析研究,发现:

(1)在研究洪水演进的动床河工模型中,若出现模型时间比尺变态,则模型水流运动过程(包括洪峰传播过程、洪水位上升过程、河槽的槽蓄过程等)与原型是不相似的。

(2)在研究水库蓄水拦沙或泄水冲刷的大型水库动床模型中,若出现模型时间比尺的变态,则模型水流运动过程(包括水库的蓄水过程、库水位的变化过程、水库的泄水过程等)与原型也是不相似的。

因此,进行动床模型试验时,要慎重对待时间比尺变态问题。我们的办法是:

(1)要针对具体模型的特点分析时间变态对水流运动的影响,即对模型试验可能带来的影响。

(2)要采取减小时间比尺变态引起不利影响的措施。例如有人主张在模型进口提前若干分钟调整施放流量,以消减模型前池和进口段的槽蓄引起的洪量滞后的现象;又例如有人采取对模型出口段的水位及时进行调整(是指尾水调整时间可提前也可错后,根据实际流量而定);此外还有人提出用人工增减水量的办法调节水位的变化等。

(3)通过模型精心设计和合理选沙,尽量使模型的 $\lambda_S \approx \lambda_{\gamma_0}$。

关于 λ_{γ_0} 是否能等于 λ_S 的问题,有的科技工作者进行过探讨,他们认为, $\lambda_{\gamma_0} > 1.0$(即 $\lambda_{\gamma_0} = \dfrac{\gamma_{0p}}{\gamma_{0m}} > 1$), $\lambda_S < 1.0$。因此,他们认为 $\lambda_{\gamma_0} \neq \lambda_S$ 是必然结果。

我们认为 $\lambda_{\gamma_0} > 1$ 是可以理解的;但 $\lambda_S < 1.0$ 是值得研究的。因为所谓 $\lambda_S < 1.0$,是根据 $\lambda_S = \dfrac{\lambda_{\gamma_s}}{\lambda_{\gamma_s-\gamma}} \dfrac{\lambda_v \lambda_J}{\lambda_\omega}$ 的关系推导而得的。

我们知道,所谓 $\lambda_S = \dfrac{\lambda_{\gamma_s}}{\lambda_{\gamma_s-\gamma}} \dfrac{\lambda_v \lambda_J}{\lambda_\omega}$,是由挟沙能力比尺 $\lambda_{S_*} = \lambda_K \dfrac{\lambda_{\gamma_s}}{\lambda_{\gamma_s-\gamma}} \dfrac{\lambda_v \lambda_J}{\lambda_\omega}$、假定 $\lambda_K = 1$ 获得的。可是根据我们的研究,水流挟沙能力公式中的 K 值并不是常数,是一个与 ω、$\dfrac{v_*}{\omega}$ 及 $\dfrac{H}{B}$、$\dfrac{H}{D}$、…因素有关的系数,即挟沙能力比尺中的 $\lambda_K \neq 1$。例如根据我们的研究,采用煤灰做模型沙, $\lambda_K \approx 4$, $\lambda_S = 2$,因此 $\lambda_S \approx \lambda_{\gamma_0}$ 的可能性是存在的。实际上,从公式 $\lambda_{S_*} = \lambda_K \dfrac{\lambda_{\gamma_s}}{\lambda_{\gamma_s-\gamma}} \dfrac{\lambda_v \lambda_J}{\lambda_\omega} \dfrac{\lambda_{v_*}}{\lambda_\omega}$,我们可以看出,决定 λ_{S_*} 的因子有 $\dfrac{\lambda_{\gamma_s}}{\lambda_{\gamma_s-\gamma}}$、$\dfrac{\lambda_v \lambda_J}{\lambda_\omega}$ 和 $\dfrac{\lambda_{v_*}}{\lambda_\omega}$ 等三项,其中 $\dfrac{\lambda_{\gamma_s}}{\lambda_{\gamma_s-\gamma}}$ 是由模型沙确定的,剩余的因素 $\dfrac{\lambda_v \lambda_J}{\lambda_\omega}$ 及 $\dfrac{\lambda_{v_*}}{\lambda_\omega}$ 则是由模型比尺确定的。因此,在动床模型试验

中,要使 $\lambda_{S_*} \approx \lambda_{\gamma_0}$,必须从选好模型比尺和模型沙入手。

(八)$\lambda_{t_2} = \lambda_{t_1}$动床模型设计方法举例

某河道悬移质多年平均输沙量达 3.6 亿 t,$d_{50} \approx 0.027\,5\text{mm}$,平面形态,弯曲多汊,河床宽窄相间,呈藕节状,宽河段河宽达 1 500m 以上,窄河段河宽仅 300m,河床冲淤规律是洪淤枯冲,年内冲淤基本平衡,由于洪水期河床淤积,影响河道通航和洪水宣泄,为此需进行动床模型试验,研究河道整治和疏浚措施以及洪水期洪水演进过程及水位变化过程。

该河道的河床淤积主要是悬沙淤积,故动床模型的中心任务是研究悬沙淤积引起河床抬高和水深减小问题,模型设计按悬沙模型设计。

根据场地条件取 $\lambda_L = 500$,$\lambda_H = 100$,$e = 5$,$\lambda_\omega = \lambda_v \lambda_J = \lambda_H^{0.5} \dfrac{\lambda_H}{\lambda_L} = 10 \times 0.2 = 2$。

本着就地取材的原则,该试验单位曾经采用 $\gamma_s = 1.65\text{t/m}^3$ 的焦灰($d \approx 0.024\,5\text{mm}$)$\gamma_0 \approx 0.83$ 做模型沙进行过模型试验。此次模型设计,拟采用此材料做模型沙,则

$$\lambda_{\gamma_s} = \frac{2.65}{1.65} = 1.6$$

$$\lambda_{\gamma_0} = \frac{1.4}{0.83} = 1.7$$

$$\lambda_{\gamma_s - \gamma} = \frac{1.65}{0.65} = 2.54$$

$$\lambda_S = \frac{\lambda_{\gamma_s}}{\lambda_{\gamma_s - \gamma}} \cdot \frac{\lambda_v \lambda_J}{\lambda_\omega} \left[\frac{\lambda_{v_*}}{\lambda_\omega} \right]^{1.2} = 1.7$$

$$\lambda_{t_2} = \lambda_{t_1} = 50$$

这样解决了时间比尺变态问题。

某单位,试验场地较大,拟采用 $\gamma_s = 2.025\text{t/m}^3$,$d_{50} \approx 0.017\text{mm}$ 的细煤灰做模型沙,设 $\lambda_L = 250$,$\lambda_H = 100$。求得:

$$\lambda_\omega = \lambda_H^{0.5} \lambda_J = 10 \times 0.4 = 4$$

$$\lambda_{\gamma_s} = \frac{2.65}{2.025} = 1.31 \qquad \lambda_{v_*} = \sqrt{\lambda_H \lambda_J}$$

$$\lambda_{\gamma_s - \gamma} = 1.61 \qquad \lambda_{\gamma_0} = \frac{1.4}{1.075} = 1.30$$

$$\lambda_{S_*} = \frac{\lambda_{\gamma_s}}{\lambda_{\gamma_s - \gamma}} \left[\frac{\lambda_{v_*}}{\lambda_\omega} \right]^{1.2} = 1.38 \approx \lambda_{\gamma 0}$$

$$\lambda_{t_2} = \lambda_{t_1} = \frac{250}{10} = 25$$

也解决了时间比尺变态问题。以上设计实例证明,通过合理选择模型比尺和模型沙,解决模型时间比尺变态问题也是有可能的。

(九)含沙量垂线分布相似条件

在挟沙水流中,含沙量的悬垂线分布规律一般均用下式表示:

$$\frac{S}{S_a} = \left[\frac{H - y}{y} \cdot \frac{a}{H - a} \right]^z \qquad (2\text{-}79)$$

式中　H——总水深；

　　　y——任一点的水深；

　　　S——水深为 y 处的含沙量；

　　　S_a——水深为 a 处的含沙量，即临底含沙量；

　　　z——悬浮指标，$z = \omega /(\beta K u_*)$；

　　　β——修正系数。

根据相似原理，要使模型的含沙量垂线分布与原型相似，必须：

$$\frac{\lambda_\omega}{\lambda_K \lambda_{u_*}} = 1 \tag{2-80}$$

即

$$\lambda_\omega = \lambda_{u_*}, \lambda_K = 1$$

前面已经谈到 $\lambda_K = \lambda_{u_*}/\lambda_u$，要使 $\lambda_K = 1$，必须 $\lambda_{u_*} = \lambda_u$，即必须 $\lambda_J = 1$。因此，只有在正态模型试验中，才能满足含沙量垂线分布相似条件。

必须指出，在含沙量较大而又不是高含沙水流时，含沙量的大小不仅对卡门常数有影响，而且对泥沙沉速有影响。在此情况下，如果采用 $\lambda_S \neq 1$ 进行模型试验，则更难获得含沙量垂线分布与原型相似的成果。因此，在 $\lambda_S \neq 1$ 的黄河动床模型中，如何能够获得含沙量垂线分布与原型相似，需要慎重对待。在含沙量垂线分布与含沙量本身的大小的关系未探明之前，可以暂且采用 $\lambda_\omega = \lambda_{u_*}$ 作为含沙量垂线分布的相似条件，或采用 $\lambda_\omega = \lambda_k \lambda_{u_*}$ 作为含沙量垂线分布相似条件。

第四节　黄河动床模型设计的限制条件

众所周知，在原型试验河段长度一定的条件下，模型比尺 λ_L 愈大，即模型缩尺 $\left(\dfrac{1}{\lambda_L}\right)$ 愈小，模型规模（模型长度）则愈小，模型试验需用的场地面积愈小，需用器材和经费愈少；反之，模型的比尺（λ_L）愈小，即模型缩尺 $\left(\dfrac{1}{\lambda_L}\right)$ 愈大，模型试验需用的场地面积愈大，需用器材和试验经费也愈大，模型制作的工作量也大。因此，不少试验的委托单位，本着少花钱多办事的精神，要求试验人员尽量把模型做成小模型，即要求试验人员在满足模型相似条件的同时，尽量把模型比尺放大。

因此，在模型试验技术领域内，出现一个实际问题，模型比尺能放大多少的问题，模型比尺的选定是否有限制条件？黄河动床河道模型的限制条件如何确定？这些就是本节讨论的中心内容。

在叙述模型设计限制条件之前，先要向读者交待模型试验缩尺影响（也叫比尺效应）的基本概念。

通常水流运动是在重力和阻力共同作用下运动的，因此模型试验要同时遵守重力相似条件和阻力相似条件。即模型试验要同时满足：

$$\lambda_{Fr} = 1, \quad \lambda_v = \lambda_H^{0.5} \tag{2-81}$$

$$\lambda_{Re} = 1, \quad \lambda_v = \frac{\lambda_\nu}{\lambda_H} \tag{2-82}$$

联解式(2-81)和式(2-82),得

$$\lambda_H = \lambda_\nu^{2/3} \tag{2-83}$$

式中　ν——水流运动黏滞系数;

　　　H——水深。

通常,模型和原型的液体均是水,即 $\nu_原 = \nu_模$,$\lambda_\nu = 1$,故必须 $\lambda_H = 1$,才能同时满足两个相似条件。

这充分说明,在一般河工模型试验中($\lambda_H \neq 1$),要全面满足各项动力的相似条件是非常困难的(基本上是不可能的)。

一般河工模型试验满足重力相似条件,是比较容易的,要满足雷诺数相似条件,则非常难,模型比尺愈大(λ_L 愈大),模型愈小,模型雷诺数愈小,模型雷诺数偏离原型雷诺数愈远,模型水流运动现象与原型偏差愈大,即模型试验的误差愈大。这种误差的大小随模型比尺大小而异,故人们称它为模型缩尺影响(也叫比尺效应)。

早在 20 世纪 30 年代,苏联的阿维尔基耶夫工程师曾进行过实用堰试验,图 2-14 和图 2-15 是试验成果图。

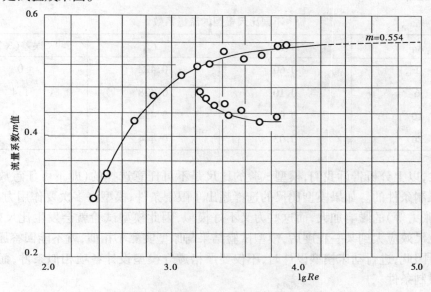

图 2-14　实用堰 $m = f(Re)$ 关系图

由试验成果图可以看出:当 Re 小于某一常数后由试验获得的堰流公式的流量系数值并非常数,而是随 Re 的变小而变小的变数。说明采用 Re 小的模型获得 m 值与 Re 大的原型的 m 值是不一致的,而且 Re 愈小,偏离原型的 m 值愈大。

有的学者对不同比尺模型试验获得的雷伯克(Behbock)矩形堰流量系数 C 值进行了分析(见表 2-8),也发现模型试验获得的 C 值与模型水流的 Re 有关,模型比尺愈大,模型愈小,模型水流的 Re 愈小,模型试验获得的 C 值偏离原型 C 值愈大(即获得的 C 值的误

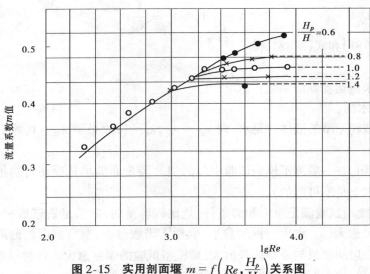

图 2-15　实用剖面堰 $m = f\left(Re, \dfrac{H_p}{H}\right)$ 关系图

差愈大),说明该模型试验的比尺效应是明显的。类似这种模型试验,还有其他种种,在此不一一叙述。

表 2-8　　　　　　　　　　　　不同比尺模型的流量系数

λ_H	$H(m)$	C	误差(%)
1	0.60	0.422	0
6	0.10	0.428	1.4
10	0.06	0.432	2.4
20	0.03	0.444	5.2

　　总之,以上分析告诉我们,模型试验的比尺是不可任意选择的(即不可任意放大的),而是有限制条件的。如果模型比尺的选择超出了限制条件,模型许多次要作用力(如黏滞力、表面张力等)的影响加大,而这些力又不好模拟,因此模型试验就会发生比尺效应,当模型的比尺效应大到某一程度后,模型试验结果与原型实测不相似,就不能回答原型的实际问题。因此,进行动床模型设计时,不仅要严格遵守模型设计各项相似条件,而且要遵守以下限制条件。

一、缓流与急流的限制条件(也叫佛氏数限制条件)

　　天然河流的水流运动,有的属于缓流运动(如平原河流的水流运动),有的属于急流运动(如山区性河流的水流运动)。

　　缓流运动和急流运动的判别准则是佛氏数 $\dfrac{v}{\sqrt{gH}}$。当水流运动的佛氏数 $\dfrac{v}{\sqrt{gH}} > 1$ 时,为急流运动;当佛氏数 $\dfrac{v}{\sqrt{gH}} < 1$ 时,为缓流运动。

水流的急流运动和缓流运动,两者不仅运动的流态不同,其能量损失过程亦不同。因此,进行模型试验时,如果原型的水流运动属于急流,要使模型水流运动与原型相似,则模型水流运动亦必须属于急流;反之,如果原型的水流运动属于缓流,要使模型水流运动与原型相似,则模型的水流运动亦必须属于缓流。即原型水流 $v_p > \sqrt{gH_p}$ 时,模型水流亦必须满足 $v_m > \sqrt{gH_m}$;反之,原型水流 $v_p < \sqrt{gH_p}$ 时,模型水流亦必须满足 $v_m < \sqrt{gH_m}$,这就是模型设计的急流和缓流限制条件。

在按水流运动重力相似准则设计的模型中,这项限制条件已经自动满足,无需再另行考虑。但在允许佛氏数有偏差,按阻力相似准则设计的模型中,则必须考虑此项限制条件。

由于 $\dfrac{v^3}{gh} = \dfrac{C^2 J}{g}$,故得出:当模型为缓流时,则必须要求 $J < \dfrac{g}{C^2}$;当模型为急流时,则必须要求 $J > \dfrac{g}{C^2}$。特别是变态模型,这项限制条件要格外注意。

二、层流与紊流的限制条件(也可以称为雷诺数限制条件)

水流运动另一个特征,是层流和紊流。层流和紊流的运动特性是截然不同的。

层流区,水流运动所受的阻力属于黏滞力,与床面的糙度无关。其阻力系数(f)与雷诺数(Re)成反比,$f = \dfrac{6}{Re}$。

紊流区,水流所受的阻力与黏滞力关系不大,主要决定于床面粗糙度,其阻力损失与流速的 m 次方成正比。当水流运动进入高紊动区时,其阻力损失与流速的平方成正比,称为阻力平方区。

层流和紊流的判别准则是临界雷诺数(Re_{kp}),当水流的雷诺数 $Re > Re_{kp}$ 时,水流为紊流运动;反之,当水流运动的 $Re < Re_{kp}$ 时,为层流运动。

天然河道水流运动的雷诺数一般都大于临界雷诺数(即 $Re > Re_{kp}$),一般都为紊流。因此,模型试验也应该为紊流,即模型试验的雷诺数也必须大于临界雷诺数。

通常水流运动的临界雷诺数以 Re_{kp} 表示。

关于水流运动的临界雷诺数许多学者进行了试验研究。

荷浦夫(Hopf)获得:$Re_{kp} = 330$;

林得桥维士特(Lindgkiet)试验:$Re_{kp} = 500 \sim 600$;

格列依(Krey)获得:$Re_{kp} = 1\,500 \sim 6\,000$;

佛格里(Vogel)根据混凝土水槽试验,得出:$Re_{kp} = 1\,600$;

柴克士达(АЛЗеГЖВА)通过试验,获得:$Re_{kp} = 800 \sim 900$;

李昌华通过试验提出:$Re_{kp} = 1\,000$。

必须指出,以上所谓临界雷诺数(Re_{kp})是指水流运动由层流区进入紊流区的临界雷诺数。但根据柴克士达试验资料的分析,得知水流进入紊流区以后,若雷诺数继续增大,当雷诺数大于 Re_{kB} 以后,水流运动便进入阻力平方区,其阻力系数才决定于($\dfrac{R}{K}$),与 Re

无关(见图 2-16)。

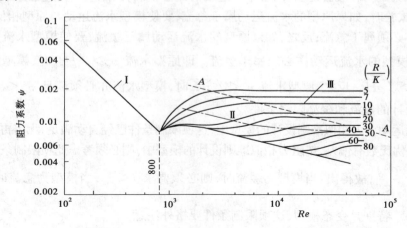

图 2-16　明渠均匀糙度的阻力系数(柴克士达)

　　天然河流,雷诺数都很大(特别是洪水期,雷诺数更大),其水流运动,一般都属于阻力平方区,因此模型试验的水流运动,亦必须属于阻力平方区,才能保证模型的水流运动与原型相似。

三、阻力平方区的限制条件

　　根据试验资料分析,柴克士达认为:

　　(1)格列依数可以作为接近于阻力平方区的雷诺数。

　　(2)用尼古拉兹有压管试验资料获得阻力平方区的雷诺数与相对糙率$(\frac{R}{K})$有关,见表 2-9。

表 2-9　　　　　　　　　　　　　　相对糙率与雷诺数

相对糙率(R/K)	雷诺数(Re_{kB})
7.5	10 000
15.3	16 000
30	60 000

　　(3)进入阻力平方区的条件是:$\lg \frac{v_* K}{\nu} \geqslant 1.65$,即$\frac{v_* K}{\nu} \geqslant 45$。

　　经过换算得:

$$Re_{kB} \geqslant \frac{63}{\sqrt{\lambda}} \frac{R}{K} = \frac{1}{\sqrt{\lambda}} 63 \frac{R}{K}$$

$$Re_{kB} \geqslant 63 \frac{R}{K} \left(4\lg \frac{R}{K} + 4.25\right) \tag{2-84}$$

式中　　Re_{kB}——水流进入阻力平方区时的临界雷诺数。

由式(2-84)可以获得 Re_{kB} 与 $\dfrac{R}{K}$ 的关系如表 2-10 所示。

表 2-10　　　　　　　　　　　　　　相对糙率与临界雷诺数

相对糙率(R/K)	阻力平方区临界雷诺数(Re_{kB})
5.0	2 219
7.5	3 661
15.3	8 664
30	19 199

沙玉清教授通过对柴克士达资料的分析,提出:

$Re < 600 \sim 800$　　　　　　　　层流区

$0.056 < \Psi Re^{1/4} < 0.138$　　　　介流区(即过渡区)

$\Psi Re^{1/4} > 0.138$　　　　　　　紊流区(即阻力平方区)

式中 $\Psi = \dfrac{2gn^2}{R^{1/3}}$($\Psi$ 即柴克士达试验中的 λ 值)。

根据上述关系,可以获得阻力平方区的临界雷诺数:

$$Re_{kB} = \left(\frac{0.138R^{1/3}}{2gn^2}\right)^4 \qquad (2\text{-}85)$$

黄河模型为了克服表面张力的影响,最小水深为 0.015m,采用煤灰做模型沙,$n = 0.015\,5$。因此,获得黄河模型阻力平方区的限制条件为 $Re_{kB} = 2\,733 \approx 2\,800$。

四、克服表面张力影响的限制条件

由于流体分子间有凝聚力作用,因此流体与其他介质间的分界面上产生表面张力。

根据波达波夫的研究,当水流平均流速为 5~8cm/s 时,由于表面张力的存在,其表面水流的运动状态,与水面以下水体的运动状态完全不同,这时,若采用撒纸花(轻浮子)方法测出的表面流场根本不能代表水流主体流场的真实情况。

波达波夫还指出当表面流速 $v_n = 0.23$m/s 时,才能克服表面张力的影响,使水面产生波纹。

李昌华指出,一般河工模型的水深必须大于 1.5cm(即 $h > 1.5$cm),否则表面张力将起干扰作用。

综上所述,我们认为,在 $h < 1.5$cm,$\overline{v} < 8$cm/s 的模型试验中,采用浮标法观测水流流向(河势)是不准确的,即采用 $Re = 1\,200$ 模型试验来研究河势变化是不妥的。

为了克服表面张力对河势的影响,要求模型必须:

(1) $\overline{v} > 8$cm/s;

(2) $h > 1.5$cm/s;

(3) $\dfrac{\overline{v}h}{\nu} \geqslant 1\,200$。

五、模型变率的限制条件

有关模型变态问题,将在第三章详细论述,在此只简要叙述其概况。

首先,我们必须再一次指出黄河河道动床模型试验的变态,不仅是必要的,而且是必然的;否则,模型的水流运动及泥沙运动就与原型不相似。

其次,我们认为不是所有研究黄河泥沙问题的模型都必须采用变态(详细论述见本书第三章)。

再次,我们认为黄河模型试验有其自身的特点,但在模型变态率的选择时,可以参考其他河流模型选择变率的经验。

例如,李昌华指出,模型 $\frac{B}{H} > 6 \sim 10$:

$$e = \frac{\lambda_L}{\lambda_H} < \left(\frac{B}{H}\right)_{\text{p}}\left(\frac{1}{6} \sim \frac{1}{10}\right) \tag{2-86}$$

柴克士达方法:

$$\frac{\lambda_L}{\lambda_H} < \frac{\lambda_L^{5/3}}{\lambda_Q^{2/3}} \tag{2-87}$$

六、模型水深比尺 λ_H 的限制条件

如果模型水深比尺 λ_H 无限制地放大,则模型水深很小,流速很低,水流接近层流区,黏滞力及表面张力等次要的作用力将在模型中发生显著的影响,使水流运动(流态)发生根本的变化而与原型不相似。因此,模型设计时,水深比尺(λ_H)不能无限制地放大,而是有限度的。

确定 λ_H 的限度的方法有以下几种:

(一)窦国仁方法

正态模型:

$$\lambda_H \leqslant \left(\frac{v_{\text{p}}\Delta_{\text{p}}}{60 C_{0\text{p}}\gamma_{\text{m}}}\right)^{2/3} \tag{2-88}$$

变态模型:

$$\lambda_H \leqslant \left(\frac{v_{\text{p}}\Delta_{\text{p}}}{60 C_{0\text{p}}\gamma_{\text{m}}}\right)^{1/5}\lambda_L^{7/10} \tag{2-89}$$

式中 $\Delta \approx d_{50}(\text{cm})$,$C_0 = \left(\frac{H}{\Delta}\right)^{1/6} \times 6.76$。

(二)李昌华方法

$$\lambda_H \leqslant 4.22\left(\frac{v_{\text{p}}H_{\text{p}}}{\gamma_{\text{m}}}\right)^{2/11}\lambda_\lambda^{8/11}\lambda_L^{8/11} \tag{2-90}$$

式中 $\lambda = 2\left(\frac{v_*}{v}\right)^2$。

两位学者求 λ_H 方法的基本精神是一致的,都是以 $\lg\frac{v_*\Delta}{\gamma} = 1.65$ 作为阻力平方区的

判别数为依据的,他们的不同之处,是求解$\dfrac{v_* \Delta}{\gamma}$的方法有些差异。

我们认为,根据$\lambda_H^{1.5} = \dfrac{Re_p}{(Re_{kB})_m}$的原则是可取的,但是确定$Re_{kB}$时,应该结合黄河模型沙的特点,即我们前面已经提出的,在黄河模型试验中,采取煤灰做模型沙,模型Re_{kB}值可以定为2 600~3 000,平均值为2 800。即黄河模型指洪水模型,水深比尺λ_H的限制条件为:

$$\lambda_H^{1.5} \leqslant \left(\dfrac{Re_p}{2\ 800}\right), \quad \lambda_H \leqslant \left(\dfrac{Re_p}{2\ 800}\right)^{0.67} \tag{2-91}$$

式中 Re_p——原型雷诺数,与流量大小有关。

根据分析黄河下游雷诺数Re在1 000 000~2 000 000之间。因此,求得黄河下游模型水深比尺$\lambda_H = 50\sim100$。

第三章　模型变率的选择

第一节　模型变态的必要性和必然性

一、模型变态的必要性

在黄河动床模型试验中,往往会碰到河宽水浅的长河段河道模型试验,例如黄河下游游荡型河道河床演变模型试验、河道整治模型试验、二级悬河滚河模型试验以及淤滩刷槽模型试验等。原型的河宽达 20km 以上(包括滩地),而河槽的平均水深仅 2.0m 左右,如果采用正态模型进行试验,则需要做宽 100m、长 1 000m 以上的大模型,显然是很不经济的,试验时也难操作。如果按一般的实验室的面积的大小去选择模型比尺,模型比尺小,水深、流速都很小,雷诺数也很低,模型的水流流态和泥沙运动状态,都与原型不相似。在此情况下,势必采用模型变态法,增大模型水深和流速,以满足模型各项相似条件,这就是动床模型变态的必要性。

二、模型变态的必然性

根据河相学原理,河道(包括室内试验小河)的河床形态(指河宽、水深、河弯半径、河弯跨度以及河弯幅度等)都是水流与河床组成相互作用的结果,有水流才能塑造河道,水流流量大,塑造的河道过水面积大;反之,水流流量小,塑造的河道过水面积也小。换言之,河道形态的大小,水流的作用应是起主导作用的。但也必须看到,在水流运动过程中,水流的运动是受河床约束的,河床对水流运动有阻力作用,水流运动是在克服河床阻力情况下前进的,这就是人们所谓河床和水流的相互作用形成了河道。所以,河床形态是水流在运动过程中克服河床阻力的产物,如果河床阻力以满宁糙率表示,河床形态以河道宽深比 $\left(\dfrac{B}{H}\right)$ 表示,则 $\dfrac{B}{H}$ 与 n 会有密切的关系,其关系可用下式表示:

$$\frac{B}{H} = f(n)$$

根据黄河实测资料分析(见图 3-1),黄河沿程宽深比与糙率的关系为:

$$\frac{B}{H} = Kn^{\alpha} \tag{3-1}$$

式中　B——河槽水面宽;

　　　H——河槽平均水深;

　　　n——糙率;

　　　α——指数,初步分析 $\alpha = -1.67$。

黄河河床形态的关系式,可以写成:

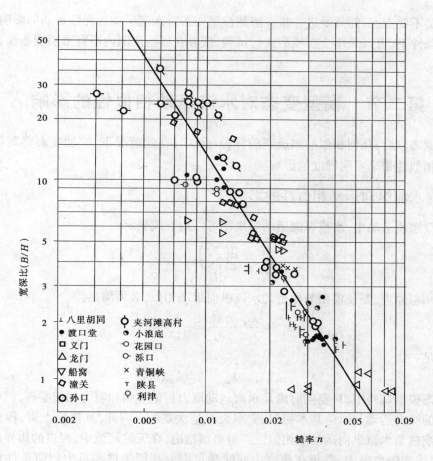

图中标注:

纵轴:宽深比(B/H)
横轴:糙率 n

图例:
⊢ 八里胡同   ⊙ 夹河滩高村
● 渡口堂   ◐ 小浪底
□ 义门   ○ 花园口
△ 龙门   ⊘ 泺口
▽ 船窝   × 青铜峡
◇ 潼关   ⊤ 陕县
○ 孙口   ⊦ 利津

图 3-1 黄河干流实测河床形态 B/H 与糙率关系图

$$\frac{B}{H} = Kn^{-1.67}$$

如果用此式写成模型的河槽形态相似比尺,则有

$$\frac{\lambda_B}{\lambda_H} = \lambda_n^{-1.67}$$

当 $\lambda_n = 1.0$ 时,才有 $\lambda_B/\lambda_H = 1.0$;如果 $\lambda_n \neq 1.0$,则 $\lambda_B \neq \lambda_H$,即产生变态。这种变态,是由河床与水流互相作用不相似造成的自然规律,我们称它为必然变态,也就是模型变态的必然性(自然性)。

例如 1972 年,我们采用 1:80 的正态模型进行某枢纽的分水分沙模型试验,原型糙率很小,$n_p \approx 0.01$,而模型沙的糙率 $n_m > 0.01$,试验结果在模型中形成了一条宽约 1.8m 的模型小河,如按 $\lambda_L = 1:80$ 换算成原型,得原型河槽宽为 144m,可是,原型实测资料告诉我们,在相应的水沙条件下,原型河槽实测宽度约 500m。这个试验结果说明在此情况下,采用动床正态模型来研究河床形态,由于糙率不相似,试验结果是有很大偏差的。

类似这种模型试验的例子很多(指黄河动床模型试验),在此不一一介绍。

我们认为,研究河床形态问题的黄河动床模型,必须采用变态模型试验,现在的问题不是讨论要不要变态,而是要进一步弄清楚模型变态对水流运动和泥沙运动的影响,弄清楚在什么条件下,可以采用变态模型进行试验,或者在哪些范围内不宜采用变态模型进行试验。

第二节　模型变态对水流运动相似性的影响

模型变态以后,几何相似准则遭到破坏,$\lambda_L \neq \lambda_H$;在此情况下,模型变态将对各种水流运动的相似性带来不同程度的影响。

一、对水流纵向运动相似性的影响

在明渠水流运动中,水流纵向运动的规律可以用下式表示:

$$J - \frac{\mathrm{d}h}{\mathrm{d}L} = \frac{\mathrm{d}\left(\frac{v^2}{2g}\right)}{\mathrm{d}L} + \frac{v^2}{C^2 R} \tag{3-2}$$

根据相似原理,要使模型与原型的水流纵向运动相似,必须满足:

$$\lambda_J = \frac{\lambda_H}{\lambda_L} = \frac{\lambda_v^2}{\lambda_L} = \frac{\lambda_v^2}{\lambda_C^2 \lambda_R}$$

即必须满足:

$$\lambda_v = \lambda_H^{0.5}, \quad \lambda_v = \lambda_C (\lambda_H \lambda_J)^{0.5}$$

在变态模型试验中,只要同时满足水流运动重力相似准则和阻力相似准则,就可以使模型水流的纵向运动与原型基本相似,变率大小是次要的。因此,从理论上讲,模型的变态不会影响模型水流纵向运动的相似性。但必须指出,在天然河流中,河道的边界条件相当复杂,水位变幅也很大,要想在模型中同时满足阻力相似条件和重力相似条件难度很大,在复杂的河道模型中,稍有疏忽,就会使模型的相似出现很大的偏离。下面就矩形河槽模型试验的实例,说明模型变态以后要同时满足水流运动重力相似和阻力相似条件是极其困难的。

图 3-2　天然河流横断面示意图

图 3-2 是天然河流横断面示意图,图中水力半径与水深的关系式为:

$$\left(\frac{H}{R}\right)_原 = 2\left(\frac{H}{B}\right)_原 + 1 \tag{3-3}$$

分别除以各自的模型比尺后,得:

$$\frac{\lambda_R}{\lambda_H}\left(\frac{H}{B}\right)_原 = 2\frac{\lambda_L}{\lambda_H}\left(\frac{H}{B}\right)_原 + 1 \tag{3-4}$$

联解式(3-3)和式(3-4),化简以后得:

$$\lambda_R = \frac{2\left(\frac{H}{R}\right)_原 \cdot e + 1}{2\left(\frac{H}{R}\right)_原 + 1} \lambda_H \tag{3-5}$$

由于
$$\lambda_n = \frac{\lambda_R^{1/6}}{e^{0.5}}$$

因此
$$\lambda_n = \frac{\lambda_H^{1/6}}{e^{0.5}} \left[\frac{2\left(\frac{H}{R}\right)_{原} \cdot e + 1}{2\left(\frac{H}{R}\right)_{原} + 1} \right]^{1/6} \tag{3-6}$$

从式(3-6)可以看出,在正态模型中,$e=1$,$\lambda_n = \lambda_H^{1/6}$,$\lambda_n =$ 常数,模型加糙比较好处理。在 $e > 1$ 时,$\lambda_n = f(H/B)$,不是常数,这种现象对于一般$(H/B)_{原}$沿程变化不大的河道模型来说,λ_n 值的变化范围不大,给模型试验带来的困难并不大,模型加糙也比较好办;如果$(H/B)_{原}$沿程变化较大,λ_n 值变化范围大,给模型加糙带来的困难则较大。例如有一个 $\lambda_L = 1\ 000$、$\lambda_H = 100$ 的黄河模型,由于原型的(H/B)值沿程变化范围大,引起模型糙率比尺 λ_n 沿程变化大(见表3-1),给模型加糙带来的困难相当大。

表 3-1 　　　　　　　　　　　某河道模型 λ_n 值沿程变化

里程(km)	−40	−10	0	10	40	60	100
H/B	0.2	0.1	0.05	0.01	0.005	0.002	0.001
λ_R	356	250	180	180	109	103	102
λ_n	0.835	0.785	0.750	0.700	0.685	0.68	0.678

特别是在窄河段,由于水位的变幅很大,不同水位下的糙率比尺变化也大(表3-2),给模型加糙带来的困难更大。

表 3-2 　　　　　　　　　　　某河道模型 1 号断面 λ_n 变化表

H(m)	1.0	5	10	20	30	40
λ_R	117.5	182	250	356	438	500
λ_n	0.692	0.746	0.785	0.838	0.866	0.885

注:原型河宽 $B = 100$m。

以上是模型变率 $e = 10$ 的情况,如果模型的变率再增大,则糙率比尺的变化范围更大,模型加糙的难度更大。因此,在大变率模型试验中,要真正使水流纵向运动的相似性(包括横向运动的相似性)不受到变率的影响,是非常困难的。

二、对水流纵向流速垂线分布相似性的影响

水流纵向流速垂线分布,可以用如下基本方程式表示:
$$\frac{\mathrm{d}v_x}{\mathrm{d}y} = \frac{v_*}{ky}$$

根据相似原理,要使模型的纵向流速垂线分布与原型相似,必须满足 $\lambda_v \cdot \lambda_K = \lambda_{v_*}$,其中 $\lambda_K = 1$,即 $\lambda_v = \lambda_{v_*}$,则必须满足 $\lambda_H^{0.5} = \lambda_H^{0.5}\lambda_J$,即 $\lambda_J = 1$。

只有变率 $e = 1$ 时,才能保证模型水流的纵向流速沿垂线分布与原型相似。换言之,

模型变态以后,模型纵向水流流速沿垂线分布与原型不会相似。

为了进一步弄清变态对水流流速分布相似性的影响程度,我们曾经采用 Т·Д·Железняков 公式,结合黄河具体情况,进行过简单的分析。

根据 Т·Д·Железняков 的研究,水流底部流速公式可以用下式表示:

$$v_底 = v_{max} - 7.5u_* \tag{3-7}$$

将 $\dfrac{\sqrt{g}}{C}v$ 代替 u_* 以后,得:

$$\frac{v_{max} - v_底}{v} = 7.5\frac{\sqrt{g}}{C} = \frac{23.6}{C} \tag{3-8}$$

具体到黄河的情况,假设 $C = 100$,则根据 $\lambda_C = e^{0.5}$ 和 $\lambda_C = 100/C_模$,可以求出不同变率对模型相对流速的影响程度(见表 3-3),也即对流速垂线分布相似性的影响程度。

表 3-3   不同变率的模型相对流速差计算

变率 e	1	2	3	5	10	20	30	40
λ_C	1	1.4	1.73	2.24	3.18	4.45	5.48	6.35
$C_模$	100	70.5	58	44.5	31.6	22.5	18.2	15.7
$(v_{max} - v_底)/v$	0.236	0.335	0.405	0.53	0.745	1.05	1.30	1.50

从表 3-3 可以看出,随着模型变率的逐渐增大,河床阻力逐渐增大,相对流速差 $(v_{max} - v_底)/v$ 亦逐渐增大;当模型变率增加到 5 时,相对流速差比正态模型能大一倍左右;变率为 20 时,相对流速差约为正态模型的 4 倍。说明采用大变率模型来研究流速分布问题,是不适宜的。

三、对"曲面水流"运动相似性的影响

黄河的河底是起伏不平的,如三门峡到小浪底之间的河道,河床上有许多碛,水流实际上是在起伏不平的"曲面"河床上运动,可以称为"曲面水流"(见图 3-3)。

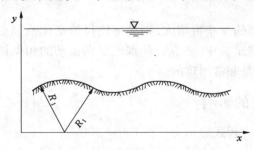

图 3-3　河床纵剖面示意图

"曲面水流"河床任意一点的高程可用 $y = f(x)$ 表示。根据数学原理,曲线上任何一点的曲率为:

$$K = \frac{|y''|}{(1 + y'^2)^{3/2}} \tag{3-9}$$

曲率半径 R_1 为:

$$R_1 = \frac{1}{K} = \frac{(1 + y'^2)^{3/2}}{y''} \tag{3-10}$$

当 dy/dx 为极小时,y'^2 可以忽略不计。

则:

$$R_1 = \frac{1}{|y''|} = \frac{1}{\left(\dfrac{d^2 y}{dx^2}\right)} \tag{3-11}$$

当水流经过这种床面以后,单位水体产生的垂向离心力、惯性力及重力分别为:

$$F = \frac{mv^2}{R}$$
$$M = ma$$
$$G = mgJ$$

根据相似原理,要使模型水流运动与原型相似,必须:

$$\lambda_F = \lambda_m = \lambda_G \tag{3-12}$$

由以上公式得知:

$$\lambda_F = \lambda_m \frac{\lambda_v^2}{\lambda_{R_1}} = \lambda_L^2 \lambda_H \frac{\lambda_v^2}{\lambda_R} \tag{3-13}$$

$$\lambda_M = \lambda_m \lambda_a = \lambda_L^2 \lambda_H \frac{\lambda_v}{\lambda_x} = \lambda_L \lambda_H \lambda_v^2 \tag{3-14}$$

$$\lambda_G = \lambda_m \lambda_g \lambda_J = \lambda_L \lambda_H^2 \qquad (\lambda_g = 1) \tag{3-15}$$

将 λ_F、λ_M、λ_G 等关系代入式(3-12)得:

$$\lambda_L^2 \lambda_H \frac{\lambda_v^2}{\lambda_{R_1}} = \lambda_L \lambda_H \lambda_v^2 = \lambda_L \lambda_H^2 \tag{3-16}$$

即

$$\frac{\lambda_L}{\lambda_{R_1}} \lambda_v^2 = \lambda_v^2 = \lambda_H \tag{3-17}$$

换言之,要使模型垂向离心力与原型相似,必须满足 $\lambda_{R_1} = \lambda_L$。

但根据式(3-11)可知:

$$\lambda_{R_1} = \frac{\lambda_L^2}{\lambda_H} = \lambda_L \cdot e \tag{3-18}$$

在变态模型中,$e \neq 1$,故 $\lambda_{R_1} \neq \lambda_L$。说明模型变态以后,由于"曲面水流"运动所产生的垂线离心力与原型不会相似。所以,在河床起伏不平的河流中,采用大变率的模型试验也是不适宜的。

附带指出,一般滚水坝模型试验,不能采用变态,其原因亦在于此。

四、对水流平面流态相似性的影响

在天然河流中,任何一条垂线的平均流速均可以用 $\bar{v} = C\sqrt{hJ}$ 近似地表示。根据相似原理,只要模型能够满足 $\lambda_v = \lambda_C \sqrt{\lambda_H \lambda_J}$ 的相似条件(即严格遵守阻力相似条件),就有可能使模型水流的平面流态(流速沿横向的分布)与原型基本相似。变率的大小是无关紧要的。

1957 年,李保如和陆浩等学者,为了研究某河流桥渡导流工程的效果,曾经进行了气流模型试验和水流模型试验。气流模型的平面比尺 $\lambda_L = 4\,550$,垂直比尺 $\lambda_H = 200$,变率 $e = 22.75$;水流模型的平面比尺 $\lambda_L = 600$,垂直比尺 $\lambda_H = 80$,变率 $e = 7.5$,两个模型试验的平面流态对比见图 3-4、图 3-5。从图中可以看出,两个模型试验的平面流态(包括垂线平均流速的横向分布),基本上是相似的。

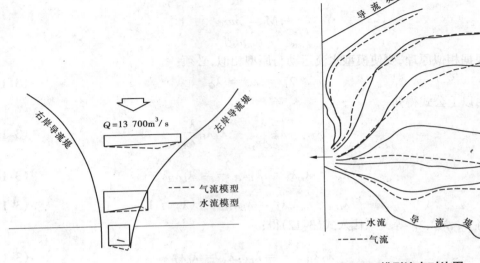

图 3-4　模型流速分布对比图　　　　图 3-5　模型流态对比图

1962年,为了研究某河流修建新桥以后的壅水问题,铁道科学研究院曾进行 $\lambda_L = 800$、$\lambda_H = 80$、$e = 10$ 的模型试验,从模型试验的垂线平均流速与原型实测的流速对比图来看,试验结果与原型基本上也是相似的(见图3-6)。类似这种模型试验的实例还有很多,试验成果告诉我们,模型变态以后,水流的平面流态(在模型有足够宽度的情况下)的相似性不会受到很大的影响。

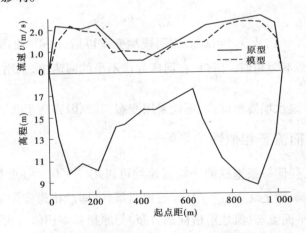

图 3-6　某模型试验垂线平均流速分布验证图

上述"模型变态"对水流运动相似性影响的一般分析,可以得出以下几点基本认识:

(1)从理论上讲,模型变态对于水流纵向运动和横向运动的相似性(包括平面流态的相似性)没有多大的影响。因此,凡是研究一般水流纵向运动和横向运动问题的模型试验,原则上可采用变态。变率的大小,应根据具体河段的边界条件而定。

（2）模型变态破坏了水流纵向流速垂向分布的相似性和环流运动的相似性。因此,采用变态模型来研究水流的流速垂向分布和环流运动等问题,是有误差的,变率越大,误差也越大。

（3）河床宽浅、比降平缓、平面形态比较平顺的河段(如黄河下游),可以采用变态模型进行试验;河谷窄深、比降陡峻、河床严重起伏不平、平面形态突然放宽或突然缩窄、弯道很急的河段(如黄河的峡谷段),不宜采用变态模型进行试验,在必须采用变态模型试验时,应该尽量做小变率的模型试验。

第三节　模型变态对泥沙运动的影响

模型变态的目的之一,就是加大模型的比降、流速及临界推移力,使模型沙的运动与原型基本相似。因此,模型变态与泥沙运动的相似性不会有多大的矛盾。以悬沙运动为主的黄河动床模型试验,泥沙运动的主要相似条件为:

$$\lambda_\omega = \lambda_v (\lambda_H / \lambda_L)^{0.5} = \lambda_v / e^{0.5} \tag{3-19}$$

根据这个相似条件,我们可以得到这类黄河模型试验所要求的模型变率为:

$$e = (\lambda_v / \lambda_\omega)^2 = \frac{\lambda_H}{\lambda_\omega^2} \tag{3-20}$$

根据式(3-20)来选择模型变率,已经满足了泥沙运动相似条件,当然不会影响泥沙运动的相似性。

又如以底沙运动为主的黄河动床模型试验,泥沙运动相似的主要条件为:

$$\lambda_{\gamma_s - \gamma} \lambda_D = \lambda_\gamma \lambda_H \lambda_J \tag{3-21}$$

其变率为:

$$e = \frac{\lambda_\gamma \cdot \lambda_H}{\lambda_{\gamma_s - \gamma} \cdot \lambda_D} \tag{3-22}$$

按照式(3-22)去选择模型的变率,与满足底沙运动的相似性也没有矛盾。

所以,从保证泥沙运动与原型相似的角度考虑,模型的变态不会破坏泥沙运动的相似性。但在模型变态以后,水流运动的结构与原型并不完全相似,在此情况下,模型含沙量的垂线分布与原型的相似性会受到影响。因此,所谓模型变态不会破坏泥沙运动的相似性,仅仅是指宏观的泥沙运动而言,并不包括泥沙运动的全部机理。

例如,模型变态以后,模型泄流建筑物及丁坝附近的水流流态和环流强度与原型均不相似。泄流建筑物上游的冲刷漏斗和下游冲刷坑以及丁坝附近局部冲刷地形均与原型不相似。所以,采用变态模型试验来研究因竖向环流和垂向流速引起的局部冲刷深度问题是不适宜的。此外研究河岸坍塌问题也不宜采用变态模型。

第四节　模型变率的计算方法

目前,动床河道模型(包括动床变态河道模型)的设计方法很多,但直接用来计算模型"变率"的方法并不多。根据有关文献统计,计算模型"变率"的方法,基本上可以分为三大类:一类是从泥沙运动的原理推导;另一类是从河相关系推导;还有一类是以水流运动相似条件推导的。其具体内容可以归纳为以下几点。

一、比降法

动床河道模型变态的主要目的之一是加大模型比降,使模型的泥沙运动状况与原型基本相似。因此,有的学者提出,可按下列条件来确定动床模型的比降(即求模型的变率)。

$$\frac{g}{C_{\mathrm{m}}} \leqslant J_{\mathrm{m}} > \frac{d}{8H_{\mathrm{m}}} \tag{3-23}$$

式中 J_{m}——模型比降;

H_{m}——模型水深;

C_{m}——模型谢才系数;

d——模型沙的粒径。

二、起动流速法

有的学者认为,在动床模型中,当模型沙选定以后,其起动流速 $v_{0\mathrm{m}}$ 和糙率 n_{m} 均为一定值,λ_{v_0} 及 λ_n 也必须为定值。

根据:

$$\lambda_{v_0} = \lambda_v = \lambda_H^{0.5}$$

$$\lambda_v = \frac{\lambda_H^{1/6}}{\lambda_n} \lambda_H^{0.5} \lambda_J^{0.5}$$

$$\lambda_n = \lambda_d^{1/6}$$

可以推导得模型变率的计算公式:

$$e = \left(\frac{\lambda_H}{\lambda_d}\right)^{1/3} \tag{3-24}$$

三、舍尔兹曲线法

有些学者把舍尔兹曲线作为动床模型设计的理论基础,从而导出了开阔河道($\lambda_R = \lambda_H$)模型变率的计算公式:

$$e = (\lambda_{\gamma_s - \gamma})^{1/2} \tag{3-25}$$

四、河相关系法

有些学者把河相关式 $B^m / H = K$ 当作模型的河床形态相似条件,从而导出了模型变率的计算公式:

$$e = \lambda_L^{1-m} \tag{3-26}$$

式中,$m = 0.72 f^{0.1}$,$f = D(\gamma_s - \gamma)/(HJ)$,$D$ 为河床泥沙粒径,γ_s 为河床泥沙密度。

五、拉塞稳定断面理论法

有些学者,根据拉塞稳定断面的理论获得了河床形态关系式:

$$Q \sim Q^{0.5}$$
$$H \sim Q^{1/3}$$
$$J \sim Q^{1/6}$$

并把上述关系式作为动床模型设计的相似准则,从而得到模型变率的计算公式:

$$e = \lambda_L^{1/3} = \lambda_H^{1/2} \tag{3-27}$$

一般限制式为:

$$e \leqslant \left(\frac{1}{38} \frac{B}{H} + \frac{20}{19} \right) \tag{3-28}$$

张瑞瑾教授对确定河道模型变率提出了以下两个指标。

(1)水流二度性的模型变态指标 D_R:

$$D_R = \frac{R_x}{R_1} \tag{3-29}$$

式中　R_x——变态模型的水力半径;

　　　R_1——竖向长度比尺与正态模型长度相同变率为 e 的水力半径。

　　　$D_R = 1.0 \sim 0.95$ 时,为理想区;

　　　$D_R = 0.95 \sim 0.9$ 时,为良好区;

　　　$D_R = 0.9 \sim 0.85$ 时,为勉强区。

(2)河道水流均匀性和模型变态指标 D_v:

$$D_v = \frac{2 \times e \times h}{l} \times \frac{|v_2^2 - v_1^2|}{v_2^2 + v_1^2} \tag{3-30}$$

式中　v_1、v_2——间距为 L 的上、下两过水断面的平均流速;

　　　h——河段平均水深;

　　　e——变率;

　　　D_v——可用值,$D_v = 0.004 \sim 0.006$。

窦国仁模型变率限制式为:

$$e \leqslant \left(\frac{1}{20} \frac{B}{H} + 1 \right) \tag{3-31}$$

河道模型变态的计算方法,除了上述方法以外,还有 Jonte 法、李昌华法等。由于篇幅有限,不一一赘述。

上述计算方法,虽然还存在这样或那样的缺点,但有的计算"变率"的方法(如稳定断面法),对设计黄河动床模型具有一定的参考价值。

为了摸索黄河动床模型变态的计算方法,在室内进行了淤积造床试验,根据资料分析(见图 3-7)发现,当河床由淤积达到稳定以后,河槽的平均宽度与流量的平方根成正比关系,即:

$$B = KQ^{0.5} \tag{3-32}$$

上述结论与拉塞的研究成果基本一致。因此,在黄河动床模型中,可以按式(3-27)来计算变率。

此外,根据有关资料分析,河道稳定河弯的弯曲半径、河弯跨度等平面尺寸也基本上与河宽成一次方的正比关系(见图3-8、图3-9)。

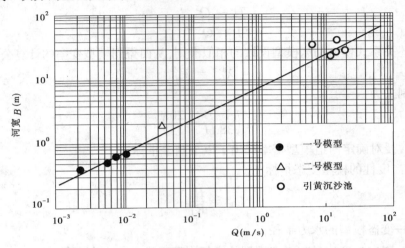

图 3-7　河宽与流量关系图

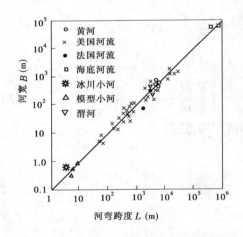

图 3-8　河宽与河弯跨度关系图

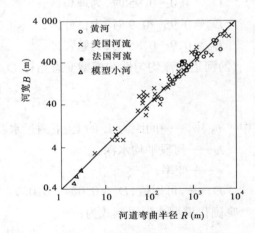

图 3-9　河宽与河道弯曲半径关系图

即：

$$R = K_1 B \qquad (3-33)$$

$$L = K_2 B \qquad (3-34)$$

说明式(3-27)确定模型的变率,不仅可以使模型的断面形态与原型相似,而且可以使模型的稳定河弯尺寸也与原型基本相似。

河道主流位置的变化(主流的上提下挫),除与来水来沙条件有关外,还与河弯尺寸

(包括河弯的控导工程)有密切关系。因此,在动床模型中,若能使模型的稳定河弯与原型相似,则就有可能使模型的主流变化过程与原型基本相似。

综上所述,在黄河动床模型中,按式(3-27)来计算模型的变率,基本上是可行的。

由于黄河动床模型,既有悬沙运动,又有底沙运动,因此,严格地讲,要按照式(3-20)、式(3-22)和式(3-27)选择变率。式(3-22)是河床稳定性相似准则 $\frac{\lambda_\gamma}{\lambda_{\gamma_s-\gamma}} \cdot \frac{\lambda_H^2}{\lambda_L \lambda_D} = 1$ 和所谓河相似准则 $\left[\frac{\lambda_\gamma}{\lambda_{\gamma_s-\gamma}}\right]^{1/2} \cdot \frac{\lambda_H}{\lambda_B^{1/2} \lambda_D^{1/2}} = 1$,当 $\lambda_B = \lambda_L$ 时,两者计算结果是一样的。

第五节　选择模型变率的基本原则

一、对于局部动床模型试验

拦河建筑物附近的河床冲淤模型试验,枢纽电站和灌溉渠首分水分沙模型试验,以及河道整治工程附近的局部冲刷模型试验均属于局部动床模型试验。这类模型试验,除了涉及泥沙纵向运动问题以外,还涉及水流的环流、回流、流速垂线分布、泥沙垂线分布等问题。由于这类模型试验,要求模型遵守重力相似与几何相似准则,因此原则上不宜采用变态。例如,三盛公枢纽分水分沙模型试验、黄河天桥电站防沙模型试验、小浪底枢纽电站防沙模型试验等,都采用了正态模型试验。其他河流水工建筑物下游局部冲刷模型也属于此类模型。

二、对于长河段河床演变及河道整治模型试验

长河段动床模型试验主要研究长河段的河床冲淤总趋势、冲淤纵向分布和横向分布情况,以及冲淤发展过程。这类模型试验仅要求模型水流纵向运动(包括横向运动)和泥沙纵向运动(包括横向交换)与原型基本相似,并不严格要求水流的结构(包括流速垂线分布、环流运动、回流运动)及含沙量垂线分布与原型相似。这类动床模型试验,不仅可以采用变态,而且必须变态,变态率的大小按式(3-27)确定。例如,黄河三盛公库区动床模型试验、黄河渠村闸分洪模型试验、黄河下游夹河滩至渠村闸河道整治动床模型试验、黄河下游游荡性河段淤滩刷槽动床模型试验、黄河夹河滩河段防滚河措施动床模型试验等,都可以按长河段动床模型设计方法进行设计。

三、对于平原河流洪水模型试验

根据河道特点和模型试验的目的要求,这类模型试验可以分为两大类:第一类是研究变动河床洪水演进问题,其设计方法与长河段动床模型的设计方法基本相同,可以按式(3-27)选择模型变率。第二类是研究定床情况下洪水演进过程,研究内容包括洪水波的传播速度,流量、水位的持续过程,洪水位沿程变化以及洪水淹没范围等。其模型变率可以按一般长河段定床变态模型的计算方法来确定。根据相似原理,这类模型试验只要满足第二章的水流运动相似条件,就可以使模型的洪水演进与原型基本相似。

$$\lambda_J = \frac{\lambda_v^2}{\lambda_L} = \frac{\lambda_v^2}{\lambda_C^2 \lambda_R} = \frac{\lambda_H}{\lambda_L} \qquad (3\text{-}35)$$

以往的变态模型试验,由于模型阻力相似条件很难满足,模型变率不可能超过8。1960年以后,采用插竹竿的方法加糙,可以获得相当大的模型糙率,因此这类模型的变率可以超过8。根据有关统计,国内某些洪水演进模型的变率已达到100(见表3-4)。

表 3-4 国内部分大变率模型统计表

模 型 名 称	λ_L	λ_H	变率
黄河某枢纽溃坝模型试验	10 000	100	100
长江某枢纽溃坝模型试验	30 000	300	100
潮白河	25 000	250	100
浑河某枢纽溃坝模型试验	20 000	200	100

1966年,泰国曾经采用 $\lambda_L = 10\,000$、$\lambda_H = 100$、变率为100的模型进行湄公河的洪水演进试验,从试验成果看,模型的水位,流量的持续过程与原型基本相似(见图3-10、图3-11)。

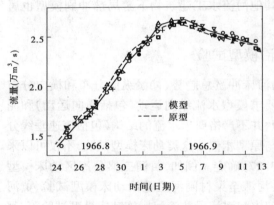

图 3-10 流量过程对比图   图 3-11 水位过程对比图

上述情况说明,进行平原河流洪水演进定床模型试验时,可以采用大变率。如果原型的河道形态非常复杂,如有急变、突然展宽、缩窄,比降突变等情况,则采用大变率模型进行试验同样是不可靠的。例如,1970~1972年,为了研究某大型水利枢纽工程溃坝后下游河道洪水演进过程,曾经进行了变率为10和变率为100两个定床模型试验,试验的主要结论基本上是一致的,但在河道突然展宽的河段内,两个模型的水流流态差别很大,变率为10的模型没有发生水跃,而在变率为100的模型上却发生了急剧的水跃。因此,采用大变率模型来研究河床演变和洪水演进问题时要特别慎重。

第六节 "变态"模型试验的注意事项

根据以上的分析,进行"变态"模型试验时要注意以下几点:

(1)在变态模型中,虽然可以同时满足水流运动的重力相似条件和阻力相似条件,即可以满足水流纵向运动相似条件和横向运动相似条件,但由于模型变态以后,糙率增大,模型水流的底速与表速之比亦增大,纵向流速的垂线分布与原型不相似。因此,凡进行与水流流速分布有关的模型试验,原则上不宜采用变态模型。

(2)模型变态以后,环流、涡流、螺旋流等次流运动与原型均不相似。因此,凡是研究有关环流、涡流、螺旋流等问题,原则上也不宜采用变态模型试验。

(3)在弯道处,河底的横比降较大,变态以后,模型的横比降进一步加大,河底地形变得更陡,若采用松散颗粒做模型沙,有可能超过模型沙在水下的休止角,局部地形不相似。因此,在弯道模型中,模型变率不宜过大。

(4)在河道窄深的模型中,$\lambda_R \neq \lambda_H$,λ_R 和 λ_H 均随水位而变。在河宽沿程变化较大的变态模型中,λ_H 值沿程亦是变化的。在此情况下要注意糙率比尺的选择和加糙方法。

(5)在河底起伏变化较大的变态模型中,水流垂向离心力与原型不相似。此时,不宜采用变态模型试验。

(6)在变态模型中,随着模型变率的增大,河槽愈来愈窄深,边壁阻力对水流的影响愈来愈大。为了减轻模型边壁对水流流速场的不良影响,对于 B/H 小于 10 的天然河道,则不宜采用变态模型。

(7)在河道突然放宽或缩窄时,不宜采用大变率的变态模型进行试验。

(8)在有建筑物的模型中,如果要严格反映出建筑物的作用,如正向溢流比(滚水坝)、涵洞、管道以及导向的丁坝等建筑物,均应做成正态模型,不能采用变态模型。

(9)泄水闸可以做成小变态的泄水闸,但其下游衔接段(即消能段)要按垂直比尺做成正态。侧向溢流比(滚水坝),顺河方向按水平比尺缩小(即坝轴线方向按水平方向缩小),溢流堰的溢水方向按垂直比尺做成正态。

第七节 三向变态模型试验

前面所谈的变态模型,均指两向变态模型而言,即 $\lambda_L = \lambda_B \neq \lambda_H$ 的模型试验。

在有些情况下,由于模型沙的选择或试验场地受到一定的限制,为了调整模型流速,满足泥沙运动相似条件和水流阻力相似条件,采用二向变态仍不能满足模型设计要求。在此情况下,可以考虑三向变态模型试验,即进行 $\lambda_L \neq \lambda_B \neq \lambda_H$ 的模型试验。三向变态模型试验,是在二向变态模型试验的基础上,再进行模型比降变态或附加比降(或将比降变缓),因此也叫比降变态(还可以叫二次变态)。

此外,在游荡型河床演变模型试验中,有时为了获得与原型的河床演变相似(即游荡相似),也可采用三向变态模型试验(类似自然模型试验)。

三向变态模型一般按照以下相似条件进行设计:

重力相似条件

$$\lambda_v = \lambda_H^{0.5} \tag{3-36}$$

阻力相似条件

$$\lambda_n = \frac{\lambda_R^{2/3}}{\lambda_v} \lambda_J^{0.5} \tag{3-37}$$

比降相似条件

$$\left.\begin{array}{l} \lambda_J = \dfrac{\lambda_H}{\lambda_L} \\[2mm] \lambda_B \neq \lambda_L \\[2mm] \lambda_Q = \lambda_B \cdot \lambda_H^{1.5} \end{array}\right\} \tag{3-38}$$

式中 λ_B——河宽比尺(或模型横向比尺)。

有时候也可以采用比降变态法进行模型设计,即把模型比降加大或减少 m 倍,按以下相似条件设计模型。

$$\left.\begin{array}{l} \lambda_J = \dfrac{1}{m} \dfrac{\lambda_H}{\lambda_L} \\[2mm] \lambda_n = \dfrac{\lambda_H^{2/3}}{m^{0.5} \lambda_L^{0.5}} = \dfrac{H^{1/6}}{m^{0.5}} \cdot \dfrac{1}{e^{0.5}} \\[2mm] \lambda_v = \lambda_H^{0.5} \\[2mm] \lambda_L \neq \lambda_B, \lambda_H = \lambda_R \end{array}\right\} \tag{3-39}$$

采用三向变态模型进行试验时,除了遵守二向变态模型的规定事项外,还要注意以下几点:

(1)流量和水位变化较大的模型试验,不宜采用三向变态。

(2)河床比降沿程变化大的模型,在壅水情况下,不宜采用三向变态。

(3)三向变态模型的横向比降比尺与纵向比降比尺不同,因此弯道模型试验不宜采用三向变态模型。

第八节　几点经验

(1)$e < 7$ 的定床汊道模型,分汊角不大,两汊过水面积基本相等的模型,满足水流运动相似准则,则汊道分流比可以获得与原型相似。

(2)$e < 10$ 的定床河工模型,$\left(\dfrac{B}{H}\right)_m > 5.0$ 时(顺直段):①$\dfrac{\mathrm{d}\bar{v}}{\mathrm{d}B}$ 与正态模型接近;②$\bar{v}$(垂线平均流速)的相对误差小于 10%(与正态比);③水流动力轴(主流线顶冲位置)与正态模型接近。

(3)$e < 10$(定床弯道模型)、$\left(\dfrac{B}{H}\right)_m < 5$ 时,在模型凸岸处,出现水流分离现象,形成回流区局部流速加大,导致主流与回流交界区域形成上升水流和垂直轴漩涡,而局部紊乱水流,$\left(\dfrac{B}{H}\right)_m$ 愈小,这种水流现象愈明显。但对主流区垂线平均流速影响不大。

（4）变态对纵向流速垂线分布的影响明显。顺直段 $e>2$ 时，$\left(\dfrac{B}{H}\right)_{\mathrm{m}}<9.7$ 的模型，偏离可达 10%；弯道段 $e>2$ 时，$\left(\dfrac{B}{H}\right)_{\mathrm{m}}<9.7$ 的模型，偏离更大。其影响与模型加糙方法有关。

（5）$e<6$，$\left(\dfrac{B}{H}\right)_{\mathrm{m}}<5$，$\varphi=120°$ 的弯道模型，弯道上半段发生水流离解现象，河槽拓宽回流区有漩流，泥沙难以落淤，边滩萎缩。

随着 e 增大、$\left(\dfrac{B}{H}\right)_{\mathrm{m}}$ 减小，弯道段水流三度性更强烈，上述现象更严重。

（6）变率对深泓线的影响。$e<6$，$\left(\dfrac{B}{H}\right)_{\mathrm{m}}>5$ 时，变率对深泓线位置影响不大（即正态、变态相差不大）；$e>6$，$\left(\dfrac{B}{H}\right)_{\mathrm{m}}<5$ 时，变态模型弯道上半段的深泓线向凸岸偏离，变态愈大，偏离愈大（与河弯尺寸有关）；$e=6$ 时，弯道上半段，深泓线的偏离值（与正态相比）为河宽的 13.3%；$e=10$ 时，偏离值达 23%。

（7）对冲淤部位影响。在 $\left(\dfrac{B}{H}\right)_{\mathrm{m}}>5$ 的条件下：①$e=2$ 的模型的冲淤部位与正态相似；②$e>2$ 以后，则有差别，e 增大，差别增大，弯道处的差别比直段处的差别大；③$e<10$ 时，只要 λ_H 不变，河槽冲刷深度变化不大。

$e\leqslant4$ 的动床模型，弯顶附近凸岸边滩形态和大小与正态模型基本相似，冲淤部位基本一致，河段冲淤总量和各分段冲淤量偏离 10% 以下（即主河槽略有扩宽）。

$6<e<10$ 的模型，变态模型与正态模型冲淤部位基本一致，整个河段的冲淤总量（和顺直段的冲淤总量）与正态相比均偏离 25% 左右，弯道段局部冲刷量则偏离 40% 左右。进口顺直段深泓偏离不大，弯道上半段难以形成边滩，下半段及顺直段，深槽稍有淤积，边滩趋于平缓。

选择变率的基本原则：①定床模型 $e<10$，$\left(\dfrac{B}{H}\right)_{\mathrm{m}}>3$；②动床模型 $e<6$，$\left(\dfrac{B}{H}\right)_{\mathrm{m}}>5$；③变态模型研究纵向平均流速沿横向的分布尚可，研究纵向流速垂向分布及横向流速横向分布则有问题（指弯道水流速）；④研究丁坝及工程附近局部冲淤问题的动床模型试验，不宜采用变态模型。

第四章 模型加糙

在河工模型试验中,为了满足水流纵向运动相似条件,要求模型设计时既要满足重力相似条件,又要同时满足阻力相似条件,即模型的糙率按 $\lambda_n = \lambda_H^{1/6} / e^{0.5}$ 模拟。

从 $\lambda_n = \lambda_H^{1/6} / e^{0.5}$ 的关系可以看出,模型的糙率比尺 λ_n 与模型变率 e 的平方根成反比,即模型的糙率($n = \dfrac{n_{原}}{\lambda_n}$)与模型的 e 的平方根成正比,所以在河工模型中,随着模型变率的增大,要求模型的糙率亦随之增大。当模型糙率增大到一定程度以后,仅靠模型床面本身的糙率很难满足模型设计要求,在此情况下,则需要在模型中进行加糙。

第一节 模型加糙的步骤

模型加糙的具体步骤是:

第一步,利用原型水文站的实测资料(包括水力要素、水位—流量关系、水深—流速关系、沿程洪痕资料)和水力学手册等,来确定原型的糙率(包括主槽糙率和滩地糙率)。

在确定原型糙率时必须注意以下几点:

(1)一般水文站比降水尺的间距都比较短,比降精度不高,因此由水文站实测资料算出的糙率变化范围较大。由于水文站所测得的比降仅仅是局部河段的比降,并不一定能反映长河段的真实情况,因此采用水文站实测糙率资料时,一定要进行现场查勘,对原型试验段(包括水文站)的河床形态、河床组成、边界条件等要深入调查研究。如误差较大,则需要采用其他方法重新确定原型糙率值。

(2)采用长河段水面线资料(包括洪痕调查资料)反推河段平均糙率时,要注意沿程水痕是否是同一流量下的水痕(水位),如是,则可以按下述公式推求河段平均糙率:

$$n_{原} = \frac{\sqrt{\Delta Z + \dfrac{v_1^2 - v_2^2}{2g}} \, h^{2/3}}{l^{1/2} \, \overline{v}} \tag{4-1}$$

式中　ΔZ——河段上下断面的水位差(应该扣除局部损失);

l——上下断面的间距;

v_1、v_2——上、下断面的平均流速;

h——河段平均水深;

$\overline{v}$——河段平均流速。

(3)在缺乏水面线资料及水文站资料时,可根据河床质组成资料按经验公式或水力学手册来推算原型的糙率,这时也需要注意河床形态阻力。

(4)冲积河流的河床糙率不仅随水位而变,而且随水流的强度而变。因此,确定原型糙率时,既要有重点地分析造床流量的糙率,也要分析其他各级流量的糙率,掌握糙率随流量变化而变化的规律,以便进行各级流量下的持续试验。

(5)在冲淤变化较大的河段,用水面线反求糙率时,要注意冲淤变化对水面线的影响。

第二步,根据模型糙率比尺 λ_n 将原型的糙率换算成模型的糙率:

$$n_{模} = \frac{n_{原}}{\lambda_n}$$

第三步,根据模型糙率的大小,判别是否需要加糙,并选择模型加糙方法。

第二节　模型加糙方法

一、定床模型加糙方法

定床模型试验,当 $n_{模} < 0.02$ 时,一般是选择在河底粘石子或撒石子的方法加糙。石子的大小由糙率经验公式反求。

在河工模型试验中,通常由糙率反求加糙石子大小的阻力经验公式有以下几种:

(一)柴克士达公式

光滑区:

$$\frac{1}{\sqrt{\lambda}} = 4\lg(Re\sqrt{\lambda}) + 2.0 \tag{4-2}$$

过渡区(Ⅰ):

$$\frac{1}{\sqrt{\lambda}} = 4\lg\frac{R}{\Delta} + 9.65 - 4\lg\left(\frac{v_*\Delta}{r}\right)^{0.81} \tag{4-3}$$

过渡区(Ⅱ):

$$\frac{1}{\sqrt{\lambda}} = 4\lg\frac{R}{\Delta} + 5.75 \tag{4-4}$$

阻力平方区:

$$\frac{1}{\sqrt{\lambda}} = 4\lg\frac{R}{\Delta} + 4.25 \tag{4-5}$$

式中　λ——阻力系数, $\lambda = \frac{2gRJ}{v^2} = \frac{2v_*^2}{v^2}$,其中 J 为比降, v 为流速, R 为水力半径(或水深);

　　　v_*——摩阻流速;

　　　Δ——河床突起高度, $\Delta = 0.65d$;

　　　d——河床粘石子的粒径。

根据曼宁公式:

$$n = \frac{R^{1/6}}{v}\sqrt{RJ} = \frac{R^{1/6}}{\sqrt{g}} \cdot \frac{v_*}{v}$$

可以获得:

$$n = \frac{R^{1/6}}{\sqrt{g}}\frac{1}{\sqrt{2}}\sqrt{\lambda}$$

即

$$\frac{1}{\sqrt{\lambda}} = \frac{R^{1/6}}{n\sqrt{2g}}$$

$$n = \frac{R^{1/6}}{\frac{1}{\sqrt{\lambda}}\sqrt{2g}} \tag{4-6}$$

根据式(4-2)~式(4-6),可以将柴氏阻力公式改写成:

光滑区:

$$n = \frac{0.226R^{1/6}}{4\lg(Re\sqrt{\lambda}) + 2.0} \tag{4-7}$$

过渡区(Ⅰ):

$$n = \frac{0.226R^{1/6}}{4\lg(\frac{R}{\Delta}) + 9.65 - 4\lg(\frac{v_*\Delta}{v})^{0.81}} \tag{4-8}$$

过渡区(Ⅱ):

$$n = \frac{0.226R^{1/6}}{4\lg(\frac{R}{\Delta}) + 5.75} \tag{4-9}$$

阻力平方区:

$$n = \frac{0.226R^{1/6}}{4\lg\frac{R}{\Delta} + 4.25} \tag{4-10}$$

在模型设计时,已知 n 值,由上述公式便可反求 Δ 值和加糙粒径。

但必须指出,柴氏公式是根据相对糙率 $\frac{R}{\Delta}>5$ 的试验资料获得的;苏联 C·A·雅霍托夫也进行过阻力试验,雅氏试验结果证明:当 $\frac{R}{\Delta}<5$ 时,水流属于阻力平方区。按柴氏公式计算的 λ 值,与雅氏的试验实测结果相差很远(见图4-1)。

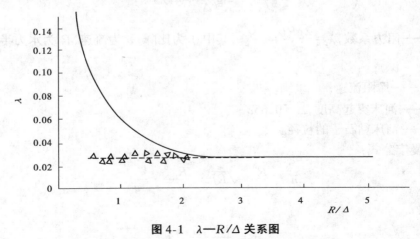

图 4-1 λ—R/Δ 关系图

说明:当$\frac{R}{\Delta}<5$时,按柴氏公式计算糙率和反求Δ值,是不可靠的。

但在河工模型试验的实际工作中,$\frac{R}{\Delta}<5$的情况是经常碰到的,因此我们在水槽中对$\frac{R}{\Delta}<5$的情况进行了糙率试验。通过试验资料分析,我们获得糙率计算经验关系式为:

$$n = \frac{0.226R^{1/6}}{4\lg(6.878\frac{R}{\Delta})} \tag{4-11}$$

$$n = \frac{0.226R^{1/6}}{4(0.837\,5 + \lg\frac{R}{\Delta})} = \frac{0.226R^{1/6}}{4\lg(6.878\frac{R}{\Delta})}$$

表4-1是糙率公式(4-11)验算表。从表中可以看出,按公式的计算值与试验实测值结果基本上是一致的。因此,我们认为当$\frac{R}{\Delta}<5$时,式(4-11)也可以用来计算模型加糙后的糙率值和反求Δ值。我们把式(4-11)称为柴式修正公式。

表4-1 糙率公式验算

序号	d(cm)	R(cm)	$R^{1/6}$	$n_{实}$	$0.226\frac{R^{1/6}}{n}$	$\frac{R}{d}$	$n_{计}$
1	0.5	2.23	0.53	0.023 8	5.038	4.46	0.02
2		3.23	0.564	0.0192	6.644	6.46	0.019 3
3		4.38	0.59	0.018 2	7.374	8.76	0.017 9
4		6.12	0.627	0.015 8	7.538	12.24	0.018 4
5		5.1	0.60	0.017 0	8.09	10.2	0.018
6	1.0	2.06	0.523	0.024	2.76	2.06	0.025
7		3.55	0.537	0.025 5	5.082	3.55	0.021 8
8		4.16	0.589	0.023 6	5.63	4.16	0.022 8
9		4.6	0.590	0.022 1	6.03	4.6	0.022 2
10		6.1	0.627	0.019 6	7.235	6.1	0.021
11		7.45	0.648	0.018 9	7.75	7.45	0.021
12	2.0	3.63	0.575	0.026 8	4.85	1.81	0.029
13		3.70	0.577	0.027	4.83	1.85	0.026 6
14		5.10	0.6	0.031	4.374	2.55	0.027
15		6.3	0.63	0.023 8	6.14	3.15	0.026
16		4.55	0.59	0.039 5	3.41	2.28	0.028

(二)变指数经验公式法

变指数经验公式为:

$$n = \frac{\Delta^y}{17.72a} \tag{4-12}$$

式中　　n——糙率;

Δ——河床突起高度;

a——系数;

y——指数。

y 和 a 均随 $\dfrac{R}{\Delta}$ 而变,见表 4-2。

表 4-2　　　　　　　　　　指数 y、系数 a 与 R/Δ 的关系

R/Δ	y	a
2~10	1/4	1.17
5~50	1/5	1.29
20~200	1/6	1.42
100~1 000	1/7	1.58
10^3~10^4	1/8	1.70
10^4~10^5	1/10	2.02

注:有的定床模型试验,采用大于冲刷流速的石子铺在床面上代替定床,这时模型河床突起高度 $\Delta = 0.5 d_{95}$(d_{95} 是铺在河床上的小石子的特征粒径)。

(三)Strickler 公式反算法

据砾石粒径 d 值,按 Strickler 公式反算

$$n = 0.015 d^{1/6} \tag{4-13}$$

式中　　d——河床密排的石子粒径,mm。

(四)根据计算的 Δ 值选择石子或粗沙

用水泥浆将石子或粗沙固定在模型糙面,进行放水检验,如不符合要求,则重新选择石子加糙,再进行放水检验,直到模型水位符合设计要求为止。

必须指出,用上述经验关系式推求模型河床的突起高度 Δ 值,难免有误差。因此,这几种方法只能供模型设计时参考。我们认为,比较可靠的方法是将选择好的几种加糙材料固定在水槽内进行率定试验,通过试验求出符合模型设计要求的加糙材料及布置形式。

以上是河底粘石子的加糙方法,此外还有粘十字板法、粘橡皮块法、粘防滑塑料布法、插竹竿法等,在此不再一一叙述。

二、泥沙模型和动床模型的主槽加糙方法

上述河底粘石子加糙方法是定床河工模型试验常用的方法,这种方法操作简单、效果好,为许多试验人员所喜用,但是这种方法用于泥沙模型(包括动床模型和定床加沙模型)则会碰到不少问题。例如,20 世纪 50 年代初期,著者参加过某渠道的淤积模型试验(定

床加沙模型试验)。模型设计时,要求模型糙率 $n_{模}=0.017$。根据设计要求,在模型床面上,用水泥砂浆普遍粘上 $d=0.5$cm 的小石子,进行水面线校正试验。试验开始阶段,模型水面线与原型基本上是相似的,模型糙率基本上满足了设计要求。可是在试验过程中,随着泥沙淤积情况不断发展,模型河床上淤上一层泥沙,模型糙率则偏离要求很远,模型水面线与原型不相似。在此情况下,需要采用不怕泥沙淤死的加糙方法,例如在河床上插竹竿之类的加糙方法。

为了探求插竹竿加糙计算方法,我们进行了插竹竿加糙试验。根据加糙试验资料的初步分析,获得插竹竿加糙率计算经验关系式:

$$n = \left[\frac{C_x N d}{2g}R^{1.33} + n_0^2\right]^{0.5} \tag{4-14}$$

式中　n——加糙后模型的综合糙率;

　　　n_0——加糙前模型的综合糙率;

　　　C_x——竹竿阻力系数,$C_x=10.52C_{x0}$,$C_{x0}=f(Re)$,见图 4-2;

　　　N——单位面上插竹竿的总数;

　　　R——水力半径,m;

　　　g——重力加速度;

　　　d——竹竿的直径,m。

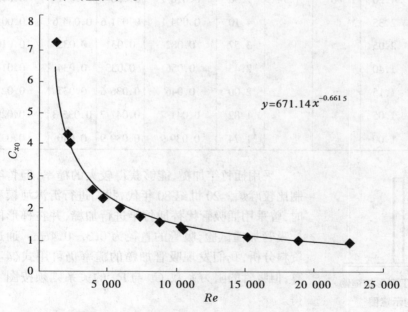

图 4-2　C_{x0}—Re 关系图

在动床模型试验中,采用插竹竿加糙,可以把竹竿直接牢固地插在模型河床上,操作也比较简单。可是在定床模型试验中,若采用插竹竿加糙,则需要在竹竿的底部用素混凝土做一个底座,固定竹竿,保持竹竿竖直树立在河床上,底座的尺寸为 0.8cm×2cm×2cm,这种加糙物,我们称它为丁字形加糙物。也可用铁丝焊在铁皮上,其结构示意图如

图 4-3 所示。

插竹竿加糙计算值与试验值对比见表 4-3。

表 4-3 插竹竿加糙糙率计算值与试验值对比

序号	Re	C_{x0}	N	K	C_x	$\dfrac{C_x Nd}{2g}$	$n_{计}$	$n_{实}$	$R^{1.33}$
1	1 121	7.30	360	1.00	7.30	0.670	0.055 5	0.056	0.004 5
2	5 921	2.00			2.00	0.180	0.055	0.053	0.016 0
3	3 963	2.60			2.60	0.238	0.055	0.054	0.012 3
4	8 842	1.60			1.60	0.147	0.063	0.066	0.026 0
5	4 719	2.30	180	1.32	3.00	0.137 7	0.04	0.039	0.010 9
6	7 438	1.75			2.30	0.105 5	0.041	0.040	0.015 3
7	2 081	4.40			5.80	0.266	0.039 6	0.040	0.005 5
8	10 296	1.45			1.91	0.087	0.044	0.043	0.022 0
9	19 144	1.05			1.39	0.063 8	0.052	0.052	0.041 0
10	2 425	4.20	90	1.74	7.30	0.016 7	0.030 9	0.031	0.005 1
11	4 666	2.35			4.10	0.094 1	0.031 6	0.034 6	0.009 6
12	5 970	2.05			3.57	0.082	0.031	0.033	0.010 5
13	10 437	1.40			2.43	0.056	0.033	0.034	0.017 9
14	15 276	1.15			2.00	0.046	0.036 6	0.037	0.027 0
15	19 028	1.05			1.82	0.041 7	0.041 7	0.035 3	0.029 4
16	22 610	1.00			1.74	0.039 9	0.039 9	0.040	0.037 4

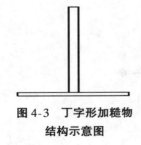

图 4-3 丁字形加糙物
结构示意图

采用插竹竿加糙,能够获得较大的糙率,但竹竿的配制比较麻烦。20 世纪 80 年代,我们进行沂沭河模型试验时,曾采用插吸管代替插竹竿进行加糙,并在梯形内进行插吸管加糙试验,吸管的直径为 0.3~0.4cm。通过试验资料分析,我们发现吸管加糙的糙率仍可用式(4-14)计算,但吸管的阻力系数 C_x 与 Re 的关系则须按图 4-4 查得。

下面为在黄河下游动床模型试验中采用吸管加糙的实例。

某模型试验,水平比尺 $\lambda_L = 600$,垂直比尺 $\lambda_H = 60$,流速比尺 $\lambda_v = 7.75$,糙率比尺 $\lambda_n = 0.626$,模型变率 $e = 10$,采用煤灰做模型沙,洪水时,模型主槽平均水深 $h = 6.5$cm,平均流速 $v = 38.7$cm/s,比降 $J = 0.002\ 74$。试验人员估计模型沙的糙率可达 0.022,能满足模型设计要求,可是验证试验发现,模型沙的实际糙率仅为 0.02,水面比降仅为

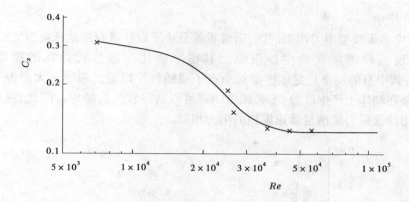

图 4-4　塑料吸管 C_x—Re 关系图

0.002 35,需采用($d=0.35$cm)吸管加糙。

模型的雷诺数：$Re = \dfrac{38.7 \times 6.5}{\nu} = 25\ 170$。

由图 4-4,查得吸管阻力系数 $C_x = 0.178$。

由式(4-14)知,采用 $d=0.35$cm 吸管加糙(每平方米 100 根)的模型糙率为：

$$n = \left[\frac{C_x N d}{2g} h^{1.33} + n_0^2 \right]^{0.5}$$

如果 $N=100$, $h=0.065$m, $d=0.003\ 5$m, $C_x=0.178$, n_0 为加糙前模型沙糙率, $n_0 = 0.02$,那么将这些数值代入上式后,得 $n=0.022$。

$$j_{\mathrm{m}} = \left(\frac{n\upsilon}{h^{2/3}} \right)^2 = \left(\frac{0.022 \times 0.387}{0.065^{2/3}} \right)^2 = 0.002\ 74$$

水面线(水面比降)与原型相似(见图 4-5)。

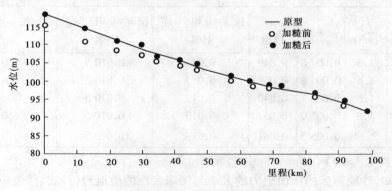

图 4-5　预备试验水位变化图

三、利用沙浪阻力满足主槽阻力相似条件的方法

采用插竹竿或插吸管可以提高动床阻力,能满足动床模型主槽阻力相似准则。但必须指出,这种加糙方法,在主槽位置固定不变的动床模型中,是行之有效的。在主流摆幅大、摆动频繁的游荡型河道,主槽位置有可能发生巨变,在这种情况下,插竹竿加糙的方

法,同样不好使用。

　　为了解决动床模型阻力相似问题,著者重新分析了以往进行的动床模型试验资料(见图4-6),发现当模型河底产生沙浪以后其糙率要比一般公式计算的糙率大很多(见表4-4),其中有的糙率比定床模型粘小石子或插竹竿以后的糙率还大。说明在动床模型中,只要在动床上产生沙浪,不必加糙同样可以获得较大的糙率。因此,在模型设计中,可以利用沙浪阻力来满足动床模型的阻力相似。

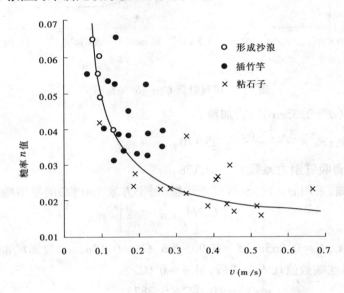

图 4-6　流速与糙率关系图

表 4-4 　　　　　　　　　　　　动床模型试验加糙者成果与计算值比较

d_{95} (mm)	v (cm/s)	H (cm)	J	n 试验	按 $n=0.016\ 6d_{95}^{1/6}$ 计算	按 $n=0.012\ 5d_{95}^{1/6}$ 计算	按 $n=\dfrac{d_{95}^{\ y}}{17.72a}$ 计算
	9.8	1.3	0.007 6	0.049	0.013	0.010 5	0.01
	8.0	1.6	0.006 8	0.066	0.013	0.010 5	0.01
0.25	12.3	1.8	0.005 1	0.040	0.013	0.010 5	0.01
	8.73	1.8	0.005 0	0.057	0.013	0.010 5	0.01
	8.46	2.14	0.005 5	0.061	0.013	0.010 5	0.01

　　注:表中糙率计算公式来源于《水利水运专题述评》第九辑。

　　众所周知,沙质河床的床面阻力的大小与河床表面的微地形(沙纹、沙浪……)的起伏有关,而动床底部的微地形(沙纹、沙浪)的变化(即沙纹、沙浪的形成、发育及消失过程)与水流的作用力 $\tau(\tau=\gamma HJ)$ 有密切关系。对于某一种粒径的泥沙形成的河床来说,当水流的作用力小于该河床泥沙颗粒的临界推移力 τ_0 时, $\tau_0=\kappa[(\gamma_s-\gamma)D]$,该颗粒不会运动,这时河道床面平稳,称为平整沙质床面,其床面糙率一般可以用 $n=0.016\ 6d^{1/6}$ (式中 d 为床面沙粒直径)表示。当水流作用力与河床泥沙的临界推移力(作用力)相等时,该河底颗粒才开始运动(称为起动或开动),随着水流流速的继续加大,水流运动的作用力继续加大,泥沙运动的速度则逐渐加快,运动的数量也逐渐增多,便慢慢形成沙浪,床面阻力则慢慢增大。当水流流速增大到某一值以后,沙浪又逐渐降低,阻力又逐渐减小,因动床模型的床面糙率值是变化的,变化的过程与水流作用力的大小有关,即与 $\frac{\tau}{\tau_0}$ 或 $\frac{v}{v_0}$ 有关。

因此,我们把 $\left(\frac{\tau}{\tau_0}\right)_{\text{模}} = \left(\frac{\tau}{\tau_0}\right)_{\text{原}}$ 不仅作为模型底沙运动相似条件,而且作为沙浪运动相似条件和判别床面阻力变化的条件。

从上述分析中,我们可以看出,当 $\frac{\tau}{\tau_0}$ 或 $\frac{v}{v_0}$ 大于 1.0 以后,才有可能形成沙浪,即形成沙浪的最低要求是 $\gamma HJ = (\gamma_s - \gamma)D$。

此外,根据水流运动一般规律,模型形成沙浪后,其综合糙率仍然可以按曼宁公式表示,即:

$$n = \frac{H^{2/3}}{v}J^{0.5}$$

用 $\gamma HJ = (\gamma_s - \gamma)D$ 代入上式后,得:

$$n = \frac{(\gamma_s - \gamma)D^{1/6}J^{1/3}}{Fr}$$

即 n 值随 $(\gamma_s - \gamma)D^{1/6}J^{1/3}/Fr$ 而变。

为了检验上述关系的正确性,我们用已有糙率试验资料,对上式进行了检验,检验结果(见图 4-7)证明,上述糙率关系式基本上是正确的。说明在黄河下游动床模型试验中,按照泥沙起动相似条件选沙,不仅可以满足泥沙运动相似,而且有可能满足主槽阻力相似。

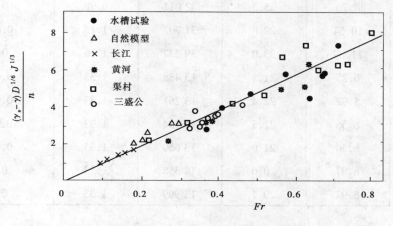

图 4-7　Fr 与 $\dfrac{(\gamma_s - \gamma)D^{1/6}J^{1/3}}{n}$ 关系图

黄河下游河道的主槽糙率,一般为 $0.01\sim0.015$,黄河下游动床模型的糙率比尺 $\lambda_n \leqslant 0.5$,即黄河下游动床模型的主槽糙率一般均小于 0.03。

1972 年以来,我们采用电厂煤灰的水力特性,除进行水槽试验外,还进行了煤灰沟槽试验。试验方法是在煤灰淤积体上,挖一条宽 $50\sim100\text{cm}$ 的沟槽,进行水力试验,研究沟槽的糙率、临界流速和挟沙能力。试验的主要目的是研究沟槽(相当于一般动床模型的主槽)能达到多大的糙率,表4-5是沟槽试验成果。

表4-5   煤灰沟槽糙率试验部分成果

序号	H(cm)	v(cm/s)	Re	J(‰)	n
1	7.15	30.9	22 114	1.64	0.022
2	3.77	76.2	28 719	2.02	0.006 6
3	6.43	44.9	28 838	2.09	0.016
4	3.16	34.3	10 970	2.38	0.014
5	4.25	52.8	22 440	2.26	0.011
6	3.32	66.0	21 912	2.43	0.007 7
7	4.03	54.8	22 084	3.30	0.011
8	3.89	57.0	21 717	2.83	0.010
9	3.81	57.0	21 717	3.63	0.011
10	5.30	68.0	36 040	2.74	0.007 4
11	3.86	82.0	31 883	2.38	0.006 6
12	4.43	80.0	35 440	2.28	0.005 9
13	4.11	85.7	35 222	2.02	0.006 3
14	7.83	22.7	17 774	0.70	0.021
15	8.70	25.3	22 011	0.98	0.024
16	10.64	29.8	31 707	1.15	0.025 4
17	11.89	33.0	39 237	1.16	0.024
18	6.25	21.5	13 438	1.33	0.026 7
19	5.92	22.4	13 261	1.33	0.024 5
20	6.56	21.5	14 104	1.33	0.027 6
21	6.50	21.0	13 650	1.33	0.028 3
22	6.97	20.6	14 358	1.33	0.030
23	6.92	20.1	13 909	1.33	0.030

从表4-5的资料看,采用煤灰做模型沙,河床糙率 $n=0.03$ 的情况是有可能获得的,但从 n—v 关系图看(图4-8),在模型中,获得 $n=0.03$ 是有条件的,即流速不可太大。

四、动床模型滩地加糙方法

黄河下游游荡型河道的河床形态是由主槽、嫩滩和二滩共同组成的。其中,主槽和嫩滩合称为中水河槽,是黄河下游输水排沙的主要通道;二滩的滩沿修筑有护滩控导工程和

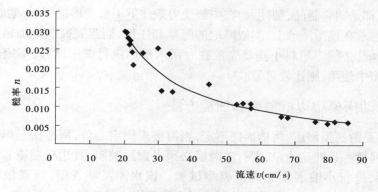

图 4-8 v 与 n 关系图

生产堤,若以控导工程的连线或生产堤为基线,则生产堤面临黄河大堤之间的滩地(二滩),又称为外滩,是黄河下游洪水期的滞洪区和行洪区,也是黄河下游泄洪排洪的组成部分。

黄河下游的外滩宽阔,其面积约占河道总面积的 70% 以上,在滩区有村庄 1 500 多个,居民 100 多万人,村庄星罗棋布,道路纵横交错,村边路旁乔木林立,田野、地灌木和杂草丛生,洪水漫滩后,行洪阻力很大。

根据已有的研究文献得知,1986 年以前,黄河下游主槽的糙率 $n=0.01\sim0.015$,嫩滩糙率 $n=0.016$,二滩(外滩)的糙率 $n=0.03$。

1986 年以来,黄河下游来水来沙偏枯,河槽逐渐萎缩,嫩滩植被增多,糙率逐渐增大,n 值接近 0.035。此外,随着滩区治理开发,二滩的阻力也增大,n 值接近 $0.05\sim0.06$,个别滩区 n 值接近 0.1。

根据水文站实测资料分析,滩区糙率是变化的,随着漫滩范围的增大而增大,随着流量的增大而减小,其经验关系如下:

花园口滩地 $\qquad n=0.018Q^{-0.62}B^{0.86}$

夹河滩滩地 $\qquad n=0.024Q^{-0.66}B^{0.95}$

高村滩地 $\qquad n=0.18Q^{-0.54}B^{0.31}$

孙口滩地 $\qquad n=0.000\,5Q^{-0.38}B^{1.01}$

以上情况说明:

(1)黄河下游滩地糙率是变化的,不仅随流量和淹没宽度而变,而且各地区也不相同。

(2)黄河下游滩地糙率随着滩区治理不断发展、建筑物(包括道路)的增多,糙率逐渐增大。

(3)黄河下游滩地的糙率相当大。

根据以上分析研究,我们认为进行黄河下游动床模型试验,滩地加糙,应采用高糙率物进行加糙,例如插竹竿和插塑料小花草(工艺品),或采用防滑塑料布。

插竹竿可以获得高糙率,前文已介绍。插塑料小花草,是近年来有些动床模型试验刚刚采用的加糙方法。小花草的棵形很小,一般高度为 $1\sim2\text{cm}$,棵径亦为 $1\sim2\text{cm}$,小草的叶可以为片状,像小芽苗,也可以为针状,像路边小草。

这种小草都是塑料制品,韧性大,在一般受力条件下不会变形损坏,长期放在水中,也不会腐烂;把它放在模型滩地上,类似滩地的野草和庄稼,能起到高糙率加糙效果。但在模型中使用之前,必须将塑料小花草先放在专用水槽内进行糙率试验,率定出糙率值之后,再放入模型中使用,则比较可靠。

五、黄河动床模型边壁糙率和加糙方法

黄河下游是游荡型河道,河槽摇摆不定,当河槽未固定之前,河槽摆至岸边的情况是存在的,如果河槽一旦摆至边岸,则行洪时就必须考虑边壁阻力(边壁糙率)。此外,小浪底水库建成后,进行小浪底水库库区模型试验。该水库系峡谷型,河宽较窄,水深大,B/H 值小,边壁糙率较大,不考虑边壁糙率对水流的影响是不妥的。

根据有关人员的研究,河谷狭窄、悬谷陡壁、边坡锯齿形突出、岸边有大块碎石散布,其边壁糙率可达 0.11~0.22,平均值为 0.15。

对于边壁糙率大的模型,古老的加糙方法是在边壁上粘碎石块。当今塑料品很多,可改用粘塑料刺团或粘塑料块代替碎块石的方法加糙。

六、黄河动床模型加糙注意事项

(1)模型加糙是以原型的糙率或河流水位资料为依据,因此在对模型加糙之前,必须充分收集原型的糙率资料和水位资料。

(2)在原型滩区,影响滩区水流运动的物体有村庄、道路、渠埝、林木、杂草和农作物等,其中村庄、道路、渠埝等阻水建筑物,形状比较规则,可按模型比尺定性模拟;杂草、林木和农作物等属于糙率范畴,可按模型糙率比尺模拟。

(3)由于滩区地形、地貌条件复杂,滩区水深和糙率的分布亦相当复杂,要根据具体情况($\frac{v}{H^{2/3}}$ 分布情况)对滩区进行分片加糙,不能千篇一律地加糙,否则影响滩区的河势流路与原型不相似。

(4)当采用粘石子或插竹竿的方法加糙时,计算水位时,必须扣除石子或竹竿所占的体积和高度。扣除多少体积和高度,可以通过预备试验确定,也可以通过计算获得。扣除高度值知道后,制作模型时,将模型高程降低预留值,或将模型试验实测值降低预留值。

(5)模型加糙必须进行逐级流量率定。从小流量到大流量逐级率定,由低水位到高水位逐级率定,必须使各级流量的水面线与原型相似,如不相似,则调整加糙,达到全都相似为止。

第五章 模型沙的基本特性

第一节 煤灰基本特性的试验研究

1972 年以来,我们采用不同颗粒级配的煤灰进行过黄河三盛公枢纽和库区动床模型试验,黄河下游东坝头至苏泗庄河床演变和河道整治动床模型试验,游荡型河段滚河模型试验,山东艾山以下透水桩坝治河动床模型试验,韩胡同至十里堡洪水期河床演变动床模型试验,游荡型河道淤滩刷槽模型试验,以及小浪底枢纽工程布置悬沙模型试验。通过试验,为治黄规划设计和河道整治提供大量的研究成果的同时,还积累了使用煤灰做模型沙的经验,现概述如下。

一、煤灰主要化学成分

20 世纪 80 年代以前,我们通常用来做模型沙的煤灰,是火电厂经锅炉燃烧后从烟囱中排出的炉尘。经过分选后未混入杂质的纯炉尘,颗粒较细,80% 的颗粒粒径小于 0.1mm,相对密度为 $2.15 \sim 2.17$,干容重约 $0.78t/m^3$,经水洗或自然沉淀、稳定干容重 $1.0 \sim 1.1 t/m^3$。在研究郑州火电厂煤灰基本特性的同时,黄科院对河南省其他电厂煤灰的化学成分也进行了初步分析(见表 5-1)。

表 5-1   部分煤灰化学成分统计   (%)

来源	烧失量	SiO_2	Fe_2O_3	Al_2O_3	CaO	MgO
郑州火电厂	1.46	59.8	5.8	22.6	4.85	2.06
洛阳热电厂	3.34	51.58	7.39	21.24	1.72	0.71
平顶山电厂	6.24	60.67	2.52	24.6	0.47	1.22
郑州热电厂	8.12	55.8	5.5	21.3	3.01	1.22
新乡电厂	14.91	40.76	5.54	23.37	3.67	0.69

根据物化分析,煤灰的化学成分有氧化硅、氧化铝、三氧化二铁、氧化钙、氧化镁、氧化硫、氧化钠和氧化钾等,其中氧化铝和氧化硅的含量占煤灰化学总含量的 70% ~ 80%,三氧化二铁和氧化钙的含量占总量的 9% 左右,其他成分占 10% ~ 20%。

由于煤灰中有大量的酸性的氧化物(SiO_2、Al_2O_3)存在,在静水中浸泡后其细颗粒煤灰为水分子包围,形成硅酸胶体的胶团,容易发生絮凝现象和板结现象,促使其水力特性发生变化。

二、煤灰物理力学特性

(一)煤灰力学特性

根据库伦理论,土壤的抗剪强度可用参数 C 和 φ 表达,C 是凝聚力,$\tan\varphi$ 是摩擦力。

一般模型沙的摩擦力和凝聚力是采用应变控制式直剪仪剪切试验的资料,绘制库伦曲线求得的。

通过试验得知,郑州火电厂煤灰的 C 值与煤灰的颗粒大小有关(即与 d_{50} 有关)。

$$d_{50} = 0.019\text{mm}, C = 0.187\text{kg/cm}^2$$
$$d_{50} = 0.035\text{mm}, C = 0.082\text{kg/cm}^2$$

由别的模型沙试验得知,C 值不仅与颗粒大小有关,而且与透水率有关。

(二)煤灰阻力特性

动床模型试验选沙时,不仅要考虑所选的模型沙能否满足泥沙运动相似条件,而且要考虑其是否能满足阻力相似条件。因此,在 20 世纪 70 年代初期,我们开始对煤灰的阻力特性进行了试验研究。煤灰的糙率采用下列方法进行试验。

1.玻璃水槽试验

试验前,在底坡约为 2‰ 的玻璃水槽内,均匀铺上厚约 5cm 的煤灰,然后按起动试验的要求进行试验,观测煤灰起动时的床面糙率,然后再逐步加大流速,使河床形成沙纹、沙浪,再测量形成沙纹、沙浪时的糙率。

分析计算床面糙率(即煤灰的糙率)时,曾采用以下两种方法:

(1)爱因斯坦方法:

$$R_\omega = \left(\frac{n_\omega v_{\text{cp}}}{J^{1/2}}\right)^{3/2} \tag{5-1}$$

$$R_b = H\left(1 - \frac{2R_\omega}{B}\right) \tag{5-2}$$

$$n_b = \frac{1}{v_{\text{cp}}} R_b^{2/3} J^{1/2} \tag{5-3}$$

式中　R_ω——相应于边壁的水力半径;

R_b——相应于床面的水力半径;

n_ω——边壁玻璃糙率,$n_\omega = 0.009\,7$;

n_b——床面糙率;

v_{cp}——上、下断面平均流速;

H——水深;

B——槽宽(水面宽);

J——能坡,$J = \dfrac{\Delta Z}{l}$;

$$\Delta Z = \left(Z_\text{上} + \frac{v_\text{上}^2}{2g}\right) - \left(Z_\text{下} + \frac{v_\text{下}^2}{2g}\right) \tag{5-4}$$

其中　$v_\text{上}$——上断面平均流速;

$v_下$——下断面平均流速；

l——上断面至下断面的间距；

$Z_上$——上断面水位；

$Z_下$——下断面水位。

(2)姜国干公式计算糙率：

$$n_b = \left[n_0^2 \left(\frac{B}{2H+B} \right) + n_\omega^2 \left(\frac{2H}{2H+B} \right) \right]^{0.5} \qquad (5\text{-}5)$$

式中　n——综合糙率，$n = \dfrac{R^{2/3}}{v} J^{1/2}$；

$$J = S_\omega \left(1 - \frac{v_\phi^2}{gH} \right) + S_b \frac{v_\phi^2}{gH} \qquad (5\text{-}6)$$

其中　S_ω——水面比降；

S_b——槽底比降；

其他符号含义同前。

两种分析计算方法的计算结果基本一致，但在 n 很小时，$n^2 < n_\omega^2 \left(\dfrac{2H}{2H+B} \right)$，$n_b^2$ 为负值，n_b 为虚数，不合理，故最后的试验成果按第一种方法计算（结果见表5-2、表5-3）。

表 5-2　　　　　　　　　郑州火电厂煤灰糙率试验成果（一）

流量（L/s）	水深（cm）	糙率	说明
1.4	2.24	0.009 5	
2.5	4.10	0.011 9	(1)床面平整；
2.93	5.21	0.011 85	(2)煤灰刚刚起动；
5.80	10.0	0.014 78	(3)煤灰经分选处理后颗粒较细；
9.70	16.25	0.018 21	(4)侧壁为玻璃
13.0	21.39	0.019 8	

表 5-3　　　　　　　　　郑州火电厂煤灰糙率试验成果（二）

流量（L/s）	水深（cm）	糙率	说明
1.70	1.89	0.011 5	
3.10	3.54	0.012 4	
4.70	5.49	0.013 2	(1)床面有沙浪；
6.30	8.48	0.015 1	(2)煤灰经分选处理后颗粒较细；
9.25	11.78	0.016 9	(3)侧壁为玻璃
14.45	16.88	0.018 8	
24.00	27.88	0.023 7	

2.小河槽综合糙率试验

在玻璃水槽进行动床糙率试验，槽壁的影响仍难说清，虽然采用两种计算方法消除槽壁糙率的影响，但总感到与天然河流的实际情况有一定差异。因此，在小水槽试验结束后进行了小河槽综合糙率试验，拟通过试验，进一步弄清煤灰糙率的变化规律。

小河槽试验是将煤灰填在水槽内,在其中央挖一条宽 25cm 左右、深 5～7cm 的小河槽,比降与槽底比降接近,然后放水,控制水深不溢槽,即水深小于 7cm,进行试验,待水流稳定后,观测小河槽水深、流速及水面比降等水力因子,按曼宁公式计算小河槽的综合糙率,试验成果见表 5-4。

表 5-4　　　　　　　　　　郑州火电厂煤灰小河槽糙率试验成果

组次	A(cm²)	P(cm)	R(cm)	Q(L/s)	v(cm/s)	J(‰)	n	H(cm)
1	84.43	33.37	2.53	1.40	16.60	11.40	0.017 2	3.16
2	81.36	30.90	2.63	1.45	17.81	8.01	0.014 2	3.00
3	45.67	27.75	1.65	0.90	19.70	14.80	0.012 8	1.78
4	102.37	33.60	3.05	2.10	20.30	6.75	0.012 4	3.72
5	174.0	37.58	4.64	3.50	20.10	5.92	0.015 6	6.06
6	150.6	35.70	4.22	3.00	19.93	5.92	0.014 8	5.10
7	155.7	37.15	4.18	2.95	18.95	6.75	0.016 4	5.43
8	105.3	34.90	3.02	1.80	17.10	8.00	0.016 0	3.87
9	64.12	30.00	2.14	1.00	15.60	13.00	0.017 8	2.33
10	143.6	38.30	3.76	2.90	20.30	7.59	0.015 2	4.94
11	120.0	34.40	3.49	2.30	19.20	7.17	0.015 0	3.78
12	78.43	31.60	2.48	1.45	18.50	13.4	0.016 9	2.47
13	218.5	40.50	5.39	4.45	20.30	4.22	0.013 8	6.96
14	208.2	42.00	4.96	4.05	19.40	3.80	0.013 6	6.50
15	177.47	39.05	4.45	3.40	19.20	5.90	0.015 8	5.70
16	219.0	40.70	5.39	4.35	19.80	4.22	0.014 9	7.00
17	142.0	37.50	3.79	2.80	19.70	5.91	0.013 7	4.66
18	53.20	31.40	1.75	0.90	16.90	15.20	0.015 4	1.77
19	65.70	32.90	2.00	1.11	16.90	10.50	0.013 9	2.17

此次试验所选用的煤灰,系经分选后的郑州火电厂煤灰,其 $d_{50} = 0.02$mm, $d_{cp} = 0.026$mm, $\gamma_s = 2.15$t/m³, $\omega_{cp} = 0.057\ 2$cm/s, $\gamma_0 = 1.0$t/m³。

试验开始时,床面平整,1 小时后,床面出现小沙浪,似小坎,并非沙纹,沙浪高度约 0.5cm;2 小时后,形成沙纹,加大流速沙纹增大,沙浪高度达 2cm 以上。

所谓沙浪高度 h_s, 是指波峰至波谷的高度(即沙坡峰顶至谷底的高度),通常床面高程或计算水深时,是从 1/2 沙浪高度处起算的,即河床的突起高度 $\Delta \neq h_s$。

有人令 $\Delta = 0.75 h_s$,有人令 $\Delta = 0.5 h_s$,总之 $\Delta = k h_s$。

实际上,早在 20 世纪 30 年代,苏联柴克士达在列宁格勒建筑专科学院水力实验室和苏联水利科学院水电实验室内,曾进行宽度为 25、50、60、75cm 和 100cm 的玻璃水槽糙率试验(加糙物粘在槽底上)。根据试验资料分析,柴氏提出了明渠水流糙率计算公式:

(1)光滑区:

$$\frac{1}{\sqrt{\lambda}} = 4\lg(Re\sqrt{\lambda}) + 2.0 \tag{5-7}$$

(2)过渡区(A)：

$$\frac{1}{\sqrt{\lambda}} = 4\lg\frac{R}{\Delta} + 5.75 \tag{5-8}$$

(3)过渡区(B)：

$$\frac{1}{\sqrt{\lambda}} = 4\lg\frac{R}{\Delta} + 9.65 - 4\lg(\frac{v_*\Delta}{v})^{0.81} \tag{5-9}$$

(4)阻力平方区：

$$\frac{1}{\sqrt{\lambda}} = 4\lg\frac{R}{\Delta} + 4.25 \tag{5-10}$$

其中$\sqrt{\lambda} = \sqrt{2}\dfrac{v_*}{v}$，$v_* = \sqrt{gRJ}$，$v = \dfrac{R^{1/6}}{n}\sqrt{RJ} = \dfrac{R^{1/6}}{\sqrt{gn}}v_*$，代入式(5-8)得：

$$n = \frac{R^{1/6}}{\sqrt{2g}\dfrac{1}{\sqrt{\lambda}}} = \frac{R^{1/6}}{\sqrt{2g}(4\lg\dfrac{R}{\Delta} + 5.75)}$$

实际上，上式可以用指数流速公式 $v = \dfrac{H^{1/6}}{\sqrt{gn}}v_*$ 与以上流速公式：$v = v_*(A_0 + \dfrac{1}{\kappa}\ln\dfrac{R}{\Delta})$ 直接联解而得：

$$n = \frac{R^{1/6}}{\sqrt{g}(A_0 + \dfrac{1}{\kappa}\ln\dfrac{R}{\Delta})} \tag{5-11}$$

式中 κ——卡门常数，清水 $\kappa \approx 0.4$，浑水 κ 与含沙量有关；

A_0——积分常数。

我们早期进行小河槽糙率试验，属于清水冲刷试验，$\kappa \approx 0.4$，水深 $5 \sim 7\text{cm}$，平均水深约 6cm，水力半径 $R = 4.28\text{cm}$，形成沙丘后，沙丘高度约 3.0cm，按 $\Delta = 0.625h_s$ 计算，得 $\Delta = 1.57\text{cm}$。

由实测资料得出 $n = 0.017$，代入式(5-11)得 $A_0 = 8.6$，故煤灰形成沙浪后的糙率公式可以写成：

$$n = \frac{R^{1/6}}{\sqrt{g}(8.6 + \dfrac{1}{\kappa}\ln\dfrac{R}{\Delta})} \tag{5-12}$$

必须指出，进行浑水试验，$\kappa \neq 0.4$，需根据 $\kappa = f(s)$ 关系修正 κ 值，再进行计算。

此外，采用上式计算糙率，必须知道 Δ 值，这是一个难题。为解决这个难题，我们曾经采用下列公式来计算河槽形成沙浪时的糙率 $n = \kappa R^{1/8} J^{1/4} C$。$n = \kappa R^{14/48} J^{1/4} \approx 0.006\,26R^{1/3}J^{1/4}$（$R$ 以 cm 计，J 以‰计）。

(三)煤灰的起动流速

煤灰的颗粒形状及颗粒组成与黄河泥沙类似，细颗粒的絮凝和群体沉降规律及起动规律也基本相似，因此煤灰的起动规律与黄河泥沙的起动规律也基本相似。

众所周知，均匀非黏性泥沙的起动底速可以用下式表示：

$$v_{bc} = K\sqrt{\frac{\gamma_s - \gamma}{\gamma}gd} \tag{5-13}$$

若采用对数流速分布公式,将平均流速代替底速 v_{bc},则得:

$$v_0 = 1.07\lg\frac{8.8h}{d_{95}}\sqrt{\frac{\gamma_s - \gamma}{\gamma}gd} \tag{5-14}$$

若采用指数流速分布,将平均流速代替底速 v_{bc},得:

$$v_0 = 1.14\left(\frac{H}{d}\right)^{1/6}\sqrt{\frac{\gamma_s - \gamma}{\gamma}gd}$$

即

$$v_0 = K(\gamma_s - \gamma)^{1/2}d^{1/3}H^{1/6} \tag{5-15}$$

20世纪70年代(采用较均匀模型沙),著者将黄科院常用的几种模型沙的起动流速试验资料代入上式,得:

$$v_0 = 32(\gamma_s - \gamma)^{1/2}d_{50}^{1/3}H^{1/6} \tag{5-16}$$

式中　v_0——起动流速,cm/s;

　　　H——平均水深,cm;

　　　d_{50}——模型沙中值粒径,mm。

证明煤灰的起动规律与天然沙的起动规律基本上是相似的,但是由于煤灰毕竟不是均匀无黏性的天然泥沙,按式(5-16)计算煤灰起动流速有一定的误差是合理的。20世纪80年代(采用非均匀模型沙),从实用角度出发,著者又对式(5-16)进行了修改。修改后的公式为:

$$v_0 = K_1\left(\frac{H}{d}\right)^{1/6}\sqrt{K_2(\gamma_s - \gamma)gd + \Delta E} \tag{5-17}$$

式中　K_1——与模型沙特性有关的系数,煤灰的 K_1 为 1.0~1.1;

　　　K_2——模型沙起动系数,煤灰的 K_2 为 3.6;

　　　ΔE——颗粒起动时,大小颗粒相互影响的综合参数。

实践证明 ΔE 不仅与颗粒级配的不均匀性有关,而且与水深有关,经初步分析得:

$$\Delta E = \left(\frac{d_{50}}{Md_{cp}} - 1\right)H^{0.35} \tag{5-18}$$

$$M = 0.75 - \frac{0.65}{\eta + 2}$$

其中　η——不均匀系数,$\eta = \dfrac{d_{60}}{d_{10}}$;

　　　d_{60}——颗粒级配中小于该粒径的泥沙重量占总重60%对应的粒径;

　　　d_{10}——颗粒级配曲线中小于该粒径的泥沙重量占总重10%对应的粒径;

　　　d_{50}——颗粒级配曲线中的中值粒径,即 $\sum \Delta P$ 为50%对应的粒径;

　　　H——水深。

为了检验对计算煤灰起动流速的准确程度,著者用下列4种粒径煤灰起动试验资料,进行了初步检验。4种煤灰的级配情况,见表5-5、表5-6和图5-1。

表 5-5		常用煤灰颗粒组成部分资料			(%)
序号	煤灰颗粒直径				
	0.1~0.05mm	0.05~0.025mm	0.025~0.01mm	0.01~0.007mm	<0.007mm
1	15	21	24	9	21
2	22	32	36	8	2
3	58	27	15	2	
4	36	34	20	2	8

表 5-6		常用煤灰颗粒级配特征值					
序号	d_{60} (mm)	d_{50} (mm)	d_{10} (mm)	d_{cp} (mm)	$\dfrac{d_{60}}{d_{10}}$	M	$\dfrac{d_{50}}{Md_{cp}}-1$
1	0.023	0.016 8	0.002 3	0.024 78	10.0	0.657	0.03
2	0.037	0.027 5	0.010 5	0.035 5	3.5	0.626	0.24
3	0.068	0.060	0.020	0.056 0	3.4	0.629 6	0.77
4	0.048	0.040	0.012	0.043 7	4.0	0.641	0.42

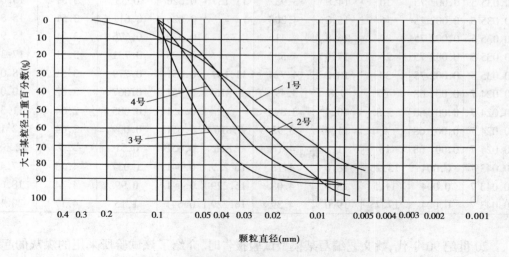

图 5-1 煤灰级配曲线

4 种煤灰起动试验资料检验结果,见表 5-7。

表 5-7				煤灰起动流速($\gamma_s = 2.15$)计算表					
d_{cp} (mm)	d_{50} (cm)	H (cm)	$v_{实测}$ (cm/s)	$\left(\dfrac{H}{d}\right)^{1/6}$	E	M	ΔE	$(E+\Delta E)^{1/2}$	$v_{计}$ (cm/s)
0.056	0.006	2	14.2	2.638	24.343	0.63	0.889	5.02	13.0
0.056	0.006	4	16.3	2.962	24.343	0.63	1.137	5.05	16.4
0.056	0.006	8	18.7	3.326	24.343	0.63	1.45	5.08	18.6
0.056	0.006	12	20.3	3.559	24.343	0.63	1.67	5.10	20.0
0.056	0.006	16	21.55	3.734	24.343	0.63	1.85	5.12	21.0

續表 5-7

d_{cp} (mm)	d_{50} (cm)	H (cm)	$v_{实测}$ (cm/s)	$(\frac{H}{d})^{1/6}$	E	M	ΔE	$(E+\Delta E)^{1/2}$	$v_{计}$ (cm/s)
0.056	0.006	20	22.5	3.875	24.343	0.63	1.99	5.13	21.8
0.056	0.006	24	23.3	3.995	24.343	0.63	2.13	5.14	22.6
0.056	0.006	28	24.1	4.099	24.343	0.63	2.247	5.15	23.3
0.056	0.006	32	24.7	4.192	24.343	0.63	2.35	5.16	23.8
0.056	0.006	36	25.3	4.275	24.343	0.63	2.45	5.17	24.3
0.043 7	0.004	3.87	13	3.152	16.229	0.64	1.110	4.164	14.4
0.043 7	0.004	5.56	15	3.346	16.229	0.64	1.110	4.164	15.3
0.043 7	0.004	9.93	16	3.689	16.229	0.64	1.130	4.166	16.9
0.043 7	0.004	17	18	4.036	16.229	0.64	1.182	4.173	18.5
0.043 7	0.004	21.6	19	4.181	16.229	0.64	1.20	4.175	19.2
0.035 5	0.002 75	3	11.7	3.216	11.157	0.626	0.350	3.358 7	11.9
0.035 5	0.002 75	5	13.1	3.502	11.157	0.626	0.416	3.50	12.9
0.035 5	0.002 75	10	14.8	3.932	11.157	0.626	0.53	3.51	15.0
0.035 5	0.002 75	15	15.8	4.208		0.626	0.611	3.51	15.8
0.035 5	0.002 75	20	16.8	4.415		0.626	0.676	3.51	15.9
0.035 5	0.002 75	25	17.6	4.582		0.626	0.731	3.51	17.3
0.035 5	0.002 75	30	18.2	4.724	11.157	0.651	0.779	3.51	18.0
0.024 7	0.001 68	3	9.8	3.492	6.816	0.651	0.067	2.62	10.0
0.024 7	0.001 68	5.8	10.4	3.898		0.651	0.085	2.64	11.3
0.024 7	0.001 68	9	11.4	3.92	6.816	0.651	0.099	2.64	12.1
0.024 7	0.001 68	13	11.8	4.16	6.816	0.651	0.51	2.7	12.38
0.043 7	0.004	13.26	18.0	4.18	16.229	0.641	1.037	4.15	17.4
0.043 7	0.004	11.5	18.0	4.08	16.229	0.641	0.99	4.14	18.6
0.043 7	0.004	17.75	19.0	4.39	16.229	0.641	1.15	4.17	20.1

20 世纪 90 年代,姚文艺编写某模型试验报告时,介绍了该试验所采用的煤灰的起动试验资料,见表 5-8。

表 5-8　　　　　　　　　　煤灰起动流速

序号	H (cm)	$v_{实测}$ (cm/s)	d_{50} (mm)	$v_{计}$ (cm/s)	说明
1	2.0	7.94	0.028	10.75	(1)表中 $v_{实测}$ 系由该试验报告图中查得;
2	2.0	9.59		10.75	(2)由 $d_{50}=0.028$mm 与表 5-6
3	3.0	10.59		11.00	中 $d_{50}=0.027$ 5mm 接近,故计
4	3.4	11.59		11.40	算公式的参数,采用 $d_{50}=$
5	5.0	12.65		12.20	0.027 5mm
6	5.6	14.29		12.48	

90 年代,武彩萍等进行某局部动床试验时,获得 $d_{50} = 0.06mm$ 煤灰起动流速与水深关系。

$$v_0 = 3.11H^{0.2} \tag{5-19}$$

按式(5-19)计算的 $d_{50} = 0.06mm$ 的 v_0 值与按著者公式计算的 $d_{50} = 0.06mm$ 的 v_0 值,基本上是一致的。说明著者提出的煤灰起动流速修正公式是可供采用的。

(四)浮灰起动流速变化规律

模型试验发生淤积时,淤在河底的煤灰,其淤积容重是变化的。开始淤积时,淤积容重非常小,随着淤积历时(试验历时)的延长,淤积容重(实际上是河底的含沙浓度)逐渐增大,达到某一极限时,淤积容重则变化不大。

河底淤积容重的变化过程,大致可分为两个阶段,即沉积阶段和固结阶段。

沉积阶段,淤积物容重很小,其值随时间变化快;固结阶段,淤积物容重较大,其值随时间变化很小。

沉积阶段的淤积物我们称它为浮灰(浮尘),固结阶段的淤积物,我们称它为塑灰,含义是可以塑造地形。

前文所指的煤灰的起动流速,是指"塑灰"的起动流速,因塑灰的密度与 d_{50} 关系密切,故其起动流速与 d_{50} 关系亦密切。

浮灰的密度(浓度)很小,其起动流速主要与沉积物的密度有关,也与水深有关(见表5-9)。

表 5-9 浮灰起动流速试验资料 (单位:cm/s)

水深 H(cm)	$\gamma_0 = 0.7g/cm^3$	$\gamma_0 = 0.722g/cm^3$	$\gamma_0 = 0.75g/cm^3$	$\gamma_0 = 0.755g/cm^3$
8.0	13.0	13.3	13.4	13.8
6.0	12.2	12.6	12.8	13.3
4.6	11.5	11.8	12.0	12.7
3.0	10.5	10.8	11.0	11.7

根据试验资料的初步分析,浮灰起动流速可以下式表示:

$$v_{0浮} = K\gamma_0^{0.76}H^{1/5} \tag{5-20}$$

式中　　$v_{0浮}$——浮灰起动流速,cm/s;

γ_0——浮灰干容重,t/m³;

H——水深,cm;

K——系数,$K = 11.28$。

(五)煤灰群体沉降速度的试验研究

在挟沙水流中,煤灰在水体中的沉降并非以单颗粒的形式进行沉降,而是以群体沉降的形式进行沉降。因此,在挟沙水流中,计算煤灰(泥沙)沉速时,应该采用泥沙(或煤灰)的群体沉降速度公式来计算其沉速。为此,我们也开展了煤灰群体沉降的试验研究。

1. 利用大沉降筒进行模型沙沉降试验

1974年进行大港进排水渠模型试验时,为了研究模型沙的群体沉降特性,曾经采用有机玻璃沉降筒进行模型沙沉降试验。

沉降筒直径(内径)为10cm,高为120cm,自底向上算,每隔10cm设有紫铜小管嘴,装有小橡皮管作为取样管,不取样时用铁夹夹死,以防漏水。

试验时,将模型沙(煤灰)按一定浓度配成试样,装入筒内,用搅拌器搅拌均匀,然后让其自然沉降,定时(0″,30″,1′,2′,…)打开各取样小管的铁夹,分别取样。测量各管的含沙浓度,利用积分法求各时段的平均沉速:

$$\overline{\omega} = \frac{-\dfrac{\partial}{\partial t}\displaystyle\int_0^H SdZ}{\overline{S}} \tag{5-21}$$

式中　$\overline{\omega}$——时段平均沉速;

t——试验时段;

dZ——局部水深;

H——总水深;

S——测点含沙量;

$\overline{S}$——总含沙量时段平均值。

必须指出,20世纪70年代的沉降试验是变水头连续取样试验,即每一种沙样的试验只搅拌一次,然后定时从各孔取样,求出各孔的含沙浓度,再按积分公式求出ω值。这种试验方法,最大的缺点是在试验过程中由于连续取样,筒内的水体逐渐变少,水位逐渐下降。因此,除第一次取样外,其他各次,从各孔取出的水体,并不是试验开始时该孔的原有水体,而是上层下降的水体。因此,试验结果难免存在一定误差。

20世纪80年代以后,我们对以往的试验方法进行了较大的改进,改进以后的试验程序是:

(1)每个试样搅拌好之后,只进行一次取样。例如,测验某试验开始含沙浓度沿水深分布时,搅拌好后立即取样(各孔同时取);然后求出含沙浓度,将各水样倒回筒内,再进行搅拌,搅拌好之后,停30″取各孔第二次水样。

(2)第二次各孔水样求出含沙浓度后,再倒回筒内,搅拌均匀停1′后,取各孔第二次水样,仿前步骤,求各孔2′后的含沙浓度。

(3)以此类推,求得5′、15′、30′等各试验历时各孔的含沙浓度。

这种试验方法的优点是:①每次试验,水头能符合控制水位的要求(即每次都是常水头试验);②各孔所取的水样是该孔处真正的水样,不再是上层下沉的水体。

但必须注意,在各次取样过程中,难免水体有些损失,为了补偿由取样造成的水体损失,在取第一次水样时,即取$t = 0′$时,试验筒内的水体要多备20%容量。搅拌好之后,将这20%的容积的水放入另一量筒内,作为备用沙样,然后再搅拌进行第一次取样试验。

各次试验中,若发现因取样筒内水体有损失,水位低于要求的现象,则将备用沙样搅拌均匀,倒入试验筒内进行补充,使水位基本达到试验要求,再进行取样。

按照80年代改进的试验方法,我们对4号沙样进行了各种含沙量的沉降试验。

表 5-10 是 4 号沙样(含沙量为 563kg/m³)试验示范表。

表 5-10　　　　　4 号煤灰($\omega_0 = 0.17$cm/s)群体沉降试验成果(S=563kg/m³)

Z (cm)	S_0 (g/t)	S_1 (g/t)	S_1-S_0 (g/t)	S' (g/t)	dZ (cm)	$S'dZ$	$\int_0^h S'dZ$	Δt	$\overline{S}$ (g/t)	$\omega = \dfrac{\frac{d}{dt}\int_0^h SdZ}{\overline{S}}$
87	563	0	563.0	379.7	5	1 898.5		60	551	0.002 23
79	563	366.624	196.376	134.9	9	1 214.1				
70	563	489.57	73.43	55.51	10	555.1				
60	563	525.41	37.59	34.93	10	349.3				
50	563	530.73	32.27	28.13	10	281.3				
40	563	539.01	23.99	12.0	10	120				
30	563	568.63					4 418.3			
20	563	579.196								
84	563	0	563	563	5	2 815		90		
79	563	0	563	405.02	3	1 215.36				
76	563	315.87	247.03	171.46	6	1 029.9				
70	563	468.2	94.9	70.65	10	706.5				
60	563	515.711	47.39	40.5	10	405				
50	563	529.397	33.61	16.8	10	168	6 339.76		563	0.002 08
40	563	563	0							
84	563	0	563	563	8	4 504				
76	563	0	563	563	3	1 689				
73	563	0	563	340	3	1 020				
70	563	446	117	84.5	10	845				
60	563	510.98	52	50	10	500	8 558		563	0.002 11
50	563	515.45	47.55							
40	563									

表 5-11 是 4 号煤灰不同含沙量沉降试验成果表,图 5-2 为试验成果图。

表 5-11　　　　　　　不同含沙浓度的煤灰沉速试验成果

日期 (月·日)	S (kg/m³)	历时	ω (cm/s)	P (%)	S_v	$1-S_v$	ω/ω_0
5.11	206.0	45′	0.012 6	55.4	0.096	0.904	0.074
5.12	181.8	60′	0.011 9	80.0	0.085	0.915	0.070
	209.06	90′	0.008 4	83.0	0.097	0.903	0.049
	110.7	48′	0.024	93.0	0.051 4	0.949	0.141
5.13	58.81	45′	0.039	85.0	0.027	0.973	0.229
	364.61	160′	0.003 3	61.7	0.169 5	0.831	0.019
	332.90	107′	0.005 2	76.0	0.155	0.845	0.031

日期 （月·日）	S （kg/m³）	历时	ω （m/s）	P （%）	S_V	$1-S_V$	ω/ω_0
5.14	32.7	20′	0.071	100	0.015 2	0.985	0.418
	13.41	18′	0.086	93.0	0.006 2	0.994	0.506
	6.48	15′	0.096	87.7	0.003 0	0.997	0.565
	8.75	12′	0.110	83.3	0.004 1	0.996	0.647
	10.72	10′	0.104	76.24	0.005 0	0.995	0.612
	4.98	10′	0.167	92.7	0.002 3	0.998	0.982
5.16	157.4	25′	0.024	73.0	0.073 2	0.927	0.141
	192.66	30′	0.024	78.0	0.089 6	0.910	0.141
	219.7	50′	0.023 8	99.0	0.102	0.898	0.140
	332.0	60′	0.008	52.0	0.154	0.846	0.047
5.17	268.0	75′	0.009 1		0.124	0.876	0.054
	240.0	57′	0.012 4	25.9	0.111	0.889	0.073
	57.24	25′	0.050 3	89.0	0.027	0.973	0.296
	93.63	28′	0.039	77.0	0.043 5	0.957	0.229
	120.0	35′	0.033	85.0	0.055 8	0.944	0.194

通过试验发现 4 号煤灰 $\omega_0 = 0.17\text{cm/s}$，在浑液中的沉速 ω_s 随着浑液的含沙浓度增大而减小。其变化趋势如图 5-2 所示。

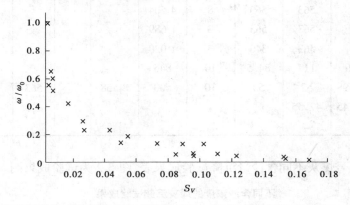

图 5-2　4 号煤灰 S_V—ω/ω_0 关系

试验方法：利用沉降筒测含沙浓度随深度变化。

根据试验资料的分析，求得经验关系式：

$$\left(\frac{\omega}{\omega_0}\right)_{计} = 0.24S_V^{0.25} - 0.36, \quad \omega_0 = 0.17\text{cm/s} \tag{5-22}$$

图 5-3 是式(5-22)计算结果与试验值对比图。

2．小含沙量煤灰群体沉降试验

用大沉降筒进行泥沙沉降试验时，由各取样孔取水样，需用置换法求其含沙量，然后才能代入沉降公式求出沉速。

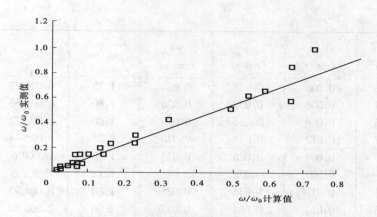

图 5-3 ω / ω_0 计算值与实测值对比图

众所周知,用置换法求含沙量,含沙量大时,精度尚能达到试验要求;含沙量小时,其精度低,达不到试验要求。若采用烘干法求含沙量,则不仅费时太长,而且工作量太大,很难进行大量试验。为了提高小含沙量沉降试验成果的质量,我们采用类似比重计颗分法来进行小含沙量泥沙沉降试验,其试验方法步骤是:

(1)按试验要求,配制各种含沙浓度沙样。

(2)将配制好的沙样倒入 1 000mL 量筒内,进行搅拌。

(3)搅拌均匀后,让其自然沉淀。

(4)迅速将小型光电测沙仪固定在筒内(距水面约 10cm)。

(5)定时观测测沙仪的读数,由读数与含沙浓度关系曲线查出含沙浓度。

(6)根据不同时间含沙浓度测量资料,用比重计法,得颗分曲线。

(7)由颗分曲线,求该沙样的 d_{50}、ω_{50} 或 d_{cp}、ω_{cp},其中 ω_{cp} 可以认为是该含沙浓度下的 ω_s 见表 5-12。

表 5-12   不同含沙量的煤灰沉速试验成果

序号	含沙量 (kg/m³)	d_{50} (mm)	ω_{0s} (cm/s)	ω_0 (cm/s)	ω_{0s}/ω_0	S_V	$1-S_V$
1	1.0	0.012	0.045	0.042	1.07	0.000 47	0.999 53
	4.5	0.015	0.057	0.042	1.36	0.002 09	0.997 91
	6.3	0.016	0.064	0.042	1.52	0.002 93	0.997 07
	8.7	0.019	0.071	0.042	1.69	0.004 05	0.995 95
	14.1	0.020	0.075	0.042	1.79	0.006 56	0.993 44
2	0.08	0.008	0.032	0.027	1.19	0.000 04	0.999 96
	2.9	0.012	0.045	0.027	1.67	0.013 5	0.998 65
	5.4	0.014	0.054	0.027	2.00	0.025 1	0.997 49
	19.4	0.017	0.064	0.027	2.37	0.009 02	0.990 98
3	0.82	0.007 5	0.030	0.026	1.15	0.000 38	0.999 62
	4.05	0.009 0	0.036	0.026	1.38	0.001 88	0.998 12
	6.02	0.009 5	0.038	0.026	1.46	0.002 80	0.997 20
	8.86	0.011 5	0.045	0.026	1.73	0.004 12	0.995 88

序号	含沙量 (kg/m³)	d_{50} (mm)	ω_{0s} (cm/s)	ω_0 (cm/s)	ω_{0s}/ω_0	S_V	$1-S_V$
4	1.56	0.006	0.025	0.020	1.25	0.000 73	0.999 27
	2.87	0.008	0.032	0.020	1.60	0.001 33	0.998 67
	5.85	0.009	0.036	0.020	1.80	0.002 72	0.997 28
	11.7	0.012	0.045	0.020	2.25	0.005 44	0.994 56
5	1.3	0.007	0.028	0.025	1.12	0.000 6	0.999 40
	5.6	0.007	0.028	0.025	1.12	0.002 6	0.997 40
	8.7	0.012	0.045	0.025	1.80	0.004 05	0.995 95
	13.5	0.017	0.064	0.025	2.56	0.006 28	0.993 72
	17.9	0.013	0.050	0.025	2.00	0.008 33	0.991 67
	19.4	0.013	0.050	0.025	2.00	0.009 02	0.990 98
6	1.92	0.014	0.054	0.050	1.08	0.000 89	0.999 11
	4.00	0.016	0.060	0.050	1.20	0.001 86	0.998 14
	5.67	0.017	0.064	0.050	1.28	0.002 64	0.997 36
	11.71	0.022	0.082	0.050	1.64	0.005 45	0.994 55
	17.38	0.023	0.085	0.050	1.70	0.008 08	0.991 92
7	2.30	0.018	0.068	0.060	1.13	0.001 07	0.998 93
	4.38	0.020	0.074	0.060	1.23	0.002 04	0.997 96
	14.97	0.025	0.090	0.060	1.50	0.006 96	0.993 04
8	2.35	0.015	0.056	0.040	1.40	0.001 09	0.998 91
	4.37	0.015	0.056	0.040	1.40	0.002 03	0.997 97
	6.23	0.019	0.070	0.040	1.75	0.002 90	0.997 10
	10.91	0.020	0.074	0.040	1.85	0.005 07	0.994 93
	12.91	0.021	0.078	0.040	1.95	0.006 0	0.994 00
	14.51	0.021	0.078	0.040	1.95	0.006 75	0.993 25
	17.22	0.023	0.085	0.040	2.13	0.008 01	0.991 99
9	3.40	0.014 5	0.055	0.042	1.31	0.001 58	0.998 42
	5.35	0.016	0.060	0.042	1.43	0.002 49	0.997 51
	7.32	0.017 5	0.066	0.042	1.57	0.003 4	0.996 60
	9.34	0.019	0.070	0.042	1.67	0.004 34	0.995 66
	13.46	0.020	0.074	0.042	1.76	0.006 26	0.993 74

表 5-12 是 $\omega_0 = 0.02$cm/s 和 0.025、0.026、0.027、0.05、0.06、0.04、0.042cm/s 等沙样的试验成果表;图 5-4 是由该试验资料点绘的 $S—\omega_s/\omega_0$ 关系图,由图 5-4 可以看出:在小含沙量情况下,随含沙量 S 的增大,ω_s/ω_0 逐渐增大。

上述试验充分说明,煤灰群体沉降的规律是极其复杂的,特别是极细的煤灰。并不是任何煤灰的沉速随着含沙量的增大,ω_s 都逐渐减小,因此采用 $\omega_s/\omega_0 = K(1-S_V)^{-2.5}$ 修正细煤灰的沉速的办法,还有待于进一步研究。我们意见,在沉降规律未弄清楚之前,低含沙水流模型试验沉速的模拟,仍按 ω_0 模拟。

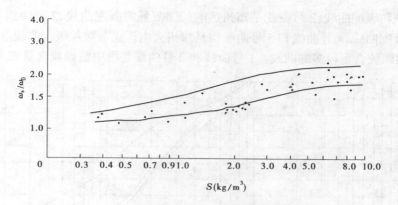

图 5-4 $S-\omega_\mathrm{s}/\omega_0$ 关系图

(六)模型沙煤灰稳定含沙量和稳定容重的试验研究

在挟沙水流中,随着水流含沙量的增大,模型沙颗粒之间的距离愈来愈小,浑水的黏度愈来愈大,当颗粒之间的距离接近 2δ 时(δ 为颗粒周围膜水的厚度),颗粒互相接触,浑水黏度接近于无穷大,颗粒沉速接近于零,这时浑水含沙量接近于稳定值,称为稳定含沙量,以 S_{VM0} 表示,浑液的容重称为稳定容重,以 $\gamma_{0\mathrm{s}}$ 表示。

在模型试验中,发生淤积时,淤在河底的泥沙,单位容积内的干容重起始时较小,其孔隙率较大。随着淤积历时的增加,在大气压力和水压的共同作用下,淤积体逐渐固结,孔隙率逐渐缩小,其容重则逐渐增大,经过足够时间的沉积挤压,容重愈来愈大,渐渐接近一常值,并且基本稳定不变,故也称为"稳定容重",即 $\gamma_{0\mathrm{s}}$。20 世纪 80 年代以前,我们曾经对几种模型沙的 $\gamma_{0\mathrm{s}}$ 进行过试验研究,发现模型沙的稳定容重 $\gamma_{0\mathrm{s}}$ 与其密度 γ_s 有关,即 $\gamma_{0\mathrm{s}}=K\gamma_\mathrm{s}$。

20 世纪 80 年代以来,国内外许多学者的研究成果证明,泥沙淤积稳定容重(包括稳定浓度)不仅与泥沙的密度有关,而且与颗粒的级配有关。因此,我们对模型沙(主要是对煤灰)的淤积稳定容重继续开展研究。

试验方法是将选配好的煤灰,搅拌均匀,倒入沉降筒内,任其自然沉淀,然后定时观测浑液淤积面的高度,求出各历时的淤积体积和淤积容重以及最终的稳定容重。

研究的主要内容有:

(1)研究煤灰淤积稳定容重与煤灰来源的关系。

(2)研究煤灰淤积稳定容重与煤灰颗粒级配的关系。

(3)研究试验边界条件对淤积稳定容重的影响。

(4)研究水深对淤积稳定容重的影响。

(5)研究浑液含沙浓度对淤积稳定容重的影响。

试验选用的煤灰有:①内蒙古包头电厂煤灰(华北水院李海芳老师提供);②郑州热电厂煤灰(取自某分选池进口 20m 处);③北京电厂煤灰(中国水利水电科学研究院周文浩教授提供);④郑州火电厂煤灰(取自小浪底枢纽模型进口段的河槽);⑤郑州火电厂煤灰(取自小浪底枢纽模型的滩面)。

图 5-5 是煤灰淤积稳定试验所采用的煤灰级配曲线。其中,1 号曲线是内蒙古包头

电厂煤灰颗粒级配曲线,2号曲线是郑州热电厂煤灰颗粒级配曲线,3号曲线是北京某厂煤灰颗粒级配曲线,4号曲线和5号曲线均是郑州火电厂煤灰颗粒级配曲线。5号曲线是图5-5中细颗粒含量较多的曲线。1号曲线和2号曲线是图中细颗粒含量较少的曲线。

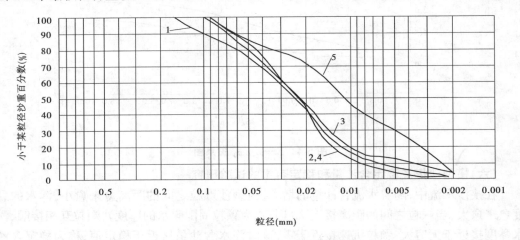

图 5-5　沉降试验煤灰颗粒级配曲线

　　总的说来,1号、2号、3号、4号煤灰的颗粒级配基本接近,5号曲线的级配是与其他四种级配相差较大的级配。

　　试验结果(见表5-13)表明,1号、2号、3号、4号煤灰的稳定体积含沙量 $S_v = 0.40$,5号煤灰的 $S_v = 0.5$,充分说明煤灰的颗粒级配对其淤积稳定含沙量的影响是十分明显的。初步看出:不管是北京煤灰或是内蒙古煤灰,或是郑州煤灰,只要颗粒组成基本相同,其 S_{Vs} 值亦基本相同。其原因如何有待以后论述。

表 5-13　　　　　　　　　　　不同来源煤灰稳定容重对比试验成果表

试验日期（月·日）		编号	煤灰来源	起始容重 γ_0 (kg/m³)	起始体积 V_0 (mL)	结束时体积 $\overline{V}_s$ (mL)	结束时容重 γ_{0s} (kg/m³)	S_{Vs}
起	止							
8.15	8.21	1	内蒙古电厂	725	1 000	819	885	0.43
8.15	8.21	2	郑州热电厂	748.25	1 200	1 044	860	0.39
8.15	8.21	3	北京电厂	930	999	954	974	0.43
8.15	8.21	4	郑州火电厂					
8.15	8.21	5	郑州火电厂	890	987	763	1 151	0.53
8.23	8.28	1	内蒙古电厂	805	1 000	861	935	0.40
8.23	8.28	2	郑州火电厂	748.25	990	861.5	860	0.39
8.23	8.28	3	北京电厂	794	1 000	846	938.5	0.41
8.23	8.28	5	郑州火电厂	1 050	1 000	922	1 139	0.50

　　表5-14和表5-15是内蒙古和北京电厂3号煤灰用不同管径的沉降筒进行试验的成果表。表5-16是内蒙古煤灰用不同水深在 $D = 10\mathrm{cm}$ 的沉降筒内进行对比试验的成果表。

表 5-14   不同管径对沉降影响对比试验

试验日期:1979.07.21   含沙量:389.73kg/m³   水温 28.4℃(内蒙古煤灰)

试验历时(min)	沉降距离(cm)			
	管径 $D=3.86$cm	$D=4.95$cm	$D=6.25$cm	$D=10.0$cm
14	1.3	1.3	1.2	1.2
23	2.1	2.0	2.0	1.9
33	2.85	2.85	2.8	2.8
43	3.7	3.6	3.6	3.6
53	4.6	4.55	4.6	4.5
63	5.4	5.4	5.3	5.3
73	6.3	6.3	6.2	6.1
84	7.2	7.3	7.2	7.3
97	8.4	8.6	8.5	8.5
110	9.4	9.8	9.6	9.6
122	10.2	10.9	10.8	11.0
140	11.0	11.8	11.8	12.1

表 5-15   3 号煤灰不同试管沉降对比试验成果

试验日期:1979.07.15   含沙量:267kg/m³   水温 29.6℃

试验时间 (时:分)	沉降距离(cm)					
	$d=10$ $H=56.8$	$d=6.25$ $H=33.2$	$d=4.95$ $H=26.45$	$d=3.68$ $H=19.8$	$d=2.73$ $H=12.0$	$d=2.29$ $H=12.37$
8:35	0	0	0	0	0	0
8:45	2.7	2.24	2.6	2.8	3.06	3.31
9:00	5.5	5.15	5.56	5.44	5.10	5.5
9:15	8.6	8.316	8.10	8.08	6.55	6.8
9:30	12.0	11.58	11.53	10.10	7.31	7.57
9:45	16.0	15.11	13.97	11.68	7.80	8.46
10:00	18.8	17.1	15.40	12.48	8.16	8.55
10:15	22.7	19.14	16.40	13.10	8.33	
10:30	25.8	20.72	17.00	13.60		
10:45	28.3	21.58	17.85	14.08		
11:00	29.5	22.11	18.46			
11:30	32.4					
γ_{0s} (kg/m³)	602	796	881.5	924.5		

注:表中 d 为试管直径,cm;H 为试管深度,cm。

表 5-16　　　　　　　　　　　　　　1 号煤灰不同水深对沉降影响试验成果

试验历时 （min）	沉降距离（cm）			
	$H=31.6$cm	$H=43.3$cm	$H=70.4$cm	$H=85.6$cm
0				
15	1.8	1.9	1.8	1.8
30	3.0	3.0	3.2	3.2
45	4.3	4.4	4.7	4.7
60	5.5	5.8	6.2	6.3
75	7.4	7.5	7.7	7.9
90	8.1	8.6	9.1	9.4
105	9.5	9.6	10.5	10.8
120	10.7	11.0	12.2	12.3
135	11.4		13.7	13.9
150	12.0		15.1	15.5
165			16.5	16.9
180			18.4	18.5
195			19.9	20.1
210			20.8	21.0
225			22.2	22.5
240			23.7	24.0
390			30.4	
570			30.5	

注：沉降筒径 $D=10$cm。

表 5-17 是不同来源的煤灰淤积容重和淤积稳定容重试验成果表。

通过试验，我们发现由试验获得煤灰淤积稳定容重 γ_{0s} 不仅与煤灰的颗粒级配有关，而且与试验条件（包括试验筒的直径、水深以及起始含沙浓度等）亦有密切关系。

(1)试验时，起始含沙浓度大时，获得的稳定容重亦大；反之，起始含沙浓度小时，获得的稳定容重亦小，见表 5-12。例如起始含沙量为 389.3kg/m³ 时，获得 γ_{0s} 值为 686.43kg/m³；起始含沙量为 493kg/m³ 时，获得 γ_{0s} 值为 691.6kg/m³；起始含沙量为 545.0kg/m³ 时，获得 γ_{0s} 值为 703.3kg/m³；起始含沙量为 725kg/m³ 时，获得 γ_{0s} 值为 885kg/m³；起始含沙量为 805kg/m³ 时，获得的 γ_{0s} 值为 935kg/m³（见表 5-13）。

(2)在试验起始浓度相同、沉降历时相等的条件下，试验筒径较粗、试验水深较大的试验，获得 γ_{0s} 比试验筒径较细、试验水深较小的试验获得的 γ_{0s} 值小。

(3)在其他条件均相同的情况下，试验的起始水深愈小，获得的试验 γ_{0s} 值愈大（见

表 5-15)。说明,采用试验手段(预备试验)来求煤灰的 γ_{0s} 值时,一定要注意试验条件。

表 5-17 　　　　　　　　　　　　　　几种煤灰 γ_{0s} 试验部分成果

编号	灰名	试验日期 (月·日)	淤积容重(kg/m³)		$T(℃)$	历时 t (时:分)	试验水深(cm)	
			γ_0(起始)	γ_{0s}(终止)			起始	结束
1	内蒙古煤灰	7.23	545	702.3	27.0	6:00	33.0	24.0
		7.24	493	691.6	26.6	13:15	67.2	47.9
		7.24	493	691.6	29.0	8:20	67.2	47.9
		7.25	389.3	686.43	27.0	13:55	85.6	48.6
2	郑州热电厂煤灰	7.28	449.2	708.83	27.4	15:10	77.0	48.8
		7.29	691.8	765.28	27.2	4:30	50.0	45.0
		7.29	572.7	748.71	27.2	17:00	60.4	46.2
		7.30	386.5	723.7	27.2	3:30	89.5	47.8
		7.31	418.0	708.5	28.0	3:00	80.0	47.2
		8.1	461.0	693.46	28.0	16:00	70.0	46.6
3	北京电厂煤灰	8.1	691.93	852.79	30.3	17:00	77.4	62.8
		8.2	595.0	856.8	32.0	22:00	90.0	62.5
		8.3	555.3	851.65	30.0	14:50	81.9	53.4
		8.4	555.3	854.77		9:00	82.2	53.4
		8.5	422.7	835.95		7:45	89.8	45.4
		8.6	280.0	837.93	29.2	15:00	80.8	27.0
4	郑州火电厂煤灰	11.1	500	903.0	20.0	12:00		
		11.2	370	853.55	20.0	12:00		
		11.3	260	774.0	20.0	12:00		
		11.4	200		20.0	12:00		
5	郑州火电厂细灰	7.6	574	741.7	30.0	25:00		
		7.7	754	1 032.0	30.0	26:00		
		7.8	891	1 064.2	30.0	26:00		
		7.9	903	1 049.2	30.0	27:00		
		7.10	903	1 064.2	30.0	27:00		
		8.11	389	1 062.1	30.0	27:00		
		8.12	438	1 064.2	30.0	27:00		
		8.12	500.8	1 075.0	30.0	27:00		
		8.13	584.2	1 087.9	30.0	27:00		
		8.14	1 116.2	1 139.5	30.0	27:00		

(七)模型沙(煤灰)流变特性的试验研究

挟沙水流的含沙量超过某数值后,水流的黏度和流变特性以及输沙特性均与清水(包括低含沙水流)有大的差别,这时的水流运动称为高含沙水流运动,运动特性属于非牛顿体运动特性,其流变方程通常可以用下式近似表示:

$$\tau = \tau_B + \eta \frac{\mathrm{d}u}{\mathrm{d}y}$$

(5-23)

式中 τ ——切应力, g/cm^2 ;

τ_B ——屈服应力, g/cm^2 ;

η ——刚度系数, $g \cdot s/cm^2$;

u ——速度, cm/s ;

y ——高度, cm 。

式中, τ_B 、μ 是表达高含沙水流运动的流变特性的基本参数。进行高含沙水流模型试验时,必须控制模型的流变特性与原型相似,才有可能使模型的高含沙水流运动规律与原型相似,因此进行高含沙水流模型试验时,要对模型沙的流变特性进行研究。通常是通过流变试验(黏度试验)来了解模型沙的流变特性参数,以便进行模型设计和操作。

测验泥沙黏度的仪器较多,常用的有毛细管黏度计、同轴转筒式黏度计、球式黏度计。黄科院根据黄河泥沙的情况,采用加压式毛细管黏度计,其结构形式如图 5-6 所示,全套设备由空压真空两用机、调压箱、毛细管黏度计及测压管四部分组成,用橡皮管连通压力系统,利用阀门调节压力大小及控制压力通路。

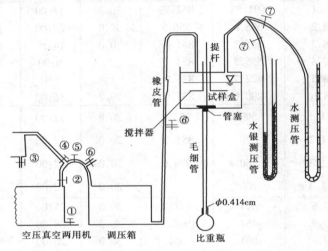

图 5-6 毛细管黏度计示意图

试验具体步骤如下:

(1)检查仪器设备是否有故障。

(2)准备沙样,将待测验沙过筛,去杂质(筛孔孔径约为毛细管直径的三分之一或更小),防止大颗粒泥沙或杂质堵塞毛细管。

(3)用毛细管塞塞住毛细管的进口,然后将沙样注入试样盒中,再用搅拌器将盒内沙样搅拌均匀,并盖紧注入孔的盖子以免漏气。

(4)打开连通压力通路的阀门②、③、⑤,关闭压力通路阀门①、④、⑥、⑦。

(5)打开空压真空两用机,注视水银测压管的压力,待此压力达测验要求的最大值时,即关闭阀门⑤,待压力超过水银柱测压管压力约 0.5 个大气压时(即约 5m 水头时),则关闭空压机。

(6)由一工作人员搅拌试样盒内沙样,力求均匀,然后打开毛细管塞。使试样经由毛细管流出少许之后,即由另一工作人员用手指将毛细管出口轻轻堵塞,立即观测水银测压管两个读数及试样盒内的试验深度,并作记录。

(7)放开毛细管出口,待毛细管内水流通畅,用比重瓶在毛细管出口测流量,流量测完后再以手指堵住毛细管出口,并在测流终止时测记水银测压管读数及试样盒内试样深度,同时测记试样的温度、比重瓶号及时间。这样,就完成了虚剪切曲线上一个测点的测验程序(注意:每次测流时间以不短于 5s 为宜,也不必过长,每次接入比重瓶内的试样体积不宜少于 $2cm^3$)。

(8)利用阀门⑤、⑥调节水银测压管的压力,至第二个要求的压力后,再重复上述步骤,接测第二点的流量并仿上测记所有记录。

(9)重复上述程序,直至水银测压管的压力为零,然后关闭阀门②、③,堵死其通路,打开阀门①、④、⑤、⑦,连通其负压通路。

(10)打开空压真空两用机,注意观测水测压管的负压数值,同时在毛细管出口用手指堵塞或放开观察毛细管出流情况,待到停止出流,立即关闭阀门⑤,并测记水银测压管或水测压管读数及试样深度,即作为一个测点。

(11)利用阀门⑤、⑥,调节水测压管负压力至测验要求的数值,再测验流量及读数,记录各相应数值,即得另一测点。

(12)重复上述步骤,直至测压管读数再次为零为止,这样就完成了该沙样虚剪切曲线的测验过程。在接完最后一个流量时再记温度。

根据上述试验步骤,我们曾对黄河模型常用的模型沙进行了流变特性试验。表 5-18 和表 5-19 是黄河模型常用的粗煤灰($d_{50} = 0.033\ 5mm$)$S = 895kg/m^3$ 流变试验记录表和计算表。

表 5-18 　　　　　　　　　　　　　　　黏度测验记录表

类别	测压管读数(cm)			试样深读数(cm)			体积 V (cm^3)	历时 t (s)
	起始	终止	平均 Z	起始	终止	平均 h		
3	60.35	60.30	60.33	6.0	5.82	5.95	82	4.25
3	59.35	59.32	59.34		5.68	5.75	66	3.6
3	58.25	58.25	58.25		5.54	5.61	64	3.6
3	57.32	57.30	57.31		5.37	5.46	77	4.6
3	56.22	56.20	56.21		5.22	5.30	70	4.5
3	55.35	55.32	55.34		5.06	5.14	76	4.9
3	54.22	54.20	54.21		4.92	4.99	65	4.5
3	53.12	53.12	53.12		4.79	4.86	60	4.45
3	52.18	52.15	52.17		4.67	4.73	54	4.1
3	50.55	50.55	50.55		4.55	4.61	55	4.6
3	49.05	49.03	49.04		4.43	4.49	58	5.55

续表 5-18

类别	测压管读数(cm)			试样深读数(cm)			体积 V (cm³)	历时 t (s)
	起始	终止	平均 Z	起始	终止	平均 h		
3	47.58	47.55	47.57		4.32	4.38	48	4.9
3	46.15	46.12	46.14		4.24	4.28	39	4.7
3	44.82	44.80	44.81		4.16	4.20	35	4.9
3	43.15	43.10	43.13		4.10	4.13	28	4.5
3	42.2	42.20	42.20		4.05	4.08	25	4.8
3	41.1	41.05	41.08		4.00	4.03	22	5.0

注:试样 $S = 895 kg/m^3$,$d_{50} = 0.033\ 5mm$。

表 5-19　　　　　　　　黏度测验资料初步计算(由黏度测验获得)

序号	Z (cm)	h (cm)	V (cm³)	t (s)	τ_ω	$8v/D$	Re	μ_e
1	60.33	5.95	82	4.25	0.807 2	2 769	3.08	0.285
2	59.34	5.75	66	3.60	0.776 9	2 631	2.89	0.289
3	58.25	5.61	64	3.60	0.741 1	2 551	2.85	0.284
4	57.31	5.46	77	4.60	0.712 6	2 402	2.63	0.290
5	56.21	5.30	70	4.50	0.678 8	2 232	2.38	0.297
6	55.34	5.14	76	4.90	0.648 2	2 226	2.48	0.285
7	54.21	4.99	65	4.50	0.612 5	2 073	2.27	0.289
8	53.12	4.86	60	4.45	0.577 6	1 935	2.10	0.292
9	52.17	4.73	54	4.10	0.545 2	1 890	2.12	0.282
10	50.55	4.61	55	4.60	0.492 2	1 716	1.94	0.281
11	49.04	4.49	58	5.55	0.443 6	1 500	1.64	0.289
12	47.57	4.38	48	4.90	0.393 6	1 406	1.63	0.274
13	46.14	4.28	39	4.70	0.346 9	1 191	1.33	0.285
14	44.81	4.20	35	4.90	0.302 5	1 025	1.13	0.289
15	43.13	4.13	28	4.50	0.245 1	893	1.06	0.268
16	42.20	4.08	25	4.80	0.213 9	747	8.47	0.280
17	41.08	4.03	22	5.00	0.175 6	631	7.36	0.272

根据该煤灰各种含沙量的变流特性试验资料,可以获得该煤灰的虚剪切曲线 τ_ω—$\frac{8v}{D}$,如图 5-7 所示。

再由公式 $\eta = \dfrac{\tau_\omega - \tau_{\omega 0}}{8v/D}$ 可求得 η 值,列入表 5-20。

试验结果,粗煤灰未发现 τ_B。

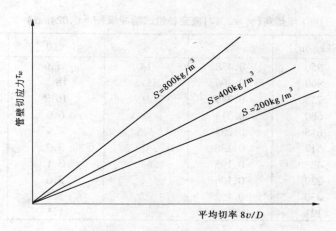

图 5-7　煤灰的虚剪切曲线

表 5-20 η 计算值

S_V	$S(kg/m^3)$	τ_ω	$8v/D$	η	μ_r
0.416	895	0.70	2 400	0.29	24.3
0.364	783	0.60	3 000	0.20	24.0
0.316	680	0.45	3 700	0.12	10.0
0.282	608	0.15	2 420	0.062	7.44
0.237	510	0.10	2 470	0.04	3.33
0.194	420	0.06	2 010	0.028 5	2.37
0.140	309	0.06	2 740	0.022	1.83

20 世纪 70 年代以来,结合模型试验任务,黄科院陆续进行了几种模型沙的流变特性试验。表 5-21～表 5-26 是部分试验成果。

表 5-21 1977 年煤灰流变特性试验成果($d=0.019$mm)

S	S_V	$\tau_{\omega0}$	τ_B	μ	T	μ_0	μ_r
1 045	0.486	0.01	0.014 25	2.34	10.4	0.012 9	181.4
912	0.424	0.005	0.007 5	0.322	11.5	0.012 5	25.8
847	0.394	0.004	0.003 75	0.236	13.1	0.012 0	19.67
744	0.346	0.002 4	0.003	0.088 7	15.0	0.011 4	7.78
617	0.287	0.001 5	0.001 6	0.051 5	14.3	0.011 6	4.44
556	0.259	0.001 3	0.001 125	0.043 4	11.3	0.012 4	3.50
436	0.203	0.001	0.000 975	0.032 6	10.4	0.012 9	2.53
335	0.156	0.000 5	0.000 75	0.027 6	11.3	0.012 6	2.19
260	0.121	0	0.000 375	0.019 6	14.4	0.011 6	1.67
182	0.085	0	0	0.020 1	11.1	0.012 6	1.59
91	0.042	0	0	0.016 14	10.5	0.012 9	1.25
67	0.031	0	0	0.013 4	11.6	0.012 5	1.07

表 5-22 　　　　　1987 年煤灰 ($\gamma_s = 2.17$)流变特性试验成果 ($d = 0.024$mm)

序号	S(kg/m³)	S_V	τ_B	$\eta(\times 10^{-5})$	μ_γ
1	950	0.438	14	47.6	34.32
2	860	0.396	11.5	18.5	15.54
3	758	0.349	9	10.2	7.45
4	680	0.313	5	6.6	4.79
5	615	0.283	4.5	4.9	3.67
6	517	0.238	0	3.9	2.90
7	423	0.195		3.1	2.32
8	229	0.106		3.0	2.29
9	330	0.152		2.7	2.06
10	121	0.055 8		1.5	1.09

表 5-23 　　　　　1987 年煤灰 ($\gamma_s = 2.17$)流变特性试验成果 ($d = 0.015$mm)

序号	S(kg/m³)	S_V	τ_B (g/cm³)	$\eta(\times 10^{-5})$	μ_γ
1	965	0.445	58.5	72	61.28
2	897	0.413	22.5	32.9	28.73
3	835	0.385	15.8	21.9	18.64
4	740	0.341	11.3	6.50	5.68
5	629	0.290	3.0	4.82	4.32
6	440	0.203	0	2.90	2.53

表 5-24 　　　　　1987 年煤灰 ($\gamma_s = 2.17$)流变特性试验成果 ($d = 0.035$mm)

序号	S(kg/m³)	S_V	τ_B	$\eta(\times 10^{-5})$	μ_γ
1	994	0.458	72.5	81.0	72.58
2	985	0.454	7.5	75.5	65.94
3	907	0.418	0	36	33.09
4	900	0.415		29	26.65
5	816	0.376		28	25.74
6	720	0.332		10	9.19
7	630	0.290		5.3	5.0
8	620	0.286		6	5.66
9	530	0.244		3.4	3.21
10	325	0.150		2.2	2.02

表 5-25 　1 号煤灰流变试验成果 ($d_{50} = 0.04$mm)

S(kg/m³)	S_V	$\eta(\times 10^{-5})$
478	0.222	6.88
671	0.312	14.8
628	0.292	13.18
923	0.429	99.6

表 5-26 　　3 号煤灰流变试验成果

S(kg/m³)	S_V	$\eta(\times 10^{-5})$
600	0.279	7.14
480	0.223	3.40
270	0.125	2.80
87	0.040	2.70
41	0.190	2.63
16	0.007	2.52

通过模型沙流变试验资料的初步分析获得煤灰 τ_B、μ_r 与 S_V 的经验关系：

$$\tau_B = \exp(mS_V + K) \tag{5-24}$$

其中，$m = 332.07d_{50} - 10\,364d_{50}^2$，$K = 0.002\,9d_{50}^{1.18}$。

$$\mu_r = (1 - 2.1S_V^{1.25})^{-2.5} \tag{5-25}$$

塑料沙的 μ_e 与 S_V 的经验关系式为：

$$\mu_r = (1 - S_V)^{-2.5} \tag{5-26}$$

表 5-27～表 5-31 是不同煤灰计算公式的验算。

表 5-27   煤灰 τ_B 值验算（$d_{50} = 0.009$mm）

m	K	S_V	$mS_V + K$	$\tau_{B计}$	$\tau_{B试}$
2.149 1	0.765 9	0.129	1.043	11.04	7.8
2.149 1	0.765 9	0.188	1.170	14.79	10
2.149 1	0.765 9	0.236	1.273	18.75	14
2.149 1	0.765 9	0.285	1.378	23.90	19
2.149 1	0.765 9	0.333	1.482	30.31	26
2.149 1	0.765 9	0.382	1.587	38.63	36
2.149 1	0.765 9	0.430	1.690	48.98	49

表 5-28   煤灰 τ_B 值验算（$d_{50} = 0.012$mm）

m	K	S_V	$mS_V + K$	$\tau_{B计}$	$\tau_{B试}$
2.492 4	0.53	0.129	0.852	7.104	0.2
2.492 4	0.53	0.188	0.999	9.967	8.6
2.492 4	0.53	0.236	1.118	13.13	11.5
2.492 4	0.53	0.285	1.240	17.39	15.5
2.492 4	0.53	0.333	1.359	22.91	21.0
2.492 4	0.53	0.382	1.482	30.35	29.0
2.492 4	0.53	0.430	1.602	39.97	38.0

表 5-29   煤灰 τ_B 值验算（$d_{50} = 0.015$mm）

m	K	S_V	$mS_V + K$	$\tau_{B计}$	$\tau_{B试}$
2.649 2	0.39	0.129	0.732	5.392	5.4
2.649 2	0.39	0.188	0.888	7.728	7.3
2.649 2	0.39	0.236	1.015	10.356	9.8
2.649 2	0.39	0.285	1.145	13.964	13.0
2.649 2	0.39	0.333	1.272	18.714	19.0
2.649 2	0.39	0.382	1.402	25.233	25.0
2.649 2	0.39	0.430	1.529	33.817	33.0

表 5-30 煤灰 τ_B 值验算($d_{50}=0.017\text{mm}$）

m	K	S_V	$mS_V + K$	$\tau_{B计}$	$\tau_{B试}$
2.65	0.34	0.129	0.682	4.807	4.8
2.65	0.34	0.188	0.838	6.890	6.5
2.65	0.34	0.236	0.965	9.234	9
2.65	0.34	0.285	1.095	12.452	12
2.65	0.34	0.333	1.222	16.890	18
2.65	0.34	0.382	1.352	22.501	22
2.65	0.34	0.430	1.479	30.165	30

表 5-31　　　　　　　　　煤灰 τ_B 值验算($d_{50}=0.019\text{mm}$）

m	K	S_V	$mS_V + K$	$\tau_{B计}$	$\tau_{B试}$
2.567 9	0.32	0.129	0.651	4.480	4.2
2.567 9	0.32	0.188	0.803	6.350	6.6
2.567 9	0.32	0.236	0.926	8.434	8.2
2.567 9	0.32	0.285	1.052	11.268	11
2.567 9	0.32	0.333	1.175	14.967	15
2.567 9	0.32	0.382	1.301	19.996	20
2.567 9	0.32	0.430	1.424	26.559	27

　　验算结果说明,计算公式基本上是可用的,在无条件进行流变试验时,采用上述计算公式,计算模型沙流变特性也是可行的。因此,将我们的试验资料附于书中,以供参考。

(八)煤灰的絮凝与反絮凝措施

　　由于煤灰的主要化学成分为二氧化硅(SiO_2),浸泡在水中以后,为水分子所包围,形成与硅酸类相似的胶体团(见图 5-8)。

　　图中的胶核为胶团的核心,由包含有一定水分的二氧化硅构成。

　　胶核表面由于分子离解成硅酸根和氢离子,带负电的硅酸根离子便吸附在胶核表面上,形成决定电位的离子,即双电层的内层,使胶核表面带负电荷。

　　带正电荷的氢离子(及离子)则围绕于它的周围,形成补偿离子层,为双电层的外层。补偿离子层的内层,由于受静电引力较强,牢固地吸附在胶核表面,与决定电位离子层形成吸附层,它与胶核一起构成胶粒。

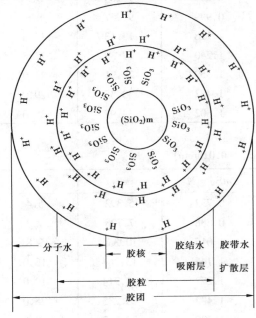

图 5-8　胶团构造示意图

补偿层的外层,受静电引力较弱,呈扩散分布状态,称为扩散层。由于扩散层能与胶粒作相对运动,它与吸附层之间产生的电位差,叫电动电位。

扩散层的厚度愈大,电动电位也愈大,即胶粒所带的电荷愈大,这样胶粒间的斥力增大,胶粒就比较稳定,可以保持一定的分散状态。反之,扩散层厚度愈小,电动电位也愈小,当胶粒间的斥力减小一定程度时,胶粒会产生合并,即出现絮凝现象。

絮凝以后的煤灰,成结群沉降,其沉速比絮凝以前大得多,很难满足模型试验的要求。在此情况下,可以在水中加入反凝剂,使煤灰的絮凝作用减轻,或使絮凝了的煤灰重新分散,以减小沉速,满足模型试验的要求。

根据胶体化学原理,电解质对胶体溶液(煤灰的溶液可以看作胶体溶液)所引起的絮凝与反絮凝作用,与电解质中(即浑水中)所含离子价数的多少有关。离子的价数越高,决定电位的离子层静电引力越大,使电动电位大大降低,电解质的絮凝作用则越大。六偏磷酸钠的钠离子为一价离子,把六偏磷酸钠投入水中以后,它可以置换自来水中的钙离子和镁离子(钙、镁离子均为二价离子)生成络合离子,能使细煤灰的絮凝现象减轻,沉速减小。溶液中六偏磷酸钠含量愈大,反絮凝作用愈大,煤灰沉速愈小(见表 5-32 及图 5-9)。

表 5-32 加六偏磷酸钠后细煤灰沉速变化表

六偏磷酸钠剂量(mL)	一组		二组		三组	
	d_{50} (mm)	ω_{cp} (cm/s)	d_{50} (mm)	ω_{cp} (cm/s)	d_{50} (mm)	ω_{cp} (cm/s)
0	0.014 0	0.027 4	0.019 0	0.071 0	0.028 0	0.180
5	0.012 0	0.021 2				
10	0.011 5	0.017 8	0.015 6	0.037 1		
20	0.010 8	0.014 6	0.014 5	0.022 6	0.024 0	0.121
30	0.010 0	0.012 0	0.013 5	0.022 2	0.022 0	0.081
50	0.009 2	0.009 0	0.012 0	0.018 5	0.018 5	0.054
80	0.008 2	0.006 5	0.010 0	0.012 3	0.014 0	0.034
120	0.006 4	0.004 6	0.007 5	0.007 7	0.010 0	0.021

注:(1)表中六偏磷酸钠的剂量,是指在 1 000℃ 液体内,含有六偏磷酸钠溶液的体积,以 mL 计。
(2)六偏磷酸钠溶液,由六偏磷酸钠和水配成,其配合比为 1 000mL 清水加 60g 六偏磷酸钠(固体)(包括黄河悬沙)。

此外,根据反絮凝试验资料的初步分析,水质受细煤灰(包括细泥)的絮凝影响,主要限于 $d < 0.025$mm 的颗粒(见图 5-10),对 $d > 0.025$mm 的颗粒絮凝作用较小,因此可以把 $d = 0.025$mm 的粒径,称为煤灰的絮凝粒径(包括黄河悬沙)。

由图 5-10 可以看出,细煤灰的絮凝规律与细泥沙的絮凝规律基本一致,这也是我们选用细煤灰做黄河模型沙的另一原因。此外,在反絮凝的试验中,我们还发现一般用来做反凝剂的材料,如氨水和稀盐酸,对细煤灰的分散效果均差(见图 5-11、图 5-12)。水玻璃对细煤灰的分散效果虽然较好(见图 5-13),但需用剂量大,配制方法比较复杂,溶液又不稳定,也不宜做反凝剂。

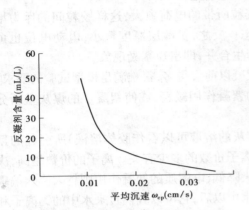

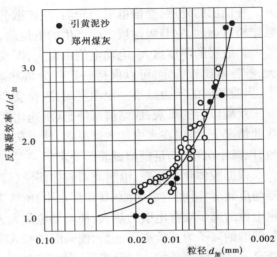

图 5-9　用六偏磷酸钠做反凝剂细
　　　煤灰平均沉速变化图

图 5-10　反絮凝效率与粒径关系图

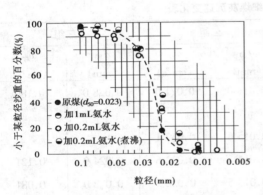

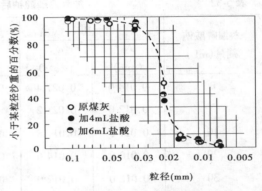

图 5-11　用氨水做反凝剂效果对比图

图 5-12　用稀盐酸做反凝剂效果对比图

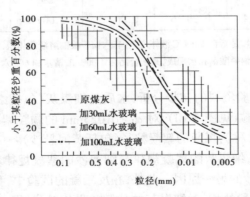

图 5-13　用水玻璃做反凝剂效果对比图

第二节 其他常用模型沙基本特性

一、煤屑和煤粉

煤屑和煤粉是一般工业用煤和民用煤,其相对密度约为 1.3~1.8,采用煤屑和煤粉做模型沙时要先测定其密度变化范围,方能计算其他相应的模型比尺。

煤屑和煤粉都是碳(C)、氢(H)、氧(O)、氮(N)和硫(S)几种元素的化合物,其中碳的含量一般占 85% 以上,氢占 5.5%、氧占 7%、氮占 2% 左右,硫的含量较少,使用时除要了解其物理特性外,还要对其化学特性进行分析。

煤屑颗粒较粗,呈粒状,表面有棱角,用来做模型的底沙比较合适。但有以下缺点:

(1)在试验过程中,容易形成较大的沙浪,阻力较大。

(2)由于煤的硬度差,质较脆,试验时,经过水流的冲击和磨损,粒径逐渐变细。因此,在使用过程中要经常测定颗粒粒径变化情况,最好选用硬度较大的阳泉煤和焦作煤做模型沙,可以减轻粒径变细度。

(3)颜色黑,试验时,很难观察模型水流的流态,特别是床面的水流流态。

(4)很难呈悬浮运动,不宜用来做悬沙模型的模型沙。

根据模型沙基本特性试验资料的分析,煤屑形成沙浪的条件不仅与流速有关而且与水流的佛氏数和雷诺数有关。

煤屑的水下休止角与颗粒大小有关,$d_{50} = 1\text{mm}$ 时,$\varphi = 33°$;$d_{50} \approx 0.2\text{mm}$ 时,$\varphi = 34°$;$d_{50} = 0.5\text{mm}$,$\varphi = 36°$。

由于煤屑颗粒较粗,类似天然的粗砂,其起动规律与天然粗砂类似,起动流速一般可用下式表达:

$$v_0 = K(\frac{H}{d_{50}})^{1/6}\sqrt{(\gamma_s - \gamma)gd_{50}} \tag{5-27}$$

或

$$v_0 = K'(\frac{H}{d_{50}})^{1/6}\sqrt{3.6(\gamma_s - \gamma)gd_{50}} \tag{5-28}$$

式中 v_0——煤屑起动流速,cm/s;

H——平均水深,cm;

d_{50}——煤屑中值粒径,cm;

g——重力加速度,$g = 980\text{cm/s}^2$;

K、K'——系数。

试验资料证明,式(5-27)中的 K 值(或 K' 值)并非常数,不仅与水深有关,而且与 d_{50} 的大小有关(见图 5-14 和图 5-15)。

通过分析,煤屑的起动公式,用下式表示比较合适。

$$v = 0.24(\frac{H}{d_{50}})^{1/6}\sqrt{3.6(\gamma_s - \gamma)gd_{50}(1 + m)} \tag{5-29}$$

式中，m 为与 H、d_{50} 有关的参数，当 $d_{50}>0.1\text{cm}$ 时，$m=\dfrac{2.3H^{0.01}}{d_{50}^{0.5}}$；$0.1\text{cm}>d_{50}>0.04\text{cm}$

时，$m=\dfrac{2.1H^{0.01}}{d_{50}^{0.5}}$；$0.04\text{cm}>d_{50}>0.01\text{cm}$ 时，$m=\dfrac{1.9H^{0.01}}{d_{50}^{0.5}}$。

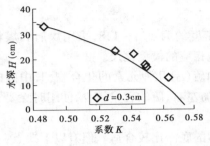

图 5-14　H—K 关系图

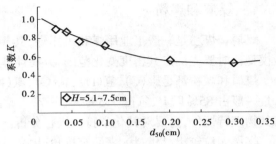

图 5-15　K—d_{50} 关系

通过实测资料的验算，采用上述公式计算煤屑起动流速基本上是可行的(见图5-16)。

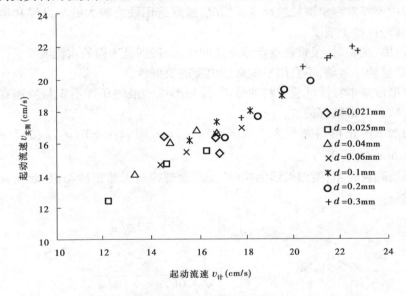

图 5-16　实测与计算起动流速对比

煤粉的颗粒较细(一般 $d<0.1\text{mm}$)，容易飘浮，一般可用来做模型的悬沙，但使用前须注意浸水(或泡水)处理，洗去飘浮物及油质，方可正式使用。

煤粉浸水后，在水中带负电荷，如果试验用水含有大量的钙、镁等离子，则悬浮在模型水中的细煤粉，会产生絮凝现象。这时模型中的悬移质并非以单颗粒的形式下沉，而是以结群的形式沉降，其沉降速度则不能按单颗粒沉速计算，要考虑絮凝影响。初步分析，煤粉在水中发生絮凝时，其沉降速度不仅与煤粉本身的电化学特性及水体中多离子的电解有关，而且与模型的含沙量大小有关(见图5-17、图5-18)。

由于煤粉颗粒极细，其起动规律与煤灰类似，起动流速可用下式近似表达。

$$v_0 = 1.2(\frac{H}{d_{50}})^{1/6} \sqrt{3.6(\gamma_s - \gamma)gd_{50} + 40d_{50}H} \qquad (5\text{-}30)$$

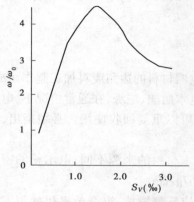

图 5-17 ω/ω_0—S_V 关系图

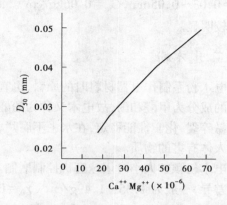

图 5-18 D_{50}—$Ca^{++}Mg^{++}$ 关系图

其扬动流速 v_s：

$$v_s = 1.6(\frac{H}{d_{50}})^{1/6} \sqrt{3.6(\gamma_s - \gamma)gd_{50} + 40d_{50}H} \qquad (5\text{-}31)$$

式(5-31)的计算结果与试验资料的吻合情况见图 5-19。

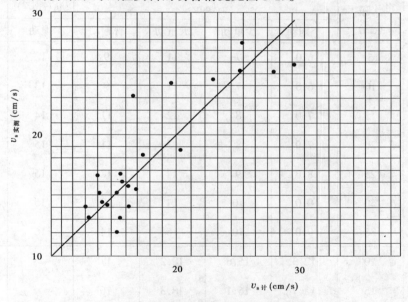

图 5-19 扬动流速实测值与计算值对比图

煤屑和煤粉的淤积容重不仅与粒径大小有关,而且与淤积历时有关。据分析, $d >$ 0.2mm 的煤屑,不论其粒径组成是否均匀,它的干容重值均不随时间而变,干容重极限值为 660g/L; $d < 0.10$mm 的细煤粉的淤积容重随时间变化非常明显。使用前要进行 γ_0—t 试验。

煤粉浸水后有黏性,其凝聚力的大小与煤的种类有关。根据测验,株州精煤: $D_{50} =$

$0.033mm, C_u = 0.020kg/cm^2$; $D_{50} = 0.025\ 5mm$, $C_u = 0.021\ 2kg/cm^2$。河南义马煤: $D_{50} = 0.03\sim0.05mm$, $C_u = 0.06kg/cm^2$。由于细煤粉的凝聚力较大,因而煤粉的板结现象也较明显。

二、电木粉

电木粉系制作电器材料时的原料,也有用压制电器材料的边角废料加工制作而成的。电木的成分为甲醛和酚,故电木又称为酚醛塑料。电木耐酸、绝缘,在通常情况下,电木颗粒不易碎裂,化学性能稳定,在水中不腐烂、不霉变,可以重复回收使用。必须指出,甲醛是对人体有害的物质。

电木粉颗粒大小可用球磨机控制磨制。由于电木材料的来源不同,电木粉的密度亦略有差异,一般为 $1.35\sim1.49g/cm^3$, $\gamma_0 = 0.66\sim0.67g/cm^3$。

200 目以下的细颗粒电木粉,不易与水混合,即使反复搅拌,混合效果仍然很差。有的试验人员在细电木粉中混入千分之一的洗衣粉,先用少量的水拌和,然后再加水稀释成悬液,可以使之混合,解决了细电木粉不易与水混合的问题,此经验可以吸取。

根据胡冰研究,电木粉的起动规律见表 5-33。

表 5-33 电木粉起动试验成果

D_{50} (mm)	水深 (cm)	v_0 (cm/s)				v_s (cm/s)	v'_* (cm/s)
		个别动	少量动	大量动	普遍动	搅动	悬浮
0.085	5	6.0	7	11	9	12	
	10	6.0	7	11	9	13	
	15	7.0	8	12	11	14	
	20	7.0	8	13	11	15	
	25	8.0	9	14	12	15	
	30	9.0	10	14	13	15	
	35	9.0	10	15	14	16	
0.24	10	12.3	15.6	18.2	17		22.3
	15	12.7	16.1	18.3	16		22.5
	20	12.2	14.9	17.3	16		20.5
	25	13.9	16.9	18.3	17		21.5
	30	13.6	16.7	18.9	17		23.0

根据我们早期试验资料的分析,电木粉的流变特性见表 5-34。

表 5-34　　　　　　　　　　电木粉($\gamma_s = 1.4$)流变特性试验

S	$S_V(\%)$	$\tau_{\omega 0}$	τ_B	μ	$T(\text{℃})$	μ_0	μ_r
453	31.5	0.017	0.012 15	0.310	10.2	0.013 0	23.8
398	27.6	0.012	0.009	0.163	14.1	0.011 7	13.9
348	24.2	0.008	0.006	0.092 6	13.1	0.012 0	7.72
301	20.9	0.005	0.003 75	0.051 5	12.7	0.012 1	4.26
255	17.7	0.002 6	0.001 95	0.040 8	11.2	0.012 6	3.24
201	14.0	0.002	0.001 5	0.029 8	11.6	0.012 5	2.36
171	11.9	0.001 9	0.001 425	0.022 8	12.2	0.012 3	1.85
107	7.43	0.001 2	0.000 9	0.019 4	13.8	0.011 8	1.64
72.9	5.06	0	0	0.018 6	10.1	0.013 0	1.43
41.1	2.85	0	0	0.015 3	10.8	0.012 8	1.20

第三节　轻质沙的基本特性

在动床河工模型(或泥沙模型)试验中,为了使模型沙在模型内的运动与原型相似,即满足运动相似要求,常常需要选用密度小于天然沙的轻质沙做模型沙。因此,进行动床模型试验之前,除了对一般模型沙的基本特性进行研究外,还要对轻质沙的基本特性进行系统研究。

通常用的轻质沙有塑料沙、木屑、木粉、核桃壳粉等。

一、塑料沙

我们进行小浪底枢纽悬沙模型试验时,曾采用塑料沙做模型沙。该模型沙来源于北京化工五厂(清华大学西门对面),原系制造离子交换树脂的中间产品(苯乙烯,即乙烯苯共聚珠体),其颗粒外形接近于珠体,化学性能稳定,无毒、不溶于水,不吸水,无黏性,在水中不膨胀。经测定在 $10 \sim 15\text{℃}$ 时,其密度 $\gamma_s = 1.05\text{t/m}^3$,干容重 $\gamma_0 = 0.66\text{t/m}^3$,孔隙率为 0.37。

经清华大学试验测定,在水温为 14.5℃ 情况下,其静水沉速为 $0.1 \sim 0.25\text{cm/s}$,见表 5-35。

表 5-35　　　　　　　　　　塑料沙沉速测定成果

$d(\text{mm})$	$\omega(\text{cm/s})$	$\overline{\omega}(\text{cm/s})$
0.10	$0.08 \sim 0.12$	
0.20	$0.12 \sim 0.19$	0.10
0.25	$0.19 \sim 0.24$	0.16
0.30	$0.23 \sim 0.27$	0.23
0.40		0.25
平均		0.18

经过沉速试验资料的整理分析,得:

(1) $d \leqslant 0.1$mm 时:

$$\omega = 5.084 K_1 g d^2 \tag{5-32}$$

(2) $d = 0.1 \sim 1.45$mm 时:

$$\omega = 0.64 K_2 g^{2/3} d \tag{5-33}$$

(3) $d > 1.45$mm 时:

$$\omega = 7.128 K_3 d^{0.5} \tag{5-34}$$

上式中　d——粒径,cm;

　　　　ω——沉速,cm/s;

　　　　g——重力加速度,cm/s²;

　　　　K_1、K_2、K_3——系数,见表 5-36～表 5-38。

表 5-36 K_1 值

d(mm)	0.04	0.05	0.06	0.100
K_1	0.305	0.252	0.203	0.122

表 5-37 K_2 值

d(mm)	0.15	0.20	0.25	0.40	0.45	0.64	0.70	0.80	0.95	1.05	1.2	1.3	1.45
K_2	0.105	0.11	0.119	0.134	0.154	0.169	0.178	0.189	0.204	0.217	0.217	0.227	0.236

表 5-38 K_3 值

d(mm)	1.6	2.2	2.8	2.9	3.1	3.3	4.4
K_3	0.836	0.959	1.036	1.070	1.111	1.125	1.271

经水槽试验资料分析,塑料沙的糙率 $n_b = 0.012 \sim 0.024$,见表 5-39。

必须指出,塑料沙质轻,起动流速小,是研究河床局部冲刷问题较好的模型沙。然而由于相对密度较轻,$\gamma_s = 1.05$,不宜用于研究异重流问题。此外,塑料沙密度轻,挟沙能力大,淤积容重小,河床冲淤过程的时间比尺与水流时间比尺的差距大,即模型时间比尺的变率大。因此,研究洪水演变过程和河床冲淤过程的模型试验,均不宜采用塑料沙做模型沙。

20 世纪 70 年代,黄河下游出现高含沙水流,黄科院对高含沙水流的流变特性进行了广泛的试验研究,与此同时,也对塑料沙的流变特性进行了试验研究,表 5-40 及表 5-41 是试验研究成果表。

在塑料沙黏度试验时,我们发现,随着塑料沙含沙浓度的增大,浑水黏度亦逐渐增大(见表 5-41),塑料沙的 μ_r 与 S_V 的经验关系仍为 $\mu_r = (1 - S_V)^{-2.5}$,但 τ_B 却不存在,说明研究高含沙水流运动时,也不宜采用塑料沙做模型沙。

表 5-39　　　　　　　　　　　　水槽试验塑料沙糙率成果表

水深 (cm)	v (cm/s)	S_e (‰)	$\dfrac{v}{S_e^{1/2}}$	$\dfrac{n_\omega v}{S_e^{1/2}}$	R_ω	R_b	$R_b^{2/3}$	η_b	床面情况
4	5.29	0.40	8.40	0.076	0.021	0.034 3	0.106	0.012 6	无沙纹
4	8.04	1.01	8.04	0.072	0.019	0.034 7	0.106	0.013 2	细沙纹,悬
4	8.92	1.48	7.35	0.066	0.017	0.035 6	0.108	0.014 7	细沙纹,悬
4	7.75	1.24	6.98	0.063	0.016	0.036 3	0.110	0.015 4	大沙纹
4	11.17	2.97	6.49	0.059	0.014	0.036 5	0.110	0.017 0	沙垄,悬
4	11.47	3.47	6.19	0.056	0.013	0.036 6	0.110	0.017 8	沙垄
4	11.72	4.19	5.75	0.052	0.012	0.036 8	0.111	0.019 3	沙垄
4	12.55	5.49	5.36	0.048	0.011	0.037 1	0.111	0.020 7	沙垄
7.0	5.20	0.23	10.86	0.095	0.029	0.056 8	0.148	0.013 7	无沙纹
7.0	5.98	0.34	10.28	0.090	0.027	0.057 4	0.150	0.014 6	无沙纹
7.24	7.55	0.71	9.00	0.081	0.023	0.061 6	0.155	0.017 3	全面起动, 细沙纹
7.24	9.51	1.32	8.26	0.074	0.020	0.063 0	0.158	0.019 2	大沙纹,悬
7.08	11.66	2.55	7.28	0.066	0.017	0.063 0	0.158	0.021 8	沙垄
7.24	11.76	2.43	7.53	0.068	0.018	0.063 6	0.159	0.021 2	沙垄
10.0	5.68	0.27	10.91	0.096	0.030	0.080 0	0.186	0.017 0	少量动无沙纹
10.0	8.53	0.78	9.59	0.086	0.026	0.083 0	0.190	0.019 9	细沙纹,悬
10.0	11.96	2.07	8.31	0.075	0.020	0.087 0	0.196	0.023 5	沙垄

注:$n_b = \dfrac{R_b^{2/3} S_e^{1/2}}{v}$,$R_b = h\left(1 - \dfrac{2R\omega}{B}\right)$,$R_\omega = \left(\dfrac{n_\omega v}{S_e}\right)^{3/2}$,$n_\omega = 0.009$。

表 5-40　　　　　　　　塑料沙($\gamma_s = 1.052$)流变特性试验成果(1)

序号	$S(\mathrm{kg/m^3})$	S_V	$T(℃)$	$\mu_0(\times 10^{-5})$	$\mu(\times 10^{-5})$	μ/μ_0
1	866	0.824	15.9	1.152	69.1	59.980
2	749	0.713	13.9	1.212	27.7	22.855
3	626	0.596	14.1	1.206	8.7	7.214
4	503	0.479	13.8	1.215	5.0	4.115
5	413	0.393	12.6	1.254	4.37	3.485
6	324	0.308	13.2	1.235	3.67	2.970
7	285	0.271	12.6		3.0	2.392
8	247	0.235	12.8	1.248	3.07	2.392
9	146	0.139	14.1	1.206	3.2	2.650
10	20				0.5	
11	0					

表 5-41 塑料沙($\gamma_s = 1.052$)流变特性试验成果(2)

$S(\text{kg/m}^3)$	S_V	$\tau_{\omega 0}$	τ_B	μ	$T(℃)$	μ_0	μ_r
699	0.665	0	0	0.314 0	12.5	0.012 2	25.8
595	0.566	0	0	0.175 0	12.4	0.012 2	14.3
480	0.456	0	0	0.063 5	13.4	0.011 9	5.34
354	0.336	0	0	0.039 2	14.5	0.011 6	3.38
258	0.245	0	0	0.032 9	14.3	0.011 6	2.83
153	0.146	0	0	0.026 5	15.4	0.011 3	2.34
115	0.109	0	0	0.026 5	12.6	0.012 15	2.18
60.5	0.057 5	0	0	0.020 4	13.5	0.011 9	1.89
42.9	0.040 8	0	0	0.017 6	15.2	0.011 4	1.55
22.5	0.021 4	0	0	0.016 2	9.9	0.013 1	1.24

最后必须指出,塑料是化工原料(制作化纤的原料),在长期浸水的作用下,也会产生板结现象,发生板结后,其起动流速也会随之增大。例如,常用的塑料沙,$\gamma_s = 1.05\text{t/m}^3$,$d_{50} = 0.002\ 8\text{cm}$,刚铺在河底时,$v_0 = 7 \sim 10\text{cm/s}$,经过长期浸泡,$v_0 = 15 \sim 19\text{cm/s}$。根据初步分析,塑料沙的起动流速可以用下式表示:

$$v_0 = K_1 K_2 E^{0.5} \tag{5-35}$$

式中,$K_1 = 2.4(23.22\gamma_0 - 17.7)$,$K_2 = \left(\dfrac{H}{d_{50}}\right)^{1/6}$,$E = 3.6\left(\dfrac{\gamma_s - \gamma}{\gamma}\right)g d_{50}$,即:

$$v_0 = K_1\left(\frac{H}{d_{50}}\right)^{1/6}\sqrt{3.6\left(\frac{\gamma_s - \gamma}{\gamma}\right)g d_{50}} \tag{5-36}$$

二、核桃壳粉

通常人们选用的核桃壳粉,是经过粉碎机粉碎的颗粒,其外形极不规则,颜色呈土黄色,含有微量油脂,使用时必须用碱水浸泡,除去油脂及污质。核桃壳粉有一定的吸水性能,在水中浸泡的时间长短不同,其密度会有些变化(见表 5-42)。

表 5-42 核桃壳粉密度测定成果 (单位:g/cm³)

处理情况	浸泡时间					
	1h	4h	18h	24h	43h	48h
碱水浸泡	1.353	1.388	1.441	1.431	1.441	1.438
未处理	1.320	1.389	1.403	1.405	1.421	1.421

有的资料证明核桃壳粉的实测密度变化范围可达 $1.37 \sim 1.52\text{g/cm}^3$,平均值为 1.44g/cm^3。

根据核桃壳粉沉速试验资料的分析,初步认为核桃壳粉颗粒的沉速可按下式进行计算。

(1)$d \geqslant 1$mm,为紊流沉降区:

$$\omega = K_1 \sqrt{\frac{\gamma_s - \gamma_w}{\gamma_w}} d^{5/6} \tag{5-37}$$

(2)0.1mm$< d < 1$mm:

$$\omega = K_2 \sqrt{\frac{\gamma_s - \gamma_w}{\gamma_w}} \left(\frac{\mu_{20}}{\mu_t}\right)^{\beta} (d)^{\alpha} \tag{5-38}$$

(3)$d < 0.1$mm,为层流沉降区:

$$\omega = K_3 \sqrt{\frac{\gamma_s - \gamma_w}{\gamma_w}} d^{5/2} \tag{5-39}$$

式中 ω——颗粒沉降速度,cm/s;

d——颗粒直径,mm;

γ_s——颗粒密度,g/cm³;

γ_w——水的密度,g/cm³,20℃时,$\gamma_w = 0.998\ 23$g/cm³;

K——系数,$K_1 = 5.477$,$K_2 = 5.477 \sim 89.07$,随颗粒粒径的变化而变化,$K_3 = 89.2$;

α——指数,$\alpha = \frac{5}{6} d^{-0.477}$;

β——指数,$\beta = 1 - \alpha$;

μ_{20}——水温为20℃时,水的动力黏滞系数;

μ_t——水温为t℃时,水的动力黏滞系数。

根据清华大学水槽试验资料分析得:

核桃壳颗粒全面起动时

$$v_0 = 1.62 \left(\frac{h}{d}\right)^{1/6} \sqrt{\frac{\gamma_s - \gamma}{\gamma} gd} \tag{5-40}$$

少量起动时

$$v_0 = 1.36 \left(\frac{h}{d}\right)^{1/6} \sqrt{\frac{\gamma_s - \gamma}{\gamma} gd} \tag{5-41}$$

个别起动时

$$v_0 = 1.09 \left(\frac{h}{d}\right)^{1/6} \sqrt{\frac{\gamma_s - \gamma}{\gamma} gd} \tag{5-42}$$

水槽试验表明,$d \approx 0.4 \sim 5.0$mm 的核桃壳颗粒,在水深$4 \sim 15$cm 条件下,糙率 $n_b \approx 0.015 \sim 0.016\ 6$(见表5-43)。

必须注意,核桃壳为有机物质,主要化学成分为碳和水,一般需用日晒或自然风干和低温($60 \sim 80$℃)烘干后才便于贮存,不易发霉变质,不宜采用高温烘烤,以免引起炭化和燃烧。

表 5-43　　　　　　　　　核桃壳颗粒(0.4～5.0mm)糙率试验成果

水深(cm)	断面平均流速(cm/s)	能坡(‰)	糙率 n_b	床面情况
4	11.42	2.52	0.014 9	床面未动
4	14.05	4.45	0.016 6	床面未动
4	22.30	8.23	0.013 8	少量起动
4	24.85	10.33	0.014 0	全面起动
4	27.94	13.39	0.014 1	初生沙纹
7	17.94	2.68	0.013 2	少量起动
7	21.20	4.56	0.015 1	少量起动
7	25.20	5.08	0.013 0	全面起动
7	26.90	6.08	0.013 6	初生沙纹
10	17.73	1.98	0.013 9	个别起动
10	21.13	3.26	0.015 8	少量起动
10	28.03	5.42	0.014 9	初生沙纹
10	28.60	6.28	0.015 9	初生沙纹
15	25.48	2.70	0.013 7	全面起动
15	33.19	5.94	0.016 5	沙纹

三、木屑

木屑即人们俗称的锯木粉,是一种密度轻、价格低廉的物质,经过加工(过筛)处理可做模型沙,其沉速小,起动流速小,是一种较好的模型沙。

木屑系有机质,需经防腐处理后方能使用和贮存,常见的防腐处理方法有生石灰浸渍法、沥青浸渍法、石蜡浸渍法、松香浸渍法以及 CCA 防腐剂浸渍法等。其中,石蜡浸渍法和松香浸渍法的工序很难掌握,也不便大批生产,故很少被采用。生石灰浸渍法和沥青浸渍法工序比较容易,在用量不大的模型试验中(如局部动床)可以采用。其加工方法如下。

(一)生石灰浸渍法

(1)将生石灰加工成 5～8cm 的碎块。

(2)在长 3m、宽 2m、深 1.2m 的水池底部先铺一层厚约 8cm 的木屑,木屑上面铺 8cm 厚的生石灰小块。

(3)再铺 8cm 厚的木屑和 8cm 厚的生石灰,由下向上共铺四层木屑和三层生石灰。

(4)向池内注入清水,淹没木屑,然后用铁锨(或丁耙)往返搅拌,使生石灰与木屑成糊状。

(5)浸渍 3～4h 后,木屑由黄色变为褐色,再向池内添注清水,使水深达 1.0m 左右。

(6)继续搅拌,不断清除水面泡沫。连续工作 20～30h,待泡沫全部清除后,方可捞出沥干使用。

生石灰处理木屑法,实质上是提高木屑的防腐作用,如用 CCA 防腐剂与清水调和成溶液直接浸渍木屑,半小时后捞出晾干,一个月后,亦可获得较好的木屑。CCA 防腐剂系江西鹰潭防腐剂厂产品。

经处理的生石灰木屑,粒径范围 $0.5\sim1.5$mm,$d_{50}\approx1.0$mm,$\gamma_s=1.25$g/cm^3,$v_0=11\sim14$cm/s,$H=7\sim28$cm。

(二)沥青浸渍法

(1)将沥青放入容器内溶化。

(2)将加工好的木屑倒入锅中已溶化的沥青汁内,用铁铲反复搅拌,直到开始所形成的团粒全部分开为止。

(3)待溶化的沥青汁全部被木屑吸收,木屑呈黑色。

(4)将浸渍好的沥青木屑,平铺在混凝土地板上冷却,并迅速将其分散成粒状。过筛确定其几何粒径。

(5)制造沥青木屑时,要特别注意人身安全,必须带防毒口罩及备防毒药膏。

经处理的沥青木屑,粒径范围 $0.5\sim1.0$mm,$d_{50}=0.63$mm,$\gamma_s=1.25$g/cm^3,$v_0=9.5\sim11.5$cm/s,$H=10\sim27$cm;粒径范围 $0.5\sim2.0$mm,$d_{50}=1.0$mm,$H=6\sim28$cm,$v_0=14\sim16$cm/s。

沥青木屑沉速与粒径关系如表 5-44 所示。

表 5-44   沥青木屑不同粒径的沉速

d(mm)	0.75	0.675	0.55	0.45	0.35	0.25	0.175
ω(cm/s)	1.855	1.502	1.115	1.043	0.585	0.48	0.298
水温(℃)	16.4	16.4	2.50	—	1.50	1.50	1.60

经过处理的木屑用来进行悬沙模型试验,由于其密度小,起动流速小,冲淤变化反映灵敏,有很大的优点,特别在河床变化迅速,淤滩刷槽剧烈的动床模型试验中,采用这种木屑做模型沙,能够迅速地反映河床演变过程。

但其缺点也是相当突出的,特别是未经防腐处理的木屑,缺点更多。我们曾采用过未经防腐的木屑做模型沙进行黄河模型试验,通过试验发现未经防腐处理的木屑:①形状复杂。②在水中浸泡后,会改变自己原有的形状。其水力特性是变化的,其沉速的变化更大。淤在河床上的木屑,时间一长,便板结成块。③刚刚铺在模型上的新木屑,往往掺着许多小气泡。④压实以后,彼此之间联结很紧,很难冲刷,河槽冲刷时,岸坡可达 1:1,甚至为负坡(即河岸会被水流淘成洞穴)。⑤使用时间长久,会变酸发臭,水质也会随之引起变化,经验证明,未经防腐处理的木屑是不宜用来做模型沙的。

木屑的形状与锯木时的锯口方向有关,横锯的木屑成颗粒状,可以用做模型沙,竖锯的木屑形状复杂,除了粒状外,还有条状、针状、片状,不宜做模型沙。因此,采用木屑做模型沙时,首先要注意选好锯木的方法。

与木屑水力特性类似的模型沙,还有经防腐处理的木粉,也是局部动床模型试验较好的模型沙。

木屑:$d_{50}=0.50$mm,$\gamma_s=1.04$t/m^3。

沥青木屑:$d_{50}=0.41$mm,$\gamma_s=1.06$t/m^3,干容重 $\gamma_0=0.285$t/m^3,湿容重 $\gamma_s=1.01$t/m^3。

木屑与沥青木屑起动特性如表 5-45。

表 5-45
 木屑和沥青木屑起动流速

种类	D_{50}(mm)	H(cm)	v_0	v_s	资料来源
木屑	0.50	10	10.45	16.63	1976 年 12 月,武汉水利电力学院对几种模型沙的起动流速试验
		20	11.75	16.87	
		30	12.78	17.76	
沥青木屑	0.41	10	10.43	21.78	
		25	11.46	21.45	
		30	12.13	21.65	

第四节 粉状颗粒模型沙基本特性

有些悬沙模型试验,其试验任务不仅要研究泥沙悬浮问题,而且要研究异重流的运动问题,这时需要采用颗粒极细而密度较大的材料做模型沙。由于颗粒极细,类似食用面粉,故我们称它为粉状颗粒模型沙。如南京水利科学研究院曾经使用过的滑石粉(也叫三飞粉)、长江水利科学研究院曾经使用过的酸性白土粉等,就是粉末状的模型沙。

这类粉状颗粒模型沙的特点是,颗粒形状与自然界的黏土和粉沙类似,在水中悬沙性能好,用来做模型沙,可以满足与原型沙的悬浮相似条件。但必须注意,这种极细的颗粒,在水中的物理化学特性,接近于胶体粒子。胶体粒子在净水中一般都由双电层所包围,当两个(或两个以上的)粒子互相接近时,它们之间既会产生相斥的作用,也会产生范德华力(吸引力)[1],当范德华力大于斥力时,微小的粒子就会凝聚在一起成团粒状态,这种现象,即絮凝现象。发生絮凝以后,颗粒沉速增大,就会改变粒子原来的悬浮特性。因此,采用这类极细颗粒做模型沙时,首先要研究它产生絮凝的条件和反絮凝措施,国内常用的粉状模型沙有以下几种。

一、酸性白土粉

20 世纪 70 年代,长江水利科学研究院和武汉水利电力学院,曾采用酸性白土粉做模型沙,取得了成功的经验。

他们采用的白土粉属于黏土矿物中的蒙托土,颗粒极细,$d_{50} \approx 0.009$mm,$\gamma_s = 2.53 \sim 2.7$t/m³。比表面积大,亲水性强,吸水迅速膨胀,塑性大,其主要化学成分为二氧化硅(见表 5-46)。

表 5-46
 酸性白土粉主要化学成分

化学成分	SiO_2	R_2O_3	Fe_2O_3	CaO	MgO	$K_2O + Na_2O$	烧失量
百分数(%)	68.53	18.16	1.56	0.67	1.71	2.62	6.75

---

[1] 范德华吸引力与颗粒之间距离的六次方成反比,是三种不同型式的分子间的作用力。

通过预备试验,得知白土粉的微粒带负电荷,在去离子水中,粒配稳定。但在含电解质水中,产生絮凝或分散现象。水中若有钙、镁离子,则能使白土粉的颗粒絮凝成团。水中加$(NaPO_3)_6$,则能使其颗粒分散。

根据有关单位的研究:

(1)水质对白土粉粒配的影响,主要限于$d \leqslant 0.02mm$部分(水质对煤灰粒配的影响,则限于$d < 0.025mm$部分)。

(2)含沙量对白土粉的絮凝有影响,用不同含沙量求得的白土粉粒配不同。因此,采用白土粉做模型沙时,必须采用与模型含沙量相同的含沙量求其颗粒级配。

(3)水质对淤积物干容重有明显影响。因此,试验时,要据水质和颗粒级配,确定γ_0值和λ_{t_2}值。

(4)由预备试验得知,白土粉的起动流速约13cm/s,由于白土粉的胶结问题严重,其起动流速可能随淤积历时的增长而增大。

酸性白土粉的起动流速试验成果与床沙运动特性见表5-47、表5-48。

表 5-47   **酸性白土粉起动流速试验成果**

水深(cm)	2.99	4.02	5.53	10.43	14.82
v_0(cm/s)(普遍动)	12.30	12.54	12.63	13.29	13.31

表 5-48   **酸性白土粉床沙运动特性**

运动状态	个别动	显著动	扬动	大量冲刷
水深(cm)	9.83	10.09	10.07	10.64
流速(cm/s)	12.53	14.30	20.26	49.06

二、滑石粉

滑石粉(也称三飞粉),系白色工业原料,颗粒极细,密度$\gamma_s = 2.7 \sim 2.8 t/m^3$,有黏性,类似天然的黏土,在水中悬浮特性好,系较好的模型悬沙。20世纪60年代末至70年代初,南京水科院采用滑石粉(三飞粉)做模型沙,研究悬沙淤积问题,取得了成功的经验。与此同时,笔者也曾拟采用滑石粉做模型沙研究黄河三盛公枢纽的泥沙淤积问题,故对滑石粉的起动特性开展了试验研究。

通过试验研究,获得滑石粉的起动流速经验关系式:

$$v_0 = 1.27 \left(\frac{H}{d_{50}} \right)^{1/6} E^{0.5} \tag{5-43}$$

式中 H——水深,cm;

      d_{50}——中值粒径,cm;

      E——参数,$E = 3.6(\gamma_s - \gamma)gd_{50}$。

滑石粉的起动流速见表5-49。

表 5-49 滑石粉($d_{50}=0.019\text{mm}$)起动流速统计

起动流速 v_0 (cm/s)	水深 H (cm)	参数 E	$v_{0\text{计}}$ (cm/s)
21.45	28.91	1.173	21.42
19.85	21.31	1.173	19.738
20.75	25.23	1.173	20.303
18.88	17.57	1.173	18.51
17.30	12.00	1.173	16.81
15.80	4.70	1.173	15.33
14.55	2.27	1.173	14.00

与此同时,武汉水利电力学院和长江水利科学研究院也进行了滑石粉起动特性试验试验成果见表 5-50。

表 5-50 滑石粉($d_{50}=0.02\text{mm}$)起动特性试验成果

水深(cm)	少量动 v_1(cm/s)	普遍动 v_2(cm/s)	大量动 v_3(cm/s)	扬动 v_4(cm/s)
5	12~12.5	18~20	20~22.8	24~27
10	12~13.3	18~19.9	22~23	26~26.9
15	13~15.1	18~21	23~25.9	24~28.6
25	14~16.5	18~18.8	24~24.1	
35	14~14.8	18~19.7	24~26	

第五节 天然沙的基本特性

一、天然沙的起动特性

所谓天然沙,是指自然界的泥沙(包括任何河流中的悬沙和床沙,以及陆地的风沙),它既是原型泥沙,又可以用来做模型沙;其起动流速是动床模型设计的重要参数。进行动床模型试验时,人们都用原型沙与模型沙的起动流速之比来判断该模型试验泥沙运动的相似性。因此,进行动床模型设计时,不仅要掌握模型沙的基本特性,而且要掌握原型沙的基本特性(首先要了解原型沙的起动特性)。试验结束后,编写模型试验成果报告时,也必须详细交待原型沙的基本特性,以便使用单位和人员了解该模型试验有关模型沙选择的相似性。

由于泥沙的起动特性非常重要,因此自 19 世纪末(特别是 20 世纪)以来,许多从事泥沙研究的工作者,均对泥沙的起动规律进行了研究。通过研究,他们发现泥沙的起动规律极其复杂,但与泥沙颗粒大小有比较明确的关系(见图 5-20)。

由图 5-20 可知:在试验水深 $H=10\text{cm}$ 情况下

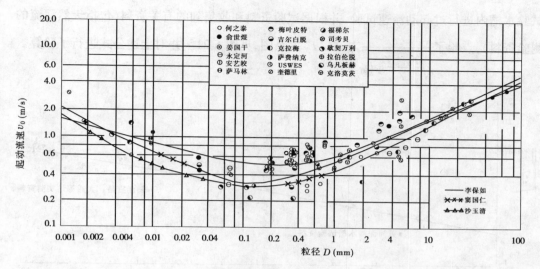

图 5-20　v_0—D 关系

(1)$D \approx 0.1$mm 时,$v_0 \approx 20$cm/s;

(2)$D > 0.1$mm 时,v_0 随着 D 的增大而增大;

(3)$D < 0.1$mm 时,v_0 随着 D 的减小而增大。

根据上述变化规律,许多学者建立了各自的泥沙起动计算公式。其中人们常用的公式有:

(1)沙玉清公式:

$$v_0 = \left[0.43d^{3/4} + 1.1 \frac{(0.7 - \varepsilon)^4}{d} \right]^{1/2} H^{0.2} \tag{5-44}$$

式中　v_0——起动流速,m/s;

　　　H——水深,m;

　　　ε——孔隙率,其稳定值为 0.4;

　　　d——泥沙粒径,mm。

(2)武汉水利电力学院公式:

$$v_0 = \left(\frac{H}{d} \right)^{0.14} \left(17.6 \frac{\gamma_s - \gamma}{\gamma}d + 0.605 \times 10^{-6} \frac{10 + H}{d^{0.72}} \right)^{1/2} \tag{5-45}$$

式中,$\dfrac{\gamma_s - \gamma}{\gamma} = 1.65$;各因子的单位以 m、N、s 计。

(3)窦国仁公式:

$$v_0 = 0.265\ln\left(11\frac{H}{\Delta} \right)\sqrt{\frac{\gamma_s - \gamma}{\gamma}gd + 0.19\frac{\varepsilon_K + gH\delta}{d}} \tag{5-46}$$

式中,v_0 以 m/s 计;当 $d > 0.5$mm 时,$\Delta = d$,当 $d < 0.5$mm 时,$\Delta = 0.5$mm;$\varepsilon_K = 2.56$cm³/s²;$\delta = 0.21 \times 10^{-4}$cm;$\dfrac{\gamma_s - \gamma}{\gamma} = 1.65$。

为了探求适合于黄河情况的泥沙起动计算公式,我们曾经用不同粗细的黄河泥沙在试验水槽内进行过起动流速试验,并根据试验资料和收集到的有关资料(包括天然河流的测验资料),点绘了 $\dfrac{v}{\sqrt{\dfrac{\gamma_s-\gamma}{\gamma}gd_{50}}}$ 与 H/d_{50} 关系图,见图 5-21。并对上述公式进行了验算。

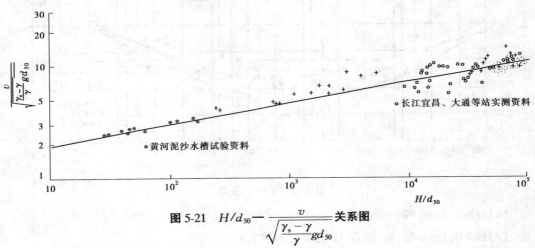

图 5-21 $\quad H/d_{50}$ — $\dfrac{v}{\sqrt{\dfrac{\gamma_s-\gamma}{\gamma}gd_{50}}}$ **关系图**

图 5-22 是按式(5-44)、式(5-45)、式(5-46)的计算结果与室内试验 $h=10\mathrm{cm}$ 时的试验成果的对比图。

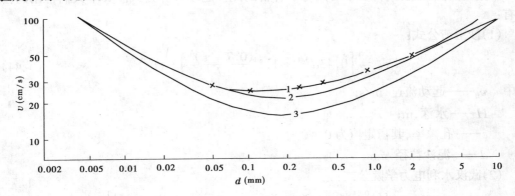

图 5-22 $\quad v$—d **关系图**
1—沙玉清公式;2—武汉水利电力学院公式;3—窦国仁公式

从图 5-21 及图 5-22 可以看出:

(1)3 个公式的计算值与我们室内的试验值基本上一致,特别是沙玉清公式的计算结果与我们室内的试验值几乎完全吻合。

(2)由长江宜昌、大通及其中游资料获得的 $v\big/\sqrt{\left(\dfrac{\gamma_s-\gamma}{\gamma}\right)gd}=1.5\left(\dfrac{H}{d}\right)^{1/6}$ 关系线,与

我们室内试验 $D>0.2\mathrm{mm}$ 的资料点绘的 $v\big/\sqrt{\left(\dfrac{\gamma_s-\gamma}{\gamma}\right)gd}$ 与 $\left(\dfrac{H}{D}\right)$ 的关系也基本一致。

(3)我们室内试验 $D<0.2$mm 的资料,均在长江 $v\big/\sqrt{(\dfrac{\gamma_s-\gamma}{\gamma})gd}$ 与 $(\dfrac{H}{d})^{1/6}$ 关系线的上方。而且颗粒愈细,其点群偏离关系线愈远;但点群本身的连线仍然与粗颗粒的关系线基本平行。说明无论颗粒粗细,$D>0.01$mm 的泥沙起动规律均可用 $v\big/\sqrt{(\dfrac{\gamma_s-\gamma}{\gamma})gd}=$ $K(\dfrac{H}{D})^{1/6}$ 的关系线近似表示,只是式中的 K 值不是常数,是随 D 的大小而变的变数,即 $K=f(D)$(见图 5-23)。

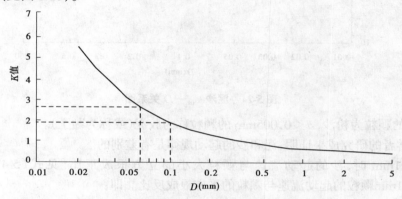

图 5-23　$K-D$ 关系图

根据天然沙的 $v\big/\sqrt{(\dfrac{\gamma_s-\gamma}{\gamma})gd}$ 与 $(\dfrac{H}{D})$ 关系图,可以获得天然沙起动流速的综合关系式:

$$v_0 = K(\dfrac{H}{D})^{1/6}\sqrt{(\dfrac{\gamma_s-\gamma}{\gamma})gD} = KH^{1/6}D^{1/3}\sqrt{\dfrac{\gamma_s-\gamma}{\gamma}g} \qquad (5\text{-}47)$$

式中　K——泥沙起动系数,随 D 的变化而变,由 $K-D$ 关系图查得。

由图 5-23 得知:$D>1.0$mm 时,$K\approx1.0$;$D=0.1\sim1.0$mm 时,$K\approx1.5$。根据上述,按式(5-47)可以求得 $H=1.0$m 时,泥沙各种粒径的起动流速,习惯上称 v_{01},即:

$$v_{01} = K'(\dfrac{\gamma_s-\gamma}{\gamma})^{1/2}D^{1/3}$$

黄河下游河床质 $D_{50}=0.1$mm 时,$v_{01}=0.36$m/s;$D_{50}=0.06$mm 时,$v_{01}=0.6$m/s。v_{01} 与 D 的关系如图 5-24。

$D<0.004$mm 时,$v_{01}=\dfrac{3.2}{\sqrt{D}}$,$D$ 以 cm 计,v_0 以 cm/s 计。

二、混合沙起动流速确定方法

根据不少专家对泥沙的分类[1],泥沙粒径 $d>0.05$mm 的颗粒称为沙,$d=0.05\sim$

❶　钱宁.泥沙运动学.北京:科学出版社,1983

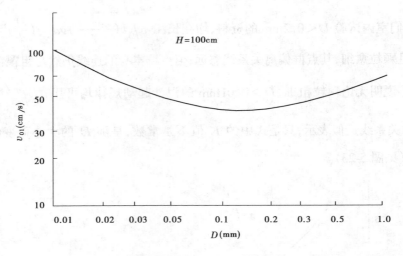

图 5-24　泥沙 v_{01}—D 关系图

0.005mm 的颗粒为粉沙，$d < 0.005$mm 的颗粒称为胶泥(或称为黏土)。

许多学者的研究成果证明：泥和沙的起动规律是有差别的。

$d > 0.1$mm 时，沙的起动流速与颗粒大小的立方根成正比[见式(5-47)]。$D = 0.04 \sim 0.01$mm颗粒的起动流速与颗粒的平方根成反比。即：

$$v_0 = \frac{3.2}{D^{0.5}} \quad (D \text{ 以 cm 计}, v_0 \text{ 以 cm/s 计}) \tag{5-48}$$

因此，若天然河流的床沙全由 $d > 0.1$mm 的沙质颗粒组成时(例如长江某些支流)，则其起动流速 v_{01} 可以采用式(5-47)计算。其 D_{50} 的起动流速 v_{01}，可以近似地代表该床沙质的起动流速。

若天然河流的床沙质全由 $d < 0.04$mm 的泥沙组成，如某些电站尾水渠由于大河异重流倒灌产生淤积，则该淤积物全系细泥，其起动流速应按式(5-48)计算，该细泥 D_{50} 的起动流速，亦能近似地代表该河床质的起动流速。

黄河下游河床质，通常是由泥和沙混合组成，我们称这种河床为混合沙河床，其起动流速，则不能简单地采用式(5-47)或式(5-48)进行计算，也不能简单用 D_{50} 的起动流速代表该河床质的起动流速，根据泥和沙混合比的情况采用灵活的计算方法来确定其起动流速，或用 $v_{01} = \kappa' \sqrt{D_m} \left(\frac{H}{D_{50}}\right)^{1/6}$ 计算(D_m 为代表粒径)。

(1)如果河床组成以沙为主(例如黄河下游孟津至孤柏嘴之间的河段)，$d > 0.1$mm 的沙质颗粒占80%以上，$d < 0.1$mm 的泥质颗粒仅占20%以下，则选河床质 D_{65} 作为代表粒径按式(5-47)计算其起动流速，即可代表该河床质的起动流速。

(2)如果河床质组成以泥质颗粒为主，$d < 0.1$mm 的泥质颗粒占80%，$d > 0.1$mm 的沙质颗粒仅占20%，这时选用 D_{35} 作为代表粒径按式(5-48)计算其起动流速，即可代表该河床质的起动流速。

(3)如果河床质 $D_{50} \approx 0.1$mm，即河床组成中沙和泥各占50%，这时，可选择 D_{75} 和

D_{25}作为代表粒径,分别按式(5-47)和式(5-48)计算起动流速,两者的最大值即可代表该河床质的起动流速。

以上三条是著者提出的确定混合沙起动流速的基本经验。

黄河下游从孟津至河口,河道长度约790km,花园口河段,河床比降$J=0.0002$,$D_{50}\approx0.09$mm;艾山以下,河床比降$J=0.0001$,$D_{50}\approx0.06$mm;沿程河床组成极其复杂,绝对不是上述三种组成能够包括尽的,对于其他颗粒组成,则可以参照上述基本经验找出代表粒径,然后按上述方法,求出其起动流速。

代表粒径可用D_{50},也可用D_{m}(平均粒径),经验证明,采用D_{m}较好。

三、黄河下游河床组成概况

黄河三门峡至小浪底系峡谷型河道,从小浪底出峡谷后,河谷逐渐扩宽,小浪底至铁谢,是峡谷型河道至平原型河道的过渡段。小浪底附近河床组成基本上为砂砾石,其最大粒径约50cm,D_{50}为4~5cm,$D<2$mm的中沙占河床组成的30%左右。从历史查勘资料和钻探资料得知,铁谢附近,河床为卵石夹沙河床,表层有大卵石暴露,距铁谢(孟津)以下10km处的花园镇,河床表层基本上都是沙土,表层以下15m处才有砾石和卵石。距离铁谢下游50余公里的伊洛河口,沙质河床的厚度达40余米(即沙质覆盖层的厚度达40余米)。伊洛河口以下,花园口、柳园口以及高村某河段的河床质,基本上都是沙土,只有局部地区才有极少量的黏土。

高村至陶城铺,无论是表层或深层,主槽和滩地均发现有黏土或亚黏土,一般在弯顶段均有黏土层,在顺直段则多为细沙。

泺口以下,河槽多为黏土或亚黏土和少量沙土,河滩则多为亚黏土。

根据黄河河床测验队和水文站测验资料的分析,三门峡枢纽修建投入运用以前,铁谢附近沙质河床质(不包括砾石和卵石)的$D_{50}=0.164$mm,官庄峪至花园口$D_{50}=0.1$mm,辛寨附近$D_{50}=0.07$mm,高村以下$D_{50}=0.06$mm,见表5-51和图5-25。

表5-51 黄河下游各水文站床沙质D_{50}统计

站名	秦厂	高村	艾山	利津
D_{50}(mm)	0.092	0.057	0.063	0.062

三门峡枢纽建成蓄水运用以后,下游河道发生冲刷,河床粗化,河床组成明显变粗,其中铁谢附近的沙质河床中值粒径$D_{50}\approx3.6$mm,官庄峪至花园口河床质$D_{50}\approx0.19$mm,高村以下河床质D_{50}也接近于0.1mm(见表5-52)。

总之,黄河下游河床组成的主体是沙、粉沙、沙壤土,局部地区才有黏土和胶泥。

建库前,黄河下游洪水漫滩机会多,通过漫滩淤积,下游滩地普遍淤上厚达1.0m的淤泥,根据各修防段实测资料统计,花园口至中牟,滩地淤积物$D_{50}=0.053$mm,东坝头至高村滩地淤积物$D_{50}=0.036$mm(见表5-53)。

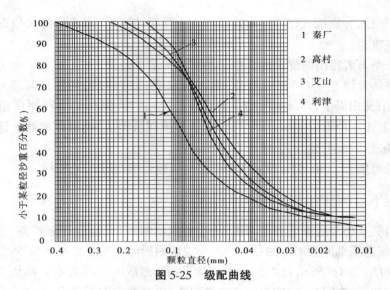

图 5-25　级配曲线

表 5-52　　　　　　　　　　建库前后黄河下游主槽河床质 D_{50} 对比

河段	建库前	建库后	河段	建库前	建库后
铁谢	0.164	3.610	相集	0.059	0.104
官庄峪	0.097	0.192	艾山	0.057	0.085
花园口	0.092	0.187	泺口	0.057	0.097
辛寨	0.072	0.156	利津	0.057	0.091
高村	0.057	0.118			

表 5-53　　　　　　　　　　滩地淤积物颗粒组成统计

河段	小于某粒径的泥沙所占百分数（%）											D_{50} (mm)
	<0.005 mm	<0.01 mm	<0.02 mm	<0.04 mm	<0.07 mm	<0.1 mm	<0.15 mm	<0.2 mm	<0.3 mm	<0.4 mm	<0.6 mm	
秦厂至花园口	7.7	12.5	18.2	25.0	35.0	46.7	68.5	78.4	94.8	95.2	100	0.105
花园口至中牟	10.8	16.6	30.2	44.6	56.5	68.8	83.0	89.5	99.8	100		0.053
中牟至柳园口	21.0	36.6	51.0	70.7	83.5	90.4	96.8	98.5	99.9	100	—	0.019 5
柳园口至曹岗	19.9	27.7	44.2	64.0	80.7	91.2	98.1	99.3				0.024 5
东坝头至高村	4.6	9.60	24.6	53.2	69.4	82.8	99.1	100				0.036
艾山至朱圈	15.8	30.3	50.2	73.2	83.9	91.7	98.5	99.5	100			0.020
朱圈至水牛赵	19.1	31.6	47.7	74.1	90.7	96.3	99.7	100				0.022 5
彭楼至孙口	8.9	19.1	41.3	70.0	88.4	93.7	99.0	100				0.024

表 5-53 是 20 世纪 50 年代河道治理规划中的分段统计值。若以河道特性划分河段，则各河段泥沙颗粒组成如表 5-54 所示。

表 5-54　　　　　　　　　黄河下游各河段滩地泥沙颗粒组成

| 河段 | 颗粒组成（%） | | | | | | D_{50}（mm） | 比降（‰） |
	$d>0.5$ mm	0.5~0.25 mm	0.25~0.05 mm	0.05~0.03 mm	0.03~0.005 mm	<0.005 mm		
铁桥—东坝头	0.5	5.2	38.8	10	30.7	14.8	0.051	2.04
东坝头—高村			40.0	16	39.4	4.6	0.038	1.69
高村—孙口			22.0	13.2	55.9	8.9	0.025	1.45
位山—泺口		0.1	20.9	12.5	49.6	13.4	0.021	1.16

黄河下游各水文站附近的滩地淤积土干容重，新中国建立以来有多次测验资料，可供制作黄河动床模型采用（见表 5-55）。

表 5-55　　　　　　　　　黄河下游滩地淤积土干容重统计　　　　　　　（单位：t/m³）

站名	干容重变化范围	平均干容重	站名	干容重变化范围	平均干容重
小浪底	1.42~1.68	1.57	艾山	1.16~1.38	1.31
秦厂	1.04~1.55	1.38	泺口	1.14~1.58	1.42
高村	1.25~1.54	1.38	前左	1.04~1.36	1.22
孙口	1.14~1.48	1.31	四号桩	1.17~1.54	1.36

四、黄河河床质起动流速的确定

在讨论如何确定黄河起动流速之前，先要向读者交待本书所谓"起动流速"的基本概念。

（1）沙玉清教授在他的著作《泥沙引论》一书中，早就明确指出："开动流速（即起动流速）和冲刷流速是有一定区别的，开动（起动）只是说泥沙开始运动，但冲刷还包含着泥沙开动冲走以后得不到足够的补充，形成床面下降的意义。"所以，本书所指的起动流速，并不是冲刷流速；也不能把河床发生冲刷时的流速，视为起动流速。

（2）所谓河床质的起动流速，是指该河床上的泥沙至少有 50% 的颗粒都能开始动，并不是只有个别颗粒开始动的流速。例如，某河段的河床质由 $D>0.1$mm 的细沙组成，$D_{50}\approx0.21$mm，$D_{min}=0.1$mm，其起动流速是指河段河床的泥沙有 50% 的颗粒都能动的流速，由于这段河道的泥沙颗粒 $D>0.1$mm，故河床质中的每种颗粒的泥沙起动流速均符合 v_{01} 与颗粒粒径立方根成正比的关系，随 v_{01} 与 $\sqrt[3]{D}$ 成比例增大的关系。若 D_{50} 的颗粒达到起动流速，则 $D<D_{50}$ 的泥沙亦能起动（即有 50% 的颗粒都动）。故此段河道河床质的起动流速，可用该河床质 D_{50} 的起动流速表示。

又如某河段的河床质由 $D<0.1$mm 的颗粒组成，$D_{50}=0.06$mm，由于该河段的河床

组成中,所有泥沙 $D<0.1\text{mm}$,每种颗粒的起动流速 v_{01} 与 $\dfrac{K}{D^{0.5}}$ 成比例,若其 D_{50} 相应的颗粒达到起动流速,则 $D>D_{50}$ 的颗粒亦能起动,即有 50% 的颗粒都能动。因此,在此情况下,这段河道的起动流速亦可用该河床质 D_{50} 的起动流速 v_{01} 表示。

再如某河段的河床质由 $D=0.01\sim1.0\text{mm}$ 的颗粒组成,其 $D_{50}\approx0.1\text{mm}$,在此情况下,则不能用 D_{50} 相应颗粒的起动流速来代表该河床质的起动流速。因为前文早已谈到,$D=0.1\text{mm}$ 的起动流速是各种泥沙的起动流速的最小值($v_{01}=0.4\text{m/s}$),$D>0.1\text{mm}$ 或 $D<0.1\text{mm}$ 颗粒的起动流速均大于 0.1mm 颗粒的起动流速。在此情况下,确定该河床质起动流速的方法是先找出该河床组成中的 D_{75} 和 D_{25} 相应粒径,再用式(5-47)及式(5-48)分别求出 D_{75} 和 D_{25} 颗粒的起动流速,两者的最大值可以保证该河床 50% 颗粒都能起动,故可以用两者的最大值近似代表该河床质的起动流速。

黄河下游的河床质,总体讲是由泥和沙混合而成的。以上所述的是几种典型的泥沙混合比,实际上黄河下游河床质的泥沙混合比,比上述情况复杂得多。因此,黄河下游河床质起动流速的确定,要根据上述计算方法的基本原则,通过反复计算确定。

五、确定黏性土质河床起动流速的另一途径

前文已经谈到,$D<0.1\text{mm}$ 的泥沙可称为泥,泥是有黏性的,泥与细沙混合后,细沙受细泥黏性的影响,其起动流速也增大。

泥与细沙混合的河床,我们把它称为黏性土质河床,按土力学对泥沙的分类,这种河床属于壤土(或沙质黏土),是有黏性的,其黏滞系数(C 值)一般为 $0.1\sim0.2\text{kg/cm}^2$,较大值可达 0.4kg/cm^2(见罗姆塔捷著《砂土和黏土的物理力学性试验方法》)。

苏联 M·M·格里申教授主编的《水工建筑物》给出了黏土的抗冲流速与黏滞系数 C 值关系值,我国王世复利用该表的资料获得黏土起动流速公式 $v_{01}=AC^{0.5}$。

我们认为,M·M·格里申所列出的流速是黏土的不冲流速,应该小于黏土的起动流速。

根据我们收集的资料的初步分析,获得黏土起动流速 $v_{01}=KC^{0.2}$,$K=1.15$。表5-56是根据式(5-48)与按 $v=KC^{0.2}$ 计算结果的对比表。

表 5-56   黄河沙质黏土力学特性

土壤编号	γ_s	γ_0	$C(\text{kg/cm}^2)$	$d_{50}(\text{mm})$	$v_{01}(\text{cm/s})$	$v_{01}=1.15C^{0.2}$
1	2.73	1.45	0.035	0.025	0.60	0.58
2	2.71	1.45	0.104	0.020	0.68	0.73
3	2.72	1.45	0.136	0.015	0.78	0.77

通过计算,我们认为在沙与土混合比不等于 1.0 的情况下,按照壤土的土力学性质来确定起动流速亦是可行的。但必须首先进行河床质的土力学试验,确定 C 值。注意:黏性壤土的 C 值,与其含水率有关。即其 v_{01} 是随含水率的变化而变的。

$d<0.01\text{mm}$ 的泥沙起动流速与其淤积干容重关系密切,可采用沙玉清教授的"泥沙

起动幺速表"查得(见表 5-57)。

表 5-57 各种粒径泥沙起动幺速

粒径 d(mm)	起动幺速 v_{01}(m/s)				
	$\varepsilon=0.40$ $\gamma_0=1.590$	$\varepsilon=0.45$ $\gamma_0=1.457$	$\varepsilon=0.50$ $\gamma_0=1.325$	$\varepsilon=0.55$ $\gamma_0=1.193$	$\varepsilon=0.60$ $\gamma_0=1.060$
0.001	2.98	2.08	1.33	0.75	0.34
0.001 5	2.44	1.69	1.09	0.61	0.28
0.002	2.12	1.47	0.94	0.53	0.24
0.003	1.73	1.20	0.77	0.44	0.21
0.004	1.49	1.04	0.70	0.38	0.19
0.005	1.34	0.93	0.61	0.34	0.17
0.006	1.22	0.85	0.55	0.32	0.16
0.007	1.13	0.79	0.51	0.30	0.16
0.008	1.06	0.74	0.49	0.28	0.16
0.009	1.00	0.70	0.46	0.27	0.16
0.010	0.95	0.67	0.44	0.26	0.16
0.015	0.78	0.55	0.37	0.23	0.16
0.02	0.68	0.49	0.33	0.23	0.17
0.03	0.57	0.42	0.30	0.22	0.19
0.04	0.51	0.38	0.29	0.23	0.20
0.05	0.47	0.36	0.28	0.24	0.22
0.06	0.45	0.35	0.28	0.25	0.23
0.07	0.43	0.34	0.29	0.26	0.24
0.08	0.42	0.34	0.29	0.27	0.26
0.09	0.41	0.35	0.30	0.28	0.27

注:ε 为淤沙孔隙率;γ_0 为淤沙干容重,g/cm^3。

六、黄河不冲不淤流速

黄河是堆积性河流,从长时段看,河床是逐年淤积抬高的;但从瞬时看,黄河的河床随着来水来沙的变化,河床(指堆积性河床)有冲有淤,是时冲时淤的,特别是汛期洪水期,河床时冲时淤的现象经常发生,有的洪水涨冲落淤,有的洪水涨淤落冲,有的洪水大冲大淤,有的洪水小冲小淤,当然也有不冲不淤现象。1956~1958 年,麦乔威和赵苏理等人,在吴以斅所长的领导下,研究黄河水流挟沙能力时,将河床不冲不淤的挟沙力称为饱和挟沙力(饱和挟沙能力),将河床不冲不淤流速称为不淤流速,实际上是堆积河床不冲不淤的临界流速。当时黄河水利科学研究所组织了一个工程师组,对黄河、引黄渠道及室内水槽试验

资料,进行了严格地选定,著者根据该工程师组选定的不淤不冲资料,通过分析建立了黄河不冲不淤经验关系式:

$$v = 0.62\rho^{1/3.9}\omega^{1/3}Q^{1/6} \tag{5-49}$$

式中　Q——流量,m^3/s;

　　　ρ——含沙量,kg/m^3;

　　　ω——悬沙加权平均沉速,cm/s;

　　　v——水流不冲不淤流速,m/s。

实际上,v 是河床处于不冲不淤临界状态下的流速,故可以称为河床不冲不淤临界流速,简称为临界流速。当水流的流速稍大于临界流速时,河床即开始发生冲刷,这时的临界流速便是冲刷开始的流速,可以称它为起冲流速。

黄河下游悬移质颗粒极细,洪水期悬沙 $d_{50}\approx0.015\text{mm}$,$\omega\approx0.020\,6\text{cm/s}$。三门峡水库修建以前,洪水暴涨猛落,河床冲淤变化频繁,当 $\rho=1.0\text{kg}/\text{m}^3$ 时,河床冲淤临界流速,根据式(5-49)可以写成:

$$v_{临} = 0.169Q^{1/6} \tag{5-50}$$

由于 $\rho=1.0\text{kg}/\text{m}^3$,相当于清水,河床属于清水冲刷状况,故式(5-50)中流速为河床起冲流速。

根据式(5-50)和河床质起动流速公式可以求得黄河下游(高村站)各级流量的起冲流速和起动流速,见表 5-58。

表 5-58　　　　　　　　　　黄河下游河床起冲流速及起动流速对比

$Q(\text{m}^3/\text{s})$	$H(\text{m})$	$v_{临}(\text{m/s})$	$v_0(\text{m/s})$
1 100	1.0	0.54	0.51
3 000	1.3	0.64	0.53
6 000	1.47	0.72	0.54
10 000	1.9	0.78	0.57
17 000	2.04	0.86	0.58

注:(1)表中 Q、H 值系 1958 年洪水高村水文站的实测资料。

(2)表中 v_0 系根据黄河细沙起动流速公式求得。

(3)求 v_0 时,河床质 D_{50} 采用高村站实测 D_{50},此时 $D_{50}=4d_{50}=0.06\text{mm}$。

从表 5-58 可以看出,$H=1.0\text{m}$ 时,泥沙起动流速 $v_{01}\approx v_{临}$(v_{01} 代表 $H=1.0\text{m}$ 的 v_0);$H\neq1.0\text{m}$ 时,$v_{01}\neq v_{临}$。说明黄河下游的河床质在清水情况下的起动流速 v_0 与清水冲刷情况下的 $v_{临}$ 是有差别的,只有当 $H=1.0\text{m}$ 时,两者才基本相等。

v_0 与 $H^{1/6}$ 成正比关系增大,$v_{临}$ 不是随 $H^{1/6}$ 关系增大,而是随 $H^{1/m}$ 关系增大。因此,采用 $v_{临}$ 代替 v_0 使用时,要注意修正。

第六章　动床模型进出口控制条件及有关模拟操作技术问题

第一节　动床模型试验的控制条件

所谓动床模型试验的控制条件是指模型试验的进口控制条件、尾水控制条件、河床组成的干容重控制条件及河床起始地形控制条件等。

经验证明,在动床模型试验中精心设计、严格操作是非常重要的,但是如果忽视模型试验的控制条件的重要性,也会使模型试验结果与原型不相似。

例如,我们进行的某项黄河下游河床演变模型试验,因试验场地有限,模型进口选在京广黄河铁桥,模型进口段很短,又无导流设施,试验供水直接进入模型,结果模型试验的河势难以保证与原型相似。

又如,验证1954年洪水过程时,原型1954年汛前,来水沿铁桥以下的护岸工程下泄,保合寨后刘一带靠大溜,发生冲刷,汛后来水受邙山脚下滩嘴的顶托,主流折向铁桥北端,在盐店庄坐弯,见图6-1(a),而模型试验的来水方向,始终是按原型汛后的来水方向,见图6-1(b)。所以,模型1954年的汛前河势与原型是不相似的,这就是模型进口控制不妥所造成的。

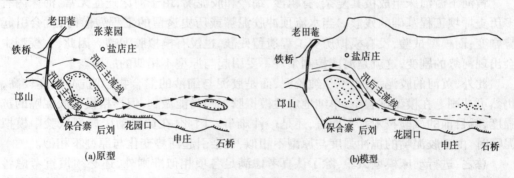

图6-1　模型河势与原型河势对比图

再如,某河段洪水演进模型试验,供水管(渠)在模型右侧,供水方向与模型水流运动的前进方向又恰恰相反,即水流进入模型前池要转180°才能进入模型(见图6-2)。

为了使模型进口水流流态比较平顺,第一次试验,在模型前池内设立三道花墙(消能栅),通过花墙整流后,模型试验段水流流态基本均匀地进入模型,与原型水流流态基本相似;第二次试验,模型前池花墙仅保留二道,模型试验段的水流流态及河势变化则与第一次试验大不相同,模型水流的主流方向偏向左岸,模型内的滩槽分流情况亦不相同。充分说明模型进口段的控制不同,模型试验结果亦不同。

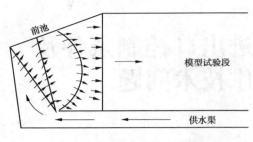

图 6-2　模型进口条件示意图

有的模型试验的进口,选在散乱多汊河床极不稳定的河段,这时模型进口对模型试验的影响就更加突出。在此情况下,要深入实际,对原型散乱河段的河势变化、冲淤情况以及汊道消长过程等,进行分析研究,要使河道消长过程与原型相似(包括江心滩相对可动性的相似问题),否则急于开展试验很难获得与原型相似的试验成果。

有的模型试验与原型不相似,是由于模型尾水段控导不妥引起的。例如,某项模型试验,研究弯道护湾导流对对岸坍岸的影响,根据原型观测,右岸设丁坝护湾后,水流挑向对岸,对岸发生塌岸;而模型试验,由于右岸尾门经常敞泄,左岸尾门经常关闭,模型主流始终沿右岸下泄(见图 6-3),对岸未发现塌岸。这就是由于试验时,尾门控制不妥引起与原型不相似的原因。

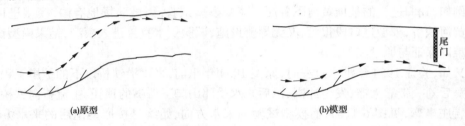

(a)原型　　　　　　　　　　　　　　　　　(b)模型

图 6-3　模型试验主流线对比图

黄河下游河床组成极其复杂,有粗沙、细沙和胶泥嘴,由于河床迁徙无常,河床内有许多历史埽坝工程基础的残骸。当水流顶冲胶泥嘴或历史遗留的工程残骸时,就会引起河势剧变;而模型试验,没有模拟历史工程遗留残骸,也没有模拟胶泥嘴。因此,在模型中不会出现河势的剧变,这就是河床控制条件不妥引起与原型不相似的原因。

此外,黄河的胶泥嘴,也不是纯胶泥,而是胶泥与细沙的混合物,其抗冲强度较高,但仍然可冲刷。在模型试验中,单纯地定性模拟胶泥嘴尚能做到,但严格模拟胶泥嘴的抗冲强度,就目前的试验技术水平而言,还是一件难事。因此,在黄河动床模型试验中模拟胶泥嘴时,由于胶泥嘴的抗冲强度与原型不相似,也会引起河势变化与原型不相似。

总之,进行动床模型试验,除了认真考虑满足各项相似准则外,还必须慎重考虑各项控制条件。除选择合适的模型进、出口控制条件外,还应预留足够长度的进口段和出口段,以及各项调整水流流态的设施。

第二节　利用模型进口控制条件改进模型水流流态的试验研究

早在 20 世纪 50 年代初期,黄河水利委员会泥沙研究所水工组(室),为了研究水流挟沙能力的基本规律,在室内修建了长 24m、高 0.5m、宽 0.5m 的活动玻璃水槽;为了检验该水槽的水流流态是否符合天然明渠水流运动的特性,进行了三种进口水流条件的对比试验。

第一种进水条件,是将水槽的进水管布设在水槽的上方,进水口伸入水槽水面以下,进口段设有消浪栅,如图6-4所示。试验结果是水槽内的水流流态极其紊乱,流速分布杂乱无章。

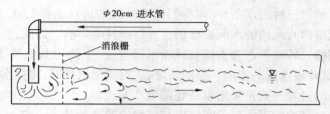

图6-4　第一种水槽进水条件示意图

第二种进水条件试验,是将进水管布设在水槽的下方(见图6-5),进水口在水槽的底部,进水管与进水口之间的衔接部位为方形漏斗,水槽进口段亦设有消浪栅。试验结果是水流紊乱程度比第一种进水条件略有减弱,但流速分布的规律性仍然不甚明显。

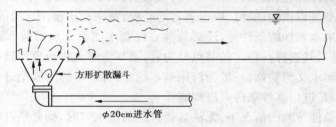

图6-5　第二种水槽进水条件示意图

第三种进水条件是将水槽进水管仍设在底部,进水管与水槽之间的衔接部位为圆形渐变弯管(即由圆形渐变成方形),水槽的进水段亦设有消浪栅(见图6-6)。试验结果是比前两次试验的水流流态稳定,水槽进口段表面流速较大,随水深流速逐渐减小;距进口15m左右,底部流能接近于零,水流垂线流速分布基本上为正常分布。

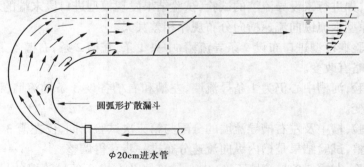

图6-6　第三种水槽进水条件示意图

通过试验获得以下几点粗浅认识:

(1)进行水槽挟沙水流试验时,若进水条件不佳,则水流的流态杂乱无章,不可能研究二元水流挟沙规律问题。

（2）采用第三种进水条件进行试验，不仅可以避免泥沙在水槽进口发生淤积，而且可以获得比较接近二元水流的流速垂线分布图形。但在水槽进口的底部有强烈的漩涡，进口段底部出现负流速。随着水流流程的增加，底部负流流速值逐渐减小，直至为零。底部负流速沿程衰减的过程与流量大小有关。

（3）采用较好的第三种进水条件（即我们认为较佳的进口条件），在 30 倍水深的长度内（即 $L = 30h$ 范围内），水槽的水流流态仍受进口条件的影响。因此，我们认为进行水槽试验（包括模型试验），若将供水管直接与试验水槽连接，中间无其他消能整流设备，必须考虑进口条件对试验段水流的影响。换而言之，进行模型试验时，将供水管直接进入模型是不恰当的，最佳的进水方式是采用模型底部进水方式。

必须指出，水槽试验的进水口的宽度应与试验段的宽度基本一致，无扩散问题。一般试验的进水口宽度与试验段的宽度相差很大，水流扩散问题相当突出，若不妥善处理，则模型水流及河势变化均很难与原型相似。

上节举例说明，在同一模型试验中，进口段采用扩散、整流的措施不同，模型进口水流条件不同，模型试验段的水流及河势亦不同。因此，进行模型试验时，必须重视模型进口的水流条件及模型进口段的选择。根据著者的经验，黄河动床模型试验的进口段的选择，除了考虑能控制来水来沙的条件外，还必须具备控制水流流态及河势流路的条件。经验证明，一般模型进口其选择在稳定的节点处为宜，要尽量避免将进口段选择在主流位置不稳定的河段。黄河水文测验站，一般为河床基本稳定河段，可选为模型进口段。采用水文站为进口，其优点是进口水沙条件可以控制。

在试验场地条件苛刻的情况下，无法选择合适的进水口时，则必须在模型试验段的上游，设置前池和模型进口段。在进口段段内设导流墙来调整来水方向，使模型试验段的水流流态基本上与原型相似。

为了阐明模型进口段设导流墙调整水流流态的作用，20 世纪 80 年代著者指导有关同志进行了专门试验研究。该试验模型进口水面宽约 1.3m，前池内设三道消能栅（花墙），进口段长约 10m。

试验开始，先进行未设导流墙的试验，试验结果发现模型进口段末端的水流纵向流速横向分布，与原型水流纵向流速横向分布规律相差甚大。

第二次试验在模型进口布设 7 条导流墙，中央 1 条，左槽 2 条，右槽 4 条，试验结果是模型流速分布略有改变。

第三次试验，河槽中心仍为 1 条导流墙，左槽和右槽各设 3 条导流墙，试验结果是流速分布又有改变。

第四次试验，槽中及左右槽导流墙的分配与第三次试验相同，仅左槽 3 条导流墙的导流角度稍有调整，试验结果是槽内纵向流速分布进一步获得调整。

第五次试验，左槽 3 条导流墙不变，中心导流墙及右岸 3 条导流墙的导流角度调小，试验结果是模型水流流速分布基本上与原型相似（见图 6-7）。

该试验共进行两种流量的试验，试验成果图证明。如果不设导流墙，则模型纵向流速分布规律必须经过长距离的调整，才能逐渐与原型相似。未设导流墙与设导流墙模型沿

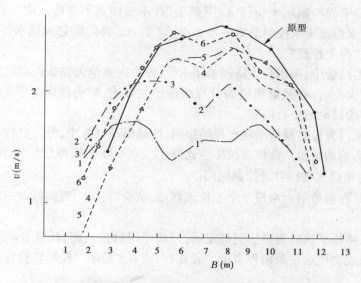

图 6-7　模型流速横向分布调整过程图(曲线上数字为调整序号)

程水流纵向流速横向分布对比见图 6-8,从图上可以明显看出,经过长距离自然调整后(约经过 6 倍水面宽的距离调整),模型水流的流速分布基本上与原型相似。所以,有些试验人员提出模型试验的进水段的长度应为 5~8 倍的模型水面宽度,即 $L = (5 \sim 8)B$。

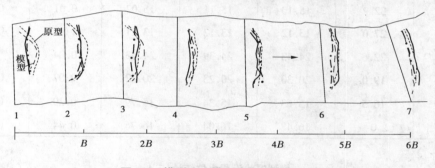

图 6-8　模型流速横向分布沿程变化图

第三节　河工模型试验尾水位控制问题

河工模型试验的尾水位是由尾门控制的,常用的尾门有翻板式、插板式、错缝(横拉)式尾门等,其控制尾水位的基本原理都通过尾门的启闭(或升降)来控制尾水位的升降,使模型尾水位达到试验要求值。

尾门启闭操作有手动式和自动式两种,目前许多实验室都采用自动式(由微机自动控制)。其基本方法是在模型尾水控制断面安置一台水位跟踪测示仪,不断采集尾水控制断面处的尾水位,并送入尾水位自动控制仪,若采集尾水位值低于试验控制值,则水位自动控制仪自动调节尾门的开启度,使尾水位逐步上升;若尾水位高于试验控制值,则自动控制仪自动调节尾门的开启度,使尾水位逐渐下降。因此,在模型试验过程中,模型尾水位始终在试验要求的控制尾水位值上、下调动,并不是固定不变的。即在模型试验过程中,模型实测尾水位比要求控制值始终差 ΔZ。这个 ΔZ 我们称它为尾水位控制误差,这种现象我们称之为失控现象。

在河工模型试验中,采用自控法调节尾水位,发生尾水位失控是正常现象。但必须指出,尾水位出现失控时,必然对模型的沿程水位产生影响、影响范围有多远、影响值有多少,这就是本节所讨论的中心内容。

为了检验尾门失控对模型沿程水位的影响,在某模型试验中,专门进行了尾门失控对模型沿程水位影响的试验。该模型河床纵比降 $J_0 = 0.000\,5$,模型总长约 70m,$\lambda_L = 420$,$\lambda_H = 80$,尾门为错缝式横拉自动控制尾门。

试验方法是在模型沿程布设 7 个水位观测站,试验时,每个观测站设一名工作人员定时观测水位。

试验步骤,待模型试验流量达到稳定后,开动尾门自控设施,任其自动控制尾水位的升降,然后定时观测尾水位及沿程水位。表 6-1~表 6-3 是尾门控制试验资料的初步分析统计表。

表 6-1　　　　　　　　　　　　　模型试验沿程水位统计(一)　　　　　　　　　　（单位:cm）

序号	ΔL(m)	H_0	H_1	H_2	$\Delta h'$	$\Delta h''$
8 号		20.73	20.79	20.66	0.06	0.07
9 号	32.2	15.10	15.11	15.02	0.01	0.08
10 号	27.0	13.12	13.12	13.11	0	0.01
11 号	22.6	24.43	24.39	24.43	0.04	0
12 号	19.0	20.30	20.23	20.22	0.07	0.08
13 号	16.5	15.63	15.34	15.79	0.29	0.16
15 号	0	16.48	16.04	16.76	0.44	0.28

表 6-2　　　　　　　　　　　　　模型试验沿程水位统计(二)　　　　　　　　　　（单位:cm）

序号	ΔL(m)	H_0	H_1	H_2	$\Delta h'$	$\Delta h''$
8 号		35.82	35.79		0.03	
9 号	32.2	35.43	35.36		0.07	
10 号	27.0	35.16	35.15	35.17	0.01	0.01
11 号	22.6	34.90	34.78	39.90	0.12	0
12 号	19.0	34.73	34.59	34.40	0.14	0.01
13 号	16.5	34.82	34.63	34.83	0.19	0.01
15 号	0	33.75	33.16	33.94	0.59	0.16

表 6-3

序号	$L(\mathrm{m})$	H_0	ΔL	H'_1	H''_2	$\Delta h'$	$\Delta h''$
8 号	33.33	25.91	36.8	26.03	25.90	+0.12	+0.02
9 号	38.10	18.88	32.2	18.9	18.85	+0.60	+0.03
10 号	0	16.40	26.0	16.4	16.46	+0.05	0.06
11 号	47.62	30.54	22.0	30.54	30.61	0	0.075
12 号	0	25.38	19.0	25.37	25.47	−0.037	0.10
13 号	54.76	19.54	16.0	19.23	19.81	−0.312	0.275
15 号	70.24	20.60	0	20.10	21.02	−0.50	0.425

尾门控制试验资料分析 （单位:cm）

注:H_0 为尾水位基本接近试验控制要求时,沿程水位值。H'_1 为尾水位读数低于控制要求值 0.5cm 时,沿程水位值。H''_2 为尾水位读数高于控制要求值 0.425cm 时,沿程水位值。$\Delta h'$ 为尾水位读数低于控制要求值 0.5cm 时,沿程水位与正常水位的差值。$\Delta h''$ 为尾水位读数高于控制要求值 0.425cm 时,沿程水位与正常水位的差值。

由表 6-3 可知,当尾门失控引起尾水位比控制水位差 ±0.5mm 时,在距尾门 20m 范围内,沿程水位均受不同程度的影响,即在该模型具体条件下,$\Delta Z\approx 5$mm 时,尾门影响范围可达 20m。即在距尾门 20m 范围内所测得的水位值,均为受尾门控制的水位值,并非原型的应有值。

其他模型试验如何,则必须根据具体情况进行具体分析,分析方法和原则可以仿此方法进行。

在定床模型试验中,模型做好后,可以先进行尾门失控试验,求出尾门失控对沿程水位的影响。

在动床模型试验中,模型做好后,不可能先进行尾门失控试验,因为进行尾门失控试验,必然会使模型遭到破坏,必须重新制作模型才能进行正式试验,既浪费时间又浪费经费及人力,这是不切合实际的。在此情况下,可根据已有的计算水面线的方法,来估算尾门的壅水(或降水)对沿程水位的影响。

如一般水力学中的不稳定流水面线的计算方法:

$$\frac{\mathrm{d}h}{\mathrm{d}x} = \frac{J_0 - \dfrac{Q^2}{K^2}}{1 - \dfrac{\alpha Q^2}{g}\dfrac{B}{A^3}} \tag{6-1}$$

必须指出,采用不稳定流水面线计算方法来计算模型沿程水位,方法比较麻烦。我们认为采用下列简算法估算尾水对沿程水位的影响,可以满足要求。

所谓简算法是假设我们进行的模型试验是一个比降为 J_0、流量为 Q、过水断面为 A、河宽为 B、水深(或水力半径)为 H、平均流速为 v_0 的均匀河道模型试验,经过尾门的控制,可以使水面比降为 J_0(即稳定均匀水流),如图 6-9 所示。

由于尾门控制失灵,使尾水位(2—2 断面处的水位)上升 ΔZ,模型尾部水面比降变为 $J_1 = \dfrac{\Delta h - \Delta Z}{\Delta x}$。由图得知,$J_0 - J_1 = \dfrac{\Delta h}{\Delta x} - \dfrac{\Delta h - \Delta Z}{\Delta x} = \dfrac{\Delta Z}{\Delta x}$,即尾门失控的影响范围 $\Delta x = \dfrac{\Delta Z}{J_0 - J_1}$。

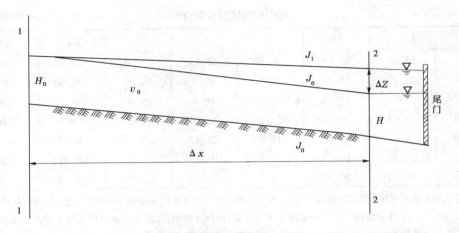

图 6-9　模型尾门壅水示意图

由图得知在断面 1—1 处, $J = J_0$;在断面 2—2 处, $J_1 = 0$。

因此, $2J_1 = J_0$,即 $J_1 = 0.5J_0$,则 $\Delta x = \dfrac{\Delta Z}{0.5J_0}$。

例如,某模型试验, $J_0 = 0.002$,由于尾门失控,尾水上升 5mm。则由 $\Delta x = \dfrac{\Delta Z}{0.5J}$ 可知,尾门失控的影响范围为:

$$\Delta x = \frac{0.005}{0.5 \times 0.002} = 5 (\mathrm{m})$$

如果模型比降 $J_0 = 0.001$,则 $\Delta x = 10\mathrm{m}$。

这个例子告诉我们,在接近模型尾水控制断面 10m 范围内,模型水位是有可能受尾门影响的,不能直接采用。要在分析尾水影响值之后,扣除尾水影响值,才能采用。

如本模型 $J_0 = 0.005$,由于尾门失控,尾水位上升(或下降)5mm($\Delta H = 0.5\mathrm{cm}$),则尾门失控的影响范围:

$$\Delta x = \frac{0.005}{0.5 \times 0.000\,5} = 20 (\mathrm{m})$$

与尾门失控试验情况基本接近(见表 6-3)。

因此,在没有条件进行尾门失控试验时,我们建议可采用:

$$\Delta x = \frac{\Delta Z}{0.5J_0} \tag{6-2}$$

来估算尾门失控的影响范围。

第四节　模型沙选配方法

模型沙的选配方法并不深奥,一般试验人员都能掌握,但选配方法不妥,也会出现很多麻烦。为了使模型试验少走弯路,著者根据实践经验,将一般动床模型的选沙方法归纳总结于下,供有关人员参考。

一、模型沙选配的基本原则

(一)根据模型试验的主要目的选沙

随着动床模型试验技术的日益发展和完善,采用动床模型试验的手段来研究河床演变和河道整治的人员愈来愈多,模型试验的内容也日益增多。例如,利用动床模型试验来研究河道整治方案,利用动床模型研究河道的分水分沙,利用动床模型试验研究河道的洪水演进、洪水位的变化过程,利用动床模型试验研究河道高含沙水流的造床作用,利用动床模型试验研究水库异重流输沙规律,利用动床模型研究长河段的冲淤变化,利用动床模型研究短河段的局部冲刷范围,等等。

动床模型试验的目的要求不同,模型沙选配的相似准则不同,选出的模型沙也不同。例如,研究长河段洪水演进和河床冲淤变化的动床模型试验,选沙时,除了满足泥沙起动相似条件和淤积相似条件外,还必须满足水流运动阻力相似条件,即必须考虑选取的模型沙的阻力是否能满足阻力相似;研究短河段局部冲刷动床模型试验,因为河段短,阻力相似条件可以允许偏离,只需按泥沙起动相似条件和水流运动重力相似条件选沙,不必考虑阻力相似条件;研究高含沙水流的动床模型试验,选沙时除了满足泥沙运动相似条件外,还必须满足泥沙流变特性相似条件。

研究异重流输沙规律的泥沙模型试验,选沙时,除了满足悬沙运动相似条件外,还必须满足异重流发生条件的相似条件,即按 $\lambda_{\frac{\gamma_s-\gamma}{\gamma}}=1$ 的条件选择模型沙,即按 $\lambda_{\gamma_s}=1$ 的条件选沙。

研究河床长时段冲淤变化的动床模型试验,选沙时,要考虑模型沙的板结特性,要选择板结轻的材料做模型沙,例如粗颗粒煤屑、煤灰、电木屑等。

总之,模型沙的选配,首先要考虑模型试验的目的要求,决不能千篇一律都采用某一种材料做模型沙。例如,我们习惯采用煤灰做模型沙,但必须指出,煤灰决非万能的,有些模型试验,不一定必须采用煤灰做模型沙。同时也必须指出,煤灰有粗有细,细煤灰板结严重,研究河床长时段冲淤问题,不宜采用;粗颗粒煤灰悬浮特性差,流变特性也差($\tau_B=0$),研究异重流问题和高含沙水流输沙问题时,不宜采用。

(二)根据模型几何比尺的大小选择模型沙

有的模型试验由于场地条件所限,只能做大比尺的小模型 $\lambda_L=1\,000,2\,000\cdots\cdots$,即模型几何比尺很大,不可能是正态模型,在此情况下,模型沙的 λ_{v0}、λ_ω、λ_D 都较大,若选用一般的材料,如天然沙或煤灰做模型沙,很难满足泥沙运动相似条件,这时可以考虑采用轻质沙(如塑料沙、木粉)做模型沙。如果实验室的场地面积很大,模型几何比尺的选择不受任何限制,可以选择较小的几何比尺 $\lambda_L=50,40,20\cdots\cdots$即模型可以尽量放大,这时模型沙的各项比尺 λ_{v0}、λ_ω、λ_D 等均较小,选沙比较容易,则可以考虑选择一般的材料做模型沙(如采用天然沙或煤灰、煤屑做模型沙)。

(三)根据试验经费条件选沙

有的模型试验的经费很紧缺,没有能力购买价格昂贵的材料做模型沙,则可以考虑尽可能地缩小模型几何比尺(即尽可能地将模型放大),采用一般的材料做模型沙,如采用天然沙或煤灰等材料做模型沙。

若模型经费富裕,有能力购买价格昂贵的材料做模型沙,而且模型试验任务比较少,则可以把模型比尺放大(将模型缩小),选用塑料沙或经过防腐处理的木粉之类的材料做模型沙。

(四)根据模型制配和购买条件选沙

有的模型沙性能较好、价格也便宜,但制作和购买比较麻烦和困难,不宜采用;有的模型沙,其性能虽然较差,但其配制方法比较简单,购买也方便,仍然可以考虑选用。

除上述四点外,尚须考虑以下选沙原则:①模型沙回收条件和重复使用条件;②制模的难易条件,即根据模型沙的可塑性选沙;③就地取材,避免舍近求远;④性能稳定,安全无毒。

二、模型沙的选配方法和步骤

(一)初选

(1)模型试验项目确定后,首先要收集原型各项资料,特别是原型沙的资料和河床特征资料,根据试验的目的要求以及实验室的条件,确定模型比尺。

(2)分析计算原型沙的各项特征值,包括各河段及各时段原型沙的 D_{50}、d_{50}、ω_{50}、ω_{cp}、v_0、v_s 等值。

(3)根据模型比尺,将原型沙的各项特征值换算成模型沙要求的各项特征值(D_{50}、d_{50}、ω_{50}、ω_{cp}、v_0、v_s 等)。

(4)根据模型沙要求的特征值,寻找符合要求的模型沙或检验已有的模型沙,看哪些已有的模型沙符合模型试验要求。

(二)比选

初选可能获得数种模型沙均可以基本符合模型试验的要求,这时,则需要对初选出的数种模型沙进行比选,求得既能满足试验要求,又物美价廉、配制简便的模型沙。比选的原则和方法与初选的方法基本上是一致的。

(三)复选

对比选获得的一种较好的模型沙,要进行系统的、全面的分析计算,有条件时,还要对比选的模型沙进行模型沙特性试验,检验其是否能满足各级流量下水流运动和泥沙运动的运动相似条件,以及存在的问题。

三、黄河下游渠村闸分洪动床模型试验选沙实例

为了研究洪水期渠村闸分洪对降低该河段洪水水位的效益,以及对河床冲淤的影响,1976 年,黄科院开展了渠村闸分洪动床模型试验。

根据原型实测资料的统计分析,这段河道的平均比降 $J=0.000\,17$,洪水期主槽的糙率 $n_{槽}=0.006\sim0.009$,滩地糙率 $n_{滩}=0.03$,主槽的水力因子如表 6-4 所示。

河床质 $D_{50}=0.06\text{mm}$,悬移质 $d_{50}=0.015\text{mm}$,$\omega_{50}=0.020\,6\text{cm/s}$,悬移质颗粒级配见表 6-5。

表 6-4			主槽水力因子			
流量 （m³/s）	平均水深 （m）	平均流速 （m/s）	雷诺数 $Re = \dfrac{Hv}{v}$	佛氏数 $Fr = \dfrac{v}{\sqrt{gH}}$	曼宁糙率 n	v_0 （m/s）
3 000	1.30	1.70	2.21×10^6	0.475	0.009	0.53
6 000	1.47	2.14	3.14×10^6	0.565	0.008	0.54
10 000	1.90	2.75	5.2×10^6	0.637	0.007 3	0.57
17 000	2.04	3.34	6.8×10^6	0.745	0.006 3	0.58

表 6-5				原型悬移质颗粒级配				
粒径(mm)	0.15	0.1	0.075	0.05	0.025	0.015	0.01	0.005	ω_{cp}
小于某粒径沙 重的百分数(%)	100	99.2	93	87	75.5	50	22	0	0.14

根据试验目的和要求以及原型的边界条件和实验室的综合条件（包括场地条件、供水设备条件），此项试验选择模型水平比尺 $\lambda_L = 1\ 000$，垂直比尺 $\lambda_H = 80$，比降比尺 $\lambda_J = 0.08$，流速比尺 $\lambda_v = \lambda_H^{0.5} = 8.94$，流量比尺 $\lambda_Q = 71.55 \times 10^4$，糙率比尺 $\lambda_n = 0.588$，悬沙沉速比尺 $\lambda_\omega = 2.88$。根据上述要求进行了模型沙选配工作，具体步骤如下。

（一）初选

1956 年，黄科院正式提出开展"黄河动床模型律"的研究以来，曾对多种模型沙的基本特性进行了全面的研究，通过初步分析，我们认为，天然沙、煤屑和煤灰等三种模型沙，来源充足，造价低廉，制配比较简便，故将这三种模型沙列为初选对象。由于该模型试验是研究洪水期河道冲淤变化的动床模型试验，首先要按冲刷相似条件检验三种模型沙是否符合冲刷相似准则的要求，即检验模型沙的 D_{50} 是否符合该模型试验的要求。表 6-6 是该模型试验对模型沙的要求值。

表 6-6		模型沙初选阶段的要求指标		
种类	γ_s （g/cm³）	要求 D_{50} 值 （mm）	要求 ω_{cp} 值 （cm/s）	要求 v_s 值 （cm/s）
天然沙	2.7	0.009	0.055 3	小于 10
煤屑	1.45	0.035	0.055 3	小于 10
煤灰	2.17	0.013 5	0.055 3	小于 10

（二）比选

将初选的模型沙的特征值与表 6-6 的要求指标进行对比，从中找出基本满足要求的模型沙。各种模型沙的比选情况见表 6-7。

种类	D_{50}(mm)	ω_{cp}(cm/s)	种类	D_{50}(mm)	ω_{cp}(cm/s)
天然沙	0.04	0.11	2号煤灰	0.027	0.085 5
煤屑	0.40	0.127	3号煤灰	0.035	0.128
煤粉	0.033	0.017 6	4号煤灰	0.070	0.338
1号煤灰	0.015	0.055 3			

表6-7 各种模型沙特征值对比

从表6-7可以看出,黄科院已有的天然沙、煤屑、2~4号煤灰的特征值(D_{50}、ω_{cp})均大于模型试验要求的模型沙的指标值,只有煤粉和1号煤灰的特征值,基本满足模型试验的要求,但考虑到煤粉的造价大于1号煤灰(当时煤灰是不用钱购买的),故比选结果,选择1号煤灰(即火电厂煤灰)为该模型试验的模型沙。

在模型沙比选阶段,除对上述已有的模型沙进行比选外,还对电木粉、滑石粉、塑料沙等材料进行了比选分析,比选结果,也都因其造价昂贵而被否定。

(三)复选

比选结果,认为1号煤灰基本上能满足模型试验要求,故对1号煤灰进行了水槽起动试验和糙率试验,以及游荡特性试验(游荡特性试验是将模型沙铺在宽度大于2m的试验水槽内,中央挖一条小槽,进行造床试验,观察其能否形成游荡型小河)。通过试验发现,1号煤灰 $v_0 = 9 \sim 10\text{cm/s}$,$n = 0.1 \sim 0.013$,能形成游荡型小河。表6-8是模型洪水期主槽水力要素分析表;1号煤灰悬浮指标计算见表6-9。

表6-8 模型洪水期主槽水力要素表

原型流量 (m^3/s)	模型平均水深 (cm)	平均流速 (cm/s)	糙率 n	谢才系数 C
3 000	1.62	19.1	0.015	33.50
1 000	1.83	24.0	0.013	39.45
10 000	2.37	30.8	0.012	44.66
17 000	2.55	37.6	0.010	54.26

表6-9 1号煤灰悬浮指标计算

Q_p (m^3/s)	$\overline{v}$ (cm/s)	C	ω_{cp} (cm/s)	$Z = 0.8\dfrac{\omega}{v}C$
3 000	0.191	33.50	0.055 3	0.077
1 000	0.240	39.45	0.055 3	0.072
10 000	0.308	44.66	0.055 3	0.064
17 000	0.376	54.26	0.055 3	0.063

从表6-9可以看出,1号煤灰的悬浮指标 $Z < 0.1$,在模型中,模型沙能充分悬浮。悬浮时,煤灰絮凝情况与泥沙絮凝情况也是相似的(见前)。

因此,我们认为采用1号煤灰做模型沙,能够形成以悬沙运动为主的游荡型河道。

四、选择模型沙的有关问题

(一)控制模型沙级配原则

黄河的悬沙和底沙都是由不同粒径的泥沙组成的(即悬沙和底沙是有级配的)。在一般情况下,淤积时,悬沙中的粗颗粒淤积得较快、较多,细颗粒淤积得较慢、较少;冲刷时,床沙中的细沙冲得较快、较多,粗颗粒则冲得较慢、较少。因此,在一般的悬沙动床模型试验中,要使模型的冲淤现象与原型相似,除了要求模型沙的平均沉速、平均起动流速或临界拖拽力等与原型相似以外,还要考虑模型沙的级配与原型相似。

必须看到,黄河的悬沙粒径很细,其中小于 0.025mm 粒径的泥沙所占的百分比相当大,它在沉降过程中,会发生絮凝现象,絮凝以后的泥沙,其沉降现象(包括冲淤现象)与絮凝前单颗粒泥沙的沉降现象大不相同。在此情况下,严格要求模型沙的颗粒级配与原型完全相似,就没有多大的实际意义。所以,进行这类悬沙模型试验时,在选沙过程中,可以把原型沙分成大于絮凝粒径(暂定为 0.025mm)和小于絮凝粒径的两部分:大于絮凝粒径的模型沙,应该控制模型沙的级配基本上与原型沙达到相似;小于絮凝粒径的模型沙,则可以放弃其颗粒级配与原型沙严格相似的要求。例如,三盛公库区动床模型试验和黄河下游渠村分洪动床模型试验,就是把模型沙分成两个部分处理的。试验中大于 0.025mm 的模型沙级配与原型沙基本上是相似的,其颗粒级配曲线基本上平行于原型颗粒级配曲线,小于 0.025mm 的模型沙级配与原型沙的级配并不相似。

又如,大港电厂工程的反冲沉沙池模型试验和三盛公枢纽试验,其原型沙本来就很细,从颗粒级配曲线上看,绝大部分颗粒均小于絮凝粒径。在这两个模型的选沙过程中,就大胆放弃了模型沙级配相似条件,而只按模型沙的平均沉速(包括平均起动流速)与原型相似的条件来选沙。

类似这种情况,不仅要求模型的级配与原型相似的意义不大,甚至连模型沙的粒径大小与原型相似的意义也不大。例如,大港工程反冲沉沙池模型试验中,其原型沙为浮泥,它的冲淤规律与一般松散颗粒泥沙的冲淤规律不同,按一般松散颗粒的冲淤相似条件,显然选不出模型沙。在此情况下,只能按特殊的方法选沙。

(二)底沙比尺 λ_D 与悬沙比尺 λ_d 的关系

在堆积型河流的演变过程中,悬沙和底沙是不断发生交换的。淤积时,悬沙中较粗的颗粒淤在河底,变成了底沙;冲刷时,河床上部分底沙被水流冲起,又变成了悬沙。因此,从某种意义上讲,黄河的悬沙和底沙基本上都是同一种泥沙。所以,进行黄河动床模型试验,要使模型中的冲淤现象与原型相似,一般认为除了要求模型沙满足底沙和悬沙两个泥沙运动相似条件以外,还须要求模型的底沙比尺 λ_D 与悬沙比尺 λ_d 相等,即 $\lambda_D = \lambda_d$。

多年来的试验证明,在黄河动床模型中按照上述条件选沙是不适当的。因此:

(1)在黄河模型试验过程中,其悬沙和底沙经常进行交换,如水流流速增大,全部底沙都有可能变成悬沙。因此,底沙和悬沙应该采用同一种模型沙,即选择一种既符合悬浮运动相似,又符合底沙冲刷相似的料材做模型沙,只要基本上满足底沙运动相似和悬沙运动相似的要求即可。至于 λ_D 与 λ_d 是否相等,那是次要的。

(2)黄河泥沙很细,基本上是粒径小于 0.1mm 的泥沙。这种泥沙(单颗时)的静水沉

降都属于司笃克斯公式的沉降规律。在模型中,模型沙粒径相似条件为:

$$\lambda_d = \left(\frac{\lambda_\omega}{\lambda_{\gamma_s-\gamma}}\right)^{1/2} \tag{6-3}$$

联解底沙运动相似条件公式和悬沙运动相似条件公式及式(6-3),可以获得黄河模型悬沙比尺和底沙比尺的关系式:

$$\frac{\lambda_D}{\lambda_d} = \lambda_d^3 \lambda_{\gamma_s-\gamma} = \lambda_d \lambda_\omega = \lambda_{Re'_*} \tag{6-4}$$

因此,$\lambda_D/\lambda_d = 1$,仅仅是式(6-4)的特殊解,式(6-4)才是一般解。

(3)如果要求按照 $\lambda_D/\lambda_d = 1$ 的条件选沙,则必须 $\lambda_{Re'_*} = \lambda_d \cdot \lambda_\omega = 1$,这个要求在黄河模型试验中,我们认为可以不必严格遵守。因为泥沙在静水沉降中,有三种沉降规律(图6-10)。

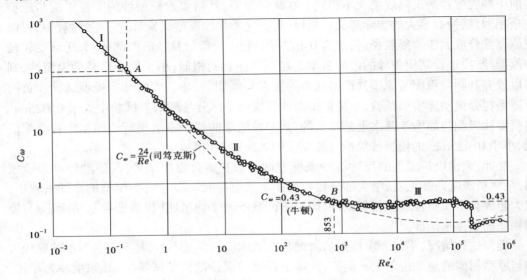

图 6-10　C_ω—Re'_* 关系图

第一,当 $Re'_* < 0.2$ 时,属于层流沉降规律,其沉速为:

$$\omega = \frac{g}{18\mu}\left(\frac{\gamma_s-\gamma}{\gamma}\right)d^2 \tag{6-5}$$

第二,当 $Re'_* > 1\,000$ 时,属于紊流沉降规律,其沉速为:

$$\omega = \sqrt{\frac{4}{3C_\omega}\left(\frac{\gamma_s-\gamma}{\gamma}\right)gd}\,, C_\omega \approx 0.43 \tag{6-6}$$

第三,当 $Re'_* = 0.2 \sim 1\,000$ 之间(式中 $Re'_* = d\omega$ 是沙粒雷诺数)为过渡区沉降规律,其沉速为:

$$\omega = \sqrt{\frac{4}{3C_N}\left(\frac{\gamma_s-\gamma}{\gamma}\right)gd}\,, C_N = f(Re'_*) \tag{6-7}$$

如果原型的泥沙沉降规律,属于第一类和第三类情况,则只要按 $\lambda_\omega = \lambda_{\gamma_s-\gamma}\lambda_d^2$ 或 $\lambda_\omega = (\lambda_{\gamma_s-\gamma}\gamma_d)^{1/2}$ 分别选沙,就可以满足泥沙沉降相似条件,不需要 $\lambda_{Re'_*} = 1$,但必须要求模型

的 $Re'_{*(m)}$ 与原型的 $Re'_{*(p)}$ 属于同一区域。

当 $Re'_* = 0.2 \sim 1\,000$ 时，C_N 不等于常数，才要求按照 $\lambda_{Re'_*} = 1$ 的条件选沙。

前面多次谈到，黄河悬沙很细，其沉降规律属于层流沉降区，$Re'_* < 0.2$，所以在黄河动床模型中用不着要求 $\lambda_{Re'_*} = 1$，即用不着 $\lambda_D = \lambda_d$。此外，根据分析研究，在黄河动床模型中，模型垂直比尺、水平比尺与模型变态之间的关系为：

$$e = \lambda_H^{1/2} = \lambda_L^{1/3}$$

联解以上各公式可以得到 λ_D 与 λ_d 的关系式：

$$\frac{\lambda_D}{\lambda_d} = \left(\frac{e^{1.5}}{\lambda_{\gamma_s - \gamma}} \right)^{1/2} \tag{6-8}$$

根据式(6-8)可以求得 λ_D / λ_d 与 γ_s 的关系图(见图 6-11)，从图中可以看出，在变率较大的模型中，按照 $\lambda_D = \lambda_d$ 的条件，必须采用轻质沙才能满足模型设计要求。这样一来，不仅困难多，而且会出现一些新的矛盾。

例如，有些试验采用轻质沙做模型沙以后，模型的水流时间比尺与河床冲淤时间比尺相差很大，若按泥沙冲淤过程时间比尺进行试验，则模型的水流运动、水位变化及水库的泄水过程等都与原型不相似；如果按水流的时间比尺进行试验，则模型的冲淤过程与原型又不相似。

总之，在黄河动床模型选沙时，可以不考虑 $\lambda_D = \lambda_d$ 的选沙条件，而应该按 $\lambda_D = \lambda_d^4 \cdot \lambda_{\gamma_s - \gamma}$ 选沙。考虑到黄河的悬沙和底沙相互交换的机会很多，为了使两者互相交换的

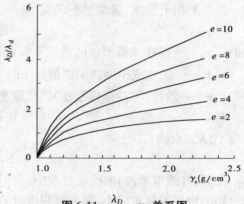

图 6-11　$\dfrac{\lambda_D}{\lambda_d}$—$\gamma_s$ 关系图

情况与原型基本相似，势必要求模型的底沙与悬沙的颗粒级配基本接近，要求模型沙的 $D_{50(模)} = d_{50(模)}$，或 $D_{50(模)}$ 稍大于 $d_{50(模)}$。

据黄河悬沙和底沙资料的分析，D_{50} / d_{50} 的平均值为 4.0 左右。如果按 $D_{50(模)} = d_{50(模)}$ 的条件选沙，求得 $\lambda_D / \lambda_d = 4$。从图 6-11 可以看出，当 $\lambda_D / \lambda_d = 4$，$e = 10$ 时，相应的 $\gamma_s = 2$。说明在黄河长河段变态动床模型中，采用 $\gamma_s = 2$ 的材料做模型沙比较合适。例如电厂煤灰，$\gamma_s = 2.15$，物理化学性能又比较稳定，成本很低，因此在黄河长河段动床模型中，一般采用煤灰做模型沙。这就是多年来我们在进行黄河动床模型试验多采用煤灰做模型沙的主要原因。

第五节　模型沙的干容重 γ_0 及 λ_{γ_0} 的确定方法

在确定动床模型河床冲淤过程时间比尺 λ_{t_2} 时，试验人员都知道，要确定 λ_{t_2}，必须先确定 λ_{γ_0}；而要确定 λ_{γ_0}，又必须先确定模型沙(包括原型沙)的 γ_0。

因此,对原型沙(包括模型沙)的 γ_0 的研究,就成了从事动床模型试验研究工作者必须进行的工作。本书在介绍模型沙和原型沙的基本特性时,对 γ_0 问题,已经断断续续地进行了初步的介绍。对于煤灰,还详细地介绍了 γ_0 的试验研究方法。可是对于原型沙和其他模型沙的 γ_0 的研究情况,则叙述太少,也不系统。

为了使读者阅读本书之后,在确定模型沙的 λ_{γ_0} 值时有所借鉴,故在此对原型沙(包括模型沙)的 γ_0 确定方法,再作进一步论述。

一、模型沙(包括天然沙) γ_0 研究概况

所谓泥沙(包括模型沙)淤积干容重指悬浮在水中的泥沙(包括模型沙)淤积在河床之后,其单位体积沙样干燥后的沙重,并非暴露在空间,风干后散装体的沙重。例如我们常用的煤灰,风干后散装体的容重仅 $0.78t/m^3$,而经过沉积再干燥后的干容重为 $1.0\sim1.1t/m^3$,两者是有很大区别的。

泥沙淤积干容重,通常用下式表示:

$$\gamma_0 = \gamma_s(1 - \varepsilon) \tag{6-9}$$

式中 γ_0——泥沙或模型沙的淤积干容重,t/m^3;

γ_s——泥沙或模型沙的密度,t/m^3;

ε——沙样(泥沙或模型沙)的孔隙率,即单位体积沙样内孔隙所占的体积。

若令 $1 - \varepsilon = S_v = \gamma_v$,则 S_v 为单位体积沙样内泥沙(或模型沙)所占的体积,用 $\gamma_v = 1 - \varepsilon$ 代入式(6-9),得:

$$\gamma_0 = \gamma_s S_v = S = \gamma_s \gamma_v \tag{6-10}$$

在泥沙(或模型沙)的沉淀试验中,我们发现,泥沙(包括模型沙)刚刚沉淀至河底时,其起始的淤积干容重较小,随着沉积历时的增加,在大气压力和水压力的共同作用下,淤积体内的含水量逐渐释出或自动释出,淤积体逐渐浓缩固结,其淤积干容重 γ_0 则逐渐增大,经过足够时间的沉积挤压,淤积体的干容重愈来愈大,最终接近某一常值,才基本稳定不变,这个稳定不变的常值我们称它为"稳定干容重",以 γ_{0k} 表示。

莱恩和柯尔绍通过研究提出了天然沙的干容重计算公式:

$$\gamma'_{0t} = \gamma'_{01} + B\lg t \tag{6-11}$$

式中 γ'_{0t}——固结 t 年后的淤积干容重,t/m^3;

γ'_{01}——沉积物经一年固结的干容重,t/m^3;

t——固结年数;

B——与淤积体浸没情况有关的系数。

其中,γ'_{01} 及 B 值由表6-10查得。

由表6-10得知,泥沙淤积干容重是随着固积历时而变化的,其变化过程不仅与泥沙颗粒粗细有关,而且与淤积物浸泡在水中的情况有关。

此外,根据许多学者的研究,泥沙淤积物的孔隙率 ε 与淤积物的颗粒大小有关。根据沙玉清教授的研究:

表 6-10

γ'_{01} 和 B 值统计

泥沙在水中浸没状况	沙		粉沙		黏土	
	γ'_{01}	B	γ'_{01}	B	γ'_{01}	B
长期浸泡在水中	1.49	0	1.041	0.091	0.480	0.256
经常浸泡在水中	1.49	0	1.185	0.043	0.736	0.172
有时浸泡在水中	1.49	0	1.265	0.016	0.961	0.096
长期暴露	1.49	0	1.312	0	1.250	0

(1)泥沙淤积体的最大孔隙率

$$\varepsilon_{\max} = \frac{0.165}{d^{1/6}} + 0.25 \tag{6-12}$$

(2)泥沙淤积体的最小孔隙率

$$\varepsilon_{\min} = \frac{0.078}{d^{1/8}} + 0.25 \tag{6-13}$$

ε 与 d 的关系如图 6-12 所示。

沙玉清教授指出,泥沙淤积的最小孔隙率随粒径的变化幅度较小,其平均值约为 0.4（见图 6-12）,所以他把 $\varepsilon = 0.4$ 称为泥沙的稳定孔隙率。

因此,我们得泥沙淤积稳定干容重为:

$$\gamma_{0k} = (1 - \varepsilon)\gamma_s = (1 - 0.4)\gamma_s = 0.6\gamma_s \tag{6-14}$$

值得提出的是:式(6-9)与著者 1978 年在黄河动床模型相似原理与设计方法的著作中,提出的模型沙 γ_{0k} 经验关系式:

$$\gamma_{0k} = K_s \gamma_s \tag{6-15}$$

非常近似,如图 6-13 所示,$K_s = 0.5$。

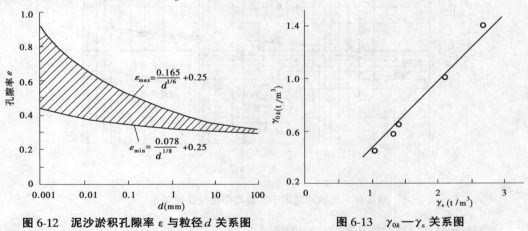

图 6-12　泥沙淤积孔隙率 ε 与粒径 d 关系图　　　　图 6-13　γ_{0k}—γ_s 关系图

20 世纪 70 年代,我们根据上述经验关系 $\gamma_{0k} = K_s\gamma_s$,导出了 $\lambda_{\gamma_{0k}} = \lambda_{\gamma_s}$ 关系式,并以此式作为动床模型确定 $\lambda_{\gamma_{0k}}$ 的依据。

20世纪80年代以后,我们发现,有些学者的研究成果指出,泥沙(包括模型沙)的 γ_0 不仅与 γ_s 有关,而且与泥沙的颗粒组成有关。

例如,中国科学院窦国仁院士在他的研究论文中指出,泥沙淤积干容重 γ_{0k} 与 γ_s 的关系为:

$$\gamma_{0k} = 0.68\gamma_s \left(\frac{d}{d_0}\right)^n \tag{6-16}$$

式中　d_0——1.0mm;

　　　d——泥沙粒径,mm;

　　　n——与细颗粒含沙量有关的指数,通常 $n=0.1\sim0.2$,平均 $n=0.14$。

根据窦国仁院士进一步分析,$n = 0.08 + 0.014\left(\dfrac{d}{d_{25}}\right)$,式(6-16)与式(6-15)相比,式(6-16)中的 $K_s = 0.68\left(\dfrac{d}{d_0}\right)^n$。

黄河下游花园口河段,河床质 $d_{50} = 0.12$mm,若以 $n = 0.14$,$d = 0.12$mm 代入式(6-16),则可以获得黄河花园口河段河床淤积物干容重 $\gamma_{0k} = 0.68 \times \left(\dfrac{0.12}{1}\right)^{0.14}\gamma_s = 0.505\gamma_s \approx 0.5\gamma_s$,此关系式与著者的分析结果也基本一致。

窦国仁公式通过成都勘测设计院资料和国外学者资料进行检验(见图6-14),证明是正确的。这进一步说明采用 $\gamma_{0k} = K_s\gamma_s$ 一类的关系式来估算泥沙(包括模型沙)淤积干容重的方法,也基本上是可行的;也说明过去我们提出采用 $\lambda_{\gamma_{0k}} = \lambda_{\gamma_s}$ 来确定 $\lambda_{\gamma_{0k}}$ 的方法,基本上是正确的。

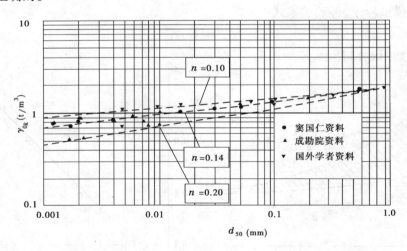

图6-14　天然沙稳定干容重与中值粒径的关系

二、泥沙淤积干容重计算方法的探讨

在叙述泥沙(包括模型沙)的淤积干容重 γ_{0k} 的研究概况时,已经谈到,截至目前,常用的确定泥沙(包括模型沙)淤积干容重的方法,有实地取样测定法、室内试验法及分析计算法等几种,其中,实地取样测定法和室内试验法都是人们公认的可靠方法,但采用这两种方法确定泥沙淤积稳定干容重,操作过程比较麻烦,且花费时间较长,因此需要探求一种简便易行的确定 γ_{0k} 的方法,我们称它为 γ_V 的计算方法。

(一)均匀沙淤积稳定干容积(γ_V)计算方法

假定模型沙为单一的球形颗粒,自然沉淀达到稳定时,颗粒排列为方阵形排列,如图 6-15 所示。

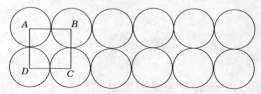

图 6-15　均匀沙颗粒排列示意图

上下左右为四个直径为 D 的均匀圆形颗粒成正方形排列,颗粒与颗粒之间接触处的间距为 2δ,4 个颗粒接触处均可画成如图 6-15 中 $ABCD$ 所示的单元(n 个颗粒,可画出 n 个单元),每个单元的实体部分为 4 个 1/4 的球体组成(其体积刚好为一个球体的体积 $\frac{\pi}{6}D^3$),而每个单位 $ABCD$ 的总体为实体部分的体积与空隙部分的体积的总和,即$(D+2\delta)^3$。因此,可以求得均匀单颗粒泥沙沉淀达到稳定时,泥沙所占的体积(体积比)为:

$$\gamma_V = \frac{\frac{\pi}{6}D^3}{(D+2\delta)^3} = \frac{\frac{\pi}{6}D^3}{D^3 + 6D^2\delta + 6D\delta^2 + 8\delta^3}$$

略去 δ 的高次方,得:

$$\gamma_V = \frac{\frac{\pi}{6}D^3}{D^3 + 6D^2\delta} = \frac{\frac{\pi}{6}}{1 + 6\frac{\delta}{D}} = \frac{0.523}{1 + 6\frac{\delta}{D}} \tag{6-17}$$

(二)混合沙淤积稳定干容积(γ_V)的计算方法

若水体内下沉至河底的泥沙为两种粒径的泥沙混合组成,第 1 种泥沙的粒径为 D_1,第 2 种泥沙的粒径为 D_2,自然沉积达到稳定时,D_2 粒径的泥沙,刚好填补在 D_1 粒径泥沙的空隙内,如图 6-16 所示。

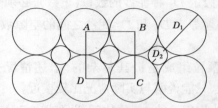

图 6-16　混合沙颗粒排列示意图

由图 6-16 得知,第 2 种泥沙粒径 $D_2 = 0.414D_1$。

仿照前面的计算方法,可以求得两种泥沙的混合淤积稳定干容积为:

$$\gamma_{V_2} = \frac{\frac{\pi}{6}(D_1^3 + D_2^3)}{(D_1 + 2\delta)^3} = \frac{\frac{\pi}{6}\left[D_1^3 + (0.414D)^3\right]}{(D_1 + 2\delta)^3} = 1.07 \frac{\pi}{6}\left\{\frac{1}{1 + 6\frac{\delta}{D_1}}\right\} \quad (6\text{-}18)$$

若淤在河床上的泥沙为三种粒径泥沙组成,D_2 颗粒的泥沙刚好填补在 D_1 颗粒泥沙的空隙内,D_3 颗粒的泥沙又刚好填补在 D_1 颗粒和 D_2 颗粒之间的空隙内。仿上述方法,可以求得 $D_3 = 0.171D_1$,每颗 D_3 泥沙体积为 D_1 泥沙体积的 $(0.171)^3$ 倍。三种泥沙的混合稳定干容积为:

$$\gamma_{V_3} = 1.075\,08\,\frac{\pi}{6}\,\frac{1}{1 + 6\frac{\delta}{D_1}} \quad (6\text{-}19)$$

若淤在河床上的泥沙为四种粒径的泥沙组成,第 4 种粒径的泥沙粒径为 D_4,又刚好填补在以上三种粒径的空隙内。

仿上述方法,可以求得 $D_4 = 0.071D_1$。

以此类推,可以求得混合沙的稳定淤积干容积为:

$$\gamma_{V_4} = (1.075\,08 + 12 \times 0.000\,358) + \frac{0.523}{1 + 6\frac{\delta}{D_1}} = 1.079\,37\,\frac{0.523}{1 + 6\frac{\delta}{D_1}}$$

$$D_5 = 0.029\,4D_1$$

$$\gamma_{V_5} = (1.079\,37 + 36 \times 0.000\,025\,4) \times \frac{0.523}{1 + 6\frac{\delta}{D_1}} = 1.080\,3\,\frac{0.523}{1 + 6\frac{\delta}{D_1}}$$

$$D_6 = 0.012\,16D_1$$

$$\gamma_{V_6} = (1.080\,3 + 108 \times 0.000\,001\,86) \times \frac{0.523}{1 + 6\frac{\delta}{D_1}} = 1.080\,5\,\frac{0.523}{1 + 6\frac{\delta}{D_1}}$$

通过以上分析,我们得知,若淤在河床上的泥沙为 $n(n < 10)$ 种颗粒组成的泥沙,则其淤积稳定干容积可用下式近似计算:

$$\gamma_{V_n} \approx 1.1\,\frac{0.523}{1 + 6\frac{\delta}{D_1}} = \frac{0.575\,3}{1 + 6\frac{\delta}{D_1}} \quad (6\text{-}20)$$

必须指出,上述分析是假定 D_2 种泥沙的数量(个数),必须等于 D_1 种泥沙的空隙数,D_3 种泥沙的数量(个数)必须等于 D_1 和 D_2 泥沙之间的空隙数,以此类推,才能获得上述各种计算结果。

实际上,天然泥沙的颗粒组成是极其复杂的,上述情况是难以实现的。因此,按式(6-17)计算结果的 γ_V 值,只能说明与实际情况比较接近。

实际上,天然情况下,非均匀沙的 γ_V 值比近似公式(6-20)的计算值要小。其原因就在于各种粒径泥沙的数量与空隙的数量不相等造成的。因此,我们认为一般情况,可以采用式(6-17)来估算天然沙(包括模型沙)的 γ_{0k} 值。

平原河流的床沙质，$D_{50} = 0.001 \sim 1.0\text{mm}$，$\gamma_s = 2.65\text{t/m}^3$，假定 $\delta \approx 0.02\text{mm}$，则按照公式(6-17)，可以求各种粒径的河床质的 γ_{0k} 值，见表 6-11。

表 6-11 　　　　　　　　　　天然泥沙淤积干容重(稳定时)γ_{0k} 值

$D(\text{mm})$	0.001	0.01	0.1	1.0
$\gamma_V = 0.523 \dfrac{1}{1 + 6\dfrac{\delta}{D}}$	0.040 2	0.238	0.513	0.518
$\gamma_{0k} = \dfrac{0.523}{1 + 6\dfrac{\delta}{D}}\gamma_s$	0.147	0.630	1.360	1.370

黄河下游花园口以上的河段河床组成，$D_{50} \approx 0.1\text{mm}$，由表 6-11 可以查得相应的 $\gamma_{0k} \approx 1.36\text{t/m}^3$。通常，取 $\gamma_{0k} \approx 1.4\text{t/m}^3$ 基本上是可行的。

三、模型沙(煤灰)淤积起始干容重 γ_{01} 的估算方法

通过模型沙(煤灰)基本特性的试验研究，我们发现，悬浮在水中的煤灰刚刚沉淀在河底时，其淤积干容重(即淤积起始干容重)较小，随着淤积历时的增加，其淤积干容重则逐渐增大，即淤积干容重 $\gamma_0 = f(t)$。

根据试验资料的初步分析，煤灰 γ_0 与 t 的关系为：

$$\gamma_{0t} = \gamma_{01} \cdot 10^{Bt} \tag{6-21}$$

式中 　t——煤灰沉积历时；

γ_{0t}——煤灰沉积 t 时间的淤积干容重；

γ_{01}——模型沙(煤灰)淤积时，起始干容重(即模型试验时，模型悬沙刚刚淤在模型底时的淤积体干容重；也可以看成是模型水流临底的含沙量)；

B——与模型沙(煤灰)基本特性有关的系数，由表 6-12 查得。

表 6-12 　　　　　　　　　煤灰沉降过程中 B 值选定表

煤灰编号	1 号	2 号	3 号	4 号	5 号
煤灰来源	包头电厂	某模型选沙池	北京电厂	郑州火电厂	郑州火电厂
B 值范围	$(3.9 \sim 7.3) \times 10^{-4}$	$(5.6 \sim 11.8) \times 10^{-4}$	$(1.87 \sim 4.15) \times 10^{-4}$		$(0.44 \sim 4.26) \times 10^{-4}$
B 值计算公式	$B = 11\gamma_{01}^{-1.65}$	$B = 26\gamma_{01}^{-1.65}$	$B = 6\ 400\gamma_{01}^{-2.65}$		$B = 17\ 000\gamma_{01}^{-3.25}$

必须指出，在试验过程中，采用量测方法直接测出模型河底淤积体的 γ_{01} 是非常困难的，因此我们提出下列 γ_{01} 的估算方法。

首先我们认为，在进行动床淤积试验时，刚刚淤积在河床表面的泥沙，可以看成是水流临底的泥沙，其起始干容重，可以看成是临底含沙量的近似值。因此，可以通过求临底含沙量的办法，来求悬沙刚刚淤积在河底时的起始淤积干容重的近似值。

根据泥沙运动基本原理，得知在挟沙水流中，悬移质含沙量的垂线分布规律可用下式

表示:

$$\frac{S_y}{S_a} = \left(\frac{\frac{h}{y} - 1}{\frac{h}{a} - 1}\right)^z \tag{6-22}$$

式中　h——水深;

　　　y——距河底的高度;

　　　a——距河底为 a 的高度,a 很小;

　　　S_y——y 高度处的含沙量;

　　　S_a——a 高度处的含沙量,因 a 很小,S_a 可以看成是挟沙水流的临底含沙量。

因此,由式(6-22)可以获得挟沙水流临底含沙量的表达式:

$$S_a = S_y \left(\frac{h}{a} - 1\right)^z \left(\frac{h}{y} - 1\right)^{-z} \tag{6-23}$$

假定:$y = 0.5h$,$a = 0.01h$,则:

$$S_a = S_{0.5}(99)^z \tag{6-24}$$

式中　z——泥沙的悬浮指标,$z = \frac{\omega}{\kappa u_*}$;

　　　κ——卡门常数,清水 $\kappa = 0.4$,挟沙水流 $\kappa \approx 0.2$;

　　　u_*——摩阻流速,$u_* = \sqrt{ghJ}$;

　　　J——河流比降;

　　　ω——悬沙的沉降速度。

根据我们分析,黄河悬沙的 z 值较小,一般 $z < 0.25$。

若用 $z = 0.25$ 代入式(6-24),得:

$$S_a = (99)^{0.25} S_{0.5} = 3.15 S_{0.5}$$

根据黄河水文测验规范,$y = 0.5h$ 处的含沙量可以代表该垂线的平均含沙量,主流处的 $S_{0.5}$ 又可以代替全断面的平均含沙量 $\overline{S}$,因此式(6-24)可以写成:

$$S_a = 3.15\overline{S} \tag{6-25}$$

式(6-25)即是临底含沙量 S_a 与断面平均含沙量的近似关系式。

由此得知,只要断面平均含沙量值已知,即可以求得水流临底含沙量 S_a,换言之,只要 $\overline{S}$ 已知,便可以按式(6-25)求出河床淤积物起始淤积干容重 γ_{01} 的近似值。

例如黄河下游某河段,由测验得知,断面平均含沙量 $\overline{S}$ 为 100kg/m³,由式(6-25)得知临底含沙量的 S_a 近似值为:

$$S_a = 3.15\overline{S} = 315\text{kg/m}^3$$

即河床表层淤积物的起始淤积干容重 $\gamma_{01} \approx 0.315\text{t/m}^3$。

四、动床模型试验确定 λ_{γ_0} 的方法

众所周知,动床模型试验确定模型操作的时间比尺 λ_{t_2} 时,首先必须确定模型的淤积干容重比尺 λ_{γ_0},即首先必须确定 $\gamma_{0原}/\gamma_{0模}$。

前文已经谈到，$\gamma_{0原}$和$\gamma_{0模}$是变化的，其变化规律非常复杂,因此如何确定模型的λ_{γ_0}值得慎重对待。

首先必须指出,动床模型的λ_{γ_0}是模型冲淤过程相似条件中的重要因素之一,因此选择λ_{γ_0}时,必须考虑它能反映冲淤过程相似条件。例如,利用动床模型研究洪水期河床淤积情况时,其冲淤过程相似条件中的λ_{γ_0}是指洪水期原型和模型淤积干容重之比,并非其他时期的原型和模型的淤积干容重之比;换句话说,是试验时段模型和原型的水流刚刚淤积下来的泥沙淤积干容重之比,并不是试验时段以前的或历史上淤积干容重之比,亦即本书提出的淤积起始干容重之比$\lambda_{\gamma_{01}}$。这个$\lambda_{\gamma_{01}}$是通过模型试验自然形成的,不是人工可以制造的。因此,这个$\lambda_{\gamma_{01}}$要采用本书提出的用计算方法估算出原型和模型γ_{01},然后定入$\lambda_{\gamma_{01}}$。

如果所进行的动床模型试验,是研究水库下泄清水对下游河床冲刷影响的模型试验,试验中心内容是观测水库下泄清水对下游河床的冲刷发展过程,这时下游河床的淤积干容重,是历史上遗留下来的淤积稳定干容重γ_{0k}。因此,这时模型的λ_{γ_0}应采用$\lambda_{\gamma_{0k}}$,既不能采用$\lambda_{\gamma_{01}}$,也不宜采用$\lambda_{\gamma_{0t}}$,要按本书提出的方法,分别计算原型和模型的γ_{0k},再求$\lambda_{\gamma_{0k}}$。一般情况下$\lambda_{\gamma_{0k}}=\lambda_{\gamma_s}$。

试验时,先按选好的模型沙按模型要求的γ_{0k}塑造地形,再按模型设计要求放水试验。

如所进行的动床模型试验是研究水库降水冲刷效果的水库模型试验,其中心任务是研究水库降低水位运用,能否将多年淤积在库内的泥沙冲刷出库,冲刷效果怎样? 这时天然水库淤积下来的泥沙是多年累积淤积的泥沙,其淤积干容重是经过多年挤压密实的淤积干容重γ_{0t}。若模型试验仅按汛期水沙过程试验,则模型淤积物在水库内的挤压历时比原型短得多,其淤积干容重也比真实情况小得多,这时,要将模型水库停水使淤积体继续固结,提高淤积物的淤积干容重,按本书方法计算出γ_{0t},再按原型沙和模型沙的γ_{0t},计算出$\lambda_{\gamma_{0t}}$及λ_{t_2}进行试验。

总之,动床模型λ_{γ_0}的确定有多种情况,要根据所研究的原型具体淤积干容重和模型必须模拟的淤积干容重进行确定,不能根据一般的淤积干容重值泛泛地确定。

第六节　模型制作步骤

一、选沙和备沙

动床模型的河床是用模型沙铺填而成的,因此模型制作的前期工作是选好模型床沙和备好模型沙。

选沙的基本原则:①要满足试验的目的和要求,一般讲长河段冲淤模型要按冲淤相似条件选沙;②物理特性比较稳定;③经济、制作简便的模型沙。

备制方法是筛分或水选。选用煤屑做模型沙时,可用筛分法备制符合要求的模型沙;采用煤灰做模型沙时,则可以用水选法备制符合要求的模型沙。模型沙备制好后,进行颗分,检验合格后,再贮存备用。

二、按地形图绘出试验范围,布设断面

模型系根据原型的地形图按比尺缩制而成的。缩制的步骤是:

第一步,将原型地形图拼接成整图。

第二步,在拼接图上,根据试验任务计划出模型试验范围。

第三步,在试验范围的图纸上布设断面,一般情况下,模型控制断面之间的间距以 60~80cm 为佳。在地形变化比较复杂的地方,断面要适当加密,地形变化比较平缓的地方,断面可适当减稀(模型断面之间的最大间距不超过 2m),在断面的一侧变化较大、另一侧变化比较平缓的地方,则在变化大的一侧,增添一些半河断面。平顺的直河段,断面可稀些;弯曲的河段,断面宜密些,特别是急弯段。

第四步,试验范围的断面截好后,按模型比尺,将断面换算成模型断面记录表。

第五步,按模型断面高程和间距,画在断面板上。断面板最好采用白铁皮板,或用三合板。

第六步,根据断面板上的画线,锯成制作模型断面板。若采用三合板做断面板时,则锯后用红漆将高程和距离数字写在锯好板面,再用清漆油一遍,放通风处晾干备用。

三、布设导线

要想把锯好的断面板装在模型上,则需在图纸上设置控制模型位置和断面位置的导线。导线可以是三角网导线,也可以是平行的两根直导线。导线布设好后,从图纸上找出断面两端与导线的关系和模型边框线与导线的关系,并指出断面两端点与边框线的关系。

四、模型制作

将图纸上的导线,换算成模型值,放在实验室的地坪上,然后按模型边框线的位置与导线的关系,将模型边框线放在室内地坪上,按边框线制作模型边墙。用水泥砂浆将模型边墙粉好,再将模型边框线刻画在模型边墙上。

利用图纸上模型断面位置(端点)与模型边框线的交点,把模型断面位置画在模型边墙上,并按此关系,安装断面板。然后,将备好的模型沙按一定 γ_0 值填在模型内,填沙的厚度在最大冲刷坑处(先估算出最大冲刷深度坑底的高程),坑底以下的沙厚不小于10cm,按装好的断面板,刮成模型地形。地形刮好后,关闭尾门,从模型尾部徐徐换水,浸泡模型,必须浸透,使模型内不再出现气泡。浸泡模型时的水位,应高于模型地形最高处5cm 以上。浸泡的时间,可根据选用的模型沙类别而定。一般来讲,透水性好的模型沙,4h 左右即可泡透,透水性差的模型沙,需一天时间浸泡,方能浸透,故一般浸泡模型沙的时间为一天(24h)。浸泡后再检测模型河床的淤积干容重。

必须指出,用以制作模型的模型沙,使用前必须经过浸泡冲洗除去杂质油污之后,方可使用。

模型浸泡后,复测地形断面高程,复测合格后,小心地将断面拔除,若发现断面处有局部沉留时,则用模型沙填补沉留部位,使地形全部符合要求为止。

未经浸泡的模型沙,检测河床干容重及复测地形高程的模型试验,难以保证其河床起始边界条件与原型是相似的。

使用木屑做模型沙制作模型时,浸泡后可能发生成块漂起,这时,必须将模型沙全部挖出,风干、粉碎、过筛后重新制作模型,不能将就试验。

使用煤粉和细煤灰做模型沙时,若制作前未经浸泡,则填入模型经水浸泡后,亦可能会发生隆起现象(发胖)。因此,应事先将模型沙进行浸泡,使之浸透再晾干、粉碎、过筛以供制作模型用。

定床加沙模型,河床是用水泥砂浆制作的定床,这时必须注意定床的基础要打好,若基础不好,放水后基础发生不均匀沉降,模型塌降,试验则宣告失败,甚至造成模型边墙倒塌,砸坏试验仪器设备和试验人员,后果不堪设想。

必须指出,黄河下游的地形,仅能反映河床的大致情况,有些微地形地貌是反映不出的,如生产堤的尺寸、高程及平面具体位置,滩唇的位置、高程等,地形图上都未测出,而这些资料,对制模非常重要。因此,模型制作前,必须进行原型查勘,全面收集所有资料。

此外,地形资料精度不高,大断面资料和河势资料是模型制作时最好的参考资料和选用资料。

再者,制作模型时,要根据试验任务和要求,对河道治理工程进行概化和安装。

第七节　动床模型的检验和验证试验

黄河是河床形态极其复杂的河流,按比尺缩制与黄河河床形态相似的模型,本身就是一件十分困难的事,现在又要使模型的河床水流运动、河床演变与原型相似,这就难上加难。然而,如果制成的模型以及模型的水流运动与原型不相似,则在这种模型上进行预报试验就会导致错误的结论。因此,模型做好后,在着手进行正式预报试验之前,必须进行模型的检验和验证试验。检验和验证方法步骤如下。

一、模型检验

在进行验证试验之前,要对模型制作的方法和精度进行检验。

(1)检验模型地形的制作是否符合规范的要求,即地形高程上的最大误差不得超过1～2mm。

(2)检验模型上的工程平面布置和高程是否与原型相似,工程平面位置误差不得大于1.0cm。

(3)检查模型河床组成和容重是否符合模型设计要求。

(4)检查模型平面布置进出口段长度、来流方向及边界条件是否与原型相似。

(5)在模型地形和工程布置与原型达到完全相似之后,再检查模型设备和测试仪器是否正确可靠,其精度能否满足试验要求。

(6)上述检验达到试验精度要求后,即进行率定试验,检验模型(各级流量)水面线是否达到与原型相似。如不相似,则必须依靠率定试验进行修正,以达到模型水面线与原型相似。

(7)检验模型进出口的流向及单宽流量的分布情况是否与原型相似,如不相似,则调整进口导流措施和出口控制措施,使之与原型相似。

(8)如果原型资料丰富,还必须对模型的特征河段(如弯段、浅滩段、分汊段的进口处)的流速模拟分布进行检验。

必须指出,在变态模型中,除了顺直河段外,其他河段的垂线流速平均流速的横向分布与原型是不相似的,检验的目的主要是检验其偏离的程度,以供估算正式试验成果的误差。

二、验证试验

上述检验完成后,选择检验时段进行大、中、小流量过程和不同含沙过程的验证试验,检测模型沿程水位和流量变化过程是否与原型相似,检测模型河势变化、河床冲淤变化是否与原型相似,检测模型各断面的冲淤分布是否与原型相似,检测模型各段的冲淤是否与原型相似,检验模型各断面的流速和含沙量的分布是否与原型相似,检验模型进出口含沙量过程及颗粒级配是否与原型相似,检测模型淤积物容重是否与原型相似,所有检测资料必须用图表形式表示,同时列举在试验报告内,以供检查。

第八节　固结动床地形法

一般动床模型试验的观测内容是模型进出口流量、含沙量、沿程水位、河势流态主流线的变化,表面流速等。这些观测项目,观测方法简单,观测历时较短,在一般放水过程中均可以完成观测任务。可是,有的模型试验要详细测验模型不同来水来沙条件下的流速场的情况(包括纵向流速的垂线分布情况及横向分布情况),测验工作量很大,测验历时长,一般动床模型试验是难以完成的。遇到这种模型试验,通常是将动床地形变成准定床地形,在定床模型上进行观测。

通常动床变定床方法,是按模型动床地形制成模板,然后根据定床制模方法制成定床模型,再进行试验。这种方法,制模工作量大,制模花费的时间长,在模型范围较大、试验项目较多的大型动床模型试验中很难办到。

从《模型试验技术讯息》得知,有的动床模型试验采用高分子浆喷洒在动床床面上,可使动床地形迅速固结变为定床,大大缩短模型制作时间,简化制模程序,缩短模型试验的周期,提高模型场地的使用率,问题是高分子浆的投资较大,也很难购制。因此,这种方法只能给我们一种启发:"在动床地形上,喷洒一种速凝材料,将动床地形快速固结,就有可能将动床地形变为定床地形。"在这种讯息的启发下,我们大胆设想试验出"撒干水泥粉固结地形法",其具体操作方法、步骤如下。

在动床模型起始地形施放洪水过程,放到洪峰顶时,读记沿程水位,然后停水,测洪峰地形及断面,用虹吸管排去模型坑凹处的存水,将地形晾干10h左右,再人工均匀地撒上一层干水泥粉,用喷雾器喷洒水雾,使干水泥粉湿透为度,养护两天,测断面与撒水泥粉前断面对比(见图6-17)。然后,放水试验,测沿程水位与撒水泥粉前的动床水位对比(见图6-18及表6-13)。

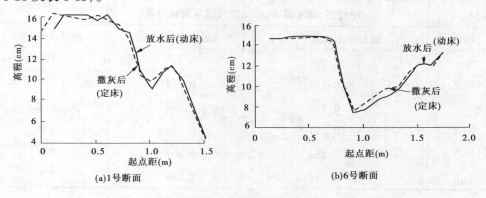

(a)1号断面　　　　　　　　　(b)6号断面

图6-17　动床、定床断面比较

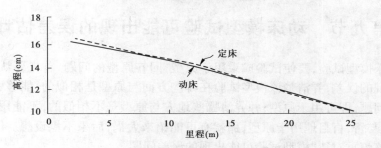

图6-18　动床、定床水面线比较

通过实测资料对比,可以看出快速固结后定床的水位、沿程水面及断面形状与动床模型完全吻合,误差均在测验精度范围之内,说明这种快速固结动床地形法是可行的。

表6-13　　　　　　　　　　　各断面同流量、水位对照　　　　　　　　　　(单位:cm)

断面号(1)	动床浑水(2)	定床清水(3)	误差[(3)-(2)]
1	78.24	78.52	0.28
2	77.35	77.31	−0.04
3	76.09	76.14	0.05
4	72.65	72.63	−0.02

根据使用情况看,用400号水泥,铺厚0.5mm的地形,抗冲流速为40cm/s;铺厚1mm,抗冲流速为60cm/s;铺厚1.5mm,使用20天,抗冲流速仍达60cm/s。进一步说明,此种快速固结动床地形方法是可以推广应用的。其优点如下:

(1)工艺简单,平均每工每天可制模100m² 以上,每平方米用水泥2.5kg,动床地形撒上干水泥粉后,养护4天即可放水试验。

(2)能保持动床模型地形和微地貌形状,保证模型阻力相似。

其缺点有以下几点:

(1)模型抗压强度不高,人不能上去踩踏。

(2)铺上水泥粉后,过水面积略有缩小(见表6-14)。

表6-14　　　　　　　　小模型、同水位下、固结前后过水面积对照

断面号	固结前过水面积(m²)	固结后过水面积(m²)	相对误差(%)
1	0.502	0.494	1.5
2	0.572	0.554	3.0
3	0.578	0.548	5.2
4	0.549	0.539	1.9
5	0.483	0.467	3.4
6	0.595	0.581	2.3

第九节　动床模型试验可能出现的误差估计

进行动床模型试验,要使试验成果用于原型,回答原型的问题,首先要认真预估模型试验可能出现的误差,弄清楚该模型试验在哪些方面与原型是相似的,能够引申于原型,回答原型的问题,即可用于原型;并弄清哪些地方与原型是不相似的,不能用于原型。否则,不问相似与否,盲目地用于原型,那就有可能招来大祸,后果不堪设想。因此,所有试验人员都应该慎重对待"模型试验可能出现的误差问题"。

根据我们的经验,动床模型试验可能出现误差的原因有以下几点:

(1)黄河下游河床形态和边界条件及水沙条件极其复杂,要全面地、精确地塑造一个完完全全与黄河相似的模型,就目前的技术水平而言是办不到的。例如就黄河的河床组成而言,不仅沿程是变化的,沿高程的分布也是极其复杂的,有粗沙、细沙和胶泥嘴,还有历史遗留下的埽秸料残留物;就河床地形而言,黄河河床支汊纵横,滩唇高仰,而地形资料又无法显示,所有这一切都是难以模拟的。而黄河下游经常出现的斜河、横河,其中有些斜河、畸形河湾就是由于河床组成的复杂性而产生的。

因此,我们认为黄河动床模型试验在地形地貌及河床组成等方面的难以完全模拟必然会给试验带来一些误差。

(2)由于试验场地条件所限,有的模型进口段很短,又未设前池消能段和导流设施,试验供水管(或供水渠)的水流未经消能整流直接进入模型试验,使模型试验段的水流流态和流速场及河势流路均与原型不相似,这是常见的模型试验产生误差的原因。

模型进口控制不好,引起模型试验的水流流态与原型不相似,有关章节已有详细的论述,在此不再叙述。

(3)根据相似理论分析,模型变态以后,模型糙率加大,流速垂线分布与原型是不相似的。由于流速垂线分布不相似,含沙量垂线分布也不相似(见第三章),因此变态模型的滩槽分流比也与原型不相似(因为黄河滩地高于主槽,滩地分流是表面流,模型表面流速大于原型,模型入滩流量自然比原型多)。

此外,黄河河槽的宽深比沿程是变化的,而且变化很大,根据相似原理的分析,在宽深比沿程变化大的大变率模型中,糙率比尺沿程是变化的。采用同一糙率比尺进行模型试验,根据比尺效应分析,模型试验会产生比尺效应,而且模型愈长,比尺效应的影响愈大。

(4)黄河下游河势变化是与来水来沙条件及河床边界条件(工程布置情况)密切相关的,即既与来水来沙条件有关,也与控导工程的布置情况有关。利用模型试验研究黄河河势变化时,不仅要求模型的水沙条件与原型相似,也要求模型的控导工程布置(包括形式尺寸等)与原型相似;在"以坝护湾,以湾导流"的河道整治模型试验中,严格控制河湾尺寸与原型相似,将丁坝做成概化丁坝。实践证明,模型的河势变化与原型基本上是相似的,但在以坝控导河势流路的河道整治模型中,将丁坝做成概化模型,其控导水流的作用与原型的误差就难免了。

(5)就目前的试验技术而言,较之以往有很大的进展,但试验误差仍然是相当大的。例如,尾水控制带来的误差、进口流量控制误差等都能使模型试验成果造成累积误差。

(6)黄河悬移质泥沙颗粒很细,根据研究,$d<0.025\text{mm}$ 的细颗粒泥沙,在沉降过程中有絮凝现象,絮凝以后其沉降规律与絮凝前大不相同,而有的模型试验,采用 $d>0.03\text{mm}$ 的粗煤灰做模型沙,这种模型沙无絮凝现象,与原型悬沙的沉降规律不相似,试验结果也会产生误差。

(7)根据理论推导,黄河动床模型试验的河床演变过程时间比尺 λ_{t_2} 与水流运动过程时间比尺 λ_{t_1} 之间的关系是 $\lambda_{t_2} = \dfrac{\lambda_{\gamma_0}}{\lambda_S}\lambda_{t_1}$,在水库泄水冲刷模型试验中,要使水库的泄水过程和冲刷过程均与原型相似,必须要求 $\lambda_{t_2} = \lambda_{t_1}$,即必须 $\lambda_{\gamma_0} = \lambda_S$,可是在水库运用过程中,$\gamma_0$ 是变化的,要求 $\lambda_{\gamma_0} = \lambda_S$ 很难实现,因此水库泄水冲刷模型试验容易发生误差。

(8)有的模型试验的操作方法与原型现实情况相差太远,则此类模型试验成果很难用于原型。

总之,模型试验开始之前,要认真预估模型试验可能产生的累积误差;试验结束后,要认真分析试验误差,对试验成果进行修正,以免给使用者带来不应有的损失。

第七章 黄河专题模型试验方法

第一节 高含沙水流模型试验方法

黄河含沙量高、泥沙细，往往形成高含沙水流，给黄河河道整治带来许多新问题。

20世纪70年代以来，为了研究高含沙水流的"揭河底"现象和黄河下游高含沙水流的输沙机理，不少学者在室内开展了高含沙水流的试验研究，在野外也进行了高含沙水流运动的观测，取得了大量的科研成果。

为了探索高含沙水流模型试验方法，20世纪80年代著者曾进行过几个高含沙水流模型试验。与此同时，1980年西北水科所和1981年成都科技大学华国祥教授先后发表了高含沙水流模型律的研究成果，为我们建立黄河高含沙水流模型试验方法奠定了基础。

一、华国祥教授的研究成果

华国祥认为，高含沙水流模型试验要遵守下列准则：

(1)雷诺数相似准则 $\qquad \lambda_{Re}=1$

(2)赫氏数相似准则 $\qquad \lambda_{He}=1$

(3)华氏数相似准则 $\qquad \lambda_y=1$

(4)阻力相似准则 $\qquad \lambda_f=1$

式中 Re——雷诺数，$Re=\dfrac{\rho u h}{\eta}$；

$\qquad \rho$——浑水密度；

$\qquad u$——流速；

$\qquad \eta$——刚度系数；

$\qquad He$——赫氏数，$He=\dfrac{\tau_0 \rho R}{\eta}$；

$\qquad \tau_0$——屈服切应力；

$\qquad R$——水力半径(或水深)；

$\qquad y$——华氏数，$y=\dfrac{\tau_0(4R)}{\eta u}$；

$\qquad f$——阻力系数。

如果遵守重力相似准则，则联解以上各式可得：

$$\lambda_J = 1$$

式中 J——比降。

二、西北水科所张浩研究成果

西北水科所 1980 年发表的高含沙水流模型相似律与华国祥的研究基本一样,但 1987 年张浩根据渠道观测及水槽试验资料的分析(见图 7-1)提出:

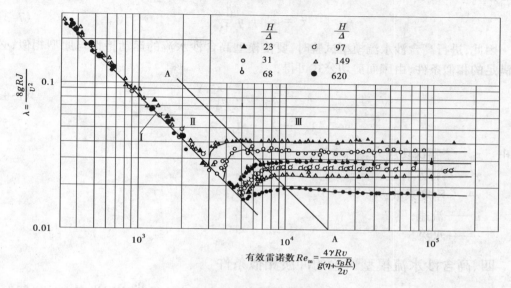

图 7-1　λ—Re_m 关系图

(1)模型按清水河工模型设计。

(2)按最大不淤流速的含沙量,测出或算出 τ_0 和 η 值,求出 Re_{mp},如果 $Re_{mp} < \frac{96}{\lambda}$,则按 $Re_{mp} = Re_{mm}$ 设计,Re_{mp} 为原型有效雷诺数,Re_{mm} 为模型有效雷诺数。

(3)如果 $Re_{mp} > \frac{200}{\lambda}$,则按 $Re_{mm} \geqslant \dfrac{4\gamma_m R_m v_m}{g\left(\eta_m + \dfrac{\tau_{Bm} R_m}{2 v_m}\right)}$ 设计。

上述两家模型律,著者认为基本观点是正确的,但是也有几点不足之处:

(1)华国祥的方法不具体,而且要求 $\lambda_J = 1$,在实践中会出现很多困难。

(2)张浩的方法把 $Re_{mm} > \frac{200}{\lambda}$ 都按 $Re_{mm} \geqslant \dfrac{4\gamma_m R_m v_m}{g\left(\eta_m + \dfrac{\tau_{Bm} R_m}{2 v_m}\right)}$ 设计,没有论证。此外,$\frac{96}{\lambda} \sim \frac{200}{\lambda}$ 之间也未交待。

(3)两家方法没有和高含沙水流冲淤特性结合,即冲淤相似准则不明确。

我们认为,高含沙水流和一般水流一样都是在重力作用下运动的,进行高含沙水流河工模型试验时,首先要遵循水流运动重力相似准则和阻力相似准则,即要遵守:

$$\lambda_u = \lambda_H^{0.5} \tag{7-1}$$

$$\lambda_n = \frac{\lambda_H^{2/3}}{\lambda_u}\lambda_J^{1/2} \tag{7-2}$$

三、高含沙水流模型试验的运动特性相似条件

根据以往人们对高含沙水流运动规律的研究,当挟沙水流的含沙量达到某一临界值以后,其流体性质一般属宾汉体,可以用下式近似表示:

$$\tau = \tau_B + \eta \frac{\mathrm{d}u}{\mathrm{d}y} \tag{7-3}$$

因此,进行高含沙水流模型试验时,要使模型高含沙水流的运动特性与原型相似,必须满足的相似条件,由床面剪切公式可得:

$$\lambda_\tau = \lambda_{\tau_B} = \lambda_\eta \frac{\lambda_u}{\lambda_y} \tag{7-4}$$

$$\lambda_{\tau_B} = \lambda_\tau = \lambda_\gamma \lambda_H \lambda_J \tag{7-5}$$

式中　　τ_B——宾汉切应力;

　　　　γ'——浑水容重;

　　　　η——刚度系数;

　　　　u——流速;

　　　　y——水深。

四、高含沙水流模型试验的冲淤相似条件

著者在进行高含沙水流模型试验资料分析时,发现高含沙水流同样存在冲淤问题。例如,1980 年我们在黄河下游东坝头至高村河道整治模型试验中,曾进行高含沙水流概化过程试验。模型比降 0.002,主槽宽 50cm,平均水深 7～10cm,流量 10L/s,用煤灰做模型沙,$D_{50} = 0.02$mm,含沙量为 200～400kg/m³。试验结果表明,由于模型水流强度较小,河槽发生严重淤积。

又如 1986 年,在黄河小浪底枢纽电站防沙悬沙模型试验中,采用 $D_{50} = 0.012～0.015$mm 的煤灰做模型沙进行高含沙水流模型试验,比降为 0.001～0.001 2,流量为 30～80L/s。试验结果表明,由于模型水流强度较大,河槽基本上属于微冲状态。

以上试验结果表明,高含沙水流模型试验同样有冲淤问题,即进行高含沙水流模型试验同样要考虑冲淤相似条件。

为了探求高含沙水流冲淤相似条件,利用以往高含沙水流模型试验资料,点绘了模型 λ 与 Re_m 关系图(见图 7-2)。

从图 7-2 可以看出,高含沙水流模型试验主槽的冲淤与雷诺数 Re_m 有关。$Re_m < 6 \times 10^4$ 时,模型高含沙水流基本上处于淤积状态。$Re_m > 8 \times 10^4$ 时,模型高含沙水流基本上处于冲刷状态,$Re_m \approx 6 \times 10^4 ～ 8 \times 10^4$ 时,处于冲淤基本平衡状态,我们称其为高含沙水流的临界雷诺数。上述模型试验成果说明,进行高含沙水流模型试验时,遵守 $\lambda_{Re_m} = 1$ 的相似条件,就有可能使模型的冲淤特性与原型相似。因此,我们将 $\lambda_{Re_m} = 1$ 称为高含沙水流冲淤特性相似条件。

实际上 Re_m 不仅是判别高含沙水流冲淤特性的指标,也是判别高含沙水流流态的重

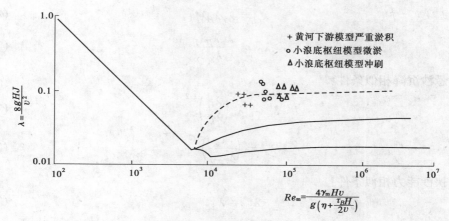

$$Re_m = \frac{4\gamma_m H v}{g\left(\eta + \frac{\tau_B H}{2v}\right)}$$

图 7-2　λ—Re_m 关系图

要指标。众所周知,Re_m 大时高含沙水流属于紊流;Re_m 小时高含沙水流属于层流;Re_m 再小时,高含沙水流停滞不动,发生浆河。因此,我们认为在高含沙水流模型试验中,遵守 $\lambda_{Re_m} = 1$ 的相似条件,既满足了模型流态相似条件,又满足了模型冲淤相似条件。

必须指出,在有些高含沙水流模型试验中,由于模型沙选择有困难,要满足 $\lambda_{Re_m} = 1$ 的相似条件是相当困难的,在此条件下,根据我们的经验,按下述原则设计模型也是可行的:

(1)当原型 $Re_m > 8 \times 10^4$ 时,可以放弃 $\lambda_{Re_m} = 1$ 的相似准则,按模型 $Re_m > 8 \times 10^4$ 设计模型。

(2)当原型 $Re_m \leqslant 8 \times 10^4$ 时,仍可按照 $\lambda_{Re_m} = 1$ 的相似准则设计。

综上所述,我们认为高含沙水流模型试验需要满足下列相似条件:

(1)水流运动重力相似条件:

$$\lambda_v = \lambda_H^{1/2} \tag{7-6}$$

(2)水流运动阻力相似条件:

$$\lambda_n = \frac{\lambda_H^{2/3}}{\lambda_v}\lambda_J^{1/2} \tag{7-7}$$

(3)宾汉切应力相似条件:

$$\lambda_{\tau_B} = \lambda_\tau = \lambda_\gamma \lambda_H \lambda_J \tag{7-8}$$

(4)高含沙水流运动特性及冲淤特性相似条件:

原型 $Re_m > 8 \times 10^4$ 时,要求模型的 $Re_m > 8 \times 10^4$。

原型 $Re_m \leqslant 8 \times 10^4$ 时,要求 $\lambda_{Re_m} = 1$。

高含沙水流模型试验,底沙和悬沙可采用不同类型的模型沙。

(5)底沙运动相似条件:

$$\lambda_{\tau_0} = \lambda_\tau \tag{7-9}$$

$$\lambda_{\tau_0} = \lambda_K \lambda_{\gamma_s - \gamma} \lambda_D \tag{7-10}$$

$$\lambda_\tau = \lambda_\gamma \lambda_H \lambda_J \tag{7-11}$$

$$\lambda_D = \frac{\lambda_\gamma \lambda_H \lambda_J}{\lambda_K \lambda_{\gamma_s - \gamma}} \tag{7-12}$$

(6)悬沙沉降相似条件:

$$\lambda_\omega = \lambda_v \left(\frac{\lambda_H}{\lambda_L} \right)^{1/2} \tag{7-13}$$

$$\lambda_d = \left(\frac{\lambda_\omega}{\lambda_{\gamma_s - \gamma}} \right)^{1/2} \tag{7-14}$$

(7)挟沙能力相似条件:

$$\lambda_S = \lambda_{S_*} \tag{7-15}$$

λ_{S_*} 由 $\lambda_{\tau_0} = \lambda_\tau$ 反求。

(8)河床冲淤过程相似条件:

$$\lambda_{t_2} = \frac{\lambda_{\gamma_0} \lambda_{t_1}}{\lambda_S} \tag{7-16}$$

第二节　溃坝模型试验方法

新中国成立以来,随着社会主义建设事业的蓬勃发展,许多河流修建了大量的水库和水利枢纽。由于新中国刚刚成立时,掌握的水文资料有限,致使有些水利枢纽的防洪设计标准偏低,遇到大洪水(或特大洪水)发生溃坝的事例不可避免。为了预估枢纽溃坝后,给其下游地区带来的洪毁影响,国内不少科研单位进行了大量的溃坝模型试验,从搜集到的资料来看,溃坝模型试验研究主要内容有:

(1)研究溃坝时,溃坝口门的发展过程。

(2)研究口门的泄流过程及其最大泄流量。

(3)研究溃坝水流对其下游的淹没影响及洪水演进过程。

一、模型试验方法

(一)自溃坝模型试验

该模型试验方法是在试验场地内采用原型沙(壤土),按原型筑坝时坝体容重建筑与原型几何相似的拦河坝,并在坝中央预留一小引水槽。试验时,坝上水流由引水槽穿越坝面流向下游,形成漫坝水流。随着模型试验历时的增长,引水槽愈冲愈大,形成口门,最终导致大坝全部溃决。这种模型试验方法称之为"自溃坝模型试验方法"。

有的自溃坝模型试验不预留引水槽,而是增加坝上游蓄水量,抬高坝前水位,使坝前水位超越坝顶,形成漫坝水流,最终也能导致大坝全部溃决。此种模型试验也称为自溃坝模型试验,或称为土坝漫溃模型试验。

以上两种溃坝模型试验,引起溃坝的起始条件略有差异,但有一个共同点,即溃坝时坝体是自溃的,其口门的发展过程是逐步缓变的,并不是瞬时突变的。

(二)瞬时溃坝模型试验法

根据天然河流溃坝调查资料的分析,发现天然河流的溃坝(自大坝出险至溃决结束)虽然是逐步的、有过程的,但总的历时仍然较短。因此,不少试验人员为了简化模型试验操作技术,将模型溃坝过程视为瞬时溃决过程,按瞬时溃坝法进行试验。

具体方法是用一块木板代替模型大坝设立在模型的坝址处,试验时,当坝上游蓄水水位达到试验要求时,将木板快速拆除,表示大坝在瞬时内全部溃决,从而观测口门的泄流过程和最大泄流量。

实践证明,这种试验只能研究大坝瞬时溃决时口门的泄流情况,不能研究口门的形成和发展过程,而且由试验测出的最大泄流量有可能大于"自溃坝"测出的最大泄流量。

(三)拦河坝坝顶缓降的模型试验法

有些试验研究人员认为,天然河流的大坝溃决,即使其历时较短,但在溃决过程中,其口门是逐步刷深和展宽的,即口门的底部高程是逐步降低的。这是一个客观事实,试验时应该考虑这一客观事实。因此,有的试验人员提出了"拦河坝坝顶逐步降低的溃坝模型"试验方法。其具体方法是在专用的试验水槽的尾部,安装一块高程可以调节的钢板(或木板)代替枢纽的溢流坝,试验时,根据模型试验要求,采用动力设备使溢流坎板逐渐下降,然后观测溢流坝的下降过程中泄流能力。

这种模型试验溢流坎的堰顶高程是逐渐降低的,类似自溃坝口门逐渐刷深的情况,故称为非瞬时溃坝试验。因此,试验所测得的口门泄流过程比瞬时溃坝试验接近天然溃坝情况。但如何控制溢流板顶的下降速度仍然值得探讨。

(四)溃坝时,坝下游洪水演进模型试验

有的溃坝模型试验主要目的不是研究口门的发展泄流过程,而是研究溃坝水流对下游地区发生的最大淹没范围和洪灾(例如黄河小浪底枢纽溃坝模型试验和长江三峡大坝溃坝模型试验),这类模型试验范围较大,既包括大坝,又包括坝上游的水库和下游的河道以及主要城镇。

为了获得可能出现的最大淹没范围资料和便于试验操作,模型大坝的溃决仍然采用瞬时溃决法。只是模型中的水库和下游河道,则按一般定床河工模型试验方法模拟,试验方法是比较成功的。

从搜集到的几个溃坝模型试验资料和天然河流溃坝调查资料的对比分析来看,第一种溃坝模型试验,其口门发展过程与天然河流土坝溃决过程(从表观上看)是比较近似的。但从定量和定性而言,仍然是值得研究的。

众所周知,天然河流上的拦河坝,溃决时,其口门的发展过程,不仅与坝前的水流条件有关,而且与坝体结构和筑坝材料(砂、土、块石等)的抗冲强度有关。

自溃坝模型试验水流条件(水流冲刷能力)按相似条件缩小,而筑坝材料(壤土的 d_{50} 及 γ_0)并未按抗冲能力相似条件模拟,因此模型溃坝时,口门发展过程与原型仍然是近似的。

因此,我们认为采用自溃坝模型试验方法,来研究天然河流拦河坝的溃坝过程(包括口门发展过程和泄流过程),首先还要完善自溃坝模型试验的相似准则(相似律),只有按相似准则进行溃坝模型试验,才能获得与原型相似的试验成果。

二、溃坝模型相似律的探讨

(一)口门几何相似条件

土坝溃决时,口门的形状极其复杂,但口门过流的流态类似滚水坝(或宽顶堰)过流,其运动状态如图 7-3 所示。

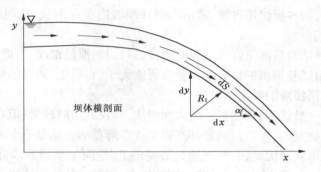

图 7-3 溃坝时,口门过流示意图
y—口门垂向坐标;x—口门横向坐标;R_1—口门外沿处曲率半径;
dS—水流运动曲线流程;α—口门外沿处水流运动的倾角

由图 7-3 得知,土坝溃决时,口门过流的水流运动除受到惯性力和重力的作用外,还受到坝面弯曲而产生的离心力的作用。根据分析,在此条件下要使模型口门的水流运动流态与原型相似,必须满足 $\lambda_{R1} = \lambda_L$、$\lambda_L = \lambda_H$ 及 $\lambda_v = \lambda_H^{0.5}$ 等相似条件。即溃坝口门,沿过流方向,必须按正态模型模拟($\lambda_L = \lambda_H$)。

(二)水流运动重力相似条件

土坝溃决时,口门过流虽然同时受到重力作用和离心力的作用,但离心力的作用仅表现在水流弯曲处,而重力的作用是普遍存在的。因此,该模型试验必须同时满足 $\lambda_v = \lambda_H^{0.5}$ 等相似条件。

(三)坝体材料的抗冲强度相似条件

众所周知,土坝溃决时,口门的发展速度和发展过程不仅与水流运动相似条件有关,而且与坝体材料的抗冲强度相似条件有关,既要使模型口门的发展过程和原型相似,还必须满足 $\lambda_{v_0} = \lambda_v$ 的相似条件。其中,v_0 为筑坝土壤(或砂砾石)的抗冲流速或起动流速,可按一般泥沙起动流速公式计算求得,如沙玉清公式或其他公式。

(四)口门冲刷率相似条件

溃坝时,口门发展过程与口门单位时间内被水冲走的坝体量,与冲刷率有关。因此,此类模型试验要使模型口门发展过程相似,还必须满足口门的冲刷率与原型相似。

土坝溃决时,当口门流速 v 大于坝体材料的抗冲流速 v_0 时,则口门发生冲刷,单位时间内由口门冲走的冲刷量可用下式表示:

$$q_{ds} = (v - v_0)\Delta H \tag{7-17}$$

式中 q_{ds}——口门的冲刷率;

v——口门处流速;

v_0——口门处土壤或砾石的抗冲流速;

ΔH——单位时间内,坝体被水冲走的厚度,$\Delta H = nd$。

ΔH 的含义是指在单位时间内,有 n 颗土粒厚度的坝体被水流冲走。根据分析,n 与流速大小成正比,与颗粒的大小成反比,即流速愈大,冲走的颗粒愈多;流速愈小,冲走的颗粒愈少。颗粒愈小,冲走的颗粒愈多;颗粒愈大,冲走的颗粒愈少。因此,n 可以用下式表示:

$$n = K\left(\frac{v - v_0}{d}\right)^m$$

即

$$\Delta H = nd = K\left(\frac{v - v_0}{d}\right)^m d$$

将此关系式代入式(7-17)得口门的冲刷率为:

$$q_{ds} = C \cdot K \frac{(v - v_0)^{m+1}}{d^{m-1}} \tag{7-18}$$

根据均质土坝漫决模型试验资料(见表7-1)的分析,土坝漫决后,其口门的冲刷率 q_{ds} 与 $(v - v_0)$ 的高次方成正比(见图7-4)。

表 7-1 均质土坝溃坝漫决模型试验成果

T (min)	Z_1 (m)	H_d (m)	ΔH (m)	H_0 (m)	v (m/s)	Q (m³/s)	v_0 (m/s)	q_{ds} (m³/s)	$v - v_0$ (m/s)
0	31.45	0	0	0	0	0	0		
20	31.45	0.41	0.04	0.45	1.47	6.60	0.26	0.22	1.21
50	31.45	0.35	0.17	0.52	1.92	10.0	0.27	0.66	1.65
70	31.56	0.31	0.28	0.59	2.29	13.5	0.27	1.18	2.02
90	31.69	0.33	0.41	0.74	2.67	18.7	0.29	1.77	2.38
110	31.59	0.38	0.55	0.93	2.93	27.3	0.29	2.38	2.64
137		0.27	0.70	0.97	2.91	28.3	0.30	2.30	2.61
263	31.63	0.18	1.00	1.18	2.50	28.3	0.31	1.25	2.19

由图 7-4 得知:

$$q_{ds} = K(v - v_0)^4 / d^2 \tag{7-19}$$

由式(7-19)可以获溃坝模型冲刷率相似条件:

$$\lambda_{q_{ds}} = \lambda_K \frac{\lambda_{(v-v_0)}^4}{\lambda_d^2} \tag{7-20}$$

当筑坝的土壤颗粒较细时 $\lambda_d^2 = \lambda_\omega$,则有:

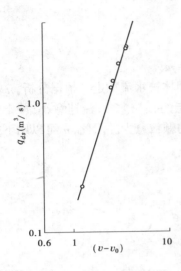

$$\lambda_{q_{ds}} = \lambda_K \frac{\lambda_{(v-v_0)}^4}{\lambda_\omega} \tag{7-21}$$

在满足 $\lambda_{v_0} = \lambda_v$ 条件时，$\lambda_{(v-v_0)} = \lambda_v$，则有：

$$\lambda_{q_{ds}} = \lambda_K \frac{\lambda_v^4}{\lambda_\omega} \tag{7-22}$$

这与动床河工模型试验习惯上常用的底沙输沙

率相似条件 $\lambda_{q_{ds}} = \frac{\lambda_{K_0} \lambda_{\gamma_s} \lambda_v^4}{\lambda_{C_0}^2 \lambda_{\gamma_s - \gamma} \lambda_\omega}$ 基本上是一致的。

因此，我们认为筑坝材料较细时，自溃坝模型试验仍可采用式(7-21)作为口门冲刷率相似准则。

当筑坝材料较粗时，$\lambda_d^2 = \lambda_\omega$，则采用式(7-20)作为口门冲刷率的相似准则。

（五）口门冲刷过程相似条件（口门冲刷时间比尺）

图 7-4 q_{ds}—$(v-v_0)$ 关系图

在动床河工模型试验中，床沙冲淤过程（时间比尺）相似条件为：

$$\lambda_{t_2} = \frac{\lambda_{\gamma_0} \lambda_H \lambda_L}{\lambda_{q_{ds}}} \tag{7-23}$$

将式(7-20)代入式(7-23)得：

$$\lambda_{t_2} = \frac{\lambda_{\gamma_0} \lambda_H \lambda_L}{\lambda_K \lambda_{(v-v_0)}^4} \lambda_d^2 \tag{7-24}$$

溃坝模型试验，$\lambda_L = \lambda_H = \lambda_v^2$，则：

$$\lambda_{t_2} = \lambda_{\gamma_0} \frac{\lambda_d^2 \lambda_H^2}{\lambda_K \lambda_{(v-v_0)}^4} = \frac{\lambda_{\gamma_0}}{\lambda_K} \lambda_d^2 \left[\frac{\lambda_v}{\lambda_{(v-v_0)}} \right]^4 \tag{7-25}$$

为了论证式(7-24)的正确性，我们采用自溃坝系列模型试验资料对式(7-24)进行了检验。

系列模型的坝体为沙壳心墙坝，模型坝体形态及心墙均按几何比尺缩造，其中沙壳材料 $d_{50} = 1.1\text{mm}$，$\gamma_s = 2.65\text{t/m}^3$，相对密实度[1] $= 0.67$，渗透系数 $K = 10^{-2}\text{cm/s}$。

防渗体土料 $d_{50} = 0.01 \sim 0.012\text{mm}$（重粉质黏上），含水量 $w = 20\%$，干容重 $\gamma_0 = 1.58 \sim 1.60\text{kg/cm}^3$，$\gamma_s = 2.72\text{t/m}^3$，流限 $w_0 = 20.3\%$，塑性 $w_m = 14.4\%$，抗剪强度 $C = 0.2\text{kg/cm}^2$，$\varphi = 12.7° \sim 23.0°$，渗透系数 $K = 2.05 \times 10^{-6}\text{cm/s}$。模型坝体横断面为梯形，上游边坡1:3，下游边坡 1:2.5，平均边坡 1:2.75；坝高和坝顶宽均按几何相似模拟，坝体内设有防渗心墙（简称防渗体）。

系列模型共进行五个模型试验（见表 7-2），模型结构形式和材料以及各种力学指标是相同的。模型的有效冲刷历时分析见表 7-3。

---

❶ 相对密实度 $D = \dfrac{\epsilon_{max} - \epsilon}{\epsilon_{max} - \epsilon_{min}}$，$\epsilon$ 为孔隙率。

表 7-2 系列模型土坝尺寸统计

编号	模型比尺	坝高(m)	坝长(m)	坝顶宽(m)	边坡
原型	1.0	5.60	18.0	4.00	1:2.75
模型 1	2.5	2.24	7.2	1.60	1:2.75
模型 2	3.75	1.49	4.8	1.07	1:2.75
模型 3	5.0	1.12	3.6	0.80	1:2.75
模型 4	7.5	0.75	2.4	0.53	1:2.75
模型 5	10.0	0.56	1.8	0.40	1:2.75

表 7-3 系列模型有效冲刷历时分析

编号	λ_H	λ_v	v	v_0	$\lambda_{(v-v_0)}$	λ_{t_2}	$T_{计}$	$T_{实测}$
原型	1	1	4.19	0.422	1			
模型 1	2.5	1.58	2.68	0.352	1.62	0.904	220″	220″
模型 2	3.75	1.94	2.15	0.325	2.06	0.780	254″	260″
模型 3	5	2.24	1.87	0.306	2.47	0.670	296″	310″
模型 4	7.5	2.74	1.53	0.283	3.01	0.680	291″	280″
模型 5	10	3.16	1.33	0.267	3.55	0.620	319″	310″

注:表中 t_2 是按式(7-26)计算值;$T_{计}$ 是以模型为标准乘以各组 λ_{t_2} 值得出的数据;$T_{实测}$ 是各组试验的实际测验值;有效冲刷历时是指各坝从口门开始形成至冲刷至坝底的时间。

由于各模型土坝的筑坝材料和力学指标是相同的,因此 $\lambda_w = 1$、$\lambda_d = 1$、$\lambda_{\gamma_0} = 1$、$\lambda_K = 1$。

故式(7-24)可写成:

$$\lambda_{t_2} = \frac{\lambda_H^2}{\lambda_{(v-v_0)}^4} \tag{7-26}$$

从表 7-3 可以看出:

(1)在筑坝材料相同的条件下,低坝的有效冲刷历时大于高坝的有效冲刷历时。

(2)按式(7-26)计算的冲刷历时 $T_{计}$ 与模型试验的实测结果 $T_{实测}$ 基本一致。

说明按式(7-26)或式(7-25)确定溃坝模型比尺,基本上是可行的。

三、黄河某枢纽溃坝模型试验实例

黄河某枢纽经过多种方案的对比分析,在规划设计阶段,初步选定修建坝高 60m 的堆石坝,由于该枢纽地势险要,是黄河关键性水利枢纽,一旦溃坝对黄河下游影响巨大。为了确保黄河下游防洪安全,需进行溃坝模型试验。试验的主要目的是研究溃坝洪水演进过程及其对下游河道的淹没影响,溃坝模型试验方法是本书所述第四种溃坝模型试验方法。

(一)模型设计

1.相似准则

此项模型试验是研究溃坝对下游洪水演进过程的模型试验,是研究不稳定流洪水演进过程的模型试验,根据不稳定流的基本方程(运动方程):

$$J_0 - \frac{\partial H}{\partial S} = \frac{u^2}{C^2 R} + \frac{u}{g} \frac{\partial u}{\partial s} + \frac{1}{g} \frac{\partial u}{\partial t}$$

可以获得:

$$\lambda_{J_0} = \frac{\lambda_H}{\lambda_L} = \frac{\lambda_v^2}{\lambda_C^2 \lambda_R} = \frac{\lambda_v^2}{\lambda_L} = \frac{\lambda_u}{\lambda_t}$$

即此项模型试验必须遵守下列相似准则:

$$\lambda_{J_0} = \frac{\lambda_H}{\lambda_L}$$

$$\lambda_C^2 = \frac{\lambda_v^3}{\lambda_J \lambda_R} \text{ 或 } \lambda_n = \frac{\lambda_J \cdot \lambda_R \cdot \lambda_H^{1/6}}{\lambda_v^2} = \frac{\lambda_J}{\lambda_v^2} \lambda_H^{1/6} = \frac{\lambda_H^{1/6}}{e}$$

$$\lambda_v = \lambda_H^{0.5}$$

$$\lambda_T = \frac{\lambda_v}{\lambda_H} \lambda_L$$

上式中 λ_{J_0}——模型比降比尺;

        λ_L——模型水平比尺;

        λ_H——模型垂向比尺;

        λ_v——模型流速比尺;

        λ_n——模型糙率比尺,与模型几何变率有关;

        λ_R——模型水力半径比尺,$\lambda_R = \lambda_H$;

        e——模型几何变率,根据黄河动床模型试验经验,$e = \lambda_L^{1/3}$。

2.模型比尺的选择

此项模型试验是研究溃坝时洪水淹没影响的模型试验,淹没影响范围的大小与坝上游的蓄水量的大小有关。因此,此项模型试验的试验范围不仅要将该枢纽水库全部包括在内,而且要将可能影响的范围包括在内,即模型试验的原型河段应取原型坝上游全库区130km 至坝下游 130km(下游主要水文站处),原型河段总长约 260km,若采用水平比尺 $\lambda_L = 1\,000$,则模型的长度为 260m,是一项大型河工模型试验。

黄河下游是宽浅游荡型河段,H/B 很小,若做 1:1 000 的正态模型,则水深太小,难以满足水流运动相似条件,测验上的困难也难以克服。因此,须采用变态模型进行试验。

根据黄河动床模型试验的经验,黄河下游河道模型的变率 $e = \lambda_L^{1/3}$,因此此模型的变率可以选为 $\lambda_L^{1/3} = 1\,000^{1/3} = 10$,即模型垂直比尺 $\lambda_H = \frac{\lambda_L}{e} = \frac{1\,000}{10} = 100$。

3. 模型加糙方法的选择

该模型坝下游的河道是由峡谷过渡到游荡型的河道,河床基本上是由主槽和滩地组成的复式河床,其中主槽(原型)糙率为 0.009~0.015,滩地糙率 $n=0.03$。

根据模型糙率相似条件 $\lambda_n = \dfrac{\lambda_H^{1/6}}{e^{0.5}}$,求得该模型的糙率比尺 $\lambda_n = 0.679$。

即该模型主槽要求的糙率为:$(0.009~0.015)/0.679=0.013~0.022$;模型滩地要求的糙率为:$0.03/0.679=0.044$。

根据模型加糙方法的分析(见第四章),$n<0.022$ 时,采用河底粘石子的方法能够获得;$n>0.044$ 时,则需采用插竹竿的方法才能获得。因此,决定主槽采用粘石子的方法进行加糙,滩地则采用插竹竿的方法进行加糙。两种加糙的具体方法步骤详见第四章。

(二)模型制作

该模型是研究枢纽溃坝时下游河道洪水演进过程的模型试验,严格地讲,模型枢纽大坝上下游的河道边界条件应详细模拟,但考虑到该模型研究的重点是下游河道的洪水演进过程,坝上游河道只要保证溃坝时的过坝水量和口门的过流流态和过程基本相似,即可满足试验要求。因此,决定模型坝下游河道和模型坝上游近坝 40km 的河道,严格按原型1958 年地形图模拟,制作方法严格按规范制作。坝上游 40km 以上的河道,则可以做成概化模型,只需保证总水量(或库容曲线)基本上与原型相似即可,即模型长度缩短。

由于模型试验的主要目的是研究该枢纽不同蓄水量溃坝时,对下游河道洪水演进的影响,为了便于对比分析和偏于安全,模型溃坝方式采用瞬时溃坝方式,即模型大坝用一块坚固的止水木板代替,坝址处做一门槽,试验前将木板放入门槽内。试验时,人工将木板迅速拔去,表示大坝在瞬时内全部溃决。

(三)模型试验方法及步骤

1. 预备试验

模型加糙材料(石子和竹竿)的形状、尺寸及表面的光洁度是极其复杂的,使用时仅靠一般的量测和目测很难保证挑选的石子和竹竿都能满足试验要求。因此,在模型加糙前对选用的加糙材料,要选择其代表样品,放在专用试验槽内进行人工加糙试验,通过试验证明其加糙效果真正能满足试验要求后,才投入使用。这种检验试验称为模型加糙预备试验。

2. 验证试验

用经过检验合格的石子和竹竿对模型进行加糙以后,便开始进行不同流量级的水面线及水位流量关系线的验证试验,验证模型下游河道沿程水位是否与原型相似。

在恒定流验证试验中,若发现局部地区模型的水位与原型不相似,还可再调整模型的局部糙率,使之与原型相似。

恒定流验证试验符合要求后,再采用 1958 年黄河大水过程进行验证试验。检验1958 年型洪水模型的洪水位沿程变化、水位流量关系等与原型的相似性,才能开展正式试验。

3. 正式试验

经模型验证试验证明,该模型的水流运动过程与原型基本上是相似的,可以利用该模型进行正式试验。正式试验的具体步骤是:

(1)将有防水布的木板坝插在模型坝址的槽门内。

(2)打开模型进水闸向模型枢纽库区徐徐灌水,逐步抬高坝前水位。

(3)当坝前水位达到试验要求时,关闭上游进水闸,停止灌水。

(4)开动模型各测点的水位和流速的测试仪及尾水控制设施,做好各项观测准备。

(5)由试验指挥者发出开始试验指令,破坝操作者用人力或动力迅速提起木板坝,同时试验观测人员立即开启各项测试仪表,观测各项水力要素,并摄影录像,记载水流流态。

(四)沙坝溃决模型试验

前文已经提到,黄河某枢纽的拦河大坝系堆石坝,筑坝材料系 $D_{50} \approx 40cm$ 块石和砾石,溃决时并非整体同时溃决,而是逐步展宽刷深,最终形成大口门。因此,采用木板坝代表散体堆石坝,从表观上讲两种试验的溃坝过程是有差异的。

为了定性弄清散体坝的溃决过程与木板坝瞬时溃坝过程的差异度,在木板坝瞬时溃坝试验结束后,在该模型的基础上,于原坝址处修筑沙坝(代替木板坝)进行沙坝溃决模型试验。

模型筑坝沙粒尺寸按粗沙抗冲相似条件模拟,即按 $\lambda_{v_0} = \lambda_v, \lambda_d = \dfrac{\lambda_H}{(\lambda_{\gamma_s - \gamma})^{1.5}}$ 选择。

由于沙和块石的 γ_s 接近,即 $\lambda_{\gamma_s - \gamma} \approx 1$,故该模型沙坝筑坝材料的粒径比尺为 $\lambda_d = \lambda_H = 100$,原型块石 $D = 0.4m$,模型沙 $d = 0.4cm$(天然沙)。

沙坝的横断面形状基本上按变态模型比尺模拟,即坝高按模型垂向比尺模拟,坝长和坝宽按模型水平比尺模拟。

沙坝筑成后,在距坝顶 10cm 处预埋 5kg 爆炸力的小雷管,然后用防水布将坝的迎水面盖好,再打开模型进水闸向模型水库徐徐灌水(与木板坝试验的灌水方法一样)。当沙坝坝前水位达到试验要求水位后,迅速揭开坝面防水布,并引爆小雷管将沙坝炸成小决口,开始溃决试验。试验观测方法和测验内容与前同。

从试验可以看出,试验开始时坝体形成宽约 20cm 的半圆形小口,水流由小口穿越坝顶向下游漫溢。随着试验历时增加,小口不断下切、展宽,逐渐扩大,半小时左右口门宽达 50cm,坝体则迅速溃决,1 小时后,筑坝沙砾全部被水流冲光。

从试验的表观看,沙坝的溃坝过程虽然很快,但比木板的瞬时溃坝过程慢得多,沙坝溃决时口门的泄流过程与瞬时溃坝口门的泄流过程均有很大差异,说明采用木板坝进行溃坝试验是有缺陷的。

(五)溃坝模型变率的探讨

从水流运动方程式导出的不稳定流模型相似准则可以看出,不稳定流模型试验只要模型糙率能满足相似要求,模型变率大小是无关紧要的。

前面所述的黄河溃坝模型的几何变率 $e = 10$,该试验结束后,又进行了几何变率 $e = 100$ 的溃坝模型试验。试验河段范围和试验方法与 $e = 10$ 的模型均一致,两个模型的试验结果整体讲基本是一致的,只有局部河段存在较大差异。说明采用变率 $e = 10$ 的河工模型试验研究溃坝时,下游河道的洪水演进试验是可行的。

第三节 丁坝模型试验方法

一、概述

丁坝是江河常见的防洪护岸工程,其主要功能是:

(1)迎托水流,消杀水势,避免大溜直接顶冲堤岸,确保大堤安全。

(2)在坝后形成回流,减缓坝后水流流速,缓流落淤,提高防冲护岸效果。

(3)保护河湾,形成"以坝护湾,以湾导流"的整体作用,将主流导向对岸的控导点,使不稳定的河道逐步形成稳定的河道。

根据丁坝的功能,丁坝一般都修筑在河道主流顶冲的部位或河流的主流区。因此,进行丁坝模型试验(指丁坝单体试验)时,模型试验范围只需要考虑河道的主流区,不必考虑离丁坝较远的滩区。试验的水流条件也仅需考虑主流区的水流条件。

例如,根据黄河下游河道工程出险情况分析,经常出险的流量为 $1\,000 \sim 5\,000 \text{m}^3/\text{s}$,多数为 $3\,000 \text{m}^3/\text{s}$,相应主槽过水宽度为 $100 \sim 300\text{m}$,多数为 200m;相应平均流速为 $2.0 \sim 4.0 \text{m/s}$,多数为 3.0m/s;相应主槽断面平均水深为 5m,即单宽流量约 $15 \text{m}^3/(\text{s}\cdot\text{m})$。故此项试验,单宽流量按 $15 \text{m}^3/(\text{s}\cdot\text{m})$ 考虑。

经验证明,黄河下游丁坝单体模型按上述水流条件进行试验,可以获得令人满意的试验成果。

黄河上的丁坝(传统丁坝)多为土心、散抛石护坡护脚的实体坝。洪水期大溜顶冲坝脚,根石下蛰、走失,坝身沉陷现象经常发生,若不及时抢护,必然酿成大险。因此,室内丁坝模型试验的首要任务是研究河道修建丁坝后,坝头水流集中情况下,坝上游水位壅高情况和坝脚最大冲刷坑的深度以及根石下蛰、走失情况和防护措施。

此类模型试验属于复杂的三维水力学模型试验,既有回流又有漩涡,还有局部壅水现象,流态极其复杂,必须采用正态模型试验才能获得可靠的试验成果。这对水流顶冲丁坝以后,在丁坝附近产生漩流、涡流等强度紊流运动,水流运动的能量主要消耗于漩涡回流等高强度紊流运动,而河床阻力损失是属于次要地位的。因此,此项模型设计仅需满足水流运动重力相似条件,可以允许水流运动阻力相似条件有一定偏差。但模型试验时河床比降和来水条件及尾水位仍必须严格控制。

二、黄河丁坝头冲刷及根石走失模型试验举例

黄河下游的险工和控导工程,主要是由实体丁坝组成,由于黄河河床演变复杂,主流多变,丁坝经常出险。

丁坝出险的原因较多,但其主要原因是由于水流顶冲丁坝后,坝头冲刷深度、冲刷范围不断扩大,根石大量走失,造成坝坡滑塌,坝身蛰陷。因此,一般丁坝模型试验的首要任务是研究丁坝坝头冲刷坑的形成和发展规律及根石走失情况。

有关丁坝冲刷问题,许多学者进行过试验,取得了不少有价值的研究成果,但是已有的试验成果都是在特定水流条件和河道条件以及工程布置条件下获得的,其试验条件与

黄河的实际情况不一定相同。因此,研究黄河丁坝的特性要根据黄河实际情况,制作模型进行试验。本节是黄河丁坝模型试验的基本方法。

（一）模型试验的主要内容

（1）在试验段内设置一实体固定丁坝,坝坡、坝长均按原型典型丁坝的几何尺寸模拟,进行不同清水流量的定床试验。观测各级流量下,试验段的水流流态及流速分布情况,研究丁坝改变水流流场和流态的作用。

（2）将试验段改为局部动床段,填铺 $\lambda_{v_0} = \lambda_v$ 的模型沙（塑料沙或粗煤灰）,进行不同清水流量下的局部动床试验。观测各级流量下试验段水流流态和水流流速的分布情况,以及丁坝坝头局部冲刷坑的形成和发展过程,丁坝附近的最终冲淤地形,探求丁坝冲刷规律和护岸作用。

（3）将块石铺在坝根部位进行试验,观测根石走失情况及块石护坡的最终稳定坡度,模型块石的大小按块石起动相似要求选配。

（4）将不可冲刷的实体丁坝改为可冲刷的实体丁坝,坝体采用 $D_{50} = 0.035\text{mm}$ 的煤灰,按 $\gamma_0 = 1.5\text{t/m}^3$ 筑成,然后用不同流量进行试验,观测可冲丁坝在水流冲击下的出险过程（包括坝体坍塌、滑坡及根石走失等情况）,探索丁坝出险后的抢护措施。

（二）模型设计原则

此项模型试验系治河工程局部动床模型试验,既具有泥沙模型试验的特点,又具有水工模型试验的特点,但与河道模型有些类似,又有很大的区别。因此,进行此类模型的设计,绝对不能死搬河道动床模型的设计方法,也不能完全照搬水工模型试验的设计方法,要根据两种模型设计的基本精神,总结出一种综合设计方法。

（1）丁坝模型试验是研究水流顶冲丁坝引起水流运动产生变化的模型试验,丁坝附近的水流运动特性主要是水流重力作用和丁坝形态阻力的作用起控制作用的。因此,丁坝模型设计,首先要遵守水流重力相似准则和几何相似准则。

（2）水流冲击丁坝以后,产生沿坝体向下的折向水流和次流,引起丁坝坝头产生冲刷,形成冲刷坑,同时,在丁坝的回流区产生回流落淤。这些现象既与水流运动有关,也与丁坝附近的河床组成的抗冲强度有关。因此,此项模型设计,除满足水流运动重力相似准则外,还必须满足床沙冲刷相似条件。

（3）此项试验是局部冲刷动床模型试验,试验段很短,仅 10m 左右,河床阻力对水流运动的影响不及局部高紊动阻力对水流运动的影响大。因此,在此类局部动床模型试验中,不必严格考虑水流运动满足糙率相似条件（即不必考虑 $\lambda_n = \lambda_H^{1/6}$ 的相似条件）。

（4）丁坝一般都修建在江河主流顶冲部位（即河道的主流区）,其主要作用是顶托水流,消杀水势,避免大水直接顶冲堤岸,防止堤防冲决。因此,进行丁坝模型试验只需考虑河流主流区的水力因子对丁坝的作用,而且主要是考虑洪水时的水流条件。

根据黄河下游险工出险情况的分析,黄河下游险工出险时,主槽宽度一般均小于400m,单宽流量范围为 $10\sim15\text{m}^3/(\text{s}\cdot\text{m})$,主槽流量为 $1\,000\sim5\,000\text{m}^3/\text{s}$。故此项模型试验设计时,水流相似条件应以这些特征值为依据。

（三）模型比尺及模型沙的选择

黄河下游的悬沙和床沙均很细,河床中径 $D_{50} = 0.1\text{mm}$,其 v_{01} 约为 0.6m/s。此外,

根据模型沙基本特性的试验研究,在模型水深 1.0cm 情况下,$D_{50} \approx 0.3mm$ 的塑料沙 $v_0 = 6cm/s$;$D_{50} = 0.035mm$ 的煤灰 $v_0 = 6 \sim 7cm/s$。

换言之,在 $\lambda_L = \lambda_H = 100$ 的黄河模型中,若采用 $D_{50} = 0.3mm$ 的塑料沙或采用 $D_{50} = 0.035mm$ 的煤灰做模型床沙,基本上能满足泥沙冲刷相似条件。

因此,我们选用 $D_{50} = 0.3mm$ 的塑料沙和 $D_{50} = 0.035mm$ 的粗煤灰做模型沙。选用模型几何比尺 $\lambda_L = \lambda_H = 100$ 设计模型和制作模型。

通过简单计算,求得模型各项比尺,见表 7-4。

表 7-4　　　　　　　　　　　　　　丁坝模型各项比尺

比尺名称	水平比尺 λ_L	垂直比尺 λ_H	流速比尺 λ_v	流量比尺 λ_Q	比降比尺 λ_J	时间比尺 λ_t
数值	100	100	10	100 000	1	10
依据	试验要求	试验要求	$\lambda_v = \lambda_H^{0.5}$	$\lambda_Q = \lambda_H^{2.5}$	$\lambda_J = \dfrac{\lambda_H}{\lambda_L}$	$\lambda_t = \dfrac{\lambda_L}{\lambda_v}$

(四)模型制作

丁坝试验可在固定水槽内进行,也可在河道概化模型内进行。其具体办法是按模型几何比尺,将天然河流上的丁坝缩制成模型丁坝,安装在水槽内或安装在河道概化模型内进行试验。河道概化模型的水流流态与天然河流比较接近,基本上能反映实际情况,故人们乐于采用河道概化模型进行丁坝模型试验。

河道概化模型制作的具体步骤是:

(1)在黄河下游游荡型河段内,选择一段有代表性的河段,根据该河段河槽形态和主要水力因子,概化成微弯型的河道。

(2)按 $\lambda_L = \lambda_H = 100$,将黄河概化的微弯型河道缩造成概化模型。

模型总长可取 50m、宽取 4.0m。将模型分为进口段、尾水段和试验段。进口段和尾水段,各长 20m,做成定床模型;试验段长为 10m,做成动床模型。

(3)模型丁坝由原型丁坝尺寸按几何比尺 $\lambda_L = 100$ 缩制,长度为 100cm(相当于原型坝长 100m)。

(4)试验时,将丁坝安装在模型试验段内,坝顶高程和坝轴方位均按设计要求控制。丁坝安装合格后,再填铺模型沙,进行试验。

(五)预备试验

为了检验概化模型与概化的天然河道的水流流态、流速分布、水面线是否类似,在正式试验前(在模型丁坝安装之前),需进行预备试验,观测各级流量下,沿程水位、水力因子、主要断面的流速分布情况以及泥沙起动情况等。

(六)正式试验

1. 定床试验

预备试验结束后,在定床模型上按试验要求安装丁坝(单坝),进行定床清水试验,观测丁坝附近的水流流态及流速分布。观测结果与预备试验进行对比,分析丁坝改变水流结构的作用;与动床试验成果对比,分析定床试验与动床试验的差异。

2. 局部动床模型试验

定床模型试验结束后,将定床模型的试验段改为局部动床,进行局部动床丁坝模型试验。试验时观测丁坝附近河床冲淤过程,坝前局部冲刷深度变化过程及局部冲刷坑的发展过程。冲刷坑基本稳定时(冲刷历时约 4h),观测水流流态、流速分布及试验结束后的冲淤地形。

3. 根石走失模型试验

动床丁坝模型试验结束后重新安装丁坝,按试验要求将不可冲的实体丁坝改为块石护坡(护根)的丁坝,模型块石粒径 2～6mm,模拟粒径为 20～60cm 的原型块石。试验前先将根石坡度控制为 1:1,然后按动床冲刷试验程序进行冲刷试验,观测根石走失过程、走失量及冲刷坑稳定后根石护坡的稳定坡度,走失的根石散布的位置,根石的深度(指水深)以及根石的稳定剖面。

4. 丁坝出险及抢护模拟试验

采用 $D_{50}=0.035$mm 的 4 号煤灰做丁坝坝膛(4 号煤灰的级配见图 5-1),控制其干容重 $\gamma_0=1.3$t/m³。按原型丁坝的概化尺寸,制造可冲刷的实体小丁坝,迎水面坝坡为 1:1,坝脚用 $d_{50}=0.2～0.6$cm 石子护坡,根石坡度 1:1.5。然后进行丁坝出险过程试验,试验流量为 3 000～5 000m³/s,试验总历时约 135min。试验内容是观测在水流顶冲和波浪淘刷情况下,坝体坍塌、滑坡和下蛰等险情以及防护险情发展的措施(包括抛石或抛模型袋)。

5. 丁坝抛石抢险试验

丁坝出险主要是由于根石走失太多,坝根继续刷深引起坝身下蛰、坍塌。因此,一般采用抛石护坡增加根石体积,可以防止坝体的继续坍塌。

可是如何抛石、在什么位置抛石,是一个值得研究的课题。抛石抢险试验是解决此项难题的探索性试验,试验方法是在模型试验段中,设立一座可冲型实体丁坝。丁坝的结构基本上按黄河典型概化丁坝模拟,然后用不同流量进行试验,使坝体发生下蛰、沉陷滑坍,出现水平方向的裂缝,然后在坝前冲刷坑处抛石(或抛模袋),使坝体不再下蛰,裂缝不再发展。记录抛石量和位置,研究抛石抢险最佳抛石量和抛石位置。

(七)模型试验主要成果及初步分析方法

1. 单丁坝对水流流态的影响

图 7-5 是单丁坝护湾试验流态示意图,坝周围水流运动,可分为三个区,即主流区、上回流区和下回流区。上回流是发生在坝根岸边处的逆向水流,其上溯距离约为坝长的 1.2 倍,回水宽度约为坝长的 2/3。下回流区是水流经过丁坝,发生离解现象造成的,其长度为坝长的 3～5 倍。

2. 单丁坝对水流流速分布的影响

图 7-6 和图 7-7 分别为有丁坝和无丁坝水流流速分布图。由图 7-6 和图 7-7 可以看出,无丁坝时,由于弯道环流作用,模型水流向弯顶集中,左岸(凹岸)水流流速大于右岸;有丁坝以后,由于丁坝的挑流作用,水流挑向右岸(凸岸),右岸的流速大于左岸。单丁坝

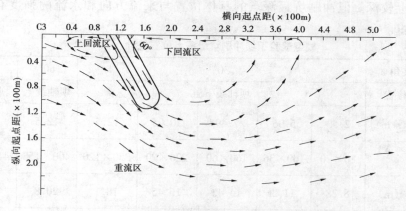

图 7-5　单丁坝护湾试验流态示意图

的影响范围(挑流影响范围)约 1.75km,为丁坝长度的 17.5 倍。

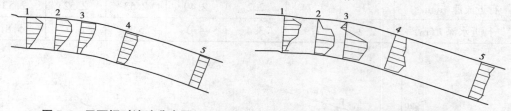

图 7-6　无丁坝时流速分布图　　　　　　图 7-7　有丁坝时流速分布图

3.丁坝坝头局部冲刷过程

河湾建坝后,绕坝水流与主流区未被丁坝阻截的水流汇合,使坝头水流流速增大,并形成高速涡流带冲刷河床,形成局部冲刷坑。

试验发现,在试验历时 30min 内(相当于原型 5h),坝前冲刷坑发展很快,试验历时 40min 时(原型时间约 6h),坝前冲刷坑深度接近最大冲刷深度的 80%,继后虽然在水流的冲刷作用下,冲刷坑深度会继续发展,但发展速率很慢(见图 7-8)。

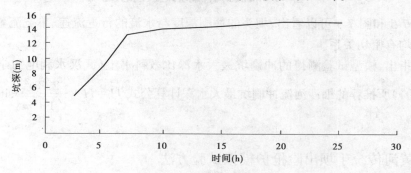

图 7-8　冲刷坑发展过程　(入流角 $30°$,$q = 10.05 \text{m}^3/(\text{s} \cdot \text{m})$)

4.冲刷坑的位置和范围

试验发现,在丁坝的上跨角和坝头处经常受水流顶冲,水流紊动强度大,底部流速较大,冲刷深度也较深。但冲刷坑最深点的具体位置与来流方向和水流的强度有关,见表7-5和图7-9。

表7-5 模型试验丁坝冲刷坑最深点位置统计

水流与坝轴夹角 α	30°					60°	90°
冲坑最深点位置	坝轴线下游					坝轴线上	坝轴线上
单宽流量[m³/(s·m)]	2.53	5.06	7.49	10.05	12.5	12.5	12.5
冲坑范围(长×宽)(m²)	80×20	100×36	160×60	220×90	350×120	400×150	440×160
冲坑最大水深(m)	8.28	11.3	14.43	16.45	18.1	20.8	23.8
冲坑最深点距坝头(m)	30	35	40	40	50	40	5
行近流速 $\bar{v}$(m/s)	1.16	1.74	2.2	2.49	2.53	2.52	2.53
行近水深 h(m)	2.2	2.9	3.4	4.0	5.0	6.0	5.8

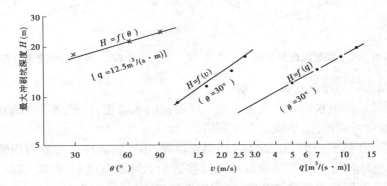

图7-9 q、v、θ 与冲刷坑深度 H 相关图

从表7-5和图7-9可以看出,坝头的冲刷深度与水流的行近流速、单宽流量及入流角度等因素均有密切关系。

必须指出,模型试验测得的冲刷坑最大水深比教科书上(武汉水利电力学院编写的《河道整治》)所推荐的细沙河流冲刷坑最大水深计算公式 $H = \bar{H} + \dfrac{2.8 v^2}{\sqrt{1+m^2}} \sin^2 \alpha$ 的计算值要大。

三、黄河传统丁坝出险抢护模拟试验方法

黄河修建丁坝时,要进行丁坝模型试验,其目的是为丁坝的设计和施工提供科学依据。丁坝竣工后,为了使丁坝早日达到稳定,还要进行丁坝出险抢护模拟试验,其目的是提高防护抢险的效率,节约抢险防护的经费。

黄河下游主流位置极不稳定,丁坝出险原因很多,险情也比较复杂,常见的险情是由

于丁坝坝基浅,块石护坡基础深度不够,受水流顶冲后根石(坦石)很快下蛰,坝坡猛墩下滑,坝面形成裂缝溃膛串水,造成坝体坍塌出险。

研究此类问题的模型试验,首先要在模型中重演原型丁坝出险现象及其过程(例如根石走失、坝面裂缝、坝坡滑塌、坝膛串水等现象),然后采取相应措施制止丁坝险情继续发展。

由于此类险情的发生与坝前冲刷坑的发展及根石走失有关,故此类模型试验必须在局部动床模型中进行。其具体方法步骤是:

(1)按照黄河局部动床模型设计原则,进行局部动床模型设计,并根据设计模型比尺和模型沙建立一个动床模型。其方法与丁坝冲刷和根石走失局部动床模型设计方法基本相同。

(2)根据丁坝出险需要研究的内容,在该局部动床模型中修建丁坝。如果模型试验任务仅仅是研究根石走失问题(包括根石走失的范围和稳定形态),而不研究坝身滑坡、穿水等问题,则模型丁坝可以做成固定坝膛,如混凝土坝膛。其护坡及护坦块石,可按块石稳定相似条件选用小砾石或煤块模拟,也可以全部用砾石按原型丁坝的几何形状堆成堆石坝进行模拟试验。

如果模型试验的具体任务不仅是研究根石走失问题,而且要研究丁坝坝面裂缝的形成和防护以及坝坡坍塌问题,则除了按上述方法模拟根石走失外,还需根据原型(黄河)丁坝的坝膛的形状结构、土力学特性等参数,用可冲刷的材料(如煤灰)按比尺模拟成模型丁坝,固定在动床模型试验段,然后按试验程序进行试验。模型坝膛干容重控制在 $\gamma_0 = 1.3 \sim 1.5 t/m^3$。

(3)丁坝及护根、护坦竣工后,关闭模型尾门,抬高尾水位,待模型水位达到试验要求水位后,再徐徐放水(流量由小到大)开始试验,观测丁坝出险情况。

在固定坝膛的试验中,仅观测根石走失的情况(包括部位、数量)以及根石的护坡稳定坡度。

在可冲坝膛的试验中,首先要注意坝面裂缝滑坡、坍塌、淘刷等情况,裂缝的长度、宽度及部位,滑坡、坍塌、淘刷等险情发展情况,若坝坡发生严重滑坡或淘刷现象,则应采取抢护措施,办法是抛石或抛模袋,杜绝险情继续扩大,并详细记载抢护的方法和过程。

当该模型试验流量升到 5 000m³/s 时,由于水位高,超出原设计护坦高度,坝头外坝体受波浪冲刷发生淘刷,应立即采用抢护措施,办法是在坝头护坦上部抛数个模袋,防止波浪对坝体的淘刷,险情即可缓解。

当该模型试验水流顶冲坝头时,底部根石下移,坝头护坡出险,大量根石滑入水中,坝体出现长 40cm(相当于原型 40m)、宽 0.5~1.2cm 的裂缝。下跨角处根石走失严重,其坝体裂缝宽度最大约 1.2cm。背水面在波浪与回流的共同作用下,坝面也受到强烈淘刷,在距水面 0.5~1.0cm 处,出现明显的坍塌痕迹。试验历时约 2h,下跨角在水面与坝体接角处,出现坍塌,长约 12cm,深约 2cm,并出现垂向裂缝,宽为 0.4~0.6cm,在此情况下可用模袋将裂缝填实,使险情缓解。

总之,模型试验,丁坝出险的抢护措施主要是抛石、抛模袋和用模袋填缝。

当坝坡出现明显裂缝时,而且裂缝位置在水面下 1cm 范围内,采用块石或模袋填缝,能很快阻止裂缝的扩大。若裂缝处水深较大,则采用抛石或模袋抢护较好。

必须指出,采用抛石抢险,首先要估算抛石的位置,使抛石比较准确地沉落在丁坝出险的位置上。

由于抛石抢险时,块石在动水中,尤其是在丁坝附近复杂的螺旋流的条件下,块石下沉的轨迹除受重力、浮力影响外,还受复杂水流的冲击作用,其沉降过程是极其复杂的,其沉降位置与抛石位置之间的距离(俗称块石落距)是随块石和流速的大小而变的。

根据以往有些学者的研究,块石在动水中的落距可按下述经验关系式估算:

$$S = K \frac{hv}{\varepsilon \sqrt{d}} \tag{7-27}$$

式中　S——块石入水点至河底的水平距离,m;

　　　h——水深,m;

　　　v——平均流速,m/s;

　　　ε——块石形状系数,$\varepsilon = 0.9$;

　　　d——块石当量粒径。

根据模型预备试验资料的分析得 $K = 0.19$。

采用式(7-27)计算 S 值与模型预备试验求得 $S_{计}$ 值,如表 7-6 所示。预备试验所获得 S 值与公式计算结果基本一致,说明上述经验公式是有使用价值的。

表 7-6　　　　　模型试验实测 $S_{实测}$ 与计算 $S_{计算}$ 对比

粒径(cm)	20			30			40			50			60		
流速 (cm/s)	2.0	3.0	4.0	2.0	3.0	4.0	2.0	3.0	4.0	2.0	3.0	4.0	2.0	3.0	4.0
$S_{实测}$ (m)	15.24	21.91	29.66	12.4	17.52	23.14	11.24	16.85	22.73	10	14.61	19.44	8.81	13.52	18.02
$S_{计算}$ (m)	15.10	22.60	30.20	12.30	18.50	24.60	10.60	16.00	21.30	9.75	14.60	19.50	8.72	13.08	17.44

四、河道整治(软体沉排)工程模型试验方法

(一)软体沉排在河道整治中的应用概况

近数十年,随着科学技术的发展,涌现出一批采用新技术治河工程,其中有土工织物软体沉排护底、模型混凝土(砂浆)护岸、土工织物与生物措施相结合护坡、混凝土块护坡以及水泥土护坡等。

土工织物软体是用土工织物代替传统的柴排、柳石枕的新型的护底工程材料。其优点是抗冲能力强、柔性好、能够适应冲刷坑的变形,用它护坡护底,防止淘刷,既能使坡脚稳定又不破坏水流的总体结构,而且工程造价不高,深受治河工作者的青睐。例如,我国辽河、浑河和漳河,早有利用土工织物软排护岸成功的先例。1994 年,黄委在郑州马渡险工首次采用模袋混凝土护底,防止坝区岸边坍塌,取得了成功的经验。1996 年,黄河武功险工采用土工织物软排护底,也积累了丰富的经验。

但是必须指出,软体沉排结构比较复杂,材料选用及设计标准均有待于完善,特别是

水深流急条件下的施工技术需要进一步总结提高。因此,为了促使护岸护底新技术能够推广应用,不少单位提出要及早开展此项物理模型试验。通过试验,进一步探索软体沉排护坡护底防冲的机理,研究软体沉排结构和尺寸对护底防冲效果的影响,以及软体沉排在江河上使用的可行性,并为确定软体沉排的长度和宽度等参数提供科学依据。

(二)软体沉排模型试验方法探讨

软体沉排工程和丁坝工程都是江河上的护岸工程。因此,从原则上讲,软体沉排工程模型试验与丁坝模型试验一样,也可以采用丁坝模型试验方法进行试验,即可以采用局部动床概化模型进行试验。

模型设计要遵循以下相似准则和设计方法。

(1)几何相似准则:$\lambda_L = \lambda_H$。

(2)水流运动重力相似准则:$\lambda_v = \lambda_H^{0.5}$。

(3)水流运动过程相似准则:$\lambda_t = \dfrac{\lambda_L}{\lambda_v} = \lambda_H^{0.5}$。

(4)局部冲刷坑,泥沙起动相似条件:$\lambda_D = \dfrac{\lambda_H}{\lambda_{\gamma_s - \gamma}^{1.5}}$,要使冲刷坑形态相似,还必须满足模型沙水下休止角与原型相似或 $\lambda_{v_0} = \lambda_v$。

(5)软体沉排在水中稳定相似准则:$\lambda_F = \lambda_G$。其中,G 为软体沉排在水中的有效重量,$G = K_1 \gamma' A d$;F 为作用在该沉排上的动水上举力,$F = K_2 \gamma A \dfrac{v^2}{2g}$。

根据相似原理,若模型沉排与原型沉排的稳定性相似,必须 $\lambda_F = \lambda_G$,即 $\lambda_d = \dfrac{\lambda_v^2}{\lambda_\gamma} = \dfrac{\lambda_L}{\lambda_\gamma}$,其中,$d$ 为软体沉排厚度。由于 $\lambda_d \approx \lambda_L$,$\lambda'_\gamma = \gamma_{排} - \gamma = $ 沉排在水中的浮重,故制作模型沉排时,必须控制 $\lambda'_\gamma = 1$,即模型软排的浮重应与原型软体沉排在水中的浮重相等。这是本试验的关键。

此外,要使模型的软体沉排在水下变形与原型相似,还必须要求其柔性与原型沉排的柔性相似。遗憾的是到目前为止,有关柔性相似问题,尚无可供参考的有效办法,因此只能凭经验方法做到定性相似。

例如,黄河下游的软体沉排是由无纺布和聚丙烯编织布做成。模型的软体沉排可用涤纶布模拟,其厚度不用 λ_L 控制。

如果原型软体沉排为长管袋软体沉排,则模型长管袋内的充填物必须采用与原型袋内容重一致的材料(即原型沙)才能满足软沉排稳定性相似。

根据黄河动床模型试验经验,要满足泥沙运动相似条件,模型垂直比尺采用 $\lambda_H = 50 \sim 100$ 较为合适,故此项模型试验可取 $\lambda_H = \lambda_L = 50 \sim 100$。

如取 $\lambda_H = \lambda_L = 60$,则其他比尺如下:

$$\lambda_{v_0} = \lambda_v = 7.75; \quad \lambda_t = \dfrac{\lambda_L}{\lambda_v} = 7.74; \quad \lambda_{L_d} = \lambda_L = 60; \quad \lambda_D = 60$$

式中 λ_{L_d}——软沉排的几何比尺及厚度比尺;

λ_D——抛石及压载的几何比尺。

此项模型试验的具体方法步骤是：

(1)根据模型设计要求,在实验室内修建一座微弯型试验水槽(水槽的平面布置如图 7-10 所示。

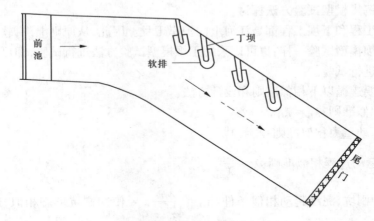

图 7-10　水槽平面布置示意图

(2)将符合泥沙运动相似条件的模型沙,铺在试验槽内进行预备试验,检验泥沙起动情况。

(3)在试验槽内布设传统实体丁坝,进行丁坝局部冲刷和根石走失试验,检验模型设计及模型沙选择的正确性,也可以称它为局部动床模型的验证试验。

(4)经预备试验资料证明模型设计和模型沙的选择基本正确后,再按设计要求布置软体沉排护底工程。

(5)然后再放水进行软体沉排护岸护底常规模型试验,并按试验要求观测有关测试项目。例如水流流态、流速分布、水位变化及冲刷坑的形态等。

模型试验按恒定流常规试验进行,每组试验历时按 4~6h 考虑,测试仪器设备采用常规测试仪器和设备,但在试验过程中必须严格控制进口流态和流量及出口水位。

第四节　透水坝基本特性的试验研究

河道整治工程的种类繁多,其中透水桩坝、透水丁坝(透水排桩)、透水网坝、透水格坝等都是人们常用的护岸工程。这些工程不仅能缓流落淤,有明显的护岸作用,而且能调整流量在横断面上的分配,调整河势流路,护湾导流,对河道整治起到积极作用。因此,透水坝深受治河工作者的关注,并对透水坝的基本特性纷纷开展试验研究。

为了建立透水坝物理模型试验方法和透水坝设计的具体计算方法,下面根据有关试验资料对透水坝基本特性试验方法进行初步探讨。

一、透水坝模型试验的主要研究内容

(1)通过试验,研究透水桩坝不同桩径、不同透水率在不同来流方向的作用下的缓流效果。

(2)研究在水流作用下,透水桩坝周围的局部冲刷深度与水流流速大小的关系。

(3)研究透水桩坝缓流落淤的效果。

(4)研究透水桩坝调整水流河势流路的作用。

二、室内试验的方法步骤

(1)在室内按试验要求修建一座试验水槽(见图 7-10)。

(2)在定床试验水槽内,用不同桩径的透水桩坝,按不同透水率安装成不同迎流方向的透水坝(或透水丁坝、透水排桩)。

(3)放清水调整试验槽内的水位,进行清水定床试验,待试验槽进出口流量、水位稳定后,用常规测试仪表观测流量及各部位的流速、水位、水流流态以及透水坝前、后的缓流比。

(4)选用起动流速 v_0 小于透水坝前行近流速 v 的模型沙,铺在试验槽内,即将定床改为动床,进行清水动床冲刷试验,待试验槽内的水流和冲刷坑均达到稳定状态后(试验历时 6~8h),观测试验槽进出口流量、水位及各部位的水位、流速、流态、流向以及河床前部冲刷坑的形态。

(5)按泥沙悬浮相似条件选择模型悬沙,进行浑水动床模型试验,观测浑水穿越透水坝后缓流落淤作用,观测试验槽进出口流量、水位及各部位水位、流速、含沙量及其颗粒级配。

三、室内试验成果的初步分析

(一)透水桩坝透水率对缓流的影响

水流穿越透水桩坝后,因过水面积缩小,穿越坝裆的水量减少,穿过桩坝以后水流扩散,坝后流速降低。透水率愈小,通过透水坝的水量愈少,坝后流速愈小,即 $\dfrac{v_后}{v_前}$ 愈小。故 $\dfrac{v_后}{v_前}$ 与透水率有较好的相关关系。

若以 $\dfrac{l}{l+d}$ 表示透水率,则可以获得:

$$\frac{v_后}{v_前} = K \frac{l}{l+d} \tag{7-28}$$

式中　$v_前$——透水坝前的流速(水流的行近流速);

$v_后$——水流穿越透水坝以后的平均流速;

l——透水桩坝之间的净孔隙宽度;

d——透水桩的桩径;

$\dfrac{l}{l+d}$——透水桩坝的透水率;

K——与来水方向有关的系数。

由 1 号水槽试验资料获得：$\alpha = 30°$，$K = 0.99$；$\alpha = 60°$，$K = 1.35$；$\alpha = 90°$，$K = 2.75$。

1 号水槽试验和 2 号水槽试验均得出：只要 $\dfrac{l}{l+d}$ 相同，在来流方向相同的条件下，透水桩坝的缓流效果是相同的。

(二)透水坝周围局部冲刷深度与流速的关系

水流顶冲透水桩坝后，产生折冲水流冲刷河床，形成局部冲刷坑。此外，水流穿越透水桩坝时产生绕坝水流，也冲刷河床，促使透水桩坝附近的局部冲刷坑不断发展。水槽试验发现，水流顶冲透水桩坝时，透水桩附近冲刷坑的深度与透水桩坝的阻水率及水流的动水压力成正比关系。即

$$T_m = K_t \left(p^{1.5} \times \frac{v^2}{2g} \right)^n \tag{7-29}$$

式中　T_m——透水桩坝局部冲刷深度；

　　　p——透水坝的阻水率，$p = \dfrac{d}{l+d}$；

　　　v——透水坝前平均流速(行近流速)；

　　　K_t——与河床组成有关的冲刷系数，煤灰河床 $D_{50} = 0.03$mm、$K_t = 16.5$，煤屑河床 $D_{50} = 0.9$mm、$K_t = 69$，粉砂河床 $D_{50} = 0.14$mm、$K_t = 50$；

　　　n——指数，$n = 0.78 \sim 1.0$。

从式(7-29)可以看出，在 $\dfrac{v^2}{2g}$ 和 p 相同的条件下，透水桩坝附近的冲刷深度 T_m 值应该是相同的。但 1 号水槽试验结果发现，水流穿越透水桩坝时，桩坝附近的冲刷深度是随着桩径的增大而增大的，例如，在 $\overline{v} = 40$cm/s，来水方向 $\alpha = 90°$，桩径 $d = 0.5$cm 时，冲刷深度 $T_m = 6.2$cm；$d = 0.8$cm 时，$T_m = 7.0$cm。说明采用室内小桩径透水坝试验来预估天然河流大桩径的冲刷深度时，应该注意桩径对冲刷深度的影响。

(三)透水桩坝上下游水位差与流速的关系

在河岸修建透水桩坝后，由于透水坝的阻水作用，透水桩坝上游的水位会产生壅高现象，桩坝上下游水位差与水流流速水头有关。

$$\Delta Z = K p^{1.5} \frac{v^2}{2g} \tag{7-30}$$

试验资料证明，K 值与透水桩的形状及河床组成有关，同时，K 值也与 p 值有关。严格地讲，上述关系是在阻水率 $p < 0.5$ 情况下获得的。当 $p > 0.5$ 时，K 值随着 p 值的增大而增大。

塑料桩水槽试验，$K = 0.5 \sim 2.0$(用煤灰做模型沙)。

(四)缓流落淤效果

透水桩坝的透水率愈小，缓流作用愈大，坝后流速愈小(即缓流效果愈大)，淤滩的效果愈佳，滩地淤积面积大，淤积高程也高。

滩区落淤效果与透水桩坝的迎流方向有关，$\alpha = 30°$ 时滩地落淤效果高于 $\alpha = 60°$ 及 $\alpha = 90°$ 的情况。

滩区落淤效果与来水含沙量有关，含沙量高时，滩区淤积效果好。

第五节　利用透水桩坝护湾导流动床模型试验方法

黄河下游河道整治的基本经验之一是"以坝护湾、以湾导流,将主流按治导线的原则导向对岸的控导点,逐步稳定河势流路,使不稳定的河道逐步变成基本稳定的河道"。

黄河护湾采用实体丁坝,有悠久的历史。可是,由于这些实体丁坝多数为土心、散抛石护坡护脚的堆石坝,洪水期大溜顶冲坝脚,造成根石走失或下蛰,坝身沉陷,经常出险,需花费大量工料和财力进行抢护,方能安全度汛。为了改变防汛抢险费用大、困难多的紧张被动局面,不少治河技术工作者提出改用透水工程(包括透水丁坝、透水桩坝和透水网坝)护湾、护岸,为黄河下游整治开辟了新的技术途径。由于采用透水工程治河,可供参考的成熟经验不多,加上黄河河床多变,采用透水工程治河效果如何,均有待动床模型试验进行检验。为此,提出利用透水坝护湾动床模型试验方法。

一、透水桩坝护湾挑流基本原理

天然河流从整体上讲往往是弯曲的,很难找到绝对顺直的天然河流(人工渠道另外)。当水流进入弯道以后,由于离心力的作用,使弯道凹岸水面抬高,形成横比降,产生横向环流和螺旋流,使凹岸岸壁受冲刷而坍塌。

防止凹岸冲刷的主要措施是沿河湾修筑防护工程,提高河湾的抗冲强度,同时,设法减缓弯道临岸水流的流速,使河湾临岸流速小于河岸材料的冲刷流速,即使河岸不受冲刷。

实践证明,在多沙河流的河湾内修建施工较易的透水坝护岸工程,防护效果较好。其特点有以下几点:

(1)在河湾内修筑透水坝后,水流顶冲透水坝,不直接顶冲凹岸,可使凹岸不再坍塌。

(2)水流穿过透水坝后,在透水坝与湾岸之间,形成缓流区,流速急剧减小,大量泥沙便淤积在坝后弯道内,起着缓流落淤、保护河岸的作用。

透水坝的缓流效果与透水坝的透水率有关,见式(7-28)。

(3)水流穿越透水坝时,在坝后发生缓流落淤的同时,由于水流顶冲桩坝,产生折冲水流和绕坝水流,桩坝周围发生剧烈的冲刷。试验证明,冲刷深度 T_m 与水流流速水头 $\dfrac{v^2}{2g}$、桩坝的直径及透水坝的阻水率等因素有密切关系。

$$T_m = Kd^n \left(p^{1.5}\frac{v^2}{2g} \right)^{0.78} \tag{7-31}$$

式中　　T_m——桩坝冲刷深度;

$\quad\quad p$——阻水率,$p = \dfrac{d}{d+l}$;

$\quad\quad v$——行近流速;

$\quad\quad K$——与河床组成有关的系数。

(4)修建透水坝,由透水坝阻水,在透水坝前后造成跌水现象。水位落差与水流流速

水头 $\dfrac{v^2}{2g}$、透水坝的阻水率 $\dfrac{d}{d+l}$ 等因素有关。

$$\Delta Z = K_1 \left(\frac{d}{d+l} \right)^{\alpha} \left(\frac{v^2}{2g} \right)^{\beta} \tag{7-32}$$

此外,由于透水坝前水位壅高,促使水流向河中心集中,故透水坝有调整水流流量重新分配的功能。

二、透水桩坝护湾导流动床模型试验主要任务

此项模型试验,从整体上看与一般河道整治动床模型试验方法和任务是相同的,但深入分析此项模型试验的试验任务与一般河道整治试验是有很大差异的。

一般河道整治模型试验,仅仅是研究治河工程的治河效果(控导效果),对工程本身的尺寸如何是不计较的。而透水坝护湾导流动床模型试验,不仅要研究透水桩坝的导流作用,还要研究透水桩坝的护湾作用和本身的稳定性。因此,这类模型试验的试验任务主要包含以下内容:

(1)通过模型试验,研究透水桩坝的护湾效果(缓流效果)。

(2)研究透水桩坝周围的冲刷特性。

(3)研究透水桩坝护湾导流的效果。

三、模型设计基本原则

此项模型试验的主要目的不仅要研究河湾导流,而且要研究透水坝护岸防冲效果,即模型试验不仅要研究长河段水流流态、河势变化问题,而且要研究桩坝附近局部河段的河床冲淤问题。

研究河湾导流问题,应该按长河段变态动床模型试验设计原则设计模型,而研究透水坝附近局部河段的冲淤问题,则必须按短河段正态动床模型试验的设计原则设计模型,即桩径的粗细和坝群透水率都必须按水深比尺设计。

因此我们认为,此项模型试验在整体上可按长河段变态动床模型设计方法设计,但确定模型透水坝的尺寸和透水率时,则需按局部正态动床模型设计。

四、模型设计相似条件

(1)水流运动重力相似条件:

$$\lambda_v = \lambda_H^{0.5}$$

(2)水流运动阻力相似条件:

$$\lambda_n = \frac{\lambda_H^{2/3}}{\lambda_v} \lambda_J^{0.5}$$

(3)底水运动相似条件:

$$\lambda_D = \lambda_K \frac{\lambda_H \lambda_J}{\lambda_{\gamma_s - \gamma}}$$

(4)悬沙运动相似条件：

$$\lambda_\omega = \lambda_v \left(\frac{\lambda_H}{\lambda_L}\right)^m$$

(5)水流挟沙能力相似条件：

$$\lambda_S = \left(\frac{\lambda_{v_*}}{\lambda_\omega}\right)^{1.2} \frac{\lambda_v \lambda_J}{\lambda_\omega} \frac{\lambda_{\gamma_s}}{\lambda_{\gamma_s-\gamma}}$$

(6)河床冲淤过程相似条件：

$$\lambda_{t_2} = \frac{\lambda_{\gamma_0}}{\lambda_S}\lambda_{t_1}$$

五、模型设计的限制条件

(1)模型水流运动必须进入紊流区，即模型水流运动的雷诺数必须大于临界雷诺数，$Re_m > 1\,200$。

(2)为克服表面张力的影响，模型水深必须大于最小水深，$h_m > 1.5\mathrm{mm}$。

(3)模型垂直比尺 λ_H 必须小于限制值，$\lambda_H < \left(\dfrac{Re_p}{1\,200}\right)^{0.67}$。

根据有关资料的分析，在原型拟建透水桩坝护湾导流的河段内，河槽平均水深 $H = 2.5\mathrm{m}$，平均流速 $v = 2.05\mathrm{m/s}$，即雷诺数为 507 500，代入 $\lambda_H < \left(\dfrac{Re_p}{1\,200}\right)^{0.67}$，求得 $\lambda_H < 56.9$。为了便于计算，可取 $\lambda_H = 60$。

(4)模型变率限制条件。根据著者提出的黄河动床模型变率的计算方法，黄河动床模型变率可按下式计算。

$$e = \left(\frac{\lambda_L}{\lambda_H}\right) = \lambda_L^{1/3} = \lambda_H^{1/2} \tag{7-33}$$

将 $\lambda_H = 60$ 代入式(7-33)，求得本模型的变率限制条件为 $e < 7.7$。

根据一般动床河工模型律的文献介绍，一般动床河工模型设计控制模型变率小于 5 比较合适。

黄河游荡型河道，河宽水浅，模型变率可放宽到 10 左右。此项模型试验，将变率控制在 6～7 之间，是符合正常要求的。

(5)透水桩坝桩径和透水率的限制条件。为了保证透水桩坝局部损失系数基本上为一常数，要求 $\dfrac{l}{l+d} > 0.5$；为了便于透水桩的制作和安装，保证制作精度，要求 $d > 1.0\mathrm{cm}$。

六、模型比尺及模型沙的选择方法

(一)模型水平比尺 λ_L 的选择方法

通常模型水平比尺 λ_L 的选择，主要是由实验室的面积决定的。例如此项模型试验，原型拟建透水桩坝护湾导流的河段净长为 14.5km，而模型实验室的有效长度仅 40m，因此模型的最小长度比尺 $\lambda_L \geqslant \dfrac{14\,500}{40} \approx 360$，故此项模型若建立在该实验室内，则可取 $\lambda_L =$

360。

(二)模型垂直比尺的选择方法

模型垂直比尺的选择方法有多种,常用的方法是根据模型沙起动相似条件反求,或根据模型允许变率反求,或由水深比尺限制条件求得。此项模型经常采用的几何变率 e 为 $5\sim7$,取 $e=6$,则得 $\lambda_H=\dfrac{360}{6}=60$。

(三)模型底沙的选择

按下式求得模型床沙比尺:

$$\lambda_D = \frac{\lambda_H \lambda_J}{\lambda_{\gamma_s-\gamma}} = \frac{60 \times 0.166}{1.5} = 6.66$$

并求得模型沙粒径 $D_{50}=\dfrac{0.25}{6.66}=0.037(\text{mm})$。

故采用 $D_{50}=0.037\text{mm}$ 的煤灰做模型床沙。

(四)模型悬沙的选择

黄河下游床沙和悬沙都很细,根据有关资料的统计分析,在拟建透水桩坝的河段,床沙中径 $D_{50}=0.1\sim0.25\text{mm}$,平均值约为 0.18mm,悬沙中径 $d=0.015\sim0.025\text{mm}$,平均值 $d_{50}=0.02\text{mm}$,根据黄河动床模型相似律:

$$\lambda_\omega = \lambda_v \left(\frac{\lambda_H}{\lambda_L}\right)^m$$

以 $\lambda_L=360$,$\lambda_H=60$,$\lambda_v=\lambda_H^{0.5}=7.7$ 代入上式,若采用 $m=0.5$,可以求得 $\lambda_\omega=3.0$;若采用 $m=1.0$,可以求得 $\lambda_\omega=1.28$。

必须指出,$m=0.5$ 时,是泥沙悬浮相似条件;$m=1.0$ 时,是泥沙沉降相似条件。

进行透水桩坝护湾导流模型试验时,既有泥沙落淤问题(缓流落淤),又有泥沙悬浮问题(弯道挑流输沙)。因此,进行此项模型试验,应该兼顾两项相似条件,要按折中条件选择模型沙,即按 $\lambda_\omega=\dfrac{\lambda_{\omega_1}+\lambda_{\omega_2}}{2}=\dfrac{3+1.28}{2}=2.0$ 选择悬沙。

(五)模型挟沙能力比尺的确定

根据著者分析,黄河动床模型挟沙能力比尺可用下式表示:

$$\lambda_{S_*} = \left(\frac{\lambda_{v_*}}{\lambda_\omega}\right)^{1.2} \cdot \frac{\lambda_{\gamma_s}}{\lambda_{\gamma_s-\gamma}} \cdot \frac{\lambda_v \lambda_J}{\lambda_\omega} \tag{7-34}$$

用 $\lambda_{v_*}=(\lambda_H\lambda_J)^{0.5}$,$\lambda_\omega=\dfrac{\lambda_H}{\lambda_L}$ 代入式(7-34),得:

$$\lambda_{S_*} = \left(\frac{\lambda_L}{\lambda_H}\right)^{0.5} \cdot \frac{\lambda_{\gamma_s}}{\lambda_{\gamma_s-\gamma}} \cdot \frac{\lambda_v \lambda_J}{\lambda_\omega}$$

进行的模型试验,$\lambda_L=360$,$\lambda_H=60$,$\lambda_v=7.7$,$\lambda_J=0.166$,$\dfrac{\lambda_{\gamma_s}}{\lambda_{\gamma_s-\gamma}}=0.86$。若采用 $\lambda_\omega=1.28$,则 $\lambda_{S_*}=2.52$;若采用 $\lambda_\omega=2$,则得 $\lambda_{S_*}=1.63$。

（六）河床冲淤过程时间比尺的确定

通常河床冲淤过程时间比尺 $\lambda_{t_2} = \dfrac{\lambda_{\gamma_0}}{\lambda_S}\lambda_t$。

根据黄科院多次动床模型试验的经验证明 $D_{50} = 0.037\text{mm}$ 的煤灰 $\gamma_0 = 0.8\text{t/m}^3$，黄河下游拟进行透水桩坝试验河段原型 $\gamma_0 = 1.3\text{t/m}^3$，$\lambda_{\gamma_0} = \dfrac{1.3}{0.8} = 1.625$。故得：

$$\lambda_{t_2} = \frac{\lambda_{r_0}}{\lambda_S}\lambda_{t_1} = \frac{1.625}{1.63}\lambda_{t_1} \approx \lambda_{t_1}$$

七、模型制作

（1）此项模型试验虽然是长河段河道整治试验，但模型试验长度仅 40m，并不很长，实质上，此项模型试验是长河段模型试验中的短河段模型试验。就河床组成而言，模型进口段与出口段变化不大，均可用同一种模型沙制作，但滩槽泥沙组成仍然有很大的区别。主槽河床组成较粗，$D_{50} = 0.25\text{mm}$，滩地泥沙组成较细，$D_{50} = 0.1\text{mm}$，且有淤泥质泥沙；主槽泥沙淤积干容重 $\gamma_0 \approx 1.3\text{t/m}^3$，滩地淤积干容重 $\gamma_0 = 1.1 \sim 1.2\text{t/m}^3$。因此，模型滩槽用不同的模型沙制作，滩槽的 γ_0 也要按不同值控制。

（2）模型地形，按原型地形图或大断面测量资料模拟（概化断面）。

（3）模型工程按河道整治工程图模拟（制作成概化工程）。

（4）模型透水桩的平面布置，按原型整治河湾弧线布置（桩的数量可少于原型桩数）。

（5）模型透水桩用圆铁棒制作，其桩径和透水率平均按垂直比尺缩选；表面用砂布磨光，并用青漆油光。

（6）透水桩，按高程要求和河湾弧线的要求固定在底板上。

八、验证试验

此项模型试验的中心内容是研究透水桩坝护湾、导流。透水桩护湾是手段，导流是目的。

因此，透水桩护岸仅仅是过程，河湾导流效果才是试验研究的最终目的。必须指出，透水桩护岸的好坏仅仅是影响河湾导流效果的因素之一，而模型本身的水流运动和泥沙运动与原型的相似性是影响河湾导流的根本因素。因此，开展此项模型试验与进行其他动床模型试验一样，在进行正式试验前，也必须进行验证试验，检验模型在修透水坝之前水流运动、河床冲淤是否与原型相似。验证试验方法和检验的内容与常规动床模型试验的验证试验方法基本相同。

九、正式试验

在取得与原型基本相似的验证试验成果后，方可根据试验要求进行正式试验。

正式试验时，首先要按照试验条件（包括模型进口的来水来沙条件、来水河势流路条件、出口尾水控制条件及工程修改条件等）进行试验。

正式试验的测验内容，除常规试验的水位、流速、含沙量、颗分等内容外，还必须对透水桩坝的水流流态、流速分布、含沙量变化,透水桩坝坝前、坝后冲淤情况等进行观测。

通过试验资料的分析,探索透水桩坝缓流、落淤的机理及防冲护湾导流的综合效益,为利用透水桩坝整治河道提供科学依据。

必须指出,此项模型试验是复合变态概化模型试验,模型整体是变态的,透水桩是正态的。

第六节　河工模型试验的自然模型法

一、自然模型法的一般概念

自然模型法是根据"河相学"的原理建立起来的河工模型试验方法。它的基本精神是认为河流的形态(包括河宽、水深及河湾半径等)是水流和河床相互作用的结果,其尺寸与流量大小、流量过程、河床组成、河床比降以及水流挟沙量等因素有一定的关系。这种关系无论对大河或小河来说都是适合的,模型可以看成室内的小河,因此对于模型来说,当然也是适合的。因此,自然模型法进一步提出,在模型试验过程中,只要设法控制上述因素,我们就有可能在模型中造成与天然河床形态基本相似的小河,这种方法就是自然模型法。

根据这个论点,我们很容易明白,自然模型法与一般动床模型试验方法(比尺模型法)是有区别的。一般动床模型试验,是通过设计先确定模型比尺,再按比尺用人工的方法在模型中塑造与天然相似的地形。而在自然模型试验中不需人工做地形,只需要控制几个主要因素,就可以让水流自然而然地形成一条与原型相似的小河。

自然模型试验不仅制模的基本观点与一般动床模型试验有所不同,相似标准亦有所差异。在自然模型试验中,所谓模型和原型的相似,是指河床演变的基本特征或河床形态与原型相似,而不是指具体地形与原型相似。就河床演变过程的特征来看,一般河流基本上可以分为周期展宽的河流、迂回型河流和游荡型河流三类。这三类河流的形态和演变过程是各不相同的。从自然模型的观点来说,只要模型所造成的小河与天然河流的类型一样,就可以认为模型和原型是相似的。至于是哪一段河床地形、哪一个河湾或河滩的位置大小与原型是否相似,在自然模型试验中被认为是次要的。

自然模型需要先进行造床试验。在造床阶段结束以后,正式试验的比尺关系也是相当严格的。但是需要说明,自然模型试验比尺的确定,不单纯是从几个公式导得的,而是在分析造床试验的资料后才确定的。即不是先定模型比尺再做试验,而是由造床试验的结果定比尺。

因此,自然模型法可以概括地归纳为以下几个特点:①在模型制造中,不做地形;②用造床的方法,造成一条与原型相似的小河;③模型比尺不单纯从公式确定,而是通过造床过程的资料反复验证,最后才确定下来;④模型相似是指河床演变的一般特征(河床形态)的基本相似。

为什么在自然模型试验中不做地形呢?除了以上解释外,还有以下几个原因:

(1)一般动床模型比尺的确定都是由几个方程式推导得出的(这些方程式如阻力公式、输沙能力公式……)。这样的做法有一个先决条件,就是假定所有的公式既符合于原型的情况,又符合模型的情况。事实上河床演变过程的问题是非常复杂的,特别在游荡型河流中,水流含沙量极高,沙洲林立,河床分汊,主流摇摆不定,这种游荡的特性不是目前任何公式所能说明的,而且也无法用公式来计算。因此,我们可以设想,按照一般方程式所导出的比尺来做成一条小河,并保证这条小河是游荡的,这是非常困难的,可以说是没有把握的。

(2)冲积河流的形态及坡降与水流及泥沙条件之间存在着一定关系,这个关系一般称为河相关系。河相关系中,形式最简单的是 $\sqrt{B}/H$ 等于常数。不但游荡型河流的 $\sqrt{B}/H$ 值大于迂回型河流,而且同是游荡型河流,由于河流大小的不同,或者河床组成的不同,该值亦不相同。因此,要想在模型中造成一条与天然相似的小河,$\sqrt{B}/H$ 值不是可以任意选择的。也就是说,模型变率并不能任意选定,而是应该根据河相关系的自然规律来选择。这就使模型比尺的选择受到更多的限制,从而带来更多的困难。在自然模型试验中,由于对相似的要求不是那样严格,试验也比较简单,我们完全可以根据造床过程中的 $\sqrt{B}/H$ 值来决定模型变率,充分满足河相关系的要求。

(3)自然模型的相似准则,是从河性相似的角度出发的,它只要求模型的河床演变过程的基本特征及河床形态和原型相似。因此,它只能从定性上来回答我们要研究的问题。例如,黄河的自然模型,它的任务是研究原型来水和来沙条件改变以后,河床演变的过程究竟是以继续游荡为主,还是以下切为主。至于了解哪一个河湾坍岸多少,哪一滩岸冲刷多少,就不是自然模型的任务。一般的动床模型试验则不然,它要求河床地形的相似,亦即每个河湾和浅滩的位置和尺寸都必须基本相似。要想达到这个目的,自然必须在进行试验之前把地形做对。

但是应该说明,这里所讨论的,仅仅是从自然模型的特点解释自然模型试验之所以不做地形的原因,并不是反对一般动床模型的做法。事实上,有很多定量的研究不是自然模型试验目前所能回答的,还需要利用一般动床模型试验来解决。

自然模型试验尽管不按比例做地形,但在试验的起始阶段,仍然要应用一般的水力学公式、水流挟沙关系和河床变形方程式等概念来初步估算模型比尺。只不过这些比尺并非一经选定就一成不变,而是根据造床试验的结果,不断加以校核修正,这就是自然模型试验的特点。

本书的其他章节早已谈到,在探索黄河动床模型试验方法的启蒙阶段,我们是先研究自然模型法的。据我们了解,苏联的水利工作者安得列也夫、马特林、什拉斯金娜、罗辛斯基等都曾采用自然模型法进行过河床演变试验研究,有许多成功的经验。

二、自然模型试验的具体步骤

自然模型法的试验方法,基本上可以分为三个步骤:模型设计,造床试验,正式试验。

(一)模型设计

模型设计的中心任务是根据天然资料的分析和试验设备条件,初步计算出模型造床试验的各项比尺。

在自然模型试验的设计中,通常采用下列几个公式:

$$\sqrt{B}/H = A \tag{7-35}$$

$$Q = BHv \tag{7-36}$$

$$v = \frac{1}{n}H^{2/3}J^{1/2} \tag{7-37}$$

$$v_0 = v_1 H_0^{0.2} \tag{7-38}$$

式中　B——满槽时水面宽,也可以采用试验河段的平均宽度;

　　　H——满槽情况下的平均水深;

　　　A——随着河床组成和河流类型而变的常数;

　　　Q——流量;

　　　v——平均流速;

　　　n——满宁糙率;

　　　J——比降;

　　　v_0、v_{01}——分别为水深等于 H_0 及 1m 时的泥沙起动流速。

模型初步设计时,要注意下面几个问题:

(1)模型小河的大小,必须按式(7-35)决定。式中 A 值是随着河床组成、河流大小及河流类型而变的常数。例如用天然沙、木屑及煤屑做成游荡型河流,A 值分别为 50、150 及 100 左右。

(2)用式(7-36)和式(7-37)计算模型流量时,首先要选择适当的比降,不然造床过程发展的速度不一定合适。根据苏联罗辛斯基的试验和我们过去做的造床试验证明,如用 $D_{50}=0.09\sim0.158\text{mm}$ 的天然沙进行游荡型河流的造床试验,采用 $J=0.007\sim0.01$ 是比较合适的。

(3)流量比尺 λ_Q 确定后,要用式(7-38)检查枯水和洪水的平均流速是否大于河床质的起动流速;如 $v_{cp} < v_0$ 则重新选择比降和 B、H 等值,重定 λ_Q,一直达到 $v_{cp} > v_0$,方认为设计合理。

如果没有试验资料,泥沙的起动流速可以从公式或图表获得。

(4)原型输沙量可以从实测 Q—Q_T 关系曲线获得,也可以从 $\frac{v}{H^{0.2}}$—p 关系曲线推算,但要注意 Q_T 的上限和下限。

模型加沙量必须在造床过程中,通过模型实测资料来确定。因此,在造床试验阶段就可以定出比较准确的 λ_t 值。

(二)造床试验

造床试验是自然模型试验的一个重要环节,造床过程发展速度与模型沙的选择、原始断面的给定、流量过程及加沙过程的控制均有密切的关系。例如,选择模型沙时,不仅要求易于起动,而且要求泥沙的组成比较均匀,不含过多的胶泥和其他的杂质,也不允许有过粗的颗粒。这是因为如果胶泥的含量过多,河床演变的速度便会减慢,泥沙组成中如含有较粗的颗粒,在试验过程中会产生自然铺盖现象(即粗化现象),这对于河床的游荡都是不利的。

为了促成游荡型河床演变的正常发展,不仅要求模型沙的颗粒级配比较均匀,而且在铺制时,要使河床的密度比较均匀。如果由于铺沙不慎,河床的密度大于两岸的密度,则河岸与河床的抗冲强度不适应,演变速度不一样,就难以造成游荡型河流。如果河床本身的密度不够均匀,则有的地方会产生局部冲刷,有的地方则形成了比较牢固的控制点,河床的演变过程亦将受到不应有的破坏。

在造床过程中,为了保证河床和河岸均匀一致,有两种铺沙方法。①水下铺沙法:铺沙前,将试验槽注满清水,然后将松散的模型沙投入水中,任其自然沉积,再用特殊的刮平设备刮平。②干铺法:将松散的模型沙直接铺在模型槽中刮平,再放水使模型沙中的水分达到饱和。这两种方法各有其优点:第一种方法精度高,但需要特殊的刮沙设备;第二种方法精度虽次于第一种方法,但不需要特殊的刮沙设备,用一般的木板即能进行工作,效率也比较高。

在铺沙的同时,要在试验槽的中间挖出一条适当的原始河槽。河槽的形状可以为梯形、矩形或三角形,但是要满足下列要求:

(1)不能太深,即露出水面的滩岸不能太高,不然塌岸比较困难,破坏河床和河岸相对可动性的规律,塑造不成游荡河床。

(2)宽度不宜太大。虽然在造床过程中,适当加大原始宽度,可以节省造床的时间,但如没有充分的经验,给定的原始宽度大于河床实际可能的游荡宽度,就会影响模型试验的结果。

(3)断面大小的选择准则,保证任何情况下都能通过模型设计的最大洪水。一般说来,原始过水断面面积最好就做成等于游荡河床形成以后的过水断面面积(指洪水情况)。

由于水槽中各点模型的铺垫厚度并不相等,引入清水后沉陷量亦不一致,这就使模型的比降有可能和设计比降略有出入。在试验以前,应对模型实际比降进行一次测量,如果与设计比降出入不大,则以此比降作为造床试验所控制的标准。

造床过程中加沙量的多少,可以通过水面比降来控制。如果发现水面比降有增大的趋势,表示这时加进去的泥沙量大于模型河槽的挟沙能力,河床发生淤积,应该减少加沙量。反之,则增加加沙量,使水面比降基本上保持在原控制的水面比降。除了用水面比降控制模型加沙量以外,在有些情况下还可以用控制进口断面的水面及河床高程,使进口加沙量等于出口沙量,河岸露出水面高度沿程保持一致,以及断面保持不冲不淤等方法来确定模型加沙量。需要说明的是,游荡型河流一般都是逐年淤高的河流,因此有人提出在造床过程中应该保持微淤的现象,才更符合自然规律。

在天然河流中,流量过程猛涨猛落,水流极不稳定,这些也是造成河流游荡的主要原因。因此,在造床过程中,不能把天然的流量过程过分简化,而必须保持起伏较急的洪峰。

试验开始时,可以暂时不放设计的流量过程,先探索性地放入定常的大小流量,观测模型中各级流量漫滩的情况是否与原型漫滩情况相似。如果必要的话,可以对λ_Q作出适当的修正。在完成了这一步以后,再开始按设计流量过程放水。

在检查λ_Q的同时,也可以从模型的实测结果中找出各级流量下的加沙量,根据这个关系,确定模型加沙量和时间比尺λ_t。然后,用λ_Q、λ_t、λ_G等值将天然流量及沙量过程换置成模型过程,进行比较严格的造床试验。

(三)正式试验

造床游荡型河流以后,就需要对原设计的模型比尺进行一步校核与修正。

分析最大洪水的河宽与水深,如与原设计的数据比较接近,则表示 λ_B、λ_H 及 λ_Q 的选择基本上是正确的。

通过下列步骤校正输沙量比尺和时间比尺。

(1)用模型中实测最大流量时的加沙量与原型最大流量的输沙量相比,确定输沙量比尺。

$$\lambda_G = G_H/G_m \tag{7-39}$$

(2)用平均加沙量求输沙比尺。假设模型在造床过程中共加沙 W(kg),放水 V(m³),放水时间为 T(s),则得模型平均流量 $= \dfrac{V}{T}$(m³/s),模型平均含沙量 $= \dfrac{W}{V}$(kg/m³),模型平均输沙率 $G_m = W/T$(kg/s)。

与模型流量相适应的原型输沙率 G_H 从天然 $Q—G$ 曲线上查出,将 G_H 及 G_m 代入式(7-39)即可求出 λ_G。

将式(7-39)代入 $\lambda_t = \dfrac{\lambda_B^2 \lambda_H}{\lambda_G}$,即可求出 λ_t。

校正了 λ_Q、λ_t 和 λ_G 以后就可以根据试验的任务进行正式试验。

三、黄河自然模型试验实例

(一)模型设计

原型平均游荡宽度为 4 500m,在满槽流量 10 000m³/s 下,平均水深 1.5m,河床比降 $J = 0.000\ 2$。

(1)模型水平比尺 λ_B 和垂直比尺 λ_H 的确定。模型水平比尺的选择一般决定于试验场地的大小和供水量的多少。具体到我们实验室的条件,最大供水量 Q 为 40L/s,试验槽宽 7m,若在试验槽中造成 3m 宽的游荡小河,则 $\lambda_B = \dfrac{4\ 500}{3}$,根据式(7-35)$A = \dfrac{\sqrt{B}}{H} = 50$,得 $H = \dfrac{\sqrt{3.0}}{50} = 0.034$(m),为便于计算起见,$H_m$ 取 0.03m,则 $\lambda_H = \dfrac{1.5}{0.03} = 50$。

(2)模型比降和流量比尺 λ_Q 的选择。前面已经谈到根据苏联专家的经验和我们过去造床试验的资料,$J = 0.007 \sim 0.010$,$n = 0.021 \sim 0.040$,室内小河可能形成游荡河床。

我们采用 $J = 0.009$,$n = 0.033$,根据式(7-36)和式(7-37)得:

$$Q_m = B \frac{H^{2/3}}{n} J^{0.5} H = 3 \times 0.03^{1.67} \times 0.009^{0.5} = 0.025 (\text{m}^3/\text{s})$$

$$\lambda_Q = \frac{10\ 000}{0.025} = 4 \times 10^5$$

(3)起动流速的检查。在满槽流量下,$H = 0.03$m,$n = 0.033$,$J = 0.009$,根据式(7-38)$v_0 = v_1 H_0^{0.2} = 0.33 \times 0.03^{0.2} = 0.167$(m/s),模型沙 $D_{50} = 0.015\ 8$,由表查得 $v_{01} = 0.33$m/s,由式(7-37)得:

$$v = H^{2/3} J^{0.5} / n = 0.03^{2/3} \times 0.009^{0.5} / 0.033 = 0.278 (\text{m/s}) > 0.167 (\text{m/s})$$

在枯水情况下,原型水位高程为 92m,比满槽水位 93m 低 1m(原型是指秦厂水文站)。

因此,模型枯水水位比模型满槽水位要低 $100/50 = 2(\text{cm})$,即模型枯水平均水深接近于 $3 - 2 = 1(\text{cm})$。

根据式(7-37)得:$v = \dfrac{H^{2/3}}{n}J^{0.5} = 0.01^{2/3} \times 0.009^{0.5}/0.033 = 0.134(\text{m/s})$。

根据式(7-38)得:$v_0 = v_1 H^{0.2} = 0.33 \times 0.01^{0.2} = 0.132(\text{m/s}) < 0.134(\text{m/s})$。

(4)输沙比尺 λ_G 和时间比尺 λ_t 的确定。从原型 $\dfrac{v}{h^{0.2}} - S$ 关系曲线查得 $\rho = 9\text{kg/m}^3$。

模型加沙量目前既无实测资料,又缺乏可靠的公式来计算,只有大致粗估一个数字,通过造床试验的实测数据再进行校正。根据苏联水槽试验资料,当 $H = 0.03\text{m}$,$J = 0.009$,推算模型输沙率 $Q_t = 1.62\text{kg/s}$,$\lambda_{Q_t} = \dfrac{10\,000 \times 9}{1.62} = 55\,600$,$\lambda_{t_2} = \dfrac{\lambda_B^2 \lambda_H}{\lambda_{Q_t}} = \dfrac{1\,500^2 \times 50}{55\,600} = 2\,000$。

(二)游荡型河道造床过程的描述

根据以上所述的自然模型法的精神,试验前将选好的模型沙填于试验槽中用木板刮平,比降 $J = 0.009$,然后在试验槽中间,按自然模型法的要求挖一梯形小槽。

试验开始,先从尾端灌水,使河床泥沙均匀沉陷,然后将水徐徐排出,用水准仪检查河床沉陷情况和沉陷后实际河床比降,检查结果 $J = 0.009$,符合设计要求,开始进行造床试验。

造床试验分两个阶段。河床由梯形断面发展到宽浅断面的过程为第一阶段;在宽浅河床形成后,继续放水,形成游荡型河床为第二阶段。在第一阶段中,试验的目的仅仅要求造成宽浅、散乱、多汊的河床,放水过程可以任意选择,并不要求与原型的流量过程相似。第二阶段试验目的是检验模型河床演变的基本特性与原型的相似性,放水过程应和原型的典型流量过程相似。

第一阶段放水情况和加沙情况如表7-7所示。

表7-7 　　　　　　　　　　造床第一阶段放水加沙统计

试验日期	流量 (L/s)	放水时间 (时:分)	历时 (min)	加沙 (g/s)	总加沙量
1月6日	5	12:05	190		自1月6日 12:05~24:00 加沙220kg
	8	15:15	1 437		
1月7日	2.5	15:13	1 390		自1月7日 0:00~15:13 共加沙1 030kg
	8	15:23	1 388	18.0	
	25	15:31	1 385	400	
	12	15:36	1 390	9.1	
	8	15:46	1 409	9.1	
	5	16:15	1 005	9.1	
1月8日	2	9:00			

注:自1月7日 15:13~16:15 是简单的洪峰过程。

在第一阶段的造床试验中,我们发现以下几个重要的现象:

(1)经过20多小时的造床作用,原来直线形小槽开始变成不稳定的弯曲形小河,这种小河与天然弯曲型河流的主要差别是小河的边滩极不稳定,沿着水流向下移动。

(2)洪水造床与枯水造床的作用不同。试验中可以看出,洪水前水流方向弯曲前进,洪水时水流趋直,边滩受到切割,大量泥沙由边滩进入边滩下游的深潭中,河槽堵塞,水流漫滩而过,毫无规律。

(3)散乱的小河经过较长时期的单一流量的作用,又能够恢复到极不稳定的迂回型小河,这种小河不仅边滩继续下移,而且边滩的位置可能出现在凸岸。

(三)模型比尺校正

从模型实际加沙量资料我们可以看出,在满槽流量下,模型能够挟带的加沙率为400 g/s,为原估计加沙率的1/4,因而 $\lambda_{Q_t} = \dfrac{90\,000}{0.4} = 225\,000$, $\lambda_t = \dfrac{1\,500^2 \times 50}{225\,000} = 500$。

故第二阶段造床试验,$\lambda_t = 500$。将原型流量过程按 $\lambda_Q = 400 \times 10^3$, $\lambda_t = 500$,换成模型流量过程线,进行第二阶段造床试验。

如果第二阶段试验结果 λ_{Q_t} 与第一次修改值不符,则进行第二次修改,进行第三次造床试验,直到试验结果与要求值相符,才进行正式试验。

如此次试验,初步设计 $\lambda_t = 2\,000$,第二次修改 $\lambda_t = 500$,第三次修改 $\lambda_t \approx 30$,才开始正式试验。

第七节 概化模型试验方法

黄河下游河床地形地貌、边界条件极其复杂,采用一般的比尺模型试验来研究黄河下游河床演变和河道整治问题,由于模型大、边界条件复杂,模型制作的工作量很大,模拟的难度很大,很难复制出与原型地形地貌完全相似的模型。

在此情况下,若要进行多种来水来沙条件的河床演变试验,或要进行多种治河措施的对比试验,必须在满足模型与原型基本相似的条件下,尽可能地简化模型制作方法和模型试验的操作程序,进行简化模型试验,才有可能顺利完成模型试验任务,获得模型试验成果。这种简化模型试验的方法,我们称之为"概化模型试验法"。

据我们所知,早在1933~1935年,德国恩格斯教授进行的第一个黄河模型试验就是典型的概化模型试验,他采用的地形并非黄河的真实地形,而是概化地形,他采用的模型水沙过程也不是黄河真实的水沙过程,也是概化的水沙过程。试验方法是极其粗简的,而试验成果却得到举世瞩目和赞誉,并为黄河下游稳定中水河槽的整治方案提供了科学依据,也为后世河工模型试验奠定了基础,开拓了方向。这充分说明,概化模型试验方法也是一种有实用价值的模型试验方法。

根据我们收集到的资料来看,许多江河护岸工程模型试验(包括传统实体丁坝模型、透水丁坝、透水桩坝、透水网坝等模型试验)都是在概化模型中进行的。说明概化模型试验不仅能研究长河段的河床演变和洪水演进问题,而且可以研究短河段的局部冲刷问题。因此,长期以来,概化模型试验方法一直是人们乐于采用的模型试验方法。

但必须指出,尽管概化模型试验有许多人都乐于采用,但是概化模型试验的成果能否直接用于天然河流,仍然是有疑问的。疑问的焦点是概化模型与原型的"相似性"。因为有的概化模型,概化的自由度太大,模型概化以后,模型的水面比降、平滩流量、挟沙能力以及河床冲淤特性与原型均不相似,这种概化模型纯属人为的虚构模型,其试验成果是没有多大的实用价值的。因此,我们认为进行概化模型试验,首先必须以相似原理为基础,按相似原理进行模型设计,模型试验结束后,要根据相似律认真检查模型制作和操作过程与原型的相似性。

一、概化模型设计的相似律

根据动床模型相似原理和实践经验,我们认为,在模型试验中,若要使模型试验的水流运动、泥沙运动的河床冲淤、河势变化等现象与原型相似,则必须要求概化模型的设计遵守下列相似条件。

(1)模型平面形态相似条件:$\lambda_L = \dfrac{B_p}{B_m} = \dfrac{R_p}{R_m} = \dfrac{b_p}{b_m}$,即模型的平面形态必须与原型相似。

(2)模型滩槽高差相似条件:$\left(\dfrac{Z_n}{Z_0}\right)_m = \left(\dfrac{Z_n}{Z_0}\right)_p$,即模型的滩槽高差必须与原型相似。

(3)模型纵剖面相似条件:$\lambda_J = \dfrac{\lambda_H}{\lambda_L}$,即模型比降必须与原型相似。

(4)模型水流运动重力相似条件:$\lambda_v = \lambda_H^{0.5}$。

(5)模型水流运动阻力相似条件:$\lambda_n = \dfrac{\lambda_H^{2/3}}{\lambda_v}\lambda_J^{0.5}$。

(6)模型沙冲刷相似条件:$\lambda_D = \dfrac{\lambda_{\gamma_s}\lambda_H\lambda_J}{\lambda_{\gamma_s-\gamma}}$,$\lambda_{\gamma_0} = \lambda_{s*}$,$\lambda_{\gamma_0} = f(\gamma_{01}t)$。

(7)模型沙悬浮运动相似条件:$\lambda_\omega = \lambda_v\left(\dfrac{\lambda_H}{\lambda_L}\right)^m$。

(8)挟沙能力相似条件:$\lambda_S = \lambda_K\lambda_{\frac{\gamma_s}{\gamma_s-\gamma}}\lambda_{\frac{U_*}{\omega}}\dfrac{\lambda_v\lambda_J}{\lambda_\omega}$。

(9)河床冲淤过程相似条件:$\lambda_{t_2} = \dfrac{\lambda_{\gamma_0}}{\lambda_S}\lambda_{t_1}$,其中 λ_{γ_0} 的确定方法,见第六章第五节。

二、概化模型设计的自由度

就概化模型设计的整体原则讲,概化模型设计必须严格遵守以上模型设计的相似律,但概化模型的类型较多,所研究的问题性质也有很大的差异,例如有的概化模型是研究长河段的河床冲淤、洪水演进、河势变化及河床整治等问题,有的概化模型是研究局部河段、丁坝附近局部冲刷问题和透水工程缓流落淤问题等。

由于模型试验研究的内容及目的要求不同,模型设计必须遵守的相似条件也应该不同,即有的概化模型设计必须全面地满足上述模型设计相似条件,而另有些概化模型设计只需满足上述相似条件中的部分相似条件,允许模型设计放弃一些相似条件,这就叫概化模型设计的自由度。

根据我们的经验,上述第一类概化模型试验,即长河段河床演变和河道整治模型试验,模型试验时可能出现的误差(见第六章第九节)较多。因此,模型设计时,必须严格遵守上述相似条件,不应该有自由度。

对于第二类概化模型试验,研究局部河段治河工程附近河床局部冲刷的动床模型试验,类似水工模型试验,设计时重力作用是主导的,必须严格按弗劳德力相似准则设计模型,还必须采用正态模型进行试验。由于试验任务仅研究治河工程附近的河床冲刷问题,模型沙可按冲刷条件相似准则选择,可忽略泥沙悬浮相似条件。此外因模型较短,水流运动阻力作用是次要的,故水流运动阻力相似条件可以忽略。

但必须指出,任何概化模型设计都必须遵守水流运动的限制条件(见第二章第四节)。

三、概化模型试验方法举例

黄河下游京广铁桥至来童寨是典型的游荡型河段,全长 20 余公里,南北两岸大堤内河宽 5～10km,平滩流量下,水面宽 1～3km,滩槽高差 1.0m,平滩流量 $Q_0 = 8\,000\text{m}^3/\text{s}$,河槽平均纵比降 $J = 0.000\,2$,主槽床沙中径 $D_{50} = 0.1\text{mm}$,悬沙中径 $d_{50} = 0.01～0.025\text{mm}$,$\omega = 0.06～0.4\text{mm/s}$,根据实测资料分析,原型输沙率 $Q_s = KQ^2$(见图 7-11)。

三门峡水库修建前,主流位置摆动频繁,滩岸坍塌严重,为了预估三门峡水库下泄清水后,河床演变趋势,特进行此项模型试验。

(一)模型比尺和模型沙的选择

根据实验室条件,取 $\lambda_L = 500$,$\lambda_H = 50$,变率 $e = 10$,由 $\lambda_J = \lambda_H/\lambda_L$ 求得 $\lambda_J = \dfrac{50}{500} = 0.1$。

采用过筛处理的郑州锯木厂的木屑做模型沙,$\gamma_s = 1.11\text{t/m}^3$,$\lambda_{\gamma_s-\gamma} = \dfrac{1.7}{0.11} = 15.45$,并在水槽内进行了木屑输沙率预备试验。其成果见图 7-12。

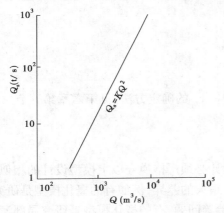

图 7-11　典型游荡型河段(花园口)Q_s—Q 关系图

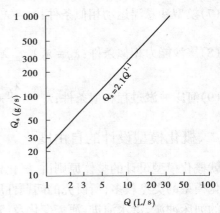

图 7-12　Q_s—Q 关系图

根据 $\lambda_D = \dfrac{\lambda_H \lambda_J}{\lambda_{\gamma_s-\gamma}}$,求得 $\lambda_D = \dfrac{50 \times 0.1}{15.45} = 0.32$,则模型床沙 $D_{50} = \dfrac{0.1}{0.32} = 0.31(\text{mm})$。

根据 $\lambda_\omega = \lambda_v \left(\dfrac{\lambda_H}{\lambda_L} \right)^{0.5}$，求得 $\lambda_\omega = 2.23$。

模型悬沙的要求沉速，$\omega_D = \dfrac{0.4}{2.23} \approx 0.2 (\text{mm/s})$。

估计采用 $D < 0.1\text{mm}$ 木屑可以满足此项要求。

(二)模型制作

先将选好的木屑投入专用池内用石灰水浸泡处理，晾干后备用。

根据三门峡水库修建前该河段的地形图，将试验河段概化成模型平面位置概化图，即概化断面图、概化河槽及概化滩面平均高程。根据模型比尺，将原型概化断面换成模型概化断面，然后用模型概化平面图进行控制，用木屑模型沙制成动床模型。

原型的滩唇有胶泥嘴，抗冲强度高，长期受水流顶冲未冲掉，在模型中采用低标准水泥砂浆拌木屑进行定性模拟，以抗冲刷。

模型的险工及控导工程均采用概化险工和概化控导工程。

模型做好后，按 1953、1954、1955、1956 年和 1957 年汛期水沙概化过程线放水，进行验证试验，模型加沙按图 7-11 关系线控制。模型尾水按原型资料控制。通过验证试验证明，模型河势变化、水面线、漫滩流量均与原型基本相似。

验证试验结束后，按三门峡水库建成后设计泄水过程又进行了预报试验(略)。

第八节　黄河大堤堵漏模型试验方法初探

一、试验的目的及试验研究的主要内容

黄河下游的堤防是历史上遗留下来的产物，虽然新中国成立后进行过多次加高、加固，但其堤身仍有许多洞穴和隐患。洪水期，水流由洞穴或其他隐患穿越堤身，引起堤防坍塌出险，是沿黄人民非常担忧的大事。新中国成立以来，河务管理部门为保证黄河大堤不再决口，确保黄河度汛安全，在黄河大堤上选择适当的堤段，进行了多次堤防堵塞漏洞抢险现场试验，既积累了丰富的堵漏抢险的实践经验，又培训了堵漏抢险的专业队伍。但是，受现场试验的条件所限和观测上的种种困难，很难获得漏洞发展过程和冲刷过程的试验资料。因此，为了探索漏洞的发展机理和堵漏的有效措施，不少人提出利用模型试验的手段，来研究这项现场试验难以解决的难题。模型试验研究的主要内容有：

(1)观测漏洞的自然发展过程及其发展机理。

(2)探索漏洞出险的预报方法。

(3)研究不同堵漏措施的效果。

二、模型设计原则

此项模型试验是涉及水力学和土力学以及泥沙运动学的边缘学科的模型试验，虽然有关单位已开始此项试验研究，但其相似原理和试验方法尚在探索过程中。因此，著者在此所述的试验方法，也是非常粗浅的模型方法，是抱着抛砖引玉的精神提出来与有关同行

商讨的。

从著者收集到的堤防堵漏模型试验资料看,此项模型试验的关键技术有以下几项。

(一)模型堤防相似

首先要建立一个专用的试验大水槽或大模型。在水槽内(或在大模型内)制造一段与原型(黄河下游)相似的、有隐患的堤防。模型堤防必须满足:

(1)与原型几何相似。

(2)筑堤材料的抗冲强度与原型相似。

黄河大堤一般是用黄河本身沉积下来的泥沙(习惯上称为壤土)筑成的,其 d_{50} 一般为 $0.1\sim0.25$mm, $\gamma_0 = 1.4\sim1.6$t/m³,根据有关研究其抗冲流速 v_{01} 与 γ_0 关系密切,见表 7-8。

表 7-8 　　　　　　　　　　黄河下游泥沙抗冲流速 v_{01} 与 γ_0 关系

泥沙粒径 d (mm)	不同容重的抗冲流速 v_{01}(m/s)				
	$\gamma_0 = 1.590$	$\gamma_0 = 1.457$	$\gamma_0 = 1.325$	$\gamma_0 = 1.193$	$\gamma_0 = 1.060$
0.1	0.41	0.35	0.31	0.29	0.28
0.15	0.42	0.36	0.34	0.33	0.32
0.2	0.43	0.39	0.37	0.36	0.38
0.4	0.44	0.44	0.44	0.44	0.44
0.6	0.50	0.50	0.50	0.50	0.50
0.8	0.60	0.60	0.60	0.60	0.60
1.0	0.70	0.70	0.70	0.70	0.70

因此,制作模型时,要注意控制模型堤防的干容重 γ_0 值。

(3)模型堤防洞穴的漏水量必须与原型相似,即控制模型洞穴的漏水量必须与原型相似。

(4)模型堤防的冲刷率必须与原型相似。

(5)模型试验的供水设备及控制设备必须完善精确。

(6)堵漏措施必须简便。

(二)设计原则

根据模型试验的目的和关键技术的要求,我们认为,此项模型试验需按下述原则进行设计。

(1)几何相似准则: $\lambda_H = \lambda_L$ 。

(2)水流运动相似准则: $\lambda_v = \lambda_H^{0.5}$ 。

(3)堤防土质抗冲相似条件: $\lambda_{v_0} = \lambda_v$ 。

(4)堤防洞穴受水流冲刷时,冲刷率相似条件: $\lambda_{q_{bs}} = \lambda_K \dfrac{\lambda_{(v-v_0)}^4}{\lambda_d^2}$ 。

(5)堤防洞穴冲刷过程相似条件: $\lambda_{t_2} = \lambda_{\gamma_0} \dfrac{\lambda_H \lambda_L}{\lambda_{qs}}$ 。

三、模型设计举例

黄河下游某河段,堤防高 8m,边坡 1:3,堤防(系平工段临大滩的堤防)假水深度 5m,筑堤材料系 $d_{50}\approx0.1$mm 的沙壤土,$\gamma_0\approx1.6$t/m³,经探测堤内有一条 $\phi\approx0.1$m 的洞穴横穿堤身,洞穴的坡度 $J\approx0.3$。洪水高水位时,洞穴进口处水深 2.0m,洞穴进口水流流速 $v\approx0.62$m/s,大于堤防土质的抗冲流速,洞穴发生冲刷。

为了研究该堤防洪水期间洞穴的发展过程及堵漏措施,特进行此项模型试验。

根据试验设备条件取 $\lambda_L=\lambda_H=10$,即模型堤防高度 $H=0.8$m。

洪水期高水位时,模型堤防假水深 0.5m。根据水流运动相似条件:

模型流速比尺:$\lambda_v=\lambda_H^{0.5}=3.16$。

原型堤防土壤抗冲流速:$v_{01}=0.41$(m/s)。

洪水位时,$v_0=H^{0.2}v_{01}=0.47$(m/s)。

要求模型沙(模型筑堤材料)的抗冲流速:$v_{01}=\dfrac{0.47}{3.16}=0.13$(m/s)。

根据常用模型沙基本特性的研究,我们发现 $d_{50}\approx0.025$mm 的煤灰,在 $\gamma_0\approx1.0$t/m³ 时,$v_0\approx0.13$m/s,基本上可以满足该模型试验要求,故决定采用 $d_{50}\approx0.025$mm 煤灰做模型沙,做该模型的筑坝材料(2 号煤灰,见图 5-1)。

四、模型制作及试验方法步骤

此项模型试验既可以采用大模型进行试验,也可以采用专用水槽进行试验。

若采用大模型进行试验,模型可采取宽 5~8m、高 1m、长 30~50m。一侧为土质堤防或模型沙筑制的堤防,另一侧为固定边墙,模型布置如图 7-13 所示。

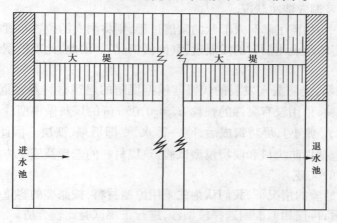

图 7-13 堤防堵漏模型平面布置示意图

若采用专用水槽进行堤防堵漏试验,水槽的尺寸以宽 1.5m、长 15m、高 1.0m 为宜。模型试验的堤防垂直布置在水槽的中央,模型布置侧视图如图 7-14 所示。

此次试验采用专用水槽进行试验,试验前,采用模型设计选好的煤灰 $d_{50}\approx$ 0.025mm,控制 $\gamma_0\approx1.0$t/m³,按几何相似条件在水槽中筑一段与原型大堤横断面相似的

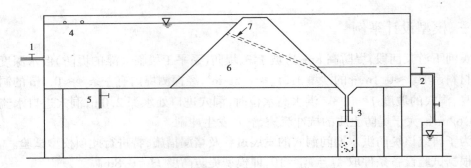

图 7-14　堤防堵漏试验专用水槽示意图
1—供水管;2—测流管;3—测沙管;4—溢流管;
5—退水管;6—试验堤;7—洞穴

模型堤防。在筑堤过程中,自堤防的迎水面至背水面预埋一条 $\phi = 1.0\text{cm}$ 的钢筋,其坡度为 0.3。堤防筑好后,徐徐将钢筋拔出,使堤防内形成一条与原型概化尺寸相似的洞穴。用防水材料塞住其进口,然后打开水槽的供水阀门,徐徐灌水,待堤前水位逐步上升达到溢流面高程(即堤前偎水深达 50cm,洞穴前水深达 20cm)时,关闭供水阀,停止灌水,同时关闭堤防下游的测流测沙阀,用下游供水阀调节下游水位,待下游水位达到试验要求时,停止下游供水,并同时取去洞穴前的防水材料,使堤前水流徐徐进入洞穴。开始记时试验,打开下游测流测沙阀,定时进行测流测沙观测。详细观测堤防漏水及冲沙量过程。

随着试验历时的增长,堤防内的洞穴愈冲愈大,由洞穴下泄的流量也愈来愈大,当洞穴冲大到某一值时,洞壁坍塌,堤防即开始出险,随着险情加剧,堤防开始溃决。堤防出险过程的试验即宣告结束,立即打开出口排水阀,将模型内的剩水排泄干净。稍停 1 天时间后,待模型剩留堤身固结,用小铲自上而下逐层铲除剩留堤身,并测量堤身分层的容重及洞穴的平面形态及洞穴溃决状况。

在试验过程中,如需了解洞穴形状的发展过程,则将洞穴的位置布置在紧贴水槽的玻璃面处,便可以清晰地观测洞穴的发展过程(侧面情况)。因此,此项模型试验需要进行多次试验。

以往试验证明,堤防洞穴发展的快慢与模型堤防的建筑材料及容重 γ_0 关系相当密切。例如有的试验,采用没有黏性的颗粒 $d_{50} \approx 0.05\text{mm}$ 的煤灰做模型沙,筑堤时,又没有严格控制 γ_0 值(γ_0 偏小),堤防筑成后,刚一蓄水,立即坍塌、溃决。因此,我们认为进行堤防堵漏试验,包括堤防决口和溃坝模型试验,筑堤材料的选择及施工方法是影响模型试验成败的关键中的关键。

在没有试验经验的情况下,我们认为先采用原型材料,按原型的容重修筑堤防进行试验,待取得经验后,再按相似准则选择模型沙,进行正规试验比较合适。

当洞穴发展过程的试验告一段落后,即掌握洞穴发展规律后,再进行堵漏试验。

堵漏的关键是减少水流进入洞穴,减低洞穴流速,而进入洞穴的流量大小与洞穴的进口条件有密切关系(包括洞穴进口的大小和位置的高低,大河来流情况等)。因此,堤防堵漏严格的试验应该在大模型试验中进行。由于问题过于复杂,堵漏的时机又变化莫测,因此通过水槽试验,对比各种堵漏措施的效果及各种堵漏措施的适用条件是可行的。

堤防堵漏(或大堤防冲)模型试验的核心技术,是如何根据堤防(或大堤)的筑堤材料的抗冲强度,按相似原理求得模型的筑堤材料(模型沙),然后采用这种模型沙,塑造成模型,进行模拟试验。

黄河下游大堤的筑堤材料,主要是土壤或含有少量黏土的壤土。根据初步研究,这种壤土其抗冲流速,采用 $v_{01} = KC^n$ 计算较为合适。

式中　　v_{01}——筑堤材料的抗冲流速;

　　　　C——筑堤材料的黏聚力,与筑堤材料的含水率有关。

此项模型试验,必须对原型和模型筑堤材料的抗冲流速进行率定,当模型筑堤材料的抗冲强度与原型相似时,模型试验成果才能反映原型情况,否则模型试验成果是无实用意义的。

根据有关文献介绍,黄河大堤堤身多为砂壤土和粉细砂,少数为壤土和黏土。根据有关专家研究,壤土、砂壤土的抗冲流速可达 0.8~1.0m/s,因此有的技术人员认为,黄河床沙的起动流速为 0.8~1.0m/s。但必须指出,根据有关专家研究,沙壤土(包括黏性土)的抗冲流速与黏聚系数 C 有关,而 C 与土壤的含水率有关,当含水率变大后抗冲流速会变小。因此,砂壤土的抗冲流速,并不是常数,使用时,要考虑土壤的含水率的情况。

第八章　黄河下游动床模型试验实例

第一节　黄河下游东坝头至高村河段
动床模型设计和验证试验

黄河下游东坝头至高村之间的河道,在三门峡水库修建以前,河床散乱,支汊纵横,沙洲林立,主流迁徙无常,是典型的游荡型河道,这段河道,堤防质量很差,历史上经常决口,泛滥成灾,故有黄河"豆腐腰"河段之称。

人民治黄以来,采用宽河固堤与堤坝并举的治黄策略,修建了大量河道整治工程,确保堤防不再决口,为祖国的社会主义建设提供了可靠的保障。但是黄河泥沙问题没有彻底解决,下游河道的河床仍然不断淤积抬高,特别是 1958 年黄河下游滩区修筑生产堤以后,加之水沙条件不利,大量泥沙淤积在生产堤之间的河槽内,使这段河道逐步形成"槽高、滩低、堤根洼"的二级悬河(图 8-1),防洪问题仍然非常严峻。

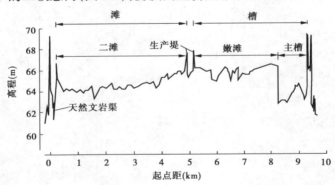

图 8-1　黄河下游游荡型河段典型断面图

因此,为了预估黄河下游发生特大洪水可能发生新的险情和谋求科学的防洪对策,1975 年以来,黄科院开展了黄河下游东坝头至高村河段的动床模型试验。

模型试验的主要任务是:

(1)研究黄河下游发生特大洪水时,利用渠村闸分洪的效果。

(2)研究发生大洪水和特大洪水时,这段河道发生滚河的可能性和应采取的对策。

(3)研究修建河道整治工程稳定河势的效果。

(4)研究人工淤滩刷槽的措施。

(5)研究小浪底枢纽建成后下泄清水,这段河道河床演变的趋势。

一、模型设计

(一)基本资料

东坝头至高村河段,河床平均比降 $J=0.000\,17$,河床组成 $D_{50}=0.08$mm,河道最大堤距达 25km,悬移质平均沉速 $\omega=0.14$cm/s(见表 8-1)。

表 8-1 原型洪水期悬移质颗粒级配

粒径 (mm)	0.15	0.10	0.075	0.05	0.025	0.015	0.01	0.005	沉降速度 ω_{cp} (cm/s)
小于某粒径 的沙重(%)	100	99.2	93	87	72.5	50	22	0	0.14

河道主槽的平均糙率 $n=0.009$,滩地平均糙率 $n'=0.03$,各级流量下的水力因子见表 8-2。

表 8-2 黄河下游某河段主槽水力因子

流量 (m³/s)	水深 (m)	流速 (m/s)	$Re=\dfrac{vH}{\nu}$	$Fr=\dfrac{v}{\sqrt{gH}}$
3 000	1.30	1.70	2 210 000	0.475
6 000	1.47	2.14	3 140 000	0.565
10 000	1.90	2.75	5 200 000	0.637
170 000	2.04	3.34	6 800 000	0.745

(二)模型设计原则

本模型试验是一个以悬沙运动为主的动床模型试验,应满足下列相似条件(按悬沙模型试验进行设计)。

(1)水流运动重力相似条件:

$$\lambda_v = \lambda_H^{0.5}$$

(2)水流运动阻力相似条件:

$$\lambda_v = \frac{\lambda_H^{2/3}}{\lambda_n}\lambda_J^{0.5}$$

$$\lambda_J = \lambda_H / \lambda_L$$

主槽动床阻力相似条件:

$$\lambda_n = (\lambda_{\gamma_s-\gamma}\lambda_D)^{1/6}\lambda_J^{1/3}$$

(3)悬沙运动相似条件:

$$\lambda_\omega = \lambda_v(\lambda_H / \lambda_L)^{0.5}$$

(4)底沙运动相似条件:

$$\lambda_D = \frac{\lambda_\gamma \lambda_H \lambda_J}{\lambda_{\gamma_s-\gamma}}$$

(5)水流挟沙能力相似条件：

$$\lambda_S = \frac{\lambda_v^3}{\lambda_g \lambda_H \lambda_\omega}$$

(6)河床冲淤过程相似条件：

$$\lambda_{t_2} = \frac{\lambda_{\gamma_0}}{\lambda_p} \lambda_{t_1}$$

根据实验室的可用面积和原型河道的平面形态。取 $\lambda_L = 1\,000$，按 $e = \lambda_L^{1/3}$，求得 $e = 10$，$\lambda_H = \frac{\lambda_L}{e} = 100$，$\lambda_v = \lambda_H^{0.5} = 10$，$\lambda_\omega = \lambda_v \left(\frac{\lambda_H}{\lambda_L}\right)^{0.5} = 3.14$，即要求模型沙的平均沉速 $\omega_m = \frac{0.14}{3.14} = 0.044\,6\text{cm/s}$。而已有的模型沙(煤灰)的平均沉速 $\omega_m = 0.053\,3\text{cm/s}$(见表 8-3)，大于该模型设计要求的 ω 值(0.044 6cm/s)，故需修改模型垂直比尺(允许 $e = \lambda_L^{1/3}$ 有稍微偏离)，设 $\lambda_H = 80$，仿照上述计算步骤，求得 $\lambda_v = 8.94$，$\lambda_J = 0.08$，$\lambda_\omega = 2.53$，$\lambda_D = 4.42$，要求模型沙的沉速 $\omega_m = \frac{0.14}{2.53} = 0.055\,3\text{cm/s}$，与已有模型沙的沉速($\omega_m = 0.053\,3\text{cm/s}$)基本接近。

表 8-3　　　　　　　　　　　**火电厂煤灰颗粒组成及特征值**

项目	小于某粒径的百分数(%)								ω (cm/s)	γ_s	γ_0	v_0 (cm/s)
	0.15	0.10	0.07	0.05	0.025	0.015	0.01	0.005				
数值	100	99	97	93	80	48	20	0	0.053 3	2.17	1.0	13

此外，根据 λ_D 可以求得模型床沙 $D_{50} = \frac{0.08}{4.42} = 0.018\text{mm}$，与已有模型沙(煤灰)的 D_{50}(0.017mm)基本接近，说明在此模型试验中，若采用这种煤灰做模型沙，既能基本满足悬沙运动相似条件，又同时可以满足底沙运动相似条件，因此在本模型试验中，可以采用此种煤灰做模型沙。

经过全面计算，求得模型各项比尺和各项基本特征值见表 8-4 和表 8-5。

表 8-4　　　　　　　　　　　　　　　**模型比尺**

名　称	符　号	比　尺	计算公式
水平比尺	λ_L	1 000	
垂直比尺	λ_H	80	
流速比尺	λ_v	8.94	$\lambda_v = \lambda_H^{1/2}$
流量比尺	λ_Q	71.55×10^4	$\lambda_Q = \lambda_L \lambda_H \lambda_v$

名 称	符号	比 尺	计算公式
比降比尺	λ_J	0.08	$\lambda_J = \dfrac{\lambda_H}{\lambda_L}$
糙率比尺	λ_n	0.585	$\lambda_n = \dfrac{\lambda_H^{1/6}}{\lambda_v}(\lambda_H \lambda_J)^{1/2}$
悬沙沉速比尺	λ_ω	2.53	$\lambda_\omega = \lambda_v \left(\dfrac{\lambda_H}{\lambda_L}\right)^{1/2}$
底沙粒径比尺	λ_D	4.42	$\lambda_D = \dfrac{\lambda_\gamma \lambda_H \lambda_J}{\lambda_{\gamma_s - \gamma}}$
水下淤积物干容重比尺	λ_{r_0}	1.35	
水下淤积物浮容重比尺	$\lambda_{\gamma_s - \gamma}$	1.45	
含沙量比尺	λ_S	3.53*	$\lambda_S = \dfrac{\lambda_v^3}{\lambda_H \lambda_\omega}$
时间比尺	λ_{t_2}	42.78	$\lambda_{t_2} = \dfrac{\lambda_{r_0}}{\lambda_S}\lambda_{t_1} = \dfrac{\lambda_{r_0}}{\lambda_S}\dfrac{\lambda_L}{\lambda_v}$

表 8-5   **模型特征值**

流 量		水深 (cm)	流速 (cm/s)	雷诺数 $Re = \dfrac{vH}{\nu}$	佛氏数 $Fr = \dfrac{v}{\sqrt{gH}}$
原型(m³/s)	模型(L/s)				
3 000	4.18	1.62	19.1	3 240	0.475
6 000	8.36	1.84	24.9	5 350	0.565
10 000	14.0	2.37	30.7	8 450	0.637
17 000	23.8	2.55	37.4	12 440	0.747

二、验证试验

在进行模型正式试验之前,为了检验模型与原型在水流运动和河床冲淤及河床演变等方面的相似性,曾经采用 1958 年 7 月洪水期和 1976 年汛期的水沙条件进行了验证试验,见表 8-6、表 8-7。

1958 年 7 月洪水过程,从 7 月 16 日至 22 日共 7 天,夹河滩站(模型进口)起始流量为 4 710m³/s,最大日平均流量为 17 400m³/s,落峰最小流量为 5 230m³/s。七天洪水总量 61 亿 m³,输沙总量 5.47 亿 t,最大含沙量 126kg/m³,最小含沙量 37kg/m³,平均含沙量为 90kg/m³。

表 8-6

模型验证试验放水过程(1958 年 7 月洪水)

序 号	放水持续时间(min)	流量		含沙量(kg/m³)	
		原型(m³/s)	模型(L/s)	原型	模型
1	34	3 460	4.85	39.0	7.80
2	34	2 740	3.82	45.2	9.04
3	34	4 710	6.57	86.5	17.3
4	34	7 030	9.83	112	22.4
5	34	17 400	24.3	126	25.2
6	34	16 290	22.75	90.6	18.12
7	34	12 900	18.0	72.5	16.5
8	34	7 080	9.9	49.7	9.94
9	34	5 230	7.45	37	7.40
10	34	4 920	6.86	33.5	6.70
11	34	4 640	6.46	32.0	6.40

表 8-7

模型验证试验放水过程（1976 年洪水型）

序 号	试验历时(min)	原型流量 Q_p (m³/s)	原型含沙量 S_p (kg/m³)	模型流量 Q_m (L/s)	模型含沙量 S_m (kg/m³)
1	180	2 690	12.7	3.76	3.18
2	252	2 050	17.0	2.86	4.25
3	72	3 790	30.6	5.28	7.66
4	216	2 570	41.5	3.58	10.35
5	144	1 980	31.4	2.76	7.86
6	324	2 860	24.0	3.99	6.00
7	144	4 500	41.8	6.28	10.45
8	36	5 900	34.6	8.24	8.65
9	36	7 620	39.8	10.6	9.95
10	72	8 725	40.7	12.2	10.20
11	72	7 995	36.4	11.1	9.10
12	36	8 830	51.6	12.3	12.9
13	36	8 500	45.9	11.9	11.50
14	36	7 480	39.1	10.4	9.77
15	36	5 930	36.3	8.28	9.09
16	36	5 110	32.6	7.14	8.16
17	612	4 370	24.7	6.1	4.66
18	684	2 590	18.6	3.62	3.74
19	72	2 035	15.1	2.04	3.10
20	720	1 457	12.4	1.27	2.11

注:①以 1976 年 7 月 20 日为开始条件;②$\lambda_S = 4$,$\lambda_t = 40$。

表 8-8 和表 8-9 是验证时段内,这段河道的冲淤情况及排沙百分比。从表 8-8 可以看出,在验证时段内,原型的排沙比为 65.1%,模型的排沙比亦为 65.1%;从表 8-9 看出,原型河槽冲刷 0.258 亿 m³,滩地淤积 1.368 亿 m³;模型河槽冲刷 0.100 亿 m³,滩地淤积 1.454 亿 m³。说明模型的冲淤过程和冲淤分布与原型基本上是相似的。

表 8-8 　　　　　　　　　　　　　　　　模型与原型排沙比对比

试验日期 （日／月）		16/7	17/7	18/7	19/7	20/7	21/7	22/7	时段内 平均
排沙比 （%）	原型	65.5	56.5	48.0	56.5	89.0	123	136	65.1
	模型	46.6	51.5	65.7	74.1	105.5	129	102	65.1
流量(m³/s)		5 450	7 100	18 600	16 250	13 200	7 200	5 170	

表 8-9 　　　　　　　　　　　　　　　　模型与原型冲淤量对比

河 段	冲淤量(亿 m³)			
	模 型		原 型	
	河槽	滩地	河槽·	滩地
东坝头至高村	−0.100	+1.454	−0.258	+1.368

注:"+"淤积,"−"冲刷。

这场洪水,共分七级流量,峰前三级,峰后四级,从整个洪水过程的水面线验证资料看(见图 8-2),模型试验段内,有两个水位站断面可供对比,即石头庄断面和高村断面。其中石头庄断面 1958 年洪水期的水位—流量关系是一条单一的关系曲线(见图 8-3);高村断面水位—流量关系是一个顺时针方向的绳套关系曲线。这种现象在模型验证试验中都得到了重演,说明模型和原型的水位—流量关系也基本上是相似的(见图 8-3)。水面线也基本相似(图 8-2)。

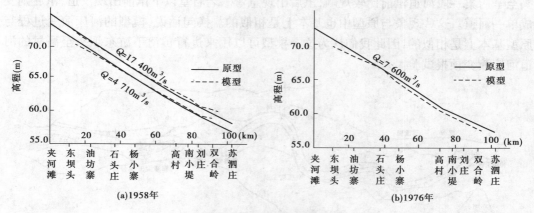

图 8-2 　验证试验水面线图

1958 年,原型东坝头至杨小寨,河势比较散乱,杨小寨以下比较规顺;模型验证试验的结果亦基本相似(见图 8-4)。

图 8-5～图 8-7 是模型和原型 1976 年汛前、汛后河势图。从图上可以看出,模型东坝

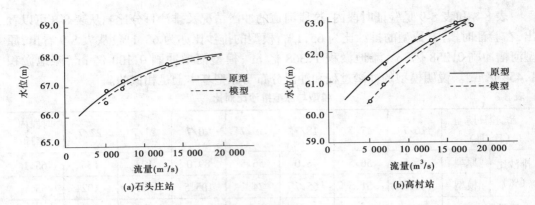

(a)石头庄站   (b)高村站

图 8-3　验证试验水位—流量关系图

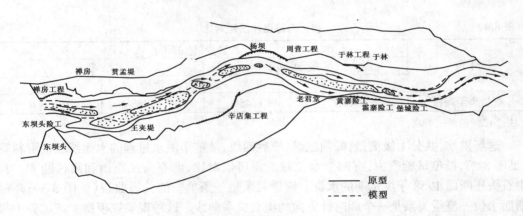

图 8-4　验证试验河势图(1958 年)

头至辛店集一段河道汛前比较规顺,汛后出现急弯。老君堂以下汛前出现汊道,汛后则变成单一河道。这些现象与原型中也基本上是相似的。换句话说,模型的河床演变过程与原型基本上是相似的,因此我们认为这个模型可以用来进行黄河下游东坝头至高村的河道河床演变预报试验。

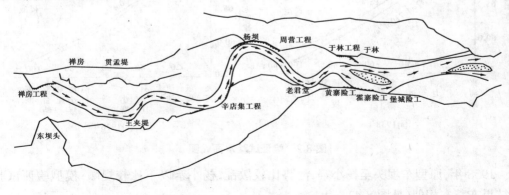

图 8-5　验证试验原型和模型汛前河势图(1976 年)

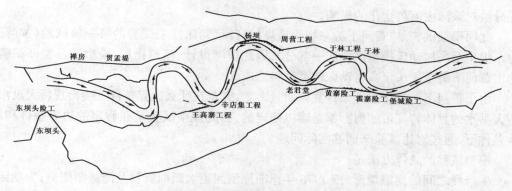

图 8-6　验证试验原型汛后河势图(1976 年)

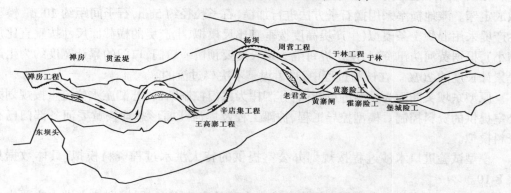

图 8-7　验证试验模型汛后河势图(1976 年)

第二节　黄河下游渠村闸分洪动床模型试验

一、试验概况

　　1975 年 8 月淮河发生特大洪水之后,我国许多专家认为,这场洪水如果发生在黄河流域,经黄河干支流水库调蓄之后,到达黄河花园口的洪峰流量仍可能达到 46 000m³/s,夹河滩的洪峰流量可达 32 750m³/s。

　　黄河下游河床平面形态上宽下窄,排洪能力上大下小,如果出现这样的特大洪水,下游河道是无法完全容纳宣泄的,在小浪底枢纽未修建的情况下,需要采取分洪措施来确保下游河道安全度汛。北金堤滞洪区的渠村分洪闸就是防御这类特大洪水而修建的防洪工程,设计分洪流量为 10 000m³/s,当预报花园口流量大于 22 000m³/s 时,立即开闸分洪,就可以解决下游洪水的威胁。

　　渠村闸位于黄河下游典型游荡型河段,河床极不稳定,而且淤积严重,分洪对这段河道的河床演变(包括河床冲淤和河势变化)会带来怎样的影响,通过分洪能否降低该河段的洪水位等,都是令人担心的问题。为此,1975 年黄科院在室内开展了渠村闸分洪模型试验,通过试验论证:①渠村闸分洪降低洪水位的作用;②分洪对该河段河床冲淤的影响;

③分洪对该河段河势变化的影响。

此项模型试验是"黄河下游东坝头至高村河段"动床模型试验的第一项试验(黄河下游东坝头至高村动床模型试验的一部分),因此模型设计、模型比尺、模型沙及验证试验,均由黄河下游东坝头至高村动床模型试验完成。

由于黄河下游河床边界条件复杂而且多变,究竟在什么边界条件下会出现特大洪水?特大洪水的具体特征值如何?都是难以确定的,因此此项试验是在假定的边界条件和水沙条件下,通过对比试验来回答实际问题。

模型试验的具体方法是:

生产堤之间的河道地形,按1976年汛前原型河道大断面资料及河势图塑造,为动床。生产堤以外的滩地采用1969年地形图,并考虑1969~1976年漫滩淤积情况,进行模拟,做成定床。滩地糙率采用摆石子方法进行加糙,石子粒径约5cm,石子间距约10cm,模型生产堤采用混凝土条模拟(生产堤高度按垂直比尺模拟,生产堤的横截面尺寸按垂直比尺缩小),根据黄河防汛资料,生产堤每隔一定长度要预留一口门,口门的累计宽度约为生产堤累计长度的20%。在试验过程中,贯孟堤是不决口过流的。

原型东坝头断面为模型进口断面,苏泗庄为尾门控制断面,苏泗庄水位流量按规划办公室提供的资料控制。模型控导工程、护滩工程及堤河断面形态均按黄委河务部门已有资料模拟。

模型试验进口水沙过程按规划办公室提供的特大洪水过程资料模拟,具体数据见表8-10。

模型进口的来流方向采用东坝头主流走中路的来流方向,即模型特大洪水主要由主槽下泄,滩地过流小于全断面过流量总量的30%。

在试验过程中,渠村闸各级流量的分流数值,以规划办公室提供的资料为依据(见表8-10)。

表8-10 模型试验渠村闸分洪流量过程

原型日期		18 日	19 日	20 日	21 日	22 日	23 日	24 日	25 日	26 日	27 日	28 日	29 日
洪峰流量	Q_λ (m³/s)	32 750	26 200	22 400	15 600	11 100	11 000	10 800	9 910	10 300	11 600	8 400	7 700
分洪流量	Q(设计值)	7 900	9 025	7 517	6 932	5 462	4 170	3 780	3 440	2 858	3 792	3 958	1 408
(m³/s)	Q(试验值)	8 000	6 950	6 550	5 600	4 300	4 350	3 850	3 400	2 900	3 750	3 400	1 450

根据黄河下游洪峰传播历时资料的统计分析,黄河下游夹河滩至高村,大洪水的洪峰传播历时一般为25h左右(见表8-11)。

表8-11 黄河下游夹河滩至高村河段洪峰传播历时统计

日期 (年·月)	洪峰流量 (m³/s)	传播历时 (h)	日期 (年·月)	洪峰流量 (m³/s)	传播历时 (h)
1954.8	15 000	10	1976.8	9 210	56
1957.7	1 300	23	1977.8	10 800	25
1958.8	12 300	14.5	1982.8	15 300	26

这次分洪试验,模型时间比尺 $\lambda_{t_2}=42$,即模型洪峰由夹河滩(模型进口)传播至高村的历时为 $25/42\approx0.6(\text{h})=36\text{min}$。

为了在模型试验中观测到各级流量比较稳定的水面线(即比较稳定的沿程水位值),每级流量的放水持续历时,必须大于 36min。因此,此次模型试验,每级流量放水持续历时定为 40min。并且规定各级流量放水 2min 时,观测第一次水位,然后每隔 5min 观测一次水位,以第 37min 观测到水位为稳定水位,作为绘制各级流量水面线的基本资料。

二、模型试验成果的初步分析

此项模型试验,自 1975 年开展以来,共进行了三年(1976 年、1977 年和 1978 年)。三年来,各阶段试验主持者,都编写了各自不同的试验报告。每个报告,各有各的特点,本书不作评述,本书根据著者收集到的部分试验成果就该试验的主要技术问题,进行补充分析,以资同仁商榷。

(一)渠村闸分洪对降低该河段洪水位的作用

前文已经谈到,此项模型试验的中心任务是:①通过模型试验,探讨渠村分洪降低该河段洪水位的效果(即渠村闸分洪能不能达到降低洪水位的目的);②渠村分洪会不会引起该河段的河势剧变,出新险,给防洪抢险增加新的困难。这两个问题,是治黄工作者非常关心的问题。特别是水位变化,关心的人更多。因为防汛快报首先是报水位,不报河势变化。因此,我们也先讨论分洪对降低水位的效果问题。

在定床模型试验中,分洪以后,大河的水位随之降低,这是毫无疑问的。但是在动床模型试验中,分洪以后,会引起河势巨变和口门下游河床淤积加剧,以及水位上升。因此,分洪对水位影响如何? 需要用动床模型试验资料进行论证。

论证的方法有二:①对比分洪和不分洪时的洪峰沿程水位;②对比分洪与不分洪典型断面的水位过程线。

表 8-12 和表 8-13 是模型试验渠村闸分洪与不分洪河道水位对比表。

表 8-12 　　　　　　　　　　模型试验沿程洪峰水位统计

位置	洪峰水位(m)									
断面号	1号进口	20号石头庄	32	34	36	38	40	45	48	53
分洪	74.10	68.89	65.64	65.17	64.55	64.40	63.79	62.77	62.21	62.06
不分洪	74.10	69.48	66.60	66.15	65.73	65.35	64.45	63.40	62.77	61.66
ΔH	0	0.59	0.96	0.98	1.18	0.95	0.66	0.63	0.56	0.60

注:ΔH 为分洪和不分洪的水位差。

图 8-8 和图 8-9 是模型试验渠村闸分洪与不分洪沿程水位对比图和典型断面水位过程线对比图。

在流量为 24 510m³/s 时,由表 8-12、表 8-13 和图 8-8、图 8-9 可以看出,分洪以后,高村典型断面的洪峰水位比不分洪的洪峰水位降低 0.66m,其他各站分洪后的洪峰水位比不分洪的洪峰水位也都有不同程度的降低,说明在河床冲淤变化大的河段内,即使河床极不稳定,河势多变,但分洪以后,降低水位的作用仍然是明显的。

表 8-13

原型日期	分洪时				不分洪	
（月·日）	$Q_夹$ (m³/s)	$Q_分$ (m³/s)	$Q_高$ (m³/s)	$H_高$ (m)	$H_高$ (m)	ΔH (m)
7.16	8 520	0	8 520	62.91	63.07	0.16
7.17	14 230	0	14 230	63.38	63.61	0.23
7.18	32 510	8 000	24 510	63.79	64.45	0.66
7.19	26 610	6 950	19 660	63.59	63.97	0.38
7.20	22 620	6 550	16 070	63.57	63.76	0.19
7.21	15 670	5 600	10 070	63.14	63.27	0.13
7.22	11 190	4 300	6 890	62.61	62.89	0.28
7.23	11 130	4 350	6 780	62.68	62.87	0.19
7.24					62.73	63.01	0.28
7.25					62.66	62.91	0.25
7.26					62.81	63.02	0.21
7.27					62.97	63.22	0.25
7.28					62.63	62.80	0.17
7.29							

模型试验高村(CS40)水位过程统计

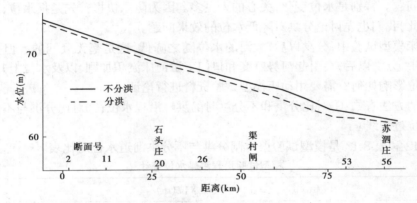

图 8-8　沿程水面线对比图

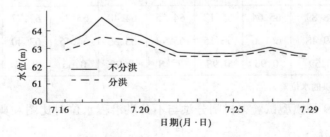

图 8-9　高村水位过程线对比图

(二)分洪对河势变化的影响

黄河下游是河床极不稳定的冲积性河道,在历史上堤防出险溃决,并不都是因为洪水位高而引起,在很多情况下,是由于河势变化、主流顶冲堤防的薄弱河段而引起的。因此,模型试验的第二大任务是研究渠村闸分洪对河势变化的影响。

黄河下游的河势变化与来水来沙条件和流路有密切关系,而发生特大洪水时的来水流路是难以预报的。因此,此次模型试验要严格地预测分洪以后这段河道会发生怎样的河势变化是困难的。只能选定一种边界条件和一种来水来沙条件及来流条件,采用对比分析的方法来探讨分洪对河势变化的影响。

前面已经谈到,从1975年至1978年,共进行了三次洪水模型试验,每次试验都采用相同的边界条件和水沙条件进行了分洪与不分洪对比试验,从三次试验成果的综合分析得知,分洪对这段河道河势变化的影响还是不小的。其变化主要有:

(1)分洪以后,渠村分洪闸以上的河道,发生溯源冲刷,主槽向窄深方向发展,河势流路逐渐趋直,其中辛店集下首发生切滩现象,河势流路逐渐趋直。

(2)由于主槽向窄深方向发展,辛店集、周营等控导工程水深和流速均增大。

(3)由于河势流路趋直,周营工程的控导作用减弱,老君堂河势流路下挫,老君堂以下出现心滩,榆林以下边滩淤积扩宽,迫使榆林以下主流居中,河道工程脱溜(图8-10和图8-11)。

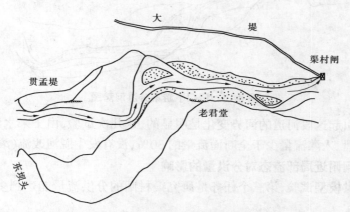

图 8-10　口门上游分洪河势图

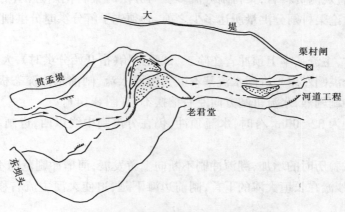

图 8-11　口门上游不分洪河势图

(4)由于河道工程脱溜,加上渠村闸分洪吸流作用,使青庄工程挑流作用减弱,主流直逼青庄工程边滩,抄南小堤上延工程后路,在南小堤工程下首形成两股水流,左股水流逐渐扩大,大于右股(原主流),高村、刘庄以下的工程河势下挫(图8-12和图8-13)。

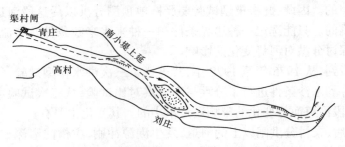

图8-12 口门下游分洪河势图

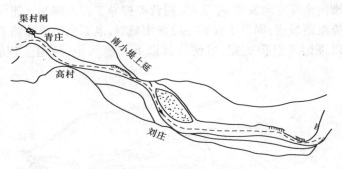

图8-13 口门下游不分洪河势图

说明分洪引起这段河道的河势变化是明显的,这几次试验,由于来水流路居中,大量洪水由主槽下泄,入滩流量少于全断面流量的30%,没有发生脱河改流(滚河)现象。

(三)渠村闸附近局部流态对分洪量的影响

渠村闸分洪模型试验,第三个任务是研究渠村闸的分洪流量能达到多少? 能不能达到10 000m³/s?

从模型试验观测资料看,渠村闸分流多少与分洪时渠村闸附近的河势流态有密切关系。因此,在讨论渠村闸分洪量所达多少之前,必须先了解分洪时分洪闸前的局部河势流态的变化情况。

(1)大水时,主流基本上顶冲青庄险工,试验开始(指开始分洪时),大河主流顶冲分洪闸中线以西(分洪闸左岸),进闸水流基本上为漫滩水流,闸前水流流态极不稳定,水位时升时降,溯源冲刷剧烈,水流进闸方向左右摇摆不定(图8-14)。

(2)当流量为32 500m³/s时,水流顶冲,仍在分洪闸中线以西,进闸水流仍以漫滩水流为主。

(3)随着试验历时的增加,溯源冲刷不断向上游发展,河槽冲刷范围不断上延,从河槽冲起的部分泥沙淤在长垣大滩的下首,闸前边滩下延,迫使大河主流右移,水流进闸方向左移(图8-15)。

(4)随着溯源冲刷部位上延,闸前水流流态逐渐平稳。

(5)渠村闸闸室总宽749m,共56孔,每孔宽12m,最高洪水位(闸前水位)63.65m(黄

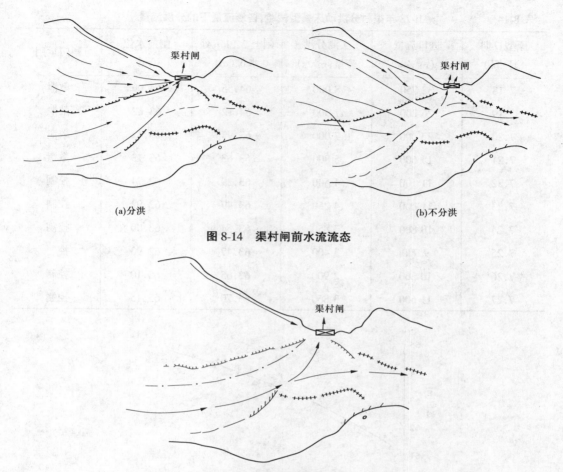

(a)分洪 (b)不分洪

图 8-14 渠村闸前水流流态

图 8-15 渠村闸前主流变化

河),闸门全开泄量为 10 000m³/s(指 1975 年地形条件)。

根据水工模型试验得知,闸前水位 64.45m(大沽)时,分洪量为 9 400m³/s;闸前水位 63.65m 时,分洪流量为 7 400m³/s;闸前水位为 63.86m 时,分洪流量为 8 000m³/s。1977 年试验闸前水位 64.10m,分洪流量为 8 700m³/s。1978 年模型试验各级分洪流量见表 8-14。

图 8-16 是根据表 8-14 资料绘制的。由图 8-16 可以看出,当闸前水位达到 64.65m 时(指 1975 年地形)分洪流量基本上接近 10 000m³/s。因此,我们认为,渠村分洪闸在特大洪水的水位达到 64.65m 时,分洪流量达到 10 000m³/s 左右是有可能的。

(四)分洪对河道冲淤变化的影响

在河床冲淤变化剧烈的河流上进行分洪,对河道冲淤变化会带来怎样的影响,也是水利工作者普遍关心的课题。为了及早了解分洪对河床冲淤变化的影响,于 1977 年 8 月 6 日和 8 月 14 日,采用 1958 年大水过后地形,进行了分洪与不分洪对比试验,表 8-15 是该试验实测河道冲淤量成果。

表 8-14			1978 年渠村分洪动床模型试验，各级流量下的分洪流量		
原型日期 （月·日）	进口流量 （m³/s）	实测分洪 流量（m³/s）	闸上 2.2km 处 水位(m)	闸前水位 （m）	闸门运用
7.18	32 750	8 000	64.55	64.00	敞泄
7.19	26 200	7 500	64.12	63.62	敞泄
7.20	22 400	7 000	63.97	63.42	敞泄
7.21	15 600	5 800	63.63	63.13	敞泄
7.22	11 100	4 500	63.29	62.74	控制
7.23	11 000	4 250	63.47	62.92	控制
7.24	10 800	3 850	63.54	63.00	控制
7.25	9 900	3 400	63.47	62.90	控制
7.26	10 360	2 900	63.65	63.10	控制
7.27	11 600	3 850	63.70	63.15	控制

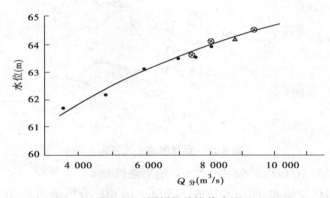

图 8-16 渠村闸分洪能力图

表 8-15		渠村分洪模型试验河道冲淤量对比							（单位：$\times 10^6 \text{m}^3$）
河 段		口门以上				口门以下			累计
		1～11	11～20	20～26	26～40	40～45	45～53	53～56	
分洪	滩地	18.3	62.9	47.3	46.1	9.8	43.7	55.0	283.1
	主槽	38.8	60.0	14.8	17.9	2.29	17.4	12.8	164
	全断面	57.1	122.9	62.1	64.0	12.09	61.1	67.8	447.1
不分洪	滩地	10.6	28.8	27.2	40.8	9.6	35.1	54.3	206
	主槽	24.1	50.8	35.4	65.3	3.6	23.2	20.0	222.5
	全断面	34.7	79.6	62.6	106.3	13.3	58.3	74.3	429

由表 8-15 得知,在 1958 年洪水过后的地形条件下,发生特大洪水,渠村闸若不分洪,则口门以上(渠村闸至东坝头)的河道泥沙淤积量可达 1.06 亿 m³;若及时开闸分洪,则相应河段的淤积量减少为 0.64 亿 m³。但口门以下的河道,不管渠村分洪与不分洪,河道淤积量相差较小。说明渠村分洪对口门以上的冲淤变化的影响是非常显著的。

必须指出,在泥沙淤积问题没有彻底解决之前,黄河下游的河床是逐步淤积上升的。为了了解地形淤高后对分洪的影响,1978 年采用 1976 年汛前实测大断面资料(考虑河势影响),再一次进行渠村闸分洪模型试验,试验方法,除地形条件与首次试验不同外,其他试验条件均与首次试验基本相同。表 8-16 是 1978 年模型试验河道冲淤情况统计表。

表 8-16　　　　　　　　　　渠村闸分洪试验河道冲淤量对比　　　　　　　　(单位:亿 m³)

试验日期	分洪状况	口门上游 CS2～CS36			口门下游 CS38～CS53		
		滩	槽	全断面	滩	槽	全断面
9 月 15 日	不分洪	1.88	0.382	2.26	1.07	-0.23	0.84
11 月 10 日	分洪	1.28	-0.64	0.68	1.07	-0.016	1.05

从表 8-16 可以看出,在 1976 年汛前地形条件下,发生特大洪水渠村闸若不分洪,则渠村闸上游(从东坝头至渠村)河道的淤积量可达 2.26 亿 m³;若渠村闸及时开闸分洪,则从东坝头至渠村之间的河段的淤积量可减少到 0.68 亿 m³。渠村下游从渠村至连山寺的河道,淤积量为 1.05 亿 m³,比不分洪时多淤 0.2 亿 m³ 左右。试验充分说明,发生特大洪水时,渠村闸分洪对渠村闸上下游河道的冲淤变化的影响是相当显著的。

必须指出,两次分洪试验(指 1977 年进行的首次分洪试验和 1978 年进行的再次分洪试验)均对渠村闸上下游河道的冲淤变化产生剧烈的影响,即通过分洪试验均使其口门以上河道淤积减少,使口门以下河道淤积微增。因此,总的说来,两次分洪试验,对河道冲淤变化所起的主要作用是基本一致的。但是由于两次试验的河床边界条件不同,因而两次试验对河床冲淤影响的程度则有所差异。1977 年首次试验是在 1958 年大洪水过后的地形条件下进行的,1958 年洪水后的地形、河床较低,河槽较大较深,平滩流量(指试验河段)一般为 7 500～8 000m³/s。1978 年分洪试验是在 1976 年汛前的地形条件下进行的,该地形河床较高,河槽较 1958 年的浅,平滩流量(指试验河段)约 6 000m³/s。从两次试验还可看出,分洪的效果与边界条件有关,1958 年河床低于 1976 年,分洪效果比较显著。

众所周知,河床发生溯源冲刷时,河床高的冲刷效果比河床低的冲刷效果好。因此,再次分洪试验,口门上游河槽的冲刷量大于首次试验河槽的冲刷量,这是符合河床冲淤规律的。

此外,首次试验河槽平滩流量已达到 8 000m³/s,在特大洪水过程中,再增大河槽的可能性较小;而再次试验,试验段的平滩流量仅 6 000m³/s,在特大洪水期,增大河槽平均流量的可能性较大,因此再次试验分洪闸上游河道的河槽漫滩流量都由 6 000m³/s 增至 8 000m³/s 左右,这也是符合客观规律的。换句话说,无论是进行分洪试验,或者是采用分洪试验成果来指导黄河下游的防洪工作,都必须注意河床边界条件对分洪效果的影响,决不能盲目试验,更不能机械地采用试验成果。

第三节　黄河下游游荡型河段河道整治动床模型试验

黄河下游东坝头至高村河段,是典型的游荡型河道,在历史上经常决口,给沿河两岸人民带来很大的灾难。三门峡水库投入运用后,特别是 1976 年以后,沿河两岸滩地修筑了生产堤和不少护滩工程(控导工程),这段河道的主流摆动幅度和摆动强度都有所减小,河势流路逐步规顺。但当前这段河道的控导工程布置形式还不够理想,有的控导工程还没有起到应有的控导作用。因此,只要上游河道的来水方向略有变化,或流量稍有增大,都有可能引起这段河道的河势变化,还会给防洪抢险带来不少困难。

为了进一步整治这段河道,逐步稳定河势流路,为防洪抢险创造有利条件,黄委工务处委托我们进行河道整治动床模型试验。

试验主要任务是根据委托单位所提供的试验条件,进行模型试验,通过试验,检验委托单位提出的这段河道中水河槽整治工程布置的合理性。

一、试验条件

模型地形、地貌以及大堤、生产堤,各项工程均按 1958 年或 1976 年的 1/50 000 地形图和 1/10 000 地形图配合模拟。河槽地形分三种情况模拟:

(1)验证大水河床演变时,按 1958 年大水前的大断面资料和河势资料模拟。

(2)验证中水河床演变时,按 1976 年汛前大断面资料和河势资料模拟。

(3)正式试验时,按 1979 年汛后大断面资料和河势资料模拟。

在试验河段内,控导工程共 10 处,它们是禅房工程、王夹堤工程、大留寺工程、辛店集工程、周营工程、老君堂工程、于林工程、堡城工程、河道工程、青庄工程。

试验河段,河床平均比降 $J=0.000\ 17$,河床质 $D_{50}=0.08\sim0.10$mm,主槽糙率 $n=0.009$,平滩流量 $Q=6\ 000$m³/s,平均水深 1.47m,平均流速 $v=2.14$m/s,悬移质中值粒径 $d_{50}=0.023$mm。

二、模型设计原则

此项模型试验是研究黄河下游东坝头至高村河段的河道整治问题的动床模型试验,是黄河下游东坝头至高村河床演变动床模型试验的一部分。故其设计原则与东坝头至高村河段河床演变动床模型设计原则相同,此处不再重述。

三、模型比尺和模型沙的选择

由于模型设计原则和试验河段均与河床演变动床模型一致,因此模型比尺、模型沙与河床演变动床模型相同。

四、验证试验

黄河下游东坝头至高村河段河床演变动床模型试验,已进行验证试验,通过试验证明,模型水流运动和泥沙运动均与原型是相似的,因此本模型试验不再进行验证试验。

五、预备试验(辅助试验)

由于动床模型试验的复杂性,在进行模型试验的同时,往往要进行各种预备试验和辅助试验(例如模型沙的起动条件试验、沉降速度试验、水流挟沙能力试验、糙率试验、加糙方法试验等)。由于这些预备试验是普遍应用的一般试验,在本书的有关章节已有论述,在此不再赘述。

在此,我们着重介绍进行黄河下游游荡型河道整治试验时,我们进行的特殊的辅助试验。

(一)水流动力轴与流量关系试验

试验方法是在实验室内做一个定床弯曲型水槽($J_0 = 0.001$),用不同流量进行试验,观测不同流量下的水流运动动力轴的变化情况,并测量其弯曲半径。试验成果见图8-17。

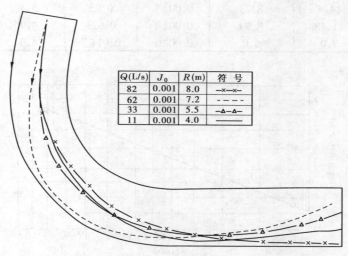

Q(L/s)	J_0	R(m)	符 号
82	0.001	8.0	—×—×—
62	0.001	7.2	- - - -
33	0.001	5.5	—△—△—
11	0.001	4.0	———

图 8-17 模型试验水流动力轴变化图

(二)不同流量形成的自然河湾试验

东坝头至高村动床模型做好后,将禅房下首的河岸做成干容重 $\gamma_0 = 0.8 t/m^3$ 的疏松河岸,先用大流量进行坍岸淘刷河岸试验,让水流形成新的河湾(图8-18),将测得的新的河岸线绘在图纸上,并量出其弯曲半径 R_1 值,然后改变流量(将流量减小)继续试验,待模型淤积新河湾达到稳定后,测量新河湾尺寸(新河岸线)获得 R_2。以此类推,将流量进一步缩小,进行淤积造湾试验,获得 R_3,R_4,…,R_n(表8-17)。

每级流量试验的历时为 12h 左右(相当于原型 15 天左右)。

根据表 8-17 的试验资料,我们点绘了河湾半径 R 与流量、比降的相关图(见图8-19)。

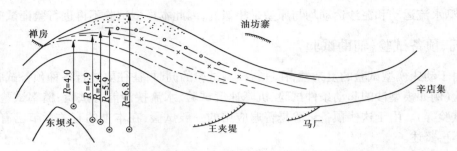

图 8-18　自然河湾形成过程试验图(单位:m)

表 8-17　　　　　　　　　　　　　　　　　　　**自然河湾半径试验成果**

试验日期 (年·月·日)	流量(L/s)	含沙量(kg/m³)	比降	QJ	河湾半径(m)	图 8-18 中符号
1981.07.30	26.5	25.0	0.002 1	0.055	6.8	——
1981.07.31	15.8	11.2	0.002 1	0.033	5.9	—○—
1981.08.01	14.4	8.73	0.002 1	0.03	5.4	—×—
1981.08.02	11.18	8.99	0.002 1	0.023	4.9	– – –
1981.08.03	7.0	5.0	0.002 1	0.014 7	4.0	–·–

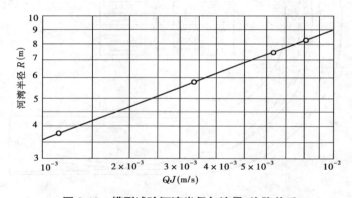

图 8-19　模型试验河湾半径与流量、比降关系

由图 8-19 得模型河湾半径与流量、比降的相关关系式为:

$$R = 2.2(QJ)^{0.4} \tag{8-1}$$

换算成原型,得原型河湾半径与流量、比降的关系式为:

$$R_{原} = 4.20(QJ)^{0.4} \times 1\,000 \tag{8-2}$$

此外,根据模型试验资料与原型观测资料的综合分析,黄河下游控导工程的挑溜长度与控导工程的长度有密切关系,它们之间的关系可以用下式表示:

$$l = 2.10R\left(\frac{1}{\sin\dfrac{5.73\Delta l}{R} - \tan\dfrac{5.73\Delta l}{R}}\right) \tag{8-3}$$

式中　l——工程挑溜长度,m;

　　　R——弯曲半径,m;

Δl——控导工程的有效弧长,m。

验证结果见图8-20。

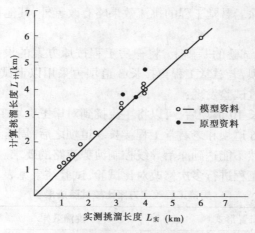

图8-20　挑溜长度关系验证

六、正式试验

模型验证试验和辅助试验结束后,根据1979年的统测大断面资料,重新塑造模型水下地形(包括主槽和嫩滩),并按黄委工务处提出的该河段河道整治原方案在模型上布置了控导工程,然后用流量2 000～8 000m³/s进行试验,检验该河道整治工程布置的合理性。

(一)模型试验

通过试验发现:

(1)在流量为5 000m³/s的情况下,该方案的禅房工程的长度偏短,不能按原方案的要求将主流控导入王夹堤工程的弯道内。

(2)在大多数情况下,主流离开禅房工程后,顶冲王夹堤下首工程第18号坝至22号坝,不能将主流挑入大留寺工程的弯道内,有时在王高寨的对岸形成微弯,然后折向辛店集控导工程。

(3)有时,王夹堤工程挑流至大留寺工程的下首工程,冲刷该工程下首的嫩滩,然后折向辛店集控导工程。

(4)周营工程改建后(工程的下首工程比原工程前进200m),下首的边滩淤宽200余米,主流直接顶冲对岸老君堂工程的下首工程第22～31号坝,与原方案的要求相差很远。

(5)由于老君堂工程的着流位置偏下,挑溜效果很差,不能将主流挑入对岸于林的弯道内。

(6)在流量小于2 000m³/s的情况下,这段河道许多工程之间,又出现小弯。

总之,试验证明,东坝头至高村河段按原方案进行整治,其效果是不够理想的。

(二)修改方案试验

经与委托单位的同志共同研究,决定将王夹堤工程的下首工程再接长三道坝,拆除老君堂工程的上首工程1～9号坝(系拟建上延工程),在老君堂工程下首工程处,按原方案的切线方向接长9道坝,然后按原方案的水沙条件进行第一次修改方案试验。通过试验发现,第一次修改方案除老君堂工程的挑流效果略有改善外,其他控导工程的控导效果仍然不够理想。

在第一次修改方案试验的基础上,将禅房工程按原方案的设计河湾半径接长10道坝,周营工程接长6道坝,老君堂工程再接长3道坝再采用以上试验的水沙条件,进行第二次修改方案试验,通过试验发现:

(1)将禅房工程接长10道坝后,可以将主流挑到对岸王夹堤工程的弯顶附近。

(2)周营工程接长6道坝和老君堂工程接长3道坝之后,周营工程和老君堂工程的挑溜效果有所提高,但仍然不能达到原治导线控制河势流路的要求。因此,第二次修改方案试验结束后,又对周营工程进行多次修改对比试验,试验结果见表8-18和图8-21。

表8-18 周营工程改建方案比较试验成果

方案	工程布置形式	挑溜效果	说明
1	(1)将周营工程第31～45号坝上首第10号坝至周营第45号坝组成一个 $R=4.26km$ 的河弯型工程; (2)杨坝上首第10坝以上的工程按 $R=3.75km$ 的河弯半径布置	水流挑至对岸老君堂工程弯顶以下第22号坝,控导效果较差	此方案系原方案,有两个圆心
2	在方案1的基础上,按周营最后一坝的切线方向,接长6道坝	水流挑至对岸老君堂工程弯顶下第19号坝(即目前第9号坝)	此方案系本书曾经提到的第2次修改试验
3	除按方案1的布置形式修建工程外,在周营工程第24号坝处和第29号坝处各修一长坝	主流挑至对岸老君堂工程弯顶以下第18号坝(即目前第8号坝)	
4	(1)杨坝上首第10号坝以上的工程(即周营上延工程)按 $R=3.75km$ 布置; (2)杨坝上首第10号坝以下至周营第19号坝之间的工程按 $R=4.25km$ 布置; (3)周营工程第19号坝以下的工程按 $R=3.95km$ 改建	主流挑至对岸老君堂工程弯顶以下第21号坝(即目前第11号坝)	(1)此方案有三个弯曲半径,其中有两个弯曲半径与第1方案相同; (2)周营现状工程仍保持不变
5	(1)周营第19号坝以上的工程按方案4的布置形式修建; (2)周营第19号坝以下的工程,按 $R=3.95km$ 修建	主流挑至对岸老君堂工程弯顶以上第11号坝,挑溜效果比上述方案好	此方案实际上是在方案4的基础上,按 $R=3.95km$ 又接长3道坝
6	在方案5的基础上,再按 $R=3.95km$ 接长7道坝	主流挑至对岸老君堂工程弯顶以上第15号坝,挑溜效果较好,基本上能够满足工务处提出的治导线的要求	

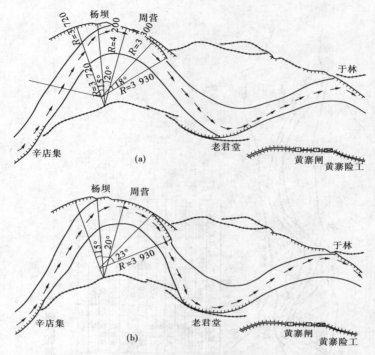

图 8-21　周营工程改建效果试验河势图(单位:m)

在多次修改方案试验和周营工程改建方案对比试验的基础上,综合出一个导流效果较佳的整治方案,简称为最终方案。这个方案是现有禅房工程的下首按弯曲半径 R = 3 400m,接长 4 080m,在王夹堤工程的上首和下首按弯曲半径 3 530m 分别接长 2 100m 和 550m,然后将周营工程的第 30～45 号坝按弯曲半径 4 000m 改造,并在老君堂工程和于林工程的下首按原方案的治导线方向分别接长 1 200m 和 1 500m。然后用上述试验水沙条件进行试验。

试验结果表明,这个方案的控导效果比以上各方案都好(见图 8-22),续建工程大多是老工程,只有少数是 20 世纪 70 年代修建的新工程,在工程布局上本来就缺乏统一规划,存在许多不合理现象,在此情况下,新修工程既要照顾已有工程的布局,又要求增建工程的挑流效果好,困难很多。

(3)有的工程河湾半径选择不当,也是挑流效果差的重要原因。根据模型试验和野外原型观测资料,河流的河湾尺寸与水流的动力轴基本上是一致的。而水流动力轴的弯曲率与流量和比降乘积的 n 次方成正比关系。即:

$$R_0 = k(QJ)^n$$

根据辅助试验资料分析,这段河道(原型)的河湾半径与流量、比降的复合关系为:

$$R_0 = 4.2(QJ)^{0.4} \times 1\,000 \tag{8-4}$$

式中　R_0——弯曲半径,m;

　　　Q——流量,m^3/s;

　　　J——比降,‰。

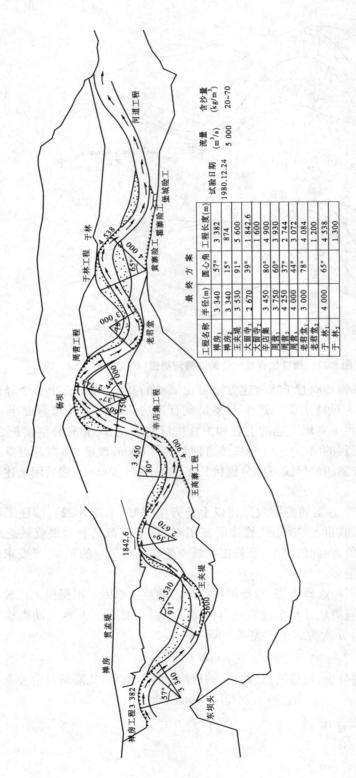

工程名称	半径(m)	圆心角	工程长度(m)	试验日期	流量(m³/s)	含沙量(kg/m³)
禅房₁	3 340	57°	3 382	1980.12.24	5 000	20~70
禅房₂	3 530	15°	874			
王夹堤	2 670	91°	5 600			
大留寺₁	3 450	39°	1 842.6			
大留寺₂	3 750	80°	1 600			
辛店集	4 250	60°	4 900			
周营₁	4 000	37°	3 930			
周营₂	3 000	44°	2 744			
老君堂₁	4 000	78°	3 072			
老君堂₂		65°	4 084			
干林₁	4 000		1 200			
干林₂	1 300		4 538			

最终方案

图 8-22 河道整治试验河势图

该河段比降 $J = 0.000\ 17$, 整治流量为 $5\ 000\text{m}^3/\text{s}$, 将 Q 和 J 值代入式(8-4), 得河湾半径为 $R = 3\ 936\text{m}$, 由于该河段原有工程的间距缺乏统一规划, 本身就不合理, 因而其河湾尺寸也不合理, 其弯曲半径大部分小于 $3\ 900\text{m}$, 所以控导效果差。

(4)原布置方案的两河湾之间的直线段长度(即过渡段长度)太长, 要求挑溜长度太长, 比河湾挑溜的可能长度(按公式计算的挑溜长度)大得多, 也是控导工程效果差的重要因素。例如, 从禅房到王夹堤, 原方案直线段长约 $7\ 000\text{m}$, 即要求禅房挑溜长度接近 $7\ 000\text{m}$, 方能满足治导线的要求; 可是, 根据公式计算, 禅房工程的挑溜长度(可能值)仅接近 $3\ 000\text{m}$。因此, 禅房工程不能将主流挑至王夹堤的弯道内, 这是必然结果。表 8-19 是本河段整治治导线各工程可能达到的挑溜长度(按公式计算值)与治导线(原方案)要求的各工程的挑溜长度对比表。

表 8-19　　　　　　　　　　原方案各工程挑溜长度计算

工程名称	弯曲半径 R (m)	控导工程长度 (m)	挑溜长度(计算) (m)	规划治导线要求挑溜长度 (m)
禅房工程	3 340	2 681	2 846	7 000
王夹堤工程	3 530	3 450	3 729	4 500
大留寺工程	2 670	1 817	1 989	5 500
辛店集工程	3 400	4 747	5 731	6 000
周营工程	4 250	5 934	7 164	3 500
老君堂工程	3 000	1 885	1 951	4 500
于林工程	4 000	2 932	3 050	5 000

从表 8-19 可以看出, 除辛店集工程和周营工程的挑溜长度能够满足要求以外, 其他各工程的挑溜长度都偏短。其中禅房工程要求的挑溜长度为 $7\ 000\text{m}$(即挑溜长度 $7\ 000\text{m}$ 能使水流从禅房工程的下首挑到对岸王夹堤工程的弯顶处), 而实际可能达到的挑溜长度(计算值)仅 $2\ 846\text{m}$, 不到要求长度的 1/2; 大留寺工程要求的挑溜长度为 $5\ 500\text{m}$, 而实际可能达到的挑溜长度(计算值)仅 $1\ 989\text{m}$, 不到要求长度的 1/2; 老君堂工程要求的挑溜长度为 $4\ 500\text{m}$, 而实际上可能达到的挑溜长度仅 $1\ 951\text{m}$(计算值), 亦不到要求长度的 1/2。说明原方案所提出的这段河道整治控导工程的长度除辛店集工程和周营工程外, 普遍偏短。

周营工程的控导长度基本上是能够满足要求的, 问题是周营工程的弯曲半径太大, 挑溜方向不合适, 因此挑溜效果仍然很差。

根据模型试验资料的分析, 水流经过控导工程以后, 其主流方向与控导工程(最后几道坝)的切线方向(见图 8-23)基本上是一致的。大水时, 其主流方向比控导工程的切线方向略小 $3°\sim7°$(即主流方向比控导工程的方向扩散 $3°\sim7°$); 小水时, 其主流方向比控导工程的切线方向略大 $5°\sim7°$(即主流方向比控导工程的切线方向内偏 $5°\sim7°$)。原方案的禅房工程、王夹堤工程、周营工程、老君堂工程的切线方向都交于其对岸工程的弯顶以下, 有的甚至交于对岸工程的下首。因此, 这段河道的河势普遍下挫, 偏离了设计治导线的要求。

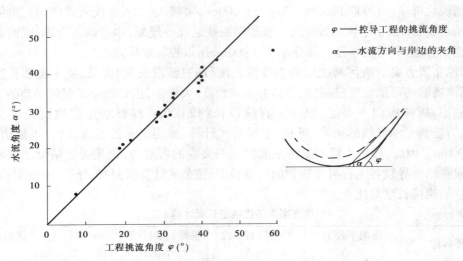

图 8-23　模型试验水流角度 α 与工程角度 φ 关系图

以上分析说明,原方案的控导效果较差,主要是由于控导工程的长度不够和挑溜角度不合适而造成的。如果按原方案的流路来整治这段河道,则要求对原方案的控导工程的长度和角度都要进行调整,否则难以达到预期的效果。但必须指出,从这段河道现有工程的布局情况来看,要将这段河道控导工程的挑溜方向和长度都加以调整,也不是一件容易的事,因此从实际情况出发,我们初步认为这段河道的整治,不仅对个别工程的长度和弯曲半径要进行调整,而且对这段河道的治导线也要进行研究。由于这段河道的治导线问题不是委托单位要求研究的问题,所以在本报告中,暂且不予以讨论。

(三)禅房工程的续建和规模

禅房工程是这段河道的关键性工程,是影响这段河道河势变化的"龙头",从模型试验成果可以看出,如果没有禅房工程(即如果水流不受禅房工程的控导),在目前的来水来沙条件下,不仅无法实现原方案的河道整治线,而且有可能使左岸的滩地发生严重的坍塌。一遇大水,部分水流就会沿左岸油坊寨、大留寺等处,直冲杨坝的上首,顺着杨坝附近的串沟顶冲左岸的临黄大堤。例如 1976～1977 年的分洪模型试验中,由于没有禅房工程的控导作用,约有 30% 的流量冲破左岸生产堤沿着贯孟堤堤前滩地顺流而下注入天然文岩渠,威胁左岸临黄大堤。又例如 1980 年试验中,由于禅房工程较短,在发生类似 1964 年的水沙条件下,禅房工程以下的左岸边滩发生严重的淘刷,滩岸坍塌后退 1 000 多米。此外由于禅房工程太短,不能将主流控导入王夹堤工程的弯道内,引起这段河道的河势发生摇摆不定的情况也不少。这些都说明继续增建禅房工程不仅对实现原方案的河道治导线有重要作用,而且对确保左岸大堤的安全也有很大的作用。

根据多次模型试验资料的分析,按原方案的要求来整治这段河道,在现有工程的基础上,需要将禅房工程接长 4 080m(即按 $R = 3\,340$m,$\varphi = 72°$,在目前已有工程的基础上再接长 4 080m)。

(四)王夹堤工程和大留寺工程的接长问题

在目前禅房工程未将主流控导入王夹堤工程的弯道内的情况下,王夹堤工程和大留寺工程的先靠溜的机会都不多,因此从表面现象来看,在目前情况下,这两处工程的接长问题都可以暂不考虑。但是从模型试验的全部资料来看,①在禅房工程没有严格控制河势之前,水流经过禅房工程直接挑向大留寺工程的机会还是存在的;②不接长大留寺工程和王夹堤工程,仅仅单纯地接长禅房工程,同样难以实现原治导线的要求。因此,从全局观点讲,接长王夹堤工程和大留寺工程也是一个不可忽视的问题。

根据模型试验资料的初步分析,可以看出,在禅房工程按修改方案的要求接长4 100m以后,再将王夹堤工程的上首工程上延2 100m,下首工程下延550m;大留寺工程下延1 600m,就可以基本满足原方案的要求,将禅房至辛店集这段河道的河势纳入治导线的轨道。

但必须指出,根据最近我们搜集的1/10 000航测图,发现原型的实际蔡集工程(即试验中的王夹堤工程)的位置并不在原方案治导线上,因此我们认为试验中有关王夹堤工程的挑溜效果的分析并不能反映真实情况。

(五)周营工程的改建问题

周营工程是一个靠溜机会较多、弯曲半径较大、工程范围较长而挑溜效果却较差的老工程。从模型试验资料看,若按原方案的要求将主流挑到老君堂工程的弯顶以上,则需要对周营工程的弯曲半径和圆心位置进行调整,方能达到目的。调整的方案共有八种,其中效果比较好的方案是1980年试验第六次修改方案和1981年的修改方案(即在1981年黄委工务处提出周营工程改建的方案基础上,将周营工程的下首工程再接长600m)。

但必须指出,要使周营至堡城之间的河势流路都纳入原方案的治导线,则除要求将周营工程按上述条件进行改造以外,还要求将老君堂工程和于林工程也分别接长1 200m和1 300m,方能奏效。

只要求周营工程将主流送到老君堂工程的"吴庄"闸门附近,老君堂工程以下的流路,暂时维持现状不变,则仅需要按照1980年原方案改建周营工程,就可以达到目的,这种方案看来还是比较现实的。

(六)青庄工程的上延问题

从模型试验资料看,主流由堡城工程和河道工程挑向对岸,顶冲青庄上首三合村附近的滩岸的机会较多。而目前青庄工程的上延工程较短,难以防守。为了保证渠村闸在分洪时能够顺利分洪,有必要考虑使三合村附近的滩地不再受水流淘刷和青庄工程的续建上延问题。

七、几点看法

根据试验资料的初步分析,对这段河道中水河槽的整治有以下几点看法。

(1)本河段在历史上是有名的游荡型河道,河床散乱,主流位置经常变化,两岸经常出险。近几年来,随着来水来沙条件和河道边界条件的改变,主流位置摆动幅度减小,河床摆动强度减弱,河势比较规顺;但由于河道较宽,加之目前的河道整治工程(除辛店集工程外)的控导效果均较差,因此从模型试验结果来看,只要东坝头的来水方向略有改变,或者流量大于18 000m³/s,这段河道的河势都有可能引起很大的变化,许多工程都还有脱溜的可能。因此,认为这段河道目前的河势已经基本上达到稳定阶段,或者认为维持现状工程的局面不变,就可以把这段河道的河势流路控制起来,这些看法都还值得研究。

(2)根据黄委工务处 1980 年初提出的河道整治方案(即报告中的原方案)进行河道整治,其控导效果比治理较好河道整治工程的控导效果有所提高,总的说来,能起到控导中水河槽河势流路的作用,其中禅房工程下首的左岸滩地受冲刷的机会显著减少,周营工程可以将主流挑到对岸老君堂工程附近的引水闸门附近,对改善引水条件起到有利作用。但必须指出,由于客观条件所限,原方案也有不少缺点,还有待于进一步改进。例如,禅房工程接长以后,由于接长的长度偏短,不能保证将主流挑入王夹堤的弯道内,引起王夹堤和大留寺两处河势下挫;又如周营工程经过改善后,其挑溜方向比现状工程有所改善,但由于河湾半径仍然偏大,挑溜角度仍然偏小,不可能将主流挑到老君堂工程的弯顶以上。因此,老君堂和于林工程的流路与原方案所要求的流路还有差距。此外,王夹堤工程与大留寺工程之间的距离、周营工程与老君堂之间的距离及老君堂工程与于林工程之间的距离都偏短,很难使水流流路完全满足原方案的要求。

由于许多工程之间的间距偏短,而挑流的角度又偏小,因此引起河势下挫。在此情况下,原方案中许多工程的弯顶以上的大部分工程都不靠溜。例如大留寺、周营、老君堂和于林等工程都出现过这类情况。

(3)按照 1980 年最终修改的方案进行试验,即在现有禅房工程的下首按弯曲半径 3 400m 接长 4 080m,在王夹堤工程上首和下首按弯曲半径 3 530m 分别接长 2 100m 和 550m,并将周营工程第 30～45 号坝的弯曲半径改为 4 000m,老君堂的下首工程按“河湾”切线方向延长 1 200m。于林工程按弯曲半径 4 000m 接长 1 500m。基本上可以发挥现有工程的作用,获得一条比较规顺的河势流路(最终方案)。

(4)按 1981 年黄委工务处提出的补充方案进行河道整治试验,其控导效果比 1980 年所提的方案又有所改进。但禅房工程至王夹堤工程之间的河势流路,以及周营至于林工程之间的河势流路仍与规划的要求有较大的距离。在 1981 年补充方案的基础上,将禅房工程和周营工程再分别接长 1 000m 和 600m,其控导效果与 1980 年最终修改方案的控导效果基本一样。

(5)这次整治模型试验仅是中水河槽整治试验,整治目标是研究控制中水流路的治导线和工程的平面布置,并不要求解决大洪水和小水问题,也不要求解决通航和排沙问题。因此,从试验成果看,黄委工务处所提的这段河道的治导线基本上是能满足上述要求的。但必须指出,禅房工程的接长和周营工程的改建还有一些具体困难(例如对洪水行洪的影响,水中施工技术等),因此我们认为,在工程修建过程中,对待具体问题要慎重考虑,决不可操之过急。

(6)根据对以往原型河势图的分析,东坝头以上来水条件(包括河势变化)对东坝头至高村一段河道的河势变化影响很大。这次试验由于室内试验场地面积所限,模型进口只能从禅房工程开始,禅房工程以上的来流条件的变化未予以考虑。因此,试验成果是假定禅房工程靠大溜并起控导作用的条件下的成果。希望引用本试验成果时,要充分考虑这个试验条件。

第四节 黄河下游游荡型河道滚河模型试验

一、缘由

黄河下游东坝头至高村河道,"槽高、滩低、堤根洼",是典型的"二级悬河",1976~1980年,黄河下游渠村闸分洪模型试验发现,这段河道,由于河槽平均高程高于二滩,滩地横比降大,大洪水期若来水条件不利,控导工程失控,主流冲决生产堤,在滩区形成集中水流,就有可能发生滚河。滚河以后主流顶冲大堤或集聚堤根,形成顺堤行洪,均会造成大堤出险,危及防洪安全。

为了探索这段二级悬河发生滚河的可能性及防护措施,1980~1988年,在开展黄河下游游荡型河道河床演变模型试验的基础上(利用黄河下游模型),我们陆续进行了该河段的滚河模型试验。模型试验的主要目的是研究游荡型河道发生滚河的可能性和滚河后河势、水位、流速分布、河床冲淤变化的规律,以及滚河对滩槽分流比的影响。

模型试验的具体方法是用符合模型设计要求的模型沙(煤灰),按选定的地形资料和大断面资料在黄河下游游荡型河床演变模型上塑造出全动床模型。动床的干容重按 $1.0t/m^3$ 控制。生产堤亦采用煤灰制作(γ_0 按 $1.1t/m^3$ 控制)。

模型地形做好后,经过灌水浸泡、沉陷稳定、复测合格后,再用流量为 $3\,000m^3/s$ 的基流检验模型水面线和河势是否符合模型设计要求,如果模型水面线和河势偏离模型设计要求,则修改地形,用流量为 $3\,000m^3/s$ 的基流重新检验,直到检验合格,才采用不同来水来沙条件、不同来流方向和不同工程布置形式开始正式试验,并按黄河动床模型常规试验方法,观测进出口流量、含沙量,沿程水位、河势变化及同步观测模型各测点的流速。然后,按黄河动床模型试验资料分析方法,用试验资料针对游荡型河道滚河问题进行综合分析,提出既有数据又有理论依据的试验成果。

二、模型试验概况

模型试验分两阶段进行。第一阶段试验(1980~1982年的试验),试验范围为东坝头至高村河段,模型地形河槽部分按1976年汛前实测河道大断面资料及河势图塑造,生产堤以外的滩区,采用1969年的地形图,并考虑1969~1976年漫滩洪水的淤积情况制作。模型中的控导工程亦按1976年原型工程布置情况模拟。模型试验的水沙条件按小浪底修建前 $P=0.01$、$P=0.003\,3$、$P=0.000\,1$ 三种洪水过程控制,洪水过程按1958年下大洪水放大。

模型沙为郑州火电厂煤灰,中值粒径 $D_{50}=0.017mm$,平均粒径 $D_{cp}=0.02mm$,$\gamma_s=2.17$,$\gamma_0=0.78$。

模型水平比尺:$\lambda_L=1\,000$;

垂直比尺:$\lambda_H=80$;

含沙量比尺:$\lambda_S=4$(由预备试验确定);

河床冲淤时间比尺：$\lambda_{t_2} = 40$。

第二阶段试验(1985～1988 年进行的防滚河试验),试验范围为夹河滩至高村河段,模型地形按 1982 年航测的 1/50 000 地形图及 1982 年汛前统测大断面图制作,模型控导工程基本上为 1982 年汛前情况。

模型沙仍为火电厂煤灰,$D_{50} = 0.019$mm。

模型水平比尺：$\lambda_L = 1\,200$；

垂直比尺：$\lambda_H = 90$；

含沙量比尺：$\lambda_S = 6$(由预备试验确定)；

河床冲淤时间比尺：$\lambda_{t_2} = 28.8$。

模型试验水沙条件按花园口站出现 22 000m³/s 及 46 000m³/s 的洪水过程控制。

三、模型试验主要成果

(一)二级悬河发生滚河的可能性和部位

东坝头至高村之间的河道,经过长期中、小洪水的淤积,河槽高于滩地,河床横比降很大,是典型的二级悬河,这段河道在特大洪水期,主槽水流向两侧滩区倾泻,发生滚河的可能性很大。

模型试验表明,这段河发生滚河的部位与来水河势流路、河床前期冲淤条件、洪水过程,以及护滩工程的布局和贯孟堤的固守情况等,均有密切关系。

(1)如果贯台至东坝头之间的主流走南河,东坝头控导工程和东坝头险工靠大溜,挑流作用很强,主流顶冲禅房工程下首的生产堤和贯孟堤,则水流很容易冲决左寨闸附近的贯孟堤,进入长垣大滩,形成集中水流,然后逐渐夺流改河,发生滚河[见图 8-24(a)、(b)]。

(2)如果固守贯孟堤(采用一切措施,保证贯孟堤不决口),则水流沿贯孟堤下泄,于贯孟堤末端姜堂处,冲决生产堤,进入长垣大滩。若该次洪水为百年一遇洪水,则洪水期,一般形成两股水流,一股水流由原河槽下泄,分流比 70% 以上,另一股流则由决口经马寨老串沟汇入天然文岩渠,形成顺堤行洪[见图 8-24(c)]。若该次洪水为特大洪水,则 50% 以上的水流由决口处进入长垣滩,形成滚河[见图 8-25(a)]。

(3)如果将禅房工程和大留寺工程接长数道坝,在大留寺工程上首修联坝与贯孟堤相接,截断贯孟堤与大留寺工程之间的行水通道,迫使水流沿新增工程的控导方向折向对岸,则主槽内的水流向南岸倾斜,漫溢南岸马厂、王高寨、辛店集等护滩工程,进入东明大滩,汇入南岸堤河下泄[见图 8-25(b)]。

(4)如果贯台至东坝头之间的主流走中河,东坝头控导工程和险工均不靠流,主流在禅房工程和杨庄险工中间通过,形成左、右两股水流。若杨庄险工附近嫩滩淤积地形较低,右股水流大于左股,则水流冲决右岸生产堤,进入兰考大滩,汇入南岸堤河,形成顺堤行洪。左股水流依然顶冲禅房工程下首的贯孟堤,冲决贯孟堤进入长垣滩,或沿贯孟堤下泄,于姜堂冲决生产堤,进入长垣滩。由于其分流比较小,一般情况很难形成滚河[见图 8-26(c)]。

如果杨庄附近嫩滩淤积地形较高,迫使左股水流的分流比大于右股水流,则左岸水流

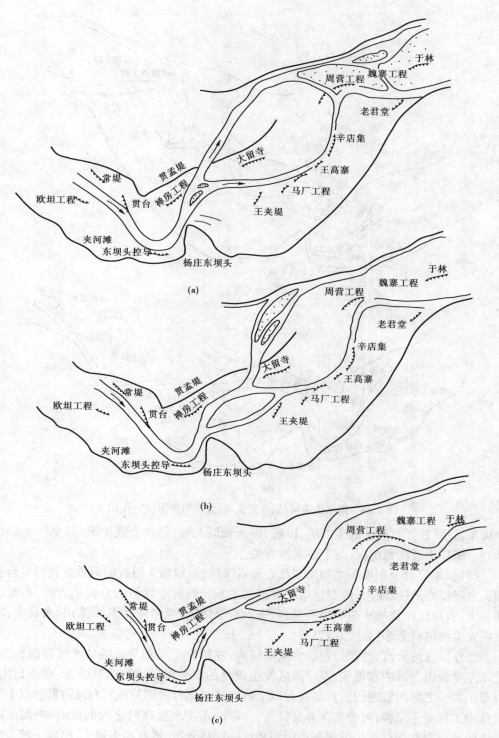

图 8-24 来水走南河大水河势图($P=0.01\%$)

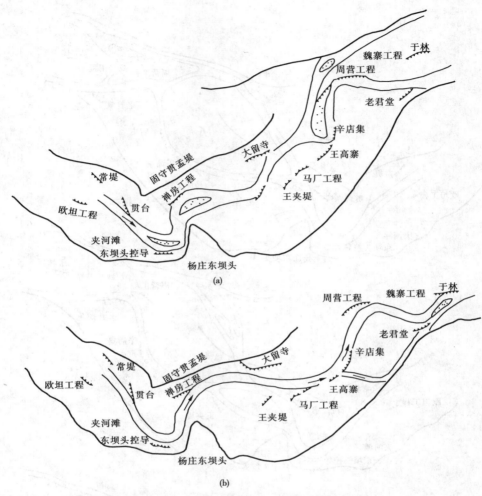

图 8-25　来水走南河(固守贯孟堤)大水河势图($P = 0.01\%$)

冲决贯孟堤(或姜堂以下的生产堤)以后,进入长垣大滩,仍然会发生滚河[见图 8-26(a)、(b)]。杨庄附近淤积情况,与上游来沙有关。

(5)如果贯台至东坝头之间出现江心洲或汉河,则东坝头附近的河势变化与贯台至东坝头之间江心洲(或汉河)的变化情况有密切关系。当右股汉河的分流比大时,右股水流动量大,右岸生产堤被水流冲决机会多,进入右岸滩区(兰考滩和东明滩)的水量多,右岸滩区发生滚河机会多[见图 8-27(a)]。

当左股汉河分流比大时,左股水流动量大,左岸生产堤和贯孟堤被水流冲决机会多,进入左岸长垣大滩的水量多,左岸滩区发生滚河的机会多[见图 8-27(b)]。必须指出,贯台至东坝头之间两股河的消长与贯台以上的河势变化有密切关系。而目前贯台以上的河道整治工程尚不完善,河势变化非常复杂。因此,东坝头至高村之间的河道,两侧滩区发生滚河的可能性均存在。但根据历史河势流路资料分析,贯台至东坝头,出现主流走南河的机会较多,故左岸长垣大滩发生滚河的概率大于右岸兰考东明大滩。

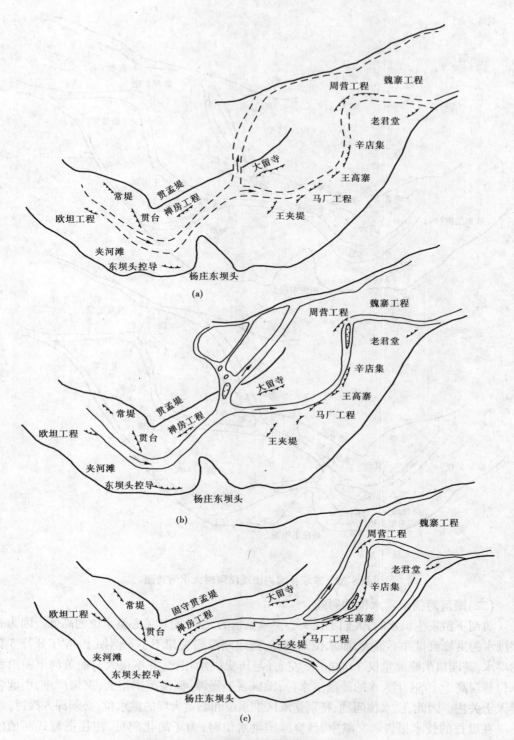

图 8-26 来水走中河大水河势图($P=0.01\%$)

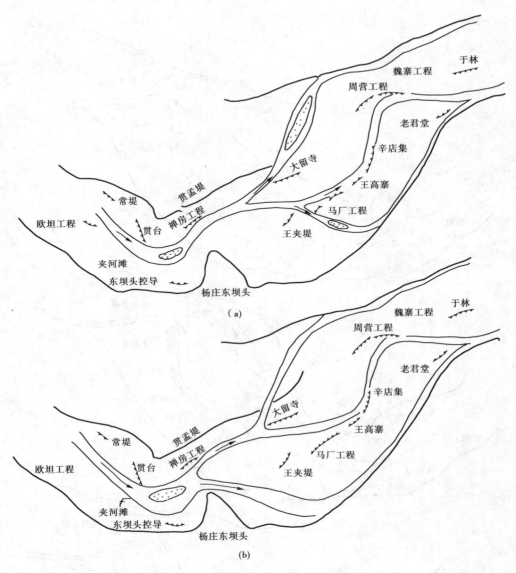

(a)

(b)

图 8-27　东坝头湾内出现汊河时大水河势图

(二)滚河对槽滩洪水位的影响

黄河下游发生洪水时,人们不仅关心洪峰流量的大小,而且关心洪水位的高低。因为有些洪水的洪峰流量并不很大,而水位却很高,造成淹没损失却不小。例如 1996 年 8 月 5 日的洪水,花园口洪峰流量仅 7 600m³/s 左右(与历史洪水相比,并不很大),而黄河下游沿程水位普遍高于 1958 年大水的最高洪水位,滩区普遍漫滩,淹没范围很大,灾情严重,引起各界人士关注。因此,洪水位问题,特别是滩区洪水位和临黄大堤的洪水位,必须深入探讨。

在以往的技术报告和文献中,计算滩槽洪水位时,为了简化起见,往往把复式河槽的滩槽洪水位视为单一水位,即认为洪水过程中复式河槽滩地水位与主槽水位是同一水位,并且假定在洪水演进过程中,滩槽水位变化过程亦是同步的。但对于河槽顺直、滩地较窄的复式河床,这种"认为"和"假定"就值得探讨。因为,游荡型河道,特别是形成"二级悬河"后的游荡型河道,河道横比降很大,串沟很多,水流漫滩的情况相当复杂,滩槽水位的变化过程极其复杂。它不仅与洪水频率有关,而且与河床形态有密切关系,硬性地把滩槽水位假定为同一水位,是不合适的。

模型试验发现:

(1)小于百年一遇的洪水,滩区分流比小于30%,进入滩区流量不大,因主槽高于滩地,在洪水过程中滩地水位一直低于主槽(见图 8-28),滩槽水位变化过程基本上是同步的。

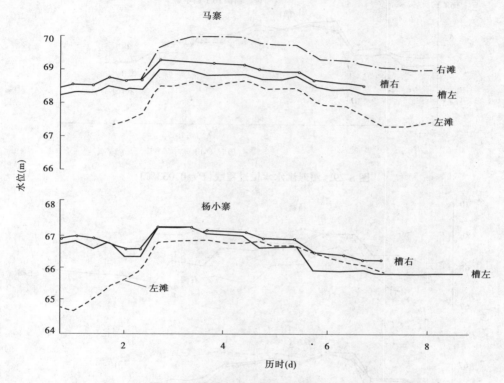

图 8-28　漫滩洪水水位过程线($P=1\%$)

(2)小于 300 年一遇、大于 100 年一遇的洪水,滩槽水位变化过程基本一致。最高水位值,基本相同(见图 8-29)。

(3)$P\approx0.01\%$ 的洪水,涨水时,主槽水位高于滩地水位,滩地洪峰水位高于主槽;落水时,滩地水位高于主槽水位。滩地水位下降过程永远落后于主槽(见图 8-30)。

(4)在主槽居中、两侧有滩地的河槽内,两侧滩地的分洪量不同,洪水位亦不同。分洪量较多的滩区洪水位亦较高(见图 8-28)。

(5)在可能发生滚河的河段,"滚河"口门以下,滩区水位高于主槽水位的现象,比其上游突出。

(6)"滚河"影响较小的河段,如高村断面,位于"滚河"段下游,在洪水演进过程中,滩槽洪水位的变化过程基本同步,滩槽洪峰水位相差亦不大(见图 8-29)。

以上模型试验成果说明:①洪水演进过程中,一概把滩槽水位看成是变化过程同步的

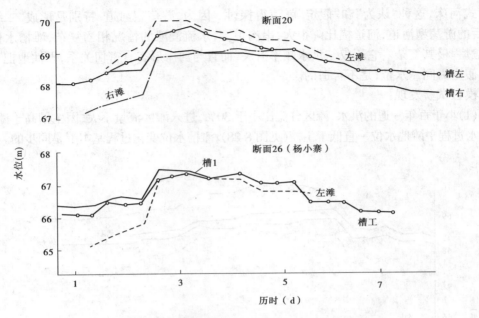

图 8-29　漫滩洪水水位过程线（$P = 0.033\%$）

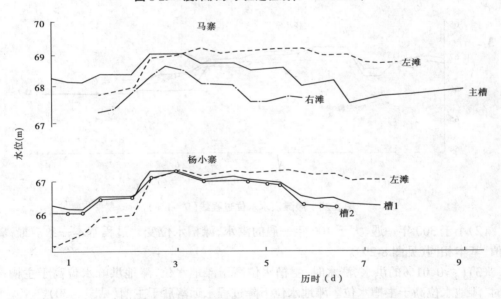

图 8-30　漫滩洪水水位过程线（$P = 0.011\%$）

单一水位,是不正确的;②用高村站的水位变化过程代替杨小寨、堡城河道断面的水位变化过程,是不准确的。

(三)滚河对滩槽分流比的影响

黄河下游游荡型河道的行洪河槽是由主槽、嫩滩、二滩和老滩共同组合而成的复式河槽。其中,主槽宽仅 400～1 300m,是黄河下游泄洪排沙主要通道,水文测验资料证明,洪水期主槽的排洪能力可占全断面的 60% 以上。而且随着洪水的冲刷,平滩流量的增大,

主槽的排洪能力还可能增大。根据有关文献的分析,在不发生滚河的情况下,黄河下游主槽的分流比一般可用下式表示:

$$\frac{Q_p}{Q} = \frac{(K' + 1) \times \dfrac{Q_0}{Q}}{K'\dfrac{Q_0}{Q} + 1} \tag{8-5}$$

式中　　Q——河槽总流量;

　　　　Q_p——主槽流量;

　　　　Q_0——主槽平滩流量;

　　　　$K' = K\dfrac{B_p}{B - B_p} \cdot \dfrac{n_n}{n_p}$;

　　　　B_p——主槽宽度(400~1 300m);

　　　　B——河槽总宽度;

　　　　n_n——滩地糙率;

　　　　n_p——主槽糙率;

　　　　K——综合系数,根据原型实测资料和模型试验资料的分析,$K = 4\dfrac{Q_0}{Q}$。

各水文站分流比验证见图 8-31 。

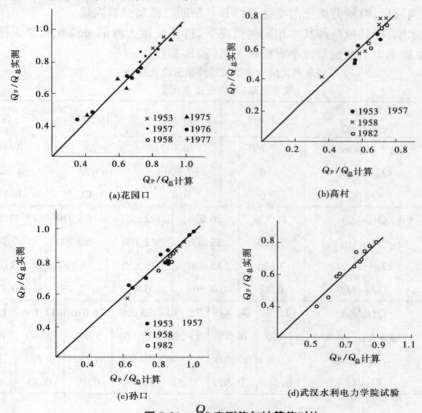

图 8-31 $\dfrac{Q_p}{Q_总}$ 实测值与计算值对比

滚河后,水流向滩地倾泻,主槽的分流比变小(见图 8-32),流速亦减小,挟沙能力则降低,导致主槽淤积,结果使主槽的排洪能力进一步减小,滩地的分流比愈来愈大,主槽的分流比愈来愈小,最终主槽逐渐断流"死亡"。图 8-33 是某次试验滚河后,滩槽分流比过程图,由图可以看出,滩地分流比愈来愈大,最终达 0.9 以上,主槽的分流比,愈来愈小,最终达 0.1。

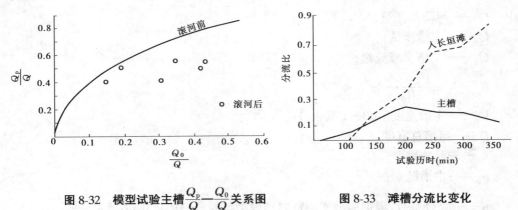

图 8-32　模型试验主槽 $\dfrac{Q_p}{Q}-\dfrac{Q_0}{Q}$ 关系图　　　图 8-33　滩槽分流比变化

必须指出,游荡型河道地形边界条件复杂,来水河势多变,来水来沙暴涨猛落,滚河位置不定,因此滚河后,滩槽分流比的变化是极其复杂的。模型试验发现:

(1)在洪水期,在其他条件基本相同的情况下,进入长垣大滩的分流比与进入模型试验河段的洪水频率大小及流量大小有密切关系(表 8-20)。

表 8-20　　　　　　　　　二级悬河大洪水模型试验滩槽分流比统计

(来水流路:东坝头走南河)

	全断面流量 $Q(\mathrm{m^3/s})$	7 760		18 200		16 300		13 000	
$P=1\%$	$Q_槽+Q_嫩(\mathrm{m^3/s})$	7 760		10 400		9 700		8 500	
	$Q_滩(\mathrm{m^3/s})$	0		7 800		6 699		4 500	
	$Q_滩/Q$	0		0.43		0.40		0.35	
$P=0.33\%$	$Q(\mathrm{m^3/s})$	11 330		26 630		22 920		18 810	11 530
	$Q_槽+Q_嫩(\mathrm{m^3/s})$	7 700		13 200		12 100		10 700	7 900
	$Q_滩(\mathrm{m^3/s})$	3 630		13 430		10 820		8 110	3 630
	$Q_滩/Q$	0.32		0.50		0.47		0.43	0.315
$P=0.01\%$	$Q(\mathrm{m^3/s})$	14 150	32 900	26 740	23 050	16 070	11 470	11 970
	$Q_槽+Q_嫩(\mathrm{m^3/s})$	9 100	14 500	13 200	12 100	9 800	7 700	8 000
	$Q_滩(\mathrm{m^3/s})$	5 050	18 400	13 540	10 950	6 270	3 770	3 970
	$Q_滩/Q$	0.36	0.56	0.51	0.48	0.39	0.33	0.33

由表 8-20 可以看出,洪峰流量愈大,进入长垣滩区的分流比愈大,在同一场洪水过程

中,流量大时,进入滩区的分流比亦大。

(2)进入滩区的分流比不仅与洪水流量大小有关,而且与来水的河势有关,即与模型进口的来水流路方向有关。

例如,第一至第三次试验,洪水频率均为万分之一,贯孟堤的防守条件基本相同,均未修联坝。其中第一次试验,来流走南河,洪峰期主流顶冲禅房工程下首,冲决贯孟堤,40%的水流进入长垣滩,洪峰过后,形成两股河,长垣大滩分流比为85%,主河槽分流比为15%;第二次试验,来流走中河,洪峰期贯孟堤决口位置偏下,长垣大滩分流仅为30%,70%的水流仍由主槽下泄。洪峰过后形成三股河,北股入长垣滩,分流比仍为30%,南股入东明滩,分流比仅10%,剩余60%仍由河槽下泄;第三次试验,来流仍然是中河,杨庄险工前,出现两股流,南股水流大于北股,主流冲决兰考及东明大滩生产堤,兰考东明大滩分流比达50%~60%,洪峰后,东明大滩分流比达70%,进入长垣大滩分流比为20%,由河槽下泄的水流仅占总量的10%。充分说明这段河道两岸滩地的分流比,与来水河势流路关系相当密切。

(3)与贯孟堤的防护情况有密切关系。例如,第二次试验和第四次试验,洪水频率相同,来流河势均走中河。其中第二次试验,贯孟堤防护条件维持现状,试验结果,董寨闸以下的贯孟堤,全线溃决,40%水流进入长垣滩,洪峰过后,形成明显三股河,东明大滩、长垣大滩、主河槽分流各占10%、30%和60%;第四次试验,固守贯孟堤,并在贯孟堤与大留寺工程之间修联坝,截断北股水流的去路,迫使水流折向对岸,试验结果,进入东明大滩的分流比达60%以上,而河槽仅占5%左右。又如,第七次试验和第八次试验,洪水频率均为万分之一,来水河势均走中河。其中第七次试验固守贯孟堤,试验结果,进入东明大滩的分流比约65%,进入长垣大滩的分流比20%;第八次试验,贯孟堤维持现状,水流冲决贯孟堤,进入长垣大滩的分流比达40%,由主槽下泄流量约50%,漫流入东明滩的分流比约10%。

(四)滚河对滩槽平均流速比的影响

根据原型实测资料和模型试验资料的综合分析,这段河道洪水漫滩后滩地平均流速与主槽平均流速之比可用下式表示:

$$\frac{v_n}{v_p} = \left(\frac{B_p}{B_n}\right)^{0.4} \left(\frac{n_p}{n_n}\right)^{0.6} \left(\frac{Q - Q_0}{MQ + Q_0}\right)^{0.4} \tag{8-6}$$

最大流速与平均流速的关系为:

$$v_{max} = \left(1 + \frac{2g}{C}\right)\bar{v} \tag{8-7}$$

式中　　v_n——滩地平均流速;

v_p——主槽平均流速;

B_p——主槽宽;

B_n——滩地宽;

Q——总流量;

Q_0——主槽平滩流量;

$$M = K \frac{B_p n_n}{B_n n_p}, K = 4 \frac{Q_0}{Q};$$

$\overline{v}$——滩或槽平均流速；

v_{max}——滩或槽最大流速；

C——滩或槽谢才系数；

g——重力加速度；

其他符号含义同前。

例如，模型试验的中间段的堡城断面，主槽宽仅 1 000m（指原型），滩地总宽约 9.5km，主槽糙率 $n = 0.01$，滩地平均糙率（指 1980 年时期）$n = 0.03$，主槽平滩流量为 5 000m³/s。将上述数值代入式(8-6)，可以算得 $Q = 10\ 000\text{m}^3/\text{s}$ 时，$\frac{v_n}{v_p} = 0.092\ 9$（这时 $\frac{Q_0}{Q} \approx 0.5$）。

由滚河试验得知，发生滚河后，主槽的分流比降至 0.2 以下，$\frac{Q_0}{Q} < 0.2$，若按 $\frac{Q_0}{Q} \approx 0.18$ 代入式(8-6)，可求得 $Q = 10\ 000\text{m}^3/\text{s}$，滚河后 $\frac{v_n}{v_p} = 0.3$，即滚河后滩地平均流速比滚河前增大 3 倍。

由式(8-7)得，滩地最大流速与平均流速成比例关系，平均流速提高后，最大流速亦随之提高。

但必须指出，模型试验河段，滩地地形地貌条件复杂，渠系路埝纵横，村庄星罗棋布，灌木杂草丛生，滚河时，滩地水流可能出现数股集中水流。在此情况下，则需根据滩地地形地貌条件和村庄植被情况，将滩区水流分为数股，分别计算，才比较接近实际。

表 8-21 及表 8-22 是二级悬河滚河后，滩槽最大流速与平均流速部分试验成果统计表。表中附有按公式计算的最大流速和实测最大流速。由表可以看出，将滩区分区处理后，计算的最大流速与实测最大流速基本是接近的。

表 8-21 主槽最大流速与平均流速对比

流量 $Q_主$ (m³/s)	流速 $\overline{v}$ (m/s)	水深 $\overline{H}$ (m)	糙率 n	谢才系数 C	最大流速 $v_{max计}$ (m/s)	最大流速 $v_{max实测}$ (m/s)
6 274	2.30	3.03	0.010 8	111.4	2.72	2.5
11 077	2.70	3.54	0.094	131.3	3.11	3.4
10 725	2.54	3.75	0.01	124.6	2.96	3.75
9 900	2.50	3.28	0.010 9	110.8	2.95	3.4
8 011	2.45	3.27	0.010 9	111.7	2.89	2.65
5 922	2.20	2.82	0.010 7	111.0	2.60	2.0

东坝头至高村河道，两岸大堤的临河均有堤河，左岸的堤河系天然文岩渠，渠底平均高程比滩沿低数米。模型试验证明，特大洪水期，漫滩水流汇入天然文岩渠，形成顺堤行洪，平均流速可达 1.9m/s 左右，最大流速约 2.4m/s，比二滩流速大，比主槽流速略小（见表 8-23）。

表 8-22 滩地最大流速与平均流速对比

流量 $Q_主$ (m³/s)	流速 $\bar{v}$ (m/s)	水深 H (m)	糙率 n	谢才系数 C	最大流速 $v_{max计}$ (m/s)	最大流速 $v_{max实测}$ (m/s)
3 401	0.45	1.2	0.03	34.4	0.71	0.81
11 219	0.80	2.2	0.026	43.8	1.18	2.0
8 613	0.74	1.83	0.028	39.5	1.12	1.1
5 860	0.54	1.72	0.029	37.7	0.84	0.79
4 992	0.60	1.31	0.03	34.8	0.96	0.94
2 869	0.40	0.8	0.033	29.2	0.68	0.58

表 8-23 滚河模型试验天然文岩渠水力要素统计

河道总流量 (m³/s)	断面位置	间距 (km)	水位 (m)	落差 (m)	比降 (‰)	平均水深 (m)	平均流速 (m/s)	最大流速 (m/s)
13 900	大车集		67.35					
	石头庄	19.99	67.05	0.30	0.15	1.28	0.26	0.35
	前桑园	10.40	66.39	0.67	0.67	2.67	0.94	1.21
	王窑虹吸	15.66	66.38	0.01	0.06	3.91		
32 750	大车集		70.94					
	石头庄	19.66	69.06	1.88	0.96	4.06	1.58	1.98
	前桑园	10.40	68.26	0.80	0.77	4.69	1.71	1.87
	王窑虹吸	15.66	66.89	1.37	0.89	5.10	1.73	2.16
26 200	大车集		71.45					
	石头庄	19.99	69.19	2.26	1.15	4.4	1.78	2.23
	前桑园	10.40	67.92	1.17	1.13	4.5	1.79	2.24
	王窑虹吸	15.66	65.76	2.16	1.34	4.36	1.90	2.39
22 400	大车集		71.50					
	石头庄	19.66	69.07	2.43	1.23	4.36	1.80	2.27
	前桑园	10.40	67.77	1.30	1.25	4.37	1.84	2.31
	王窑虹吸	15.66	65.45	2.32	1.48	4.14	1.92	2.42
15 600	大车集		70.99					
	石头庄	19.66	68.61	2.38	1.21	3.88	1.67	2.10
	前桑园	10.40	76.36	1.25	1.20	3.93	1.67	2.11
	王窑虹吸	15.66	64.50	2.86	1.83	3.46	1.88	2.39
11 100	大车集		70.41					
	石头庄		68.38	2.03	1.03	3.47	1.42	1.80
	前桑园		67.01	1.37	1.32	3.64	1.66	2.10
	王窑虹吸		64.45	2.56	1.63	3.26	1.70	2.17

(五)滚河后二级悬河滩槽冲淤特性

游荡型河段二级悬河发生滚河后不仅对该河段的河势流路、滩槽分流比、流速分布有巨大影响,而且对该河段的滩槽冲淤特性产生许多新的变化。

1.滚河后滩区淤积分布不均

二级悬河在不发生滚河的情况下,入滩水流的河势流路基本变化不大,一般情况,泥沙集中淤积在工程下首的滩地上。发生滚河后,由于每次洪水上游来水河势流路不同,可能发生滚河的部位不同,入滩水流的河势流路也不同,这时泥沙集中淤积的部位就会发生变化。

例如第二次滚河试验(见表8-24、表8-25),洪水进入东坝头河段后,有一小股水流,沿杨庄险工下首,进入兰考滩,杨庄至王夹堤的生产堤决口4处,口门下首的禅房断面右滩,发生泥沙集中淤积,平均淤积厚度达1.82m,其下游11.8km处油坊寨断面右滩,淤积厚度仅0.5m。又如第三组试验,洪水进入东坝头河段后,主流顶冲王夹堤工程下首的徐家堤,冲决生产堤后进入东明滩,口门下游的油坊寨断面和马寨断面右滩的淤积厚度达1.04~1.29m,其他滩区淤积甚薄。

表8-24　　　　　滚河模型试验各断面淤积厚度统计(右岸大滩)

组次	来流情况及洪水入滩部位	淤积平均厚度(m)						频率(%)
		东坝头	禅房	油坊寨	马寨	杨小寨	河道村	
一	$Q=32\ 750\text{m}^3/\text{s}$时,杨庄以下生产堤漫水	-0.22	+1.06	+0.52	+0.85	0	+0.91	0.01
二	有一股水流顶冲杨庄至王夹堤生产堤,决口4处	0	+1.82	+0.50	+0.61	0	+1.24	0.01
三	主流顶冲王夹堤工程下首,决生产堤入东明滩	+0.03	+0.54	+1.04	+1.29	0	+0.16	0.01
四	来水冲决杨庄险工下首生产堤	-0.03	+1.31	+0.73	+0.52	0	+1.06	0.01
五	主流冲垮王高寨护滩工程联坝,55%水流入东明滩	+0.031	+0.63	+0.45	+1.45	0	+0.3	1

表8-25　　　　　滚河模型试验各断面淤积厚度统计(左岸大滩)

组次	来流情况及洪水入滩部位	淤积平均厚度(m)						频率(%)
		东坝头	禅房	油坊寨	马寨	杨小寨	河道村	
一	主流顶冲禅房工程下首左寨与董寨之间,决口6处	0	+0.13	+1.52	+1.06	+0.23	+0.54	0.01
二	部分水流顶冲沙窝至大留寺的贯孟堤,决口4处	0	+0.28	+0.87	+0.74	+0.66	+0.5	0.01
三	主流由大留寺工程上首冲决武楼闸下首的贯孟堤	0	+0.38	+0.03	+1.46	+0.74	+0.91	0.01
四	周营上延工程及周营工程下首普遍漫滩	0	+0.25	+0.39	+0.47	+1.28	+0.45	0.01
五	洪水由贯孟堤与周营上延处决生产堤入长垣滩	0	-0.03	+0.65	+1.95	+0.91	-0.21	1

再如第五组试验,洪水进入东坝头河段后,主流顶冲王高寨联坝,并冲垮联坝,进入东明滩,口门下游马寨断面的右滩,发生集中淤积,平均淤积厚度达1.45m,再往下距口门较远的滩区淤积甚薄。

左岸滩区(长垣滩)的淤积分布规律亦基本如此(详细情况见表8-25)。充分说明游荡型河段发生滚河后,大滩区的淤积分布仍然是不均匀的。

2.发生滚河前后,主槽冲淤特性基本不变

黄河下游游荡型河段洪水期,由于主槽流速高,挟沙能力大,经常发生刷槽淤滩。通过刷槽淤滩,河槽刷深,滩唇淤高,河槽排洪能力加大,对防洪非常有利。

游荡型河道发生滚河后,从室内模型试验成果看,主槽冲刷规律与一般漫滩洪水的冲淤规律并没有大的改变。即随来沙系数的增大,主槽的冲刷量逐渐减小(见表8-26)。但由于大量洪水进入滩区,口门以下主槽的流量迅速减小,即来沙系数增大,因此口门以下主槽的冲刷量迅速减小,有的试验因洪水来沙系数本来较大,分流以后主槽来沙系数更大(流量也较小),主槽不仅不冲,而且发生淤积(见表8-27)。

表8-26　　　　　　　　游荡型河道滚河试验主槽冲淤量统计(部分试验成果)

试验组次		一	二	三	四
试验日期(年·月·日)		1985.10.26	1985.11.22	1985.12.07	1988.04.04
流量	$\overline{Q}(\mathrm{m^3/s})$	14 795	14 795	15 330	11 847
最大流量	$Q_{\max}(\mathrm{m^3/s})$	46 000	46 000	46 000	22 000
平均含沙量	$\overline{S}(\mathrm{kg/m^3})$	40.1	54.7	69.7	96.43
来沙系数	$S/Q(\mathrm{kg \cdot s/m^6})$	0.002 7	0.003 7	0.004 5	0.008 14
主槽冲淤量	$\Delta \overline{W}(亿\,\mathrm{m^3})$	-2.76	-1.48	-0.58	-0.2

表8-27　　　　　　　　　　滚河试验主槽沿程冲淤量统计

组次		一	二	三	四
来沙系数($\mathrm{kg \cdot s/m^6}$)		0.002 7	0.003 7	0.004 5	0.008 1
冲淤量 (万 $\mathrm{m^3}$)	东坝头—禅房	-12 086	-4 896	-4 399	-907
	禅房—油坊寨	-3 908	-2 707	720	1 865
	油坊寨—马寨	-2 358	-3 174	1 559	3 974
	马寨—杨小寨	-4 406	-2 261	-1 743	-87
	杨小寨—河道村	-2 622	-866	125	-1 984
	河道村—高村	-2 209	-876	-98	-817

第五节　黄河下游人工淤滩模型试验

黄河三门峡水库修建后,下游河道洪峰削减,中小流量出现的概率增多,持续历时增长,加之沿河滩地修建了生产堤和护滩工程,洪水自然漫滩的机会不复存在,水流长期在生产堤内运行,大量泥沙淤积在生产堤所约束的中水河槽内(包括主槽和嫩滩),使黄河下游逐渐变成了"槽高、滩低、堤根洼"的二级悬河,这种悬河,横比降很大,一旦发生特大洪水,大溜冲决生产堤,向滩地倾斜,并在滩区形成集中水流,直冲大堤,防洪形势非常险峻。

改变这种险峻局面的措施较多,其中,淤滩刷槽,减缓滩区横比降,淤平滩区串沟……进行滩区治理,都是值得提倡的有益措施。为了探索人工淤滩的作用和方法,在室内开展了黄河下游人工淤滩动床模型试验,试验的主要目的是,通过模型试验,研究利用人工淤滩,减缓滩地横比降的可能性,并探讨分流淤滩对主槽冲淤的影响和淤串、淤临的方法步骤。

一、模型试验河段的选择原则

(1)试验河段内,必须有横比降较大的大滩。

(2)必须有"槽高、滩低、堤根洼"二级悬河的地貌特征。

(3)滩区必须有历史串沟残迹和堤河。

(4)试验河段内必须有进口和出口水文、泥沙控制站,沿程有水位站。有水文泥沙测验资料,可供验证试验采用。

黄河下游大滩较多,如温孟滩、原阳滩、长垣滩、濮阳滩、东明滩,等等。根据试验河段选择的原则,我们认为选择长垣滩为模型试验的对象是比较合适的。因为这段河段进口有夹河滩水文站,出口有高村水文站,水文泥沙资料比较齐全;滩地生产堤串沟残迹及堤河均比较明显,通过淤滩可以研究的问题较多。因此,我们选择东坝头至高村之间的河段作为人工淤滩模型试验河段。这段河道,长约 57km,最大堤距约 25km,右岸有兰考东明大滩,左岸有长垣大滩,滩地最大宽度达 10km 以上,纵比降约 1/7 000,横比降为1/4 000~1/2 000,堤根处有宽 150m、深 2~3m 的堤河(天然文岩渠),马寨附近有明显的大串沟遗迹。

二、模型试验段的划分

为了试验方便,根据该河道的边界条件,将该河段划分为三个试验段(见图 8-34)。CS1 至 CS11 为第一试验段,其中有嫩滩 55.75km^2,二滩 16.85km^2,堤外老滩 11.75km^2(见表 8-28)。

表 8-28　　　　　　　　　　　　模型各河段滩地面积统计　　　　　　　　　　　　(单位:km^2)

滩地名称	第一河段	第二河段	第三河段
	CS1~CS11	CS11~CS20	CS20~CS30
生产堤内嫩滩	55.75	52.36	83.27
左岸二滩	16.85	25.1	119.4
贯孟堤外老滩	11.75	90.35	—

CS11~CS20 为第二试验段,其中有嫩滩、二滩和贯孟堤外老滩,还有一条较大的串

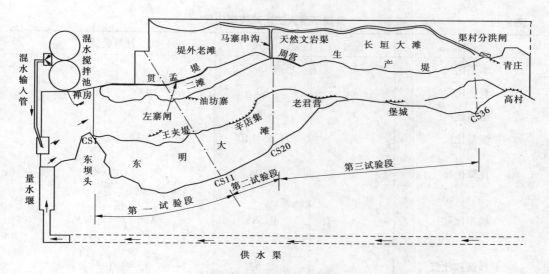

图 8-34 模型试验段图

沟。嫩滩为 $52.36km^2$，二滩 $25.1km^2$，贯孟堤外老滩 $90.35km^2$，串沟宽约 50m，长约 4.0km，底坡与滩面平行，比降为 1/3 000。

CS20～CS36 为第三试验段，其中有嫩滩和二滩，还有一条宽为 100～200m、长 24.25km、比降为 1‰ 的天然文岩渠。

在第一试验段，可以研究人工放淤二滩和贯孟堤外老滩的效果；在第二试验段，除研究人工放淤二滩、贯孟堤外老滩的效果外，同时研究人工淤串的效果；在第三试验段，研究人工放淤天然文岩渠的效果和自然淤二滩的效果。

三、地形与控导工程

(1)滩地地形、堤防位置及右岸控导工程均按国家测绘局 1977 年航测 1/10 000 地形图模拟。左岸工程则根据河南河务局 1980 年编绘的"河南黄河河道主要工程平面图"模拟。

(2)河道地形根据黄委测量的 1980 年汛后河道大断面资料进行模拟。两个大断面之间的地形，采用内插法插补。

(3)天然文岩渠采用新乡水利局 1975 年测量的断面资料模拟。

四、模型比尺

模型比尺见表 8-29，模型沙采用郑州火电厂煤灰，颗粒级配见图 8-35，中值粒径 $d_{50} = 0.023mm$。

五、模型制作

(1)河道地形及天然文岩渠和马寨串沟均以断面板控制，做成动床地形。

(2)右岸辛店集工程以上的滩地做成定床，左岸二滩滩地用煤灰夯实而成(相当于定床，$\gamma_0 > 1.1t/m^3$)。

表 8-29　　　　　　　　　黄河下游人工淤滩模型比尺

名称	符号	比尺	计算公式
水平比尺	λ_L	1 000	
垂直比尺	λ_H	80	
流速比尺	λ_v	8.94	$\lambda_v = \lambda_H^{1/2}$
流量比尺	λ_Q	71.55×10^4	$\lambda_Q = \lambda_L \lambda_H \lambda_v$
比降比尺	λ_J	0.08	$\lambda_J = \dfrac{\lambda_H}{\lambda_L}$
糙率比尺	λ_n	0.585	$\lambda_n = \dfrac{\lambda_H^{1/6}}{\lambda_v}(\lambda_H \lambda_J)^{1/2}$
悬沙沉速比尺	λ_ω	2.53	$\lambda_\omega = \lambda_v \left(\dfrac{\lambda_H}{\lambda_L}\right)^{1/2}$
底沙粒径比尺	λ_D	4.42	$\lambda_D = \dfrac{\lambda_\gamma \lambda_H \lambda_J}{\lambda_{\gamma_s - \gamma}}$
水下淤积物干容重比尺	λ_{r_0}	1.35	
水下淤积物浮容重比尺	$\lambda_{\gamma_s - \gamma}$	1.45	
含沙量比尺	λ_S	3.53*	$\lambda_S = \dfrac{\lambda_v^3}{\lambda_H \lambda_\omega}$
时间比尺	λ_{t_2}	42.78	$\lambda_{t_2} = \dfrac{\lambda_{r_0}}{\lambda_S} \lambda_{t_1} = \dfrac{\lambda_{r_0}}{\lambda_S} \dfrac{\lambda_L}{\lambda_v}$

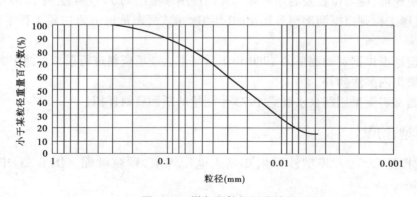

图 8-35　煤灰颗粒级配曲线图

（3）为了达到破生产堤淤滩的目的,生产堤用煤灰制作（$\gamma_0 > 1.1\,\text{t/m}^3$）,以便自行决口。

（4）贯孟堤用预制混凝土板条制作,每隔一定距离,预留口门,根据试验情况,随时调换口门,改变引水流量,以便在贯孟堤堤外老滩放淤。

(5)每组试验完成以后,重新恢复地形,进行下组试验。

(6)根据滩地地貌和地形特点,选择扒口位置,扒开生产堤或贯孟堤,进行淤滩试验准备工作。试验时,模型进口流量选用:$Q = 6\ 000$、$8\ 000$、$10\ 000\mathrm{m^3/s}$ 三级定常流量进行试验,进口含沙量按来沙系数 $S/Q = 0.01\mathrm{kg\cdot s/m^6}$ 控制。

六、试验方法步骤

(1)用基流水位检验模型。模型做好以后,用 $3\ 000\mathrm{m^3/s}$ 的基流检验沿程水位和河势。若模型与原型水位有偏离,则修改地形,再放水检验,直到模型水位、河势与原型基本一致,方可进行正式试验。

(2)待模型进口和出口的流量、含沙量、水位基本稳定后,按预定扒口位置,自上而下破堤(破生产堤或贯孟堤),进行人工淤滩试验。

破堤步骤是:首先在模型第一试验段内决生产堤进行淤二滩试验,待二滩明显淤高后,再在第一试验段的贯孟堤上扒口,进行淤老滩试验;与此同时,在模型第二试验段周营上延工程附近(马寨串沟遗迹处)扒开生产堤,进行引水淤串试验。

(3)在试验过程中,除严格控制模型进口供水供沙条件和出口尾水水位外,定期观测模型河势流态及沿程水位、含沙量的变化过程。

(4)试验结束后,测量淤积地形,计算淤滩效果。

七、试验概况

此次模型试验,共进行四组试验。

第一组试验,进口流量 $Q_\text{入} = 5\ 740\mathrm{m^3/s}$,含沙量 $S_\text{入} = 62\mathrm{kg/m^3}$,来沙系数 $S/Q = 0.010\ 9\mathrm{kg\cdot s/m^6}$,共进行 16 天试验。前 4 天,在 CS3~CS5 河段内扒开生产堤放淤,口门分流量一般为 $1\ 000\mathrm{m^3/s}$,同时在 CS20 处扒口引水淤串,引漫滩落淤后的清水淤串,引水流量为 $300\mathrm{m^3/s}$,因含沙量小,淤串效果差,便停止淤串;第 5 天,在 CS8 附近的贯孟堤扒口,进行淤老滩试验(放淤历时 4 天),引水流量 $3\ 400\mathrm{m^3/s}$,于第 8 天结束;第 9 天,在 CS20 上首主流区串沟下首破生产堤,引水淤串,引水流量为 $2\ 000\mathrm{m^3/s}$,$S = 50\mathrm{kg/m^3}$,串沟处于回流落淤区域,淤串效果较好。

第二组试验,进口流量 $Q_\text{入} = 7\ 984\mathrm{m^3/s}$,$S_\text{入} = 95\mathrm{kg/m^3}$,$S/Q = 0.011\ 9\mathrm{kg\cdot s/m^6}$,共进行 14 天试验。试验开始,在 CS5 处破生产堤淤二滩,口门宽 900m,口门过流半天后(原型时间)展宽至 $1\ 500\mathrm{m}$,并在 CS3 和 CS5 河段内,发生自然溃决,历时一天,这三个口门发展成一个大口门,宽达 2~3km。与此同时,在 CS20 断面处,也扒口进行淤串试验;CS23、CS24、CS31 等处相继发生自然溃决,滩地淤积范围比第一组试验大。

第三组试验,进口流量 $Q_\text{入} = 9\ 975\mathrm{m^3/s}$,$S_\text{入} = 139\mathrm{kg/m^3}$,$S/Q = 0.013\ 9\mathrm{kg\cdot s/m^6}$,试验历时共 8 天(指原型)。在试验开始的前 2 天时间内,在 CS23、CS24、CS26、CS30、CS32 等处的左岸生产堤扒口,进行淤二滩试验;第 3 天在贯孟堤扒口 15 处,进行分数口门放淤试验(口门与口门的间距约 50m),口门位于 CS10~CS15 河段的贯孟堤内,在试验过程中,发现 CS10 处的 2 个口门距大河主流太近,冲刷严重,故将其堵塞。CS8 处的 2 个口门亦靠主流很近,过流亦很大,过流量占入滩总流量的 2/3,放淤 4 天后,CS18 处生产堤受大溜顶冲,自然溃决,口门迅速扩宽,造成滚河,原河槽几乎全部淤死,试验即告结束。

第四组试验是淤临试验,前三组试验是淤滩试验。从试验表现看,淤滩效果是肯定的,但天然文岩渠每次试验结果都是冲刷的,其原因是由于每次试验进入天然文岩渠的洪水,都是淤滩后的清水,说明洪水漫滩后,汇入天然文岩渠的水是难以使天然文岩渠淤高的。

在总结以上 3 组试验经验的基础上,我们摸索出淤天然文岩渠的试验方法。其方法是,在 CS20 马寨串沟附近的生产堤上扒开一个口门,将大河浑水由串沟直接引入天然文岩渠,以淤天然文岩渠。试验结果证明,采用这种方法淤天然文岩渠,效果是肯定的。

八、试验成果分析

(一)人工淤滩刷槽

1. 人工淤滩刷槽的效果

本段河道左岸在贯孟堤以外有老滩,面积为 102km²,贯孟滩至生产堤之间有 16km² 的二滩,贯孟滩下首至渠村闸之间有 145km² 的二滩。人工淤滩试验出现了三种情况(表 8-30):①老滩、嫩滩、主槽都淤;②老滩、嫩滩淤积,主槽冲刷(第二组试验);③老滩、嫩滩、二滩都淤,主槽冲刷(第三组试验),淤积分布见图 8-36。出现这三种情况的原因,主要是由于三组试验中的水沙条件和放淤口门条件不同。

表 8-30　　　　　　　　　　人工淤滩模型试验成果

| 组次 | 放水历时(天) | 流量(m³/s) | | | 含沙量 $S_入$ (kg/m³) | 冲淤量(万 m³) | | | | | 放淤口门位置 |
		总流量 Q^*	分出 Q^*	主槽流量 Q^*		老滩	二滩	嫩滩	主槽	合计	
一	4	6 119	3 400	2 719	55.4	3 487	0	1 354	1 697	+6 538	左寨闸附近
二	8	7 771	1 000	6 771	108.0	6 730	0	5 717	−1 187	+11 260	左寨闸—油坊寨
三	2	9 990	3 000	6 990	148.2	2 628	4 947	5 507	−78	+13 004	油坊寨以下

第一组试验,放淤口门位置偏上,在左寨闸附近[图 8-37(a)]。水流进入老滩后,大量泥沙淤在老滩区,进入贯孟堤下首二滩的水流基本上是清水,所以第一组试验只淤老滩,未淤二滩。此外,第一组试验中,分流淤滩后,大河剩余流量仅 2 719m³/s,大河来沙系数 $(S/Q)_槽 = 0.02$kg·s/m⁶,主槽发生淤积。

第二组试验中放淤口门的位置仍然偏上[图 8-37(b)],大量泥沙仍然淤在老滩区,二滩未发现明显的淤积。但经过分流放淤以后,大河剩余流量 $Q_槽 = 6 771$m³/s,含沙量 108kg/m³,来沙系数 $(S/Q)_槽 = 0.016$kg·s/m⁶,主槽发生冲刷。

第三组试验,放淤口门的位置偏下[图 8-37(c)],水流进入老滩区以后,一部分泥沙淤在老滩区,另一部分泥沙淤在二滩区,所以在第三组试验中,老滩、嫩滩和二滩都淤。分流放淤后,大河剩余流量为 6 990m³/s,来沙系数 $(S/Q)_槽 = 0.021$kg·s/m⁶,主槽发生轻微冲刷。

以上试验结果说明,在宽浅河段内,采用人工淤滩的办法以淤高滩地是有效的,淤积范围与放淤口门位置有关;人工淤滩时主槽的冲淤,主要取决于放淤的水沙条件和分流后

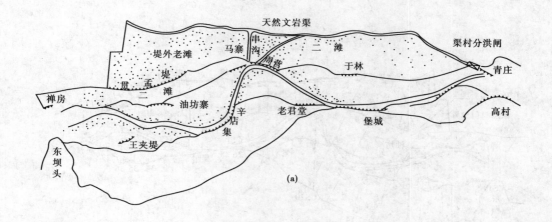

(a)

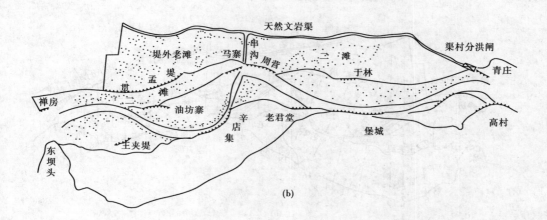

(b)

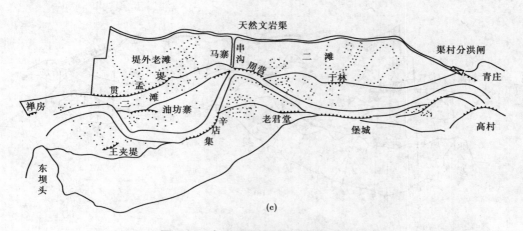

(c)

图 8-36 人工淤滩模型试验淤积分布图

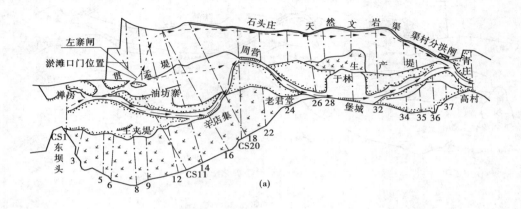

(a)

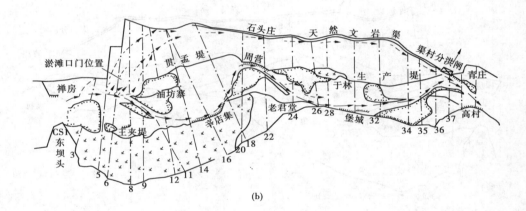

(b)

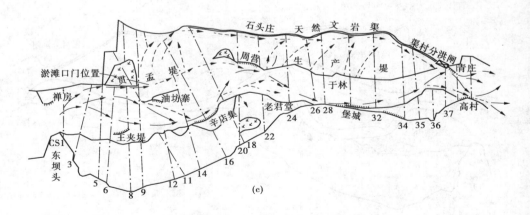

(c)

图 8-37　人工淤滩试验模型流态图

大河的剩余流量。第二组试验的主槽水沙条件较好,历时 8 天的淤滩刷槽情况,效果显著。在来水来沙条件不利的情况下,如引水放淤的流量过大,主槽不仅不冲,反而会淤。因而人工淤滩时能否刷槽,与主槽的水沙条件关系很大。

2.淤滩刷槽冲淤量计算公式

滩地淤积量根据模型淤滩试验成果可得:

$$\Delta \overline{W}_{s滩} = 0.189(Q_s)^{0.323} \tag{8-8}$$

式中 $\Delta \overline{W}_{s滩}$——滩地淤积率,t/s;

Q_s——入滩输沙率,t/s。

根据模型主槽实测水、沙量可得:

$$Q_{s出} = 0.000\ 63Q_入^{1.15}S_入^{0.81} \tag{8-9}$$

式中 $Q_{s出}$——河段出口(高村站)断面输沙率,t/s;

$Q_入$、$S_入$——模型入口(夹河滩)断面流量和断面含沙量,其单位分别为 m^3/s 和 kg/m^3。

3.人工淤滩刷槽水沙条件的选择

进行人工淤滩刷槽时,应以控制主槽不淤为先决条件。图 8-38 给出模型主槽实测的 $M = S_入/Q_入$ 与 $Q_入$ 的关系。可以用 $M = S_入/Q_入 = 0.016\ 5kg\cdot s/m^6$ 为主槽冲刷与淤积的临界水沙条件,即当 $M \le 0.016\ 5kg\cdot s/m^6$ 时主槽不淤。因此,当进行人工淤滩时,应控制主槽剩余流量 $Q_入$,以使主槽的 $M = S_入/Q_入 \le 0.016\ 5kg\cdot s/m^6$。

也可由式(8-9)中的 $Q_{s出}$ 计算值与淤滩分流后主槽的 $Q_入$ 相等的条件得到主槽不淤的水沙条件 $M = S_入/Q_入$ 值。

4.放淤口门和放淤流量的选择

为了对比引水口门的形式和流量对淤滩效果的影响,在模型中进行了分散口门和集中口门放淤试验。

集中口门放淤试验中,口门宽 300m,引水流量 3 000m^3/s,口门处水流流速 2m/s。试验结束后,老滩区普遍淤高 1.5m,淤积较好,但由于口门集中,口门处流速太大,口门附近冲刷严重,结果在口门附近又形成了一个宽 300m 的新串沟。第二次放淤改为分散口门放淤,采用 16 个小口门放淤,每个口门宽 20～30m,引水总流量减为 1 000m^3/s,放淤结束后,老滩区普遍淤高 0.46m,由于引水口的水流分散,流速较小,滩面淤积平整,新串沟很小,放淤效果比集中口门放淤

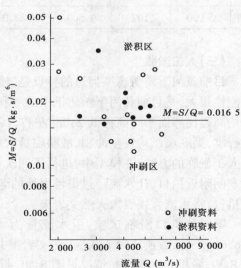

图 8-38　主槽 $M—Q$ 关系图

为好,由于引水流量小,所以淤积厚度较小。在第二次试验结束后,又进行了分散口门大流量放淤试验,引水流量为 3 000m^3/s,口门的位置比第二次试验下移 5km 左右,离主槽

较近,加上引水流量较大,口门的吸流作用很大。因而随着试验历时的增加,口门过流也逐渐增加,口门流速愈来愈大,口门愈来愈宽,最后夺流改河,原主槽全部淤死。

以上试验结果表明:

(1)在人工淤滩过程中,引水口分散比集中为好,引水流量小比引水流量大为好,引水口的位置离大溜顶冲的位置远比近好。

(2)在引水流量过大、口门集中、口门位置不当的情况下,引水淤滩,有可能夺流改河。

(二)人工淤串

在本河段的长垣大滩内,有 12 条较大的串沟,其中马寨串沟长 3.7km,宽 50m,深 0.9m,比降 1/3 000,是 1933 年长垣大车集—石头庄决口遗留的老串沟的残迹,1958 年大洪水时该串沟过水,曾造成严重险情。说明游荡型河段进行淤串非常必要。在模型试验中,进行了四次淤串试验,见表 8-31。试验成果表明,人工淤串的效果与引水口的位置、引水方向和大河的水沙条件以及引水流量的大小等均有密切的关系;引水口的位置和方向与串沟的位置和方向有偏角时,淤串的效果较好;进入串沟的水流为浑水时(特别是含沙量较高的洪水时),淤串效果较佳。淤串的流量不宜太大。

表 8-31 模型淤串试验成果

组次	$Q_{大河}$ (m³/s)	$S_{大河}$ (kg/m³)	$Q_{分}$ (m³/s)	冲淤量 (万 m³)	淤积厚度 (m)	引水口位置	引水方向与大河主流方向
一	5 210	39.7	300	冲	冲	在马寨串沟入口处	基本一致
二	3 525	57.3	1 010	+19.3	+0.94	在串沟沟口下首 100~150m 处,引水方向与大河成 30°~50°夹角,水流先入滩地再漫入串沟	
三	7 643	53.6	300	+6.21	+0.51		
四	5 990	107	1 500	+22.0	+1.19		

(三)人工淤临

目前黄河下游游荡型河道的特点是"槽高、滩低、堤根洼"。大洪水期间,顺堤行洪的可能性很大,是目前黄河下游防汛中的不利因素。例如本段河道的天然文岩渠,目前渠道平均高程比滩面平均高程低 2.0m 左右,1982 年大水期间,该渠的水深达 4.0m 以上,顺堤行洪,渠底渠岸均发生冲刷,威胁临黄大堤的安全。因此,人工淤临非常重要。为了探索人工淤临的方法,在模型中,进行了四次淤临试验。放淤的方法有两种:一是在贯孟堤左寨闸附近扒口,让水流经过贯孟堤外的老滩,再进入天然文岩渠;二是在马寨串沟口下首扒口,将水流直接引入天然文岩渠。

第二种扒口淤临试验,引水流量为 4 000m³/s,为大河来水流量的 40%,含沙量 106.6kg/m³,放淤历时 6 天,天然文岩渠共淤积 390 万 m³,淤积效果明显。淤积分布见图 8-39,淤积的纵向分布情况见图 8-40,断面淤积情况见图 8-41。第一种扒口淤临试验中,因口门距天然文岩渠较远,水流进入老滩以后,大量泥沙首先淤在老滩区,剩余的泥沙再进入天然文岩渠,所以淤积效果不佳。

根据试验可知,在堤脚低洼的河段,选择适当的口门位置(宜尽量靠近放淤目的地)扒口放淤,只要水沙条件适宜,淤临效果是显著的。

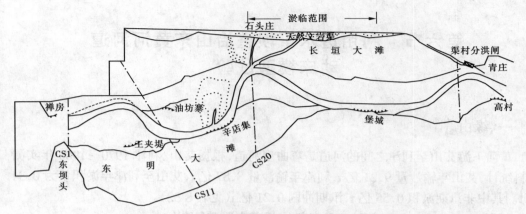

图 8-39　模型试验淤积分布图（淤临试验结束后）

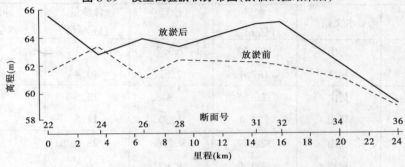

图 8-40　天然文岩渠放淤前后纵剖面

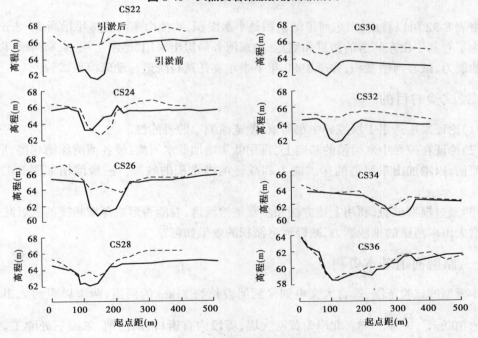

图 8-41　天然文岩渠断面套绘

第六节　利用透水丁坝整治山东黄河河道动床模型试验

一、缘由

黄河下游艾山至利津之间的河道是弯曲型河道,根据艾山、利津1970～1980年实测资料统计,艾山年输沙量9.21亿t,利津年输沙量8.87亿t,艾山至利津年淤积量为0.34亿t。其中非汛期淤积0.55亿t,汛期冲刷0.21亿t(见表8-32)。

表8-32　　　　　　　　　　　1970～1980年艾山—利津水量、沙量统计

时段	水文站	水量 (亿 m³)	沙量 (亿 t)	含沙量 (kg/m³)	冲淤量 (亿 t)
汛期	艾山	192.22	7.357	38.3	冲0.21
	利津	187.4	7.57	40.4	
非汛期	艾山	136.65	1.848	13.5	淤0.55
	利津	113.0	1.30	11.5	
全年	艾山	328.87	9.206	28.0	淤0.34
	利津	300.4	8.87	29.5	

由表8-32可以看出,山东河道的淤积是小水淤积,致使山东河道每年抬高5～8cm。

为了有利于山东河道的防洪和航运,山东河务局提出采用"透水丁坝"束窄河槽,以增加排沙能力,减轻河槽淤积,并于1980年下半年委托黄科院进行动床模型试验。

二、试验的目的

(1)论证采用透水丁坝控导中水河槽,使宽河缩窄的可能性。

(2)论证在控导中水河槽的基础上,再用低坝增加低水河湾,使各河湾深槽相接,形成三级河槽,以增加山东河道的排洪能力和减轻河槽淤积的效果。三级河槽如图8-42所示。

(3)通过模型试验,利用上述方法和步骤整治河道,看能否形成深槽相接的三级河道;能否增大山东河道的排沙能力,减轻河道淤积的效果如何?

三、原型河道基本资料

本模型的试验范围,选自大义屯到朱圈河段长约11km的河道,两岸堤距约2.3km,河宽约700m,$\frac{\sqrt{B}}{H}$为3～8。北岸为黄河大堤,堤段内有康口、周门前、朱圈三处险工。南岸进口有凤凰山,出口有望口山,中段有1030扬水站。试验河段平面图见图8-43。

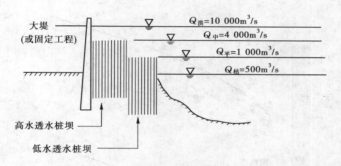

图 8-42　三级河槽示意图

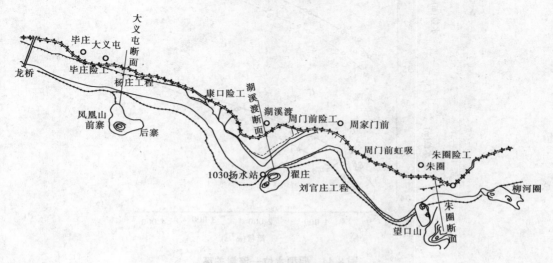

图 8-43　试验河段平面图

大义屯上游 10.18km 有艾山水文站,朱圈下游 80.66km 有泺口水文站。模型试验段内,原型河道有三个自然弯道,弯曲半径为 1 000~1 500m,河床比降约为 1.0‰,糙率为 0.010。根据 1970~1980 年河道统测大断面资料的初步分析,这段河道的进口断面(大义屯)主要水力因素见表 8-33。

表 8-33　　　　　　　　　　大义屯断面水力因素统计

$Q_{艾}$	h_{cp}	v_{cp}	B_{cp}	J_{cp}	n	Re	Fr
(m³/s)	(m)	(m/s)	(m)	(‰)			
500	1.16	1.20	400	1.2	0.010 1	1 213 600	0.356
1 000	1.38	1.68	460	1.0	0.007 4	2 021 300	0.457
4 000	2.86	2.63	540	0.9	0.007 3	6 557 800	0.497

根据统测大断面的水位,借艾山站同日的流量,点绘大义屯、湖溪渡、朱圈三断面的水位—流量关系如图 8-44 所示。

由图 8-44 可知:大义屯断面,当 $Q_{艾}=500\text{m}^3/\text{s}$ 时,水位由 36.2m 上升到 37.0m; $Q_{艾}=1\ 000\text{m}^3/\text{s}$ 时,水位由 36.7m 上升到 37.56m。朱圈断面,当 $Q_{艾}=500\text{m}^3/\text{s}$ 时,水

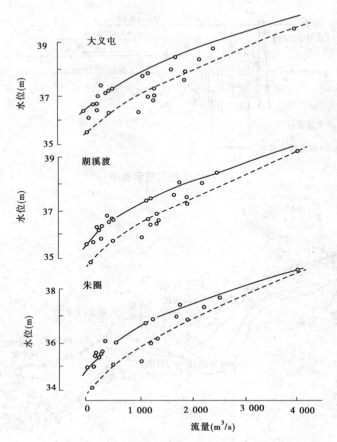

图 8-44　原型水位—流量关系

位由 34.8m 上升到 35.72m；$Q_艾 = 1\,000\text{m}^3/\text{s}$ 时，水位由 35.5m 上升到 36.4m。

根据 1974～1980 年朱圈断面河床质资料，河床质平均粒径 $D_{cp} = 0.081\text{mm}$，中值粒径 $D_{50} = 0.078\text{mm}$（见表 8-34 及图 8-45）。

表 8-34　　　　　　　　　　1974～1980 年朱圈断面河床质平均颗粒级配

D_i (mm)	0.007	0.01	0.025	0.05	0.075	0.1	0.15	0.25	0.5
$<D_i$ 沙重（%）	0.03	0.17	3.73	20.3	46.6	76.2	96.6	99.95	100

注：　$D_{50} = 0.078\text{mm}$，$D_{cp} = 0.081\text{mm}$。

根据艾山站 1978 年 6 月悬移质资料，悬移质平均粒径 $d_{cp} = 0.041\text{mm}$，$d_{50} = 0.034\,5$ mm，平均沉速 $\omega_{cp} = 0.241\text{cm/s}$（见表 8-35）。

原型河床质、悬移质颗粒级配曲线见图 8-45。

四、河道整治方案

中水河槽治导线及高水工程，按委托单位的设计图纸布置。枯水河槽治导线在模型中放宽到 200m（原设计 $B = 110\sim150\text{m}$），低水工程根据情况布置（原设计图纸无低水工程）。中枯水河槽治导线见图 8-46,其工程布置见图 8-47。

表 8-35　　　　　　　　　　　**1978 年 6 月艾山站悬移质颗粒级配**

d_i (mm)	0.007	0.01	0.025	0.05	0.075	0.1	0.15	d_{50} (mm)	d_{cp} (mm)	ω_{cp} (cm/s)
$<d_i$ 沙重(%)	16.8	21.5	40.2	64.3	83.7	96.6	100	0.034 5	0.041	0.241

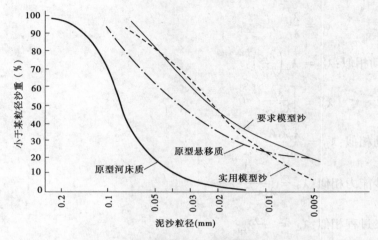

图 8-45　原型沙和模型沙颗粒级配曲线

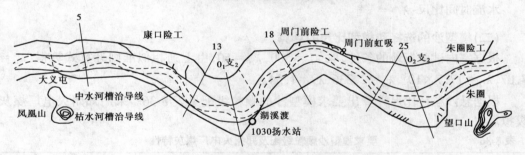

图 8-46　中枯水河槽治导线及断面布置图

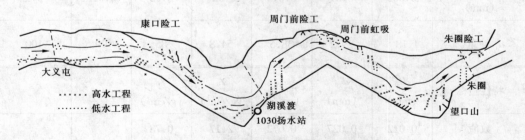

图 8-47　中枯水河槽整治工程布置图

五、模型设计

此项模型试验是研究河道整治效果的动床模型试验。其主要内容是,研究河道整治对稳定河势流路,减轻河床淤积及抬高水位等作用,属于长河段河道动床模型试验,并非治河工程试验,可以采用变态动床模型进行试验。模型设计需遵守以下相似准则。

(一)相似准则

水流重力相似:$\lambda_v = \lambda_H^{0.5}$

水流阻力相似:$\lambda_n = \dfrac{\lambda_H^{2/3}}{\lambda_v}\lambda_J^{0.5}$

$$\lambda_J = \frac{\lambda_H}{\lambda_L}$$

悬沙运动相似:$\lambda_\omega = \lambda_v \left(\dfrac{\lambda_H}{\lambda_L}\right)^{0.5}$

$$\lambda_d = \left[\frac{\lambda_\omega}{\lambda_{\gamma_s-\gamma}}\right]^{0.5}$$

底沙运动相似:$\lambda_D = \dfrac{\lambda_\gamma \lambda_H \lambda_J}{\lambda_{\gamma_s-\gamma}}$

水流挟沙能力相似:$\lambda_S = \dfrac{\lambda_v^3}{\lambda_g \lambda_H \lambda_\omega}$

河床冲淤过程相似:$\lambda_{t_2} = \dfrac{\lambda_{\gamma_0}}{\lambda_S}\lambda_{t_1}$

水流时间比尺:$\lambda_{t_1} = \dfrac{\lambda_L}{\lambda_v}$

(二)模型沙的选择和模型比尺的计算

根据室内试验场地的条件,取 $\lambda_L = 500$,$\lambda_H = 50$,由上列相似准则计算式算得:$\lambda_v = 7.07$,$\lambda_Q = 17.7 \times 10^4$,$\lambda_\omega = 2.236$,$\lambda_d = 1.54$。

根据悬沙粒径比尺计算出要求模型沙的颗粒级配见表 8-36。采用郑州火电厂煤灰模拟。

表 8-36 　　　　　　　　　　**要求模型沙颗粒级配及郑州火电厂煤灰特性**

d_i (mm)	0.005	0.01	0.015	0.025	0.05	0.075	0.1
$<d_i$ 沙重(%)	18	29.2	38.5	54.8	85	99	100
特性指标	d_{50} (mm)	d_{cp} (mm)	ω_{cp} (cm/s)	γ_s (g/cm³)	γ_0 (g/cm³)		
数值	0.022	0.027	0.072	2.17	0.78		

模型各项比尺的计算见表 8-37。

(三)模型水力因素特征值

根据表 8-37 计算模型各级流量下水力因素特征值,见表 8-38。

表 8-37   模型各项比尺计算

项 目	符 号	比 尺	计算公式
水平比尺	λ_L	500	
垂直比尺	λ_H	50	
流速比尺	λ_v	7.07	$\lambda_v = \lambda_H^{0.5}$
流量比尺	λ_Q	17.7×10^4	$\lambda_Q = \lambda_L \cdot \lambda_H^{1.5}$
比降比尺	λ_J	0.1	$\lambda_J = \dfrac{\lambda_H}{\lambda_L}$
糙率比尺	λ_n	0.607	$\lambda_n = \dfrac{\lambda_H^{2/3}}{\lambda_v}\lambda_J^{0.5}$
沉速比尺	λ_ω	2.236	$\lambda_\omega = \lambda_v\left(\dfrac{\lambda_H}{\lambda_L}\right)^{0.5}$
悬沙粒径比尺	λ_d	1.54	$\lambda_d = \left(\dfrac{\lambda_\omega}{\lambda_{\gamma_s - \gamma}}\right)^{0.5}$
床沙粒径比尺	λ_D	3.45	$\lambda_D = \dfrac{\lambda_\gamma \lambda_H \lambda_J}{\lambda_{\gamma_s - \gamma}}$
淤积物干容重比尺	λ_{γ_0}	1.86	
模型沙浮密度比尺	$\lambda_{\gamma_s - \gamma}$	1.45	$\lambda_{\gamma_s - \gamma} = \dfrac{2.7 - 1}{2.17 - 1}$
含沙量比尺	λ_S	3.16	$\lambda_S = \dfrac{\lambda_v^3}{\lambda_g \lambda_H \lambda_\omega}$
水流时间比尺	λ_{t_1}	70.7	$\lambda_{t_1} = \dfrac{\lambda_L}{\lambda_v}$
河床冲淤时间比尺	λ_{t_2}	41.6	$\lambda_{t_2} = \dfrac{\lambda_{\gamma_0}}{\lambda_S}\lambda_{t_1}$
模型变率	e	10	$e = \dfrac{\lambda_L}{\lambda_H}$

表 8-38   模型各级流量下水力因素特征值

Q_p (m³/s)	Q_m (L/s)	h_m(cm)	v_m(cm/s)	Re_m	Fr_m	n_m
500	2.83	2.32	17.0	3 439	0.356	0.016 6
1 000	5.657	2.76	23.8	5 727	0.457	0.012 2
4 054	22.627	5.72	37.2	18 551	0.497	0.120

由表 8-38 可以看出,模型最小平均流速 $v_{min} > 13\text{cm/s}$,大于模型沙起动流速;模型最小水深 $h_{min} > 1.5\text{cm}$,大于模型限制水深;模型最小雷诺数 $Re_{min} > 1\,400$;模型佛汝德数 $Fr < 1$。均满足水流的限制条件,可以进行验证试验。

六、模型制作

模型中水河槽以上的河道,包括两岸大堤、控导工程、滩地、生产堤以及其他建筑物工程,均按1/10 000地形图模拟,做成定床。已有的控导工程,采用混凝土板制成。拟建的透水桩坝,采用$\phi=2.0$mm的铅丝制成。每根桩坝之间距离为1～2mm。高水工程的坝顶与4 000m³/s流量的水位齐平。低水工程的坝顶与1 000m³/s流量的水位齐平。高水工程按委托单位设计图纸布置,低水工程根据具体情况布置。

模型中水河槽以下河床,按统测大断面模拟。因本河段仅有三个大断面,断面间距太大,故采用内插法控制,模型断面布置见图8-46。

七、验证试验

模型做好以后,进行了以下验证试验。

(一)河势验证

从已有的目估河势图分析,这段河道比较稳定,主流位置变化不大。在枯水情况下,主流沿康口险工挑向对岸1030扬水站附近,受1030扬水站控导以后,又顶冲左岸周门前险工,再由周门前险工挑向对岸的望口山山嘴上首,而后将主流送至朱圈险工。在中水流量下,主流走中泓,1030扬水站上首河湾内产生回流,主流沿着1030扬水站下首的山嘴顶冲对岸周门前险工的下首工程,再由周门前险工挑向右岸的望口山山嘴处,在望口山山嘴河湾内也产生回流。见原型河道河势图[图8-48(a)]。

从模型验证试验的河势看,这些现象基本上与原型是相似的,见模型河势图[图8-48(b)]。

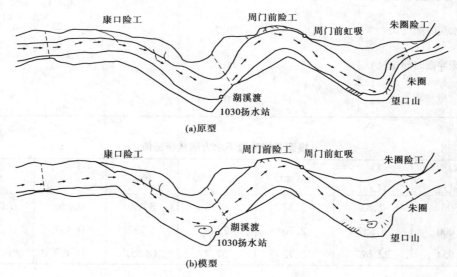

图8-48 验证试验河势图

(二)水面线验证

原型河道无水面线资料,根据统测大断面的水位,借艾山同日的流量,点绘水位—流量关系,通过点群中心,对 20 世纪 70 年代初的水面线进行了验证(见图 8-49)。可看出模型水位与原型差 15cm,模型进口水位偏高,因验证试验用的模型进口加沙偏粗产生局部淤积,且原型水位是通过点群中心的平均情况,所以水面线的验证,模型与原型基本上是相似的。原型糙率为 0.007~0.010,模型糙率为 0.009~0.016,基本上能够满足阻力相似的条件。

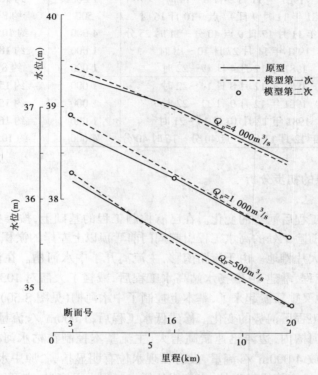

图 8-49　模型水面线验证

(三)河段排沙关系验证

根据艾山和泺口水沙资料的初步分析可知:

$Q_发 = 500 \mathrm{m}^3/\mathrm{s}, S_发 = 8 \mathrm{kg/m}^3$,河段排沙比为 70%。

$Q_发 = 1\,000 \mathrm{m}^3/\mathrm{s}, S_发 = 18 \mathrm{kg/m}^3$,河段排沙比为 80%。

验证结果表明,在与原型水沙条件相似的情况下,模型的排沙比接近上述数值。我们认为,在排沙能力方面模型与原型基本上是相似的。

通过验证试验,我们认为可以利用模型进行河道整治试验。

八、正式试验

(一)试验概况

为了观测修建透水桩坝整治河道的效果,1981 年下半年进行了两组试验。

第一组,按委托单位图纸布置高水工程,控导中水河槽。用 $Q_\mathrm{p} = 500$、$1\,000$、$4\,000 \mathrm{m}^3/\mathrm{s}$ 进行试验。

第二组,在模型试验段内布置低水工程,控制三级河宽 $B_p = 200m$(比设计图纸做得宽些)。用 $Q_p = 1\ 000$、$4\ 000m^3/s$ 进行试验。模型试验概况见表 8-39。

表 8-39　　　　　　　　　　　　　　　　　模型试验概况

组次	时间	$Q_p(m^3/s)$	$S_p(kg/m^3)$	测断面日期
第一组 无低水工程 (有高水工程)	1981 年 11 月 9 日 8~14 时	1 000	约 18	9 日
	1981 年 11 月 9 日 17 点~10 日 16 时	500	约 8	10 日
	1981 年 11 月 17 日 9 点 40 分~11 时 25 分	4 000	约 105	17 日
	1981 年 11 月 27 日 10~18 时	1 000	约 18	
	1981 年 12 月 4 日 17~22 时	1 000	约 8	4 日放水前
第二组 有低水工程	1981 年 12 月 8 日 14~22 时	1 000	约 15	9 日
	1981 年 12 月 9 日 11~22 时	1 000	约 15	10 日
	1981 年 12 月 10 日 14~21 时	1 000	约 16	11 日
	1981 年 12 月 12 日 15 点 40 分~16 时 40 分	4 000	约 105	12 日

(二)试验成果的初步分析

1. 河势分析

(1)修建高水工程后河势的变化。在已有控制工程的基础上,按委托单位要求,修建高水工程后,周门前险工处的高水工程引起周门前弯顶以上左岸的淤积,迫使周门前主流南移,淘刷了南岸大片滩地。由于流路南移,主流离开了中水河槽。在试验中,拆除了新建的周门前高水工程,增建 1030 扬水站高水工程后,减轻了大溜对 1030 扬水站的顶冲,被淘刷的南岸滩地又重新淤起来了,基本上控制了中水河槽(见图 8-50)。

(2)修建低水工程后河势的变化。修建低水工程后,1 000m³/s 流量的河势流路变得较前弯曲,在中水河槽内,边滩迅速淤高增大,主流基本控制在枯水河槽内(见图 8-51)。在这样的河槽中,放 4 000m³/s 流量,没有发现水位有明显抬高,原中水河槽流路基本不变。在大溜顶冲的已有控导工程处,主流线从低水工程上面穿过,离开已有控导工程一定距离,减轻对工程直接顶冲的威胁。而深泓线的位置,发生在低水工程的坝头处(如周门前险工、望口山山嘴)。说明在整治的中水河槽内,利用透水丁坝再修低水工程,不仅对中水流量的水位,没有明显的影响,而且有利于原工程的防守。

2. 断面形态分析

(1)修建高水工程以前小水淤槽(见图 8-52)。在已有控导工程靠溜的地方,坝头出现比较深大的冲刷坑,见图 8-52 的 8 号、22 号断面左岸的深泓点。

(2)修建低水工程以后,断面变得窄深,原冲刷坑回淤,深泓点发生在低水工程的坝头处,见图 8-53。

通过以上分析,说明利用透水桩坝改变断面形态的作用是明显的。

3. 水位分析

在相同来水来沙条件下,无低水工程时,水位逐渐上升;修建低水工程以后,水位上升速度变慢(见图 8-54)。也就是说,河床淤积有所减缓。

4. 排沙能力分析

从验证试验看出,当 $Q_p = 1\ 000m^3/s$、$S_p = 18kg/m^3$ 时,模型排沙比接近 80%;修建

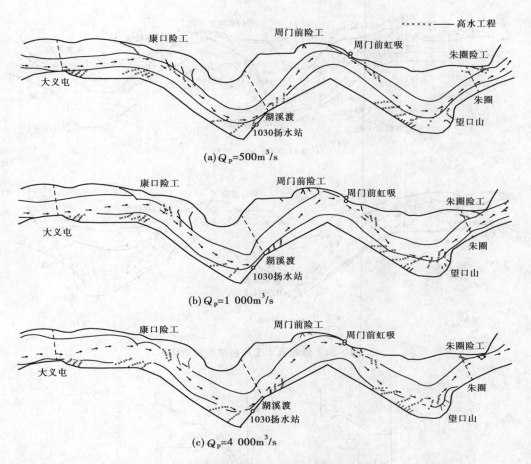

(a) $Q_p=500\mathrm{m}^3/\mathrm{s}$

(b) $Q_p=1\,000\mathrm{m}^3/\mathrm{s}$

(c) $Q_p=4\,000\mathrm{m}^3/\mathrm{s}$

图 8-50　修建高水工程后模型河势图

高水工程以后,排沙比接近 90%;修建低水工程以后,排沙比接近 100%(见表 8-40)。

表 8-40　　　　　　　　　　　$1\,000\mathrm{m}^3/\mathrm{s}$ 流量下模型排沙比统计表

| 日期 | Q_p | 工程情况 | 含沙量($\mathrm{kg/m}^3$) | | 排沙比 |
(年·月·日)	(m^3/s)		3 号断面	29 号断面	(%)
1981.08.06	1 000	无桩坝工程	8.33	6.16	73.9
1981.11.09	1 000	有高水工程	4.75	4.52	95.2
1981.11.27	1 000	有高水工程	5.72	5.15	90.0
1981.12.08	1 000	有低水工程	4.67	5.28	113.1
1981.12.09	1 000	有低水工程	4.69	4.74	101.1
1981.12.10	1 000	有低水工程	5.39	5.76	106.9
1981.12.16	1 000	有低水工程	5.00	4.50	90.0

由表 8-40 看出,这些试验数据定性地说明修建透水工程以后,排沙比增加了,河槽的淤积减少了。

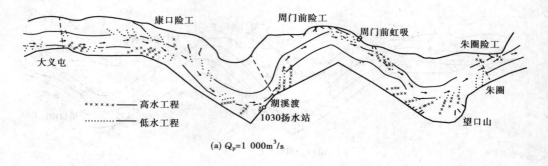

(a) $Q_p = 1\ 000\text{m}^3/\text{s}$

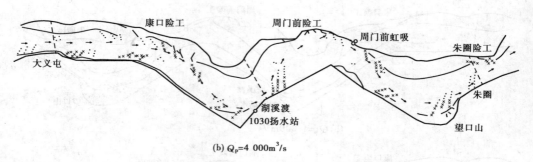

(b) $Q_p = 4\ 000\text{m}^3/\text{s}$

图 8-51　修建低水工程后模型河势图

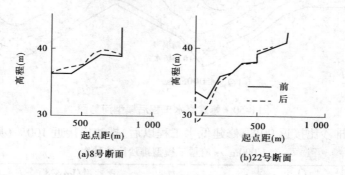

(a)8号断面　　　　　　　(b)22号断面

图 8-52　修建高水工程前后模型断面比较图

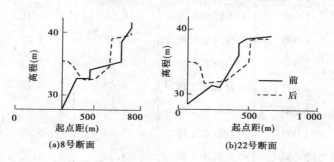

(a)8号断面　　　　　　　(b)22号断面

图 8-53　修建低水工程前后模型断面比较图

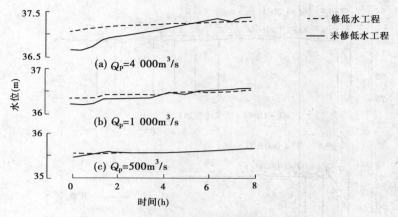

图 8-54　有无低水工程水位变化过程

5. 深泓线的变化

修建低水工程以后,直河段有所缩短,深槽段有所增长,深泓线的平均高程有所降低(见图 8-55)。在靠溜的已有控导工程处,深泓线离开了原来的坝前冲刷坑,移至低水工程的坝头处,说明利用透水丁坝缩短直河段、增长深槽段是有可能的。

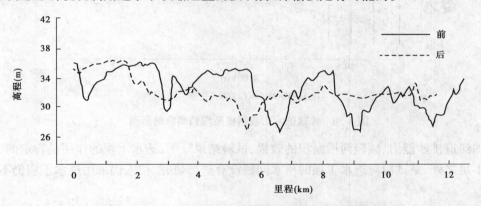

图 8-55　修建低水工程前后模型深泓线对比图

6. 透水丁坝坝裆区间的冲淤特性

在 1 000m³/s 流量下,低水工程坝裆区间出现边滩,随着试验历时的增加,边滩迅速淤积抬高,滩面几乎高达坝顶。在试验中,为了观察坝裆区间的冲淤变化情况,对三段坝裆区间进行了测验,1—1 剖面(从 3 号断面到 10 号断面左岸的边滩),2—2 剖面(从 16 号断面到 20 号断面右岸的边滩),3—3 剖面(从 20 号断面到 22 号断面左岸弯段内的边滩),在4 000m³/s 流量下,这三段滩面的高程各有不同:1—1 滩面有所淤高,2—2 滩面变化不大,3—3 滩面在大溜的作用下高程大大降低,并且可以通过主流(见图 8-56)。

九、补充试验

(一)试验目的

以上试验,仅仅是研究利用透水丁坝控导山东河道中水河槽的河势流路的可能性,以

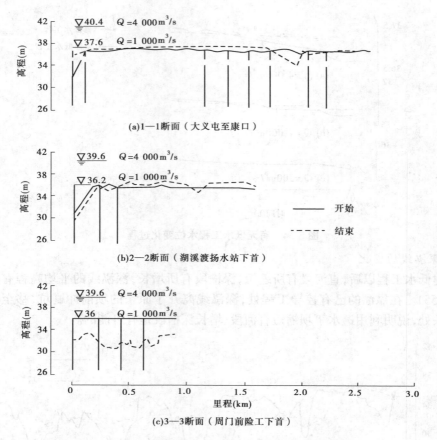

(a)1—1断面（大义屯至康口）

(b)2—2断面（湖溪渡扬水站下首）

开始

结束

(c)3—3断面（周门前险工下首）

图 8-56　修建低水工程后模型坝裆间纵剖面图

及增加河道排沙能力、减轻河槽淤积的效果,试验结果证明,透水丁坝的作用是肯定的,而试验不足之处,是试验对透水丁坝的壅水问题没有进行研究,使人们采用透水丁坝仍不放心。

为此,试验结束后,在原基础上又进行了补充试验。补充试验的工程位置、长度及数量均与前阶段模型试验相同,但试验流量主要为洪水流量。

补充试验的各项比尺及模型,均与前阶段试验相同。

考虑到黄河泥沙模型试验的复杂性,根据我们的经验,此项模型试验采用对比法进行试验。

(二)试验组次

补充试验共进行三组试验:

第一组试验是大义屯至朱圈(全河段)清水定床试验,研究修建透水丁坝对洪水位壅高的影响。

第二组试验是大义屯至康口(局部河段)清水定床试验,研究修建透水丁坝对洪水位壅高的影响。

第三组试验是大义屯至朱圈(全河段)动床浑水试验,研究含沙量较高情况下,修建透水丁坝淤滩刷槽、洪水位壅高的情况。

(三)试验条件

各组试验的试验条件见表8-41。

表 8-41 模型试验条件

试验条件	第一组试验		第二组试验	第三组试验	
试验河段	大义屯至朱圈长约11km		大义屯至康口长约2.5km	大义屯至朱圈长约11km	
模型类型	定床、清水		定床、清水	动床、浑水	
河道地形	1980年10月统测大断面		1980年10月统测大断面	1980年10月统测大断面	
流量(m³/s)	500、1 000、4 000、7 000		500、1 000、2 000	7 000	
含沙量(kg/m³)	0		0	35	
工程形式	(1)无坝		(1)无坝	(1)无坝	
	(2)透水丁坝	高水工程 高、低水工程	(2)单排透水丁坝	(2)透水丁坝	高水工程 高、低水工程
	(3)实体坝		(3)单排实体坝		
主要测验项目	水位		流速	水位、断面、含沙量	
坝顶高程	高水工程与4 000m³/s流量水位齐平				
	低水工程与1 000m³/s流量水位齐平				

试验流量与含沙量的确定,本河段南北岸均有堤防约束,北堤堤顶高程约43m,南堤约40m,缺乏洪水漫堤的实测资料。根据1982年汛期洪水资料,艾山站出现7 300m³/s流量时(艾山水位为42.65m),本试验河段开始漫南岸大堤。因此,确定7 000m³/s为该河段的最大不漫堤流量。模型试验段的相应水位,根据艾山和添口两站水位资料内插。另外,根据1981年及1982年艾山站流量—含沙量关系,确定7 000m³/s流量时的相应含沙量为35kg/m³。模型试验水位按表8-42控制。

表 8-42 模型试验水位

流量 (m³/s)	水位(m)		水位依据
	大义屯	朱圈	
500	37.0	35.72	根据1970~1980年统测资料确定
1 000	37.55	36.40	根据1970~1980年统测资料确定
4 000	40.0	38.50	根据1970~1980年统测资料确定
7 000	41.5	40.50	根据1982年汛期资料确定

(四)模型制作

1. 动床试验地形

南、北大堤以内的河道地形,根据1980年10月统测大断面,做成动床模型。

根据统测大断面资料,制成断面板,用水准仪控制断面板高程,铺煤灰(模型沙),刮成模型地形,然后浸水,修补地形,复测合格后,作为模型的起始地形。

2. 定床试验地形

河道地形做成固定的。具体做法:仿照动床模型制作方法,铺煤灰,踩实,刮成模型地形,喷湿模型表面,然后用干水泥均匀撒在模型表面,厚约 2mm,喷水固结凝固成定床模型。

3.整治工程

透水丁坝是采用直径为 2mm 的铅丝(相当于原型 1m 的直径),制成间距与桩径相等的丁坝,使用时,根据治导线图和工程布置图进行组装。

实体坝用三合板制成,并加以油漆,其尺寸、组装与透水丁坝完全相同。

4.模型测量

在模型试验中,模型进口流量用三角量水堰控制,沿程水位用测针检测,流速用 MZL—A 型旋桨低流速仪测量。由于模型水深较小,采用一点法,即测 0.6 水深处的流速,代表垂线平均流速。模型的颗粒分析采用消光法颗分仪测定,含沙量由置换法求得。

(五)试验成果

在已做好的模型上,进行了两个阶段的定床清水试验和一个阶段的动床浑水试验,试验成果分述如下。

1.全河段(大义屯至朱圈)定床清水试验

为了观测不同形式的整治工程对河道的壅水影响,进行了同一整治方案不同流量级、不同整治工程形式的对比试验,试验结果见表 8-43 及图 8-57～图 8-59。

表 8-43　　　　　　　全河段(大义屯至朱圈)定床清水试验结果

工程形式		流量 (m³/s)	水位(m)		壅水值(m)			
					与无工程对比		与实体坝对比	
			大义屯	湖溪渡	大义屯	湖溪渡	大义屯	湖溪渡
透水丁坝	高水工程 加 低水工程	500	37.12	36.14	+0.19	+0.22	+0.01	+0.10
		1 000	37.83	37.02	+0.47	+0.44	+0.18	+0.15
		4 000	40.51	39.70	+0.99	+0.78	-0.15	-0.17
		7 040	42.51	41.66	+0.88	+0.67	-0.24	-0.13
	高水工程	510	37.00	35.95	+0.07	+0.03	-0.11	-0.09
		1 010	37.47	36.68	+0.11	+0.10	-0.18	-0.19
		4 000	39.99	39.22	+0.47	+0.30	-0.67	-0.65
		7 000	42.09	41.30	+0.46	+0.31	-0.66	-0.49
	无工程	495	36.93	35.92			-0.18	-0.12
		1 010	37.36	36.58			-0.29	-0.29
		4 000	39.52	38.92			-1.14	-0.95
		7 000	41.63	40.99			-1.12	-0.80
实体坝	高水工程	495	37.11	36.04	+0.18	+0.12		
		1 010	37.65	36.87	+0.29	+0.29		
		4 000	40.66	39.87	+1.14	+0.95		
		7 020	42.75	41.79	+1.12	+0.80		

注:"+"表示水位壅高;"-"表示水位降低。

由表 8-43 及图 8-57～图 8-59 可以看出:

(1)在模型中修建工程以后,当 $Q \leqslant 4\,000\text{m}^3/\text{s}$ 时,壅水高度随着流量的增加而增加,说明工程的阻水作用较大;当 $Q > 4\,000\text{m}^3/\text{s}$ 时,壅水高度变化较小,并有减低的趋势,说明在大水时,水流漫过了高水工程和低水工程坝顶以后,工程的阻水作用不再增加。

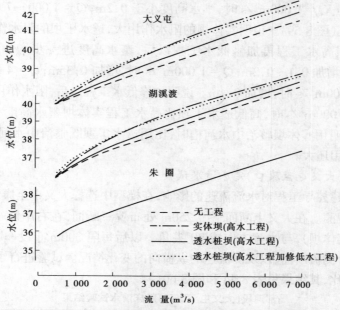

图 8-57　各项工程模型试验水位—流量关系对比图

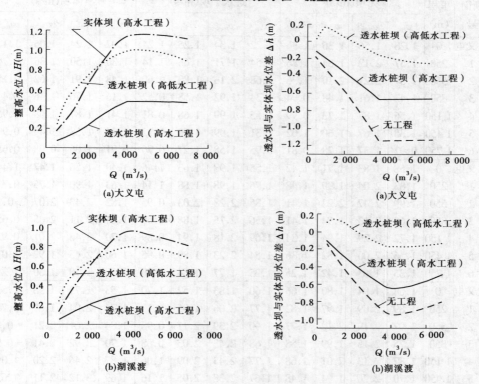

图 8-58　局部河段定床清水试验 ΔH—Q 关系图　　图 8-59　局部河段定床清水试验 Δh—Q 关系图

(2)在高水工程中,透水丁坝比实体坝的壅水高度小:当 $Q=500\mathrm{m}^3/\mathrm{s}$ 时,透水丁坝壅水高度小于0.1m; $Q=1\,000\mathrm{m}^3/\mathrm{s}$ 时,壅水高度小于0.2m; $Q=4\,000\sim7\,000\mathrm{m}^3/\mathrm{s}$ 时,壅水高度小于0.7m(图8-59)。说明实体坝的阻水作用大,透水丁坝的阻水作用小。

(3)透水丁坝高水工程再加修低水工程以后,壅水高度进一步增加(图8-58)。当 $Q=500\mathrm{m}^3/\mathrm{s}$ 时,增加0.1~0.2m; $Q=1\,000\mathrm{m}^3/\mathrm{s}$ 时,增加0.35m; $Q=4\,000\mathrm{m}^3/\mathrm{s}$ 时,增加0.5m; $Q=7\,000\mathrm{m}^3/\mathrm{s}$ 时,增加0.4m。说明加修低水工程以后,阻水作用增大。

(4)当 $Q\geqslant4\,000\mathrm{m}^3/\mathrm{s}$ 时,高低透水丁坝比高水工程实体坝壅水高度小0.15~0.2m(图8-58)。这说明用实体坝整治中水河槽时,比用透水丁坝既整治中水河槽又整治枯水河槽时的阻水作用还大。

2.局部河段(大义屯至康口)定床清水试验

为了探讨修建控导工程对水流流速的影响,在模型中选择大义屯至康口局部直河段,布置工程,进行观测。在大义屯断面下游250m处布置一断面,在右岸修一道150m长的坝(透水丁坝或实体坝),与水流方向成30°夹角。以后每隔300m布设一断面,加上大义屯断面,共有7个测流断面,以观测流速的纵横向的变化情况。试验进行了三级流量和三种工程情况的对比,其结果见表8-44和图8-60。

表8-44　　　　　　　　局部河段(大义屯至康口)定床清水试验结果

流量 (m³/s)	断面号	里程 (m)	无坝(m/s)				透水丁坝(m/s)				实体坝(m/s)			
			v_{cp}	v_{max}	$v_{主}$	v_{min}	v_{cp}	v_{max}	$v_{主}$	v_{min}	v_{cp}	v_{max}	$v_{主}$	v_{min}
441	大义屯	0	1.28	1.56	1.36	1.36	1.22	1.34	1.25	1.24	1.07	1.24	1.06	1.12
	1	250	1.57	2.12	1.84	1.86	1.54	1.71	1.68	1.14	1.30	1.50	1.36	0.74
	2	550	1.87	2.21	2.10	1.36	1.68	2.16	1.88	0.60	1.48	1.91	1.62	0.15
	3	850	1.42	1.61	1.48	0.94	1.34	1.92	1.58	0.52	1.16	1.76	1.46	0.44
	4	1 150	1.56	1.87	1.73	0.99	1.55	1.99	1.68	0.81	1.41	1.87	1.68	0.96
	5	1 450	1.35	1.67	1.60	1.02	1.31	1.99	1.70	1.12	1.24	1.58	1.49	0.90
	6	1 750	0.97	1.37	1.28	0.81	0.95	1.58	1.27	0.76	0.91	1.06	0.98	0.65
896	大义屯	0	1.58	1.83	1.71	1.42	1.55	1.98	1.63	1.46	1.40	1.56	1.43	1.44
	1	250	1.83	2.04	1.99	1.48	1.76	1.91	1.88	1.14	1.63	1.90	1.75	0.73
	2	550	1.99	2.47	2.23	1.41	1.85	2.28	2.03	0.95	1.82	2.43	2.07	−0.31
	3	850	1.63	2.13	1.94	1.41	1.56	2.15	1.88	0.68	1.64	2.11	2.05	0.63
	4	1 150	1.72	2.29	1.94	1.34	1.69	2.18	1.94	0.89	1.70	2.48	2.01	0.92
	5	1 450	1.56	2.00	1.82	1.36	1.54	2.23	1.89	0.95	1.60	2.45	1.92	1.01
	6	1 750	1.35	1.63	1.42	1.25	1.25	1.77	1.54	1.06	1.27	1.78	1.50	1.24
1 729	大义屯	0	1.68	1.94	1.80	1.66	1.60	1.83	1.52	1.70	1.53	1.73	1.58	1.56
	1	250	1.89	2.09	1.97	1.82	1.77	2.06	1.95	1.13	1.71	2.04	1.89	0.78
	2	550	1.97	2.19	2.12	1.77	1.90	2.39	2.11	0.93	1.84	2.61	2.21	−0.04
	3	850	1.75	2.15	1.99	1.58	1.68	2.43	2.03	0.68	1.70	3.92	2.41	−0.98
	4	1 150	1.82	2.13	2.01	1.68	1.77	2.43	2.09	1.06	1.87	2.46	2.20	1.09
	5	1 450	1.70	2.26	1.94	1.48	1.67	2.38	2.05	1.16	1.69	3.12	2.11	1.63
	6	1 750	1.60	2.12	1.85	1.71	1.50	2.03	1.76	1.40	1.52	2.33	1.79	1.72

注: v_{cp} 为平均流速, v_{max} 为最大流速, $v_{主}$ 为主槽平均流速, v_{min} 为坝后最小流速。

修建工程以后,流速的变化规律有以下几点:

(1)坝上游大义屯断面,平均流速有所减小,透水丁坝减小 2%～10%,实体坝减小 10%～20%,说明实体坝阻水作用大。

(2)透水丁坝下游(约 300m),主槽流速较无坝时有所增加;改为实体坝后,该处主槽流速更大,局部最大流速可接近 4m/s,但实体坝流速恢复较快(图 8-60)。

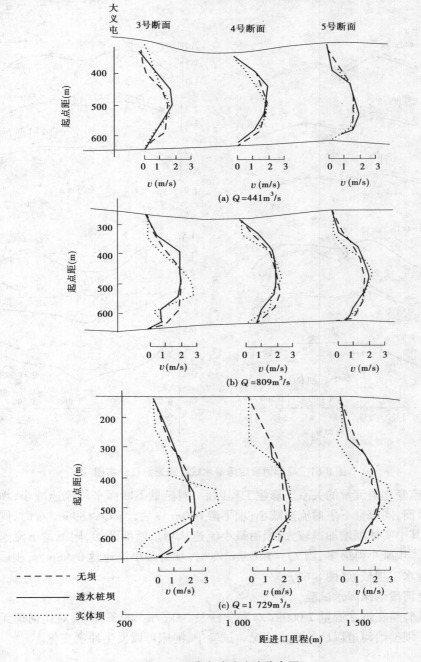

图 8-60　清水试验流速分布图

(3)透水丁坝使坝后流速减缓,形成流速减缓区,沿程流速恢复较慢,恢复距离随流量的增加而增加,坝后最小流速随流速的增加而向下游移动。实体坝坝后产生回流,回流流速与流量有关,流量愈大,回流流速也愈大(图 8-60 及图 8-61),沿程流速恢复较快,水流很不稳定。

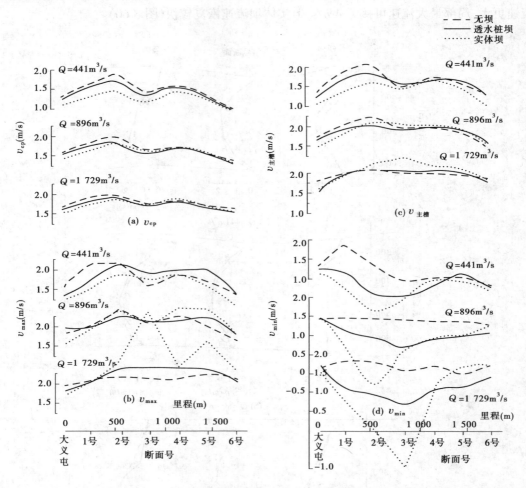

图 8-61 局部河段定床清水试验流速沿程分布图

(4)流速变化与流量的关系。修建工程以后,同流量下断面平均流速减小;坝上游断面和坝址断面,同流量下主槽流速减小;坝下游 600m 以后,当 $Q > 896m^3/s$ 时,同流量下流速增大,其中实体坝增加得较大;坝后最小流速从坝址断面开始,同流量下流速均有显著减小,实体坝减小得最多,当 $Q = 1\ 729m^3/s$ 时,坝后最小流速达 0.98m/s;坝后流速恢复距离以透水丁坝较远(图 8-62)。

(六)全河段动床浑水试验

动床试验是在洪水流量 $7\ 000m^3/s$ 和含沙量 $35kg/m^3$ 的条件下,对比河道无工程与采用透水丁坝整治河道以后的壅水情况。试验中,河床可以发生冲淤变化。

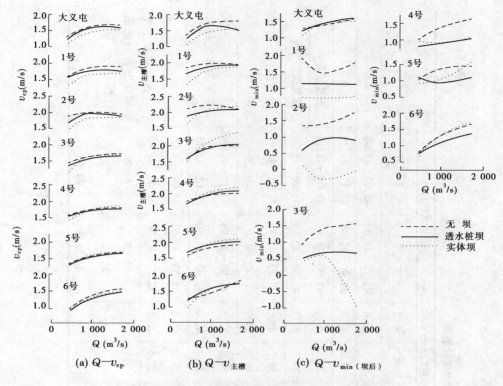

图 8-62　局部河段定床清水模型试验 Q—v 关系图

1．对比方法

（1）在起始河床上，放水试验 2 小时（相当于原型 3 天半），量测水位和含沙量，然后停水，测量断面，代表无工程的情况；在起始河床上，修建高水工程，放水试验 2 小时，代表修建高水工程的情况。将两种情况对比，分析修建高水工程对防洪水位的影响（第一、二组试验）。

（2）上述对比方法，在实际操作时，很难做到起始河床条件完全相同，所以又采用在原河床上（不恢复地形）装上工程或者拆除工程连续放水的对比方法。

第一种情况：在起始河床上，放水试验 2 小时，停水，测量断面，代表无工程的情况；在原河床上，修建高水工程，继续放水 2 小时，停水，测量断面，代表修建高水工程的情况。对比修建高水工程对防洪水位的影响（第三组试验）。

第二种情况：在起始河床上，修建高水工程，放水试验 2 小时，停水，测量断面，然后，拆除工程，继续放水 2 小时，停水，测量断面。对比拆除工程后对防洪水位的影响（第四组试验）。

第三种情况：在起始河床上，修建高水工程，放水试验 2.5 小时（相当于原型 4 天半），停水，测量断面，然后，加修低水工程，继续放水 2 小时，停水，测量断面。对比加修低水工程后对防洪水位的影响（第五组试验）。

全河段动床浑水试验结果见表 8-45。

表 8-45

全河段动床浑水试验结果

模型	组次	工程情况	河道地形	试验时间 模型(h)	原型(d)	流量(m³/s)	含沙量(kg/m³) 大义屯	湖溪渡	朱圈	起止水位(m) 大义屯	湖溪渡	说明
动床	一	无工程	起始河床	2	3.5	6 740	42.0	38.7	45.6	41.72~41.80	41.01~41.04	
		高水工程	起始河床	2	3.5	6 900	42.0	39.9	42.6	41.90~41.98	41.11~41.29	
	二	无工程	起始河床	2	3.5	7 010	38.7	36.3	40.2	41.70~41.74	41.04~41.14	重复试验
		高水工程	起始河床	2	3.5	7 020	31.2	29.5	31.5	41.83~42.08	41.20~41.29	重复试验
	三	无工程	起始河床	2	3.5	6 740	42.0	38.7	45.6	41.72~41.80	41.01~41.04	在原河床上修建工程
		高水工程	原河床	2	3.5	6 960	43.2	39.6	42.9	42.08	41.29	
	四	高水工程	起始河床	2	3.5	6 900	42.0	39.9	42.6	41.90~41.98	41.11~41.29	在原河床上拆除工程
		无工程	原河床	2	3.5	6 880	40.2	38.7	42.0	41.68~41.80	42.02~41.15	
	五	高水工程	起始河床	2.5	4.5	6 874	27.8	25.0	25.3	41.63~41.84	41.01~41.06	在修建高水工程的河床上再加修低水工程
		高低水工程	原河床	2	3.5	7 040	27.1	25.6	26.6	42.27~42.36	41.46~41.49	
定床		无工程	起始河床			7 000	0	0	0	41.63	40.99	
		高水工程	起始河床			7 000	0	0	0	42.09	41.30	
		高低水工程	起始河床			7 040	0	0	0	42.51	41.66	

2．试验结果

1）断面冲淤情况

（1）在起始河床上，无工程的条件下，放水后主槽断面发生冲刷；在起始河床上，修建高水工程的条件下，放水后主槽断面发生冲刷，边滩及高滩滩面发生淤积（图8-63）。

（2）起始河床经过2小时放水试验后，修建高水工程，继续放水2小时，从康口至望口山河段（13、0_1 支$_2$、18、25四个断面）主槽都有明显的冲刷，滩地淤积，见图8-64（a）。

（3）在起始河床上修建高水工程，放水2小时后，拆除工程，继续放水2小时，大义屯至康口河段（5、13两个断面）回淤，其他断面有冲有淤，冲刷量大于淤积量，见图8-64（b）。

（4）在起始河床上修建高水工程，放水2.5小时后，再加修低水工程，继续放水，除望口山附近，全河段（5、13、0_1 支$_2$、18、25五个断面）都发生淤积（图8-65）。

2）水位变化

（1）由定床试验知道，起始河床无工程的情况下，大义屯和湖溪渡的水位分别为41.63m和40.99m。动床试验中测得同样情况下的水位，大义屯为41.70m，湖溪渡为41.04m，与定床试验的水位基本接近（在模型中仅相差1mm），说明动床地形及阻力条件与定床相似。

（2）修建高水透水丁坝后，动床试验中水位有持续上升的趋势（上升幅度0～0.18m），测得大义屯和湖溪渡的最高水位分别为42.08m和41.29m，与定床试验时的水位（42.09m和41.30m）接近，说明动床试验中透水丁坝的壅水与定床时基本相同。

（3）采用前面所说的在原河床上连续放水的对比方法，测得的高水工程壅水值也与上述数值一致（见表8-45）。

（4）在修建高水工程的基础上，再加修低水工程，水位将进一步抬高，动床试验中测得加修低水工程所增加的壅水值，大义屯为0.52m，湖溪渡为0.43m，都比相同条件下定床试验的结果（0.42m和0.36m）大，详见表8-45中第五组试验结果。

从以上动床模型试验资料的分析来看，修建透水丁坝以后，通过7 000m³/s洪水流量的情况下，主槽部分有所冲刷，边滩及高滩滩面有所淤积，冲刷增加的过水面积与滩地淤积减少的过水面积可能比较接近，所以在修建高水透水丁坝的条件下，动床试验的最大壅水高度与定床试验结果也基本一致。所以透水丁坝高水工程的壅水高度，在2小时的试验时间内（相当于原型3天半），可以采用定床模型试验的结果；再加修低水工程以后，壅水高度比定床试验结果要大（约0.1m）。

（七）几点认识

本补充试验是根据委托单位提供的治导线，在相同的地形条件下，对不同形式的整治工程进行对比试验，以探讨透水丁坝对防洪的影响。通过试验，得到以下几点认识：

（1）修建高水透水丁坝进行中水河槽整治，在各级流量下将产生不同程度的壅水，中、小流量（$Q \leq 4\ 000\text{m}^3/\text{s}$）时，壅水高度随着流量的增加而增加。洪水流量（7 000m³/s）时，阻水程度并非进一步加剧，其壅水高度大义屯断面为0.46m，湖溪渡为0.31m，都与4 000m³/s流量时的壅水值接近。

（2）在上述高水工程河床上，再加修低水透水丁坝整治枯水河槽，其阻水程度将进一步增加，洪水流量（7 000m³/s）时，其壅水值比仅有高水工程时增加0.42m（大义屯）和

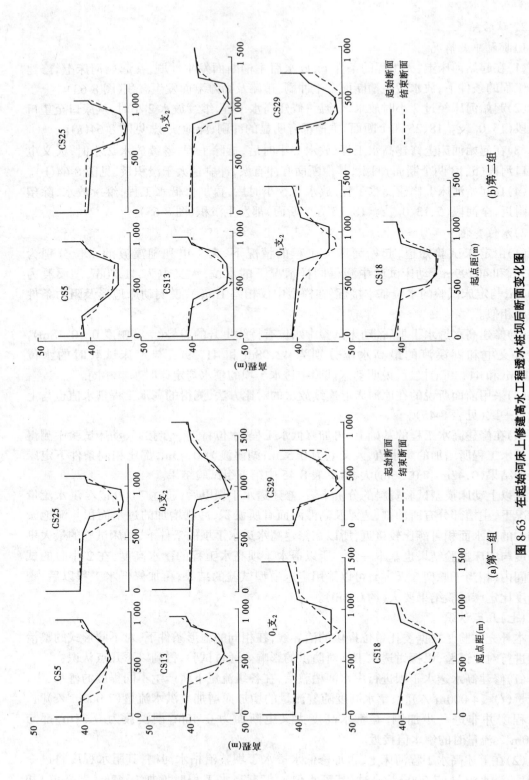

图 8-63　在起始河床上修建高水工程透水坝后断面变化图

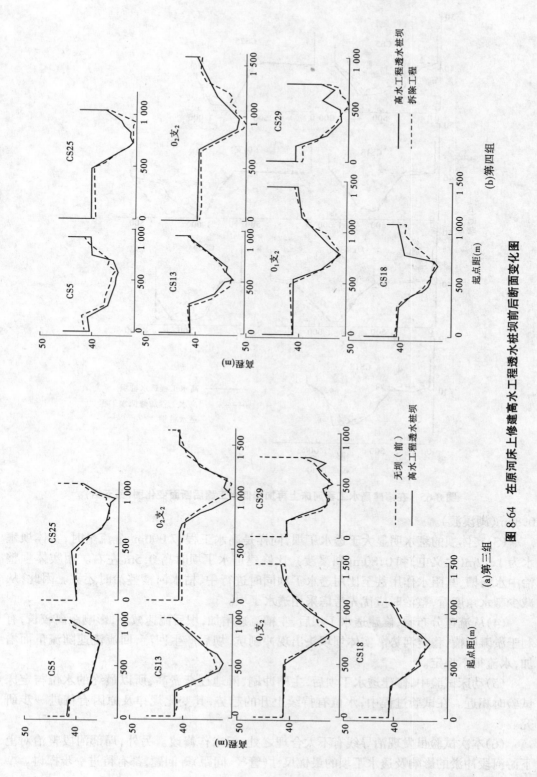

图 8-64 在原河床上修建高水工程透水桩坝前后断面变化图

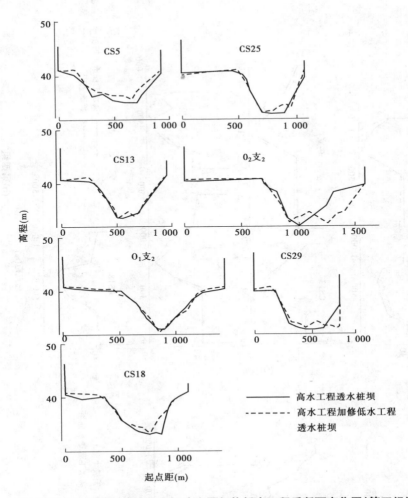

图 8-65 在修建高水工程河床上再加修低水工程后断面变化图(第五组)

0.36m(湖溪渡)。

(3)实体坝的壅水明显大于透水丁坝,同样是高水工程,7 000m³/s 流量时,实体坝壅水为 1.12m(大义屯)和 0.80m(湖溪渡),比修建透水丁坝时高 0.5m 左右。用实体坝整治中水河槽,其阻水作用甚至比用透水丁坝同时进行中、枯水河槽整治时还大。因此,从减少壅水角度看,整治时应优先考虑采用透水丁坝。

(4)从流速分布看,修建透水丁坝后,主槽流速增加,坝后流速减小,影响距离较长,有利于淤滩刷槽,稳定河势。实体坝坝头出现冲刷坑,坝后产生回流,回流流速随流量而增加,水流很不稳定。

(5)动床试验中,修建透水丁坝后,主槽冲刷,滩地逐渐淤高,所以最终的水位与定床试验时相近。在试验过程中,水位有持续上升的趋势,其变化规律及原因有待进一步研究。

(6)本次试验虽发现治导线有不太合理之处,但未作修改。另外,局部河段整治对上下游河段冲淤的影响及透水丁坝的最优尺寸(管径、间距)等问题,都有待进一步探讨。

第七节　黄河下游游荡型河道整治自然模型试验

三门峡水库修建以后,黄河下游河床演变将发生一系列新的变化,人们对黄河下游游荡型河道整治众说纷纭,提出了许多治河意见。多数人认为,黄河下游是河床比降较大的大河,三门峡水库建成后下泄清水,河床必然下切和向弯曲发展,比降减缓,减小水流挟沙能力,使河床与水流达到新的平衡。据此认为,要采取各种治河措施,逐步缩小游荡范围,将游荡型河道逐步整治成弯曲型河道。

为此,需在室内进行整治模型试验。其任务是:

(1)了解河道逐步束窄和修建工程以后,河道演变的发展趋势,包括控导工程和生产堤、潜坝全部修建时的河道纵向和横向冲淤变化及河势变化。

(2)探求河道整治方案较好的平面布置形式(包括河湾的组合、尺寸和直段的长度)。

(3)确定弯道凹岸保护段的相对长度,凸岸边滩和生产堤的保护,以及直段的束窄情况。

一、试验情况

(一)模型比尺及放水过程

这次试验是自然模型试验,即先在室内试验槽中造成了性质上和黄河相似的游荡型小河,然后在这条小河上布置控导工程、生产堤和潜坝,根据三门峡水库修建后下游河床可能出现的来水来沙条件进行试验。根据试验资料分析,探求黄河下游河道整治的布置方案。这次试验是在 1959 年自然模型试验的基础上进行的,模型各项比尺与 1959 年河床演变第四组试验的比尺完全相同($\lambda_L = 1\,200, \lambda_h = 96, \lambda_Q = 1.0 \times 10^6, \lambda_{Qs} = 8 \times 10^5, \lambda_t = 20, \lambda_S = 7$)。

原型河道整治规划,一级河道的过水断面是按泄洪量 10 000m³/s 流量设计的,二级河道的过水断面按 6 000m³/s 流量设计。在模型试验中,模型的放水过程,一级河道试验时,最大流量未曾超过 10 000m³/s,二级河道及三级河道试验时,最大流量均未超过 6 000m³/s。表 8-46 和表 8-47 就是根据这些原则拟定的模型试验放水加沙过程。

表 8-47 的第一水文年的过程线与表 8-46 的第一水文年过程线、第二水文年及第三水文年的过程线,系按照三门峡水库建成后丰水年第二水文年流量过程线拟合的。

第一组试验,主要是研究一级生产堤修建后河床变化过程,共进行三个水文年的试验,第三水文年以后,利用一级河床进行了破生产堤分洪试验。破生产堤流量为 13L/s。第二组试验,主要是研究一级生产堤、二级生产堤及潜坝逐步修建后的整治规划及治河工程的布置,也进行三个水文年的试验。其中一级生产堤进行了一个水文年的试验。修建二级生产堤后,也进行一个水文年的试验。然后,将二级河道的凹岸工程作了一些调整,再放了几次大、中、小水。潜坝修建以后的试验与二级生产堤修建以后的试验的放水过程大致是相同的。

(二)试验模型的布置

试验模型的布置情况见图 8-66。

表 8-46 第一组试验放水加沙过程

放水时间 （月日时：分）	水文年	流量 （L/s）	时距 （h）	加沙量 （kg/h）	含沙量 （kg/m³）
5月8日09：30	第一水文年	2.0	11.0	0.45	0.062 5
20：30		4.0	7.5	2.30	0.159 7
9日04：00		6.0	5.0	6.10	0.282
09：00		10.0	3.0	20.0	0.555 5
12：00		6.0	5.0	6.10	0.282
17：00		4.0	7.5	2.30	0.159 7
10日00：30		2.0	15.0	0.45	0.062 5
15：30		1.0	61.0		
14日12：00					
5月16日06：30	第二水文年	1.0	36.0		
18日04：30		2.0	8.0	0.45	0.062 5
12：30		4.0	7.5	2.30	0.159 7
20：00		6.0	5.0	6.10	0.282
19日01：00		10.0	3.0	20.0	0.555 5
04：00		6.0	5.0	6.10	0.282
09：00		4.0	8.0	2.30	0.159 7
17：00		2.0	17.0	0.45	0.062 5
20日10：00		1.0	46.0		
22日08：00					
5月22日08：00	第三水文年	1.0	28.0		
23日12：00		2.0	8.0	0.45	0.062 5
20：00		3.0	5.0	1.20	0.111
24日01：00		4.0	2.5	2.30	0.159 7
03：30		5.0	2.0	4.00	0.222
05：30		6.0	3.0	6.10	0.282
08：30		10.0	3.0	20.0	0.555 5
11：30		4.0	2.0	2.30	0.159 7
13：30		2.0	19.0	0.45	0.062 5
25日08：30		8.0	6.0	12.00	0.416 6
14：30		4.0	17.0	2.30	0.159 7
26日00：30		2.0	2.0	0.45	0.062 5
08：30		6.0	5.0	6.10	0.282
14：30		3.0	17.0	1.20	0.111
27日08：00		1.0	3.5		
11：30					

注：本过程基本上是按三门峡水库建成后丰水系列的放水过程拟成的。考虑试验具体情况作了适当的修改。

表 8-47 第二组试验放水加沙过程

放水时间 （月日时：分）	水文年	流量 （L/s）	时距 （h）	加沙量 （kg/h）	备　注
6 月 23 日 21：00	第一水文年	1.0	18.30		
24 日 15：30		2.0	17.0	0.45	
25 日 08：20		4.0	7.5	2.30	
15：50		6.0	6.5	6.10	26 日 13：00 停水
27 日 08：00		10.0	2.5	20.0	
10：30		6.0	5.5	6.10	
16：00		4.0	7.0	2.30	一级河道
23：00		2.0	16.0	0.45	试验
28 日 15：00		1.0			
7 月 7 日 05：00	第二水文年	1.20		0.16	
14：30		6.0	3.6	6.1	二级河道
18：00		2.5	33.6	0.9	试验
8 日 24：00		5.5	2.4	8.31	
9 日 02：24		2.3	99.6	0.53	
14 日 08：00		1.0		0.02	
7 月 28 日 04：00	第三水文年	1.2	8.4	0.16	三级河道
12：30		6.0	3.6	6.1	试验
16：06		2.5	33.6	0.90	
30 日 01：00		5.5	2.4	8.31	
03：24		2.3	99.6	0.53	
8 月 8 日 07：00		1.0		0.02	

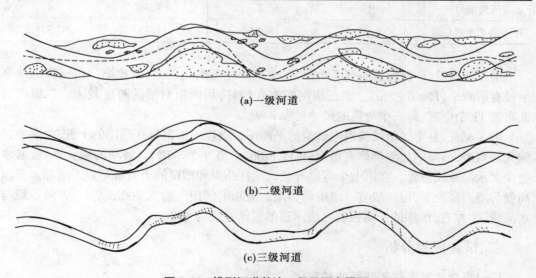

(a)一级河道

(b)二级河道

(c)三级河道

图 8-66　模型河道整治工程平面布置图

根据黄河下游河道整治规划,河道整治的步骤基本上分为三步:第一步,利用已有险工和新修控导工程,将宽浅的河床束窄到 2.5km;第二步,在 2.5km 的河床上增设控导工程,进而将河床束窄到 1.2km;第三步,在 1.2km 的河床凸岸修建潜坝,将河道全部控制。模型试验的布置原则与原型当时拟定的河道整治步骤完全一致。

黄河下游河道整治规划的制定系以山东典型河湾的资料为依据的,其中,

$$R/B_k = 2 \sim 6, l/B_k = 1 \sim 3, p/B_k = 1 \sim 5, T/B_k = 8 \sim 4, \varphi = \left(\frac{3\,220}{R}\right)^{0.54}, R = \frac{3\,220}{\varphi^{1.85}}$$

式中　　R——曲率半径,m;

l——直段长度,m;

p——弯曲幅度,m;

T——河湾间距,m;

φ——河湾中心角,rad(弧度);

B_k——过渡段河宽,m。

模型的布置除了遵照上述原则外,还有意识地布置了一些过大和过小的河湾。以便取得各种河湾的对比资料。

在原型中,河道凹岸的控导工程是由丁坝、顺坝、柳盘头等建筑物组合而成的,凸岸一般采用轻型的护滩潜坝工程,在模型中考虑模型太小,将原型中的丁坝和垛缩成模型,在制作上有困难,并且也难以显出单个丁坝和垛的作用。因此,模型凹岸的控导工程,没有严格地按照原型丁坝的尺寸模拟,只是按照原型整治规划的坝头连线做成概化护湾工程,作为一个整体布置在河湾的凹岸。

第一组模型试验,共布置四个河湾。弯道曲率半径自 6.25m 到 11.25m,其中第二个弯道较好,第三个河湾的直段太长,曲率半径偏大(表 8-48)。

表 8-48   第一组试验弯道曲率半径统计

河湾编号	1	2	3	4
弯道曲率半径(m)	6.25	8.75	11.25	9.375

第二组试验,一级河道布置 5 个河湾,曲率半径仍然比较大,但比第一组试验的曲率半径有所减小($R = 6 \sim 8$m)。前三组河湾组合较好,后两组弯道的跨度较大。二级河道共布置 11 个弯道,每一个弯道的尺寸见表 8-49。

图 8-66(c)是第二组试验潜坝试验的平面图。潜坝一般都修在凸岸的上首,曲率半径偏大的弯道,凸岸的边滩都修有潜坝[见图 8-66(c)第 9 个弯道]。潜坝的坝头连线,基本上按大水深泓线布置。在第七个弯道有意识地在凸岸和凹岸的上首都布置了潜坝。潜坝高程与滩面高程平,但一般有一定的倾斜度。潜坝的间距一般为 200m 左右,方向一般与水流成 78°左右,潜坝的长度控制三级河道的过水宽度为 400m。

二、试验成果分析

(一)纵向冲淤变化和断面冲淤变化

图 8-67 是模型试验水面线变化图,由图 8-67 可以看出,河道整治束窄以后,沿程水

位迅速下降,说明河道束窄以后,河床迅速下切,其中三级河床下切深度大于二级河床的下切深度,下切段的长度比河道未进行束窄时的下切段长度增大两倍以上。

表 8-49 二级河床河湾平面布置

编号	R	R/B	S	l	l/B	$\varphi_\text{实}$	$\varphi_\text{计}$	备注
1	4.1	7.6	4.76	1.4	2.6	66	46	进口影响
2	2.0	3.7	3.46	1.4	2.6	99	67	较好河湾
3	3.0	5.5	2.78	1.1	2.0	53	54	中心角过小
4	3.1	5.7	3.09	0.7	1.3	57	53	中心角过小
5	2.8	5.2	5.38	1.2	2.2	110	56	好河湾
6	3.2	5.9	4.10	1.1	2.0	81	52	好河湾
7	2.8	5.2	2.38	1.0	1.8	49	56	中心角过小
8	1.9	3.5	2.48	0.7	1.3	75	69	曲率半径偏小
9	4.9	7.4	7.00	2.3	4.2	81.8	46	曲率半径偏大
10	3.7	6.8	5.76	1.0	1.8	90	48	曲率半径偏大
11	1.7	3.1	1.31	1.2	2.2	64	73	曲率半径及中心角偏小

注:B 为直段水面宽;$\varphi_\text{计} = \left(\dfrac{3\,220}{1\,200R}\right)^{0.55}\dfrac{180}{\pi}$。

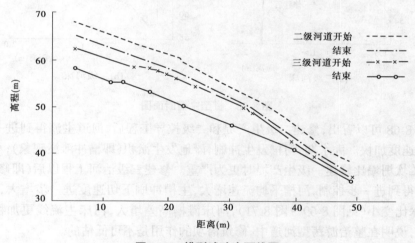

图 8-67 模型试验水面线图

表 8-50 是第二组试验各级河床经过一个水文年以后河段平均下切深度和平均水位下降高度的统计表。

表 8-50 各级河床河底平均下切深度及水位平均下降高度统计

项目	一级河床	二级河床	三级河床
河底平均下降深度(cm)	0.67	2.62	1.18
水位平均下降高度(cm)	0.85	2.60	2.90
最大流量(L/s)	10.0	6.00	6.00

注:由于流量不同,需作修正。

从表8-50清楚地看出:①三级河床平均下切深度为一级河床平均下切深度的1.7倍,二级河床平均下切深度为一级河床平均下切深度的3.9倍,而一级河床的最大流量都比二级及三级河床的最大流量要大;②二级河床水位平均下降高度为一级河床下降高度的3.4倍,充分说明河道束窄和修建潜坝对河床和水位下降的作用很大。水位下降的高度基本上可以反映主槽下切的深度。因此,我们认为潜坝修建以后主槽下切的深度远远大于修建一级生产堤时主槽下切的深度,即修建潜坝以后河床能够很快地增加滩槽高差。关于这一点,从断面图的分析也可以得出相同的结论。这也说明,利用出水丁坝和潜坝综合治河,主动控制河势的方针是非常正确的。

图8-68是修建各级治河工程以后,河道过水断面图。

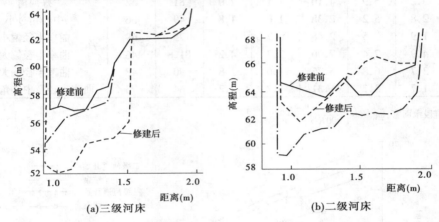

图 8-68 模型主槽断面图

由图8-68可以看出,修建二级生产堤和二级控导工程后,河道主流得到进一步控制,河床下切速度加快。大水期,河槽发生冲刷,滩地发生淤积(即槽冲滩淤现象);小水期,主槽回淤,滩坎坍塌比修建一级生产堤时更为严重。修建三级治河工程以后(即修建潜坝以后),主流得到进一步控制,河槽平均流速增大,主槽冲刷下切速度进一步增大,平均水深增大,宽深比变小(见图8-69～图8-71),河床滩槽高差增大,河床主流线更加稳定,河床摆动减弱,说明在整治游荡型河道中,修筑潜坝的作用是不可低估的。

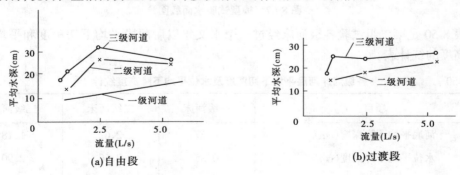

图 8-69 模型水深与流量关系图

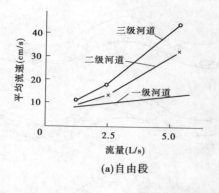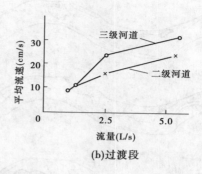

(a)自由段   (b)过渡段

图 8-70 模型流速与流量关系图

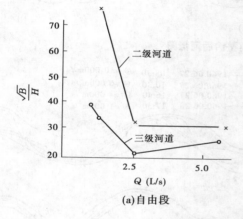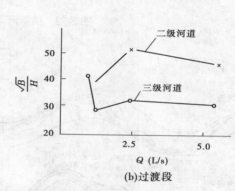

(a)自由段   (b)过渡段

图 8-71 模型 $\sqrt{B}/H$—Q 关系图

(二)游荡型河道整治前后河势变化和主流线的变化

从模型试验资料看,游荡型河道整治前,河床散乱,支汊丛生,沙洲林立,主流摇摆不定。

进行一级河道整治后,试验开始,因河床来不及调整,有些河湾并不靠主流,见图 8-72(a),说明游荡型河道整治是极其复杂的,需要循序前进、逐步调整的,决不可操之过急。不能在短期后,将游荡型河道变成顺直河道。

图 8-72(b)是修建二级生产堤以后的河势图,由图可以看出,试验开始,有些河湾也是靠溜不紧的,经过大溜的造床作用后各河湾基本靠大溜,但大水过后,小水期间,河槽内又出现心滩和小河湾[图 8-72(c)],说明游荡型河道修建二级生产堤以后,遇枯水时期,河床仍然有恶化的可能,即按中水流量整治河道,并不能保证枯水情况下,河床不恶化。

图 8-73 是各级河道整治试验主流线图。

(1)一级河道整治时,主流线是不稳定的。

(2)二级河道整治后,中水的河势流路基本上获得控制,但小水的河势流路仍然不稳定,进一步说明,按中水河槽进行整治,并不适应枯水流量的情况。

(3)进行三级河道整治后,大、中、小水的主流线才基本稳定,即主流线均控制在整治

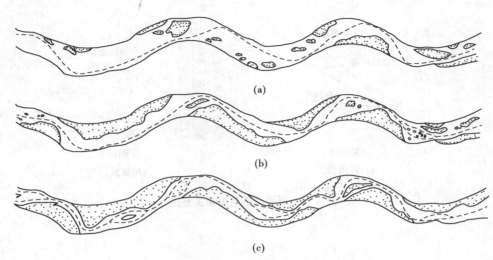

(a)

(b)

(c)

图 8-72　模型河道整治后河势图

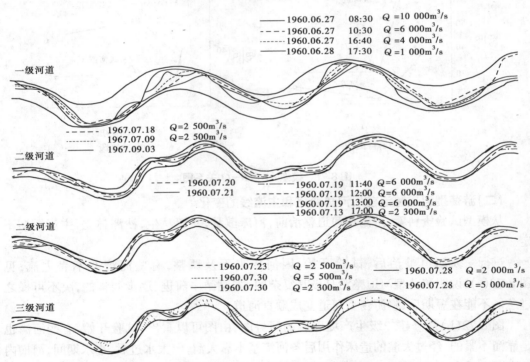

一级河道

—— 1960.06.27	08:30	Q =10 000m³/s
---- 1960.06.27	10:30	Q =6 000m³/s
···· 1960.06.27	16:40	Q =4 000m³/s
— 1960.06.28	17:30	Q =1 000m³/s

二级河道

-·- 1967.07.18	Q =2 500m³/s
---- 1967.07.09	Q =2 500m³/s
—— 1967.09.03	

二级河道

---- 1960.07.20	—— 1960.07.19	11:40	Q =6 000m³/s
—— 1960.07.21	—— 1960.07.19	12:00	Q =6 000m³/s
	···· 1960.07.19	13:00	Q =6 000m³/s
	—— 1960.07.13	17:00	Q =2 300m³/s

三级河道

---- 1960.07.23	Q =2 500m³/s	—— 1960.07.28	Q =2 000m³/s
—— 1960.07.30	Q =5 500m³/s	---- 1960.07.28	Q =5 000m³/s
—— 1960.07.30	Q =2 300m³/s		

图 8-73　模型河道整治后主流线图

河湾内,说明游荡型河道整治必须按三级河道整治,即必须在二级河道整治的基础上,修建潜坝,才能将河势基本控制,达到河势初步稳定的目的。

(三)河湾尺寸对控导河势流路的作用

二级生产堤修建以后,图 8-73 河湾增多,弯道曲率半径也普遍减小($R_{min}=1.9$m,$R_{max}=4.0$m),单从弯道曲率半径的角度来说是比较符合小水的要求。因此,试验开始,小水期间,河势基本上良好,水流全部进入弯道(图 8-73),但是在大水期间,由于水流动力轴趋直且流速很大,水流直冲河湾凹岸的下首、下一个河湾的上首,凸岸部分的生产堤受到严重的顶冲威胁,个别地区生产堤被冲坏(第九个弯道)。大水以后,中水河床生产堤坍塌现象继续发展,将凹岸控导工程接长到直段以后,这种不利形势才得到扭转,河势基本上得到控制,除个别河湾以外,主流基本上都进入河湾的凹岸,河湾凸岸出现大片滩地。但第九个弯道的曲率半径偏大,小水仍然发现坐小弯的现象,水流折冲凸岸,生产堤仍然遭到破坏。这说明二级生产堤建成以后,凹岸控导工程的接长,能加强控制河势的作用。不过控制河势效果的好坏,不仅与凹岸控导工程的长度有关,而且与河湾的组合及河湾的尺寸有关。试验资料证明,$R/B=4\sim6$,$l/B=1\sim3$ 的河湾控制河势的效果较好。

河湾中心角对于控制河势的作用也非常突出,例如第 3 个河湾和第 7 个河湾的中心角偏小,河道过于平缓,不能充分控制水流。第 5 个河湾及第 6 个河湾的中心角比较适中,河势能够得到充分的控制。但是从模型试验中所获得较佳的中心角较之黄河下游的较佳的中心角值普遍偏大。黄河下游山东较佳中心角 φ 与弯道曲率半径 R 的关系为:

$$R = \frac{3\,220}{\varphi^{1.85}}$$

而模型试验的结果:$R > \frac{3\,220}{\varphi^{1.85}}$。出现这种现象,我们认为黄河山东最佳河湾资料的选择可能存在一定的问题,需要做进一步的研究。

(四)工程布置在河道整治中的作用

黄河河道整治工程,主要是由凹岸的护岸工程和挑溜工程以及凸岸少量的潜坝工程组成。这次试验,我们对凹岸的护岸工程和潜坝的布置进行了初步的试验。从试验资料来看,凹岸进行保护以后,最明显的作用是护岸控制河势,缩小河床的游荡范围。通过凹岸控导工程的作用,水流集中于凹岸,凸岸出现边滩,问题是凹岸的保护长度很长。一般说来,一级河道凹岸的保护段长度,都大于河湾弧线的长度;二级河道凹岸的保护段长度都伸入直段。在试验中,出现这种现象,我们认为有以下几个原因。

(1)一级生产堤修建以后,对缩小河床游荡范围来说起了一定的作用,但由于河道仍然较宽,河湾的曲率半径又不能适应各级流量的要求,因此在中小流量下,流势会上提下挫,水流到处顶冲,结果需要保护的河段显得很长。

(2)二级生产堤修建以后,河身收束较窄,水流集中,流速加大,不保护足够的长度,也确实不可能控制河势,确保生产堤的安全。

(3)由于二级河道的组合中包括部分不好的河湾,这些河湾控制不了主流,并且影响它下面的河湾。如果不将保护段增长,硬将主流挑入下一个河湾,下一个河湾势必会造成脱流的后果。

因此,我们认为,要想严格地控制河势,凹岸保护段的长度很长是必然的。试验结果,全河段两岸保护段长度的总和约等于全河段一边堤线的长度。对一个弯道来说,弯顶以上的保护段长度与弯顶以上的弧长相差有限,弯顶以下的保护段长度则大于弯顶下端的弧长。

从修建潜坝以后的河势图来看,修建潜坝以后,最明显的作用是河势得到进一步控制,凸岸的边滩得到进一步的保护,从控制河势的角度来说,要将河势控制得很好,不单纯要求河湾的组合和河湾的尺寸尽量选择得适当,也不单纯要求将凹岸的护岸工程修得很长,还要严格地要求河湾组合、保护段长度与凸岸潜坝的布置共同配合、共同担负控制河势的作用。道理非常明显:因为在天然河流中,由于客观条件不允许,过分强调河湾的组合很好,往往是难以达到的;其次,过分地强调必须将保护段修得很长,则河湾末端的丁坝,深入河心不但防守不易,而且会引起严重的阻水作用;最后,过分强调将潜坝修得很长,用潜坝来控制河势,在目前情况下河床下切很快,大水和小水的流势变化也很剧烈,不仅潜坝的防守有困难,一旦由于河床下切,枯水、中水潜坝附近会产生局部壅水现象,对滩地保护的效果也是有限的。

总之,用潜坝控制河势,从试验的情况来看,还应该考虑以下几个问题:

(1)潜坝坝头连线的方向应该与大水的主流线相符。否则,大水期间,坝头的冲刷非常严重,潜坝的防守会出现很多困难。

(2)在曲率半径较小的河湾内,凸岸上首一般都受到冲刷,必须修建潜坝,凸岸弯顶以下,基本上是落淤区域,不必修建潜坝。但在曲率半径较大的河湾内,由于枯水重新坐小湾,滩坎普遍有淘刷的可能,故整个凸岸的边滩都必须修建潜坝。如果潜坝的间距太大,中间还必须配合修建一些保护滩坎的工程(例如卧柳、雁翅林等工程)。

(3)潜坝的角度必须与出水丁坝相反。

三、结论

(1)修建一级生产堤以后,河道游荡范围会缩小,经过大水的作用后,河势能得到一定的控制。

(2)在一级生产堤以内再修二级生产堤,河道进一步束窄,在短期内水位有所上升。

(3)一级生产堤的上首冲毁以后,或从一级生产堤上首滞洪,下游河势将会受到很大的影响。

(4)修建二级生产堤和潜坝以后,河势得到进一步的控制,河床摆动基本不再存在,河床下切很快,造滩成槽异常明显。证明游荡型河道要迅速改变游荡特性,采用快速治河、丁坝与潜坝并举的方针是非常正确的。

(5)控制河势较好的尺寸,试验证明为:

$$R/B_k = 4 \sim 6, \quad l/B = 1 \sim 3, \quad R > \frac{4\,500}{\varphi^{1.85}}$$

(6)为了控制河势,使各级流量都进入弯道,各级河道凹岸的保护长度,需要有足够的长度,弯顶以上保护段长度比弯顶以下的保护段长度要小。弯曲半径较小的河湾,弯顶以下保护段长度要伸入直段内,全河段保护段长度的总和约等于全河段一边的堤线长。

(7)修建潜坝,河势得到进一步控制,滩地得到保护。潜坝的修建须与生产堤连接,坝头的连线应符合洪水的主流线。潜坝间距较大时,中间应加修护滩工程。凸岸上首的边滩必须修潜坝,凸岸下首的边滩,除河湾的曲率半径偏大需要修潜坝以外,一般不必修潜坝。

(8)控制河势,除尽量选择较好的河湾尺寸和河湾组合以外,还要本着丁坝与潜坝并举的原则,使凹岸的丁坝与凸岸的潜坝共同担负控制河势的作用。

(9)仅仅稳定中水河槽,而不关注枯水河槽的整治,则枯水河槽不会稳定,中水河槽也难以稳定。

(10)试验证明,采用三级河槽治理黄河下游游荡型河道的思路是正确的。单纯按一级河槽的治河思路来治河是不妥的。

第八节　黄河孙口铁桥桥位选择动床模型试验

一、试验任务

京九线铁路桥在河南境内孙口河段跨越黄河,该桥位于黄河游荡型河段到弯曲型河段的过渡型河段的下端(见图8-74)。由于黄河河床逐年淤积抬高,主槽位置易变,因而大桥桥位和桥跨的选择需经动床水工整体模型试验论证。为此,铁道部大桥工程局勘测设计院委托黄科院进行了该桥的动床水工模型试验,具体任务如下:

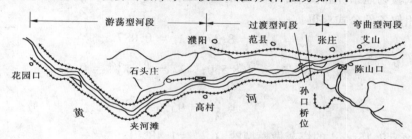

图 8-74　京九线孙口大桥跨越黄河位置示意图

(1)预报该桥建成后,黄河发生特大洪水,$P=0.33\%$、$P=1\%$和一般洪水时,桥位所在河段主槽发生的变化(包括主槽的宽度变化和位置变化),单宽流量和流速分布,壅水高度及其影响淤积的范围。

(2)探讨在桥位上游河段的护滩工程可能发生某些破坏时,其对桥位河段上述各项内容的影响。

(3)预报凌汛期该桥位不同桥跨对水位的影响。

模型试验分两阶段进行。第一阶段为桥位选择动床模型试验,即对委托单位初步选定的桥位进行对比试验;第二阶段试验,是预报凌汛对桥渡壅水影响定床模型试验。

二、动床模型设计

(一)原型河道和水沙基本特征

该桥址处,河道平均宽度约5km,主槽宽度约为800m,在一般洪水情况下,主槽平均水深2～4m;平均流速为2.0～3.0m/s,含沙量5～100kg/m³,悬移质泥沙中值粒径 $d_{50}=0.019$mm,河床质为粉沙,其 $\gamma_s=2.7$t/m³,$D_{50}=0.07$mm,河床纵比降约为0.000 13,主槽糙率 $n=0.01$,滩地糙率 $n=0.03$。

(二)模型相似条件

此项模型,系研究河床演变的动床模型试验,按黄河动床模型试验方法设计。其相似准则如下：

(1)水流运动重力相似条件：$\lambda_v = \lambda_H^{0.5}$

(2)水流运动阻力相似条件：$\lambda_n = \dfrac{\lambda_H^{2/3}}{\lambda_v} \cdot \lambda_J^{1/2} = \lambda_H^{1/6}\lambda_J^{1/2}$

(3)悬沙淤积相似条件：$\lambda_\omega = \lambda_v \left(\dfrac{\lambda_H}{\lambda_L}\right)^{0.5} = \lambda(\gamma_s - \gamma)\lambda_d^2$

(4)挟沙能力相似条件：$\lambda_S = \lambda_{S*}$，λ_{S*} 由预备试验确定

(5)底沙冲刷相似条件：$\lambda_D = \dfrac{\lambda_\gamma \lambda_H \lambda_J}{\lambda_{\gamma_s - \gamma}}$

(6)河床冲淤过程相似条件：$\lambda_{t_2} = \dfrac{\lambda_{\gamma_0} \lambda_{t_1}}{\lambda_S}$

(三)模型比尺和模型沙的选择

根据试验场地条件和模型最小水深的要求，采用 $\lambda_L = 800$，$\lambda_H = 70$，，变率 $e = 11.4$，根据上述相似条件公式求得：

$$\lambda_v = \lambda_H^{0.5} = 8.37; \quad \lambda_J = 0.087\,5$$

$$\lambda_Q = \lambda_L \lambda_H \lambda_v = 468\,530; \quad \lambda_n = \dfrac{\lambda_H^{2/3}}{\lambda_v}\lambda_J^{1/2} = 0.6$$

$$\lambda_{t_1} = \dfrac{\lambda_L}{\lambda_v} = 95.6$$

采用 $\gamma_s = 2.15\text{t/m}^3$ 的煤灰做模型沙，$\lambda_{\gamma_s - \gamma} = 1.48$，得：

$$\lambda_D = \dfrac{\lambda_H \lambda_J}{\lambda_{\gamma_s - \gamma}} = \dfrac{70 \times 0.087\,5}{1.48} = 4.14$$

从而模型底沙粒径 $D_{50} = \dfrac{0.07}{4.14} = 0.017(\text{mm})$

由悬沙淤积相似条件公式得：$\lambda_\omega = \lambda_v \left(\dfrac{\lambda_H}{\lambda_L}\right)^{0.5} = 2.475$

$$\lambda_d = \left[\dfrac{\lambda_\omega}{\lambda_{\gamma_s - \gamma}}\right]^{0.5} = 1.29$$

从而模型悬沙粒径 $d_{50} = \dfrac{0.019}{1.29} = 0.014\,7(\text{mm})$

即选择 $d_{50} = 0.015 \sim 0.017\text{mm}$ 的煤灰做模型沙，既能满足底沙冲刷相似条件，又能同时满足悬沙淤积相似条件。模型沙级配曲线见图 8-75。

根据试验资料分析，$\lambda_{\gamma_0} = \lambda_{\gamma_s}$，从而有：

$$\lambda_{t_2} = \dfrac{\lambda_{\gamma_0} \lambda_{t_1}}{\lambda_S} = \dfrac{1.25 \times 95.6}{5} = 24$$

模型比尺的计算结果见表 8-51。

根据模型比尺和原型水沙特征值可以计算得模型水沙特征值如表 8-52 所示。

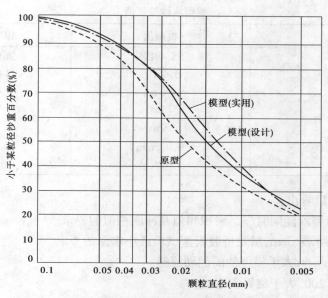

图 8-75　模型沙和原型沙级配曲线图

表 8-51　　　　　　　　　　　　　　模型比尺计算

项　目	符　号	比　尺	计　算　公　式
水平比尺	λ_L	800	
垂直比尺	λ_H	70	
比降比尺	λ_J	0.087 5	$\lambda_J = \lambda_H / \lambda_L$
流速比尺	λ_v	8.37	$\lambda_v = \lambda_H^{0.5}$
流量比尺	λ_Q	468 530	$\lambda_Q = \lambda_L \lambda_H \lambda_v$
糙率比尺	λ_n	0.6	$\lambda_n = \lambda_H^{1/6} \lambda_J^{1/2}$
沉速比尺	λ_ω	2.475	$\lambda_\omega = \lambda_v \left(\dfrac{\lambda_H}{\lambda_L} \right)^{0.5}$
悬沙粒径比尺	λ_d	1.29	$\lambda_d = \left(\dfrac{\lambda_\omega}{\lambda_{\gamma_s - \gamma}} \right)^{0.5}$
含沙量比尺	λ_S	5	由预备试验确定
底沙粒径比尺	λ_D	4.14	$\lambda_D = \dfrac{\lambda_H \lambda_J}{\lambda_{\gamma_s - \gamma}}$
水流时间比尺	λ_{t_1}	95.6	$\lambda_{t_1} = \lambda_L / \lambda_v$
河床冲淤时间比尺	λ_{t_2}	24	$\lambda_{t_2} = \dfrac{\lambda_{\gamma_0} \lambda_{t_1}}{\lambda_S}$

表 8-52 模型水沙特征值

项目	模型值	相应原型值
Q_{max}	55.49L/s	26 000m³/s
Q_{min}	6.45L/s	3 000m³/s
v_{min}	24cm/s	2.0m/s
Re_{min}	7 200	
H_{min}	3cm	2.1m
d_{50}	0.015mm	0.019mm
D_{50}	0.017mm	0.07mm

从表 8-52 可以看出：

(1)选择的模型沙能同时满足淤积相似及冲刷相似的要求。

(2)模型最小水深 3cm,满足桥渡模型试验最小水深的要求。

(3)$v_{min}=24$cm/s,大于模型沙的起动流速。

(4)$Re_{min}=7\ 200$,大于临界雷诺数。

因此,模型设计是正确的。可以按上述各项模型比尺制作模型和选配模型沙进行验证试验。

三、模型制作

模型范围包括于庄至十里铺河段,模型的边界条件(大堤)、生产堤以及滩地地形、地貌均按 1982 年五万分之一地形图模拟,模型的护滩工程,险工和分洪闸按黄委工务处提供的图纸模拟。模型主槽按 1982 年统测大断面资料及设计单位提供的资料模拟(主槽为动床,滩地为局部动床);滩地糙率,根据黄科院以往习用的加糙方法处理。模型平面布置见图 8-76。

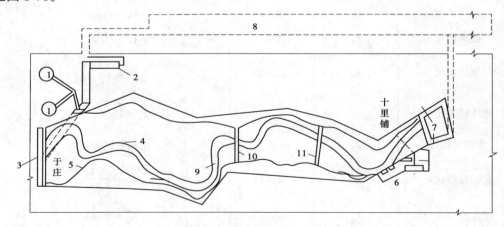

图 8-76 模型平面布置图

1—供沙系统;2—供水系统;3—前池;4—控导工程;5—大堤险工;6—分洪闸;
7—尾门;8—沉沙池;9—主河槽;10—王黑桥位;11—赵庄桥位

四、验证试验

制模完成后,为了检验模型与原型的相似性。采用 1982 年 8 月洪水的水沙过程(见表 8-53)进行了验证试验。

表 8-53　　　　　　　　　　　　　　　验证试验水沙过程

序号	时间		流量		含沙量	
	原型(月·日)	模型(时:分)	原型(m³/s)	模型(L/s)	原型(kg/m³)	模型(g/L)
1	8.1	09:00	2 230	4.76	44.2	8.84
2	8.2	10:00	4 890	10.45	52.8	10.56
3	8.3	11:00	5 370	11.47	39.5	7.9
4	8.4	12:00	5 450	11.65	31.7	6.34
5	8.5	13:00	5 860	12.52	28.7	5.74
6	8.6	14:00	7 510	16.05	19.4	3.88
7	8.7	15:00	9 530	20.36	11.0	2.2
8	8.8	16:00	7 180	15.34	12.0	2.4
9	8.9	17:00	5 550	11.86	15.7	3.14
10	8.10	18:00	4 300	9.19	18.2	3.64
11	8.11	19:00	3 470	7.41	21.2	4.24
12	8.12	10:00	3 200	6.84	23.5	4.70
13	8.13	11:00	3 520	7.52	30.4	6.08
14	8.14	12:00	2 660	5.68	21.8	4.36
15	8.15	13:00	2 880	6.15	30.3	6.06
16	8.16	14:00	4 610	9.85	42.6	8.52
17	8.17	15:00	4 940	10.56	24.4	4.88
18	8.18	16:00	4 610	9.85	21.2	4.24
19	8.19	17:00	4 090	8.74	22.8	4.56
20	8.20	18:00	2 840	6.07	22.0	4.4
21	8.21	09:00	2 100	4.49	21.0	4.2
22	8.22	10:00	1 830	3.91	20.1	4.02
23	8.23	11:00	1 690	3.61	20.2	4.04
24	8.24	12:00	1 510	3.23	19.7	3.74
25	8.25	13:00	1 320	2.82	17.2	3.44
26	8.26	14:00	1 170	2.50	14.3	2.86
27	8.27	15:00	1 060	2.26	12.3	2.46

试验河段是控导工程效果较好的河道。从历史资料看,该河段的河势变化比较缓慢。1982 年 8 月洪水期间,韩胡同工程至梁路口工程之间的左岸大滩和蔡楼工程至朱丁庄工

程之间的右岸大滩虽然有几股水流窜入滩地,但洪水过后,水流归槽,河势未发生大的变化。图 8-77 是原型和模型验证试验河势对比图。从图 8-77 可以看出,模型河势变化和洪水漫滩情况与原型是相似的。

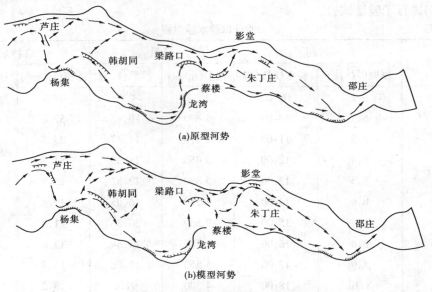

图 8-77　模型和原型河势对比图

　　图 8-78 为模型和原型同流量下的水面线对比图。从图中可以看出:模型各级流量下的水面线与原型的基本相似,表明模型试验的阻力与原型的阻力也是相似的。

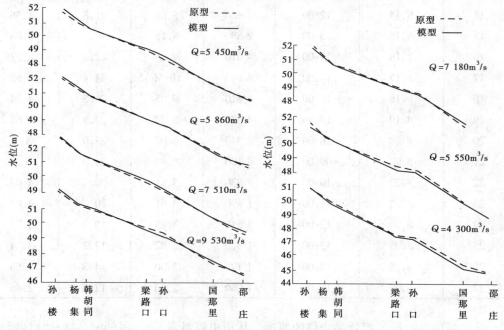

图 8-78　模型验证试验水面线图

图 8-79 和图 8-80 是模型和原型洪峰前后主槽断面冲淤变化图。由图可以看出,伟那里、孙口各断面冲淤相似符合良好,而大田楼与十里堡两个断面的冲刷形态与位置洪峰前后有一定差异,但其洪峰前后冲淤幅度基本相似。

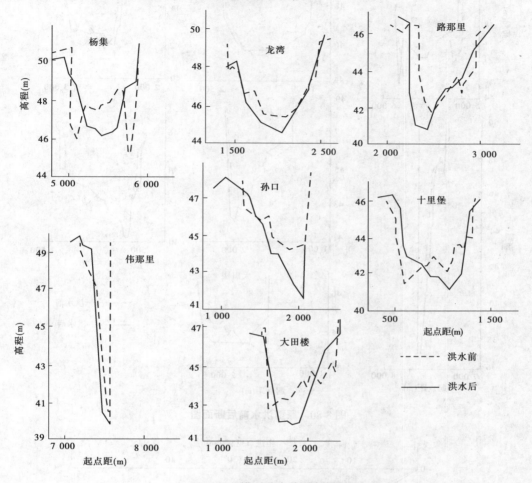

图 8-79 模型洪水前后断面图

图 8-81 是模型和原型沿程累计冲淤量对比图,从图中可以看出,模型于庄至龙湾之间的冲刷量为 675 万 m^3,原型于庄至龙湾之间的冲刷量为 825 万 m^3,两者相差 150 万 m^3,但模型和原型的沿程累计冲淤量基本相似。

因此,该模型可以进行正式预报试验。

五、动床模型试验

(一)试验概况

孙口大桥有王黑和赵庄两个比较桥位,委托单位企图通过模型试验从中选择一个较佳的桥位。两个桥位的平面位置参见图 8-76。其结构尺寸见表 8-54。

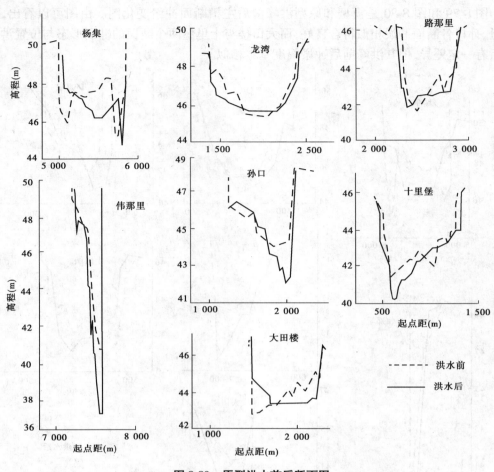

图 8-80　原型洪水前后断面图

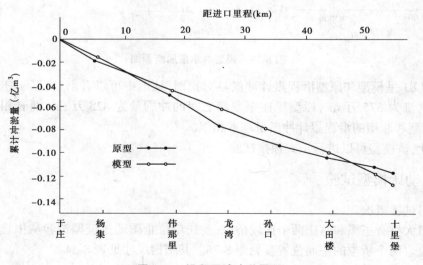

图 8-81　沿程累计冲淤量图

表 8-54 桥梁结构尺寸

桥位		王黑桥位	赵庄桥位
河槽桥跨(m)	中孔	112.0	112.0
	边孔	112.9	112.9
滩地桥跨(m)		40.7	40.7
主桥桥墩长度(m)		8.0	8.0
主桥桥墩宽度(m)		3.6	3.6
引桥桥墩长度(m)		6.4	6.4
引桥桥墩宽度(m)		2.8	2.8
主桥沉井直径(m)		$\phi14.0(14.2)$	$\phi14.0(14.2)$

　　动床模型共进行 12 组试验,前 9 组是建桥前后三种频率的洪水过程模型试验,后 3 组是部分护滩工程破坏后的模型试验。

　　模型试验的水沙过程见表 8-55。

表 8-55 模型试验水沙过程

洪水频率	序号	时 间		流 量		含沙量	
		原型 (月·日)	模型 (时:分)	原型 (m³/s)	模型 (L/s)	原型 (kg/m³)	模型 (g/L)
$P=1\%$	1	7.30	07:00	3 215	6.86	31.0	6.2
	2	7.31	08:00	3 693	7.98	35.5	7.1
	3	8.1	09:00	5 682	12.13	37.5	7.5
	4	8.2	10:00	7 537	16.09	49.0	9.8
	5	8.3	11:00	12 136	25.90	31.5	6.3
	6	8.4	12:00	17 826	38.05	16.0	3.2
	7	8.5	13:00	14 368	30.67	16.5	3.3
	8	8.6	14:00	9 550	20.38	22.0	4.4
	9	8.7	15:00	9 915	21.16	21.5	4.3
	10	8.8	16:00	9 969	21.28	21.5	4.3
	11	8.9	17:00	9 970	20.85	21.5	4.3
	12	8.10	18:00	9 577	20.44	22.0	4.4
$P=0.33\%$	1	7.30	07:00	3 548	7.57	29.5	5.9
	2	7.31	08:00	4 631	9.88	29.5	5.9
	3	8.1	09:00	6 816	14.55	37.5	7.5
	4	8.2	10:00	9 715	20.74	43.0	8.6
	5	8.3	11:00	15 537	33.16	31.5	6.3
	6	8.4	12:00	18 614	39.73	16.0	3.2
	7	8.5	13:00	13 782	29.12	17.0	3.4
	8	8.6	14:00	9 977	21.29	19.0	3.8
	9	8.7	15:00	10 117	21.59	21.0	4.2
	10	8.8	16:00	9 839	21.00	21.5	4.3
	11	8.9	17:00	9 737	20.78	21.5	4.3
	12	8.10	18:00	9 587	20.46	22.0	4.4

洪水频率	序号	时间		流量		含沙量	
		原型 (月·日)	模型 (时:分)	原型 (m³/s)	模型 (L/s)	原型 (kg/m³)	模型 (g/L)
P.M.P	1	7.30	07:00	4 212	8.99	24.0	4.8
	2	7.31	08:00	5 557	11.86	24.5	4.9
	3	8.1	09:00	8 777	18.73	35.5	7.1
	4	8.2	10:00	11 836	25.26	39.5	7.9
	5	8.3	11:00	16 205	34.59	21.0	4.2
	6	8.4	12:00	19 859	42.39	16.5	3.3
	7	8.5	13:00	15 324	32.71	17.0	3.4
	8	8.6	14:00	11 165	23.83	18.0	3.6
	9	8.7	15:00	10 487	22.38	19.5	3.9
	10	8.8	16:00	9 832	21.98	19.0	3.8
	11	8.9	17:00	9 724	20.75	19.5	3.9
	12	8.10	18:00	9 641	20.58	20.0	4.0

注:P.M.P并不是一种频率。为便于叙述,暂且当作一种频率看待。下同。

模型试验采用的地形、边界条件、险工、控导工程及模型沙均与验证试验相同。

模型尾水位按推演的邵庄水位—流量关系控制。

模型试验过程中,东平湖均进行分洪,其分洪量见表 8-56。

表 8-56   东平湖分洪过程

时　间		流量(m³/s)		
月·日	时:分	$P=1\%$	$P=0.33\%$	P.M.P
8.3	16:00	6 936	1 184	2 646
	24:00	8 289	3 378	4 088
8.4	08:00	8 252	5 676	6 146
	16:00	6 822	7 555	8 381
	24:00	4 418	7 714	8 500
8.5	08:00	1 864	7 974	8 500
	16:00	32	7 155	8 500
	24:00		6 196	7 358
8.6	08:00		3 668	5 261
	16:00		1 483	1 354

模型试验的起始水面线如图 8-82 所示。

(二)动床模型试验主要成果

1.河势变化

孙口大桥位于黄河下游过渡型河段的末端。两岸控导工程较多,控制较好。滩槽高差和曲折系数均比游荡型河段大。这段河道在中、小洪水流量时,水流基本上都被控制在主河槽内流动,是单股流。各组模型试验(有桥或无桥)开始的水流均为单股流。芦庄工程、杨集工程、韩胡同工程、伟那里、程那里、梁路口、蔡楼、影堂、朱丁庄等工程都靠溜,见

图 8-83。

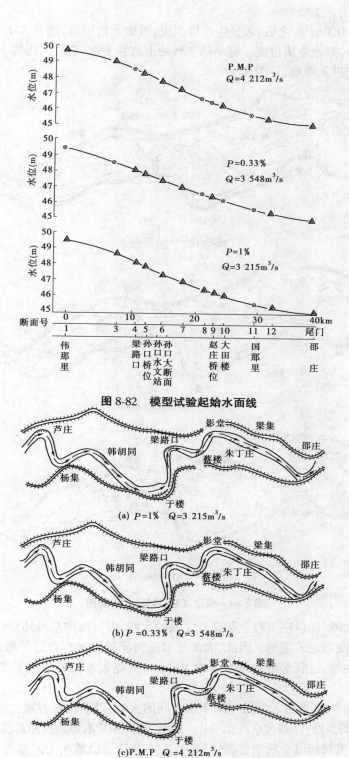

图 8-82　模型试验起始水面线

(a) $P=1\%$　$Q=3\ 215m^3/s$

(b) $P=0.33\%$　$Q=3\ 548m^3/s$

(c) P.M.P　$Q=4\ 212m^3/s$

图 8-83　模型试验(洪峰前)河势图

流量大于7 000m³/s之后，部分生产堤溃决，滩地开始过流，流量大于10 000m³/s后生产堤全面崩溃，滩地全面过流。韩胡同工程的上首和下首、蔡楼工程的上首和下首都有几股明显的水流进入滩地，见图8-84。

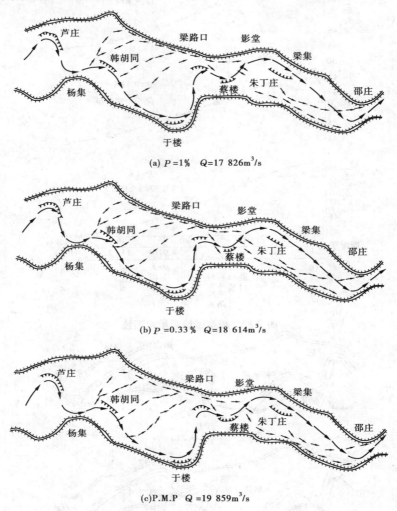

(a) P =1%　Q=17 826m³/s

(b) P =0.33%　Q=18 614m³/s

(c)P.M.P　Q =19 859m³/s

图8-84　模型试验（洪峰期）河势图

进入左岸大滩（即芦庄工程至梁路口之间的大滩，以下简称左滩）的水流，由于梁路口工程较高，不能漫顶进入主槽。因此，大部分都流向梁路口工程背后的滩地，在王黑桥位的左滩处汇入主槽，这股水量占总水量的1/4～1/3（见表8-57），造成王黑桥位的左滩流速增大。

进入右滩的水流（即进入蔡楼—朱丁庄之间的大滩，以下简称右滩），由于滩地比较平坦，未形成明显的流路，而是大水汪洋一片。因此，赵庄桥位右滩的流速都较小，见表8-58。

洪峰期间，虽然河道全断面过流，但60%左右的流量仍然在主河槽内，因此主槽的流速仍比滩地流速大。

表 8-57 　　　　　　　　实测主槽和滩地流量分配　　　　　　　　（单位:m³/s）

桥位工况	断面号	P	左滩		主槽		右滩		Q总
			$Q_左$	$\dfrac{Q_左}{Q_总}$(%)	$Q_槽$	$\dfrac{Q_槽}{Q_总}$(%)	$Q_右$	$\dfrac{Q_右}{Q_总}$(%)	
无桥	5	P.M.P	6 490.0	31.5	12 060	58.5	2 066.0	10.0	20 616
		0.33%	5 869.8	30.8	11 318	59.4	1 876.2	9.8	19 064
		1%	5 305.9	29.4	11 000	60.9	1 759.3	9.7	18 065
	6	P.M.P	6 195.0	29.6	12 356	59.0	2 381.6	11.4	20 933
		0.33%	6 021.0	30.6	11 556	58.8	2 076.0	10.6	19 653
		1%	5 354.0	29.7	10 974	61.0	1 684.0	9.3	18 012
	9	P.M.P	2 176.0	10.4	12 477.6	60.0	6 139.2	29.5	20 792.8
		0.33%	1 797.0	9.6	11 061	59.4	5 750.9	30.9	18 609
		1%	1 848.0	10.0	11 013	59.8	5 556.8	30.2	18 417.9
有桥	5	P.M.P	5 980.2	30.3	11 790.4	59.7	1 984.0	10.0	19 754.6
		0.33%	5 386.1	29.0	11 398	61.3	1 817.2	9.8	18 601.3
		1%	5 330.0	29.8	10 845	60.6	1 723.2	9.6	17 898
	6	P.M.P	5 696.0	29.96	11 349.6	59.7	1 969.0	10.4	19 014.6
		0.33%	5 681.0	30.2	11 339.0	60.2	1 804.2	9.6	18 824
		1%	5 314.9	29.5	10 804	60.0	1 881.6	10.5	18 001
	9	P.M.P	2 042.4	10.6	11 572	59.9	5 698.9	19.5	19 313.3
		0.33%	1 897.0	10.5	10 808	59.7	5 397.6	29.8	18 102.6
		1%	1 764.0	9.8	10 750	59.8	5 456.8	30.4	17 971

表 8-58 　　　　　　　　模型试验滩地表面流速统计

桥位工况	断面号	频率	左滩		右滩	
			起点距 (m)	最大流速 (m/s)	起点距 (m)	最大流速 (m/s)
无桥	5	P.M.P	240	2.95	2 880	1.53
		0.33%	400	2.50	3 040	1.35
		1%	480	2.30	3 200	1.24
	9	P.M.P	160	1.78	3 920	1.50
		0.33%	80	1.57	3 840	1.19
		1%	640	1.26	4 320	1.10
有桥	5	P.M.P	240	2.99	2 800	1.53
		0.33%	240	2.58	3 600	1.40
		1%	240	2.44	3 400	1.29
	9	P.M.P	160	2.15	4 400	1.54
		0.33%	80	2.09	3 600	1.21
		1%	320	1.64	4 000	1.10

　　洪峰期间,除蔡楼护滩工程漫顶过流外,其他护滩工程均未漫顶。

洪水过后,水位下降,水流归槽,又成为单一水流,基本上沿着洪峰前的河槽行洪(见图 8-85),既未分汊,又未滚河。说明这段河道,从宏观上讲,大水期间河势变化不大。

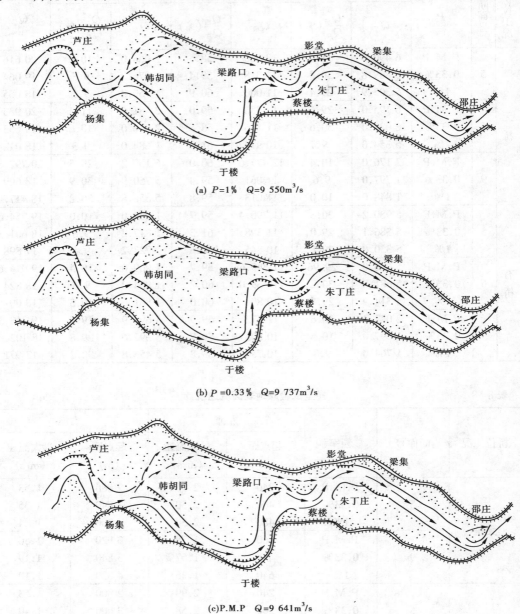

(a) $P=1\%$　$Q=9\ 550\mathrm{m}^3/\mathrm{s}$

(b) $P=0.33\%$　$Q=9\ 737\mathrm{m}^3/\mathrm{s}$

(c)P.M.P　$Q=9\ 641\mathrm{m}^3/\mathrm{s}$

图 8-85　模型试验(洪峰后)河势图

2.主流线变化范围

从宏观讲,因这段河道总的河势变化不大,洪水过后,主河槽无大的位移,主流基本都在控导工程控导的范围以内。但是从微观讲,由于黄河下游河道大小流量的动力轴线不同,因此各级流量下的主流位置不同。主流摆动还是存在的,见图 8-86。

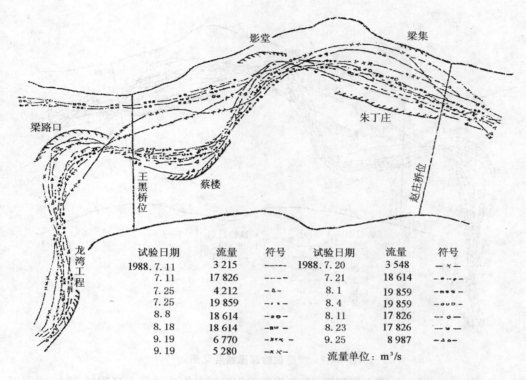

试验日期	流量	符号	试验日期	流量	符号
1988.7.11	3 215	———	1988.7.20	3 548	—×—
7.11	17 826	- - - -	7.21	18 614	—•—•—
7.25	4 212	—△—	8.1	19 859	—◦◦◦—
7.25	19 859	—▾·—	8.4	19 859	—◦∪◦—
8.8	18 614	—▫◦—	8.11	17 826	— ◦ —
8.18	18 614	—▫▫—	8.23	17 826	—▾▾—
9.19	6 770	—×·×—	9.25	8 987	—△△—
9.19	5 280	—×·×—		流量单位：m³/s	

图 8-86 模型试验主流线变化图

3．河道深泓线

衡量这段河道不稳定的另一指标是不同流量下河道深泓线位置的变化。图 8-87 是各组试验河道深泓线对比图，可以清楚看出，这段河道深泓线的变化是非常明显的。

4．桥位处河道横断面冲淤变化

王黑和赵庄两个桥位的断面形态均为复式断面，根据原型实测资料的统计，主槽宽约 1 000m，滩地宽为 3 000～3 500m，大洪水时期，槽冲滩淤；枯水时期，槽淤而滩地基本不变。

图 8-88、图 8-89 是根据委托单位的要求，进行的几次大洪水模型试验实测断面图。图中横坐标的零点为左岸大堤的堤边，高程为大沽标高。

从图 8-88 和图 8-89 可以看出：

(1)在大洪水时，两个桥址断面的河槽均发生剧烈的刷深和扩宽。

(2)通过大水冲刷，王黑桥位的河床最深点高程接近 40m；赵庄桥位河床最深点高程接近 39m。

(3)王黑桥位的主槽位置在距左岸大堤 1 000～2 500m 之间变化，主槽变化宽度约 1 500m；赵庄桥位的主槽位置在距左岸大堤 400～2 000m 之间变化，主槽变化宽度约 1 600m。

5．河床纵向冲淤变化

为了进一步说明河床冲淤变化的特点，用模型实测河床最深点资料，点绘了河床纵剖面

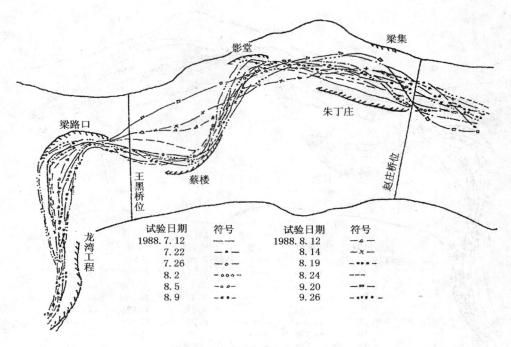

试验日期	符号	试验日期	符号
1988.7.12	——	1988.8.12	—△—
7.22	—•—	8.14	—x—
7.26	—○—	8.19	—•••—
8.2	—○○○○—	8.24	———
8.5	—○•○—	9.20	—•—
8.9	—○•—	9.26	—••••—

图 8-87　模型试验深泓线变化图

冲淤变化图(图 8-90)。从图上可以看出,在控导工程附近的河床最深点高程约 30m,比无工程河段(桥位处)的最深点高程低 10m 左右。其中,蔡楼工程处(即孙口水文站断面)最深点高程为 30~32m,相应水深为 17~19m。与黄河丁坝坝根一般的冲刷深度基本接近。

6. 水流表面流向和流态

图 8-91、图 8-92 是各组试验洪峰流量下流态图。从图中可以看出:在洪峰流量下,王黑桥位的水流由左滩、主槽和右滩三股水流组成,三股水流的方向与桥位方向有不同的夹角。在桥位上游梁路口护滩工程处,还有一个小旋流区,流态比较复杂。

赵庄桥位水流也由左滩、主槽和右滩三股水流组成,但三股水流方向与桥位方向基本上垂直,流态比较好。

7. 水流表面流速横向分布

在各组试验中,对桥位附近各断面的表面流速和水深进行了详细测量,根据实测资料统计:

(1)王黑桥位的最大表面流速变化范围为 2.76~3.59m/s;流量增大时,表面流速也略有增大;赵庄桥位的最大表面流速变化范围为 3.43~4.10m/s,变化规律与王黑桥位基本相同。赵庄桥位的表面流速普遍大于王黑桥位,是由于东平湖分洪后,赵庄以下水面线变陡所致。

(2)王黑桥位出现高流速的范围从左岸大堤至蔡楼工程的上首,宽约 2.5km;赵庄桥位出现高流速区的范围从左岸大堤至朱丁庄工程,宽约 2km。

(3)主槽的表面流速普遍大于左滩的表面流速一倍左右;而左滩的表面流速又普遍大于右滩的表面流速一倍左右。

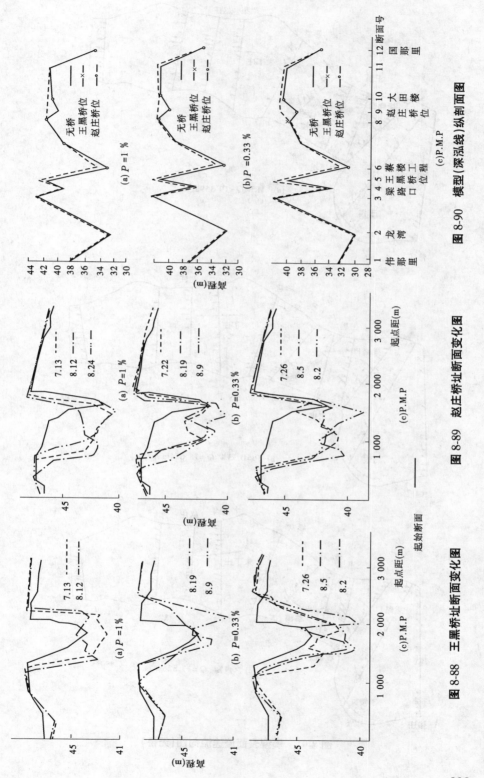

图 8-88　王黑桥址断面变化图

图 8-89　赵庄桥址断面变化图

图 8-90　模型（深泓线）纵剖面图

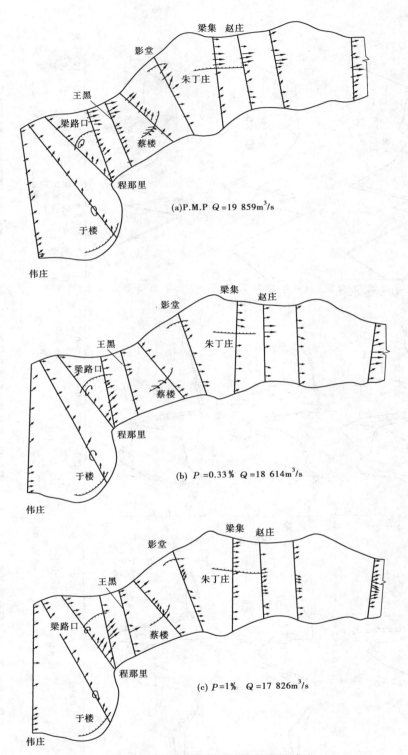

(a)P.M.P $Q = 19\ 859\mathrm{m}^3/\mathrm{s}$

(b) $P = 0.33\%$ $Q = 18\ 614\mathrm{m}^3/\mathrm{s}$

(c) $P = 1\%$ $Q = 17\ 826\mathrm{m}^3/\mathrm{s}$

图 8-91 模型表面流速流向图(无桥)

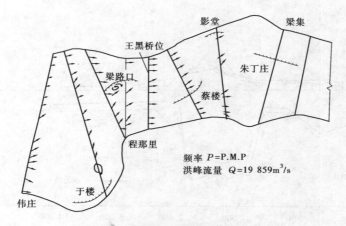

图 8-92　模型王黑桥位表面流速流向图

8. 单宽流量横向分布

在动床模型中,由于河床冲淤引起水深变化较快,无法测量同时间的垂线流速分布,从而无法求出垂线平均流速。为预估桥位处可能发生的最大单宽流量值,只能用表面流速乘以浮标系数后计算垂线平均流速并计算单宽流量,根据计算结果点绘了两个桥位的单宽流量分布图(图 8-93、图 8-94)。各组试验桥位处最大单宽流量计算成果见表 8-59。

从图 8-93、图 8-94 和表 8-59 可以看出:

(1)王黑桥位最大单宽流量的范围为 $17.0 \sim 28.36 \mathrm{m}^3/(\mathrm{s \cdot m})$;赵庄桥位最大单宽流量的范围为 $24.7 \sim 43.05 \mathrm{m}^3/(\mathrm{s \cdot m})$。

(2)由于桥跨较大,建桥前后,单宽流量无明显的变化。

(3)赵庄桥位最大单宽流量值大于王黑桥位(由于东平湖分洪影响所致)。

顺便说明,上述计算成果与定床模型试验垂线平均流速的结果基本上是接近的。

9. 桥址断面河床最大冲刷水深

桥址附近的最大冲刷水深,是确定桥墩基深的重要依据。各组试验都进行了测量,表 8-60 给出各组试验桥位处最大单宽流量相应的实测最大冲刷水深。

从表 8-60 可以看出:建桥前,洪水期王黑桥位河床最大冲刷水深为 7.5m,最低点的高程为 41.73m。赵庄桥位最大冲刷水深 8m,相应最深点高程为 40.3m。建桥后王黑桥位最大冲刷水深 7.9m,相应最深点高程为 41.5m;赵庄桥位最大冲刷水深 10.5m,相应最深点高程 37.95m。

10. 水位变化

(1)孙口附近的河道堤距 4~8km。其中于庄至孙口之间的河道堤距约 8km,孙口至赵庄之间的河道堤距约为 4.0km,比黄河游荡型河段(花园口河段)为窄,但仍属于宽浅河道。这种河道水位—流量关系非常平坦,从模型试验资料可以看出,洪水漫滩后,水位上升 0.1m 时,流量的增加值约 1 000m³/s(见图 8-95、图 8-96)。由于模型试验中,各组试验洪峰流量相差仅 1 000~2 000m³/s,因此每个桥位各组试验的最高水位相差不大(见表 8-61 及表 8-62)。

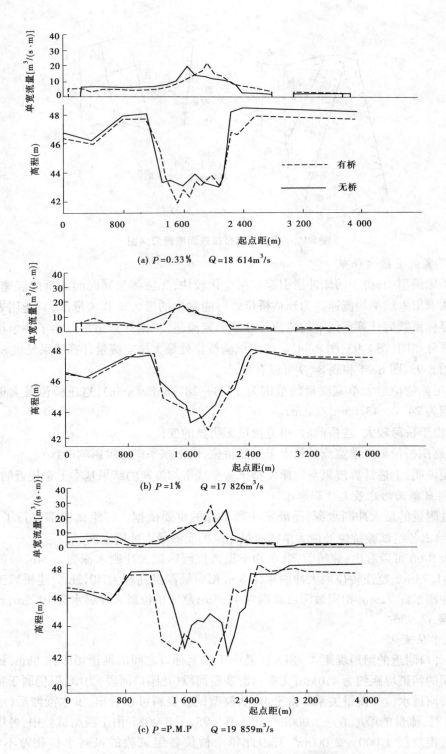

(a) $P = 0.33\%$ $Q = 18\ 614\text{m}^3/\text{s}$

(b) $P = 1\%$ $Q = 17\ 826\text{m}^3/\text{s}$

(c) $P = \text{P.M.P}$ $Q = 19\ 859\text{m}^3/\text{s}$

图 8-93 模型王黑桥位桥址断面单宽流量分布图

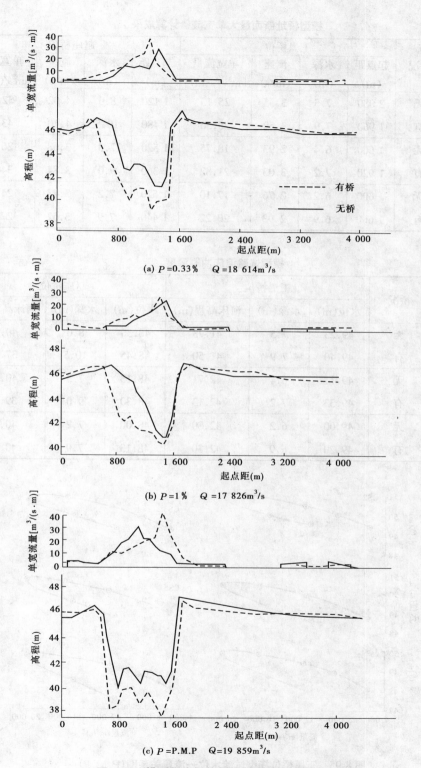

(a) $P = 0.33\%$ $Q = 18\ 614\mathrm{m}^3/\mathrm{s}$

(b) $P = 1\%$ $Q = 17\ 826\mathrm{m}^3/\mathrm{s}$

(c) $P = \mathrm{P.M.P}$ $Q = 19\ 859\mathrm{m}^3/\mathrm{s}$

图 8-94　模型赵庄桥位桥址断面单宽流量分布图

表 8-59 模型桥址断面最大单宽流量计算成果

频率	桥况	王黑桥位				赵庄桥位			
		起点距 (m)	水深 (m)	流速 (m/s)	单宽流量 [m³/(s·m)]	起点距 (m)	水深 (m)	流速 (m/s)	单宽流量 [m³/(s·m)]
P.M.P	无	2 080	7.5	3.35	25.13	1 120	8.0	4.02	32.13
	有	1 960	7.9	3.59	28.36	1 480	10.5	4.10	43.05
0.33%	无	1 660	6.4	2.93	18.75	1 520	7.3	3.68	26.86
	有	1 920	7.2	3.03	21.82	1 360	9.0	3.84	34.56
1%	无	1 600	6.2	2.76	17.10	1 520	7.2	3.43	24.70
	有	1 660	6.9	2.93	20.22	1 440	7.9	3.52	27.81

表 8-60 模型试验河床冲刷深度

频率	桥况	王黑桥位			赵庄桥位		
		水位(m)	水深(m)	河床高程(m)	水位(m)	水深(m)	河床高程(m)
P.M.P	无	49.23	7.5	41.73	48.30	8.0	40.30
	有	49.40	7.9	41.50	48.45	10.5	37.95
0.33%	无	49.11	6.4	42.71	48.13	7.3	40.83
	有	49.33	7.2	42.13	48.30	9.0	39.30
1%	无	49.00	6.2	42.80	48.00	7.2	40.80
	有	49.20	6.9	42.30	48.13	7.9	40.23

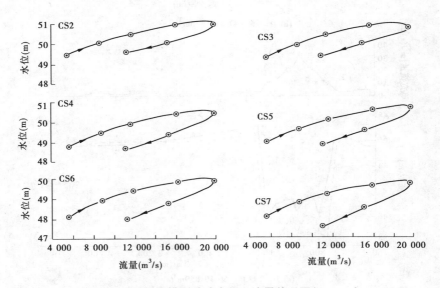

图 8-95 王黑桥位模型试验水位—流量关系图(P.M.P)

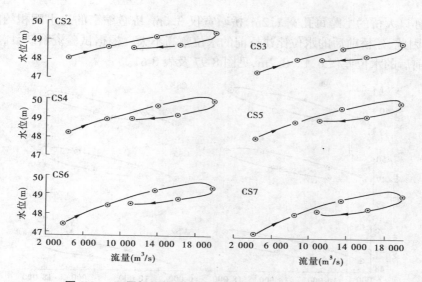

图 8-96　王黑桥位模型试验水位—流量关系图(P=1%)

表 8-61 模型试验主槽最高水位统计

洪水频率	建桥位置	沿程各断面水位(m)								
		CS1	CS3	CS4	CS5	CS6	CS7	CS8	CS9	CS10
P.M.P	孙口	51.15	50.33	50.25	50.20	49.74	49.33	48.95	48.81	48.54
	赵庄	51.13	50.31	50.17	50.05	49.75	49.35	49.05	48.95	48.53
	无	51.14	50.30	50.15	50.03	49.74	49.35	48.96	48.80	48.55
0.33%	孙口	50.97	50.25	50.15	50.13	49.66	49.23	48.84	48.64	48.41
	赵庄	50.94	50.22	50.07	49.93	49.68	49.28	48.93	48.80	48.39
	无	50.94	50.22	50.05	49.91	49.67	49.25	48.83	48.63	48.40
1%	孙口	50.85	50.13	50.05	50.00	49.49	49.12	48.71	48.51	48.25
	赵庄	50.85	50.11	49.97	49.81	49.52	49.20	48.80	48.63	48.24
	无	50.85	50.10	49.97	49.80	49.50	49.15	48.70	48.50	48.25

表 8-62 模型滩地水位统计 (单位:m)

频率	桥位	断面位置									
		左滩					右滩				
		4	5	6	8	9	5	6	7	8	9
P.M.P	无	50.10	49.95	49.74	48.95	48.70	50.05	49.50	49.30	49.00	48.70
	孙口	50.10	49.95	49.74	49.05	48.85	50.05	49.50	49.30	49.10	48.85
	赵庄	50.15	50.05	49.74	48.95	48.70	50.15	49.50	49.30	49.00	48.70
0.33%	无	49.95	49.80	49.50	48.80	48.60	49.90	49.40	49.15	48.80	48.55
	孙口	50.00	49.95	49.60	48.80	48.60	50.05	49.40	49.15	48.80	48.55
	赵庄	49.95	49.80	49.60	48.90	48.75	49.90	49.40	49.15	48.85	48.65
1%	无	49.80	49.65	49.50	48.70	48.50	49.60	49.20	49.00	48.70	48.40
	孙口	49.90	49.80	49.50	48.70	48.50	49.75	49.20	49.00	48.70	48.40
	赵庄	49.80	49.65	49.50	48.75	48.65	49.60	49.20	49.00	48.80	48.55

(2)孙口大桥的主跨每孔宽112m,桥墩宽仅3.6m,桥墩缩窄的过水面积约占总面积的3%。因此,建桥前后的水位比建桥前的水位壅高不大。根据试验资料统计,在同流量下,建桥前后的水位差仅0.1~0.2m,见图8-97及表8-61。

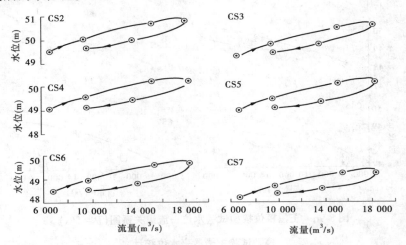

图8-97　模型试验王黑桥位水位—流量关系图($P=0.33\%$)

(3)黄河下游,在较大的洪水期,经常有冲槽淤滩现象,洪水过后,主槽刷深,水位下降。水位与流量呈顺时针方向的绳套关系,在模型试验中,也同样出现类似现象(见图8-96)。洪水过后,3 000m³/s流量的水位,比洪峰前同流量水位下降0.8~1.0m,与原型洪水期的水位变化幅度基本一致。

11. 桥墩前水流壅高

建桥以后,水流顶冲桥墩,在迎水面,产生水面壅高现象,根据模型实测资料初步分析,主桥最大壅高能达1.0m。左滩区引桥最大壅高为0.5m,右滩区引桥的最大壅高仅0.18m(见图8-98)。

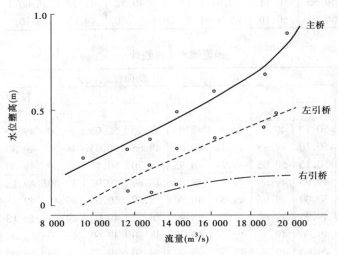

图8-98　桥墩前水位壅高与流量关系图

12. 护滩工程破坏对桥位水流的影响

黄河下游护滩工程的防洪标准不高,流量大于 10 000m³/s 时,被水流冲垮的可能性很大。例如,在 1982 年洪水期(孙口流量为 10 000m³/s),芦庄工程、韩胡同工程以及蔡楼工程都有部分工程被水流冲垮。水流顶冲房屋,不少民房倒塌,给滩区人民带来很大损失。为了预报 300 年一遇洪水期护滩工程被水流冲垮后的情况,在试验中,进行了部分护滩工程被洪水冲垮的模拟试验。图 8-99(a)、(b)是韩胡同部分工程冲垮前后,王黑桥位表面流速及单宽流量对比图。从图中可以看出,韩胡同部分工程冲垮以后,桥位附近左滩最大单宽流量为 8.0m³/(s·m),比未冲垮时的最大单宽流量 6.5m³/(s·m)仅大 1.5 m³/(s·m),说明韩胡同工程冲垮对桥位处的水流运动影响不大。

在韩胡同工程冲垮处,冲刷现象非常明显。由于水流顶冲滩地,在滩地形成了长约 1.5km、宽约 400m 的大冲沟。但冲沟以外的滩区仍然发生淤积,并没有因为护滩工程冲垮导致夺溜改道。图 8-99(c)、(d)是梁路口工程垮坝前后王黑桥址的表面流速分布和单宽流量分布的对比图,从图上可以看出,在 $Q = 18\ 614$m³/s 洪峰流量下,梁路口工程垮与不垮对王黑桥址处的流速分布及单宽流量分布影响不大。

图 8-99(e)、(f)是蔡楼工程垮坝前后赵庄桥位的表面流速及单宽流量对比图。从图上可以看出,蔡楼工程冲垮以后,赵庄桥址主跨的最大单宽流量有明显的减少,但右滩的

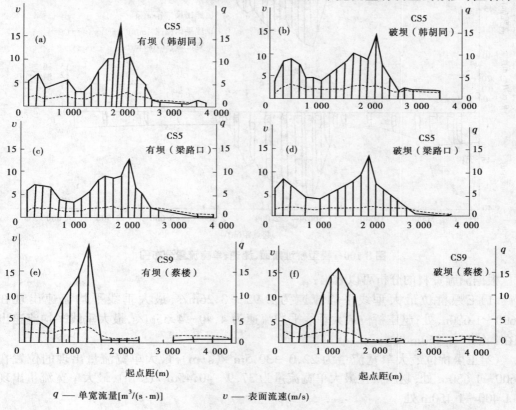

起点距(m)   起点距(m)

q —— 单宽流量[m³/(s·m)]   v —— 表面流速(m/s)

图 8-99   模型桥址断面流速、单宽流量分布图($Q = 18\ 614$m³/s)

流速分布仍然变化不大;也未发现由蔡楼工程被冲垮而造成主河槽易位现象。

六、定床模型试验

在桥梁设计中,需根据桥址处可能发生的最大单宽流量(或最大垂线平均流速),确定桥墩埋深。因此,一般桥渡模型试验都需要提供流速垂线分布资料。可是在宽浅的黄河动床模型中,断面宽,测线和测点多且河床冲淤变化快,因此在很短的洪峰过程中,采用目前的测试仪表——光电测速仪——很难达到目的。所以,在本次动床模型试验中,只采用浮标测水流的表面流速。然后,采用表面流速资料来计算单宽流量。

为了进一步了解洪峰过程中流速垂线分布情况,在动床模型结束以后,我们将动床模型在洪峰时形成的地形固结成准定床,然后来进行定床模型试验,采用光电测速仪,详细地采集流速资料,图8-100是准定床模型试验部分试验成果图。

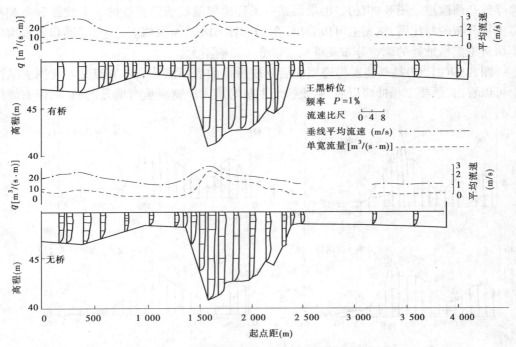

图 8-100 模型桥址断面、流速、单宽流量分布图

根据测验资料的分析可以看出:

(1)王黑桥位最大垂线平均流速为 2.95～3.26m/s,最大垂线平均流速出现在 1 600～1 680m 处;赵庄桥位最大垂线平均流速为 4.40～4.55m/s,最大垂线平均流速出现在 1 400～1 450m 处。

(2)王黑桥位最大单宽流量为 22.0～30.5m³/(s·m),最大单宽流量出现的位置在 1 600～1 680m 处;赵庄桥位最大单宽流量为 37.9～40.45m³/(s·m),最大单宽流量出现在 1 400～1 450m 处。

(3)在同一桥位处,建桥前后最大垂线平均流速相差不大。单宽流量亦相差不大。

定床测验结果与动床模型试验成果基本一致,见表 8-63 与表 8-59。

表 8-63

定床模型试验最大流速与最大单宽流量统计

桥 位	桥 况	流量(m³/s)	v_{max}(m/s)	q_{max}[m³/(s·m)]	起点距(m)
王黑桥位	建桥前	18 000	3.00	22.0	1 640
		19 000	3.10	25.5	1 680
		20 000	3.22	28.0	1 600
	建桥后	18 000	2.95	25.5	1 610
		19 000	3.00	27.5	1 680
		20 000	3.26	30.5	1 640
赵庄桥位	建桥前	18 000	4.40	37.9	1 440
		19 000	4.45	38.7	1 440
		20 000	4.48	39.95	1 450
	建桥后	18 000	4.50	38.5	1 400
		19 000	4.50	39.3	1 430
		20 000	4.55	40.45	1 450

七、黄河下游过渡型河段冰凌定性模拟试验

(一)试验目的

黄河下游冬季气温低,冰凌封河的现象每年均有可能发生。开河以后,大小冰块随着上游来水不断向下游排泄。由于黄河下游的河宽沿程逐渐变窄,因此在上段排冰的情况下,窄河可能形成冰塞或冰坝。孙口河段比高村以上的河段为窄,据委托单位介绍,在历史上形成过冰坝。建桥以后,由于桥身阻冰,形成冰塞或冰坝的可能性更大。为了研究孙口在大桥建成后形成冰塞(或冰坝)的可能性及形成冰塞(或冰坝)对其上游河段水位壅高的影响,根据委托单位的要求,在模型中进行了定性的排冰模拟试验。

(二)试验方法

冰凌模型试验是河工模型试验中的特殊模型试验。进行冰凌模型试验除了必须遵循河工模型的水流运动相似准则外,还须考虑冰的摩擦和断裂现象以及水和冰的两相流动与原型的相似性。如果在模型中采用天然冰,只要冰晶的大小按比例缩小,则模型和原型中的冰的摩擦系数与原型相等。如果用其他材料做模型的冰块,由于摩擦系数不相等,试验结果会带来一定的误差。

因此,进行冰凌模型试验时要使模型的冰块的运动特征和物理特性与原型相似,必须同时满足佛汝德相似律和柯西相似律,即:

$$\lambda_{Fr} = 1 \qquad \lambda_{Ca} = 1$$

$$C_a = \frac{v}{\left(\dfrac{E_{ice}}{\rho}\right)^{1/2}} \tag{8-10}$$

式中　ρ——冰的密度;

　　　E_{ice}——冰的弹性模数;

υ——冰速。

按照上述相似要求进行模型试验,在一般实验室内进行冰凌试验是难以做到的。但是考虑到本次试验主要的目的是研究建桥以后,形成冰坝(冰塞)对上游河段的水位壅高的影响,并不详细研究冰的物理特性(包括冰的强度、弹性模数、晶体形成速率、冰体摩擦系数以及冰体破裂黏性等)。因此,模型试验中,只要求满足水流运动相似原则,允许 C_a 相似准则有一定的偏离。换而言之,可以采用代用材料制造模型的冰块。

经过分析研究,在本模型试验中,采用石蜡加沙的办法,制作模型冰块。其综合密度 $\gamma_s = 0.91 t/m^3$。

冰块的大小及组成参考黄河原型情况模拟,见表8-64。排水前各河段流速见表8-65。

表 8-64　　　　　　　　　　黄河下游孙口—泺口河段冰凌特征

年份	最大冰块尺寸 (m)	最大冰厚 (m)	最大流冰速度(m/s)	年份	最大冰块尺寸 (m)	最大冰厚 (m)	最大流冰速度(m/s)
1955		0.50	3.94	1975	15×10	0.40	
1965	200×100	0.10	0.81	1976	80×20	0.10	
1966	150×100	0.30	2.50	1977	10×6	0.30	1.50
1967	300×200	0.28	0.87	1978	120×15	0.07	
1968		0.43	1.50	1979	70×40	0.06	2.10
1969	80×50	0.23		1980	150×100	0.14	1.90
1970		0.30	1.14	1981	70×15	0.40	
1971	30×30	0.08		1982	70×20	0.80	0.77
1972	100×100	0.20	2.67	1983	80×60	0.06	1.11
1973	25×20	0.08		1984	30×20	0.30	1.56
1974	100×100	0.10	0.56				

表 8-65　　　　　　　　冰凌模型试验(排冰前)最大表面流速统计　　　　　　(流速单位:m/s)

流量 (m³/s)	伟那里	龙湾	梁路口	王黑	蔡楼	影堂	朱丁庄	赵庄	大田楼
1 000	1.09	0.50	1.84	0.75	2.43	0.42		1.17	0.67
2 000	1.59	1.04	2.09	0.87	2.38	0.84	1.46	1.73	1.84
3 000	2.05	1.62	2.51	1.40	3.07	1.20	2.32	2.70	1.84

黄河开河时,可能出现的流量为 $1\,000 \sim 3\,000 m^3/s$。因此,模型试验流量定为 $1\,000 \sim 3\,000 m^3/s$。

研究王黑桥位卡冰时,在伟那里投放冰块;研究赵庄桥位卡冰时,在王黑桥下投放冰块。投冰的数量按拟好的放冰过程控制。

冰凌试验共进行 10 组试验,其中 6 组是研究伟那里至王黑河段封河和卡冰过程的试验,2 组是研究王黑至赵庄河段封河和卡冰过程的试验。其他两组试验是研究王黑和赵庄两桥位形成冰坝后,其上游河段水位抬高过程的试验。

各组试验的条件见表 8-66,上游冰量过程见表 8-67。

表 8-66　　　　　　　　　　　　　　冰凌模型试验条件

组次	试验历时(min)	流量(m³/s)	投冰位置	目　的
1	40	1 000	伟那里	研究王黑桥上封河现象
2	45	1 000	王黑桥下	研究赵庄桥上封河现象
3	45	2 000	伟那里	研究王黑桥上封河过程
4	80	2 000	王黑桥下	研究赵庄桥上封河过程
5	40	2 000	伟那里	研究王黑桥上封河过程
6	45	3 000	伟那里	
7	23	3 000	伟那里	
8	60	1 000	伟那里	

表 8-67　　　　　　　　　　　　　　冰凌模型试验投冰率统计

组次	冰尺寸 (cm)	投冰率(g/s)					
		0~10分	11~12分	21~30分	31~40分	41~50分	51~60分
1	10×10	3.89	23.89	23.89			
2	10×0	3.89	23.89	23.89	23.89		
3	≤10×10	3.89	17.52	17.52	17.52		
4	≤10×10	3.89	11.68	11.68	11.69	11.68	11.68
5	≤5×5	3.89	27.25	27.25	27.25		
6	≤10×10	3.89	23.36	23.36	23.36		
7	≤5×5	3.89	24.72	24.72	35.00	35.00	
8	≤5×5	3.89	24.72	24.72	23.85	23.85	

注:模型冰尺寸按平面比尺模拟,冰厚为 2~5mm。

各组试验概况如下。

1.王黑桥位上游河道卡冰和封河过程

在王黑桥位排冰模型试验中,发现两种情况:

(1)当上游来冰的尺寸小于 5cm×5cm 时,在冰量少的情况下,王黑桥位以上河道不发生封河;在冰量多的情况下,王黑桥位部分桥孔发生卡冰,而且时卡时开,也未发现全河封死现象。

(2)当上游来冰的最大尺寸小于 10cm×10cm 时,王黑桥位以上的河道发生卡冰、封河。其过程是:冰块进入这段河道后,平稳地向下漂流,行至梁路口工程倒数第 6 坝时,部分冰块在弯道内旋转和倾斜,形成插冰。部分冰块继续向下漂流,并通过王黑桥孔下泄,少量冰块在王黑桥位的浅水缓流区停留,发生滞冰现象。

随着上游排冰量的增多,梁路口弯道内插冰量亦增多,最后形成局部冰塞,见图 8-101,但未造成全断面封河,部分冰块仍然下泄。

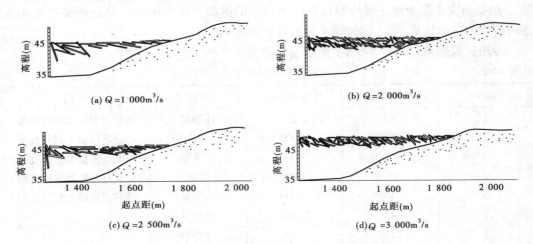

图 8-101　梁路口断面(弯段)插冰情况图

随着下泄冰量的增多,王黑桥址发生局部卡冰,卡冰的范围随着历时的延长而增加,最后全面卡冰,形成封河。其上游水位明显抬高,见表 8-68 及图 8-102。

表 8-68　　　　　　　　　　　　模型试验卡冰(或封河)前后水位对比

日期 (年·月·日)	时间 (时:分)	流量 (m³/s)	水位(m)			投冰情况	冰块
			伟那里	龙湾	梁路口		
1988.11.15	14:35	1 000	47.86	47.42	46.45	投冰前	均为 10cm×10cm
1988.11.15	15:10	1 000	48.21	47.93		投冰后	
1988.11.16	09:10	2 000	48.82	48.23	47.16	投冰前	大小混用 ≤10cm×10cm
1988.11.16	09:55	2 000	49.21	48.86	47.46	投冰后	
1988.11.16	15:25	2 000	48.90	48.15	47.41	投冰前	大小混用 ≤10cm×10cm
1988.11.16	16:05	2 000	49.23	48.90	47.93	投冰后	
1988.11.22	15:15	3 000	49.53	48.61	47.98	投冰前	大小混用 ≤10cm×10cm
1988.11.22	16:00	3 000	49.78	49.37	48.93	投冰后	
1988.11.23	09:10	3 000	49.61	48.76	48.13	投冰前	大小混用 ≤5cm×5cm
1988.11.23	09:53	3 000	49.62	48.76	48.14	投冰后	
1988.11.24	18:17	1 000	47.90	47.40	46.65	投冰前	大小混用 ≤5cm×5cm
1988.11.24	19:17	1 000	48.6	48.30	47.16	投冰后	

2.赵庄桥位上游河道封河过程

从王黑桥位下泄的部分冰块,在蔡楼工程的弯道内旋转,但始终未发生插冰,剩余部分冰块向下游缓缓漂移。流至赵庄桥位,部分继续下泄,部分卡在桥上。随着试验历时增

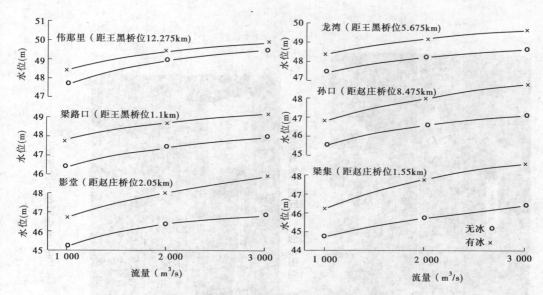

图 8-102　冰凌模型试验水位—流量关系图

加,赵庄桥位的卡冰范围愈来愈大,形成封河,并逐渐向上发展,最终全河段被冰封死,见照片(图 8-103~图 8-106)。封河过程和现象与王黑桥位基本相同,桥位卡冰前后水位变化见表 8-69,当上游来冰尺寸小于 5cm×5cm 时,其封河情况与王黑桥位相同。

3.两桥位形成冰坝后,其上游水位变化过程

两桥位形成冰坝后,由于上游来冰量源源不断,桥上冰盖愈来愈厚,过水面积愈来愈小,水位愈来愈高,当上游流量增大时,水位继续上升,水位上升到漫滩水位后,由于滩地过水,水位则停止上升。

八、试验成果初步分析

(一)孙口河段韩胡同滩区与蔡楼滩区夺流改河的可能性

孙口河段,左岸有韩胡同大滩(长约 20km,宽约 8km),右岸有蔡楼大滩(长约 18km,宽约 2.50km),在孙口河段建桥的问题之一是大洪水漫滩以后,会否夺流改河(即所谓的"滚河")而在滩区形成新河槽,从而引起桥位处的主流突变,影响桥梁的安全。

为了探讨孙口河段左右两岸滩区"滚河"的可能性,在模型中,进行了大量试验。试验结果表明,经过大洪水后,在孙口河段的滩区未发现夺流改河现象而只是出现局部深沟,初步分析其原因有以下几点:

(1)这段河道是非游荡型河道,河床稳定性比游荡型河道高,根据过去的分析,这段河道的主槽摆动强度比游荡型河道的主槽摆动强度小(见图 8-107)。因此,从性质上讲,这段河道难以发生滚河。

(2)由于历史原因,游荡型河段形成了槽高、滩低、堤根洼、滩面横比降大于河槽纵比降的二级悬河,见图 8-108(b)。这种河道一旦发生特大洪水,主流冲破生产堤以后,口门上、下游的水头差很大,流速很高,在滩区很快就会冲成一股串沟,并形成河槽。主河槽的过水能力逐渐减小,很快被淤塞断流,水流完全由新河槽下泄,即所谓"滚河"。

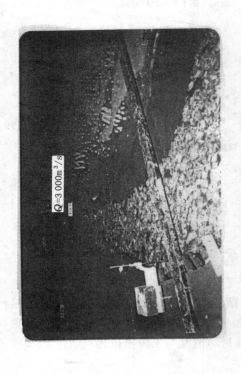

图 8-105　赵庄桥位以上河道形成冰封情况

图 8-106　赵庄桥位卡水情况

图 8-103　王黑桥位卡水情况

图 8-104　梁路口护滩工程处卡水情况

表 8-69			模型试验卡冰(或封河)前后水位对比			
日期 (年·月·日)	时间 (时:分)	流量 (m³/s)	水位(m)		投冰情况	冰块
			蔡楼	影堂		
1988.11.15	15:10	1 000	45.38	44.75	投冰前	
1988.11.15	16:10	1 000	46.22	45.40	投冰后	大小混用,≤5cm×5cm
1988.11.16	09:55	2 000	46.14	45.61	投冰前	
1988.11.16	11:15	2 000	47.40	46.80	投冰后	大小混用,≤10cm×10cm
1988.11.23	09:10	3 000	47.00	46.47	投冰前	
1988.11.23	09:53	3 000	47.00	46.48	投冰后	大小混用,≤5cm×5cm

孙口河段槽深滩高,洪水期即使水流漫滩,但由于主槽低于滩地 3m 多,见图 8-108(a),其过流能力远比滩地过流能力大,因而很难被泥沙淤死,故不会发生夺流改道。

(3)这段河道虽有较宽老滩,但滩区村庄密集(见图 8-109),道路和渠系纵横,地形地貌与游荡型河段的滩区也不同。因此,洪水漫滩后,滩区阻力大,流速小,冲刷能力低,很难冲出一股新沟,只能冲成局部深沟(见图 8-110)。

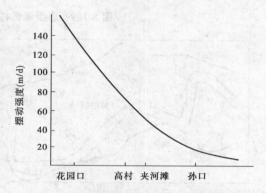

图 8-107 黄河下游主流摆动强度沿程变化图

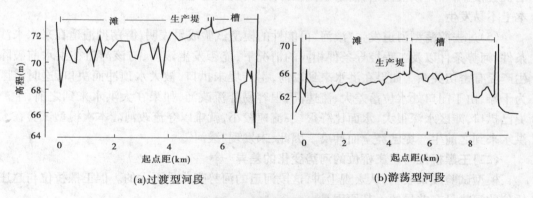

图 8-108 黄河下游河道断面图

(4)游荡型河道发生"滚河"的重要原因是游荡型河道的控导工程的控导作用很差,主流经常失控,顶冲生产堤;生产堤一旦被水流冲决,就有可能造成"滚河"。例如,黄河游荡型河段东坝头以下的控导工程的控导作用很差,一旦主流失控,顶冲东明大滩的生产堤,从而可能引起生产堤决口和东明大滩发生滚河。

但孙口河段(特别是王黑桥位以上),控导工程既多又密,而且控导工程的河湾跨度、幅度及两弯道之间的过渡段长度都比游荡型河道小,工程控导效果较好。水流进入控导工程后,基本上为工程所控制。在控导工程的作用下,水流顶冲滩区生产堤(即非工程段)

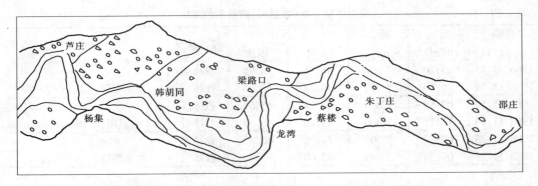

图 8-109　原型滩区村庄平面位置示意图

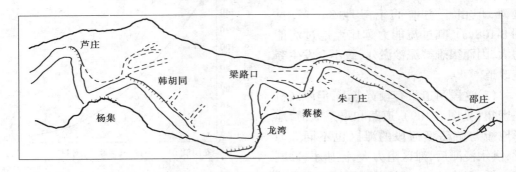

图 8-110　模型滩区冲刷平面位置图

的机会很少,因此该段河道,由于主流顶冲生产堤,引起生产堤冲决和夺流入滩的情况基本上不易发生。

(5)过去游荡型河道发生"滚河"可能性的模型试验成果表明,游荡型河道在来水来沙条件、河势条件以及工程控导条件相同的情况下,能否发生滚河,与该河道在洪水前破除生产堤有密切关系。如果在洪水来到以前,生产堤未扒口,被大水顶冲而决口,这时滩区为干滩,由于门口处水位落差大、流速高,很容易夺流改河,如果在大洪水来到之前,生产堤已扒口,滩区水深很大,水面比降很缓,流速较小,就难以夺流改河。本次模型试验在大洪水来到之前生产堤已经全面冲决。因此,未发现"滚河"。

(二)王黑桥位与赵庄桥位的河势变化的差异

模型试验成果表明:从宏观上讲,这段河道的河势变化是不大的。但王黑桥位与赵庄桥位的河势是有差异的。其原因是:

王黑桥位的上游,有芦庄、杨集、韩胡同、龙湾和梁路口等工程,对主流控制作用较强。因此,在王黑桥位上游,今后即使不续建任何新工程,仍然有可能将主流基本控制在控导线的范围内,不会有大的变化。

赵庄桥位上游的蔡楼工程、影堂工程以及朱丁庄工程的控制效果都很差,经常不靠主流。因此,只要来水来沙条件有变化,赵庄桥位附近的河势就会起新的变化。为了控制这段河道河势变化,今后仍然有可能续建工程。因此,从长远的角度考虑,赵庄桥位附近的河势稳定性比王黑桥位差。选择桥位时,应考虑两者的差异。

(三)在孙口河段建桥,壅水高度及其对河道淤积的影响

建桥以后,过水断面缩窄,桥上游产生壅水,根据以往的试验研究,壅水高度可用下式近似表示:

$$\Delta h = K \frac{v_1^2 - v_0^2}{2g} \tag{8-11}$$

式中　Δh——壅水高度;

　　　v_0——建桥前桥址附近断面的平均流速;

　　　v_1——建桥后桥址附近断面的平均流速;

　　　K——与河床边界条件、来水来沙条件有关的系数,$K = 1.0 \sim 6.0$,平均值为 3.5。

用 $v_1 = \dfrac{Q}{A_1}$,$v_0 = \dfrac{Q}{A_0}$ 代入式(8-11)得:

$$\Delta h = K \frac{v_0^2}{2g} \left(\frac{1 - n^2}{n^2} \right) \tag{8-12}$$

式中　n——建桥前后过水面积之比,$n = \dfrac{A_1}{A_0}$;

　　　A_1——建桥后桥址过水面积;

　　　A_0——建桥前桥址过水面积。

在设计流量下,孙口桥位的平均流速 $v = 3.0\text{m/s}$,主跨宽约 112m,桥墩宽 3.6m,$n = 0.97$。

$$\frac{1 - n^2}{n^2} = \frac{0.059}{0.9} = 0.063$$

代入式(8-12)后得:

$$\Delta h = 3.5 \frac{3^2}{2g} \times 0.063 = 0.1(\text{m})$$

从动床模型试验成果表可以看出,建桥后,桥上游的水位抬高 0.1~0.2m,证明模型试验结果与一般桥渡壅水高度基本上是相符的。

黄河挟沙能力可以近似地用下式表示:

$$S_* = K \frac{v^3}{gH\omega} = \frac{K'Q^3}{B^3 H^4 \omega} = K'' \frac{Q^3}{H^4} \tag{8-13}$$

在桥址上游断面处,建桥前的挟沙能力为:

$$S_0 = K \frac{v^3}{gH_0\omega} = \frac{K'Q^3}{B^3 H_0^4 \omega} = K'' \frac{Q^3}{H_0^4} \tag{8-14}$$

建桥后的挟沙能力为:

$$S_1 = K \frac{v^3}{gH_1\omega} = \frac{K'Q^3}{B^3 H_1^4 \omega} = K'' \frac{Q^3}{H_1^4} \tag{8-15}$$

$$\frac{S_0}{S_1} = \frac{(H_0 + \Delta h)^4}{H_0^4} \approx \left(1 + \frac{\Delta h}{H_0} \right)^4 \tag{8-16}$$

由于 $\dfrac{\Delta h}{H_0}$ 很小,因此 $\dfrac{S_0}{S_1} \approx 1$。

可见,在孙口河段建桥,洪水对河道淤积的影响甚微。表 8-70 是各组模型试验滩地淤积量统计表。从表上可以看出,建桥前后,滩地的淤积很接近。

表 8-70　　　　　　　　　　　　　　　模型试验滩地冲淤量统计

桥位名称	滩地冲淤量(亿 m³)		
	$P=1\%$	$P=0.33\%$	P.M.P
无桥情况	0.350 5	0.380 1	0.491 4
王黑桥位	0.351 0	0.380 5	0.492 5
赵庄桥位	0.352 5	0.381 1	0.493 4

(四)桥址处主槽位置的变化幅度

在黄河上建桥,往往由于河道太宽,需要采用多种桥跨。在主槽区,水流流速大,河床深,需采用深基桥跨;边滩区,水流流速小,河床高,可采用浅基小孔桥跨。前者称为主孔,后者称为边孔。

主孔的范围一般要根据主槽位置的变化幅度而定。主槽的位置不变的河段,主孔的范围等于主槽的宽度;主槽位置经常变化的河段,主孔的范围需按主槽最大的变幅而定。

应当说明,本次试验主要根据委托部门的要求做了几种大洪水的试验,孙口段的河道冲淤变化是不会如此简单的,实际上孙口河段大洪水时,主流走中泓,冲槽淤滩,河槽下切与展宽并存;中、小洪水时,坐弯塌滩,河槽向弯曲发展,主槽会有横移,因此确定主槽范围时,仅根据本次所做的几组大洪水的模型试验成果是不够的。例如,大洪水时,赵庄桥位的主槽变动幅度仅 1 600m,实际上,根据模型补充试验资料的分析,由于中、小洪水的坐弯塌滩作用,则主槽变动幅度可达到 2 000m(从大堤到朱丁庄工程)。

此外,还必须指出,从宏观上看,黄河的平面外形是宽窄相间的藕节式平面外形。王黑桥位以上的河段(从于庄至王黑)滩宽 8km,是扩宽段,王黑桥位处河宽仅 4km,是缩窄段。王黑桥位以上的漫滩洪水,大部分由王黑桥位左滩下泄,因此左滩流速很大,也不宜修建浅基桥。

(五)孙口桥址断面最大流速和河床最大冲刷深度

黄河动床模型试验相当复杂,论证黄河动床模型试验的可靠性,尚需用黄河实测资料进行综合对比分析。王黑桥址在孙口水文站的上游约 2km 处,因此孙口水文站资料也可以反映该桥址处冲淤规律。经采用孙口水文站历史上发生大洪水时实测最大流速和最大单宽流量以及断面等资料,点绘了最大流速与流量关系图、最大单宽流量与流量关系图及主槽过水断面与流量关系图。图中也有模型试验的资料,从图可以看出:

(1)孙口水文站 1958 年和 1982 年洪水期,曾经出现的最大流速为 4.5m/s,最大单宽流量为 34m³/(s·m)。

(2)流量大于 10 000m³/s 以后,由于漫滩及河势流路的变化,孙口水文站的主流发生变化,最大流速和最大单宽流量均有减小的趋势。

(3)由 1982 年的资料可以看出,在洪峰流量过程中,随着河槽刷深,最大流速逐渐减小。

(4)模型试验王黑桥位的资料,在孙口水文站的点群关系之中。

必须指出,孙口水文站断面在蔡楼工程的弯道内,而王黑桥位的断面在梁路口工程和与蔡楼工程之间的过渡段内,赵庄桥位断面在朱丁庄护滩工程顺直河段内,众所周知,弯道内的断面形态与过渡段的断面形态的冲淤规律是不相同的。弯段的断面在大溜顶冲时能形成窄深河槽,顺直断面不可能形成窄深河槽。因此,用原型孙口水文站的实测最大流速和最大单宽流量来检查两桥位的最大流速和最大单宽流量的可靠性,是偏于安全的。

此外,还必须指出,黄河冲淤变化非常迅速,在测量过程中河床不断在变化。因此,采用表 8-60 的资料来分析桥址最大冲刷深度仅能代表瞬时情况,为了比较全面地了解桥址断面最大冲刷深度的变幅,我们还对模型试验其他几次测量资料进行了统计分析(见表 8-71)。

表 8-71 模型试验桥位最大水深统计

桥位	试验日期 (月·日)	频率	桥况	最大水深 (m)	水位 (m)	河床高程 (m)	说明
王黑桥位	8.24	1%	无桥	6.9	49.8	42.9	
	7.13	1%	无桥	8.1	49.8	41.7	
	8.12	1%	有桥	12.41	50.0	37.59	连续两次大水冲刷
	7.11	1%	无桥	7.72	49.97	42.19	
	8.13	1%	有桥	11.95	49.97	38.02	连续两次大水冲刷
	8.11	1%	有桥	7.41	50.13	42.72	
	7.22	0.33%	无桥	9.40	50.05	40.65	
	8.19	0.33%	无桥	9.32	50.05	40.93	
	7.22	0.33%	无桥	8.50	50.25	41.75	
	8.9	0.33%	有桥	7.28	49.97	42.69	
	8.2	P.M.P	无桥	10.20	49.80	39.60	
	7.26	P.M.P	无桥	9.12	50.00	40.88	
	8.4	P.M.P	有桥	7.41	50.00	42.59	
赵庄桥位	8.4	P.M.P	无桥	8.4	48.5	40.1	
	8.2	P.M.P	有桥	10.8	48.63	37.83	
	7.26	P.M.P	无桥	8.8	48.5	39.7	
	8.9	0.33%	无桥	7.18	48.63	41.45	
	7.22	0.33%	无桥	7.15	48.8	41.65	
	8.19	0.33%	有桥	9.2	48.63	39.43	
	8.12	1%	无桥	6.7	48.80	42.10	
	8.24	1%	有桥	7.92	48.95	41.03	
	7.13	1%	无桥	9.62	48.80	39.18	

从表 8-71 可以看出:王黑桥位的最大水深可达 12.41m;赵庄桥位的最大水深可达 10.8m。

(六)孙口河段发生冰塞、冰坝的可能性及其危害

在模型试验中,经常发现梁路口工程的河湾内发生插冰和冰塞现象;在流速较小、冰量较大的情况下,赵庄桥位和王黑桥位均发生卡冰现象。因此,这段河道建桥以后发生冰塞、冰坝的可能性是存在的。

形成冰坝以后,水位迅速壅高,但水流漫滩以后。因滩地过流水位不再上升,因此这段河道建桥后,即使发生冰塞或冰坝,壅水高度也不会太高。

但必须指出,冰塞与冰坝的形成与冰晶的组成、冰量的大小、流速的大小及气温变化等因素均有密切关系,问题相当复杂,有待进一步研究。

(七)王黑桥位与赵庄桥位的对比分析

本次模型试验的主要目的是王黑桥位和赵庄桥位进行比较,优选较佳桥位,即通过模型试验对两个桥位的优缺点进行对比分析。表8-72给出了两个桥位的对比分析。

表8-72 王黑桥位与赵庄桥位对比分析

项目	王黑桥位	赵庄桥位
流态	分三股流 $\begin{cases} 左滩\ 29\%\sim31.5\% \\ 主槽\ 58.5\%\sim61.3\% \\ 右滩\ 9.6\%\sim10\% \end{cases}$ 流态较复杂,水流方向与桥位方向有时斜交,有时正交	分三股流 $\begin{cases} 左滩\ 9.6\%\sim10.6\% \\ 主槽\ 56.7\%\sim61\% \\ 右滩\ 25.5\%\sim30.4\% \end{cases}$ 流态较平顺,水流方向与桥位基本正交
主流线摆动幅度	主流线在1 200m左右范围内摆动	主流线在1 120m左右范围内摆动
深泓线变化幅度	深泓线在1 120m左右范围内变化	深泓线在840m左右范围内变化
表面流速	左滩最大表面流速为2.95m/s 主槽最大表面流速为3.59m/s 右滩最大表面流速为1.53m/s	左滩最大表面流速为2.09m/s 主槽最大表面流速为4.10m/s 右滩最大表面流速为1.50m/s
单宽流量	左滩最大单宽流量为10m³/(s·m) 主槽最大单宽流量为28.36m³/(s·m) 右滩最大单宽流量为5m³/(s·m)	左滩最大单宽流量为8m³/(s·m) 主槽最大单宽流量为43.05m³/(s·m) 右滩最大单宽流量为5m³/(s·m)
河床冲刷高程	主槽最深点高程为40.0m	主槽最深点高程为38.0m
工程影响	险工和控导工程作用明显,河势无多大变化,险工和护滩工程与桥位无矛盾	险工和控导工程的控导作用不明显,河势仍可能有变化 若再修新工程,则与此桥位有矛盾

通过对比分析初步认为,王黑桥位优点比赵庄桥位多,缺点比赵庄桥位少。

(1)王黑桥位的上游控导工程(包括险工)的布置比较紧凑合理,控导效果明显,河势流路变化不大;赵庄桥位的上游控导工程的布置不理想,控导效果差,河势变化比较大。

(2)王黑桥位的上游工程,不需增建即可控导河势变化,保证主流线在控导工程的治导线内变化;赵庄桥位上游的工程,今后还有可能要续建和下延。如果要续建或下延都将与赵庄桥位发生矛盾。

(3)东平湖分洪时,引起上游河床冲刷加剧。王黑桥位离东平湖远,受东平湖分洪的影响较小;赵庄桥位离东平湖近(仅10km),受东平湖分洪影响较大。

(4)王黑桥位在梁路口工程与蔡楼工程之间的过渡段内,即两个弯道之间的过渡河槽处,或称为浅滩处。因此,河床比较浅,不会形成窄深河槽。

赵庄桥位虽然也在顺直段内,但在朱丁庄工程的下游,离朱丁庄工程很近,只要朱丁庄工程靠大溜,就有可能形成局部深坑,因此很有可能形成窄深河槽。

(5)从目前试验成果看,赵庄桥位的最大单宽流量比王黑桥位略大。冲刷深度比王黑桥位深。

(6)赵庄桥位惟一的优点是流态比王黑桥位好。

上述分析表明,在孙口河段建桥,以王黑桥位较好。

九、几点认识

受铁道部大桥工程局勘测设计院委托,在黄科院泥沙研究室进行了京九线黄河孙口大桥动床模型试验。通过模型试验及对原型资料的分析,对孙口河段修桥后的水流流态、主槽位置的变化幅度、桥梁壅水淤积、冰凌壅水等问题得出以下结论:

(1)孙口河段是黄河游荡型河段和弯曲型河段之间的过渡河段,桥位在过渡型河道的末端,滩高槽深(见图8-108),滩区村庄密集(见图8-109),道路和渠道纵横交错,河床和滩地的稳定性均比游荡型河道高,滚河的可能性基本不存在,试验未发生滚河现象和切滩现象。

(2)王黑桥位以上的河段,控导工程多,布局基本合理,控导效果较好,因此王黑以上河道的主流基本上在龙湾、梁路口等工程的控制范围以内变化。

(3)王黑桥位至赵庄桥位之间的河道,控导工程的布局不紧凑,控导效果差,主流不靠控导工程的机会多,在长期中、小流量的作用下,主流仍有可能继续向左岸发展,塌滩坐弯,影响左岸堤防安全。由于此段河道主流失控机会多,主流位置仍会摆动,为了稳定河势流路,确保大堤防洪安全,这段河道的左岸防洪工程,有必要增建和调整,在防洪工程的调整和增建方案未确定前,在赵庄建桥可能会带来建桥与防洪间的矛盾。

(4)洪水期间,赵庄桥位主槽的摆动范围从距左岸大堤400m处摆至2 000m处。约1 600m;中枯水主槽摆动范围增大到2 000m。

(5)王黑桥位主槽摆动范围从距左岸大堤1 000m到2 500m处,约1 500m。考虑到左岸大堤至主槽之间的滩地(即左滩)流速较大,建桥时,其桥墩埋深需考虑加深。

(6)王黑桥位建桥前最大流速2.76～3.35m/s,最大单宽流量17.10～25.13 $m^3/(s\cdot m)$;建桥后最大流速2.93～3.59m/s,最大单宽流量20.22～28.36$m^3/(s\cdot m)$。

(7)赵庄桥位建桥前最大流速3.43～4.02m/s,最大单宽流量24.7～32.16 $m^3/(s\cdot m)$;建桥后最大流速3.52～4.10m/s,最大单宽流量27.81～43.05$m^3/(s\cdot m)$。

(8)王黑桥位在梁路口工程与蔡楼工程之间的过渡段内,河床冲刷深度比蔡楼工程(弯段)的冲刷深度浅。试验结果表明,王黑桥位最大水深约10m稍多,由于天然情况较复杂,建议考虑冲刷的深度时要尽可能留有余地。

(9)目前赵庄桥位并不靠控导工程,最大水深约为10.8m,将来朱丁庄工程如果继续下延,则赵庄桥位紧靠控导工程的坝头,其冲刷水深将会增大。

(10)王黑桥位和赵庄桥位的主跨宽约112m,而桥墩宽仅3.6m,桥墩的阻水作用不大,因此洪水期桥梁的壅水高度不大,试验资料表明,建桥后同流量下的水位仅增0.1～0.2m。

(11)由于建桥后洪水期壅水高度不大,因此建桥前后滩地淤积情况变化不大。

(12)韩胡同部分工程破坏以后,王黑桥位和赵庄桥位左滩过流增多,滩面流速增大。建桥时应考虑左滩的桥墩埋深问题。

(13)梁路口工程和蔡楼工程破坏以后,对两个桥位的水流流态影响不大。

(14)在王黑建桥优点多于赵庄,但目前王黑桥位距梁路口护滩工程较近,梁路口护滩工程下首产生的局部冲刷对该桥位可能会带来不利影响。为了减少梁路口工程对王黑桥位的影响,建议将王黑桥位下移 150～200m。

由于洪水期水流的流向与王黑桥位的桥轴线并不垂直,为了使洪水时过桥水流的流向尽量与桥轴垂直,建议将桥轴向左扭转 5°～8°。

(15)黄河下游河床演变极其复杂,小浪底水利枢纽建成后,长时期下泄清水,河床将会出现长时期的冲刷,希望设计单位充分考虑小浪底枢纽建成后下泄清水对桥墩冲刷的影响。

(16)通过试验,发现桥址断面的冲刷深度(水深)与该断面的单宽流量的大小有密切关系,初出分析 $H = (\dfrac{q}{v_{01}})^m$。式中 H 为冲刷后的水深,q 为该断面的单宽流量,v_{01} 为 $H = 1\mathrm{m}$ 时河床质的起动流速,此处 $v_{01} = 0.39\mathrm{m/s}$,$m$ 为指数,此处 $m = 0.48$。

(17)黄河下游冬季气温低,冰量大,开河后上游大量冰块下泄,由于河宽沿程递减,桥址河段的河道比艾山附近的河道宽,但比上游窄,存在卡冰形成冰坝的可能性。

形成冰坝后,水位不断上升,但水流漫滩后,滩地过流,即不再上升。因此,初步认为在孙口河段形成冰坝问题不大。但由于冰凌模型试验是特殊的河工模型试验,问题复杂,有待于进一步研究。

(18)黄河来水来沙情况复杂,而模型试验是在给定的情况下进行的。因此,模型试验成果是有局限性的,希望使用单位注意。

第九章 黄河小浪底枢纽悬沙模型试验研究

黄河小浪底枢纽位于黄河中游的下段,是黄河干流上的大型水利枢纽。由于黄河泥沙多,含沙量高,防洪减淤的控制运用要求高,加上枢纽坝址处地形地貌条件复杂,枢纽泄流建筑物布置难度很大,有许多泥沙问题,有待于模型试验论证解决。为此,1980 年以来我们开展了小浪底枢纽悬沙模型试验。1982 年以前试验重点是研究电站防沙,通过试验发现枢纽泄流建筑物门前泥沙淤堵严重;1983 年以后,模型试验重点转移到防淤堵试验。1994 年小浪底枢纽正式开工兴建以后,考虑到枢纽运用的复杂性,便开始做枢纽运用模型试验的设计,本章简要介绍小浪底枢组各项悬沙模型试验方法的基本概况及有待改进的试验技术。

第一节 小浪底枢纽电站防沙模型试验

小浪底水库是黄河干流上防洪、减淤、灌溉、防凌和发电综合利用的水库。坝高 131m,坝址处河底平均高程 130m,非汛期正常蓄水水位 275m,死水位 230m(汛期运用水位),最大水头 140m,有效库容 55 亿 m^3,多年平均流量 1 640m^3/s;电站装机 6 台,容量为 180 万 kW,年发电量约 49 亿 kW·h。

黄河小浪底河段含沙量高,汛期平均含沙量约 56kg/m^3,最大含沙量达 900kg/m^3,估计在水库淤积后期,拦沙库容基本淤满,进库泥沙将大量地被挟带至坝前通过机组下泄,水轮机的过流部件(包括轮叶片、转轮室中下环、转轮体和导叶等)都会遭受严重磨损,给电站的正常运用带来严重影响。为了预估小浪底枢纽电站建成后泥沙过机情况,1981 年,黄科院开始了小浪底电站防沙模型试验,本节系该模型试验设计方法概述。

一、模型试验的主要任务

小浪底枢纽电站布设在小浪底村对岸风雨沟的出口处,电站上游两岸地形非常复杂,河谷宽窄不一,边界条件对电站的来水方向和河势影响很大。在此情况下,电站前的淤积形态、排沙漏斗形态以及电站进沙情况很难估算,都有待于模型试验给予回答,这就是小浪底电站防沙模型试验的主要任务。小浪底枢纽平面布置方案很多,本试验仅采用一种方案进行试验。

二、具体试验内容

(1)通过试验了解该方案各种泄流建筑物分流比与分沙比的关系。
(2)研究拦沙坎高程对防沙的作用。
(3)观测电站前流速和含沙量分布特性。

(4)观测不同流量下电站前排沙漏斗的形态及其变化过程。

(5)研究排沙底孔的进口高程和泄量对排沙的作用。

(6)研究电站上游河势变化,对电站进沙的影响。

三、模型设计

(一)相似准则

模型相似准则见第二章黄河动床模型设计方法和相似准则。

(二)模型设计中采用的基本资料

小浪底水库位于三门峡水库下游 130km 处(图 9-1)。小浪底水库建成后,三门峡水库的出库站即为小浪底水库的进库站。三门峡至小浪底之间的河道为峡谷型河道,比降很大,中间虽有 12 条较大的支流汇入,但挟带的泥沙不多,进入小浪底水库的泥沙主要是三门峡水库下泄的泥沙。因此,可以采用目前三门峡水库下泄至小浪底站的泥沙资料,作为小浪底水库运用后期坝前的泥沙资料。

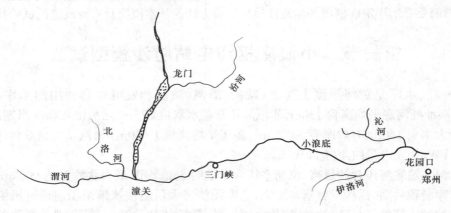

图 9-1　黄河小浪底枢纽坝址位置图

1. 小浪底悬移质颗粒级配的确定

根据 1974～1977 年实测资料统计,小浪底站的泥沙平均粒径为 0.034mm(见表 9-1),而且汛期悬移质 d_{50} 与含沙量的大小有关(见表 9-2)。模型试验含沙量的范围拟为 5～200kg/m³。即模型试验的泥沙颗粒中值粒径范围应该在 0.03～0.074mm 之间,平均情况按 $d_{50}\approx0.032$mm 考虑。此外,据 1981 年小浪底实测悬沙颗粒级配资料的分析(见图 9-2),采用 $d_{50}\approx0.032$mm 设计模型,也基本上符合 20 世纪 80 年代的泥沙特性情况。

表 9-1					小浪底站历年逐月泥沙粒径							(单位:mm)
年度	1月	2月	3月	4月	5月	6月	7月	8月	9月	10月	11月	12月	年平均
1974	0.062	0.067	0.085	0.094	0.095	0.014	0.012	0.031	0.026	0.046	0.063	0.097	0.033
1975	0.045	0.018	0.055	0.107	0.103	0.049	0.033	0.035	0.033	0.035	0.029	0.057	0.034
1976	0.033	0.062	0.083	0.038	0.097	0.072	0.042	0.023	0.028	0.032	0.03	0.036	0.029
1977	0.033	0.051	0.076	0.076	0.067	0.060	0.037	0.042	0.040	0.012	0.020	0.077	0.040

表 9-2

表 9-2　　　　小浪底站 1974～1978 年汛期悬移质 d_{50} 中值粒径与相应的含沙量

含沙量 (kg/m³)	5	10	20	30	40	60	100	200	300	400	500
d_{50} (mm)	0.074	0.062	0.045	0.038	0.034	0.030	0.030	0.032	0.036	0.041	0.046

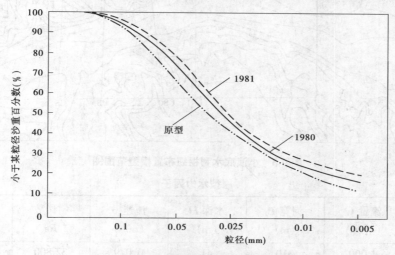

图 9-2　小浪底实测悬沙颗粒级配图

2. 原型底沙资料的确定

小浪底水库淤积后期,库区将形成高滩深槽堆积型的新河槽。这个新河槽的特性与黄河下游的河道特性有一定的类似性。根据黄河下游和三门峡库区实测资料的分析,堆积型河道的河床质中值粒径 D_{50} 与其悬移质中值粒径 d_{50} 基本上成 4 倍的关系,即 $D_{50}=4d_{50}$。

小浪底水库拦沙运用后期,库区新河槽中的河床质 D_{50} 与其悬移质 d_{50} 的关系,假定也符合这种关系。根据这个关系就可以求得小浪底库区的 $D_{50}=4d_{50}=4\times0.032=0.148$mm。

3. 模型试验范围的确定

根据有关单位对小浪底枢纽电站前漏斗形态的分析计算,水库淤积后期,在坝前形成冲刷漏斗的底宽为 50～60m,边坡系数 $m=1.8$～2.6,在 230m 水位处,水面宽约 310m,平均水深 41～56m(此数与排沙底孔高程有关)。漏斗纵向长度为 1 560～2 190m。

此外根据原型河谷形态看,坝上游 3km 处的未来河道(赤河滩附近),受两岸 230m 高程以上的地形的影响,将是一个微弯型河道。为了反映上游来水方向对电站防沙效果的影响,试验河段不宜小于 3km。因此,取模型试验的范围为坝上 3km 河段,即从小浪底水文站到大峪河口(见图 9-3)。

4. 原型水流条件[1]

原型形成冲刷漏斗后,电站进口的水深达 41～56m,漏斗区的平均流速仅 0.079～0.063m/s(见表 9-3)。

---

[1]　黄委会设计院.黄河小浪底水库泥沙计算.1981 年 6 月

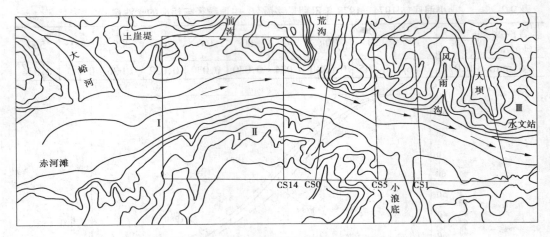

图 9-3　小浪底水利枢纽布置模型范围图

表 9-3　　　　　　　　　　　　　　　　原型水力因子

位置	流量 Q (m^3/s)	河宽 B (m)	水深 H (m)	流速 v (m/s)	雷诺数 Re	佛汝德数 Fr
电站 进口	1 000	310	41	0.079	32 800	0.004
	3 000	310	41	0.24	98 400	0.012
	5 000	310	41	0.39	159 900	0.02
	8 000	310	41	0.63	258 300	0.031
漏 斗 末 端	1 000	350	3.7	0.77	28 500	0.128
	3 000	350	3.7	2.32	85 000	0.381
	5 000	350	3.7	3.86	144 300	0.640
	8 000	350	3.7	6.18	229 400	1.020

表 9-3 系根据规划设计人员分析成果摘录而得。

5. 原型含沙量变化范围

考虑黄河干流今后引水情况,汛期平均含沙量可能比 56kg/m^3 要大。在试验中,原型含沙量按 5～200kg/m^3 考虑。

(三)模型比尺选择

1. 水平比尺和垂直比尺的选择

模型场地长 40m,宽 18m,根据场地条件,选择模型水平比尺 $\lambda_L = 100$。

由于该模型为研究水工建筑物附近的水流流态和河床冲淤形态及不同高程的建筑物分水分沙问题的模型试验,应该按正态模型进行设计。故垂直比尺采取 $\lambda_H = \lambda_L = 100$,$\lambda_J = \dfrac{\lambda_H}{\lambda_L} = 1$。

2. 模型流速、流量比尺的确定

模型水流运动根据相似条件得:$\lambda_v = \lambda_H^{1/2} = 10$,$\lambda_Q = 10$。

3. 模型时间比尺的确定

模型时间比尺 $\lambda_t = \lambda_L / \lambda_v = 10$。

4. 模型沙沉速比尺的确定

悬沙运动根据相似准则: $\lambda_\omega = \lambda_{u_*} = \lambda_g \lambda_h \lambda_J = \lambda_h^{1/2} = \lambda_v = 10$。

5. 悬沙粒径比尺的计算

由于黄河泥沙模型试验复杂,模型沙选择困难很多,故采用三种模型沙进行对比计算。

(1)采用 $\gamma_s = 2.17$ 的煤灰做模型沙,泥沙沉降根据相似准则得: $\lambda_d = \left[\dfrac{\lambda_\omega}{\lambda_{\gamma_s - \gamma}} \right]^{1/2} = 2.61$。

(2)采用 $\gamma_s = 1.35$ 的阳泉煤做模型沙,得: $\lambda_d = 1.44$。

(3)采用 $\gamma_s = 1.04$ 的塑料沙做模型沙,得: $\lambda_d = 0.49$。

6. 模型挟沙能力比尺(含沙量比尺)的确定

挟沙能力比尺: $\lambda_{S_*} = \dfrac{\lambda_{\gamma_s}}{\lambda_{\gamma_s - \gamma}} \dfrac{\lambda_{v_*}}{\lambda_\omega} = \dfrac{\lambda_{\gamma_s}}{\lambda_{\gamma_s - 1}}$。

(1)采用 $\gamma_s = 2.17$ 的煤灰做模型沙,根据相似准则得: $\lambda_S = 0.856$。

(2)采用 $\gamma_s = 1.35$ 的阳泉煤做模型沙,得: $\lambda_S = 0.412$。

(3)采用 $\gamma_s = 1.04$ 的塑料沙做模型沙,得: $\lambda_S = 0.061$。

7. 模型底沙比尺的确定

根据底沙运动相似准则: $\lambda_D = \dfrac{\lambda_H \lambda_J}{\lambda_{\gamma_s - 1}}$

(1)采用 $\gamma_s = 2.17$ 的煤灰做模型沙,得: $\lambda_D = \dfrac{100}{1.45} = 69$。

(2)采用 $\gamma_s = 1.35$ 的阳泉煤做模型沙,得: $\lambda_D = \dfrac{100}{4.86} = 20.6$。

(3)采用 $\gamma_s = 1.04$ 的塑料沙做模型沙,得: $\lambda_D = \dfrac{100}{42.5} = 2.35$。

8. 模型冲淤时间比尺的确定

$$\lambda_{t_2} = \dfrac{\lambda_{\gamma_0} \lambda_{t_1}}{\lambda_S} = \dfrac{\lambda_{\gamma_0} \lambda_{t_1}}{\dfrac{\lambda_{\gamma_s}}{\lambda_{\gamma_s - 1}}} = \lambda_{\gamma_s - 1} \lambda_{t_1}$$

式中　λ_{t_2}——模型冲淤时间比尺;

　　　λ_{t_1}——模型水流时间比尺, $\lambda_{t_1} = 10$;

　　　λ_{γ_0}——模型淤积干容重比尺, $\lambda_{\gamma_0} = \lambda_{\gamma_s}$(见前)。

(1)采用 $\gamma_s = 2.17$ 的煤灰做模型沙时, $\lambda_{t_2} = 14.5$。

(2)采用 $\gamma_s = 1.35$ 的阳泉煤做模型沙时, $\lambda_{t_2} = 48.5$。

(3)采用 $\gamma_s = 1.04$ 的塑料沙做模型沙时, $\lambda_{t_2} = 125$。

根据以上计算结果,获得模型各项比尺见表9-4。

表 9-4 小浪底枢纽电站防沙模型比尺计算

比尺名称		符号	比尺	计算方法
水平比尺		λ_L	100	
垂直比尺		λ_h	100	
比降比尺		λ_J	1	$\lambda_J = \dfrac{\lambda_h}{\lambda_L}$
流速比尺		λ_v	10	$\lambda_v = \lambda_h^{1/2}$
流量比尺		λ_Q	10^5	$\lambda_Q = \lambda_L \lambda_h \lambda_v$
沉速比尺		λ_ω	10	$\lambda_\omega = \lambda_v \left(\dfrac{\lambda_h}{\lambda_L} \right)^{1/2}$
悬沙粒径比尺	煤 灰	λ_d	2.61	$\lambda_d = \left(\dfrac{\lambda_\omega}{\lambda_{\gamma_s - \gamma}} \right)^{1/2}$
	阳泉煤	λ_d	1.44	
	塑料沙	λ_d	0.49	
含沙量比尺	煤 灰	λ_S	0.856	$\lambda_S = \dfrac{\lambda_{\gamma_s}}{\lambda_{\gamma_s - \gamma}} \cdot \dfrac{\lambda_v \lambda_J}{\lambda_\omega}$
	阳泉煤	λ_S	0.412	
	塑料沙	λ_S	0.061	
底沙粒径比尺	煤 灰	λ_D	69	$\lambda_D = \dfrac{\lambda_h \lambda_J}{\lambda_{\gamma_s - \gamma}}$
	阳泉煤	λ_D	20.6	
	塑料沙	λ_D	2.35	
模型沙密度比尺	煤 灰	λ_{γ_s}	1.24	
	阳泉煤	λ_{γ_s}	2.0	
	塑料沙	λ_{γ_s}	2.6	
模型沙水下密度比尺	煤 灰	$\lambda_{\gamma_s - \gamma}$	1.45	
	阳泉煤	$\lambda_{\gamma_s - \gamma}$	4.85	
	塑料沙	$\lambda_{\gamma_s - \gamma}$	42.5	
水流时间比尺		λ_{t_1}	10	$\lambda_{t_1} = \dfrac{\lambda_L}{\lambda_v}$
河床冲淤时间比尺	煤 灰	λ_{t_2}	14.5	$\lambda_{t_2} = \lambda_{\gamma_s - \gamma} \lambda_{t_1}$
	阳泉煤	λ_{t_2}	48.6	
	塑料沙	λ_{t_2}	425.0	

(四)模型沙的选择

根据表9-4和原型沙的基本特征,可以算得采用煤灰、阳泉煤、塑料沙做模型时所要求的颗粒大小(见表9-5)。

表 9-5 小浪底电站防沙模型的模型沙 d_{50} 及 D_{50}

模型沙品种	密度(g/cm³)	d_{50}(mm)	D_{50}(mm)
煤 灰	2.17	0.012 2	0.002
阳泉煤	1.35	0.022	0.006
塑料沙	1.04	0.065	0.054

根据以上计算结果,我们获得以下结论:

(1)采用煤灰做模型沙,要求 $\lambda_D = 69$,这是难以办到的事实,因此采用煤灰做模型沙,在此模型中不能满足冲刷相似,只能满足淤积相似。但有两个优点:① $\lambda_{t_1} \approx \lambda_{t_2}$;② $\lambda_S = 1$。

(2)采用阳泉煤做模型沙,亦无法满足冲刷相似,只能满足淤积相似。但有两个缺点:① $\lambda_{t_2} > \lambda_{t_1}$;② $\lambda_S \leqslant 1$。

(3)采用 $\gamma_s = 1.04$ 的塑料沙做模型沙,能同时满足冲淤相似,但有两个大缺点:① $\lambda_{t_2} \geqslant \lambda_{t_1}$;② $\lambda_S \leqslant 1$。

以上结论说明:

(1)在 $\lambda_L = \lambda_h = 1:100$ 的小浪底电站防沙的模型中,采用煤灰(或电木粉)做模型沙是有缺陷的。

(2)采用 $\gamma_s = 1.04$ 的塑料沙做模型沙,可以同时满足该模型的冲淤相似条件。但由于 $\lambda_{t_2} \geqslant \lambda_{t_1}$,不能做洪峰沙峰变化很快的模型试验,只能做水沙过程变化慢(或单一流量的试验)的试验。由于 $\lambda_S = 0.061$,模型含沙量比原型含沙量大 16.2 倍,故只能做低含沙量试验,不能做较高的含沙量试验。也不宜进行异重流试验。

(3)采用 $\gamma_s = 2.17$ 煤灰做模型沙,虽然只满足淤积相似,不能满足冲刷相似,但可以进行淤积过程的模型试验和高含沙水流的试验。

现有的煤灰 $d_{50} = 0.012 \sim 0.015$mm,基本上能满足小浪底 1:100 模型淤积相似条件。因此,我们决定选用煤灰做模型沙,进行淤积过程中泄流建筑物的分水分沙试验。然后再选用 $\gamma_s = 1.04$ 的塑料沙做单一流量的冲刷漏斗形态的试验。

(五)模型流态验算

表 9-6 是模型流态计算表,从表中可以看出:

(1)模型 $Re > 1\,400$,属于紊流。

(2)模型进口 $Fr < 1$,属于缓流。

(3)模型排沙漏斗末端,$Fr > 1$($Q = 80$L/s)。

表 9-6   模型水力因子及流态计算

位　置	Q(L/s)	B(m)	H(m)	v(cm/s)	Re	Fr
电站进口	10	3.1	0.41	0.79	3 280	0.004
	30	3.1	0.41	2.40	9 840	0.012
	50	3.1	0.41	3.90	15 990	0.020
	80	3.1	0.41	6.30	25 830	0.031
漏斗末端	10	3.5	0.037	7.70	2 850	0.128
	30	3.5	0.037	23.2	8 500	0.381
	50	3.5	0.037	38.6	14 430	0.640
	80	3.5	0.037	61.8	22 940	1.020*

这是因为原型设计的资料不正确所致,应该根据模型试验的结果来修改原型设计。

通过检验,认为模型设计基本上是正确的,但电站前流速太小,会给试验带来很大困难。

四、小浪底枢纽电站防沙模型预备试验

(一)工程布置

小浪底电站防沙模型各项工程按老Ⅰc方案进行布置,泄洪洞200m高程、180m高程自左而右均布置在风雨沟内,电站布置在风雨沟口,电站有六台机组,进口底部高程为195m,在机组进水口处还设有活动拦沙槛,电站下层设有三条排沙洞,进口底部高程为160m。

(二)试验概况

1. 清水试验

1983年11月7日至12日开始了第一组清水试验,控制坝前水位230m,进库流量分别为5 000、8 000、10 000m³/s和12 300m³/s,电站最大泄量2 960m³/s,排沙洞最大泄量为2 200m³/s,180m高程泄洪洞最大泄量3 500m³/s,200m高程泄洪洞最大泄量4 150m³/s,同时进行了河势流向观测,试验成果见表9-7。

表9-7 清水试验成果(第一组)

组次	试验时间 (月·日)	$Q_\text{进}$ (m³/s)	$Z_\text{坝}$ (m)	$Q_\text{电}$ (m³/s)	$Q_\text{排}$ (m³/s)	$Q_\text{泄180}$ (m³/s)	$Q_\text{泄200}$ (m³/s)
1	11.7	12 300	227.89	2 960	2 220	3 400	4 000
2	11.9	10 000	228.69	1 800	790	3 400	4 150
3	11.12	8 060	229.03	900	800	3 500	3 400
4	11.12	5 070	230.64	900	800	2 900	0

第二组清水试验是在1983年11月24日至29日进行,坝前水位在210~230m之间变化,进口流量为5 000、8 000、10 000m³/s,180m和200m高程泄洪洞最大泄量与第一组相同,试验成果见表9-8,试验中观测了表面流速和电站前的流速垂线分布。

表9-8 清水试验成果(第二组)

组次	试验时间 (月·日)	$Q_\text{进}$ (m³/s)	$Z_\text{坝}$ (m)	$Q_\text{电}$ (m³/s)	$Q_\text{排}$ (m³/s)	$Q_\text{泄180}$ (m³/s)	$Q_\text{泄200}$ (m³/s)
1	11.24	10 100	229.38	1 810	800	3 410	4 220
2	11.25	10 220	221.32	1 940	1 990	3 050	3 210
3	11.26	8 180	228.50	900	800	3 050	3 470
4	11.26	8 200	217.50	600	1 880	2 850	2 740
5	11.27	8 060	229.68	1 800	1 500	3 460	1 710
6	11.28	4 920	229.39	1 800	800	1 010	1 250
7	11.29	5 130	209.50	0	1 630	2 500	1 150

2.浑水试验

1983年11月30日至12月9日,进行了浑水试验,其中11月30日至12月6日为模型拦沙库容大量损失阶段,12月7日至12月9日为库容基本维持不变阶段。在此阶段进行了不同水位和不同拦沙坎高程的试验。试验成果见表9-9。主要观测项目有坝前局部淤积形态(即坝前漏斗)变化过程和电站分水分沙情况,各泄流建筑物不同分流比与不同分沙比的关系,以及不同运用水位及电站不同拦沙坎高程对电站进沙的影响。

表9-9 　　　　　　　　　　　　　　浑水试验成果(第一组)

试验日期 (月·日)	开始时间 (时:分)	终止时间 (时:分)	$Z_坝$ (m)	$Q_进$ (m³/s)	$Q_电$ (m³/s)	$Q_排$ (m³/s)	$Q_{泄180}$ (m³/s)	$Q_{泄200}$ (m³/s)	$S_进$ (kg/m³)
11.30	14:05	17:50	196.2	2 780		1 330	1 500		
				2 810			1 600		
12.1	08:30	17:30	207.0	4 780		1 570	2 400	900	2.17
			207.8	4 800		1 600	2 480	1 040	2.93
12.2	07:00	17:00	225.4	5 000	330	760	2 870	2 670	13.24
			227.9	7 950	1 640	1 800	2 880	3 160	
12.3	08:10	17:00	223.0	7 600	1 570	720	3 000	1 860	18.90
			233.2	8 100	1 930	840	3 380	3 980	10.78
12.5	08:30	17:30	227.3	7 830	1 770	760	2 520	2 120	3.80
			230.4	7 970	1 980	820	3 180	2 600	10.30
12.6	08:30	17:30	226.4	7 940	1 240	740	3 100	1 800	12.65
			231.4	8 060	1 800	800	3 500	2 640	29.90
12.7	08:30	17:40	226.8	7 970	300	700	2 400	2 980	4.97
			230.0	7 990	600	820	3 500	3 540	14.23
12.8	06:00	17:30	223.0	7 940	2 050	1 960	1 760	750	8.30
			238.0	8 070	2 480	2 240	3 040	1 800	23.20
12.9	07:00	18:05	238.2	7 820	2 100	1 400	2 240	600	11.80
			252.5	8 080	2 990	1 620	2 880	1 000	13.10

1984年3月1日至19日,在浑水试验淤积地形的基础上,进行人工清淤,开挖新河槽,然后进行清淤后的电站防沙试验,前后共开挖三次。即:2月28日、3月16日及19日,试验成果见表9-10。

1984年4月9日至29日,在前期试验淤积地形基础上,继续进行浑水试验,观测库容淤满后电站进沙情况,试验成果见表9-11。

表 9-10　　　　　　　　　　　浑水试验成果(第二组)

试验日期 (月·日)	开始时间 (时:分)	终止时间 (时:分)	$Z_坝$ (m)	$Q_进$ (m^3/s)	$Q_电$ (m^3/s)	$Q_排$ (m^3/s)	$Q_{泄180}$ (m^3/s)	$Q_{泄200}$ (m^3/s)	$S_进$ (kg/m^3)
3.1	09:10	18:00	226.63	2 600	740	780	100	290	
			233.6	3 000	1 580	1 020	180	340	
3.2	09:00	17:30	228.68	2 910	1 620	790	100	280	
			230.2	3 120	1 820	815	110	310	
3.3	09:30	11:30	228.55	5 030	1 790	788	1 240	1 050	
			229.8	5 070	1 860	800	1 390	1 280	
3.3	15:00	17:30	221.5	8 000	1 860	810	2 240	2 760	
			230.72			1 880	3 000	3 160	
3.5	08:40	18:00	228.8	7 960	1 780	800	1 650	3 380	4.27
			230.2	8 030	1 810	820	1 720	3 660	
3.9	10:50	17:30	230.53	7 680	1 780	790	2 190	2 820	3.22
			236.03	7 860	2 060	820	2 390	3 850	9.03
3.10	08:30	17:30	229.47	7 800	1 720	725	2 215	3 160	1.52
			230.8	7 910	1 880	760	2 250	3 310	18.06
3.12	08:30	17:00	228.33	7 830	1 750	700	2 120	2 960	4.48
			231.6	8 050	1 860	800	2 180	2 460	39.51
3.14	08:30	17:30	230.15	5 250	1 430	570	2 430	1 900	30.34
			233.32	8 240	1 810	880	2 820	3 070	36.60
3.16	11:30	17:30	229.56	7 910	1 740	7 85	2 720	2 320	
			231.04	8 060	1 850	8 00	2 805	2 630	
3.17	10:00	14:30	229.5	7 760	1 710	790	2 770	2 320	9.82
			230.89	7 860	1 800	800	2 900	2 430	13.14
3.19	09:00	17:30	229.08	7 820	1 780	770	2 760	2 590	8.47
			223.82	8 530	1 860	810	2 890	2 760	9.64

1984 年 5 月 15 日,6 月 2、4、19、20 日,进行了坝前排沙漏斗的拉槽试验,详细情况见表 9-12 和表 9-13。

表 9-11 　　　　　　　　　浑水试验成果(第三组)

试验日期 （月·日）	开始时间 （时:分）	终止时间 （时:分）	$Z_坝$ (m)	$Q_进$ (m³/s)	$Q_电$ (m³/s)	$Q_排$ (m³/s)	$Q_{泄180}$ (m³/s)	$Q_{泄200}$ (m³/s)	$S_进$ (kg/m³)
4.9	10:00	18:00		4 420 5 000	1 660 1 840	760 810	1 830 2 180	180 200	
4.10	08:00	12:00	228.73 231.25	7 860 7 900	1 800	800	3 080 3 180	1 450 2 240	
4.10	12:00	18:00	230.26	10 040	1 730 1 780	740	3 440 3 480	4 160 4 240	
4.12	10:00	18:00	227.51 231.66	2 800 3 160	1 700 1 890	720 1 000	460	180 2 890	43.96
4.13	08:00	12:00	229.15 230.76	2 930 3 120	500 1 320	870 2 140		150	1.34 24.11
4.13	12:00	18:00	229.22 230.11	4 650 5 060	1 700 1 810	2 100 2 140	620 990	150 160	28.77 41.73
4.14	12:00	18:00	228.96 232.11	7 950 8 240	1 800	2 150	3 480 3 550	320 860	51.93
4.16	08:00	18:00	203.13 230.21	4 960 5 080	2 635 2 770	2 110 2 170		130 150	
4.19	12:00	18:00	230	4 500	2 750	1 670			
4.20	10:30	18:00	230.13	3 630 4 500	2 660 2 780	830 1 670			
4.23	10:00	12:00	229.71 230.06	3 200	2 760 2 800	320 400			
4.24	11:00	18:00	229.36 231.31	800 1 000	530 790	440 500			
4.25	08:00	12:00	225 233.66	760 1 410	560 1 000	500			
4.25	12:00	18:00	230.33	860 1 510	190 1 040	690			
4.27	10:00	18:00	229.04 231.70	4 430 5 140	2 270 2 880	2 140 2 200			
4.28	08:00	12:00	229.03 231.03	4 855 5 040	2 760 2 850	2 180			
4.29	08:00	18:00	228.2 232.14	2 190 2 550	1 570 1 700	760 860			

表 9-12					浑水拉槽试验成果(第四组)					
试验日期 (月·日)	开始时间 (时:分)	终止时间 (时:分)	$Z_坝$ (m)	$Q_进$ (m³/s)	$Q_电$ (m³/s)	$Q_排$ (m³/s)	$S_电$ (kg/m³)	$S_排$ (kg/m³)	$S_进$ (kg/m³)
5.2	09:00	17:40	229.61 230.96	4 680 5 000	2 260 2 860	1 880 2 100	18.19 19.73	18.99 22.05	
5.3	16:55	18:10	230.00	2 820 2 990	2 250 2 440	480 530	6.86 19.51	6.97 9.70	
5.4	09:00	17:40	225.00 230.40	2 710 3 200	1 470 1 940	750 1 250	20.34 90.51	20.62 104.79	25.85 67.42
5.5	15:00	17:55	231.00 232.00	2 000 2 140	1 080 1 500	440 500	10.98 52.86	12.48 81.42	25.44
5.14	15:30	18:15	220.30 221.30	2 580 3 000	400 850	1 900 1 930	8.40 17.30	8.40 17.00	12.75 17.00
5.15	14:45	18:15	197.00 201.00	2 880 3 000	560 1 060	1 320 1 650	17.00 25.40	17.00 25.40	22.20
5.17	08:30	18:15	220.50 230.50	1 960 3 000	1 450 2 080	360 1 360	1.30 25.40	1.20 25.40	3.70
5.21	10:45	14:50	219.00 229.50	750 3 000	520 2 400	320 380	0.90 59.20	1.00 1.10	
5.22	11:45	14:35	223.00 230.00	2 920 3 060	2 250 2 810	550 610	0.80 20.35	0.80 24.05	
5.24	15:05	18:00	227.60 228.80	2 540 3 030	1 280 2 240	860 920	1.20 27.75	1.20 35.15	
5.25	08:30	11:55	228.70 232.50	3 120	1 820 2 340	1 100 1 180	1.70 27.75	1.90 38.85	
5.26	08:00	11:45	228.00 231.50	2 680 3 000	1 140 1 820	1 460 1 500	3.70 14.80	1.85 22.20	
5.28	09:00	11:30	226.30 233.00	3 880 3 000	1 200 1 950	1 740 2 400	3.70 29.60	5.55 38.85	
5.30	08:30	11:55	226.40 232.00	2 570 2 720	200 820	2 080 2 100	1.85 31.45	1.85 40.70	
5.31	08:40	11:30	223.60 228.50	3 220 5 000	540 2 580	2 040 2 120	3.70 40.70	5.55 48.10	

表 9-13　　　　　　　　　　　浑水拉槽试验成果表(第五组)

试验日期 (月·日)	开始时间 (时:分)	终止时间 (时:分)	$Z_坝$ (m)	$Q_进$ (m³/s)	$Q_电$ (m³/s)	$Q_排$ (m³/s)	$S_电$ (kg/m³)	$S_排$ (kg/m³)	$S_进$ (kg/m³)
6.2	09:00	11:45	197.60	2 670	880	1 660	11.10	14.80	
			227.20	3 280	2 600	2 180	35.15	49.95	
6.4	08:50	11:15	215.00	4 820	2 600	2 000	9.25	9.25	
			223.40	4 940		2 180	16.65	20.35	
6.5	08:30	11:45	219.50	1 840	540	1 900	3.70	7.40	
			230.10	2 765	2 360	2 300	62.90	88.80	
6.6	09:15	11:45	227.80	2 310	320	1 690	20.35	33.30	
			231.74	2 620	740	2 020	138.10	138.40	
6.7	08:30	11:30	222.00	2 720	100	1 700	11.10	11.10	128.58
			232.40	3 140	300	2 250	214.6	244.20	
6.8	09:15	11:45	228.60	1 920		1 500		29.60	85.10
			234.90	1 960		2 000		408.85	
6.9	08:30	11:45	226.90	2 100	260	980	16.65	14.80	18.50
			233.50		1 380	1 320	138.10	138.40	98.05
6.11	08:30	11:45	223.80	3 100	940	1 420	11.10	11.10	20.35
			235.50		1 840	1 780	138.10	138.40	
6.12	15:00	18:00	228.00	3 000	1 500	1 000	7.40	5.55	
			229.30	3 100	2 300	1 300	85.10	88.8	
6.13	14:45	16:00	227.60	3 200	2 400	800	7.40	11.10	
			235.50	3 280	2 600	840	138.10	138.40	
6.14	14:45	18:15	221.00	3 100	980	1 920	12.00	14.00	44.40
			222.00	3 500	1 440	2 000	48.10	53.65	
6.15	14:50	18:15	223.80	3 600	1 800	1 360	14.80	16.65	
			232.50		2 220	1 660	229.40	265.45	
6.16	14:55	18:15	227.30	2 400	1 120	540	35.15	46.75	75.85
			230.70		1 940	1 200	99.90	142.05	
6.19	08:50	11:45	221.40	3 500	980	1 140	25.90	19.50	48.10
			221.50		1 840	2 160	114.70	120.25	
6.20	09:15	11:45	206.80	3 500	1 580	1 700	35.15	42.55	57.35
			208.50		1 660	1 820	81.40	94.35	

(三)模型试验初步成果

1.电站运用初期,坝前段水流流态

小浪底电站,在原始库容情况下,汛期运用水位230m,电站前水深70m,电站前流速很小,水面比较平稳,从表面流速、流向和河势的观测资料看出,在入库流量为5 000～8 000m³/s时,电站和排沙洞及泄洪洞同时过流的情况下,电站上游在一坝线至三坝的范围内,有两股比较明显的主流,一股流从模型进口走中泓直达电站前,表面流速约0.4 m/s,另一股流沿着小浪底村对岸的山坡和山谷,经人工开挖的豁口,直达180m和200m高程的泄洪洞,表面流速约0.3m/s,如图9-4。

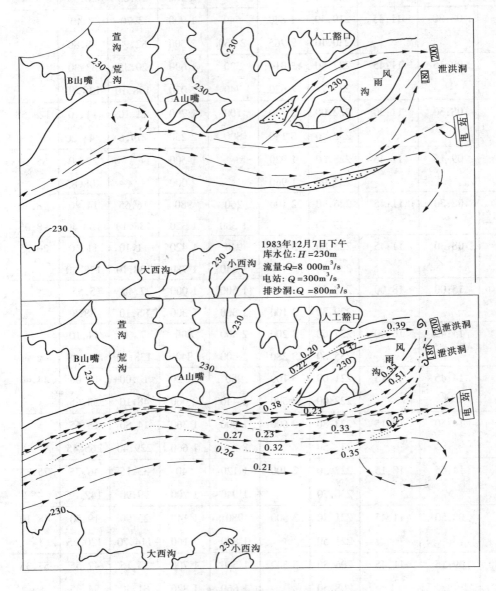

1983年12月7日下午
库水位: H =230m
流量:Q=8 000m³/s
电站: Q =300m³/s
排沙洞:Q =800m³/s

图9-4 模型试验初期河势图及地形图

主流区以外的边流区,表面流速太小,无法进行观测,在电站进口右侧,有一大回流,在180m和200m高程的泄洪洞进口附近均有小回流。

随着试验历时的增长,小浪底村对岸通过人工豁口的那股水流,因沟口不断淤积抬高,过流亦相应减小,到后期则完全淤死断流,人工豁口失去作用。当180m和200m高程泄洪洞不过流时,风雨沟口即被淤死,见图9-5。

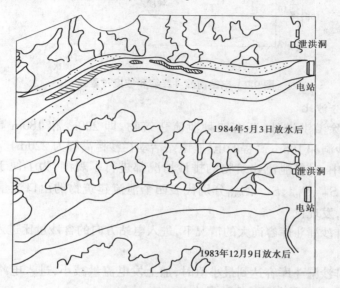

图9-5 模型试验后期河势图及地形图

2.电站前河床淤积纵剖面变化过程

当电站前流态试验完成后,进行淤积造床试验。图9-6是坝前河床平均高程纵剖面图。从图9-6可见,随着试验历时的增加,电站进口平均河底高程愈来愈高(图9-7),形成了明显的排沙漏斗,随着水库的淤积库容逐渐减小,漏斗比降愈来愈陡,最终值约为1:6。可以看出排沙漏斗初期的纵坡为0.01,终期的纵坡仅0.16,经估算初期的漏斗库容约为$4.15 \times 10^6 m^3$,而终期漏斗库容仅$1.43 \times 10^6 m^3$。

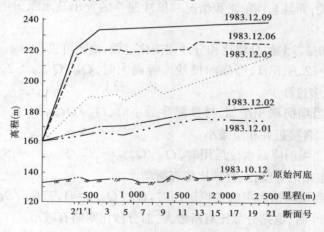

图9-6 模型试验河道纵剖面图

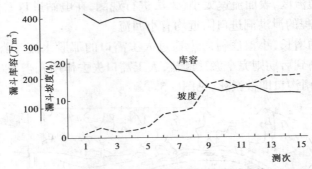

图9-7　电站前漏斗库容和坡度过程线

3.电站分水分沙比

小浪底枢纽除溢洪道外,还有四种泄流建筑物,即200m和180m高程的泄洪洞,160m高程的排沙洞和195m高程的电站(电站活动拦沙槛高程为220m)。

在试验过程中,对各泄流建筑物的排沙情况都进行了观测,为了便于分析,用$Q_电$、Q_{160}、Q_{180}、Q_{200}、$S_电$、S_{160}、S_{180}、S_{200}分别代表四个泄流建筑物的出口流量和含沙量。通过试验资料分析,发现:

(1)当坝前排沙漏斗库容尚大的情况下,进入电站方向的含沙量比进入泄洪洞方向的含沙量大。

(2)当坝前排沙漏斗库容达到最小值时,加上发电流量减小,进入电站方向的含沙量比进入200m高程泄洪洞方向的含沙量小。

(3)逐渐降低电站前库水位和拦沙坎高程,加大主流区的水面比降和流速,并加大发电流量,进入电站的含沙量与200m高程的泄洪洞的含沙量基本相等。

(4)拆去电站前活动拦沙坎,电站进口高程为195m,然后逐步抬高库水位(240m,250m),以降低主流区的流速,加大过水断面。结果进入电站的含沙量又大于200m高程泄洪洞的含沙量。

以上试验结果定性表明,小浪底电站的分沙情况不仅与拦沙坎的高低、水位的高低、水流条件等因素有关,而且与坝前淤积情况和排沙漏斗的大小及水库运用方式都密切相关。

图9-8是电站和排沙洞的分流比和分沙比变化过程,由图可见:

(1)12月2日～12月6日,当坝前排沙库容尚大时,$Q_电/Q_{160排}>2.0$,$S_电/S_{160排}≈0.75$,说明电站过水多过沙少。

(2)12月7日,当坝前淤积增加,排沙漏斗最小时,$Q_电/Q_{160排}≈S_电/S_{160排}<0.5$,电站分流比与分沙比二者接近并相应最小。

(3)12月8日,当坝前降低水位运用时,$Q_电/Q_{160排}≈S_电/S_{160排}≈0.5$,说明坝前降低水位,加大流速时,电站的分流比、分沙比都有所增大。

(4)12月9日,当逐渐抬高坝前水位运用时,$Q_电/Q_{160排}≈1.7$,$S_电/S_{160排}<0.5$,即坝前水深加大,流速减小时,电站分流比有所增大,而分沙比则略有减小。

从全过程可以看出:①电站的分流比与水库的淤积、排沙漏斗的大小、水库运用等都

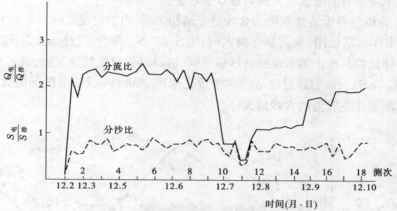

图 9-8　电站、排沙洞分流比和分沙比过程线

有复杂的关系;②随着试验历时的增加,电站分沙比逐渐减小,但始终都是在小于 1.0 的范围内变化,电站分沙比除与水库运用、坝前淤积、漏斗形态等诸因素有关外,还与泄流建筑物的布置形式有直接关系,因为通过不同高程泄流建筑物的含沙量是有所差别的,这主要是由于含沙量沿垂线分布的不均匀性所引起。图 9-9 是电站和排沙洞的含沙量相关图,图 9-10 是电站和排沙洞泥沙中值粒径相关图。从图 9-9 和图 9-10 可见,电站的含沙量小于排沙洞的含沙量;电站泥沙的中值粒径亦小于排沙洞泥沙中值粒径。

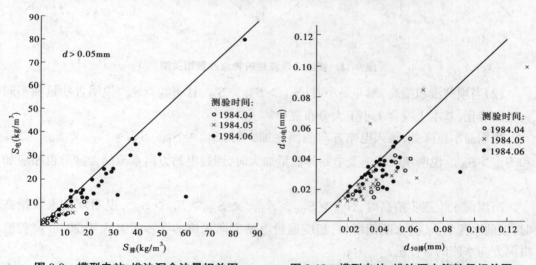

图 9-9　模型电站、排沙洞含沙量相关图　　**图 9-10　模型电站、排沙洞中值粒径相关图**

根据资料分析在试验全过程中 180m 高程泄洪洞的分流比大于 200m 高程泄洪洞,两个泄洪洞的分沙比随着试验历时的加长而逐渐变小,其中 12 月 1 日,$S_{180}/S_{200} \approx 5.0$;12 月 2 日~12 月 5 日,$S_{180}/S_{200} \approx 2.0$;12 月 6 日,$S_{180}/S_{200} \approx 1.5$;12 月 7 日,$S_{180}/S_{200} \approx 1.0$。说明 180m 和 200m 高程泄洪洞的分沙比是随水库的淤积而逐渐变小的,并非常数。当库水位和电站拦沙坎高程逐步改变以后,S_{180}/S_{200} 又回升为 1.0~1.5。说明这两个泄洪洞的分沙比不仅与本身的高程有关,而且与电站前的水流条件亦有关系。

4.枢纽不同高程的泄流建筑物的出口含沙量变化

图9-11为枢纽各泄流建筑物的含沙量合轴相关图,由图可见:

(1)当水库初期运用,坝前漏斗尚大时:①$S_{160}>S_{180}>S_{200}$,且 $S_{160}>S_电$,说明进口高程不同的建筑物其泄出的水流的含沙量不同,进口高程愈低的建筑物,通过水流的含沙量愈大;②$S_电>S_{200}$,说明通过电站的含沙量比通过200m高程的泄洪洞的含沙量大,即右股流的含沙量比左股流的含沙量大。

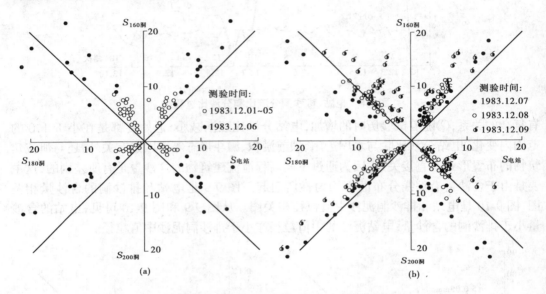

图9-11 模型各泄流建筑物含沙量相关图

(2)当坝前淤积抬高,漏斗最小时,$S_{180}>S_{200}>S_电$,且 $S_{160}>S_电$,说明含沙量随不同高程而变化,基本上符合上小下大分布规律。

当坝前水位降低,流入电站方向的流量加大时,$S_{160}\approx S_{180}$,$S_{200}\approx S_电$,又 $S_{180}>S_{200}$和 $S_{160}>S_电$。说明坝前流速及电站排泄量加大时,通过电站方向水流的含沙量也相应加大。

当坝前水位逐步抬高时,$S_{160}>S_{180}>S_{200}$,又 $S_{160}>S_电>S_{200}$,说明坝前水位抬高时,坝前水深加大,过水断面增加,相应通过电站方向水流的含沙量又大于200m高程泄洪洞方向水流的含沙量。

以上情况说明,各建筑物之间的含沙量大体上都表现为进口高程愈低通过水流的含沙量愈大。在一定的水沙条件下,右股流和左股流的含沙量不相同。影响因素相当复杂,除建筑物的不同高程影响外,坝前的漏斗淤积情况、河势变化和水库的不同运用方式等因素都密切相关。

图9-12是出库含沙量与电站含沙量相关图。由图可见,不管全沙或是粒径大于0.05mm的粗沙,其出库含沙量都比通过电站的含沙量为大,即电站的分沙比均小于1.0,进一步说明排沙洞对电站防沙的效益是比较明显的。

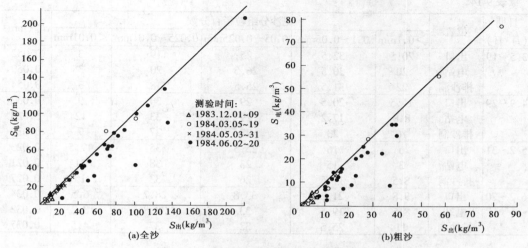

(a)全沙　　　　　　　　　　　　　　(b)粗沙

图 9-12　模型电站、出库含沙量相关图

5. 库区横断面变化情况

图 9-13 为实测断面比较图。由图可见,以 1983 年 10 月的断面为起始断面,经过水库蓄水运用后,原来的河道全部淤满,在淤积面上形成新的河槽,近坝段河槽宽约 300m,距坝较远的 21 号断面河槽则不明显。

1984 年 6 月 20 日断面为试验结束时的最终断面,此次断面的形成是在 1984 年长期试验过程中,通过水库的不同运用和不同水沙组合,河槽经过长期的冲淤变化,最后在一定泄流规模的控制下冲刷形成了一条主槽比较窄深的高滩深槽型断面。

图 9-14 为小浪底库区淤积基本达到平衡后支沟的纵剖面图。由图可见,通过水库的蓄水运用,支沟沟口随水库的淤积而不断抬高,淤积高度与干流滩面淤积相齐平,在沟口形成倒比降,使沟内淤积面低于沟口淤积面,这种倒锥体的形成,增大了水库有效库容的损失。

6. 出库泥沙颗粒级配比较

图 9-15 是各试验时段实测出库泥沙级配曲线,由图可见,各时段出库泥沙级配曲线的形态与小浪底多年平均的悬沙颗粒级配曲线大致相似,但 1984 年 5 月和 1983 年 12 月的模型沙级配偏细,1984 年 3 月的模型沙级配偏粗。

不同时段,不同泄流建筑物的泥沙粒径分组百分数和中值粒径变化情况见表 9-14。

表 9-14　　　　　　　　　　　　　　模型试验泥沙级配

日期 (月·日)	位置	泥沙分组粒径百分数					d_{50}(mm)
		>0.1mm	0.1~0.05mm	0.05~0.025mm	0.025~0.01mm	<0.01mm	
12.1~5	出口	4	13	20	38	25	0.018 6
	电站	1	8	19	40	32	0.015 8
	排沙洞	7	13.5	21	37	21.5	0.021
12.6~9	出口	17.5	25.5	27	24.5	5.5	0.042
	电站	12	25.5	30	26.5	6.0	0.038
	排沙洞	19	28.5	28	20.5	4.0	0.048

日期 (月·日)	位置	泥沙分组粒径百分数					d_{50}(mm)
		>0.1mm	0.1～0.05mm	0.05～0.025mm	0.025～0.01mm	<0.01mm	
3.5～19	出口	20.5	32.5	25	19	3	0.052
	电站	20	30.5	26.5	20	3	0.050
	排沙洞	22	31.5	25.5	18	3	0.054
4.9～29	出口	11.5	20.5	29	30	9	0.032
	电站	8.8	17.2	29	33	12	0.028
	排沙洞	16	23	27	27	7	0.039
5.2～31	出口	6	16	25.5	35	17.5	0.023
	电站	3	15	23	38	21	0.021
	排沙洞	8.5	17.5	26	33	15	0.027
6.2～20	出口	9.8	21.2	33.8	28.7	6.5	0.034
	电站	8.5	19.5	33	30.8	8.2	0.032
	排沙洞	11	25.5	32	27	4.5	0.037

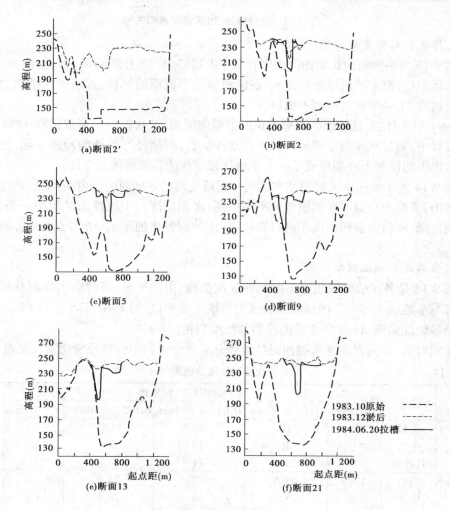

图 9-13 模型试验横断面图

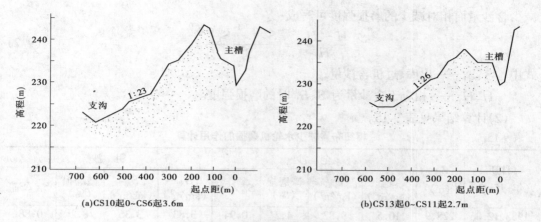

(a)CS10起0~CS6起3.6m   (b)CS13起0~CS11起2.7m

图 9-14   模型库区支沟纵面图

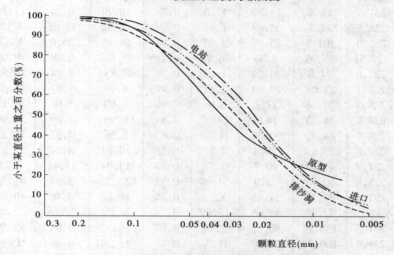

图 9-15   模型试验泥沙颗粒级配曲线图

由表 9-14 可见,就对电站水轮机危害较大的粗泥沙而言($d>0.05$mm),排沙洞的粗泥沙多于电站,即($S_{电d>0.05}/S_{160排d>0.05}$)＜1.0,而较细的泥沙则是电站多于排沙洞,即($S_{电d<0.025}/S_{160排d<0.05}$)＞1.0,两者中间一组相互交替。

以上情况说明,影响出库泥沙级配的因素是相当复杂的,它与水库的来水来沙条件、运用方式、漏斗形态、流速、比降、建筑物进出口高程等都密切相关。

7.枢纽布置对减小水轮机磨损的作用

(1)减磨作用的估算。利用前人研究成果,关于含沙量与泥沙磨损的关系,对于 30 号铸钢,磨损强度用下式表示:

$$H = 0.558 \times 10^{-9} S^{0.65} T_\omega^3 \tag{9-1}$$

式中 H——磨损强度;

   S——含沙量;

   T_ω——运用历时。

上式说明,在其他条件相同的前提下,磨损量与含沙量的 0.65 次方成正比。因此,由减少含沙量而相对减少的磨损强度可写成：

$$\frac{H - H_1}{H} = \frac{S^{0.65} - S_1^{0.65}}{S^{0.65}} \bullet$$ (9-2)

式中 S、S_1——出库、过机含沙量；

　　　　H、H_1——相应于含沙量为 S、S_1 时的磨损强度。

(2)计算结果见表 9-15。

表 9-15　　　　　　　　枢纽布置减少水轮机磨损的作用计算

日期 (年·月·日)	$Z_库$ (m)	全 沙				粗 沙			
		$S_出$ (kg/m³)	$S_电$ (kg/m³)	减磨损 (%)	$S_电/S_出$	$S_出$ (kg/m³)	$S_电$ (kg/m³)	减磨损 (%)	$S_电/S_出$
1983.12.06	228.9	10.5	9.82	4.2	0.94	3.83	3.36	8.2	0.88
1983.12.07	228.2	11.1	5.74	34.9	0.52	5.18	1.84	49.0	0.36
1984.03.12	231.1	18.5	13.89	17.0	0.75	10.79	8.34	15.41	0.77
1984.03.14	228.5	27.5	26.68	1.95	0.97	14.52	13.61	4.12	0.94
1984.03.19	235.0	101.0	95.39	3.65	0.94	56.96	55.8	1.33	0.98
1984.04.24	229.51	25.96	2.86	76.16	0.11	3.12	0.29	78.65	0.09
1984.05.05	232.6	34.8	34.24	1.05	0.98	3.83	2.74	19.56	0.72
1984.05.22	227.1	21.03	20.35	2.11	0.97	4.94	3.87	14.67	0.78
1984.05.24	228.5	24.28	22.2	5.66	0.91	6.80	5.00	18.12	0.74
1984.05.26	228.0	18.23	14.8	12.67	0.81	6.96	4.29	26.99	0.62
1984.05.28	229.7	24.72	20.35	11.88	0.82	5.56	4.07	18.35	0.73
1984.05.30	227.8	33.49	29.6	7.71	0.88	10.63	8.14	15.93	0.77
1984.05.31	227.3	43.17	40.7	3.76	0.94	15.04	14.41	2.74	0.96
1984.06.05	228.8	50.23	25.9	34.98	0.52	20.72	9.07	41.55	0.44
1984.06.06	231.6	57.18	31.45	32.2	0.55	18.24	8.18	40.62	0.45
1984.06.06	231.74	72.93	53.65	18.09	0.74	34.09	22.88	23.00	0.67
1984.06.07	231.8	135.26	90.65	22.9	0.67	36.52	9.06	59.59	0.24
1984.06.07	225.0	100.92	44.4	41.36	0.44	11.38	4.46	45.6	0.39
1984.06.09	231.0	51.76	48.1	4.65	0.93	6.91	4.81	20.98	0.70
1984.06.09	227.0	75.57	64.75	9.56	0.86	9.82	7.77	14.12	0.79
1984.06.11	235.1	82.33	75.85	5.19	0.92	23.01	13.27	30.08	0.58
1984.06.12	228.7	23.34	7.4	52.5	0.32	11.38	3.63	52.42	0.32
1984.06.12	228.4	67.38	66.6	0.75	0.99	15.06	12.85	9.8	0.85
1984.06.13	235.0	38.63	35.15	5.95	0.91	12.59	11.60	5.18	0.92
1984.06.14	221.8	43.96	40.7	4.89	0.93	16.40	14.65	7.07	0.89
1984.06.14	222.5	29.92	27.75	4.78	0.93	11.74	10.27	8.33	0.87
1984.06.15	228.5	216.98	207.2	2.95	0.95	83.10	78.84	3.44	0.95
1984.06.15	228.7	131.47	127.65	1.90	0.97	37.8	35.10	4.70	0.93
1984.06.16	227.3	88.87	83.25	4.16	0.94	25.24	21.65	9.49	0.86
1984.06.16	230.7	101.83	99.9	1.24	0.98	25.97	24.98	2.49	0.96
1984.06.19	221.4	113.46	109.15	2.49	0.96	40.56	30.56	16.81	0.75
1984.06.19	221.6	43.63	42.55	1.62	0.98	16.76	15.91	3.33	0.95
1984.06.20	208.5	71.52	64.75	6.26	0.91	38.55	35.09	5.93	0.91
1984.06.20	207.0	60.29	55.5	5.24	0.92	27.58	23.03	11.06	0.84

❶ 水电部十一局. 水工建筑物布置与水库运用对过机泥沙作用的调查分析. 1975 年 10 月

从表9-15可以看出,建筑物的布置对减少水轮机磨损作用是随 $S_电/S_出$ 而变的。又从图9-16,即电站含沙量和出库含沙量的分沙比与水轮机减磨百分数的关系图得知,两者呈一条反比关系线,即分沙比愈大,减磨量愈小,当分沙比等于1.0时,减磨量等于零。在相同条件下,减少粒径大于0.05mm的粗泥沙,减磨作用较显著。

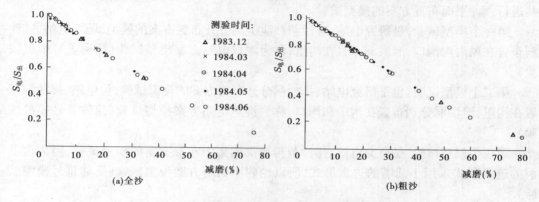

测验时间:
△ 1983.12
× 1984.03
○ 1984.04
• 1984.05
• 1984.06

(a)全沙　　　　　　　　(b)粗沙

图9-16　模型电站、出库分沙比与减磨关系图

五、初步认识

通过模型试验成果可以看出:

(1)在水库运用初期,坝前流速很小,泥沙不易淤到坝前,故人工豁口对200m高程泄洪洞过流有一定作用。

(2)随着试验历时的增加,坝前的淤积逐步抬高,人工豁口亦相应淤积,后期完全淤死断流。

(3)风雨沟口的淤积问题相当严重,当180m和200m高程泄洪洞不过流时即被淤堵。一旦淤死,则不易冲开,需特别注意。

(4)试验结果说明,单靠排沙底孔小流量拉沙,所形成的漏斗较小,其对电站防沙作用有待进一步研究。

(5)小浪底枢纽含沙量大,泥沙对水轮机的磨损比较严重,要想达到好的防沙效果,必须给泥沙安排出路,故排沙底孔的设置非常必要,同时泄流建筑物的高程位置也很关键,通过适当的工程布置和合理的运用方式,对减少泥沙过机量,减小水轮机过流部件的磨损,是可以达到很好的效果的。

第二节　小浪底枢纽布置方案对比整体悬沙模型试验

一、试验组次和目的

由于小浪底枢纽水头高,含沙量大,洪峰猛,防洪减淤在运用上的要求特殊,加上坝址处地质地形条件极其复杂,枢纽工程的平面布置难度很大。为了探求经济合理的布置形式,有关人员曾进行了大量的研究工作,并提出了许许多多的布置方案,其中有代表性的方案有:分散布置方案和集中布置方案,小圆塔方案和龙抬头方案,明流洞方案和孔板洞方案,等等。为了论证各方案在小浪底的可行性,探求该枢纽工程布置的优化布置方案,黄科院于1984年开始对小浪底枢纽有代表性的布置方案进行了方案对比悬沙模型试验。共进行六种平面布置方案的模型试验。

第一个模型试验,是研究电站、排沙洞和泄洪洞分开布置方案的模型试验,电站、排沙洞布置在风雨沟沟口,泄洪洞布置在沟里,称为沟口电站方案模型试验(简称Ⅰ号模型试验)。

第二个模型试验,也是研究电站、排沙洞分开布置方案的模型试验,但电站、排沙洞布置在沟里,泄洪洞分别布置在沟中和沟口,称为沟里电站方案模型试验(简称Ⅱ号模型试验)。

第三个模型试验,是研究电站、排沙洞与泄洪洞集中布置方案的模型试验,因为泄洪洞的进水形式采用小圆塔的进水形式,所以也叫小圆塔方案模型试验(简称Ⅲ号模型试验)。

第四个模型试验和第五个模型试验,也是研究电站、排沙洞集中布置方案的模型试验,但泄洪洞的进口形式是"龙抬头"的进水形式,所以称为"龙抬头"方案模型试验。第四个模型试验,称为龙抬头A方案模型试验(简称Ⅳ号模型试验),其泄流建筑物的平面布置呈一字形错台排列,故又称为一字形错台布置方案试验。

第五个模型的泄水建筑的平面布置呈人字形排列,故又称为人字形布置方案试验,也称为龙抬头B方案模型试验(简称Ⅴ号模型试验)。

第六个模型试验,也是泄流建筑物呈一字形排列的模型试验,与第四个模型不同之处是错台的程度不同,第六个模型基本上不错台,其泄流建筑物的进口基本上为一平顺直线排列。

各模型泄流建筑物平面布置情况见图9-17。

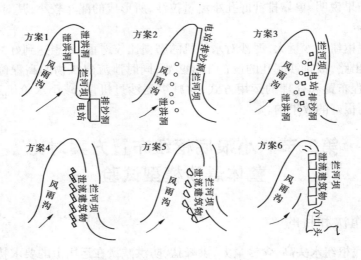

图9-17　泄流建筑物六种平面布置方案

二、模型工程布置情况

(一)Ⅰ号模型(即Ⅰc方案)

Ⅰ号模型的泄流建筑物由溢洪道、200m高程泄洪洞、180m高程泄洪洞、电站和排沙洞组成,这些建筑物自左而右,布置在风雨沟内和沟口,电站和排沙洞布置在沟口,泄洪洞布置在沟里,泄洪洞与电站之间的距离约300m,电站有6台机组,进口底部高程为195m,机组的进水口前设有活动拦沙坎,在运用中可以调节电站引水的高程。电站下层有三条排沙洞,进水高程为160m。溢洪道的进口高程为250m,200m高程泄洪洞的进口高程为200m,180m泄洪洞进口高程为180m。

(二)Ⅱ号模型

Ⅱ号模型的泄流建筑物,包括溢洪道、电站、排沙洞,190m高程的泄洪洞和175m高程的泄洪洞均布置在风雨沟内,但工程布置的顺序与Ⅰ号模型相反,即电站布置在沟里,泄洪洞布置在沟中和沟口,电站和排沙洞的规模、条数和进口高程与Ⅰ号模型基本相同。

(三)Ⅲ号模型

Ⅲ号模型的泄流建筑物,有一个溢洪道,6台发电机组,6个排沙底孔和6条泄洪洞。溢洪道的位置与前面两个方案相同。不同的是该方案的发电机组、排沙底孔和泄洪洞是集中布置在风雨沟内。发电机组进水塔架的外缘宽26m,机组与机组之间的距离为50m,泄洪洞布置在电站与电站之间的空隙间,电站机组引水管的进口高程195m,单管的引水量300m³/s,引水管前有方形塔架,进水面有拦污栅和胸墙(类似拦沙坎),高程为205m,电站的底部有排沙底孔,排沙底孔的进口底部高程为170m,单孔最大泄量为200m³/s。泄洪洞直径为14.5m,单洞的泄量为1 200m³/s。每个泄洪洞的进口,都设有一个直径12.5m的双层进水小圆塔。每层都设有两个4.5m×7.25m的进水闸,对称布置在小圆塔的两侧,上层进水闸的底部高程为195m,下层进水闸的底部高程为175m。小圆塔和电站机组进水塔架之间有4m宽的空隙。

(四)Ⅳ号模型

Ⅳ号模型的泄流建筑物亦由溢洪道、电站、机组、排沙底孔、泄洪洞组成。泄流建筑物的平面布置、电站机组和排沙底孔的泄流规模、数量、进口高程,以及泄洪洞的泄量均与Ⅲ号模型基本一致。所不同的是:

(1)Ⅳ号模型的泄洪洞的进水口为"龙抬头式正面进水形式"。

(2)泄洪洞与电站机组的进水闸的平面位置基本上呈一字形排列。泄洪洞与电站机组之间的空隙全部用木板堵塞。

(3)泄洪洞为单层进水,进水底槛高程为175m。

泄洪洞、电站侧视图见图9-18。

(五)Ⅴ号模型

Ⅴ号模型的泄流建筑物的组成、进口高程与Ⅳ号模型基本一致,差别是Ⅴ号模型每个泄洪洞的进口的两旁都有排沙洞,该方案总共有12个排沙洞。排沙洞进口的位置与泄洪洞进口的位置在一直线上。

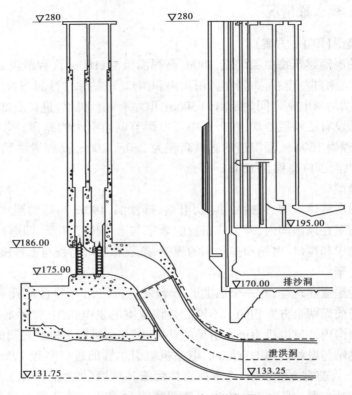

图 9-18　泄洪洞、电站侧视图

(六) VI号模型

VI号模型的泄流建筑物仍由溢洪道、泄洪洞、电站进水洞和排沙洞组成。溢洪道进口高程为250m,电站进水洞进口高程为200m,泄洪洞的进口高程为173m,排沙洞进口高程为170m,排漂洞进口高程为210m。

此方案的另一特点,是风雨沟沟口山头未完全清除。同时,所有泄流建筑物进口塔架向沟里移进了100m。

三、模型试验的边界条件

小浪底枢纽的边界条件相当复杂,从地形图上可以看出,在拦河坝上游5km的河段内,河谷宽度约600m,两岸的河边界线参差不齐,有几道大山梁,类似黄河下游的大丁坝、垂直竖立于河道两岸。在离大坝上游5km处,又有一个大弯道,对这段河道的来流方向,起很大的控制作用。

在风雨沟口,又有一个大山嘴,小浪底枢纽的泄水工程就布置在大山嘴的斜对面。

四、模型试验的水沙条件

六个模型试验的主要任务,都是研究小浪底枢纽在汛期控制运用水位条件下,泄流建筑物前的泥沙淤堵情况、含沙量和流速的分布情况。根据黄河水沙特点,试验流量范围定为1 200～8 000m³/s。试验含沙量范围定为 5～200kg/m³,各组试验的具体水沙条件见表 9-16。

表 9-16 模型试验水沙条件(要求值)

模型号	Q_r (m³/s)	S_r (kg/m³)	水位 (m)	泄流建筑物过流情况			过流运用
				$Q_电$	$Q_排$	$Q_泄$	
I	8 000	80	230	1 800	700	5 500	
	5 000	40	230	1 800	700	2 500	
	2 400	20	230	1 800	600	0	电、排均匀过流
	1 200	10	230	600	600	0	
	600	5	230	300	300		
II	1 200	10	230	600	600	0	电、排均匀过流
	2 500	20	230	1 800	700	0	
	4 500	40	230	1 800	700	2 000	电、排、泄均匀过流
III	1 200	10	230	160	600	0	
	2 500	20	230	1 800	700	0	电、排均匀过流
	4 500	40	230	1 800	700	2 000	
	10 000	100	230	1 800	700	7 500	开六条泄洪洞
	4 500	40	230	1 800	700	2 000	开二条泄洪洞 }(控制运用)
	3 700	40	230	1 800	700	1 200	开一条泄洪洞
IV	1 200	10	230	600	600	0	
	2 500	20	230	1 800	700	0	
	4 500	40	230	1 800	700	2 000	
	8 000	80	230	1 800	700	5 500	均匀开启
	6 000	60	230	1 800	700	3 500	
	4 000	40	230	1 800	700	1 500	
	2 000	20	230	1 300	700	0	
	4 500	40	230	1 800	700	2 000	开二条泄洪洞 }(控制运用)
	3 700		230	1 800	700	1 200	开一条泄洪洞
V	8 000	80	230	1 800	1 200	5 000	
	6 000	60	230	1 800	1 200	3 000	
	4 500	40	230	1 800	1 200	1 500	均匀开启及控制运用
	3 000	30	230	1 800	1 200	0	
	2 500	20	230	1 300	1 200	0	
	1 200	10	230	600	600	0	
VI	3 000	30	230	1 800	1 200	0	
	4 000	40	230	1 800	700	1 500	
	4 500	45	230	1 800	1 200	1 500	均匀开启及控制运用
	6 000	60	230	1 800	1 200	3 000	
	8 000	80	230	1 800	1 200	5 000	

五、模型比尺

各模型比尺均采用小浪底电站防沙模型设计时所确定的比尺(见表9-4)。

六、模型试验方法和步骤

Ⅰ号模型:模型做好后,先进行原始库容下的清水试验,观测水库未淤积前的流态。然后进行水库浑水试验,观测坝前泥沙淤积过程和局部漏斗的变化过程。

其他各方案的模型,是在Ⅰ号模型试验形成的库区淤积形态的基础上,对局部淤积地形略加修改,分别布置各模型的泄流建筑物,然后进行试验,观测主河槽的河势变化、泄流建筑物门前的泥沙淤积情况、含沙量分布情况及坝前流态情况等。

七、模型试验概况

(一)各模型泄流建筑物前水流流态

1.Ⅰ号模型流态

Ⅰc方案的清水试验是在原始地形条件下进行的,水位230m时,坝前水深约70m,水流流速很低,水面相当平稳,在入库流量5 000~8 000m³/s情况下,所有泄流建筑物同时过水。坝前有两股比较明显的主流(见图9-4),右股主流从模型进口走中泓,直达电站进水口,表面流速约0.4m/s;左股主流沿着小浪底对岸的山坡和山谷,经人工开挖的豁口直达180m高程和200m高程的泄洪洞,表面流速约0.3m/s。清水试验结束后,立即进行浑水试验。

在浑水试验阶段,随着库区淤积的发展,人工开挖的豁口过水宽度逐渐变窄,左股水流逐渐变小,最后完全断流。右股水流到达风雨沟口以后,又分为两股流:一股流继续向前直冲电站和排沙洞,由电站和排沙洞下泄;另一股流进入风雨沟,由180m高程的泄洪洞和200m高程的泄洪洞下泄。

在$Q<2 500$m³/s情况下,泄洪洞不过流,整个风雨沟口很快被淤死。库区(指坝前段)仅剩下一个稳定的单一河槽,河宽为200~300m。

2.Ⅱ号模型流态

Ⅱ号模型试验是在Ⅰ号模型试验淤积成稳定河槽的基础上略加开挖修改后进行的。库区的淤积形态和主槽的位置以及来水方向,均与Ⅰ号模型浑水试验最终的情况基本相同。即水流进入模型后,受来水方向的控制,主流顶冲左岸土崖堤,前沟和荒沟下首的大山嘴靠大溜(即模型14号断面与7号断面之间靠大溜)。由于荒沟下首的A山嘴比较突出,能起挑流作用,因此水流经该山嘴的控导作用,又挑向右岸,以致风雨沟口的山嘴经常靠边流,有时脱流。结果在风雨沟的入口处,形成大回流,大量泥沙落淤,形成边滩。随着模型试验历时的增加,边滩的范围愈来愈大,大河的主流位置逐渐右移,迫使水流顶冲小圆塔群右侧的扭曲坝面。表面流速达1.1~3.8m/s,泄流建筑物周围出现复杂的回流(图9-19)。

3.Ⅲ号模型流态

Ⅲ号模型试验,也是在Ⅰ号模型试验基础上进行的。库区大河的河势与Ⅰ号、Ⅱ号模

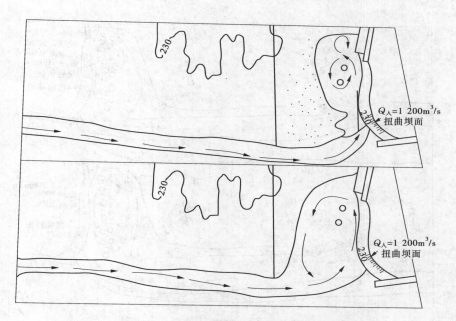

图 9-19　电站泄洪洞分开方案河势图

型基本相同。泄流建筑物前的局部河势则与Ⅰ号模型试验的河势大不相同。

试验开始,风雨沟的开挖宽度和深度都较大,泄流建筑物周围的河底高程很低,在 $Q=1\,200\mathrm{m}^3/\mathrm{s}$ 时,沟内水流流态比较平静;在风雨沟外的大河内,出现两个大回流。模型表面流速约 $0.05\mathrm{m/s}$,相当于原型流速 $0.5\mathrm{m/s}$。$Q=1\,200\mathrm{m}^3/\mathrm{s}$ 的试验持续 50 小时后,大河内的回流范围逐步缩小,主流顶冲 6 号圆塔附近的单薄分水岭的护坡面板,出现主流抄泄流建筑物后路的现象。扭曲坝面处,表面流速达 $1.1\sim1.3\mathrm{m/s}$。

小水试验结束后,进行了 30 小时的中水($Q=2\,500\mathrm{m}^3/\mathrm{s}$)试验和 18 小时的大水($Q=4\,500\mathrm{m}^3/\mathrm{s}$)试验。主槽左岸的边滩不断增大,回流范围逐渐缩小,扭曲坝面上的表面流速逐渐加大到 $2.3\sim3.3\mathrm{m/s}$,泄流建筑物周围的流态,非常复杂(见图 9-20)。

在大水试验的基础上,又进行了 42 小时含沙量较高的小水试验($Q=1\,200\mathrm{m}^3/\mathrm{s}$)和 40 小时的中水试验($Q=2\,500\mathrm{m}^3/\mathrm{s}$),以及 24 小时的大水试验($Q=4\,500\mathrm{m}^3/\mathrm{s}$)。图 9-20 是含沙量较高时试验所测的建筑物周围局部流态图,从图上可以看出,由于含沙量增大,风雨沟口的边滩不断向前淤积延伸,边滩的滩嘴愈来愈长,水流顶冲大坝的现象更加严重。风雨沟内的流态也更加紊乱。

由于Ⅲ号模型的泄流建筑物周围出现一个复杂的大回流。在大回流内又有大大小小的漩涡围绕着每个小圆塔或每个机组进水塔旋转。电站、排沙底孔的门前没有明显的主流,进水条件很差。小圆塔内的水流也很不稳定,随着圆塔外面水流的旋转,塔内的水流有时也随着旋转。这种现象表明这种布置形式很难保证小圆塔的水流产生对冲消能的作用。因此,在试验过程中,根据试验情况在Ⅲ号模型上进行了以下几种修改方案的模型试验。

第一次修改:在坝前大河的右岸,修一道导流丁坝,迫使水流流向泄流建筑物门前。

第二次修改:将小圆塔和电站之间的空隙全部堵死,并在 6 号小圆塔与分水岭面板之

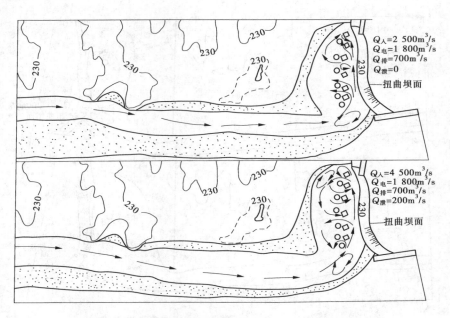

图 9-20　小浪底枢纽模型试验河势图(小圆塔方案)

间修一道隔水墙,杜绝水流抄后路的现象发生。

第三次修改:将 6 号圆塔与 5 号圆塔之间的空隙以及 6 号圆塔与分水岭面板之间空隙全部堵死。小圆塔之间的建筑物仍然保持原方案。

第四次修改与第三次修改的情况大致相同,所不同的是 6 号圆塔与分水岭面板之间的隔板方向略有改变。

从图 9-20 可以看出:第一次修改以后,主流顶冲 4 号和 5 号小圆塔,在丁坝后面发生一个顺时针方向的大回流,在丁坝的正面则发生一个逆时针方向的大回流,风雨沟内仍然有不少小回流,围绕着 1 号～4 号小圆塔旋转,流态仍然不理想。

第二次修改,因为在 6 号小圆塔与分水岭面板之间修了一道隔水墙,水流抄后路的现象不复存在,但泄洪洞附近仍有两个大回流。

第三次修改和第四次修改与第一次修改试验的情况基本类似。总之,在小浪底枢纽具体边界条件下,采用小圆塔方案,不论怎样修改边界条件,其进水塔水流的流态均是不理想的。

4.Ⅳ号模型流态

Ⅳ号模型试验进口的来水方向与以上几个模型相同,大河的河势也与以上几个模型试验结果基本一样。

Ⅳ号模型的泄流建筑物(包括电站、排沙洞和泄洪洞)并列联结在一起安装在风雨沟内,类似一个丁坝群设在模型内。因此,水流到达泄流建筑物附近以后,其流态与水流顶冲丁坝群的情况很类似。

在泄流建筑物的右侧出现一个顺时针方向的大回流(见图 9-21),随着试验历时的增加,泄流建筑物右侧的河床逐渐淤高,这个大回流逐渐缩小。在泄流建筑物的正面(风雨沟)有两个方向相反的大回流;在各个泄流建筑物之间(相当于每个小丁坝之间的坝裆)各有一个小漩涡。从外表看,水流流态仍然很复杂;但水流的主流在泄流建筑物的门前,对形成一个稳定的新河槽比较有利。

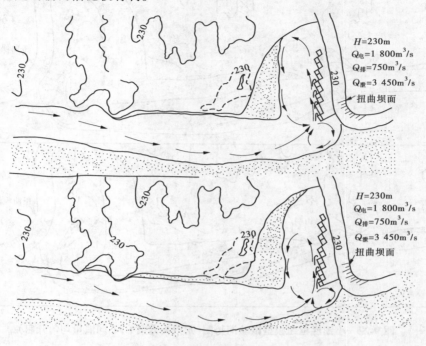

图 9-21　龙抬头方案 A 河势图

5. V 号模型流态

V 号模型试验的泄流建筑物(不包括溢洪道)由六个泄流单元组成;每个泄流单元都包括泄洪洞、电站和排沙洞三种泄流工程;从沟里往外数,1 号泄流单元设在沟里,6 号泄流单元设在沟口。由于地质条件所限,1 号、2 号和 3 号泄流单元必须分散、错开布置在28 号断层的右侧,4 号、5 号和 6 号泄流单元可以集中联结在一起布置在沟口。因此,从 V 号模型泄流建筑物平面布置的外形来看,1 号、2 号、3 号泄流单元类似三个小丁坝,4 号、5 号、6 号泄流单元联在一起类似一个长丁坝。图 9-22 是 V 号模型试验局部流态图。

从图 9-22 可以看出:水流到达坝前以后,顶冲 5～6 号泄流单元(类似顶冲长丁坝的坝头),由于"这种长丁坝"的迎流和挑流的作用,在"长丁坝"的右侧(6 号泄流单元的右侧)形成一个顺时针方向的大回流,在 4～6 号泄流单元的正面,形成一个顺时针方向的大回流;在 1～3 号泄流单元之间形成 1 个或 2 个大回流;由于 1～3 号泄流单元彼此之间是不连接的,泄流建筑物与山坡的开挖面也是不连接的。因此,在右泄流建筑物同时开启运用的情况下,1～3 号泄流单元的背面也能过流。1～3 号泄流单元的大回流,实际上是包含几个小回流。在 1 号、2 号泄流单元不过流的情况下,1 号和 2 号泄流单元很快被淤死,1～2 号泄流单元的回流不复存在(见图 9-23)。

在模型试验过程中,先进行 8 000m³/s 流量的试验,然后进行 6 000、4 500、3 000、2 500m³/s 以及 1 200m³/s 流量的试验,随着模型试验历时的增加,流量愈来愈小,河宽愈来愈窄,风雨沟口的边滩愈来愈宽,滩嘴愈来愈长,主流顶冲泄流建筑物的位置愈来愈向

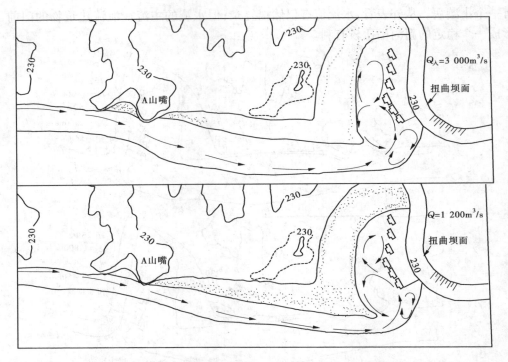

图 9-22　小浪底枢纽模型试验河势图(龙抬头方案 B,不同泄量均匀开启)

右移。最后,6 号泄洪洞右侧的隔水墙受到大流顶冲,在隔水墙与扭曲坝面处形成了"入袖水流"。4～6 号泄流建筑物前的回流变成了顺时针方向的回流,1～3 号泄流建筑物门前的回流变成了逆时针方向的回流。

6 号泄洪洞的表面流速为 0.7～2.7m/s,4～6 号泄流建筑物前的表面流速为 1.0～2.5m/s,1～3 号泄流建筑物前的表面流速为 0.2～1.2m/s。

6. Ⅵ号模型流态

Ⅵ号模型试验是泄流建筑物微错台一字形排列模型试验。

由于模型设计时已经指出,在 1:100 的正态模型中,采用煤灰做模型沙,只能满足泥沙淤积相似条件,不能满足冲刷相似条件。因此,在Ⅵ号模型试验时,我们采用两种模型沙进行对比试验。

两种模型沙的试验都发现,Ⅵ号模型的泄流建筑物门前都出现两种流态。这两种流态出现的概率与主河槽来水的河势流路有密切关系。

当主流走中泓时,水流直接顶冲泄流建筑物右侧的小山坡,左侧经山坡托流作用,泄流建筑物门前出现逆时针方向回流,见图 9-24(a)。

当主流紧靠土崖时,主河槽内出现"S"形流路时,水流顶冲风雨沟口小山坡的右侧,泄流建筑物门前出现顺时针方向的回流,见图 9-24(b)。

此外,泄流建筑物门前的流态出现的概率不仅与主河槽的来水河势流路有关,而且与流量大小也有密切关系。

当 $Q < 3\ 000\text{m}^3/\text{s}$,主河槽容易形成"S"形河势,坝前流态较差;$Q > 4\ 500\text{m}^3/\text{s}$ 时,主

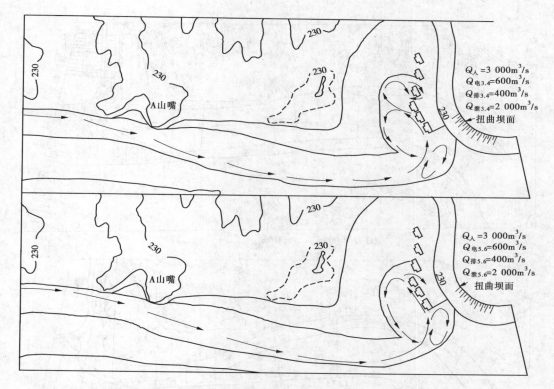

图 9-23　小浪底枢纽模型试验河势图(龙抬头方案 B,相同泄量不均匀开启)

河槽容易形成顺直型河势,坝前局部流态较好,但每个建筑物进水塔架左角出现明显的小旋流(因为此方案并不是绝对的一字形排列,仍然有微小的错台)。

（二）泄流建筑物前局部冲刷漏斗

在多沙河流上修建水利枢纽,泥沙淤堵现象对水工建筑物的安全运行威胁很大,特别是在黄河,含沙量很高,泄流建筑物前的淤堵现象非常突出。因此,泄流建筑物前的局部淤积形态问题是模型试验必须研究的中心内容,在每个模型试验中,都对这个问题进行了重点观测研究。

水利枢纽泄流建筑物前局部漏斗的变化过程相当复杂,它不仅与水库的泄量大小、含沙量高低、泥沙粗细以及坝前水位的升降有密切关系,而且与枢纽工程布置的形式、坝前河势流态以及泄流建筑物操作运用的工况都有密切关系。因此,在试验中除考虑水库的来水来沙条件外,还考虑了工程布置形式和泄流建筑物的操作运用工况。例如在Ⅰ号模型试验中,除了进行水库淤积发展过程中的坝前漏斗形态的观测外,还进行了坝前水位骤升骤降对漏斗形态影响的试验,以及泄洪洞前淤堵条件的试验;在Ⅱ号模型中,进行不同泄量对漏斗形态影响的试验;在Ⅲ号模型试验中,除进行不同泄量对漏斗形态影响的试验外,还进行了泄流建筑物不同操作运用方式对漏斗形态影响的试验和改变坝前局部河势流态对漏斗形态影响的试验;在Ⅳ号模型和Ⅴ号模型中,除进行上述试验内容外,还进行了流量由小到大和由大到小对局部漏斗形态影响的试验。

现将各模型试验有关泄流建筑物前局部漏斗形态的试验情况归纳于下:

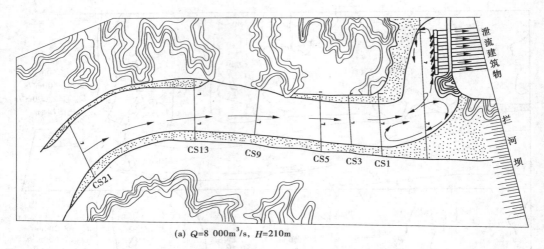

(a) $Q=8\ 000\text{m}^3/\text{s}$, $H=210\text{m}$

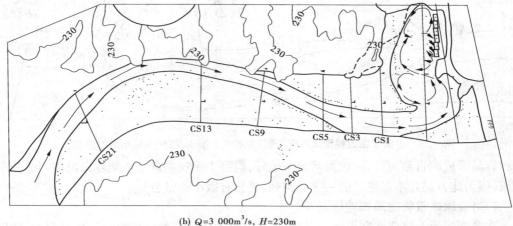

(b) $Q=3\ 000\text{m}^3/\text{s}$, $H=230\text{m}$

图 9-24　小浪底枢纽模型试验河势图

1. Ⅰ号模型试验

(1) Ⅰ号模型试验的电站和排沙洞,位于水库淤积新河槽内,属于正面引水的建筑物,进水条件较好,而且经常过流。泄洪洞位于风雨沟内,属于侧面引水的建筑物,进水条件较差,而且只有当 $Q>2\ 500\text{m}^3/\text{s}$ 时才过流,因此在Ⅰ号模型试验中,电站前的局部漏斗与泄洪洞前的局部漏斗,不仅形态不同,而且变化规律也大不相同。电站进水口,基本上不存在泥沙淤堵问题,泄洪洞前泥沙淤堵则非常严重。

(2) 在Ⅰ号模型整个试验过程中,电站前的局部漏斗的大小和纵坡都是变化的。试验开始,库容很大,库区流速很小,入库较粗的泥沙很难到达坝前,坝前淤积物很细,淤积比降平缓,电站前局部漏斗的纵坡仅为 0.01。经过连续放水试验,模型坝前的库容基本淤满,入库较粗的泥沙,大量地推移到坝前。淤积比降随之加大,电站前的局部漏斗的纵坡增大到 0.16,最终坡度为 0.40,这种现象说明局部漏斗纵坡的变化与水库淤积过程有密切关系。

从Ⅰ号模型试验资料看,在 180m 高程的泄洪洞和 200m 高程的泄洪洞门前,分别有一个局部冲刷坑,冲刷坑的宽度约50m,比电站前的冲刷漏斗小得多。并且随着过闸流量的减小,冲刷坑的范围也迅速变小;一旦不过流,不仅泄洪洞口被淤死,整个风雨沟的沟口也被淤死断流。

黄河水少沙多,据估计,上游各大水库投入运用以后,汛期平均流量仅1 250m³/s,平均含沙量为56kg/m³,泄洪洞过流的机会很少。在此情况下,若采用Ⅰ号模型的工程布置的形式,则泄洪洞前淤堵现象可能是非常严重的,要引起足够的重视。

2.Ⅱ号模型泄洪洞前局部冲刷形态

Ⅱ号模型的全部泄流建筑物都布置在风雨沟内,而经常过流的电站和排沙底孔布置在风雨沟的最里面。泄洪洞布置在风雨沟中部。在 $Q < 2\,500$m³/s 情况下,水流由大河进入风雨沟,经过泄洪洞再流入电站机组和排沙底孔;在 $Q > 2\,500$m³/s 情况下,电站和排沙底孔共过流2 500m³/s,剩余流量则由泄洪洞下泄。因此,在任何情况下风雨沟口和泄洪洞前都必须过水,整个风雨沟淤死断流的情况不复存在。

由于Ⅱ号模型的泄流建筑物的平面布置形式与Ⅰ号模型的布置形式不同,因此Ⅱ号模型泄洪洞前局部冲刷形态与Ⅰ号模型试验的结果也不大一样。

Ⅱ号模型泄流建筑物前的局部冲刷坑,是在电站、排沙底孔和泄洪洞多种过水设施的综合作用下而形成的局部地形,其剖面基本上是一个"匙状"小河沟。河沟的最深点位于经常过流的排沙底孔处,最高点在风雨沟的沟口。

表9-17是各级流量作用下,河床形态达到相对稳定时泄流建筑物前最深点高程统计表。从表9-17可以看出, $Q < 2\,500$m³/s 时(仅电站和排沙底孔过流,泄洪洞不过流),泄洪洞前的河底高程大于190m; $Q > 4\,500$m³/s 以后,1 号和 2 号泄洪洞过流,部分泄洪洞前的河床高程才接近175m。

表9-17　　　　　　Ⅱ号模型试验泄流建筑物前河床最深点高程统计　　　　　　(单位:m)

试验日期 (月·日)	Q (m³/s)	1 号泄洪洞	2 号泄洪洞	3 号泄洪洞	4 号泄洪洞	5 号泄洪洞	6 号泄洪洞
2.3	1 200	174.05	170.24	188.65	207.02	205.28	213.73
2.4	2 500	182.61	182.20	179.24	205.08	192.30	199.93
2.5	4 500	173.74	170.83	171.52	193.68	175.30	195.87
2.9	1 200	174.89	168.90	191.83	218.43	215.24	212.99
2.11	2 500	166.57	179.19	164.66	212.36	205.74	214.5
2.13	4 500	170.14	173.07	163.39	206.54	188.82	190.94

3.Ⅲ号模型泄流建筑物前的局部河床形态

前面早已谈到Ⅲ号模型的泄流建筑物(包括电站、泄洪洞和排沙洞)是混合布置在风雨沟内的,电站前的局部河床形态,不仅受电站和排沙洞本身过流情况的影响,而且要受到泄洪洞过流情况的影响。同理,泄洪洞前的局部河床形态,不仅受泄洪洞本身过流情况的影响,而且要受到电站和排沙洞过流情况的影响。因此,Ⅲ号模型泄流建筑物前的河床局部形态,是多种泄流建筑物共同作用的产物。局部漏斗的变化过程比Ⅰ号模型和Ⅱ号模型的情况更为复杂,此外由于小浪底枢纽坝址地质条件复杂的原因,所有过流建筑物都布置在风雨沟内。在运用过程中,大河的水流必须经过 90°的大转弯,才能进入风雨沟,到达泄流建筑物的门前。在水流急转弯的过程中,水流惯性力很大,必然从泄流建筑物的后面抄后路,然后绕到泄流建筑物的正面,在每个泄流建筑物之间形成了一系列复杂的漩涡。因此,在Ⅲ号模型试验中,不仅泄流建筑物的门前有局部冲刷坑,而且在泄流建筑物的背后也有局部冲刷坑。但必须指出,这两种局部冲刷坑形成的水流条件,彼此是不相同的,而且与一般正面进水的电站前的局部冲刷漏斗形成的水流局部条件也是不相同的。所以在研究Ⅲ号模型这种布置的泄流建筑物前冲刷坑的形态时,试图采用一般水库正面进水的泄流建筑物前的局部冲刷漏斗的资料,来证明Ⅲ号模型泄流建筑物前的局部冲刷漏斗的大小是不合适的。

表 9-18、表 9-19 是Ⅲ号泄流建筑物在均匀开启情况下,各级流量泄洪洞前局部冲刷宽度和最深点高程统计表。从表上可以看出:在泄流建筑物均匀开启的条件下,$Q<2\,500\mathrm{m^3/s}$ 时,泄洪洞前淤积高程的范围在 180m 以上,均高于泄洪洞的进水高程 175m。说明在 $Q<2\,500\mathrm{m^3/s}$ 时,特别是 $Q=1\,200\mathrm{m^3/s}$ 情况下,泄洪洞不过流时,闸前淤堵是非常突出的。

表 9-18　　　　Ⅲ号模型泄流建筑物均匀开启时泄洪洞前河床最深点高程(1985 年)　　(单位:m)

试验日期 (月·日)	Q ($\mathrm{m^3/s}$)	洞$_1$	洞$_2$	洞$_3$	洞$_4$	洞$_5$	洞$_6$	说明
3.10	1 200	192.58	187.39	186.01	192.56	193.54	193.54	
3.11~13	2 500	208.38	205.34	183.15	185.37	201.67	197.50	
3.13	4 500	174.84	178.14	176.78	177.46	172.27	167.0	
3.14~15	1 200	183.78	180.86	190.29	208.60	207.56	208.79	
3.16	2 500	180.65	186.00	189.69	209.01	180.98	181.70	
3.18	4 500	172.75	174.49	174.34	183.18	168.98	167.98	
3.27~28	10 000	181.00	173.72	169.69	164.66	164.59	168.00	堵前
3.29	10 000	178.88	174.94	169.49	155.50	157.00	162.96	堵后
4.5	8 000	178.97	176.34	173.48	167.53	163.02	161.00	

但在 $Q_入>4\,500\mathrm{m^3/s}$ 时,$Q_电=1\,800\mathrm{m^3/s}$,$Q_排=700\mathrm{m^3/s}$,$Q_洞=2\,000\mathrm{m^3/s}$ 的条件下(即每个泄洪洞泄量 $333\mathrm{m^3/s}$),泄洪洞前河床最深点高程普遍下降到 175~178m,接近于泄洪洞进口高程,基本上可以保证门前清。必须指出,这种均匀开启的运用条件是比较理想的条件,实际情况也是难以办到的。我们认为在大多数情况下,泄洪洞的运用可能都是不均匀开启,情况可能比现在要复杂。

表 9-19　　　　　　　Ⅲ号模型试验泄洪洞前沟宽统计　　　　　　(单位:m)

试验日期 (月·日)	流量 ($\mathrm{m^3/s}$)	洞$_1$	洞$_2$	洞$_3$	洞$_4$	洞$_5$	洞$_6$
4.16	1 200	80	80	50	80	30	100
4.17	2 500	90	100	80	90	50	100
4.18	4 500	100	110	100	130	100	100

从表 9-19 可以看出,在泄流建筑物均匀开启情况下,泄洪洞前局部冲刷的平均宽度约 100m,最小宽度约 30m,说明在正常运用情况下,Ⅲ号模型泄流建筑物过流所影响的范围是很小的。

为了研究泄流建筑物不均匀开启时,泄洪洞前河床最深点的变化情况,根据将来可能出现的条件,在Ⅲ号模型中进行了泄流建筑物不同开启运用的试验,试验条件和试验结果见表 9-20。

表 9-20 　　　　　　　　　　　Ⅲ号模型泄洪洞前最低点高程统计

| 试验日期(月·日) | 时间(时:分) | Q(m³/s) | 高程(m) | | | | | | 开启泄洪洞号 | 开闸后历时(h) |
			洞₁	洞₂	洞₃	洞₄	洞₅	洞₆		
4.25	16:30	2 500	175.18	124.93	189.23	191.28	183.78	176.18	1 号	11.25
4.26	16:10	2 500	199.80	175.90	177.00	174.00	184.00	177.00	2 号	8.33
4.27	16:00	2 500	197.95	175.08	178.68	179.70	174.93	170.87	3 号	8.83
4.29	17:40	2 500	173.18	173.98	181.91	172.27	173.50	176.93	4 号	10.67
4.30	11:10	2 500	173.83	174.96	180.01	179.03	173.06	177.13	5 号	3.17
4.30	15:10	2 500	175.73	176.08	182.73	178.03	173.93	171.98	6 号	4.00
5.2	13:15	3 700	173.33	174.88	179.13	184.09	170.07	170.08	1、2 号	4.25
5.2	22:00	3 700	181.13	179.13	178.13	184.23	184.23	171.23	3、4 号	8.75
5.3	09:00	3 700	180.03	178.83	179.53	177.31	172.72	170.72	5、6 号	11.00
5.3	16:05	3 700	175.03	175.02	176.02	179.02	179.03		1、2 号	6.10
5.3	22:00	3 700	178.05	178.03	179.03	176.05	185.03	170.03	2、4 号	5.92
5.4	09:30	3 700	180.10	175.08	188.08	177.07	174.93	168.03	5、6 号	11.50
5.4	14:15	3 700	175.53	174.43	195.53	189.63	180.53	175.58	1 号	4.75
5.5	05:00	3 700	174.93	174.95	196.93	197.98	176.00	169.98	2 号	14.75
5.5	13:00	3 700	174.03	174.03	175.18	194.03	189.13	173.13	3 号	8.00
5.5	20:00	3 700	175.33	177.23	187.43	176.93	180.93	166.53	4 号	7.00
5.6	13:00	3 700	176.93	176.88	190.03	203.93	179.93	166.93	5 号	15.00
5.7	01:30	3 700	180.09	182.08	191.08	195.08	175.08	171.08	6 号	8.50
5.7	10:00	4 500	175.65	174.80	175.15	206.40	205.65	200.05	1、2、3 号	

从表 9-20 可以看出:①在泄流建筑物不均匀开启的情况下,凡是敞开运用的泄洪洞,其闸前的河床最深点高程都在 175m 左右(5 月 3 日 22:00 的试验例外);②凡是未开启运用的泄洪洞其闸前的淤积高程绝大多数都大于 180m。说明在这种运用方式下,泄洪洞前的淤积情况比泄洪洞均匀开启的运用方式泄洪洞前的淤积情况严重得多。

4.Ⅳ号模型泄流建筑物前冲淤情况

Ⅳ号模型泄流建筑物的平面布置是在总结Ⅰ～Ⅲ号模型试验经验的基础上修改而成的,虽然泄流建筑物的控制运用的原则与以上三种模型试验基本相同,即 $Q < 2\ 500$m³/s 时,泄洪洞不过流;$Q > 2\ 500$m³/s 时,电站过流 1 800m³/s、排沙洞过流 700m³/s,剩余部分则由泄洪洞下泄。但是由于泄流建筑物布置形式比以上三个模型有所改进，因而局部流态和泄流建筑物前局部地形都发生很大的变化。例如从模型试验的河势图可以看出，入库水流到达坝前以后，虽然在泄流建筑物的右侧也发生一个大回流，但是主流仍然在泄流建筑物的前面，并且在泄流建筑物的前面形成一个比较稳定的河槽。其局部地形和断面形态见图 9-21。

从表 9-21 可以看出，小河槽的宽度与泄洪洞的位置有关。例如，6 号泄洪洞位于风雨沟口，是首当其冲的泄洪洞，小河槽的宽度较大；而 1 号泄洪洞位于风雨沟最里面，是受水流顶冲作用最小的泄洪洞，因此小河槽的宽度较小。此外，泄洪洞前的小槽的宽度不仅与泄洪洞的位置有关，而且与来水流量的大小有密切关系。例如 6 号泄洪洞，在 $Q = 1\,200\text{m}^3/\text{s}$ 时，$B = 100\text{m}$；$Q = 8\,000\text{m}^3/\text{s}$ 时，$B = 180\text{m}$。

表 9-21　　　　　　　　　　Ⅳ号模型试验泄洪洞前河槽宽度

试验日期	历时	Q	洞前河槽宽 B_0(m)					
（月·日）	(h)	(m³/s)	洞₁	洞₂	洞₃	洞₄	洞₅	洞₆
5.25	93	1 200	110	100	80	80	100	160
5.27	24	2 500	100	90	90	90	100	100
6.3	39	4 500	90	90	100	120	140	160
6.5	19	8 000	140	120	140	170	180	180
6.7	42	6 000	130	120	120	150	160	.170
6.9	46	4 000	120	120	100	130	150	160
6.13	82	2 000	70	75	80	90	110	130
6.18	138	1 200	90	70	68	70	90	100

必须指出，表 9-21 的试验资料是采用相反的两种放水过程的试验结果。6 月 3 日前的资料是流量由小到大的情况下的试验成果，6 月 5 日后的资料是流量由大到小的情况下的试验成果。换句话说，前者是河床逐渐冲宽条件下的试验资料，后者是河床逐渐淤窄情况下的试验资料。在模型设计中早已谈到，采用煤灰做模型沙，只能满足淤积相似，不能满足冲刷相似。所以，6 月 5 日后的资料比 5 月 3 日的资料较为接近实际情况。

表 9-22 和表 9-23 是Ⅳ号模型电站排沙洞前和泄洪洞前河床最深点高程统计表。

表 9-22　　　　　　　　　　电站前河床最深点高程统计　　　　　　　　　　（单位:m）

位置	6 000m³/s	4 000m³/s	4 000m³/s	2 000m³/s	1 200m³/s
电₁	170.87	175.93	171.38	172.08	179.43
电₂	171.22	174.18	174.33	175.15	199.86
电₃	171.62	174.23	172.08	173.18	175.93
电₄	173.65	174.13	172.15	174.14	176.93
电₅	170.37	171.13	172.48	172.08	174.87
电₆	170.62	169.13	170.43	170.18	169.88

表 9-23		泄洪洞前河床最深点高程统计			（单位：m）
位置	6 000m³/s	4 000m³/s	4 000m³/s	2 000m³/s	1 200m³/s
洞$_1$	172.41	173.96	173.38	183.08	194.98
洞$_2$	173.62	175.18	174.28	181.03	188.93
洞$_3$	176.15	176.68	176.18	186.18	189.93
洞$_4$	173.72	176.06	171.38	186.16	188.93
洞$_5$	169.82	172.88	174.43	184.20	185.98
洞$_6$	170.57	175.03	170.38	179.23	189.91

从表 9-22 及表 9-23 可以看出：

(1)在 $Q>4\,000\text{m}^3/\text{s}$ 情况下，所有泄流建筑物门前的淤积高程（即河床最深点高程）都接近于 175m。

(2)$Q=2\,000\text{m}^3/\text{s}$，电站前的淤积高程仍然接近 175m，但泄洪洞前的淤积高程在 179.23～186.18m 间。

(3)$Q<1\,200\text{m}^3/\text{s}$ 时仅电$_1$ 和电$_2$ 的淤积高程达 180～200m，其他电站进口的淤积高程仍然在 175m 左右，可是，泄洪洞前的淤积高程，普遍接近 190m，说明 $Q<1\,200\text{m}^3/\text{s}$ 的运用工况下，泄洪洞前的淤积是严重的，即"门前清"问题还得不到解决。

此外，在 $Q<2\,000\text{m}^3/\text{s}$ 时，泄洪洞关闭不过流，泄洪洞前的河床处于淤积状态，随着河床逐渐抬高，各洞前最大淤积高程大于 190m(见表 9-24)。

表 9-24		$Q<2\,000\text{m}^3/\text{s}$ 泄洪洞前最大淤积高程统计			
位置	洞$_1$	洞$_2$	洞$_3$	洞$_4$	洞$_5$	洞$_6$
河床高程(m)	200	197	202	200	195	191

$Q>4\,500\text{m}^3/\text{s}$ 时，河床发生冲刷，泄洪洞前的河床淤积高程逐渐下降，再经过 38 小时的大流量($Q=8\,000\text{m}^3/\text{s}$)试验，泄洪洞前的淤积高程下降到 175m 以下(见表 9-25)。

表 9-25		$Q>4\,500\text{m}^3/\text{s}$ 泄洪洞前河床淤积高程统计			
位置	洞$_1$	洞$_2$	洞$_3$	洞$_4$	洞$_5$	洞$_6$
河床高程(m)	170	173	172.5	170	168	160

$8\,000\text{m}^3/\text{s}$ 流量的试验结束后，又进行了 20 小时的 $6\,000\text{m}^3/\text{s}$ 的中水试验。在此情况下，泄洪洞前的淤积高程又普遍回淤 5.0m 左右(见表 9-26)。

表 9-26		$Q=8\,000\text{m}^3/\text{s}$ 泄洪洞前最大淤积高程统计			（单位：m）
位置	洞$_1$	洞$_2$	洞$_3$	洞$_4$	洞$_5$	洞$_6$
试验前高程	170	173	172.3	170	168	160
试验后高程	175	172	180	176	174	168.5
河床抬高值	+5	−1	+7.7	+6.0	+6.0	+8.5

在此基础上，又进行了 50 小时的 4 000m³/s 的试验和 80 小时的 2 000m³/s 的试验。泄洪洞前河床淤积高程又回淤到 190m 左右(见表 9-27)。

表 9-27　　　　　　　　　　　泄洪洞前最大淤积高程统计

流量 (m³/s)	洞前最大淤积高程(m)					
	洞₁	洞₂	洞₃	洞₄	洞₅	洞₆
4 000	175	180	180	180	174	168
2 000	189	194	194	193	191	182

以上情况进一步说明，$Q<2\,000$m³/s 时，泄洪洞不过流，洞前淤堵是非常迅速的。

5.Ⅴ号模型泄流建筑物前淤积情况

表 9-28 是Ⅴ号模型试验泄流建筑物前小河槽达到基本稳定的河宽统计表。

表 9-28　　　　　　　　　　　泄洪洞前河宽统计

试验时间 (月·日)	历时 (h)	Q (m³/s)	河槽宽度 B_0(m)					
			洞₁	洞₂	洞₃	洞₄	洞₅	洞₆
7.30~8.2	82	8 000	140	142	144	180	240	280
8.3~8.7	96	6 000	160*	140	200*	160	180	200
8.8~8.12	96	4 500	150*	140	140	130	130	180
8.13~8.20	192	3 000	130	150*	120	100	100	120
8.23~8.27	48	2 500	120	125	120	100	100	120
8.21~8.25	96	1 200	100	118	120	100	100	120

注:带"*"号的为因水位骤降,河岸急剧坍塌,造成宽度增大。

由表 9-28 得知，Ⅴ号模型试验，泄洪洞前的河槽宽度与Ⅳ号模型试验的试验结果基本相同。表 9-29 是Ⅴ号模型试验泄流建筑物均匀开启运用情况下,泄洪洞前淤积高程统计表。

表 9-29　　　　　　　　　Ⅴ号模型泄洪洞门前淤积高程统计

$Q_入$ (m³/s)	$Q_排$ (m³/s)	$Q_电$ (m³/s)	$Q_泄$ (m³/s)	洞前淤积高程(m)					
				洞₁	洞₂	洞₃	洞₄	洞₅	洞₆
1 200	1 200	0	0	178	177	178	178	176	178
3 000	1 200	1 800	0	180	181	181	179.5	181	176
4 500	1 200	1 800	1 500	175	175	175	176	176	175.5
6 000	1 200	1 800	3 000	175	175	175	175	175.5	175.5
8 000	1 200	1 800	5 000	175	175	175	175	175	175

表 9-30 是排沙洞全开每孔泄量 50m³/s,泄洪洞门前淤积高程统计表。

表 9-31 是Ⅴ号模型泄流建筑物控制运用时,泄洪洞前淤积高程统计表。

表 9-30 V 号模型排沙洞全开时试验泄洪洞前淤积高程统计

河势情况	$Q_入$ (m³/s)	$Q_排$ (m³/s)	$Q_电$ (m³/s)	$Q_泄$ (m³/s)	洞前淤积高程(m)					
					洞$_1$	洞$_2$	洞$_3$	洞$_4$	洞$_5$	洞$_6$
不利	2 500	700	1 800	0	180	187	186	195	188	177
	2 500	600	1 900	0	178	177	178	188	188	176
有利	1 200	600	600	0	177	176	177	178	177	185

表 9-31 V 号模型控制运用时泄洪洞门前淤积高程统计

运用情况(m³/s)			泄洪洞前淤积高程(m)					
$Q_电$	$Q_排$	$Q_泄$	洞$_1$	洞$_2$	洞$_3$	洞$_4$	洞$_5$	洞$_6$
电$_1$＝300	排$_1$＝200	泄$_1$＝1 500	175	175	200	200	178	175
电$_2$＝300	排$_2$＝200	泄$_2$＝1 000						
电$_3$＝300	排$_3$＝200	泄$_3$＝1 000	200	200	175	175	176	176
电$_4$＝300	排$_4$＝200	泄$_4$＝1 000						
电$_5$＝300	排$_5$＝200	泄$_5$＝1 000	200	200	200	190	175	175
电$_6$＝300	排$_6$＝200	泄$_6$＝1 000						

从表 9-28～表 9-31 可以看出:

(1)在排沙洞均匀开启的情况下,每孔泄量 100m³/s,12 条排沙洞的总泄量为 1 200m³/s 时,不管其他泄流建筑物的泄量是多少,也不管其他泄流建筑物如何操作运用,泄洪洞前的淤积高程都低于 185m(即泄洪洞不会被堵死)。

(2)在排沙洞均匀开启的情况下,每孔泄量 50m³/s,12 条排沙洞的总流量为 600m³/s 时,不论其他泄流建筑物的泄量多少,1～3 号泄洪洞前的淤积高程基本上在 185m 以下,4～6 号泄洪洞前的淤积高程则与大河的河势变化有密切关系。在河势有利的情况下,风雨沟的边滩较小、滩嘴较短时,大河的主流顶冲 6 号泄洪洞的进水塔正面,在 4～6 号泄洪洞的进水塔前出现逆时针方向的回流,主流紧贴 4～6 号泄洪洞进水塔架的正面,泄洪洞前水流流速较大,淤积高程则低于 185m;在河势不利的情况下,风雨沟的边滩较大、滩嘴较长时,大河主流顶冲 6 号泄洪洞侧面的挡水板,4～6 号泄洪洞前则出现顺时针方向的回流。泄洪洞前流速较低,门前淤积严重,淤积高程则大于 190m。

(3)在排沙洞不均匀开启运用情况下,泄洪洞前的淤积高程则与排沙洞的运用情况有关。凡是排沙洞开启运用的泄洪洞,其进口的淤积高程都低于 175m;凡是排沙洞不开启运用的泄洪洞,其进口的淤积高程都大于 200m。

(4)5～6 号泄洪洞位于沟口,经常受到大流顶冲,因此在流量较大的情况下,只要大流顶冲,即使排沙洞不过流,门前的淤积高程也不会高于进水闸的闸顶高程。

6.Ⅵ号模型泄流建筑物前冲淤形态

图 9-25 是龙抬头方案 B 在排沙洞全部开启运用情况下,泄洪洞前淤积形态图。从图

上可以看出,在排沙洞全部开启运用的情况下,即使泄洪洞不过流,泄洪洞前的淤积高程基本上都低于185m,进一步说明,只要排沙洞全部投入运用,龙抬头方案 B 保持泄洪洞的"门前清"是有可能的。

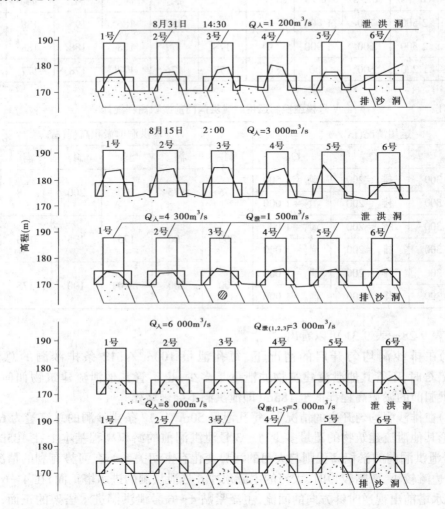

图 9-25 龙抬头方案 B 在排沙洞全开下泄洪洞前淤积形态图

表 9-32~表 9-34 是Ⅵ号模型试验泄流建筑物门前漏斗宽度、漏斗深度及漏斗淤积高程统计表。

表 9-32   第Ⅵ方案模型试验泄流建筑物前漏斗宽度统计   (单位:m)

流量(m^3/s)	洞$_1$	洞$_2$	洞$_3$	洞$_4$	洞$_5$	洞$_6$
8 000	110	116	104	110	130	130
6 000	120	120	100	120	120	120
4 000	110	106	100	100	100	100
3 000	100	110	100	100	110	120

表 9-33		第Ⅵ方案模型试验泄流建筑物前漏斗深度统计				(单位:m)
流量(m³/s)	洞₁	洞₂	洞₃	洞₄	洞₅	洞₆
8 000	39.5	48.0	48.9	47.5	48.5	49.5
6 000	27.0	50.5	43.5	44.5	46.5	46.5
4 000	32.0	55.0	48.0	51.0	50.5	48.0
3 000	33.0	50.5	45.5	51.5	48.0	48.5

表 9-34		第Ⅵ方案模型试验泄流建筑物前漏斗高程统计				(单位:m)
流量(m³/s)	洞₁	洞₂	洞₃	洞₄	洞₅	洞₆
8 000	190.5	182	181.1	182.5	181.5	180.5
6 000	203	179.5	186.5	185.5	183.5	183.5
4 000	198	175.0	182.0	179	179.5	182.0
3 000	197	179.5	184.5	178.5	182.0	181.5

从表 9-32～表 9-34 可以看出,Ⅵ号模型的漏斗形态(宽度和深度)以及淤积高程,基本上接近Ⅳ号和Ⅴ号模型试验情况,必须指出:Ⅵ号模型的泄流建筑物已经比Ⅳ号和Ⅴ号模型的泄流建筑物的部位置向沟里移进了 100m。若Ⅵ号模型的泄流建筑物的部位摆在与Ⅳ号模型和Ⅴ号模型相同的部位上,则Ⅵ号模型的漏斗形态和淤积形态(包括淤堵情况)肯定优于Ⅳ号模型和Ⅴ号模型的情况,但究竟优越多少,则有待于进一步试验论证。

八、模型试验成果初步分析

此项模型试验是方案对比试验,其目的是试图通过模型试验,探求适合于黄河情况的枢纽泄流建筑物布置方案,即所谓泄流建筑物优化布置方案。

所谓优化布置方案,对黄河小浪底枢纽而言不外乎两点:一是泄流建筑物门前的水流流态比较平顺;二是进水口前泥沙淤堵现象不严重,或基本上不发生泥沙淤堵现象。因此,我们要对泄流建筑物门前的水流流态和淤积形态进行重点分析。

(一)泄流建筑物门前水流可能出现的几种基本流态

小浪底枢纽由于地形和地质条件所限,全部泄流建筑物都布置在与大河垂直相交的风雨沟内,水流必须经过 90°的大转弯才能到达泄流建筑物门前,在水流急转弯的过程中,容易产生回流漩涡,使泄流建筑物门前的流态变得非常复杂。通过模型试验,发现工程布置不同,水流流态的复杂程度亦不同,概括讲,可以把诸方案中出现的复杂流态,归纳为以下几种类型:

(1)A 型流态。这种流态的特点是水流到达泄流建筑物前回流和漩涡丛生,既无明显的主流又无明显的大回流,流态极其紊乱。方案 2 和方案 3 都出现 A 型流态(见图 9-26)。

(2)B 型流态。这种流态的特点是水流进入风雨沟以后,在沟口泄流建筑物门前出现顺时针方向的大回流,主流位置明显、流向也比较稳定,而且有一定规律,方案 4、5、6 都出现这种流态(见图 9-27)。

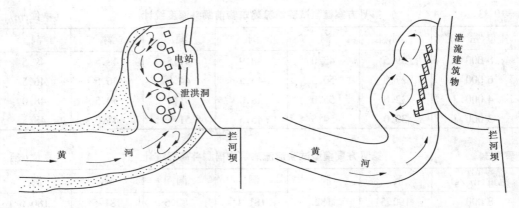

图 9-26　A 型流态图(方案 3)　　　　　　　　图 9-27　B 型流态图(方案 4)

(3)C 型流态。这种流态的特点是水流进入风雨沟以后,在沟口泄流建筑物门前出现逆时针方向的大回流,沟尾段泄流建筑物门前出现顺时针方向的大回流,主流位置也明显,流向也较稳定,方案 4、5、6 都出现这种流态(见图 9-28)。

(4)D 型流态。这种流态的特点是水流进入风雨沟以后,泄流建筑物门前,只有一个逆时针方向的大回流,而且主流方向稳定、位置紧贴泄流建筑物的塔架,方案 4、5、6 都出现这种流态(图 9-29)。

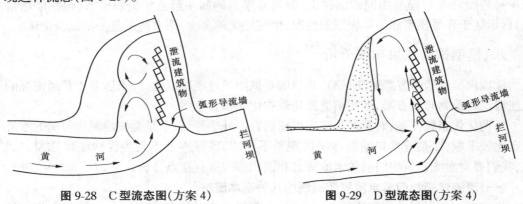

图 9-28　C 型流态图(方案 4)　　　　　　　　图 9-29　D 型流态图(方案 4)

(二)工程平面布置泄流建筑物对门前流态的影响

在模型试验中,上述四种类型的流态的产生与工程布置形式有密切关系,如方案 2,把经常过流的电站和排沙洞布置在风雨沟的尾部,泄洪洞布置在沟的中部,采用小圆塔进水,进水条件复杂。因此,泄流建筑物门前的流态紊乱,出现 A 型流态。

又如方案 3,电站排沙洞和泄洪洞全部集中布置在沟的中部,泄洪洞进水塔也采用对称进水的小圆塔,水流进入沟内以后,围绕小圆塔乱转,流态极其紊乱,也出现 A 型流态。

方案 4 和方案 5 把全部泄流建筑物布置在沟的中部和沟口,也属于集中布置形式,所不同的是这两个方案的进水塔为单面进水,水流入沟以后,不再围绕塔架乱转,因此泄流建筑物门前的流态比方案 2 和方案 3 简单,但由于模型的来水河势不同和沟口边界条件不同,能出现 B、C、D 三种流态。

以上分析得知:①泄流建筑物门前的流态好坏与工程布置形式有密切关系,因此要获得较好的流态,首先工程布置要合理;②在小浪底具体的地形、地质条件下,电站排沙洞和泄洪洞采用分开布置的形式及小圆塔的进水方式都对进口流态不利,属于较差的布置形式,不宜采用。

(三)沟口边界条件对流态的影响

模型试验发现,在同一工程布置方案中,由于沟口边界条件的不同,水流流态也不相同。

如方案4和方案5的模型试验中,当沟口设立弧形导流墙时,泄流建筑物门前形成C型流态(见图9-28),当沟口的弧形导流墙改为直线截水墙时,则泄流建筑物门前形成B型流态(见图9-27)。

在方案6的试验中,保留沟口原有的山嘴时,泄流建筑物门前出现B型流态,逐步修改沟口小山嘴以后,泄流建筑物门前的流态则随之变化(见图9-30)。小山嘴大修改以后,则出现D型流态。这说明沟口边界条件也是影响流态好坏的重要因素。换言之,除要求工程布置合理外,还必须对沟口边界条件合理处理,才能使小浪底枢纽泄流建筑物门前获得较好的流态。但必须指出,如果泄流建筑物本身的布置不合理,单纯修改沟口的边界条件对改善流态收效不大。我们曾对方案3沟口的边界条件进行了五次修改,结果证明,不管如何修改,泄流建筑物门前的流态均非常紊乱。

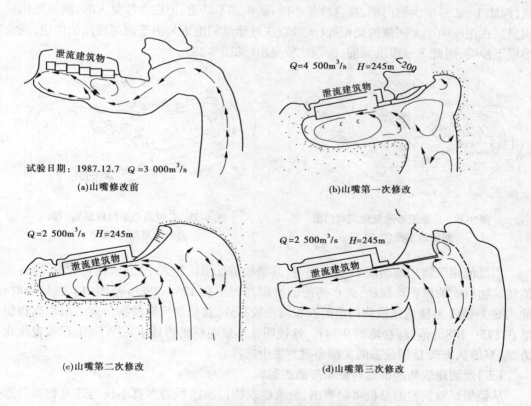

图 9-30　模型坝前边界改变与流态变化关系图

(四)水流流态对泄流建筑物门前淤积形态的影响

从试验结果可以看出:当泄流建筑物门前出现 A 种流态时,由于流态复杂,泄流建筑物门前淤积相当严重,流量较小时,淤积高程普遍高于 210m(即高于泄洪洞洞顶的高程),进水闸前的漏斗形态相当复杂(见图 9-31)。

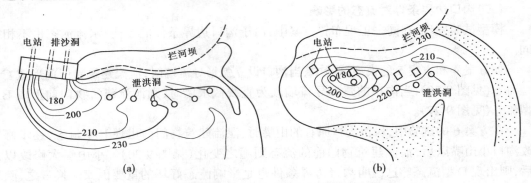

图 9-31　A 型流态泄流建筑物门前淤积地形图

当泄流建筑物门前出现 B 型流态时,沟口 4～6 号泄洪洞的进水口,处于回流淤积区,淤积也比较严重(见图 9-32),在小流量时,大部分泄流建筑物的进口都有被淤死的可能。

当泄流建筑物门前出现 C 型流态时,沟口 4～6 号泄洪洞的进水口紧靠主流,淤积甚微,沟底 1～2 号泄洪洞门前,在含沙量小时,淤积亦不严重,但在含沙量大时,淤积则比较明显。在正反两个大回流的交汇处(大致在 3 号泄洪洞附近),由于底部环流的作用,经常形成下沙嘴,因此 3 号泄洪洞前,淤积比较突出(见图 9-33)。

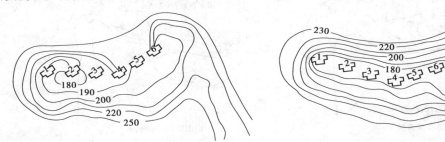

图 9-32　B 型流态泄流建筑物门前
淤积地形图(方案 5)

图 9-33　C 型流态泄流建筑物门前
淤积地形图(方案 5)

当泄流建筑物门前出现 D 型流态时,其淤积情况随流量大小而变,流量大时,所有泄流建筑物门前的淤积均较轻,进水闸前的淤积高程均在 175～188m 范围内。流量小时,除沟底 1 号、2 号泄流建筑物门前的淤积高程较高外,其他泄流建筑物门前的淤积高程仍然在 175～188m 范围内(见图 9-34)。这说明在小浪底枢纽的具体条件下,工程布置优化方案,只能从出现 D 型流态的工程布置方案中选择。

(五)泄流建筑物的位置对淤积形态的影响

从模型试验资料的分析可以看出,泄流建筑物门前淤积的多寡不仅与建筑物布置形式有关,而且与建筑物在沟内的位置有密切关系。因为建筑物的位置不同,承受水流的作

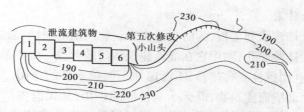

图 9-34 D 型流态泄流建筑物门前淤积地形图(方案 6 大修改)

用不同。根据试验观测,小浪底枢纽的泄流建筑物可能承受三种不同的水流作用。

1. 沟口的泄流建筑物,经常受到水流顶冲的作用

沟口泄流建筑物的进水塔架集中布置在一起,类似黄河下游的护岸丁坝立在河边,经常受到水流顶冲,因而即使泄水闸门关闭不过流,也会形成冲刷坑;而且流量愈大,冲刷坑愈大。如方案 5 的 4~6 号泄洪洞布置在水流经常顶冲的沟口,其门前经常形成很大的冲刷坑。而方案 6 的泄流建筑物比方案 5 向沟内移进 100m,消除了水流顶冲的机会。因此,该方案的漏斗宽度和深度都比方案 5 小(见表 9-35 和表 9-36)。

表 9-35   **方案 5、6 模型试验淤积漏斗宽度比较**   (单位:m)

方案及泄洪洞序号		洞₁		洞₂		洞₃		洞₄		洞₅		洞₆	
		5	6	5	6	5	6	5	6	5	6	5	6
流量 (m³/s)	8 000	140	110	142	116	144	104	180	110	240	130	280	130
	6 000	160	120	140	120	200	100	160	120	180	120	200	120
	3 000	130	100	150	110	120	100	100	100	100	110	120	120

表 9-36   **方案 5、6 模型试验淤积漏斗深度比较**   (单位:m)

方案及泄洪洞		洞₁		洞₂		洞₃		洞₄		洞₅		洞₆	
		5	6	5	6	5	6	5	6	5	6	5	6
流量 (m³/s)	8 000	55	39.5	55	48.0	55	48.9	55	47.5	55	48.5	55	49.5
	6 000	55	27.0	55	50.5	55	43.5	54.5	44.5	54.5	46.5	54.5	46.5
	3 000	50	33.0	49	50.5	49	49.5	50.5	51.5	49	48.0	54	48.5

2. 水流行进流速的作用

小浪底枢纽所有的泄流建筑物全部布置在风雨沟内,所以全部的水流和泥沙必须进入风雨沟后,才能由泄流建筑物下泄。因此,为了输水和输沙,泄流建筑物门前必然要形成一个小河槽,小河槽的过水断面实际上就是每个泄流建筑物门前的漏斗。而漏斗的大小不仅与排沙底孔的泄量大小有关,而且与这个小河槽的纵向泄量的大小有密切关系,即与水流纵向流速(行进流速)的大小有密切关系。流量大时,即使排沙洞和泄洪洞关闭,在泄流建筑物门前仍然能形成一个漏斗。例如,在方案 5 的试验中,当 $Q = 4\ 000\text{m}^3/\text{s}$ 时,即沟口的 4~6 号泄流建筑物关闭,仅沟底 1~3 号泄流建筑物开启泄水,由于水流行进流速的作用,在 4~6 号泄流建筑物门前,仍然保持一个稳定的漏斗形态。

3.底孔排沙的作用

在多沙河流上修建水利工程,为防止泄流建筑物门前的淤堵,通常都在泄流建筑物的底部修一个专门的排沙底孔,利用它在泄流建筑物门前形成一个小漏斗。试验证明:在小浪底枢纽中,单纯利用排沙底孔排沙,不考虑前面两种水流的作用,其效果是有限的。如方案6模型的沟尾部泄流建筑物,既无水流顶冲的作用,又无泄洪洞的协助,排沙洞的流量小,纵向流速小,洞前经常淤堵;而方案4模型试验沟底的泄流建筑物(由电站进水管、排沙洞和泄洪洞组成),流量大时,泄洪洞泄水排沙,泄流建筑物门前淤堵机会极少。

因此,要使小浪底枢纽泄流建筑物门前不被泥沙淤堵,除应考虑工程平面布置形式和沟口边界条件外,还要考虑泄流建筑物的位置能否利用上述三种水流的作用。

九、方案布置的原则

通过以上分析,要获得小浪底枢纽泄流建筑物布置的优化方案,必须遵循下列原则:

(1)为充分发挥各种泄流建筑物的相互配合排沙的作用,减轻门前淤积,所有泄流建筑物必须集中布置,不宜分散;同时为了充分利用大河水流的顶冲作用,保证"门前清",必须将泄流建筑物尽量布置在沟口。

(2)进水塔宜采用侧向进水,塔架须紧密连接在一起,以杜绝水流绕塔旋转形成复杂流态。各塔架的迎水面应该按直线排列,避免各塔架之间产生小旋流。

(3)为满足水库调水调沙的灵活运用,保证水库低水位运用时能将大量泥沙排出库外,泄洪洞和排沙洞的高程要尽可能降低;泄洪洞与排沙洞之间的高差(指进口)不宜过大。

(4)为杜绝泄流建筑物门前发生复杂的回流和漩涡,保证入沟水流平顺,并在泄流建筑物前形成逆时针方向的单一大回流,必须将沟口边界整修得平顺圆滑。

试验结果证明,按照上述原则进行工程布置,泄流建筑物门前仅有一个逆时针方向的大回流,流态简单(图9-35);泄洪洞前的淤积高程均低于闸门顶部高程,洞前淤堵现象基本上不存在(图9-36)。

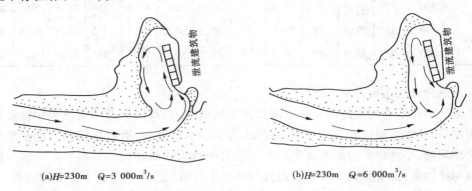

(a)H=230m Q=3 000m³/s　　　　(b)H=230m Q=6 000m³/s

图9-35　模型泄流建筑物优化布置方案流态图

因此,从流态及淤积形态方面来看,沟口边界条件和整体位置调整后的方案6可成为诸方案中的最优方案。若整个泄流建筑物的位置再向沟口方向移100m左右则更好。

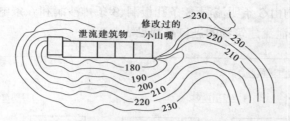

图 9-36 模型泄流建筑物优化布置方案局部地形图

第三节 小浪底枢纽泄流建筑物
优化布置方案模型试验

1982 年以来,黄科院配合小浪底枢纽的规划设计,进行了小浪底枢纽泄流建筑物不同布置形式的对比模型试验,通过试验,总结出一种布置形式较好的方案——进水塔不错台"一字形"排列方案。该方案泄流建筑门前水流流态比较平顺,泥沙淤堵问题不突出,因此称为优化布置方案。为了进一步论证这种方案的切实可行性,在以往模型试验的基础上,进行了泄流建筑物优化布置方案模型试验。

一、模型试验的主要任务和基本要求

(1)进行流量为 1 200m³/s 造床试验,提供形成高滩深槽时坝前滩面高程为 254m、库水位为 220m 情况下,坝前 1km 范围内的淤积地形。

(2)进行水位为 220m、230m 和 245m;流量为 500m³/s、1 200m³/s、2 500m³/s、4 500m³/s($S/Q = 0.03$)及 $Q = 6 500$m³/s 五级定常流量试验,研究大河漏斗和风雨沟的漏斗形态(包括漏斗纵、横剖面)。

(3)研究不同来流方向和不同泄量情况下,进口的河势变化及含沙量和流速垂线分布情况。

(4)进行库水位 230m 和 245m,流量为 500m³/s、1 000m³/s 和 2 500m³/s,历时 10 天和 15 天的运用试验,研究泄流建筑物进口前的淤积情况。

(5)进行流量 4 500m³/s 和 6 500m³/s、水位 230m 和 245m 试验,研究各泄流建筑物分沙比。

(6)研究进水塔右侧设置导水墙的作用。

(7)定性研究排漂的效果。

(8)研究库水位 260m、在 4 天内下降至 230m 时,进水口前高滩坍塌情况。

(9)研究库水位 275m 时,下泄 2 500m³/s、4 500m³/s、6 500m³/s 的流态。

以上试验任务,前 6 项任务是此次模型试验的重点,后 3 项是次要的。

二、模型泄流建筑物布置情况

此次模型试验是在小浪底枢纽 1:100 悬沙模型基础上进行的。模型范围见图 9-3。

模型泄流建筑物由 3 条明流洞、3 条孔板洞、3 条排沙洞和 6 条电站引水洞组成,其布置情况见图 9-37,各泄流建筑物的进口高程见表 9-37。

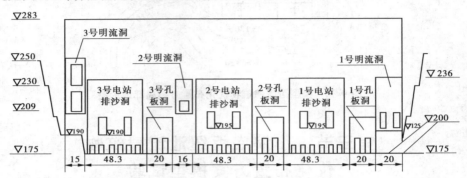

图 9-37　泄流建筑物正视图(单位:m)

表 9-37　　　　　　　　　　　小浪底泄流建筑物进口高程统计

名称	明流洞			孔板洞	排沙洞	电站引水洞					
	1号	2号	3号	1~3号	1~3号	1号	2号	3号	4号	5号	6号
进口高程(m)	195	209	230 209	175	175	195	195	195	195	190	190

注:3号明流洞为双层进水洞。

三、模型比尺和模型沙

此项模型试验是在以上各次模型试验的基础上进行的,模型比尺和模型沙与以上各方案模型试验相同,在此不再赘述。

四、造床试验

模型泄流建筑物安装后,经委托单位的技术负责人和有关专家检查合格,才按照小浪底项目组提出的要求进行空库造床试验。模型起始地形为小浪底枢纽修建前的实测库区地形,试验起始水位为 205m(坝前河底高程为 130m),流量为 1 200m³/s,其中排沙洞泄量为 400m³/s,电站引水为 800m³/s。造床试验水沙过程见表 9-38。

空库造床试验分水位逐步抬高和水位逐步下降两个阶段,其中逐步抬高阶段为 16 年,每年抬高 3 次,每次抬高 1m。当库水位抬高至 220m、230m、245m 及 254m 时,观测模型河槽纵、横断面及河势,其结果见图 9-38、图 9-39 和图 9-40。

水位上升到 254m 以后,开始逐步降低水位进行拉槽试验。水位由 254m 逐步下降至 220m,水位下降试验的年限为 11 年,每年下降 3 次,每次下降 1m。当水位下降至 245m、230m 和 220m 时,分别观测模型的河势和纵、横断面,以研究模型的冲刷形态。图 9-41 是模型水位逐步下降时的河势图,图 9-42 是不同流量下坝前 1km 范围内冲刷地形图,图 9-43 和图 9-44 是相应时段的横断面图和纵剖面图。

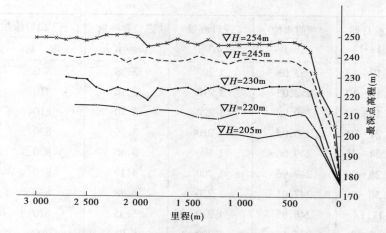

图 9-38　小浪底悬沙模型试验河道纵剖面图($Q=1\,200\text{m}^3/\text{s}$,水位逐步抬高)

表 9-38　　　　　　　　　　　　造床试验水沙条件统计

运用期	试验日期 （月·日）	坝前水位 （m）	进口流量 （m³/s）	进口含沙量 （kg/m³）	出口流量(m³/s)	
					电　站	排沙洞
抬高水位运用期	8.22~24	204.35	1 200	19.8	760	410
	8.26	208.53	1 180	19.8	790	400
	8.28~30	211.21	1 240	14.1	850	400
	8.30	213.93	1 180	14.1	810	390
	9.1~2	216.74	1 190	9.5	830	400
	9.3~5	220.01	1 190	44.7	860	370
	9.6	220.13	1 240	31.9		
	9.6~7	222.94	1 180	29.2	830	410
	9.9	227.12	1 210	35.7	810	410
	9.11~21	229.98	1 190	35.7	820	420
	9.22~23	232.46	1 130	45.4	770	400
	9.24	234.54	1 190	29.0	840	420
	9.25	236.80	1 160	8.53	800	410
	9.26	238.95	1 240	15.7	870	410
	9.27	241.40	1 190	9.8	820	410
	9.28	244.06	1 220	13.0	790	400
	9.29	246.46	1 190	9.88	820	420
	9.30	248.33	1 170	17.7	810	410
	10.4~6	251.10	1 170	26.8	780	400
	10.7	253.01	1 180	19.1	840	410
	10.9~12	254.01	1 150	16.5	800	400

运用期	试验日期 （月·日）	坝前水位 （m）	进口流量 （m³/s）	进口含沙量 （kg/m³）	出口流量(m³/s)	
					电 站	排沙洞
	10.12~15	253.03	1 200	3.28	820	400
	10.16~17	252.05	1 210	3.16	810	410
	10.18~20	250.98	1 220	3.40	810	450
	10.21~24	250.05	1 210	3.39	830	410
	10.24~25	249.06	1 190	3.48	820	400
	10.26~29	247.96	1 200	4.17	810	410
	10.30~31	247.01	1 220	4.78	830	400
	11.1	246.05	1 210	5.35	820	400
	11.2~3	245.15	1 200	5.01	790	400
	11.4~5	244.01	1 220	5.49	790	400
	11.6	243.03	1 210	13.8	780	400
	11.7	241.98	1 190	23.5	740	400
		240.98	1 180	20.4	760	390
降		240.12	1 190	14.0	790	400
低	11.8~13	239.09	1 190	18.0	820	400
水	11.14	238.14	1 200	20.3	820	400
位	11.15	237.15	1 200	14.6	820	400
运	11.15~16	236.20	1 220	14.9	800	440
用	11.16	235.16	1 190	9.41	790	400
期	11.17	234.12	1 200	16.7	780	440
	11.17~18	233.16	1 200	13.6	800	400
	11.18~19	232.13	1 210	21.4	800	400
	11.19	231.12	1 200	16.8	790	400
	11.20~22	230.16	1 210	28.9	860	340
	11.22	229.13	1 220	30.3	790	440
	11.23	228.19	1 170	30.8	780	380
	11.24	227.17	1 170	29.4	790	380
	11.25~26	226.20	1 210	56.1	830	420
	11.26	225.15	1 180	63.0	870	330
	11.28	224.18	1 180	41.7	850	340
	11.29	223.17	1 170	37.8	870	340
	11.29~30	222.23	1 180	23.8	780	400
	12.1~2	221.18	1 210	22.6	800	400
	12.2~9	220.21	1 200	31.1	760	400

注:电站开启 3 号、5 号、6 号,排沙洞开启 3 号。

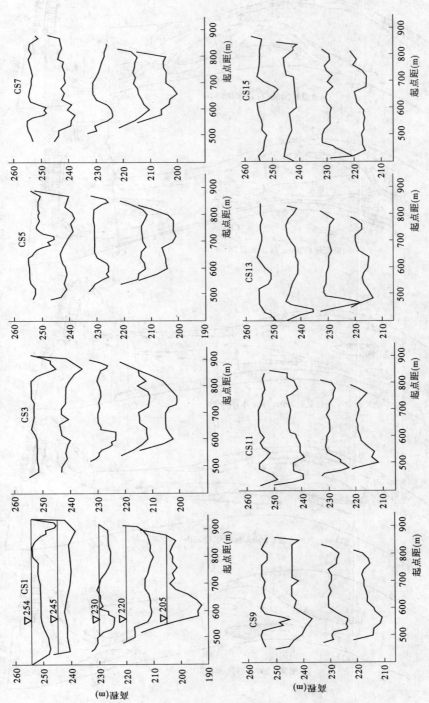

图 9-39 小浪底悬沙模型试验河道横断面图（水位逐步抬高）

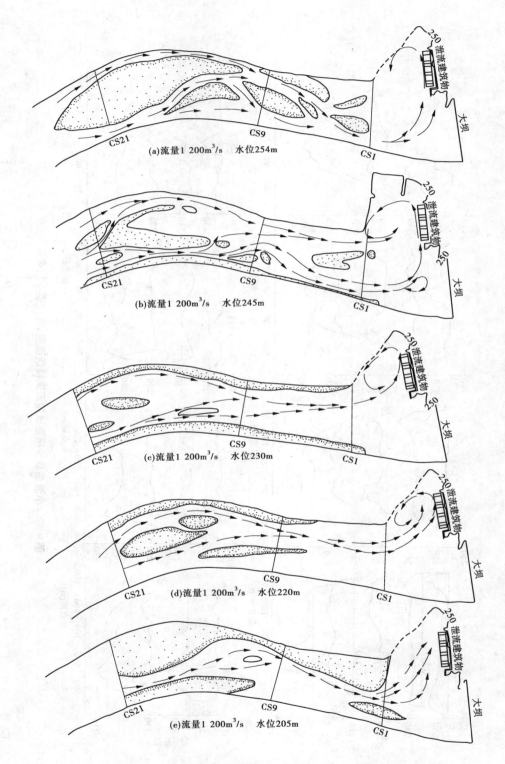

(a)流量1 200m³/s　水位254m

(b)流量1 200m³/s　水位245m

(c)流量1 200m³/s　水位230m

(d)流量1 200m³/s　水位220m

(e)流量1 200m³/s　水位205m

图 9-40　小浪底悬沙模型试验河势图(水位逐步抬高)

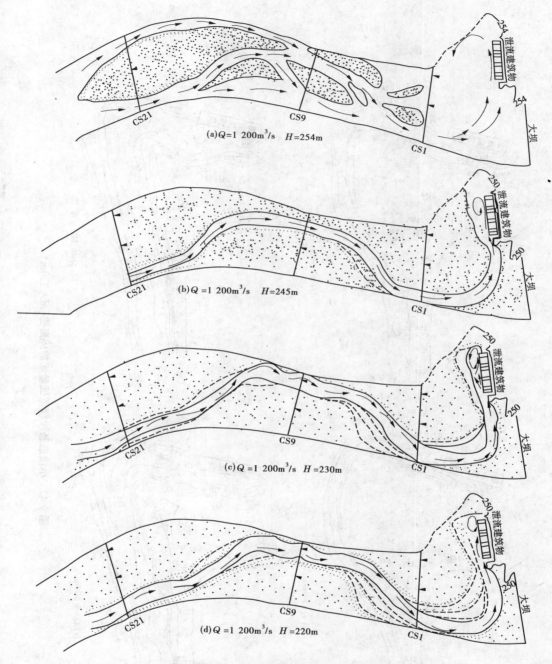

图 9-41　小浪底悬沙模型试验河势图(水位逐步下降)

从造床试验的成果图可以看出:

(1)在水位逐步抬高运用的过程中,河槽全面过水,河宽水浅,水流散乱,主流很不稳定,河势变化类似游荡型河段。

(2)在水位逐步下降运用的过程中,水流沿主河槽下切,逐步形成窄而深的单一河槽,

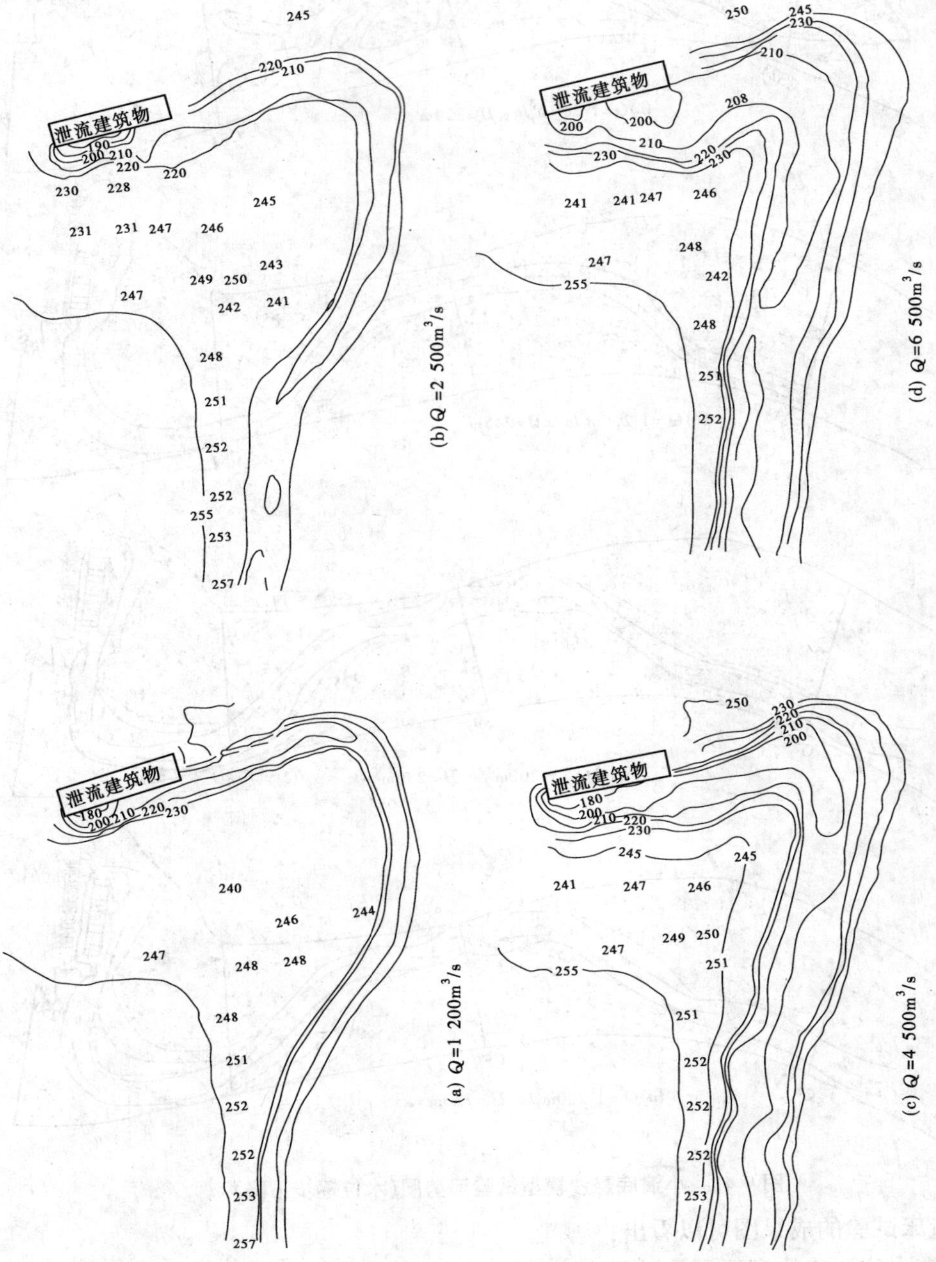

图 9-42　小浪底悬沙模型试验坝前地形图($H = 220$m)

(b) $Q = 2\,500\text{m}^3/\text{s}$

(d) $Q = 6\,500\text{m}^3/\text{s}$

(a) $Q = 1\,200\text{m}^3/\text{s}$

(c) $Q = 4\,500\text{m}^3/\text{s}$

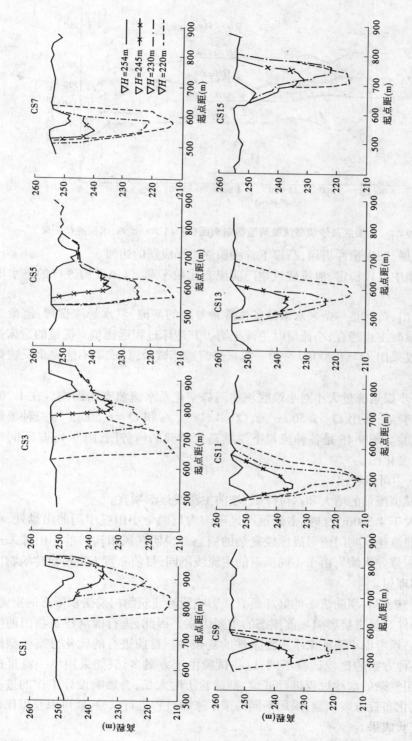

图 9-43　小浪底悬沙模型试验型试验河道横断面图（ $Q = 1\,200\,\mathrm{m^3/s}$，水位逐步下降）

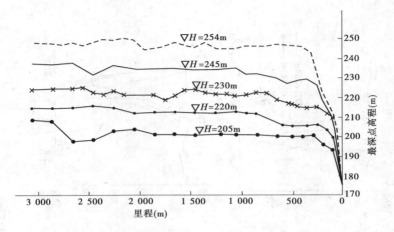

图 9-44   小浪底悬沙模型试验河道纵剖面图（$Q = 1\,200\text{m}^3/\text{s}$，水位逐步下降）

河道向弯曲发展，凹岸顶冲坍塌，凸岸下首淤积逐步形成新的边滩。

（3）主流集中且较稳定，泄流建筑物门前流态比较平顺，仅风雨沟进口的进水塔架右侧流态较差。

但必须指出，黄河是一条来水来沙条件异常复杂的河流，洪水暴涨猛落，流量过程变化迅速，大流量时主流趋直，小流量时主流坐湾。其造床过程远比单一流量的造床过程复杂，因此目前仅采用 $Q = 1\,200\text{m}^3/\text{s}$ 单一流量进行造床试验，其成果不能完全反映黄河的真实情况。

为了进一步探索流量大小对小浪底坝前河势变化及水流流态的影响。在 $1\,200\text{m}^3/\text{s}$ 流量的造床试验后，采用 $Q = 2\,500\text{m}^3/\text{s}$、$Q = 4\,500\text{m}^3/\text{s}$ 和 $Q = 6\,500\text{m}^3/\text{s}$ 三种流量进行了继续造床试验。图 9-45 是各种流量下继续造床试验的河势图，图 9-46 是不同枯水位情况下主流线变化图。

从图 9-45 中可以看出：

（1）随着模型流量的增大和水位降低，坝前主流线逐渐顺直。

（2）流量大于 $4\,500\text{m}^3/\text{s}$ 时，主流顶冲风雨沟沟口两个小山嘴中间的山坳处，小山头起挑流作用，泄流建筑物门前形成比较复杂的流态。说明在风雨沟口的小山嘴未进行处理的条件下（未修导水墙），由于不同流量的主流线不同，目前布置方案泄流建筑物门前的流态仍然不够理想。

以往的研究表明，坝前流态的好坏是直接影响泄流建筑物门前淤积形态的重要因素。而来水来沙条件又是直接影响坝前流态的重要因素。因此，进行泄流建筑物门前防淤堵的试验研究，必须考虑小浪底来水来沙条件的复杂性。目前进行的优化方案模型试验与以往进行的多种方案的比较试验不同，以往试验由于方案多，只能采用单一流量进行试验，如果都采用复杂的水沙过程进行试验，则试验历时太长，会影响设计工作的进度。目前的试验是优化布置方案试验，采用不同的来水来沙过程进行试验，就可以获得比较切合实际情况的试验成果。

必须指出，小浪底枢纽泄流建筑物门前的流态与风雨沟口的边界条件有密切关系，将

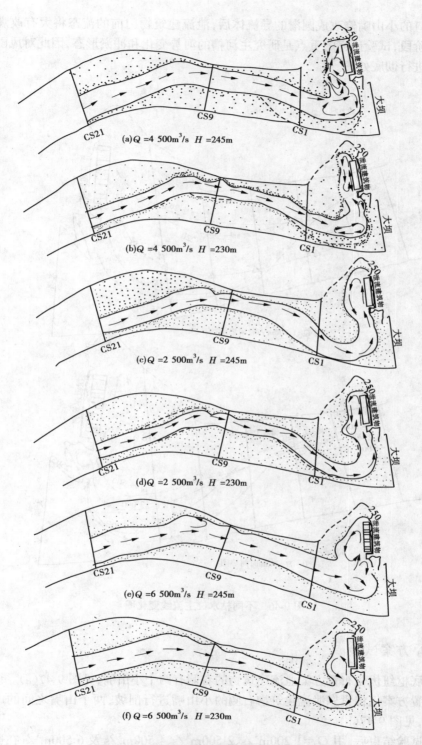

(a) $Q = 4\ 500\text{m}^3/\text{s}$ $H = 245\text{m}$

(b) $Q = 4\ 500\text{m}^3/\text{s}$ $H = 230\text{m}$

(c) $Q = 2\ 500\text{m}^3/\text{s}$ $H = 245\text{m}$

(d) $Q = 2\ 500\text{m}^3/\text{s}$ $H = 230\text{m}$

(e) $Q = 6\ 500\text{m}^3/\text{s}$ $H = 245\text{m}$

(f) $Q = 6\ 500\text{m}^3/\text{s}$ $H = 230\text{m}$

图 9-45　小浪底悬沙模型试验不同流量河势图

风雨沟沟口的小山嘴修改成圆滑的导流体后,泄流建筑物门前的流态将大有改观。但在造床试验阶段,试验研究的重点是研究主河槽的河势变化和冲淤形态,因此对风雨沟口的小山嘴未进行彻底处理。

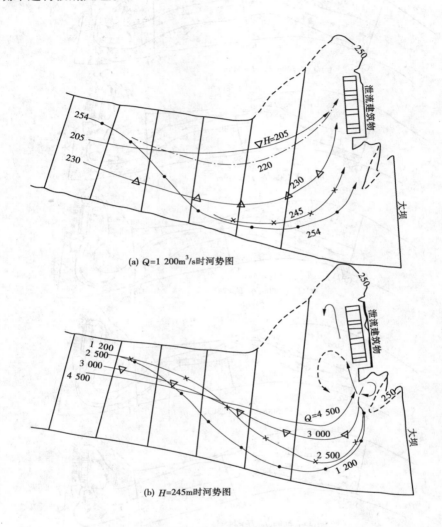

(a) $Q=1\ 200\text{m}^3/\text{s}$时河势图

(b) $H=245\text{m}$时河势图

图 9-46 不同枯水位主流线变化图

五、原方案试验

　　小浪底枢纽优化布置方案泄流建筑物的右侧有两个小山嘴,见图 9-47(a)。设计院提出的原布置方案仅将紧靠泄流建筑物右侧的小山嘴进行削坡,两个山嘴之间的山沟未作任何处理,见图 9-47(b)。

　　造床试验结束后,用 $Q=1\ 200\text{m}^3/\text{s}$、$2\ 500\text{m}^3/\text{s}$、$4\ 500\text{m}^3/\text{s}$ 及 $6\ 500\text{m}^3/\text{s}$ 在造床试验的河床上对原方案进行常规试验,放水过程、水沙条件及组次见表 9-39。

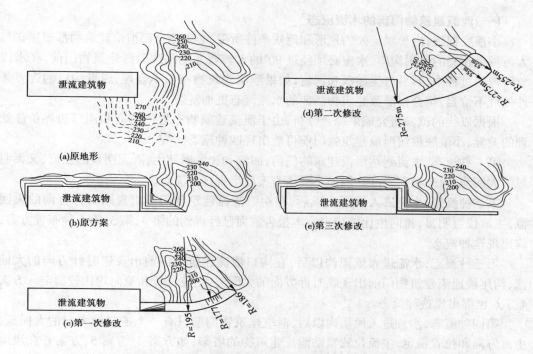

图 9-47　小浪底枢纽泄流建筑物右侧导流工程图（单位:m）

表 9-39

原方案试验水沙过程统计

年度	试验日期 （月·日）	坝前水位 （m）	进口流量 （m³/s）	进口含沙量 （kg/m³）	出口流量（m³/s）		
					电站	排沙洞	孔板洞
1989	12.3~6	220.20	1 200	33.1	780	400	
	12.7~8	230.16	1 210	24.6	790	410	
	12.8~9	220.30	1 180	29.2	790	400	
	12.11~12	220.20	2 460	53.4	1 470	1 010	
	12.13~15	230.18	2 490	23.5	1 470	1 000	
	12.16~19	245.06	2 480	18.6	1 480	1 000	
	12.20~22	220.13	4 360	118	1 500	1 420	1 450
	12.23~24	230.21	4 500	60.4	1 480	1 520	1 490
	12.25~29	245.16	4 210	134	1 520	1 660	1 200
	12.29~30	230.33	4 330	171	1 480	1 490	1 360
	12.30~31	220.75	4 280	223	1 490	1 420	1 350
1990	1.1~4	230.20	4 430	197	1 450	1 480	1 470
	1.4	245.15	4 490	158	1 470	1 610	1 400
	1.5	220.00	6 250	206	1 500	1 410	3 330
	1.5	245.00	6 430	158	1 520	1 610	3 220
	1.7~8	220.19	6 400	177	1 540	1 400	3 420
	1.11	230.13	6 460	202	1 530	1 540	3 360
	1.13~17	245.23	6 440	94.8	1 520	1 630	3 250
	1.18	230.18	6 380		1 560	1 510	3 320

(一)泄流建筑物门前的水流流态

小浪底枢纽,由于坝址处的地形和地质条件所限,必须把全部泄流建筑物都布置在与大河垂直相交的风雨沟内,水流必须经过 90°的大转弯才能到达泄流建筑物门前,在水流急转弯的过程中,容易产生漩涡和回流,如果泄流建筑物布置不合理,或者沟口的边界条件处理不恰当,都会使泄流建筑物门前的水流流态更加复杂。

根据以往的试验研究成果综合分析,由于泄流建筑物布置的不同和沟口边界条件处理的差异,小浪底枢纽泄流建筑物门前可能出现四种流态。

第一种流态,水流到达泄流建筑物门前,回流和和漩涡丛生,既无明显的主流,又无明显的大回流,流态极其紊乱。例如小圆塔方案就出现这种流态。

第二种流态,水流进入风雨沟以后,在沟口泄流建筑物门前出现顺时针方向的大回流,主流位置明显,流向也比较稳定。本报告前面已经提到的第4、第5、第6种布置方案,均出现这种流态。

第三种流态,水流进入风雨沟以后,在沟口泄流建筑物门前出现逆时针方向的大回流,沟尾段泄流建筑物门前出现顺时针方向的大回流,主流位置和流向均比较稳定。方案4、5、6 也都出现这种流态。

第四种流态,水流进入风雨沟以后,泄流建筑物门前只有一个逆时针方向的大回流,主流方向和位置稳定,主流位置紧贴泄流建筑物的塔架,如方案4、方案5、方案6 在风雨沟修建扭曲导流建筑物后,均出现这种流态。

这次优化方案的原方案试验,在流量 $Q=1\,200\text{m}^3/\text{s}$ 和 $2\,500\text{m}^3/\text{s}$ 情况下,坝前主河槽出现"S"形大弯,主流沿着拦河大坝自右向左前进,小山头不起挑流作用。泄流建筑物门前出现第四种流态。

在泄量 $Q=4\,500\text{m}^3/\text{s}$ 和 $6\,500\text{m}^3/\text{s}$ 情况下,大河河势比较顺直,主流顶冲风雨沟口两个小山嘴之间小山坳处,小山嘴起不利的挑流作用,泄流建筑物门前出现第三种流态。

试验成果充分表明,对风雨沟口的小山嘴如果不进一步处理,即使是优化方案,泄流建筑物门前的流态仍然是不理想的。

(二)泄流建筑物门前的小漏斗和大河内的大漏斗

在多沙河流上修建水利枢纽,在泄流建筑物门前一般都有一个小漏斗,在小漏斗的上游大河内,还有一个大漏斗。

以往模型试验证明,小漏斗的形态与来水来沙条件、河床组成、泄量大小、坝前水位变化以及工程布置形式等因素有密切的关系。

据以往模型试验资料统计,小浪底枢纽泄流建筑物门前小漏斗的宽度为 100~180m,边坡为 0.2~0.7。这次模型试验的边坡为 0.18~0.71,与以往模型试验成果基本一致,详见图 9-48 和表 9-40。

小浪底枢纽模型坝前的大漏斗,实际上是水库淤积纵剖面的一部分,其形态与来水来沙条件和库水位的高低有关。一般讲,进入模型的流量大、库水位低时,库区流速大,坝前大漏斗的范围则较大;反之,进入模型流量小、库水位高时,库区流速小,则坝前大漏斗的范围也小。

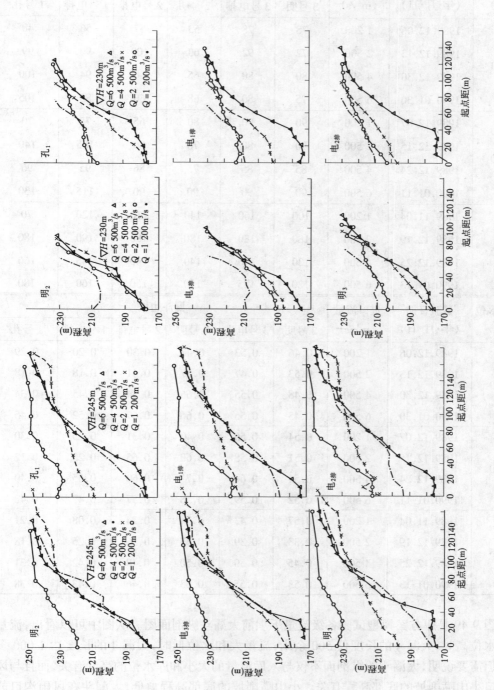

图 9-48 模型泄流建筑物门前漏斗横断面图

表 9-40 原方案模型试验漏斗宽度、边坡统计

坝前水位 (m)	试验日期 (年·月·日)	进口流量 (m³/s)	漏斗水面宽度(m)					
			3号明	3号电排	2号明	2号电排	1号电排	1号孔
220	1989.12.06	1 200	78	78	53	57	56	48
	1989.12.13	2 500	72	92	60	100	90	99
	1989.12.30	4 500	80	80	65	80	94	100
	1990.01.30	6 500	75	80	68	66	85	105
230	1989.12.07	1 200	90	90	80	65	75	70
	1989.12.15	2 500	90	80	70	80	105	140
	1989.12.24	4 500	85	85	75	86	95	96
	1990.01.11	6 500	90	90	90	90	115	130
245	1989.11.04	1 200	100	160	140	110	120	70
	1989.12.19	2 500	180	180	180	190	190	180
	1989.12.25	4 500	130	140	140	140	145	160
	1990.01.13	6 500	120	125	130	150	160	180

坝前水位 (m)	试验日期 (年·月·日)	进口流量 (m³/s)	漏斗边坡					
			3号明	3号电排	2号明	2号电排	1号电排	1号孔
220	1989.12.06	1 200	0.46	0.53	0.47	0.30	0.20	0.29
	1989.12.13	2 500	0.53	0.47	0.57	0.41	0.18	0.18
	1989.12.30	4 500	0.48	0.55	0.66	0.54	0.45	0.34
	1990.01.30	6 500	0.45	0.55	0.66	0.67	0.52	0.45
230	1989.12.07	1 200	0.54	0.56	0.40	0.31	0.25	0.30
	1989.12.15	2 500	0.51	0.58	0.60	0.65	0.25	0.12
	1989.12.24	4 500	0.54	0.64	0.71	0.60	0.65	0.40
	1990.01.11	6 500	0.52	0.59	0.58	0.57	0.47	0.42
245	1989.11.04	1 200	0.57	0.43	0.34	0.24	0.08	0.21
	1989.12.19	2 500	0.33	0.39	0.33	0.36	0.25	0.18
	1989.12.25	4 500	0.45	0.50	0.50	0.48	0.42	0.31
	1990.01.13	6 500	0.53	0.55	0.53	0.46	0.43	0.38

图 9-49 是原方案模型试验各级流量下坝前大漏斗纵剖面图。从图中可以看出,流量小和水位高时,大漏斗的长度仅 500 余米;流量大和水位低时,大漏斗的长度达 1 000 多米。但需要说明,大漏斗的纵剖面不仅与入库流量的大小和库水位的高低有关,而且与风雨沟口小山嘴削坡的底部高程有关。小山嘴削坡的底部高程愈低,大漏斗在风雨沟口的侵蚀基准面愈低,水流形成的大漏斗的范围则愈大。反之,水流形成的大漏斗范围则愈

小。这次模型试验大漏斗的纵剖面是在 1 号孔板洞门前的沟底高程为 175m、小山嘴削坡的底部高程为 200m(即平台高程为 200m)的情况下获得的。如果小山嘴削坡的底部高程下降到 175m(即将平台的高程由 200m 降至 175m),降低大漏斗在沟口处的侵蚀基准面,则坝前大漏斗的范围还有可能增大。

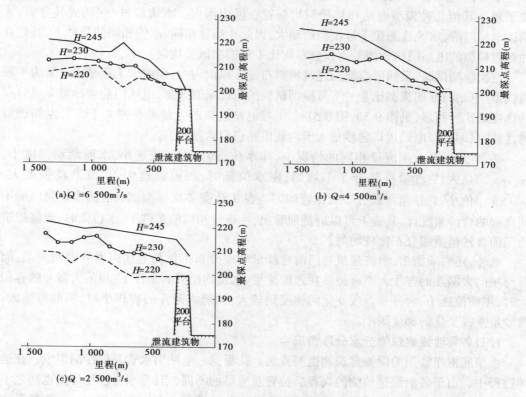

图 9-49 小浪底悬沙模型试验坝前漏斗变化图(单位:m)

(三)泄流建筑物门前含沙量垂线分布

在多沙河流上修建水电站,为了减少泥沙进入机组,必须掌握泄流建筑物门前含沙量垂线分布规律。

众所周知,悬移质运动是泥沙重力作用与水流紊动作用的共同结果,泥沙的重力作用一般以 ω 表示,水流的紊动作用一般以 κu_* 表示;两者的共同作用以 $\omega/\kappa u_*$ 表示;许多学者都以 $\omega/(\kappa u_*)$ 作为河流泥沙含沙量垂线分布的指标,即"悬浮指标"。悬浮指标 $(\omega/(\kappa u_*))$ 小时,表示水流紊动强度大,含沙量垂线分布比较均匀;悬浮指标大时,表示水流紊动强度小,含沙量垂线分布不均匀。

在小浪底枢纽悬沙模型中,入库泥沙的颗粒级配假定是不变的。因此,入库流量大时,流速大,水流紊动强度大,悬浮指标小,含沙量垂线分布比较均匀;入库流量小时,流速小,水流紊动强度小,悬浮指标大,含沙量垂线分布不均匀。例如小浪底枢纽 I 号模型试验,排沙洞进水口高程为 160m,电站进口高程为 200m。当入库流量 $Q=1\,000\text{m}^3/\text{s}$ 时,$S_电/S_排=0.42$;$Q=2\,000\text{m}^3/\text{s}$ 时,$S_电/S_排=0.95$。充分说明,随着入库流量的增大,含沙量垂线分布趋于均匀。

必须指出,在水流运动过程中,影响水流紊动强度的因素除流量大小外,还有水位的高低、河势变化及工程布置,等等。

Ⅰ号模型的电站和排沙洞布置在沟口,属于正面引水的布置形式,电站门前的流态比较平顺。其他几种模型电站和排沙洞均布置在风雨沟内。水流经过 90°的大转弯后,才到达电站门前,水流流态比Ⅰ号模型紊动大,因此在流量相同、水位相同的条件下,其他几种布置模型的电站门前含沙量垂线分布均比Ⅰ号模型试验均匀。

这次模型试验,虽然所有泄流建筑物都布置在风雨沟内,但由于工程平面布置为平顺直线型,电站门前的流态比Ⅱ~Ⅴ号模型试验的流态略有改善,电站门前含沙量垂线分布的梯度则比较明显(见图 9-50、图 9-51)。1 号电站进口的含沙量普遍大于 3 号电站进口的含沙量(即沟口电站进口含沙量大于沟底电站进口含沙量)。

必须指出,在入库流量相同的情况下,库水位高时,坝前流速小,水流紊动强度小,$\omega/(\kappa u_*)$值大,含沙量垂线分布不均匀;库水位低时,坝前流速大,水流紊动强度大,$\omega/(\kappa u_*)$值小,含沙量垂线分布则比较均匀。表 9-41 是本次模型试验泄流建筑物门前不同高程的含沙量统计,从表上可以清楚地看出,在流量相同的条件下,水位低时,泄流建筑物门前含沙量垂线分布比较均匀。

此外,还必须指出,泄流建筑物门前含沙量垂线分布不仅与上述因素有密切关系,而且与坝前大漏斗的容积大小有关。在入库流量、水位均相同的条件下,坝前大漏斗的容积大时,坝前流速小,含沙量垂线变化的梯度则较大;坝前大漏斗的容积小时,坝前流速大,含沙量垂线变化的梯度则小。

(四)各种泄流建筑物分水分沙情况

小浪底枢纽常用的泄流建筑物由明流洞、孔板洞、电站引水管及排沙洞组成,在运用过程中,由于各泄流建筑物的高程、位置及泄量的不同,其分水分沙比可能也随之不同。为了了解各种泄流建筑物在运用过程中分水分沙情况,在试验过程中,观测各泄流建筑物出口的含沙量和流量,其结果见表 9-42。从表 9-42 可以看出,电站出口含沙量明显小于排沙洞的含沙量。进一步说明这次模型试验,电站门前含沙量垂线是有明显梯度的。

(五)坝前表面流速分布情况

坝前各泄流建筑物出口的含沙量彼此不相同,主要是由于各种泄流建筑物进口的高程不同所致。此外,各泄流建筑物门前的流速不同对含沙量分布也有一定的影响。在这次试验中,为了进一步弄清各泄流建筑物出口含沙量不同的原因,对坝前表面流速进行了测量。图 9-52 是库水位 230m 和 245m,$Q = 2\,500\text{m}^3/\text{s}$、$Q = 4\,500\text{m}^3/\text{s}$ 及 $Q = 6\,500\text{m}^3/\text{s}$ 时,坝前表面流速分布图。从图 9-52 可以看出:

(1)在水位 230m 时,风雨沟口,小山嘴削坡右侧,有一个顺时针方向的小回流,沟内有一个逆时针方向的大回流。

(2)水位为 230m 时,泄流建筑物门前的表面流速普遍大于水位 245m 时的流速。

(3)沟口的表面流速大于沟尾的表面流速。

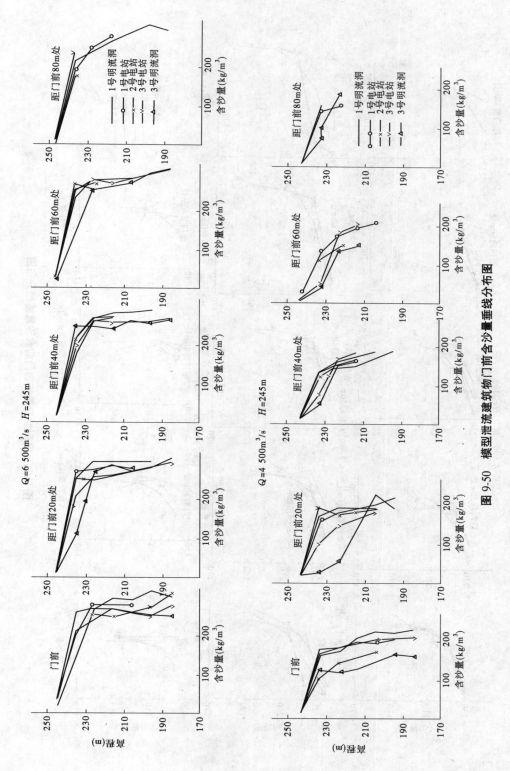

图 9-50 模型泄流建筑物门前含沙量垂线分布图

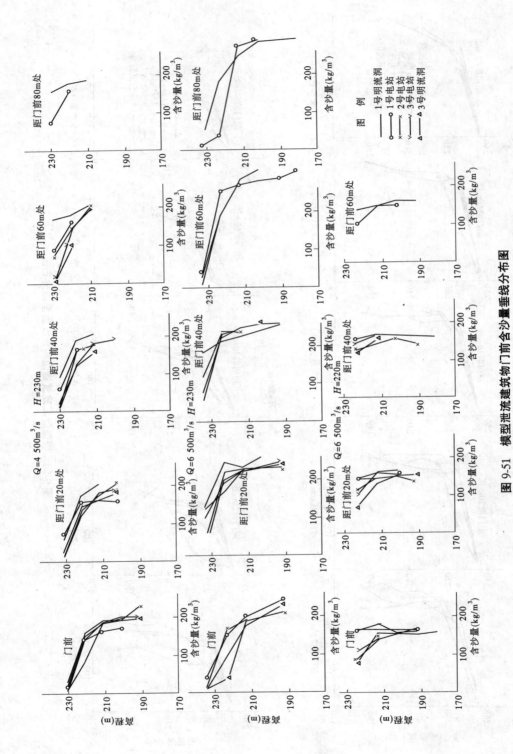

图 9-51 模型泄流建筑物门前含沙量垂线分布图

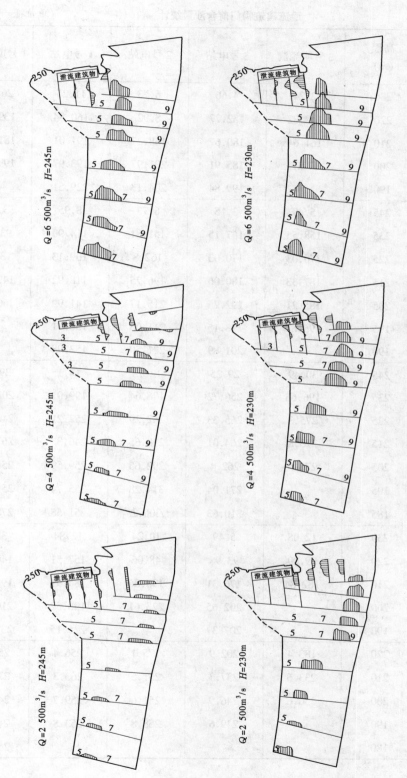

图 9-52　小浪底悬沙模型试验表面流速分布图

表 9-41　　　　　　　　　　泄流建筑物门前含沙量统计　　　　　　（单位:kg/m³）

流量 (m³/s)	高程 (m)	3 号明流洞	3 号电站	2 号电站	1 号电站	1 号明流洞
4 500	230	2.24	4.66	6.73	11.25	26.03
	220	142.82	152.77	8.92	160.84	139.55
	210	161.64	180.67	188.27	191.01	181.71
	200	172.2	185.91	201.97	193.97	199.41
	190		199.84	204.13	229.51	
4 500	245	5.49	3.15	6.73	8.95	3.83
	235	158.55	167.15	151.81	114.90	93.22
	225	170.03	170.03	162.8	109.13	133.9
	215	187.33	180.06	196.75	118.92	149.48
	205	185.21	192.25	215.17	141.99	160.51
	195	195.62	198.15	211.03	158.41	
	190		201.89	221.59	153.98	
6 500	245	30.49	29.25	12.73	14.1	29.75
	235	196.66	256.72	196.64	199.91	208.24
	225	275.3	265.33	262.29	252.21	240.81
	215	275.8	264.01	298.65	246.85	267.21
	205	276.5	262.4	292.65	259.59	256.24
	195		271.04	314.28	255.74	251.77
	185		310.63	300.2	251.58	278.09
6 500	230	12.08	5.49	10.24	12.84	37.3
	220	39.09	93.98	48.06	157.51	146.71
	210	182.84	176.31	190.86	186.91	194.18
	200		202.65	223.61	198.52	219.67
	190		207.37		225.15	237.69
6 500	220	183.4	202.9	175.1	256.4	257.4
	210	233.6	237.3	251.5	263.3	273.8
	200	250.6	246.9	251.6	259.7	249.9
	190		249.6	258.8	253.8	247.4
	180					251.4

表 9-42 　　　　　　　　　　泄流建筑物出口含沙量统计　　　　　　（单位:kg/m³）

位　　置	$Q=4\,500\text{m}^3/\text{s}$			$Q=6\,500\text{m}^3/\text{s}$	
	$H=230\text{m}$	$H=245\text{m}$	$H=254\text{m}$	$H=230\text{m}$	$H=245\text{m}$
1 号孔板洞	217.08	220.93	191.01	236.82	272.97
	222.24	217.23	188.27	241.26	263.29
2 号孔板洞	203.35	214.29	171.44	227.51	253.75
	200.37	207.51	196.75	225.15	151.05
3 号孔板洞					265.4
					256.95
1 号排沙洞	198.32	217.63	185.91	221.45	268.68
	196.45	209.98	191.7	239.54	279.29
2 号排沙洞	189.75	224.22	188.25	244.94	273.52
	203.36	221.78	192.25	240.39	272.17
3 号排沙洞	184.41	242.19	183.89	247.72	262.15
	182.17	283.99	183.78	245.13	257.75
2 号电站	190.12	199.52	159.91	209.16	243.68
	182.58	213.50	167.13	194.4	271.03
3 号电站	186.91	188.61	178.71	203.87	250.95
	189.18	206.63	167.63	198.02	248.05
4 号电站	183.28	198.36	164.82	212.42	246.94
	168.63	206.09	161.56	211.92	252.16
5 号电站	176.99	200.32	162.23	208.74	247.07
	181.24	198.91	162.54	213.23	266.29
6 号电站	176.29	203.2	159.56	197.15	241.78
	177.42	191.03	143.1	200.14	262.7

　　表 9-43 是各级流量下,泄流建筑物门前最大表面流速统计表。

　　从表 9-43 中可以看出:

　　(1)沟口泄流建筑物门前表面流速大于沟底,说明沟口水流紊动强度大于沟底。因此,沟口含沙量垂线分布比沟底均匀。

　　(2)1 号电站进水口的表面流速可达 2m/s,而 3 号明流洞前的表面流速仅 0.3~0.5m/s。

(六)异重流现象

　　小浪底枢纽悬沙模型试验,每组试验的开始阶段,均有一个较大的库容,而且充满了清水,故经常发生异重流,但随着模型试验历时的增长,坝前库容愈来愈小,水流流速愈来愈大,水流紊动强度逐渐增加,异重流现象则逐渐消失。

　　由于异重流现象不是本次模型试验的内容,故未进行详细观测。

表 9-43 原方案模型试验最大表面流速统计 （单位：m/s）

坝前水位 （m）	断面编号	断面位置	$Q=2\,500\text{m}^3/\text{s}$	$Q=4\,500\text{m}^3/\text{s}$	$Q=6\,500\text{m}^3/\text{s}$
230	沟2	3号明流洞前	0.6	0.5	
	沟3	2号电站前	0.7	0.8	0.7
	沟4	1号电站前	1.1	2.0	2.2
	沟5	山嘴削坡处	2.7	2.9	3.3
	沟6	山嘴削坡上游	2.6	3.1	
245	沟2	3号明流洞前	0.3		0.3
	沟3	2号电站前	0.4		0.7
	沟4	1号电站前	0.4		2.0
	沟5	山嘴削坡处	0.6	1.9	2.4
	沟6	山嘴削坡上游	1.0	2.0	
	沟7	距2号明流洞上游250m处	0.9	1.9	

注：3号明流洞未开。

六、在沟口修建圆形裹头和直导墙试验

小浪底枢纽全部泄流建筑物布置在风雨沟内，沟口有两个小山嘴，原方案仅对靠近泄流建筑物右侧的小山嘴进行了削坡，而对两个小山嘴之间的小山沟未进行任何处理，当大河主流顶冲两个山嘴之间的山沟时，紧靠泄流建筑物右侧的小山嘴仍然起挑流作用，使泄流建筑物门前的水流流态恶化，产生顺时针方向的大回流。因此，要想改善泄流建筑物门前的流态，使进水塔门前只产生逆时针方向的单一回流，首先需要对沟口的小山嘴进行合理处理，使之不再起挑流作用。

根据以往多次模型试验资料的综合分析，发现只要在风雨沟口修建以下两种工程，小山嘴的挑流作用就可以基本消除。

第一种工程是在泄流建筑物右侧两个小山嘴之间，沿进水塔架方向，修建一道长240m的隔墙，将两个山嘴之间的山沟全部封死，使大河来水的主流不顶冲小山嘴，小山嘴无法起挑流作用。由于这种隔墙不仅有隔水作用，而且还有导流作用，因此我们称它为直线型导流墙。

第二种工程是将小山头修建改成圆形裹头，这种裹头对水流的作用类似黄河下游护岸工程中的小垛，仅有导流作用，而无挑流作用（或挑流作用甚微）。圆形裹头的半径有A、B两种尺寸：A种半径圆裹头（称为A型裹头），其上沿半径 $R=177\sim186\text{m}$，下沿半径 $R=195\text{m}$。

B种半径圆裹头（称为B型裹头），其上沿半径 $R=275\sim280\text{m}$，下沿半径 $R=330\sim335\text{m}$。

两种导流工程（圆形裹头和直型导墙）的顶部高程为245m，底部高程为200m。

模型试验的主要任务是通过试验来检验两种导流工程的效果。

此次模型试验是在原方案模型的基础上进行的，因此我们称它为修改方案模型试验。

其中,A型圆裹头模型试验称为第一次修改模型试验,B型圆裹头模型试验称为第二次修改模型试验,直线型导墙模型试验称为第三次修改模型试验。

模型试验主河槽的位置、地形、断面形状、河势均与原方案模型试验基本一致。

现将三次修改模型试验的主要成果概述如下:

模型试验的流量、含沙量及水位控制也与原方案试验基本一致(见表9-44)。

表9-44　　　　　　　模型修改方案试验水沙条件统计(1990年)

修改方案	试验日期(月·日)	坝前水位(m)	进口流量(m³/s)	进口含沙量(kg/m³)	出口流量(m³/s)		
					电站	排沙洞	孔板洞
第一次(A型圆裹头)	2.22	245.02	6 330	19.0	1 550	1 600	3 100
	2.23	230.24	4 590	139	1 540	1 450	1 490
	2.23~24	244.96	4 560	18.1	1 500	1 540	1 520
	2.24	245.20	2 550	12.8	1 460	1 100	
	2.25~26	230.07	1 200	28.6	740	380	
	2.26~27	245.29	2 560	16.9	1 390	1 150	
	2.27	230.03	6 610	86.7	1 530	1 610	3 410
	2.27~28	230.11	2 520	22.5	1 500	1 100	
	2.28	245.02	2 550	34.2	1 430	1 150	
第二次(B型圆裹头)	3.2	230.12	2 630	29.4	1 520	1 050	
	3.2~3	230.15	1 230	13.8	800	370	
	3.3~4	245.09	1 220	4.53	790	380	
	3.6	245.22	2 690	24.0	1 510	1 170	
	3.7	230.28	4 510	151	1 550	1 570	1 350
	3.7~8	230.24	6 080	199	1 610	1 520	2 860
	3.8~9	245.35	6 630	90.5	1 560	1 610	3 420
	3.9~10	245.31	4 630	32.4	1 450	1 650	1 400
	3.10~12	245.24	1 230	6.13	790	400	
第三次(直线型导墙)	4.3~4	230.11	2 560	64.1	1 540	960	
	4.4~5	230.18	1 220	25.2	750	410	
	4.6	245.22	2 510	8.57	1 520	1 070	
	4.7~9	245.21	1 230	8.80	750	380	
	4.9~11	230.09	1 220	18.7	741	370	
	4.12~16	230.16	2 480	36.6	1 540	1 040	
	4.16~23	230.14	4 510	84.5	1 500	1 580	1 420
	4.24~25	229.91	2 570	56.5	1 490	960	
	4.25	230.23	6 580	67.1	1 500	1 640	3 390
	4.26	230.22	4 460	46.5	1 500	1 650	1 320

(一)泄流建筑物门前的流态

通过修改方案模型试验发现:

(1)在模型风雨沟口修建直线型导墙或圆型裹头后,不论水位为230m或245m,流量为1 200m³/s、2 500m³/s、4 500m³/s、6 500m³/s,泄流建筑物门前均能形成逆时针方向的单一回流,见图9-53～图9-55。

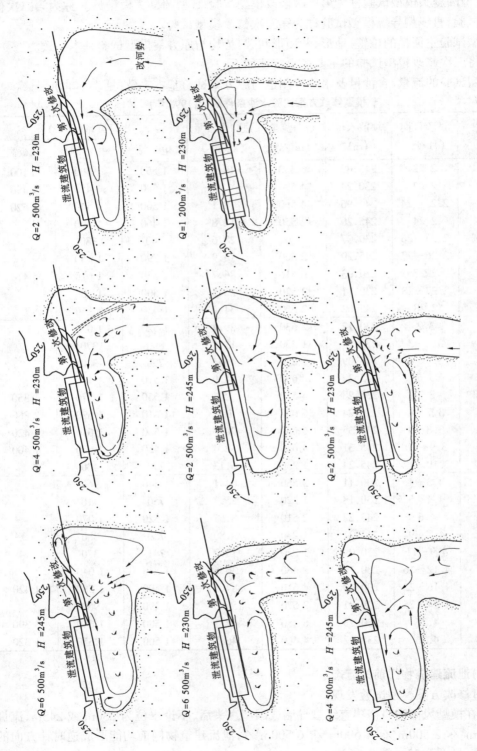

图 9-53　小浪底悬沙模型试验河势图（A 型圆裹头方案）

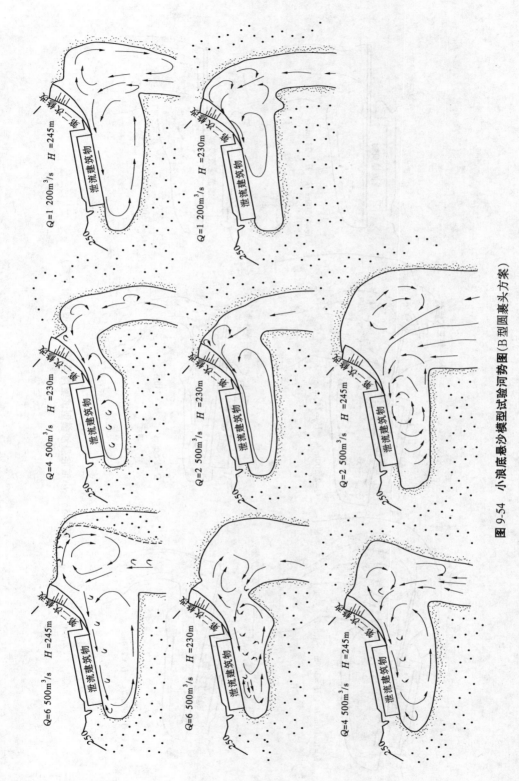

图 9-54　小浪底悬沙底沙模型试验河势河图（B 型圆裹头方案）

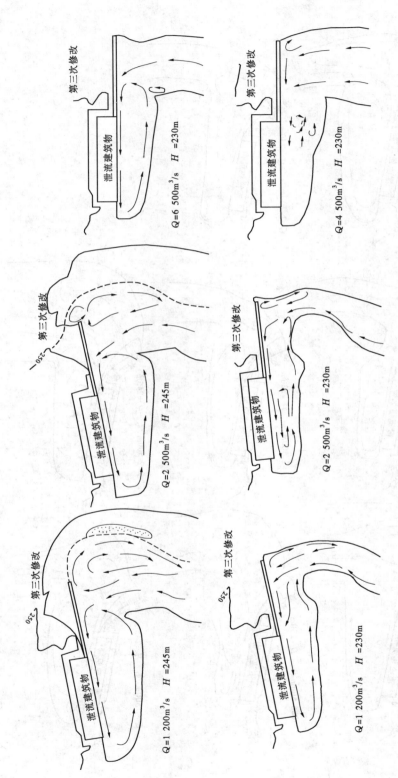

图 9-55 小浪底悬沙模型试验河势图（直线型导墙方案）

第三次修改　Q=6 500m³/s　H =230m

第三次修改　Q=4 500m³/s　H =230m

第三次修改　Q=2 500m³/s　H =245m

第三次修改　Q=2 500m³/s　H =230m

第三次修改　Q=1 200m³/s　H =245m

第三次修改　Q=1 200m³/s　H =230m

泄流建筑物

(2)库水位为230m时,$Q>2\,500\text{m}^3/\text{s}$以后,三种导流工程模型泄流建筑物门前,均出现微型漩涡;库水位为245m时,$Q>4\,500\text{m}^3/\text{s}$以后,才出现微型漩涡。见图9-53和图9-54。

但必须指出,这种微型漩涡在以往正向引水的电站防沙模型中也曾出现过。

总之在模型泄流建筑物右侧,修建三种导流工程对改善泄流建筑物门前的流态的效果是明显的。

(二)泄流建筑物门前的淤积形态

修建直线型导墙或圆型裹头后,泄流建筑物门前的流态较好,风雨沟内形成了比较规则的单一小河槽(即长条型漏斗)。小河槽的宽度(即漏斗的宽度)为80~160m,边坡0.2~0.7(见表9-45)。泄流建筑物门前最低点高程为180m左右(见图9-56及表9-46)。

三种导流工程附近的局部冲刷坑的高程因受200m平台的影响,均未低于200m。但当$Q>6\,500\text{m}^3/\text{s}$时,200m平台上游河底高程低于200m(见图9-56)。说明泄流建筑物右侧的200m平台对坝前的淤积形态是有影响的。

总之,从模型试验淤积形态看,修建导流建筑物后,淤积形态比较规则,泄流建筑物门前未发现淤堵现象,见图9-56~图9-59。

(三)泄流建筑物门前表面流速分布情况

图9-60是修建导流工程后泄流建筑物附近表面流速分布图。表9-47是模型试验不同运用水位下,各级流量的最大表面流速统计表。

从图9-60和表9-47可以看出,模型增建直线型导流墙和圆形裹头导流工程后,泄流建筑物门前表面流速分布规律和最大表面流速的变化范围与原方案试验成果基本一致。即:

(1)沟口最大表面流速达3.5m/s以上,而沟里的表面流速(3号电站门前)仅0.2~0.3m/s。沟口的表面流速比沟里的表面流速大得多。

(2)同流量下,水位为230m时,沟口的表面流速大于水位为245m时的表面流速。

(3)在水位相同、流量也相同的情况下,三种导流工程模型试验所测得的泄流建筑物门前最大表面流速变化范围及出现的部位基本相同。

(四)泄流建筑物门前流速垂线分布

在模型试验过程中,对泄流建筑物门前的流速垂线分布也进行了少量的测量。其结果见图9-61。

从图9-61可以看出,泄流建筑物门前流速垂线分布(包括平行泄流建筑物的和垂直泄流建筑物的)比较复杂,与一般河道水流流速垂线分布的规律不同,与正向引水电站门前流速垂线分布规律也不一样。但其本身还是有一定规律的。即:

(1)平行泄流建筑物的流速v_*,从沟口至沟里是沿程递减的。

(2)开启运用的泄流建筑物门前的流速,比未开启运用泄流建筑物门前的流速大。

(五)泄流建筑物门前断面平均流速

前面已经谈到,小浪底枢纽泄流建筑物优化布置方案,在风雨沟口修建圆型裹头导流工程(或修建直线型导流墙)后,风雨沟内形成了一条比较平顺的小河槽。但必须指出,所谓比较平顺的小河槽,仅仅就河槽的平面形态而言,至于小河槽的纵剖面和横断面,受目

表 9-45

模型试验漏斗宽度、坡比统计(1990 年)

修改方案	试验日期(月·日)	坝前水位(m)	进口流量(m³/s)	漏斗宽度(m)						漏斗坡比					
				3号明	3号电、排	2号明	2号电、排	1号电、排	1号孔	3号明	3号电、排	2号明	2号电、排	1号电、排	1号孔
第一次	2.22	245	6 500	110	120	120	120	130	130	0.56	0.58	0.58	0.56	0.52	0.49
	2.24	245	4 500	115	115	115	125	135	135	0.52	0.60	0.58	0.55	0.51	0.50
	2.27	245	2 500	110	115	120	120	140	140	0.53	0.59	0.54	0.54	0.46	0.43
	2.23	230	4 500	85	90	100	110	120	120	0.53	0.59	0.51	0.48	0.46	0.45
	2.26	230	1 200	95	100	100	115	120	120	0.49	0.54	0.47	0.42	0.35	0.38
	2.27	230	6 500	90	95	105	110	120	120	0.52	0.56	0.49	0.48	0.47	0.46
	2.28	230	2 500	90	95	100	110	120	120	0.52	0.57	0.47	0.44	0.45	0.46
第二次	3.2	230	2 500	90	100	100	110	110	120	0.54	0.55	0.47	0.49	0.49	0.38
	3.3	230	1 200	80	85	100	105	120	120	0.56	0.59	0.48	0.49	0.40	0.35
	3.7	230	4 500	80	90	100	95	100	95	0.56	0.70	0.54	0.58	0.55	0.49
	3.8	230	6 500	80	100	110	110	120	120	0.56	0.55	0.50	0.50	0.46	0.45
	3.6	245	2 500	115	115	120	135	140	145	0.56	0.60	0.56	0.50	0.48	0.39
	3.9	245	6 500	120	120	140	140	140	150	0.52	0.58	0.49	0.49	0.49	0.46
	3.10	245	4 500	110	120	125	130	150	160	0.58	0.58	0.50	0.53	0.46	0.37
	3.13	245	1 200	115	105	125	130	145	145	0.52	0.63	0.46	0.38	0.33	0.31
第三次	4.4	230	2 500	85	90	95	90	95	95	0.54	0.60	0.54	0.60	0.44	0.27
	4.5	230	1 200	85	90	95	100	105	105	0.52	0.60	0.39	0.39	0.32	0.26
	4.14	230	2 500	80	85	90	95	100	100	0.56	0.64	0.49	0.56	0.37	0.22
	4.24	230	4 500	85	95	100	105	105	110	0.51	0.58	0.52	0.50	0.50	0.39
	4.26	230	6 500	85	95	95	98	108	118	0.51	0.56	0.55	0.54	0.48	0.44
	4.6	245	2 500	120	120	125	140	150	160	0.44	0.58	0.48	0.49	0.44	0.33
	4.9	245	1 200	115	120	130	140	150	160	0.51	0.58	0.41	0.36	0.32	0.29

表 9-46

修改方案泄流建筑物门前淤积高程统计

修改方案	日期(月·日)	水位(m)	流量(m³/s)	泄流建筑物门前高程(m)											
				明₁	孔₁	电₁右	电₁左	孔₂	电₂右	电₂左	明₂	孔₃	电₃右	电₃左	电₃
第一次	2.27	230	6 500	186.18	178.10	176.68	174.68	177.18	177.68	176.68	177.18	176.68	177.18	177.68	183.68
	2.22	245	6 500	182.14	179.14	176.14	176.14	176.64	176.14	176.14	176.64	176.14	176.14	176.14	183.14
	2.23	230	4 500	179.09	176.59	177.09	176.09	177.09	177.59	177.09	179.09	176.09	177.09	176.59	185.59
	2.24	245	4 500	182.59	181.09	176.59	175.59	175.59	176.59	177.09	178.59	175.59	179.59	177.09	183.09
	2.27		2 500	186.14	185.14	182.14	178.64	178.14	175.64	177.14	181.14	176.14	175.64	177.14	185.64
	2.27	245	2 500	183.98	183.98	181.48	179.48	180.48	177.98	175.98	178.98	179.48	176.48	176.98	184.48
	2.26	230	1 200	192.97	191.97	185.47	183.97	181.97	182.72	182.97	182.97	180.97	175.97	177.97	185.97
第二次	3.8	230	6 500	177.44	176.44	175.94	175.44	175.44	175.94	175.94	175.44	175.44	175.94	177.44	185.44
	3.9	245	6 500	179.29	177.52	176.52	176.02	176.52	176.52	175.52	176.52	175.52	175.52	180.32	183.53
	3.7	230	4 500	185.14	183.14	176.64	175.14	175.14	175.14	176.14	176.14	175.14	175.14	176.14	185.14
	3.10	245	4 500	187.18	186.18	176.18	176.18	176.18	176.18	176.18	182.68	176.68	176.18	178.18	181.18
	3.2	230	2 500	193.04	185.04	176.04	176.54	176.04	176.04	177.04	183.04	185.04	176.04	178.04	182.04
	3.6	245	2 500	192.05	188.05	179.05	178.05	176.05	177.08	177.05	179.05	179.05	176.05	178.05	181.05
	3.3	230	1 200	192.04	188.04	178.04	182.04	183.04	178.04	179.04	182.04	185.04	180.04	178.04	185.04
	3.12	245	1 200	187.64	186.64	176.14	176.64	176.14	176.64	177.14	181.64	177.14	178.14	175.64	182.64
第三次	4.26	230	6 500	177.28	177.28	177.28	177.28	176.28	176.28	176.28	177.28	175.28	176.28	178.28	186.28
	4.24	230	4 500	189.59	186.09	176.59	177.59	180.59	177.09	177.09	178.09	176.09	174.59	181.59	186.59
	4.4	230	2 500	194.34	191.34	187.34	186.34	183.34	177.84	177.84	183.85	183.34	176.34	178.34	186.34
	4.6	245	2 500	201.14	192.14	183.64	180.14	181.14	176.14	176.14	184.64	182.14	175.64	179.14	190.64
	4.11	230	1 200	205.23	196.23	183.73	177.73	185.73	189.00	189.00	186.00	183.00	177.23	179.73	187.73
	4.7	245	1 200	201.35	193.35	186.35	183.35	181.35	177.85	177.85	185.35	181.35	175.35	177.85	186.35

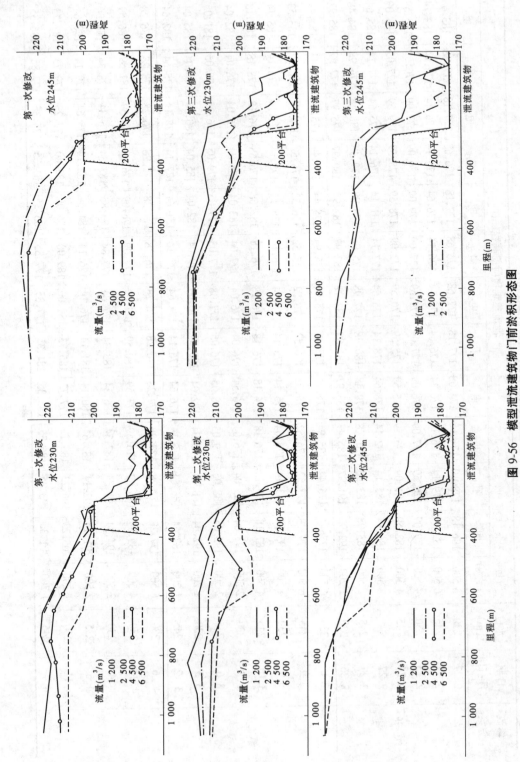

图 9-56 模型泄流建筑物门前淤积形态图

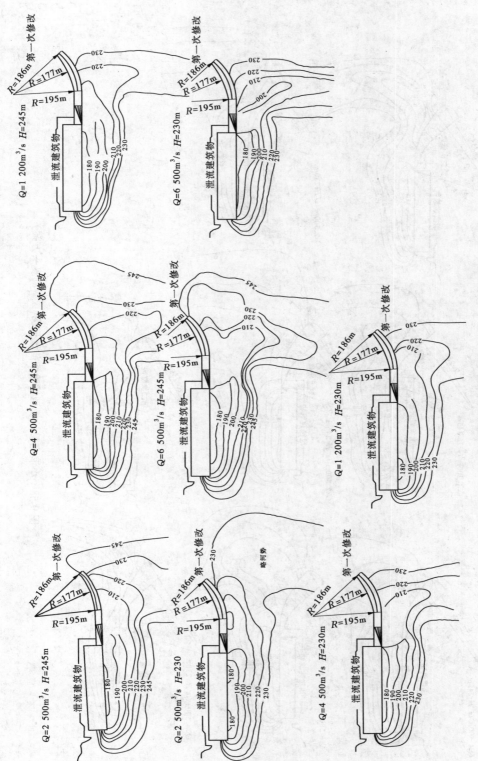

图 9-57 小浪底悬沙模型试验前试验坝地形图（A 型圆裹头方案）

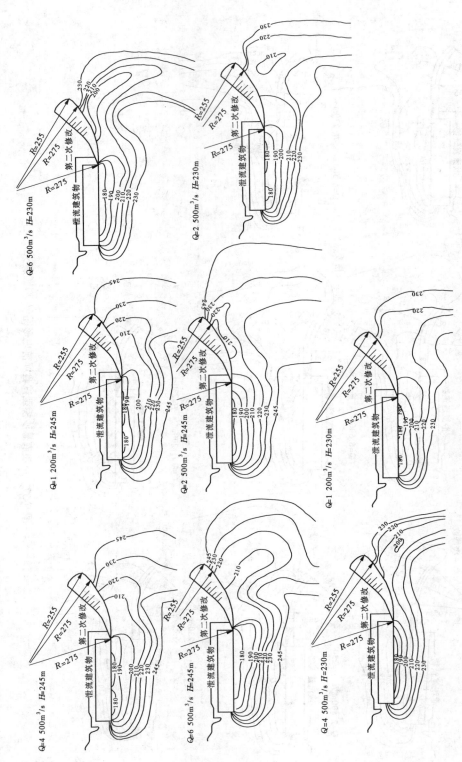

图 9-58 小浪底悬沙模型试验前地形图（B型圆裹头方案）

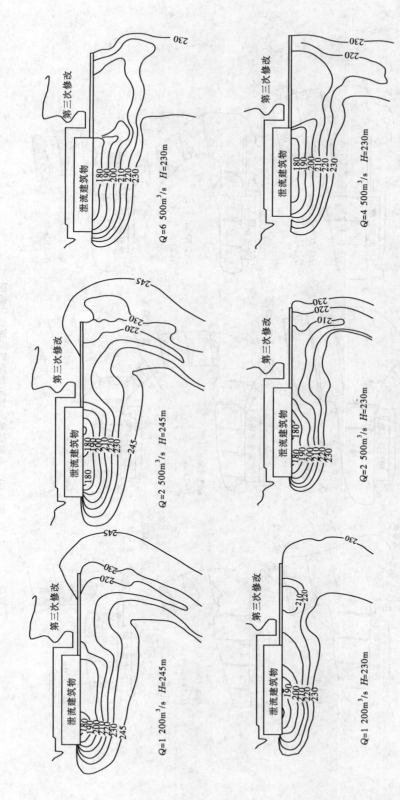

图 9-59 小浪底悬沙模型试验坝前地形图 (直线型导墙方案)

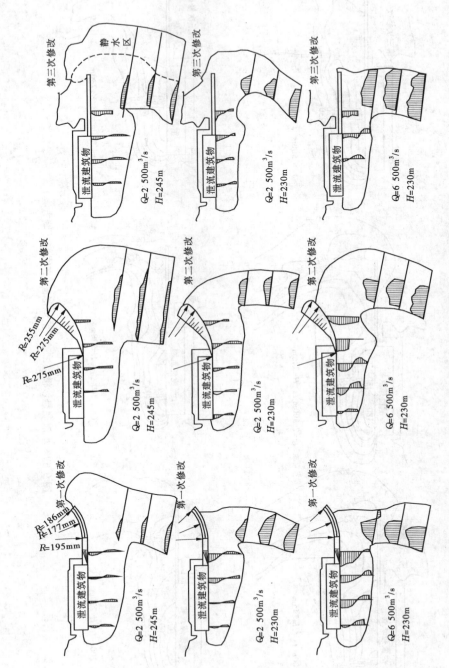

图 9-60 小浪底底悬沙模型试验表面流速分布图

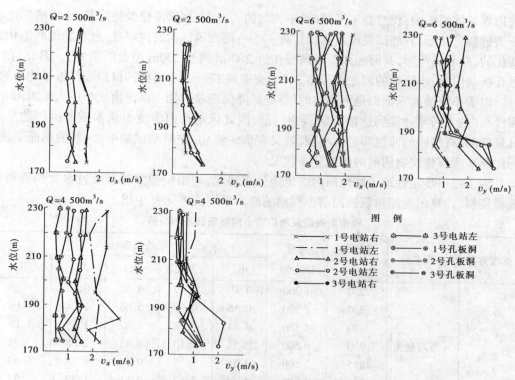

图 9-61　模型泄流建筑物门前流速垂线分布图（$H = 230\text{m}$）

表 9-47　　　　　　　　　　　模型坝前最大表面流速统计

修改方案	工程名称	库水位 (m)	流量 (m³/s)	最大表面流速(m/s)			
				电₃	电₁	孔₁	沟口
第一次	A型圆裹头	230	1 200	0.2	0.8	0.9	
		230	2 500	0.4	0.5	2.5	1.6
		230	4 500	1.9	2.2	3.0	3.5
		230	6 500	2.3	3.3	3.7	3.9
		245	2 500	0.4	0.8	0.9	
第二次	B型圆裹头	230	1 200			0.4	1.0
		230	2 500		1.1	1.3	0.9
		230	4 500	2.4	2.9	3.0	1.9
		230	6 500		3.0	3.6	3.4
		245	2 500		0.5	0.6	
		245	4 500	0.7	2.2	2.2	1.0
		245	6 500	1.5	2.1	3.0	3.3
第三次	直线型导墙	230	1 200	0.6	0.7	1.0	2.0
		230	2 500	1.1	1.5	2.1	2.2
		230	4 500		1.2	2.3	2.4
		230	6 500		1.9	2.1	2.6
		245	1 200	0.4	0.5	0.6	0.7
		245	2 500	0.9	1.3	1.3	1.8

前边界条件的影响,仍然是不平顺的(不均匀的)。例如在泄流建筑物门前,小河槽的过水断面近似三角形,其底部最深点高程接近175m;而在风雨沟的沟口处,过水断面的形状是变化的,并非三角形,其河底最深点高程接近200m(因受200m平台的影响)。因此,在1号孔板洞门前,小河槽的河底高程由200m突变到175m,小河槽的纵剖面是极不均匀的。

由于小河槽的纵剖面是不均匀的(有突然降低现象),加上水流由大河进入风雨沟时,需经90°的大转弯才能到达泄流建筑物门前,因此风雨沟内的流态从本质上讲仍然是极其复杂的,有平面的回流和竖向小漩涡,又有垂向流动,在模型试验中,一般的测流手段,无法测准泄流建筑物门前的流速分布状况。

为了进一步定性地了解风雨沟内流速分布情况,利用模型实测有效过水面积资料和流量资料,计算出泄流建筑物门前小河槽的断面平均流速见表9-48。

表9-48 模型泄流建筑物门前小河槽断面平均流速

修改方案	工程名称	库水位 (m)	流量 (m³/s)	平均流速(m/s)				
				电$_3$	明$_2$	电$_2$	电$_1$	孔$_1$
第一次修改	A型圆裹头	230	1 200	0.49	0.49	0.52	0.50	0.50
		230	2 500	0.58	0.58	0.86	1.04	1.04
		230	4 500	0.44	0.78	1.07	1.88	1.88
		230	6 500	0.58	1.10	1.41	2.38	2.71
		245	2 500	0.35	0.35	0.60	0.68	0.68
		245	4 500	0.38	0.62	0.81	1.27	1.27
		245	6 500	0.40	0.72	0.98	1.57	1.90
第二次修改	B型圆裹头	230	1 200	0.48	0.48	0.50	0.50	0.50
		230	2 500	0.60	0.60	0.86	1.07	1.07
		230	4 500	0.44	0.77	1.24	2.25	2.37
		230	6 500	0.55	1.05	1.41	2.25	2.79
		245	1 200	0.30	0.36	0.35	0.31	0.31
		245	2 500	0.35	0.35	0.53	0.68	0.66
		245	4 500	0.36	0.51	0.78	1.07	1.52
		245	6 500	0.36	0.62	0.84	1.46	1.52
第三次修改	直线型导墙	230	1 200	0.50	0.50	0.57	0.57	0.57
		230	2 500	0.58	0.58	1.06	1.32	1.32
		230	4 500	0.61	0.61	1.00	1.25	1.25
		230	6 500	0.41	0.78	1.12	2.14	2.05
		245	1 200	0.28	0.28	0.33	0.30	0.29
		245	2 500	0.33	0.33	0.52	0.63	0.59

从表9-48可以看出,在水位230m、$Q = 6\,500\text{m}^3/\text{s}$时,1号孔板洞门前的平均流速达2.0～2.79m/s。而3号电站门前的平均流速仅0.41～0.58m/s。流速沿程衰减现象是非常明显的。

(六)泄流建筑物出口含沙量的分布情况

为了了解模型修建导流工程后各泄流建筑物出口的分沙比,在第三次修改试验中,对各泄流建筑物出口含沙量的分布情况也进行了观测,其结果见表9-49。

表9-49　　　　　　　　第三次修改泄流建筑物出口含沙量统计(水位230m)　(单位:kg/m³)

位置	$Q=1200\text{m}^3/\text{s}$		$Q=2500\text{m}^3/\text{s}$				$Q=4500\text{m}^3/\text{s}$	$Q=6500\text{m}^3/\text{s}$
1号孔板洞							147.96	79.86
2号孔板洞	未开		未开					81.59
3号孔板洞								78.35
1号排沙洞	26.57	24.94	82.11	67.88	44.75	17.69	145.52	79.55
2号排沙洞		24.33	82.02	65.40	41.64	16.11	144.36	82.99
3号排沙洞	26.62						146.72	79.01
1号电站	23.31	24.38	75.43	61.43	37.63	16.02	143.30	74.50
2号电站	23.33	24.27	78.71	62.18	38.68	14.39	137.97	72.67
3号电站	25.55	23.07	79.69	62.39	38.17	15.69	140.12	72.19
5号电站			76.19	61.87	40.85	14.85	141.51	76.68
6号电站			79.85	61.33	41.20	15.61	141.97	79.31

从表9-49可以看出:

(1)排沙洞出口含沙量略大于电站出口含沙量。

(2)沟口泄流建筑物的含沙量大于沟底泄流建筑物出口的含沙量。

(3)电站出口含沙量与排沙洞出口含沙量之比($S_电/S_排$)一般均大于0.9。排沙洞出口含沙量与孔板洞出口含沙量基本相同。

(七)泄流建筑物门前含沙量垂线分布

通过修改模型实测资料的分析,发现不同水位和不同流量下的含沙量垂线分布情况与原方案的含沙量分布情况没有大的差别。

七、中小流量下泄流建筑物门前防淤堵试验

黄河是一条水少沙多的河流,据初步统计,小浪底枢纽建成后,汛期多年平均流量为1200m³/s,而在7、8、9三个月中,流量小于500m³/s的出现频率约5%。

小浪底枢纽电站管理运用的原则是在满足防洪要求的前提下,尽量多发电。因此,当黄河出现$Q=1200\text{m}^3/\text{s}$情况时,根据排沙要求,可以开启一条排沙洞排沙,其余的水量进行发电。当黄河$Q=500\text{m}^3/\text{s}$,为了满足发电要求,则将排沙洞全部关闭(并初步规定,关闭的时间不超过5天)。

为了研究开启一个排沙洞防淤堵效果和关闭全部排沙洞时泄流建筑物门前的淤积情况,在本试验过程中,曾经进行了中、小流量下泄流建筑物门前防淤堵试验。

试验前将泄流建筑物门前的漏斗形状都恢复到标准形状(即漏斗最低点高程为175m,漏斗的宽度100~180m),然后按试验要求进行试验,观测泄流建筑物门前漏斗的淤积过程。试验条件见表9-50。

表 9-50　　　　泄流建筑物门前淤堵试验水沙条件及闸门开启运用(1990 年)

试验日期(月·日)	进口流量(m³/s)	含沙量(kg/m³)	电站流量(m³/s)						排沙洞流量(m³/s)		
			电₁	电₂	电₃	电₄	电₅	电₆	洞₁	洞₂	洞₃
3.14～15	1 270	24.7			280		280	280		370	
3.16	1 220	21.3			260		260	260	420		
3.17～19	1 220	23.9			260		260	260			330
3.20	1 220	24.5			260		260	260	110	110	110
3.21～22	1 230	15.4		280	280		280	280			
3.22～29	526	29.7					250	250			

注:表内空格为闸门未打开应用。

图 9-62(a)是 $Q = 1\,200\text{m}^3/\text{s}$ 时,排沙洞全开,每个排沙洞泄量 $110\text{m}^3/\text{s}$,多余流量发电,不同试验历时的泄流建筑物门前淤积高程变化过程图。

图 9-62(b)是 $Q = 500\text{m}^3/\text{s}$,排沙洞全关(全部流量用于发电),不同试验历时泄流建筑物门前淤积高程变化过程图。

图 9-63 是 $Q = 1\,200\text{m}^3/\text{s}$、库水位为 230m 时,模型泄流建筑物不同开启运用情况下,泄流建筑物门前淤积高程变化过程图。

从图 9-62、图 9-63 可以看出:

(1)在 $Q = 1\,200\text{m}^3/\text{s}$ 情况下,全部排沙洞开启运用,每洞泄量为 $110\text{m}^3/\text{s}$,经过 11.5 小时的试验(相当于原型约 7 天)。泄流建筑物门前的淤积高程在 195m 以下。

(2)$Q = 500\text{m}^3/\text{s}$ 时,关闭全部排沙洞,经过 14.5 小时试验,泄流建筑物门前淤积高程亦接近 195m。

(3)$Q = 1\,200\text{m}^3/\text{s}$ 时,关闭全部排沙洞,经过 4 小时的试验,泄流建筑物门前淤积高程亦接近 195m。

(4)$Q = 1\,200\text{m}^3/\text{s}$,开启 1 号排沙洞排沙,经过 12 小时(原型为 7 天)试验,泄流建筑物门前淤积高程的最高点达 210m 左右。

开启运用 2 号排沙洞排沙,除 1 号孔板洞门前的淤积高程超过 210m 外,其他泄流建筑物门前的淤积高程均接近 200m。

开启运用 3 号排沙洞排沙时,所有泄流建筑物门前的淤积高程均低于 210m。说明在管理运用过程中,经常采用 3 号排沙洞排沙比开启运用其他排沙洞排沙较为有利。

此外,从 $Q = 1\,200\text{m}^3/\text{s}$、排沙洞全开(每洞泄量 $110\text{m}^3/\text{s}$)或排沙洞全关时,泄流建筑物门前淤积高程变化过程线[见图 9-63(d)和图 9-63(e)]也可以看出:在 $Q = 1\,200\text{m}^3/\text{s}$,排沙洞全开(每洞泄量 $110\text{m}^3/\text{s}$),经过 12 小时试验,泄流建筑物门前的淤积高程均在 195m 以下;排沙洞全关,在相同试验历时的情况下,泄流建筑物门前的淤积高程可达 200m。

八、排漂试验

黄河汛期,水流挟带大量漂浮物,给引水发电带来很多困难,为了防止漂浮物进入发电机组,保证电站正常发电,小浪底枢纽除在电站进口设立拦污栅外,还拟在风雨沟内泄

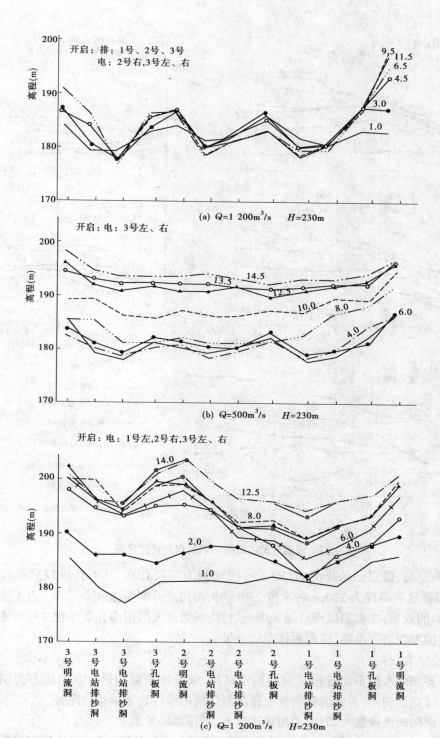

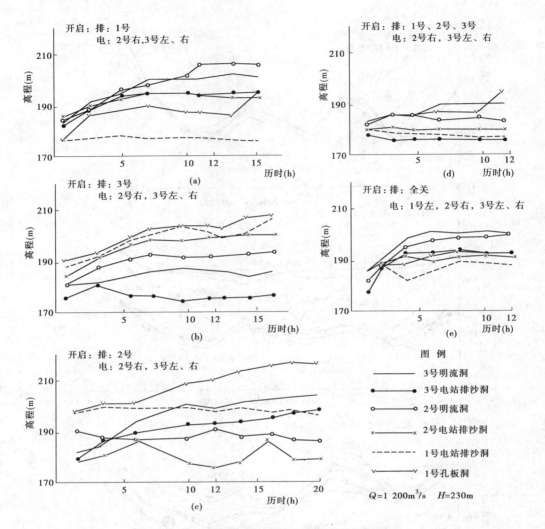

图 9-63　模型泄流建筑物门前淤积变化过程图

流建筑物的左端,设立一条排漂洞(即 3 号明流洞为双层孔)。其下孔进口底部高程为
209m,上层孔底部高程为 230m,在水位 230m 时,闸门全开泄量为 930m³/s。为了定性地
检验排漂洞的效果,在模型试验后期采用纸屑,待纸屑进入风雨沟并集聚在 3 号明流洞前
时,再开启排漂洞进行排漂,以观测排漂的效果。

从试验中发现:

(1)只要坝前水位不超过排漂洞的洞顶高程,保证排漂洞的进口水流流态为明流状
态,则开启排漂洞的闸门,就能将集聚在排漂洞门前的漂浮物陆续排出库外。

(2)排漂洞的泄量愈大,洞前表面流速愈大,则排漂的效果愈好。

(3)排漂洞的泄量接近 1 000m³/s 时,打开排漂洞 15 分钟后,可以将集聚在风雨沟内
的漂浮物基本排出库外。

由于这次试验系定性试验,未详细记载试验数据。有关排漂数量和过程与泄量关系,

均有待进一步试验研究。

九、高水位时,坝前河势变化

小浪底枢纽电站,为了研究工程布置比较合理的方案,1982年以来,共进行了七种不同布置方案的悬沙模型试验。尽管每种布置方案在水位245m和230m时,泄流建筑物门前的流态差别很大,但在坝前段大河内的河势变化规律基本上是相同的。

在低水位时(水位230m),水流进入模型后,在坝前段主槽内能形成两种基本河势流路:流量大时,主流趋直,主流位置居中,在坝前段形成顺直型河势;流量小时,主流坐弯,在坝前段形成"S"形河势。

在高水位时(水位250m以上),坝前段的河床除几个高山梁露出水面外,所有新淤高滩(包括高程254~258m以下的新淤积高滩)均淹没在水下,水流全面漫溢,模型进口左侧有一个逆时针方向的大回流,坝前主河槽的右侧有一个顺时针方向的大回流,但主流仍在主河槽内(见图9-64),泄流建筑物门前表面流速较小,水流比较平稳。

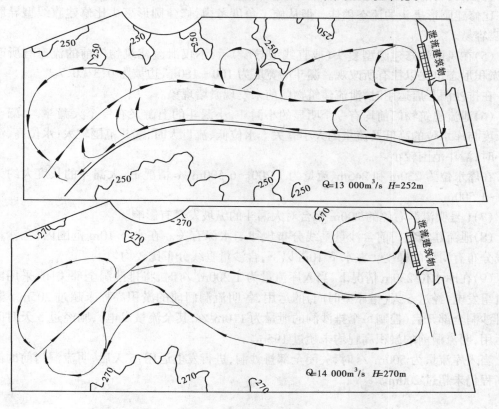

$Q=13\,000\text{m}^3/\text{s}$ $H=252\text{m}$

$Q=14\,000\text{m}^3/\text{s}$ $H=270\text{m}$

图9-64 小浪底悬沙模型试验高水位河势图

十、几点看法

根据1989年黄委会规划设计院提出的试验任务和试验条件,在1:100悬沙模型中,进行了小浪底枢纽流量为 1 200m³/s 情况下的造床试验和原布置方案试验以及修改方案试验。通过模型试验获得以下几点看法。

(1)流量为 1 200m³/s 的造床试验资料证明,在库水位逐步抬高运用的过程中,河床全面过水,河宽水浅,水流散乱,主流很不稳定,河势类似游荡型河道。主流的摆动不仅与流量有关,而且与库水位有关。

(2)在水位逐步下降运用的过程中,水流沿着主河槽下切,水流归槽,主流集中,逐步形成窄而深的微弯型单一河槽,其凹岸不断受水流顶冲,坍塌后退。其凸岸下首不断淤积,逐渐形成新的边滩。

(3)在泄流建筑物右侧(沟口处),修建长 240m 直线型导墙(或将沟口的小山嘴修改成圆形裹头)后,在水位 230m 和 245m 情况下,流量为 6 500m³/s、4 500m³/s、2 500m³/s 及 1 200m³/s 时,泄流建筑物门前均出现一个逆时针方向的大回流。水流流态比修建导墙(或圆裹头)前均大有改善。

(4)根据目前少量的试验资料的对比分析,修建直线型导流墙时,泄流建筑物门前的流态比修建圆形裹头的流态稍佳。但从施工角度考虑,修建圆形裹头比修建直线型导流墙省工、容易。

(5)在风雨沟修建圆型裹头(或直线型导墙)后,不仅泄流建筑物门前的流态有所改善,淤积形态也比以往有所改观。漏斗的宽度为 100~180m,边坡为 0.3~0.7。

在排沙洞开启运用时,泄流建筑物门前未发现淤堵现象。

(6)泄流建筑物门前均有一个明显的小漏斗,小漏斗的上游又有一个大漏斗,大漏斗的长度与库水位的高低及流量的大小有关。水位低、流量大时,漏斗范围较大;水位高、流量小时,漏斗范围较小。

在库水位为 230m 和 245m、流量为 1 200~6 500m³/s 情况下,大漏斗的长度大约为 500~1 500m。

(7)1 号明流洞右侧的 200m 平台对大漏斗的纵坡发育有影响。

(8)泄流建筑物门前含沙量垂线分布规律与水深有关。在水下 10m 范围内,含沙量垂线分布有明显的梯度。在水下 10m 以下,含沙量垂线分布比较均匀。

(9)在库水位 230m 情况下,当入库流量为 1 200m³/s 时,将排沙洞全部关闭,采用四台机组发电,经过 5 天(指原型时间)的运用,各明流洞门前的淤积高程未超过 205m。若将排沙洞全部开启(控制每个排沙洞的泄量为 110m³/s,其余流量发电),则经过 5 天时间的运用,明流洞前的淤积高程均未超过 195m。

当入库流量为 500m³/s 时,关闭全部排沙洞,进行发电运用,5 天后,明流洞门前的淤积高程仍未超过 200m。

第四节　小浪底枢纽悬沙模型验证试验

小浪底枢纽是黄河干流上以防洪为主兼有防凌、灌溉、减淤、发电综合效益的大型水利枢纽。由于黄河泥沙多,防洪减淤的控制运用要求高,泄流建筑物的布置难度很大,为了研究泄流建筑物布置的原则和具体形式以及防淤堵问题,1983 年,黄科院开始了小浪底枢纽悬沙模型试验。1984~1985年,配合中美联合设计,进行了泄流建筑物各种布置方案的对比试验,通过模型试验,得出了小浪底枢纽的泄流建筑物宜集中布置的原则。1986~1989年对集中布置方案进一步进行试验,提出了优化布置方案和圆形导流措施。1990~1992年,进行了优化方案的防淤堵试验。

由于模型试验初期原型实测资料太少,无法进行验证试验,而小浪底规划设计任务相当紧迫,又不容许等待取得原型资料进行验证试验之后再进行正式试验。在此情况下,只好根据经验,假定条件进行试验,为规划设计提供必备的试验成果(包括泄流建筑物的布置原则和优化布置方案及防淤堵的措施)。

1990年汛期,规划设计单位委托郑州水文总站在试验河段内,布设临时水位站和测验断面,进行了原型观测,取得了该河段进出口水位、流量、含沙量、泥沙颗粒级配等资料,具备了进行验证试验的基本条件;1992年下半年,黄科院按1990年汛期新测资料,重新制作模型,进行了验证试验。试验目的是检验模型设计的正确性和修正模型各项比尺。

一、原型水沙特性及河道冲淤概况

在试验河段内,有小浪底水文站,1990年汛期,为了进行验证试验,增设了7个临时水位站(含土崖底站)和16个测量断面(测量断面的分设位置见图9-65)。其中,土崖底站在模型试验段的进口,为模型进口控制站;小浪底站在模型试验段的尾部,为模型出口控制站。1990年汛期(6~9月)进口站和出口站同步观测逐日水位、含沙量、流量,并对河床冲淤变化进行不定期测量,对悬移质颗粒级配进行单沙和断沙取样。

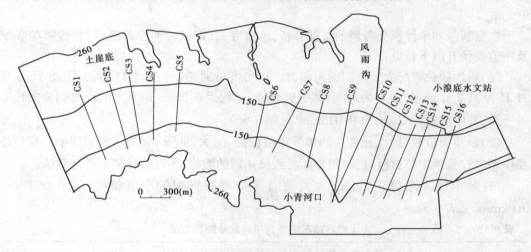

图 9-65 小浪底模型平面布置图

根据进出口站实测资料的统计,最大日平均流量为3 590m³/s(7月9日),最大日平均含沙量为148kg/m³(7月29日)。在1990年6月25日~9月24日时段内,土崖底来沙量为54 032.3万t,小浪底输沙量为55 444万t,河床冲刷量为1 411.7万t,冲刷量占来沙量的3%(见表9-51)。

表 9-51　　　　　　　　　　　小浪底河段冲淤量统计

测验时段 （月·日）	土崖底 来沙量 （万 t）	小浪底 输沙量 （万 t）	河道冲淤量		排沙比 （%）	河道冲淤 量（万 m³） （断面法）
			万 t	万 m³		
6.25~6.29	1 198.3	1 196.6	+1.70	+1.21	99.8	+3.60
6.30~7.6	5 845.8	6 097.3	−251.5	−129.6	104	+4.75
7.7~7.10	10 221.1	10 359.4	−138.3	−98.8	101	−4.44
7.11~7.18	4 238.8	4 123.9	+114.9	+82.1	97.3	+7.30
7.19~7.30	6 374.7	6 344.4	+30.3	+21.6	99.5	7.92
7.31~8.6	4 231.9	4 126.5	+105.3	+75.3	97.5	−10.8
8.7~8.20	7 012.8	7 482.6	−469.8	−335.6	107	+3.30
8.21~8.29	3 377.4	3 968.4	−591.0	−422.1	117.5	−1.06
8.30~8.31	3 533.8	3 689.3	−155.5	−111.1	104	−14.6
9.1	776.7	775.9	+0.8	+0.57	99.9	+13.7
9.2~9.13	5 101.1	5 222.9	−121.8	−87.0	102	−11.0
9.14~9.24	2 120	2 057.1	+62.9	+44.9	97	+14.7
合　计	54 032.3	55 444.0	−1 411.7	−1 008.4	103	+13.4

根据汛前和汛后断面实测资料分析，该河段共淤积 13.4 万 m³。这段河道的河槽平面面积约 100 万 m²，将河道总淤积量除以河道平面面积后，得该河段的平均淤积厚度为 0.13m。

根据断沙和单沙颗分资料的统计分析，土崖底站（即试验河段的进口）悬沙颗粒级配及中值粒径有以下特点：

(1)断沙颗粒级配大致可归纳为两类。1990 年 6 月 26 日、7 月 11 日、7 月 28 日、8 月 31 日、9 月 7 日、9 月 24 日为一类，其中值粒径 d_{50} 约为 0.016mm；其他时段的颗分曲线为另一类，其中值粒径 d_{50} 约为 0.026mm（见图 9-66）。

(2)断沙中值粒径 d_{50} 比相应的单沙中值粒径 d_{50} 大（见图 9-67）。即采用单沙资料补插模型进口悬沙中值粒径时，要用单断关系修正后的数值，不可直接采用单沙数值。

(3)经单断关系修正后，6~9 月逐月平均颗粒级配的中值粒径 $d_{50} = 0.012 \sim 0.02$mm，见表 9-52。

表 9-52　　　　　　　　　**土崖底站汛期逐月平均悬沙颗粒级配**

月份	小于某粒径沙重百分数（%）						d_{50} （mm）	d_{cp} （mm）
	0.005mm	0.01mm	0.025mm	0.05mm	0.1mm	0.25mm		
6	25.7	32.6	58.8	86.4	99.9	100	0.02	0.024
7	32.3	39.8	59.1	84.7	99.1	100	0.017	0.025
8	29.7	41.1	66.3	87.7	99.3	100	0.014	0.022
9	36.2	46.6	71.0	87.8	99.7	100	0.012	0.020

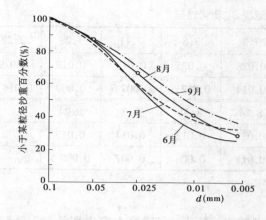 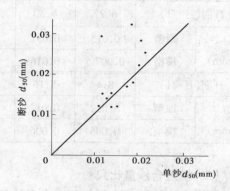

图 9-66　原型沙月平均颗粒级配曲线　　　　图 9-67　原型断沙 d_{50} 与单沙 d_{50} 关系图

二、模型验证试验条件

(一)模型比尺和模型沙

验证试验的目的是检验 1983 年以来进行的小浪底枢纽悬沙模型试验的相似性。模型的基本比尺与 1983 年设计模型比尺基本一致。即:

$$\lambda_L = \lambda_H = 100$$

$$\lambda_v = \lambda_H^{0.5} = 10$$

$$\lambda_Q = \lambda_H^{2.5} = 10^5$$

$$\lambda_J = 1$$

$$\lambda_{t_1} = 10$$

$$\lambda_\omega = \lambda_{\mu_*} = \lambda_v(\lambda_H/\lambda_L)^{0.5} = 10$$

$$\lambda_d = \left[\lambda_\mu \frac{\lambda_\omega}{\lambda_{\gamma_s-\gamma}}\right]^{0.5}$$

原型观测时(1990 年 6~9 月),水温平均值为 30℃,模型验证试验时(1992 年 12 月~1993 年 1 月),水温平均值为 10℃,$\lambda_\mu \approx 0.616$,采用煤灰为模型沙,$\gamma_s = 2.15\text{t/m}^3$。

故:
$$\lambda_d = \left(0.616 \times \frac{10}{1.7} \times 1.15\right)^{0.5} = 2$$

由于验证时段内原型逐日悬沙颗粒级配及中值粒径是变化的,因此严格讲,模型验证试验要采用多种颗粒级配的模型沙进行试验。即模型验证试验采用模型沙的颗粒级配亦应该是变化的,变化的幅度和过程应与原型沙的变化情况相同(见表 9-53)。

即模型需采用两种模型沙进行试验,第一种模型沙 $d_{50} = 0.011~0.016\text{mm}$,第二种模型沙 $d_{50} = 0.006~0.009\text{mm}$。

当原型来沙较粗时,采用第一种模型沙($d_{50} = 0.011~0.016\text{mm}$),当原型来沙较细时,采用第二种模型沙($d_{50} = 0.006~0.009\text{mm}$)。

表 9-53 　　　　　　　　　　　　　**原型沙和模型沙 d_{50} 变化过程**

日期(月·日)		6.27	6.30	7.3	7.8	7.11	7.28	7.29
d_{50} (mm)	原型	0.015	0.032	0.028	0.025	0.015	0.018	0.029
	模型	0.007 5	0.016	0.014	0.012 5	0.007 5	0.009	0.014 5
日期(月·日)		8.4	8.16	8.24	8.31	9.7	9.24	
d_{50} (mm)	原型	0.012	0.012	0.022	0.012	0.014	0.017	
	模型	0.006	0.006	0.011	0.006	0.007	0.008 5	

(二)模型含沙量比尺

河道水流挟沙能力不仅与来水来沙条件有关,而且与河道形态有密切关系。黄河河床边界条件极其复杂,小浪底河段的边界条件更加复杂,因此小浪底模型含沙量比尺很难采用一般挟沙能力理论公式来推求。在此情况下,我们的经验是采用预备试验方法来确定,因此在浑水验证试验之前,我们进行预备试验。通过预备试验资料的分析,发现在本模型试验中,采用 $\lambda_S = 4$ 时,有可能使模型的排沙关系(进出口含沙量关系)与原型基本相似(见图 9-68)。因此,确定 $\lambda_S = 4$。

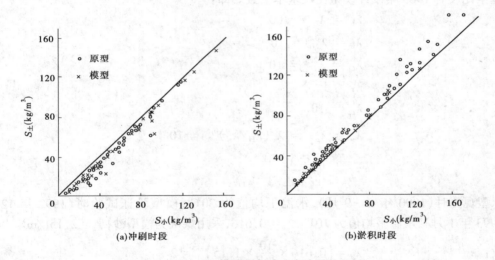

　　　　　　(a)冲刷时段　　　　　　　　　　　　　　(b)淤积时段

图 9-68　模型预备试验含沙量关系图

(三)模型河床冲淤时间比尺

在来沙过程变化不大的低含沙水流模型试验中,河床冲淤时间比尺一般均可采用下式计算:

$$\lambda_{t_2} = \frac{\lambda_{\gamma_0} \lambda_{t_1}}{\lambda_S} \tag{9-3}$$

式中　λ_{γ_0} ——河床淤积物容重比尺;

　　　　λ_S ——含沙量比尺;

λ_{t_1}——水流运动时间比尺。

在来沙过程变化迅速,含沙量高,泥沙细(即淤积物容重随时间变化快)的黄河悬沙模型中,其河床冲淤量(变化)与来沙量(输沙)变化的关系为:

$$\gamma_0 B \mathrm{d}z \mathrm{d}x = \mathrm{d}Q_s \mathrm{d}t - \mathrm{d}Q'_s \mathrm{d}t \tag{9-4}$$

式(9-4)左边项为河床冲淤变化值,右边第一项为河段进出口输沙量的差值,右边第二项为 d_1 时段该河段水体内沙量的增减值。其大小与来水来沙因素有关。假定:$\mathrm{d}Q'_s \propto \mathrm{d}Q_s$ 则:

$$\mathrm{d}Q'_s \mathrm{d}t = K \mathrm{d}Q_s \mathrm{d}t$$

则式(9-4)可以写成:

$$\gamma_0 B \mathrm{d}z \mathrm{d}x = (1-K) \mathrm{d}Q_s \mathrm{d}t \tag{9-5}$$

由式(9-5)可以获得:

$$\lambda_{t_2} = \frac{1}{\lambda_{(1-K)}} \cdot \frac{\lambda_{\gamma_0}}{\lambda_S} \lambda_{t_1} \tag{9-6}$$

当模型试验的来沙过程完全与原型相似时,$\lambda_{(1-K)}=1$,$\lambda_{t_2}=(\lambda_{\gamma_0}/\lambda_S)\lambda_{t_1}$,即与一般河床冲淤过程完全一样。但原型的来沙过程变化非常迅速,而模型试验时为了便于操作,将变化迅速的来沙过程简化成概化过程(在短时段内为恒定输沙过程),故 $\lambda_{(1-K)} \neq 1$。

此外,原型的河床边界条件、来沙条件以及引起河床冲淤的因素都非常复杂(指小浪底河段),模型试验也难以完全模拟,因此 $\lambda_{(1-K)} \neq 1$。

根据预备试验资料初步分析:$\dfrac{1}{\lambda_{(1-K)}}=4$,故式(9-6)可以写成:

$$\lambda_{t_2} = \frac{1}{\lambda_{(1-K)}} \cdot \frac{\lambda_{\gamma_0}}{\lambda_S} \lambda_{t_1} = 4 \frac{\lambda_{\gamma_0}}{\lambda_S} \lambda_{t_1} \tag{9-7}$$

式中　λ_{γ_0}——模型沙淤积物容重比尺。

基本试验得出模型沙淤积容重与模型沙的粒径大小有关,与淤积历时有关。在淤积历时为 2 小时范围内:

$d_{50} > 0.025\mathrm{mm}$ 时　　　　　　$\gamma_0 = 1.0\mathrm{t/m^3}$

$d_{50} = 0.015 \sim 0.025\mathrm{mm}$ 时　　　$\gamma_0 = 0.78\mathrm{t/m^3}$

$d_{50} < 0.008\mathrm{mm}$ 时　　　　　　$\gamma_0 = 0.4\mathrm{t/m^3}$

原型沙　　　　　　　　　　　　　$\gamma_0 = 1.3\mathrm{t/m^3}$

因此,得:$\lambda_{\gamma_0} = \dfrac{1.3}{0.4} = 3.25$,$\lambda_{t_2} = 4 \times \dfrac{3.25}{4} \times 10 = 32.5$。

在试验中,采用 $\lambda_{t_2} = 40$($d_{50} = 0.008\mathrm{mm}$ 的情况)。

三、模型制作与验证试验的方法步骤

模型河槽部分按 1990 年 6 月下旬河道断面实测资料塑造,无断面测量资料部分(如 CS4~CS6 之间的河道)则参考查勘河势图和以往的地形图塑造(即可放宽模型制作的精度要求)。河槽以外部分按以往的地形图模拟。

模型范围:自土崖底上游 300m 处至小浪底下游 700m 处为试验范围,河段总长约 4.0km。

模型的平面布置见图 9-65。

模型河床采用"吸管"加糙。

模型做好并经细致检查无误后,按原型流量级进行清水验证试验。

清水验证结束后,将原型来水来沙过程简化成概化过程线,按淤积时段和冲刷时段分别进行浑水验证试验。

淤积时段(含河床基本冲淤平衡时段)的验证试验仍在定床模型中进行。冲刷阶段时段的验证试验,则在模型普遍铺沙的动床中进行,由于模型普遍铺沙厚度约 1.0cm,故模型试验的控制水位亦随之普遍抬高 1.0cm(即水位抬高值与河床铺沙厚度相同)。

四、清水验证试验

清水验证试验的主要目的是,对模型不同流量级的水面线及其进、出口(控制断面)的流速分布进行验证,以检验模型的流态(流场)与原型的相似性。

图 9-69 是模型和原型水面线对比图,表 9-54 是模型实测水位与原型水位对比表。图 9-70～图 9-74 是模型验证试验纵向流速沿垂线分布图。

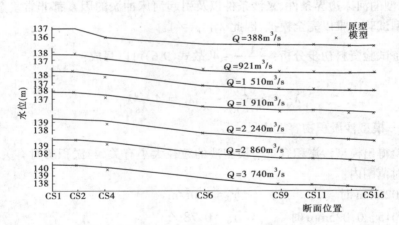

图 9-69　模型清水验证水面线

从图 9-69～图 9-74 及表 9-54 可以看出,模型的水面线及纵向流速沿垂线分布与原型基本相似,说明模型的流态与原型基本相似。

五、浑水验证试验

(一)模型水沙过程

在验证时段,原型有 97 天的水沙过程资料,模型试验时,为了便于操作,将原型 97 天的水沙过程简化成 40 级水沙过程(见表 9-55)。模型进口的水沙过程、模型沙的颗粒级配,以及模型尾水位,均按表 9-56 的要求进行控制。

表9-54　　　　　　　　清水验证水面线成果　　　　　　　　（单位:m）

断面号	Q=388m³/s		Q=921m³/s		Q=1 510m³/s		Q=1 910m³/s		Q=2 240m³/s		Q=2 860m³/s		Q=3 740m³/s	
	原型	模型	原型	模型	原型	模型	原型	模型	原型	模型	原型	模型	原型	模型
CS1	137.00	136.93	137.74	137.93	138.58	138.69	138.91	138.98	139.41	139.48	139.76	139.92	140.45	140.63
CS2	136.94	136.95	137.72	137.85	138.49	138.55	138.78	138.82	139.31	139.30	139.66	139.77	140.35	140.42
CS4	135.71	135.90	137.00	136.95	138.00	137.80	138.40	138.21	139.00	138.67	139.34	139.20	140.02	139.85
CS6	134.81	134.88	135.44	135.68	136.45	136.56	136.85	136.86	137.42	137.46	137.84	137.96	138.57	138.66
CS9	134.76	134.78	135.20	135.43	136.05	136.15	136.37	136.35	136.88	136.89	137.17	137.28	137.83	138.00
CS11	134.75	134.85	135.21	135.41	135.99	136.13	136.38	136.37	136.90	136.86	137.21	137.25	137.84	137.86
CS14	134.73	134.73	135.16	135.26	135.91	136.01	136.24	136.19	136.66	136.69	136.98	137.02	137.64	137.72
CS16	134.69	134.70	135.16	135.18	135.88	135.91	136.09	136.07	136.53	136.52	136.83	136.80	137.47	137.43

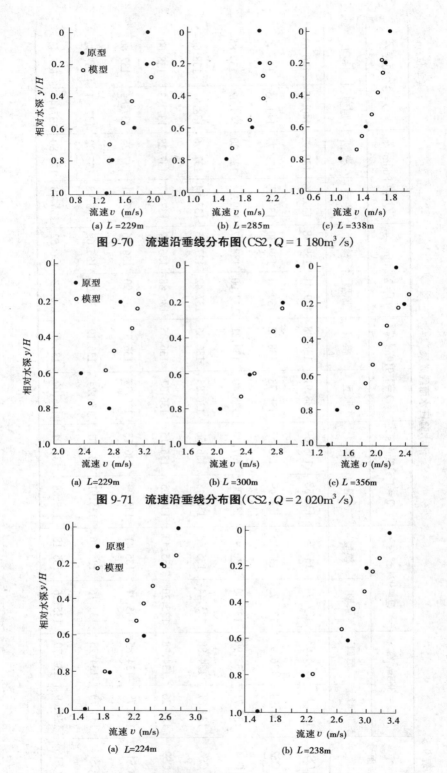

图 9-70　流速沿垂线分布图($CS2, Q = 1\,180\text{m}^3/\text{s}$)

图 9-71　流速沿垂线分布图($CS2, Q = 2\,020\text{m}^3/\text{s}$)

图 9-72　流速沿垂线分布图($CS2, Q = 2\,500\text{m}^3/\text{s}$)

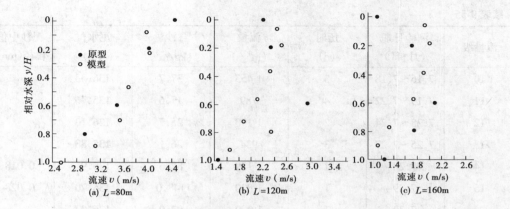

图 9-73　流速沿垂线分布图(CS14, $Q = 2\,780\mathrm{m^3/s}$)

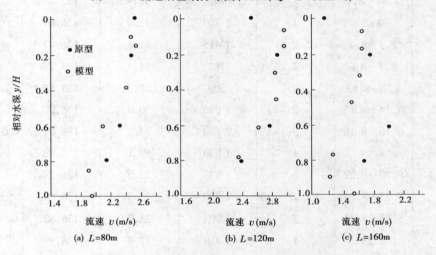

图 9-74　流速沿垂线分布图(CS14, $Q = 2\,000\mathrm{m^3/s}$)

表 9-55　　　　　　　　　　　　　　　验证试验原型水沙过程

流量级	测验日期 (月·日)	历时 (d)	流量 ($\mathrm{m^3/s}$)	含沙量 ($\mathrm{kg/m^3}$)	尾水位 (m)	泥沙中值 粒径(mm)
1	6.26～6.28	3	1 329	16.2	136.37	0.015
2	6.29～7.2	4	980	55.8	135.83	0.030
3	7.3～7.4	2	1 905	107.3	136.64	0.025
4	7.5～7.7	3	1 399	58.8	136.24	
5	7.8	1	2 660	126.0	137.34	0.025
6	7.9	1	3 590	131.0	138.13	
7	7.10	1	2 080	118.0	136.88	
8	7.11～7.13	3	1 437	56.6	136.32	0.014 2
9	7.14～7.15	2	1 020	40.6	135.96	

流量级	测验日期（月·日）	历时（d）	流量（m³/s）	含沙量（kg/m³）	尾水位（m）	泥沙中值粒径(mm)
10	7.16~7.18	3	1 453	37.7	136.33	
11	7.19~7.22	4	789	17.6	135.76	
12	7.23~7.24	2	1 190	25.7	136.10	
13	7.25~7.27	3	934	26.1	135.88	
14	7.28	1	2 130	82.6	136.91	0.018
15	7.29	1	1 830	148.0	136.70	0.028
16	7.30	1	1 090	92.9	136.07	
17	7.31~8.1	2	942	46.9	135.89	
18	8.2	1	1 780	45.9	136.64	
19	8.3~8.4	2	1 415	81.5	136.42	0.011 8
20	8.5~8.6	2	762	58.4	135.73	
21	8.7~8.13	7	590	17.6	135.53	
22	8.14~8.15	2	1 090	30.0	136.00	
23	8.16~8.18	3	2 120	74.3	136.91	0.011 5
24	8.19	1	1 830	69.1	136.82	
25	8.20~8.22	3	1 637	32.5	136.58	
26	8.23~8.24	2	1 790	33.3	136.68	0.022
27	8.25~8.27	3	1 803	23.7	136.68	
28	8.28	1	1 410	17.8	136.37	
29	8.29	1	1 600	20.2	136.51	
30	8.30~8.31	2	2 530	81.0	137.29	0.011
31	9.1	1	1 130	79.6	136.16	
32	9.2~9.3	2	1 350	47.9	136.40	
33	9.4~9.5	2	1 185	32.7	136.21	
34	9.6~9.7	2	1 820	35.4	136.75	0.014
35	9.8·9.9	2	1 525	29.0	136.49	
36	9.10~9.12	3	1 493	28.4	136.53	
37	9.13~9.15	3	1 613	26.1	136.60	
38	9.16~9.20	5	1 280	19.7	136.29	
39	9.21~9.22	2	894	14.1	135.88	
40	9.23	1	958	7.07	135.99	0.017

表 9-56 验证试验模型水沙过程

流量级	测验日期 （月·日）	历时 （d）	流量 （L/s）	含沙量 （kg/m³）	尾水位 （cm）	泥沙中值 粒径（mm）
1		1.5	13.3	4.05	136.37	0.007 5
2		2.0	9.8	14.0	135.83	0.015
3		1.0	19.1	26.8	136.64	0.012 5
4		1.5	14.0	14.7	136.24	0.012 5
5		0.5	26.6	31.5	137.34	0.012 5
6		0.5	35.9	32.8	138.13	0.012 5
7		0.5	20.8	29.5	136.88	0.012 5
8		1.5	14.4	14.2	136.32	0.007
9		1.0	10.2	10.2	135.96	0.007
10		1.5	14.5	9.43	136.33	0.007
11		2.0	7.89	4.40	135.76	0.007
12		1.0	11.9	6.43	136.10	0.007
13		1.5	9.43	6.53	135.88	0.007
14		0.5	21.3	20.7	135.70	0.009
15		0.5	18.3	37.0	135.07	0.014
16		0.5	10.9	23.2	135.89	0.008
17		1.0	9.42	11.7	136.64	0.008
18		0.5	17.8	11.5	136.42	0.008
19		1.0	14.2	20.4	135.73	0.005 9
20		1.0	7.62	14.6	135.73	0.005 9
21		3.5	5.90	4.4	135.53	0.006
22		1.0	10.9	7.58	136.00	0.006
23		1.5	21.2	18.6	136.91	0.058
24		0.5	18.3	17.3	136.82	0.058
25		1.5	16.4	8.13	136.58	0.058
26		1.0	17.9	8.33	136.68	0.011
27		1.5	18.0	5.93	136.68	0.011
28		0.5	14.1	4.45	136.37	0.011
29		0.5	16.0	5.05	136.51	0.011
30		1.0	25.3	20.3	137.29	0.005 5
31		0.5	11.3	19.9	136.16	0.005 5
32		1.0	13.5	12.0	136.40	0.005 5
33		1.0	11.9	8.18	136.21	0.005 5
34		1.0	18.2	8.85	136.75	0.007
35		1.0	15.3	7.25	136.49	0.007
36		1.5	14.9	7.10	136.53	0.007
37		1.5	16.1	6.53	136.60	0.007
38		2.5	12.8	4.93	136.29	0.007
39		1.0	8.94	3.53	135.88	0.007
40		0.5	9.58	1.77	135.99	0.008 5

图 9-75 是模型试验水沙过程线与要求的水沙过程线对比图。

图 9-76 是实际采用的模型沙颗粒级配曲线与原型相应时段泥沙颗粒级配曲线对比图。从图 9-75 和图 9-76 可以看出,模型浑水试验的水沙过程与原型实测情况基本上是相似的。

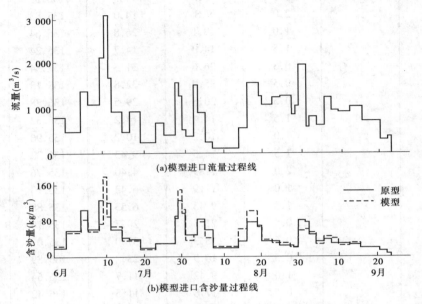

(a)模型进口流量过程线

(b)模型进口含沙量过程线

图 9-75 模型进口流量、含沙量过程线

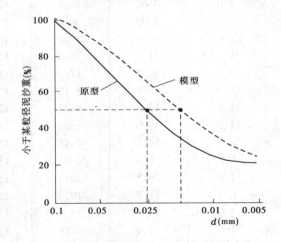

图 9-76 原型沙和模型沙颗粒级配曲线图

(二)冲淤特性的验证

浑水验证试验的主要目的是通过验证试验来检验模型的冲淤特性(包括冲淤过程、冲淤量、冲淤分布等)与原型的相似程度。

1. 模型冲淤过程和冲淤量的验证

小浪底河段(从土崖底至小浪底)1990 年 6 月至 9 月,共进行了 13 次冲淤测量。根据实测资料统计,在 13 次测量中,发生淤积的资料有 7 次,发生冲刷的资料有 5 次(模型比原型少测一次)。冲淤量和冲淤变化过程见表 9-57 和图 9-77。

模型试验在相应时段内,共进行 12 次冲淤测验(由于客观原因,模型比原型少一次测验)。其中发生淤积的测次共 7 次,发生冲刷的次数共 4 次。其冲淤量和冲淤过程亦列入表 9-57 中和绘在图 9-77 上。

表 9-57　　　　　　　　　　模型和原型冲淤量对比

时段 (月·日)	冲淤量(万 m³)		时段 (月·日)	冲淤量(万 m³)	
	原型	模型		原型	模型
6.26~6.29	3.6	3.62	8.20~8.29	−1.06	−4.08
6.29~7.10	0.31	1.26	8.29~8.31	−14.6	−10.6
7.10~7.18	7.30	6.34	8.31~9.2	13.6	12.7
7.18~7.30	7.92	5.33	9.2~9.14	−11.0	−18.3
7.30~8.6	−10.8	−11.9	9.14~9.23	14.7	21.6
8.6~8.20	3.3	3.54	合　计	13.4	9.49

注:因模型比原型少测一次,为了便于对比,原型亦按 12 次测量统计。

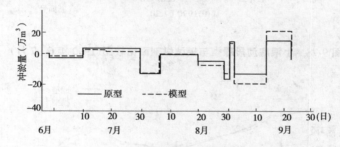

图 9-77　模型和原型冲淤过程图

从表 9-57 和图 9-77 可以看出,在验证时段内,模型的冲淤过程和冲淤总量与原型基本上是相似的。

2.模型冲淤纵剖面验证

小浪底河段系峡谷性河段,平均河谷宽仅 600m 左右,河槽宽(验证试验水位以下)约 300m,河道冲淤均在河槽内进行,但沿程分布并不均匀。为此,对模型冲淤纵剖面也进行粗略的验证。

图 9-78、图 9-79 是模型试验各时段冲淤纵剖面与原型冲淤纵剖面对比图。从图中可以看出:模型的冲淤纵剖面与原型基本上是相似的。

(三)含沙量垂线分布的验证

小浪底枢纽电站建成后,减少泥沙过机问题是发挥小浪底电站效益的关键性问题。而过机泥沙的多寡与悬沙的垂线分布有密切关系。因此,小浪底模型的含沙量垂线分布是否与原型相似,也是这次验证试验的主要内容。

小浪底河段悬沙含沙量垂线分布的实测资料并不多,但从仅有的实测资料可以看出,

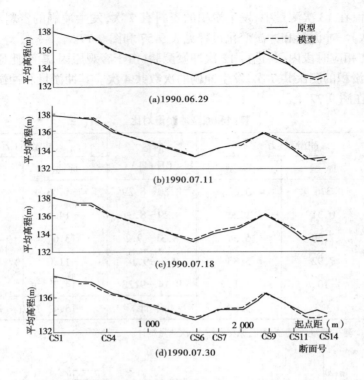

图 9-78　小浪底河段原型与模型纵剖面比较图（1990 年 6～7 月）

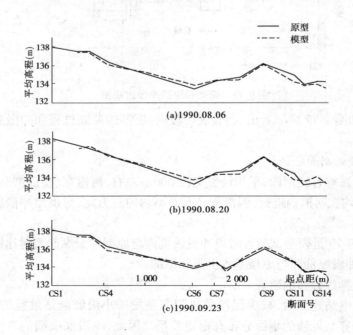

图 9-79　小浪底河段原型与模型纵剖面比较图（1990 年 8～9 月）

小浪底河段含沙量垂线分布与来水来沙条件关系明显。6月30日和7月3日,来沙较粗 ($d_{50}=0.026\text{mm}$),而流量不大($Q=1\,000\sim1\,900\text{m}^3/\text{s}$)。含沙量垂线分布的梯度比较明显。9月7日来沙极细($d_{50(\text{单})}=0.005\text{mm}$),含沙量垂线分布比较均匀。8月31日,来沙情况介于两者之间,含沙量垂线分布情况亦介于两者之间。

模型试验在相应时段内,进行了测验,图9-80~图9-84为验证试验含沙量垂线分布与原型含沙量垂线分布对比图。由图9-80~图9-84可以看出,模型含沙量垂线分布与原型含沙量垂线分布的规律基本是相似的。

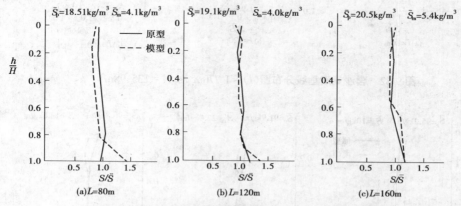

图9-80　含沙量沿垂线分布图($Q=1\,240\text{m}^3/\text{s}, H=135.25\text{m}$)

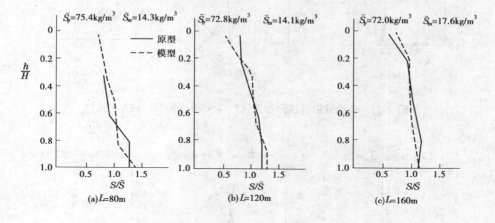

图9-81　含沙量沿垂线分布图($Q=920\text{m}^3/\text{s}, H=135.10\text{m}$)

(四)河势和流量与流速关系的验证

为检验浑水试验的河势和流量、流速关系与原型的相似性,在验证河床冲淤的过程中,对浑水试验的河势和流量—流速关系亦进行了初步验证。图9-85、图9-86、图9-87是模型河势与原型对比图;图9-88是模型流量和流速关系与原型对比图。从图中可以看出,模型的河势、流速与流量的关系与原型均基本相似。

进一步说明模型的水流流态与原型基本上是相似的。

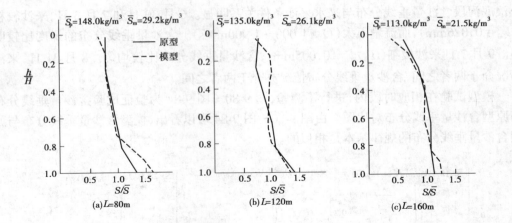

图 9-82　含沙量沿垂线分布图（$Q = 1\,770\,\mathrm{m}^3/\mathrm{s}, H = 135.98\mathrm{m}$）

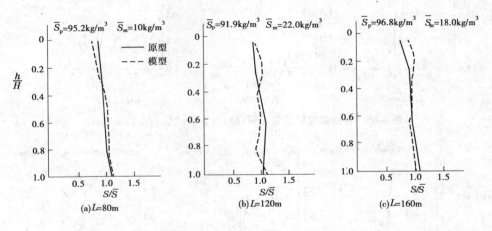

图 9-83　含沙量沿垂线分布图（$Q = 1\,950\,\mathrm{m}^3/\mathrm{s}, H = 137.02\mathrm{m}$）

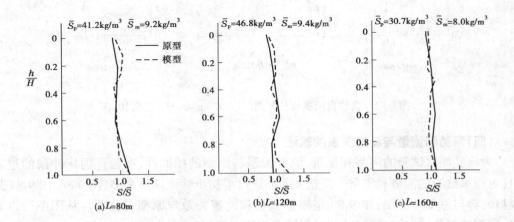

图 9-84　含沙量沿垂线分布图（$Q = 2\,210\,\mathrm{m}^3/\mathrm{s}, H = 137.02\mathrm{m}$）

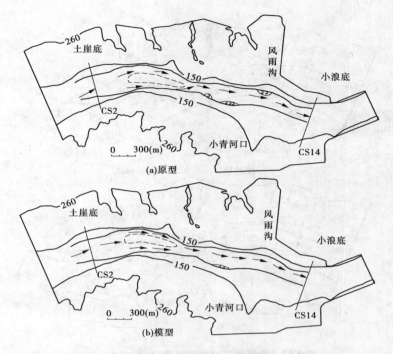

(a)原型

(b)模型

图 9-85　模型验证试验河势图（$Q = 1\,950\mathrm{m}^3/\mathrm{s}$）

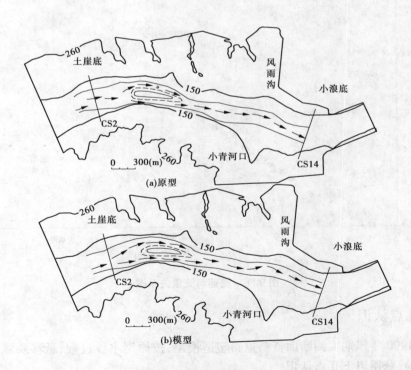

(a)原型

(b)模型

图 9-86　模型验证试验河势图（$Q = 1\,010\mathrm{m}^3/\mathrm{s}$）

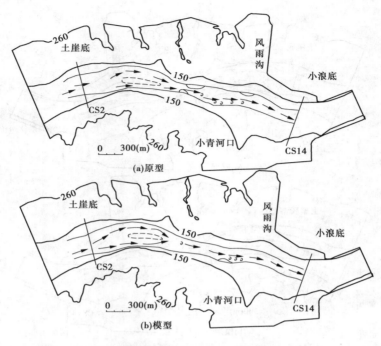

图 9-87　模型验证试验河势图($Q=2\ 100\mathrm{m}^3/\mathrm{s}$)

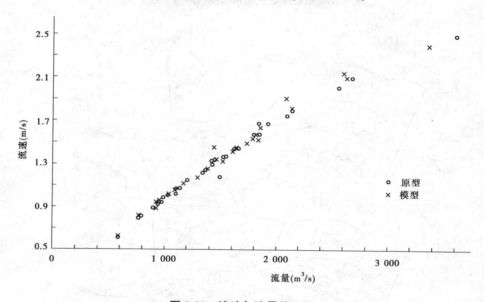

图 9-88　流速与流量关系图

六、几点认识

根据 1990 年汛期实测断面资料重新塑造模型,按原型水沙过程、悬移质颗粒级配进行验证试验,获得以下几点认识。

(1)按黄河动床模型相似原理和设计方法设计小浪底枢纽悬沙模型和选择模型沙,并在操作过程中,根据细颗粒泥沙(指模型沙)的冲淤特性划分试验时段,进行验证试验,可以获得河势变化、河床冲淤变化、冲淤过程以及含沙量沿垂线分布与原型基本相似的试验成果。

(2)验证试验表明,小浪底枢纽模型试验(指 $\lambda_L = 100$,采用煤灰做模型沙时),采用 $\lambda_S = 4, \lambda_{t_2} = 40$ 比尺是合适的。

(3)1990～1992 年的正式试验,系根据预备试验资料定出的 $\lambda_S = 4$ 和 $\lambda_{t_2} \approx 40$ 进行的。模型比尺与验证获得的比尺相符,说明 1990～1992 年的试验成果有效。

(4)1990 年以前的试验,基本上属于方案对比常规试验,试验的流量和含沙量均系假定值,而且是在河床基本达到相对稳定的条件下获得的试验成果,与时间关系不大。因此,1990 年以前的试验成果,虽然是在 $\lambda_S = 1.0, \lambda_{t_2} = 14$ 条件下取得的,仍然可以采用。

(5)小浪底悬沙模型仅仅进行了修建枢纽前的验证试验,枢纽建成后,河床组成及河床边界条件都有很大的变化,其相似性如何,有待于旁证试验进一步回答。

第五节　黄河小浪底枢纽泄流建筑物防淤堵模型试验

黄河是举世闻名的多沙河流,在黄河上修建水利枢纽,泄流建筑物前泥沙淤堵现象非常突出,为了该枢纽泄流建筑物防沙和淤堵,从 1981 年开始,我们进行了小浪底枢纽电站防沙模型试验。通过试验发现,由于黄河水少沙多,枢纽的泄洪洞经常处于关闭状态(即门虽设而常关),泄洪洞与电站、排沙洞分开布置方案(Ⅰc方案)泄洪洞进水塔前很快被泥沙淤死;为了探求不被泥沙淤死的泄流建筑物布置方案,1984～1987 年,配合设计,我们和中国水科院分别进行了各种布置方案的对比模型试验,通过模型试验的检验和有关专家的多次讨论审议,获得了泄流建筑物优化布置方案,1990 年又进行了泄流建筑物优化布置方案模型试验,证明在风雨沟口修建裹头式导墙的优化布置方案,可以在沟内泄流建筑物门前形成一个单一的逆时针方向的大回流,各泄流建筑物不会被泥沙淤死。

鉴于黄河泥沙问题十分复杂,黄河今后的来水来沙和水库淤积过程也相当复杂,以上的模型试验成果,均是常规试验条件下获得的;如果黄河出现极端的来水来沙条件(流量很小,或含沙量极高……),则可能出现不利现象;在此情况下,如何防止泄流建筑物门前不被泥沙淤堵,还需进一步深入研究,因此 1992 年又开展泄流建筑物防淤堵模型试验。

一、模型试验的主要内容

(1)检验优化方案沟口修建裹头型导流墙控导泄流建筑物进水口前形成逆时针方向单一回流的作用。

(2)研究不同水沙和不同造床边界条件下,坝区河槽冲淤形态及坝前冲淤漏斗形态,以及泄流建筑物门前含沙量垂线分布规律。

(3)研究枯水流量下,泄流建筑物门前淤堵情况及防止泥沙淤堵措施。

(4)研究出现高含沙洪水时,坝区及泄流建筑物门前的淤积形态。

(5)研究异重流形成条件、潜入点的移动情况、异重流排沙情况及消失过程。

二、模型试验条件

模型几何比尺、试验段范围和模型沙均与以往模型相同,即:$\lambda_L = \lambda_H = 100$,模型范围自大峪河口至大坝(长约 4.0km),模型沙为电厂煤灰,$D_{50} = 0.015mm$。

三、造床试验水沙条件

模型试验的来水来沙条件是决定模型冲淤形态和冲淤发展过程的决定性因素,历史的经验教训已有先例。1984 年以来,此项模型试验,定为黄委规划设计院的委托试验,模型试验的水沙条件和库水位的运用条件,全由委托单位提供。试验单位仅遵照执行即可。

根据设计单位有关人员的估计,小浪底枢纽建成后,黄河的来水来沙情况可以用平均水沙条件和大水大沙年水沙条件及平水丰沙年的水沙条件三者组合的来水来沙条件代替。其中,平均年水沙条件采用 1956 年 7～9 月的水沙条件,大水大沙年的水沙条件采用 1964 年 7～9 月的水沙条件,平水丰沙年的水沙条件采用 1977 年 7～9 月的水沙条件。三个典型年的水沙概化过程见表 9-58。

表 9-58　　　　　　　　　　　　小浪底泥沙模型试验典型年概化水沙过程

1956 年			1964 年			1977 年		
日期 (月·日)	流量 (m³/s)	含沙量 (kg/m³)	日期 (月·日)	流量 (m³/s)	含沙量 (kg/m³)	日期 (月·日)	流量 (m³/s)	含沙量 (kg/m³)
7.1～22	2 160	48	7.1～7	3 060	145	7.1～7	1 520	55
7.23～26	3 530	185	7.8～21	2 160	150	7.8～19	3 000	132
7.27～8.3	800	41	7.22～31	3 180	109	7.20～8.3	1 240	55
8.4～14	2 280	97	8.1～9	3 840	79	8.4～9	4 130	306
8.15～9.5	2 330	47	8.10～14	5 690	124	8.10～24	1 970	91
9.5～30	800	19	8.15～9.5	3 360	96	8.25～9.3	1 280	49
			9.6～17	4 040	63			
			9.18～30	3 430	33			

四、模型试验方法步骤

此项模型试验是在原有的小浪底枢纽泄流建筑物优化布置方案模型的基础上进行的。模型的泄流建筑物布置形式及进口导墙形式均按优化布置方案布置,模型主槽外的淤积地形仍保留原模型的淤积地形,只有主河槽内的淤积地形是全部清除以后,按试验要求,通过造床试验塑造而成的坝区淤积新地形。然后在新的淤积地形上进行常规试验,在高滩深槽条件下进行高含沙水流模型试验,异重流形成条件试验,以及泄流建筑物门前防淤堵试验。

各项试验的具体方法步骤如下：

(一)造床试验(水库淤积过程试验)

造床试验的起调水位为230m(假定230m以下的库容已经淤完)，分四个阶段进行。

第一阶段，库水位从230m逐步抬高至254m，水位抬高速度为3m/a；第二阶段，库水位从254m逐步降至230m，水位下降速率为6m/a；第三阶段，库水位又从230m逐步抬高至254m，水位抬高速率同第一阶段；第四阶段库水位再从254m，逐步降至230m，水位下降速率同第二阶段。

第一阶段试验和第三阶段试验均采用1956年7～9月水沙概化过程进行试验，通过试验在坝区形成淤积河床形态。第二阶段试验和第四阶段试验采用1977年和1964年概化水沙过程进行试验，通过试验在坝区形成高滩深槽。

试验中，枢纽各泄流建筑物的开启顺序为：先开启排沙洞和发电洞，其泄量比按 $Q_{排}$: $Q_{电}$ = 3:7 控制。如果来水流量超过 2 200m³/s 时，按 $Q_{电}$ = 1 500m³/s，其余由泄洪洞泄流。其开启过程是由沟口向沟里开。

在试验过程中，每级流量均必须定时测量进出流量和含沙量(见表9-59)及坝前水位和沿程水位，待进出口流量和含沙量基本稳定后，再观测河势流路和主槽断面，以及冲刷漏斗形态、泄流建筑物门前含沙量垂线分布。

表 9-59 造床试验第一阶段模型水沙过程

时序 (1956 年 水沙过程)	坝前 水位 (m)	$Q_{进口}$ (m³/s)	$S_{进口}$ (kg/m³)	电站		排沙洞		孔板洞		$Q_{总}$ (m³/s)
				Q (m³/s)	S (kg/m³)	Q (m³/s)	S (kg/m³)	Q (m³/s)	S (kg/m³)	
第一年	229.9	2 000	76	1 147	22.96	653	36.00			1 800
	233.0	2 060	44	1 387	15.04	677	22.44			2 064
	233.0	3 505	168	1 630	87.80	1 255	111.76	700	114.04	3 585
	232.8	820	48	630	11.24	230	18.88			860
	233.2	2 303	76	1 578	41.40	810	84.72			2 388
	232.7	2 368	52	1 627	27.76	777	50.36			2 404
	233.0	780	22	639	7.88	199	12.60			838
第二年	236.1	2 033	60	1 413	13.28	778	38.92			2 191
	236.1	3 405	180	1 550	71.96	1 225	112.08	854	110.04	3 620
	236.0	823	76	553	1.76	200	7.40			753
	235.8	2 203	84	1 483	53.32	803	75.88			2 286
	236.0	2 273	48	1 515	29.00	825	38.24			2 340
	236.0	2 320	44	1 563	20.84	867	30.68			2 430
	235.9	807	28	606	6.88	200	13.36			806

续表 9-59

时序 (1956年 水沙过程)	坝前 水位 (m)	$Q_{进口}$ (m³/s)	$S_{进口}$ (kg/m³)	电站		排沙洞		孔板洞		$Q_{总}$ (m³/s)
				Q (m³/s)	S (kg/m³)	Q (m³/s)	S (kg/m³)	Q (m³/s)	S (kg/m³)	
第三年	239.3	2 174	52	1 598	12.76	710	29.16			2 308
	238.9	3 350	136	1 460	58.56	1 190	77.28	905	73.72	3 555
	239.1	780	64	527	4.52	200	11.76			727
	238.8	2 313	84	1 630	25.00	690	49.32			2 320
	239.0	2 352	196	1 600	29.32	850	42.40			2 450
	239.0	779	28	559	7.36	200	12.20			759
第四年	242.0	2 178	56	1 418	10.44	708	29.40			2 126
	241.9	3 260	156	1 467	37.52	1 177	106.96	900	95.76	3 443
	242.0	783	60	573	2.80	213	9.84			786
	242.0	2 279	60	1 526	20.96	828	35.04			2 354
	242.0	814	28	542	6.32	190	13.84			732
第五年	244.9	2 130	72	1 546	8.72	672	18.48			2 218
	244.5	3 460	204	1 570	46.84	1 230	136.24	823	114.60	3 623
	244.9	733	64	647	3.00	190	8.00			837
	245.1	2 203	112	1 423	17.44	807	38.52			2 230
	245.0	2 347	48	1 580	18.00	859	30.16			2 439
	246.6	823	40	690	6.68	218	13.68			908
第六年	247.6	2 194	56	1 550	12.88	652	21.16			2 202
	247.0	3 705	152	1 820	45.12	1 210	123.24	900	83.88	3 930
	247.9	835	44	625	2.40	240	8.32			865
	248.3	2 270	104	782	14.76	1 493	41.40			2 275
	248.1	2 354	52	842	13.40	1 530	22.12			2 372
	248.1	783	20	592	5.28	202	9.72			794
第七年	251.0	2 188	60	1 623	5.40	655	18.08			2 278
	251.0	3 425	152	1 410	16.88	1 273	69.40	870	45.04	3 553
	251.0	818	82	440	1.60	190	3.92			630
	251.1	2 210	99	1 485	11.32	790	34.48			2 275
	251.0	2 372	54	1 568	12.00	840	20.68			2 408
	250.9	798	30	575	2.92	204	5.92			779
第八年	254.1	2 179	44	1 351	4.96	731	12.24			2 082
	254.1	3 385	148	1 480	15.72	1 235	30.80	745	40.68	3 460
	254.0	775	48	600	0.20	210	2.48			810
	254.1	2 390	108	1 503	9.60	790	26.16			2 293
	254.1	2 302	60	1 502	9.44	828	22.32			2 330
	254.0	785	36	588	2.20	210	3.24			798
	254.2	811	36	600	1.32	195	4.72			795

(二)常规试验

当造床试验形成的坝区河槽形态达到基本稳定状态后,必须进行常规试验,以验证优化方案试验成果。

库水位上升时,当水位上升到245m,达到基本稳定时,进行第一次常规试验。水位由245m再上升到254m,达到基本稳定时,进行第二次常规试验。水位由254m下降至245m,达到基本稳定时,进行第三次常规试验。水位再由245m下降到230m,达到基本稳定时,进行第四次常规试验。

常规试验的模型进口流量为 1 200m³/s、2 500m³/s、4 500m³/s、6 500m³/s 及 8 000m³/s五级定常流量,其相应的含沙量为 60kg/m³、40kg/m³、140kg/m³、170kg/m³ 及 190kg/m³。

由于常规试验的最大试验流量为 8 000m³/s,次大试验流量为 6 500m³/s,均大于造床试验的最大流量 5 690m³/s,因此造床试验所形成的河床形态(包括河宽、水深及河湾半径……)与常规试验的水流并不适应,即造床试验的河床形态,必须进行调整,形成新的河床形态,方可进行常规试验。

鉴于煤灰在1:100的正态模型中,煤灰只能满足淤积相似条件,不能满足冲刷相似条件,因此常规试验的流量顺序是先做大流量试验,再做小流量试验,即流量由大到小,河床形态(河宽、水深)由大变小,以减小模型沙冲刷不相似的影响。

(三)防淤堵试验

1985 年以来,黄河来水偏枯,小浪底枢纽建成后,若遇这种枯水年,入库流量较小。在此情况下,各泄流建筑物,除电站进口闸基本上均处于关闭状态,排沙洞的泄量也很小,这时泄流建筑物门前是否还能保持门前清,是设计工作者必须弄清楚的课题。因此,常规试验结束后,在常规试验的基础上,进行了防淤堵试验。

(1)试验条件。试验是在高滩深槽阶段形成的库区边界条件下,库水位230m,入库流量 1 000m³/s,含沙量 60kg/m³ 等条件下进行的。

(2)泄流方式。只用三条排沙洞和2号、4号、6号发电洞泄流,其余泄流孔口全部关闭。各泄流孔口开启运用方案如表 9-60 所示。

表 9-60　　　　　泄流建筑物门前淤堵试验水沙条件及闸门开启运用方案

方案	试验历时(h)	坝前水位(m)	进口流量(m³/s)	进口含沙量(kg/m³)	电站流量(m³/s)				排沙洞流量(m³/s)				出口流量(m³/s)
					2号	4号	6号	合计	1号	2号	3号	合计	
Ⅰ-A	17.5	230.02	1 020	58.2	226	226	226	678	99	106	101	306	980
Ⅰ-B	19.5	230.02	1 020	68.2	229	229	230	688	0	149	161	310	1 000
Ⅰ-C	17.5	230.03	1 010	55.8	236	236	235	707	0	302	0	302	1 010
Ⅱ-A	17.5	230.02	1 020	62.8	263	263	264	790	70	70	61	201	990
Ⅱ-B	14.5	230.04	1 020	56.3	272	272	271	815	0	100	100	200	1 020
Ⅱ-C	16.0	230.01	1 010	57.8	263	263	264	790	0	203	0	203	990
Ⅱ-A′	17.0	230.01	1 020	61.4	289	289	289	867	52	52	53	157	1 020

表 9-60 所列七组泄流组合方案的试验,河势条件基本相同,试验前先将泄流建筑物门前漏斗恢复到最低点 175m 高程(即门前清),漏斗宽度:沟口为 180m,沟底为 80m 左右。然后按表 9-60 中各方案的要求进行试验,同时观测泄流建筑物门前漏斗淤积形态。

(四)冲刷试验

小浪底枢纽汛期日平均流量小于 $500m^3/s$ 的出现频率约 5%,即整个汛期 $Q <500m^3/s$ 的天数为 4~5 天。当入库流量 $Q < 500m^3/s$ 时,为了多发电,可能将排沙洞关闭。因此,孔板洞门前的淤积就可能增多。在此情况下,当入库流量达到 $1\,000m^3/s$ 时,再打开排沙洞泄水排沙,将孔板洞和排沙洞前的淤积物冲出库外,因此在防淤堵试验的基础上,进行了冲刷试验。冲刷试验的条件和闸门运用条件与防淤堵试验基本相同,见表 9-61。

表 9-61　　　　　　泄流建筑物门前冲刷试验水沙条件及闸门开启运用方案

方案	试验历时 (h)	坝前水位 (m)	进口流量 (m^3/s)	进口含沙量 (kg/m^3)	电站流量(m^3/s)				排沙洞流量(m^3/s)				出口流量 (m^3/s)
					2 号	4 号	6 号	合计	1 号	2 号	3 号	合计	
淤堵 3 天	5.8	229.99	1 020	54.7	343	343	343	1 030	0	0	0	0	1 030
冲排 3 天	1.5	230.05	1 020	53.1	242	242	242	725	0	0	300	300	1 020
冲排 2 天	1.5	230.00	1 020	56.3	190	190	190	570	0	460	0	460	1 030
冲排 1 天	1.5	230.10	1 010	53.8	178	178	178	535	470	0	0	470	1 010
淤堵 5 天	9.0	230.05	1 000	50.1	328	328	328	984	0	0	0	0	980
冲排 3 天	1.5	229.95	1 020	72.8	197	197	197	590	0	0	350	350	940
冲排 2 天	1.5	229.95	1 020	72.8	197	197	197	590	0	350	0	350	940
冲排 1 天	1.0	230.00	1 060	—	185	185	185	555	495	0	0	495	1 050

(1)试验方法。试验前,将泄流建筑物门前的淤积物全部清除,使泄流建筑物门前漏斗宽度(即 230m 水位的宽度)为 90~150m,边坡为 0.36~0.63,排沙洞前的淤积高程为 175m。然后将排沙洞全部关闭,全由电站泄水,先进行淤积试验,淤积 5.8~9 小时后(指模型时间),再打开排沙洞进行冲刷试验。

(2)试验主要目的:①观测淤积 5.8~9 小时后泄流建筑物门前的淤积形态、高程;②观测冲刷效果。

(五)高含沙水流试验

为了研究小浪底枢纽出现高含沙水流时,坝前河势变化、淤积形态及含沙量分布特性,本模型试验共进行了三次高含沙水流试验。其方法和步骤如下:

(1)统计历年小浪底水文站高含沙水流资料,进行高含沙洪水泥沙特性分析,见表 9-62。

(2)选择代表性的颗粒级配进行原型沙的流变特性试验,求原型沙 τ_b—S_V 关系图(图 9-89)。

表 9-62　　　　　　　　　　　　　　小浪底水文站高含沙水流泥沙颗粒级配统计

日期	含沙量 (kg/m^3)	小于某粒径(mm)百分数(%)								中值粒径 d_{50} (mm)	S_{V_m}	S_{V_0}
		0.5	0.25	0.10	0.075	0.05	0.025	0.010	0.007			
1969 – 07 – 28	122		100	97.6	90.4	78.0	54.5	32.6	26.8	0.022 5	0.508	0.129
1969 – 07 – 29	192		100	89.7	79.4	60.7	38.2	24.2	20.8	0.036	0.530	0.14
1969 – 07 – 29	293		100	90.0	80.3	59.9	32.7	16.6	15.3	0.039	0.55	0.151
1969 – 07 – 30	415		100	89.0	73.6	54.3	32.2	18.5	15.5	0.044	0.548	0.150
1969 – 07 – 31	315		100	93.4	82.5	64.8	40.1	22.7	17.8	0.033 5	0.535	0.143
1969 – 08 – 01	213		100	98.0	90.5	71.2	41.9	25.7	20.0	0.03	0.524	0.137
1969 – 08 – 02	329		100	93.8	79.5	57.6	32.2	19.1	14.2	0.041	0.552	0.152
1969 – 08 – 03	292		100	95.1	83.8	63.6	37.0	22.1	16.7	0.035	0.540	0.146
1969 – 08 – 04	237		100	93.9	83.9	64.3	34.1	19.3	14.4	0.036 5	0.546	0.149
1971 – 07 – 31	137		100	98.5	90.1	79.0	57.8	37.2	28.9	0.018	0.50	0.125
1971 – 08 – 21	666	100	96.2	67.6	49.3	30.9	15.1	8.8	7.70	0.076	0.61	0.188

料：S_{V_m} 为极限体积含沙量；S_{V_0} 为 $\tau_B = 5mg/cm^2$ 时含沙浓度。

（3）根据模型预备试验资料和原型实测资料绘图,如图 9-90 所示。

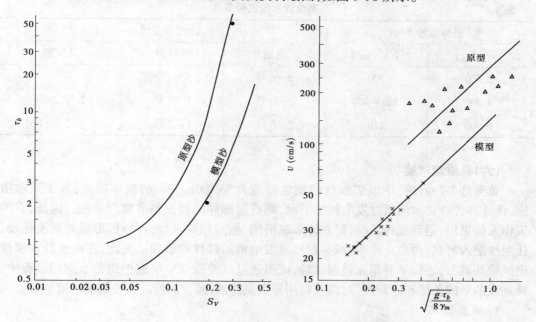

图 9-89　小浪底水库原型沙 S_V—τ_b 关系图　　　　　**图 9-90**　v—$K\sqrt{\dfrac{g\tau_b}{8\gamma_m}}$ 关系图

通过图 9-90 和模型比尺求 λ_{τ_b}：

$$\lambda_{\tau_b} = \frac{\lambda_v^2 \lambda_{\gamma_0 m}}{\lambda_K} \qquad (9-8)$$

式中　λ_v——流速比尺，$\lambda_v = 10$；

　　　$\gamma_{0m} = 1.0$；

　　　λ_K——与有效雷诺数有关的系数，$\lambda_K = 4$。

故得 $\lambda_{\tau_b} = 25$。

(4)由 λ_{τ_b} 反求 λ_{S_V}。

原型最大含沙量为 $S_V = 0.3$，其 $\tau_b = 50 \text{kg/cm}^2$，由 $\lambda_{\tau_b} = 25$，得模型 $\tau_b = 2 \text{kg/cm}^2$。相应 $S_{V_m} = 0.2$，故 $\lambda_{S_V} = 1.5$。

$\lambda_S = \lambda_{S_V} \cdot \lambda_{\gamma_s} = 1.5 \times 1.26 = 1.89$，取 $\lambda_S = 2$。

以上是小浪底枢组高含沙水流模型试验方法的基本内容。该方法的特点是在高含沙水流运动机理的基础上，建立了雷诺数与冲淤关系，通过预备试验求 λ_{τ_b} 和 λ_S，该方法的核心是要凭经验选择符合试验要求的模型沙，否则很难满足高含沙水流运动相似条件。

此项模型试验共进行了三次高含沙水流运动模拟试验。

第一次试验是在淤积造床阶段，库水位达到245m时进行的。第二次和第三次是在降低水位拉槽阶段，库水位分别为245m和230m情况下进行的。

三次试验入库水沙条件和出库泄流条件均相同(见表9-63)。

表 9-63　　　　　　　　　　　　　　　**高含沙水流试验条件**

进库水沙条件		出库泄流情况		
$Q(\text{m}^3/\text{s})$	$S(\text{kg/m}^3)$	电站	排沙洞	孔板洞
2 500	200	2~6 号	1~3 号(全开)	
4 500	300~400	2~6 号	1~3 号	3 号,2 号
6 500	170	2~6 号	1~3 号	3 号,2 号,1 号

(六)异重流试验

黄河是多沙河流，小浪底枢组汛期含沙量大于 100kg/m^3 的概率很高，若不采取措施，任凭高含沙量水流通过发电机组下泄，则机组部件的磨损是非常严重的。因此，有的工作人员提出，遇到此种情况，要立即采取措施，抬高坝前水位，在坝区形成异重流运动，让泥沙潜入河底，由底孔排泄，减少泥沙对发电机组部件的磨损。为此，在高含沙水流模型试验基础上，进行了异重流模型试验，试图通过试验探索小浪底枢组蓄水运用过程中，异重流的形成条件和运行规律，以及利用异重流排沙，减少泥沙进入发电洞的可能性。

1. 试验概况

小浪底枢组模型异重流试验是在库区形成高滩深槽的河床形态条件下进行的。试验的主要目的是：①研究小浪底库区形成高滩深槽条件下，在库水位230m或245m时，能否发生异重流；②如果不形成异重流，则抬高水位(由230m或245m逐步抬高到245m或254m)，研究异重流的形成条件及消失过程。

2. 试验组次和试验条件

小浪底枢组悬沙模型异重流试验的组次和试验条件见表9-64。

表 9-64 **异重流试验组次和试验条件统计**

日 期	进库流量 （m³/s）	进库含沙量 （kg/m³）	起始库水位 （m）	形成异重流水位 （m）	河床比降 （‰）
1992 – 04 – 27	2 500	100	245	253.3	1.9
1992 – 05 – 05	2 500	50	230	245	
1992 – 05 – 09	2 500	130	230	245	1.1
1992 – 05 – 09	4 500	200	245	254	
1992 – 05 – 12	4 500	200	230	245	1.2
1992 – 05 – 14	4 500	100	230	252	1.7

五、模型试验主要成果

（一）造床试验的河势及流态

1. 水位逐步抬高阶段的河势及流态

水位逐步抬高造床试验，是按 1956 年汛期水沙概化过程（见表 9-56）放水试验的，由表可以看出，模型水位由 230m 逐步抬高至 254m 的过程中，原型最大流量为 3 500m³/s，最大含沙量为 185kg/m³，最小流量为 800m³/s，最小含沙量仅 19kg/m³，由于试验过程中，库水位不断抬高，河槽来不及调整，因此坝前库段的河床形态极其散乱，沙洲林立，主流位置变化不定，水流不集中，流量较大时，河槽普遍漫水，河势散乱，但水流进入风雨沟后，泄流建筑物门前仍然有一个逆时针方向的回流存在，其两侧也时有不同尺度反方向的小回流发生，见图 9-91 和图 9-93。

2. 水位逐步降低阶段河势及流态

水位逐步抬高至 254m 后，经过长期淤积造床作用，最终形成了一个分汊河型（见图 9-92）。在此条件下，再进行水位逐步下降造床试验，试验开始时，河道散乱，支汊丛生，但随着水位逐步下降，河床逐步下切。水流逐步集中，河床形态由多股水流逐步变成单股水流，当水位下降到一定程度后，河床便逐渐变成窄深的单一河槽，水流集中，仅有单一的逆时针方向的大回流，见图 9-92。

（二）常规试验坝区河势流态及泄流建筑物前的水流流态

图 9-93 是常规试验部分河势图，从图可以看出，常规试验的河势比造床试验的河势顺直，主流顶冲泄流建筑物右侧导流墙，在风雨沟内形成一个逆时针方向的大回流，主流紧贴泄流建筑物塔架，其位置较为稳定。

（三）泄流建筑物门前小漏斗及大漏斗

经过多次模型试验证明，小漏斗及大漏斗的形态与来流的水沙条件、河床组成、泄量大小、泄流方式、坝前水位等因素有关。

图 9-94 为小漏斗的横剖面图，边坡系数大致在 0.2~0.7 范围内（与以前试验结果相同），漏斗宽度为 80~180m。

图 9-95 为大漏斗纵剖面图。从图中可以看出，在同一库水位情况下，流量大时漏斗范围较大，流量小时漏斗范围较小；相同流量情况下，水位高时漏斗范围比水位低时大。

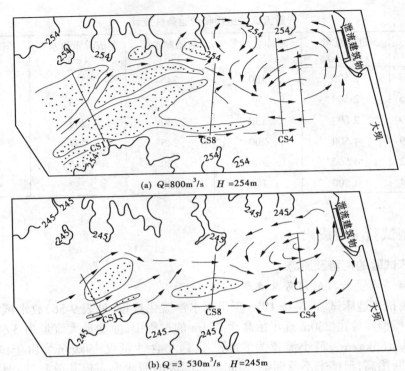

(a) $Q=800\text{m}^3/\text{s}$ $H=254\text{m}$

(b) $Q=3\ 530\text{m}^3/\text{s}$ $H=245\text{m}$

图 9-91　小浪底悬沙模型试验河势图（第一阶段）

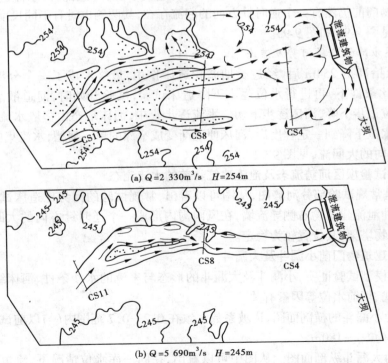

(a) $Q=2\ 330\text{m}^3/\text{s}$ $H=254\text{m}$

(b) $Q=5\ 690\text{m}^3/\text{s}$ $H=245\text{m}$

图 9-92　小浪底悬沙模型试验河势图（第二阶段）

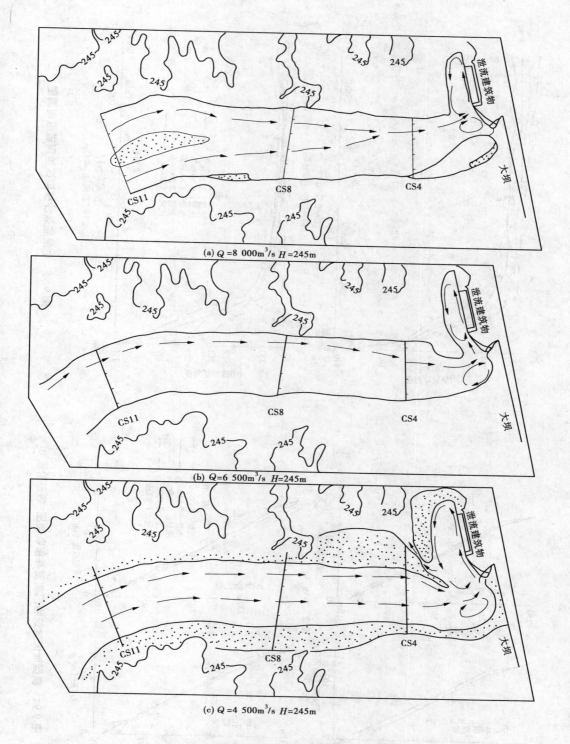

(a) $Q = 8\ 000\text{m}^3/\text{s}$ $H = 245\text{m}$

(b) $Q = 6\ 500\text{m}^3/\text{s}$ $H = 245\text{m}$

(c) $Q = 4\ 500\text{m}^3/\text{s}$ $H = 245\text{m}$

图 9-93 小浪底悬沙模型试验河势图(第一阶段)

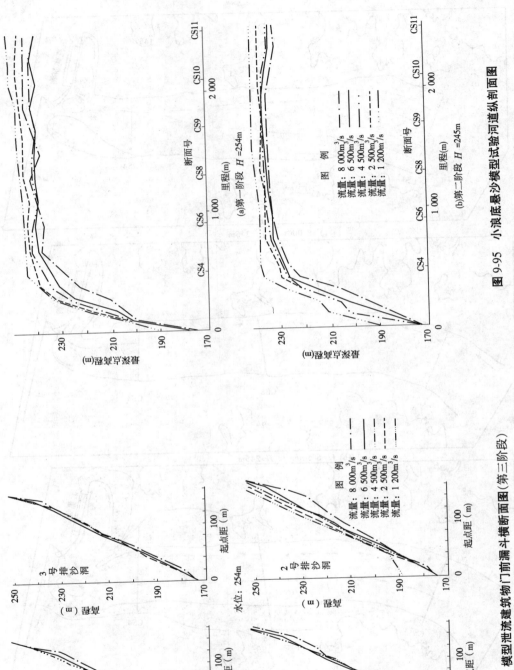

图 9-95 小浪底悬沙模型试验河道纵剖面图

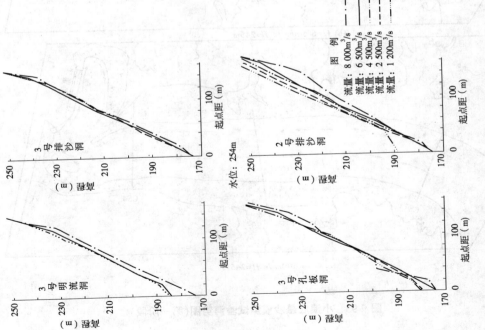

图 9-94 模型泄流建筑物门前漏斗横断面图(第三阶段)

(四)泄流建筑物门前垂线含沙量分布

图 9-96 为常规试验不同流量、不同库水位、不同含沙量时排沙洞进口的垂线含沙量分布图。

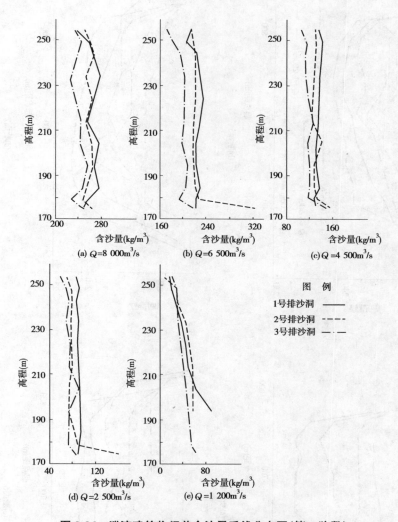

图 9-96　泄流建筑物门前含沙量垂线分布图(第一阶段)

从图 9-96 中可以清楚地看到：

(1)水面下 10m 水深范围内,含沙量有梯度,并且明显。

(2)10m 水深以下,含沙量分布比较均匀,无明显的梯度。

(3)从风雨沟口到沟底(沿水流方向),含沙量有逐渐减小的趋势。

(五)断面形态、表面流速及小漏斗区地形

图 9-97 分别为库水位逐步抬高至 254m 及水位逐步降低至 230m 时的河道横断面图。从图中可以看出:在同流量下,库水位上升阶段常规试验测得的河宽比水位下降阶段的河宽大;水位上升阶段的水深比水位下降阶段的水深小。

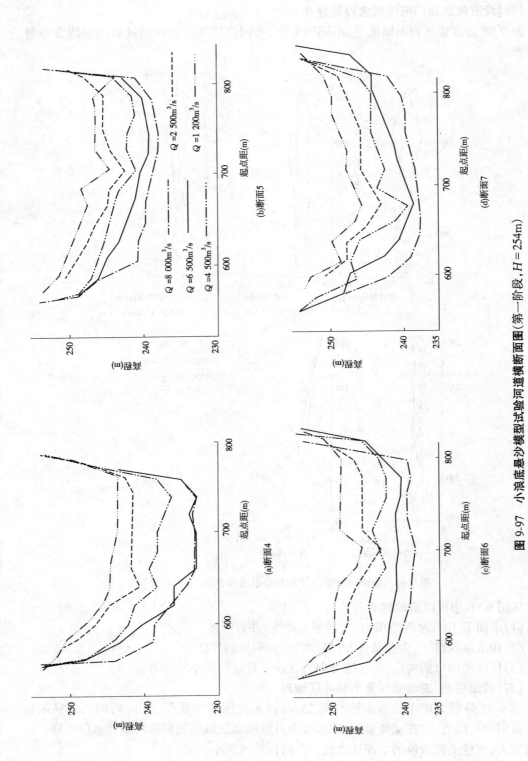

图 9-97 小浪底悬沙模型试验河道横断面图(第一阶段,$H=254$m)

图 9-98 为不同库水位的常规试验泄流建筑物门前的漏斗区地形图。从图中可以看出,泄流建筑物门前基本上未发生明显淤积,大流量时泄流建筑物门前淤积高程比小流量时低。一般情况下,门前淤积高程在 180m 以下,说明优化布置方案,在合理控制运用条件下,泄流建筑物门前淤堵问题不突出。

图 9-99 分别为库水位逐步抬高至 245m 时,常规试验所测得的库区表面流速横向分布图。从图中可以清楚地看出,泄流建筑物门前有单一的逆时针方向的大回流。

(六)防淤堵试验、泄流建筑物门前漏斗形态

图 9-100 和图 9-101 是模型试验部分泄流建筑物门前漏斗横断面及纵剖面图,图 9-102 为各泄流建筑物门前淤积高程随时间变化过程图。从图 9-100～图 9-102 可以看出:

孔板泄洪洞关闭时,其门前的淤积高程不仅与排沙洞的开启运用方式有关,而且与排沙洞的泄量大小有关。

(1)在入库流量为 1 000m³/s、发电流量为 700m³/s、排沙洞流量为 300m³/s 情况下,如果将 3 条排沙洞全部开启运用,均匀泄水排沙,每洞泄水均为 100m³/s,则孔板洞门前的淤积高程均在 190m 以下(见图 9-98),即淤堵现象不突出。淤积面高程低于孔板洞进口顶部高程。

如果采用 2 号和 3 号两条排沙洞泄水排沙,每洞泄流 150m³/s,则 1 号孔板洞门前(因 1 号排沙洞关闭)的淤积高程达 215m 左右,淤堵现象较为突出。

如果仅采用 2 号排沙洞泄水排沙,泄量仍为 300m³/s,则仅 2 号孔板洞的淤积高程低于 190m,其他孔板洞门前的淤积高程均接近于 200m。淤堵现象较前者更加突出。

试验说明,在多沙河流上修建水利枢纽,采用排沙洞泄水拉沙以保护其他泄流建筑物门前清时,排沙洞均匀泄水排沙的效果比单独泄水排沙的效果好。

(2)在入库流量为 1 000m³/s、发电流量为 800m³/s、排沙流量为 200m³/s 的条件下,采用 3 条排沙洞均匀泄水排沙,其效果比采用 2 条排沙洞或 1 条排沙洞好。采用 3 条排沙洞均匀排沙后,2 号和 3 号孔板洞门前淤积高程仍在 190m 以下,淤积现象不严重。1 号孔板洞门前淤积高程接近 200m。

(3)在入库流量为 1 000m³/s、发电流量为 850m³/s、排沙流量为 150m³/s 情况下,采取 3 条排沙洞均匀泄水排沙。2 号和 3 号孔板洞门前的淤积高程仍低于 190m,1 号孔板洞门前的淤积高程接近 200m。

(4)孔板洞关闭后,模型泄流建筑物门前淤积高程在 4 小时内上升很快,4 小时后逐渐达到稳定状态。如果按 $\lambda_{t_2} = 40$ 换算成原型,即原型 160 小时(约 6 天零 7 小时),基本达到冲淤平衡状态。

(七)泄流建筑物关闭淤堵后,再度打开排沙洞的拉沙效果

图 9-103 是冲刷试验泄流建筑物门前冲淤形态图。由图得知:

(1)淤积 5.8 小时(相当原型 232 小时)后,1 号排沙洞门前的淤积高程接近 200m,2 号和 3 号排沙洞门前的淤积高程均低于 200m,淤积 9 小时(相当于原型 360 小时)后,1 号排沙洞门前的淤积高程为 215m,2 号和 3 号排沙洞门前淤积高程均低于 200m。

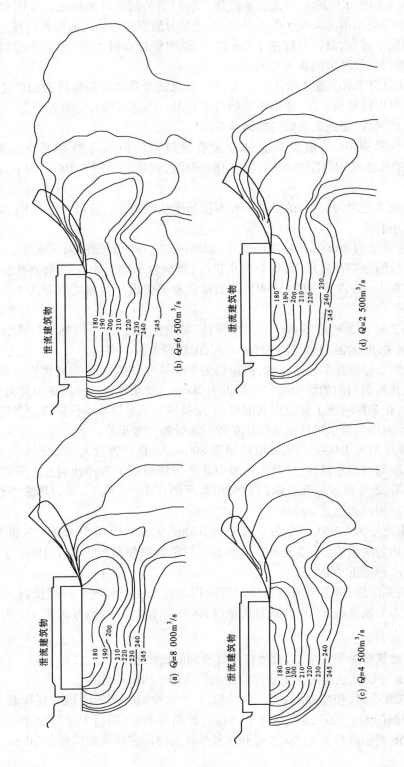

泄流建筑物

180
190
200
210
220
230
240
245

(b) Q=6 500m³/s

泄流建筑物

180
190
200
210
220
230
240
245

(d) Q=2 500m³/s

泄流建筑物

180
200
190
220
230
240
245

(a) Q=8 000m³/s

泄流建筑物

180
190
200
210
220
230
240
245

(c) Q=4 500m³/s

图 9-98 小浪底悬沙模型试验坝前地形图(第一阶段,H=245m)

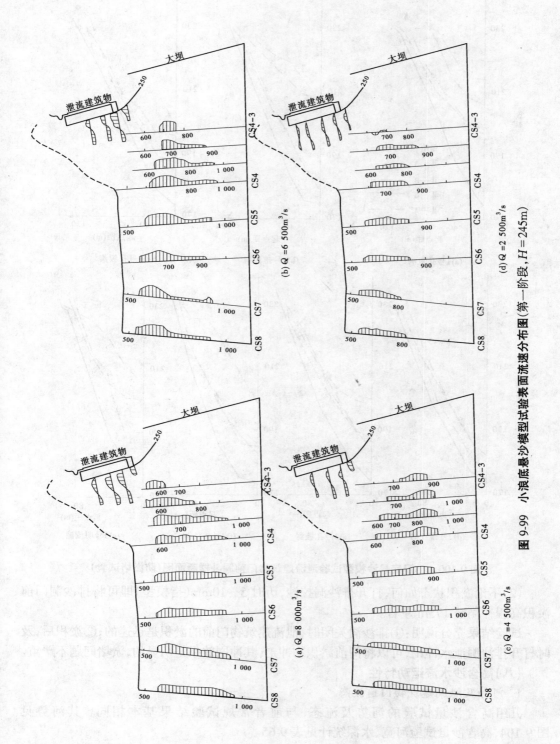

图 9.99 小浪底悬沙模型试验表面流速分布图(第一阶段, $H = 245$m)

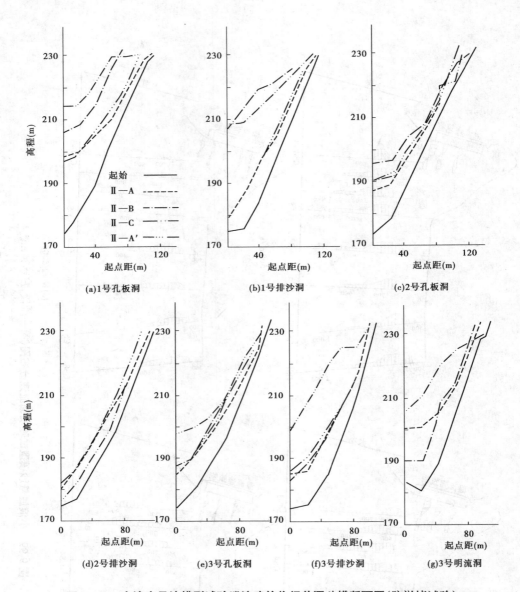

图 9-100　小浪底悬沙模型试验泄流建筑物门前漏斗横断面图(防淤堵试验)

(2)不论淤积状态如何,打开排沙洞拉沙,历时 5～10min(指模型)即可将排沙洞门前淤积高程冲刷至 175m 左右。

试验结果充分说明:①排沙洞关闭时,泄流建筑物门前的淤积是迅速的;②淤积后,及时打开排沙洞泄水冲刷,可以将门前淤积物冲走,其冲刷效果是明显的,淤堵问题不严重。

(八)高含沙水流运动特性

1. 河势及泄流建筑物门前流态

几组高含沙量试验的河势及流态,与前者常规试验结果基本相同。其河势见图 9-104,高含沙量试验河宽、水深统计见表 9-65。

由图 9-104 及表 9-65 可以看出,在边界条件及入库流量相同的情况下, 高含沙水流

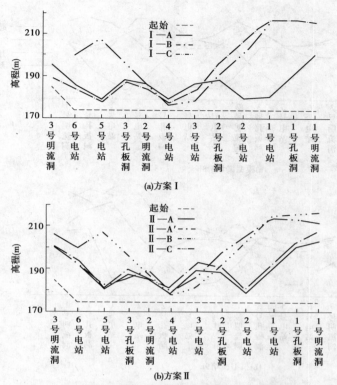

(a)方案 I

(b)方案 II

图 9-101　泄流建筑物门前淤积纵剖面图（防淤堵试验）

（各电站进水口下设排沙洞，编号与电站相同）

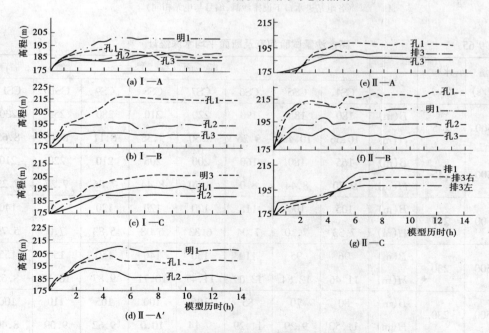

(a) I —A

(b) I —B

(c) I —C

(d) II —A′

(e) II —A

(f) II —B

(g) II —C

图 9-102　泄流建筑物门前孔口淤积过程图（防淤堵试验）

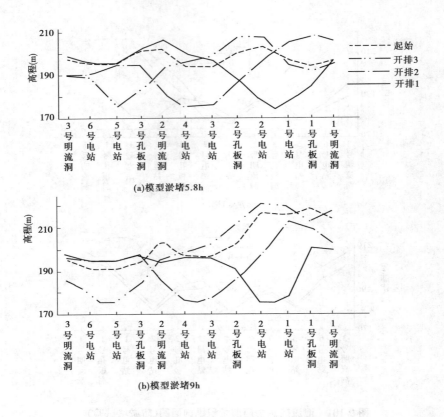

(a)模型淤堵5.8h

(b)模型淤堵9h

图 9-103 模型泄流建筑物门前冲淤形态图(冲淤试验)
(各电站进水口下设排沙洞,编号与电站相同)

表 9-65 高含沙量试验河宽及断面平均水深统计

流量 (m³/s)	水位 (m)	类别	断面编号							
			CS4	CS5	CS6	CS7	CS8	CS9	CS10	CS11
6 500	245	B(m)	180	185	190	220	210	280	255	230
		H(m)	10.56	10.49	9.26	8.50	9.38	8.11	8.16	8.65
4 500	245	B(m)	165	180	160	200	205	210	220	210
		H(m)	9.70	8.44	8.0	8.70	8.44	7.86	7.27	7.29
2 500	245	B(m)	105	100	115	120	120	120	120	140
		H(m)	7.33	7.10	7.04	6.33	6.08	5.83	7.0	5.79
4 500	230	B(m)	96	95	110	150	140	150	150	155
		H(m)	11.46	12.84	13.09	11.47	10.71	9.87	10.13	8.65
2 500	230	B(m)	80	70	85	105	100	105	110	100
		H(m)	11.50	9.29	11.29	9.14	10.0	9.62	9.09	8.40

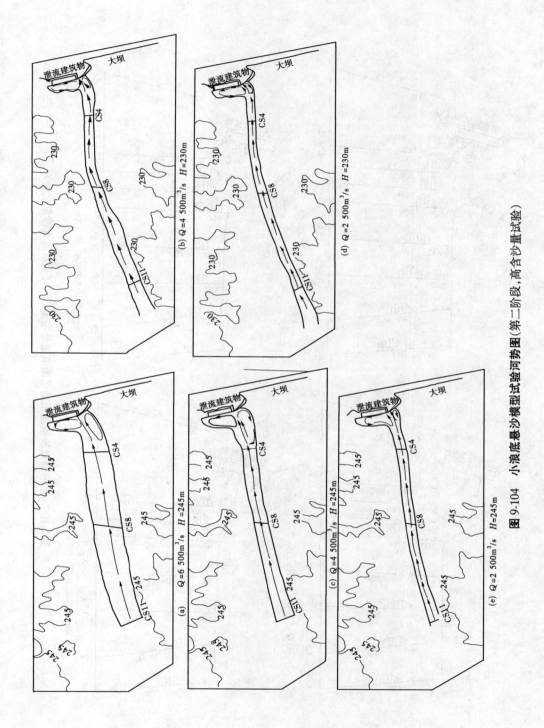

(a) $Q = 6\,500\text{m}^3/\text{s}$ $H = 245\text{m}$

(b) $Q = 4\,500\text{m}^3/\text{s}$ $H = 230\text{m}$

(c) $Q = 4\,500\text{m}^3/\text{s}$ $H = 245\text{m}$

(d) $Q = 2\,500\text{m}^3/\text{s}$ $H = 230\text{m}$

(e) $Q = 2\,500\text{m}^3/\text{s}$ $H = 245\text{m}$

图 9-104　小浪底悬沙模型试验河势图(第二阶段,高含沙量试验)

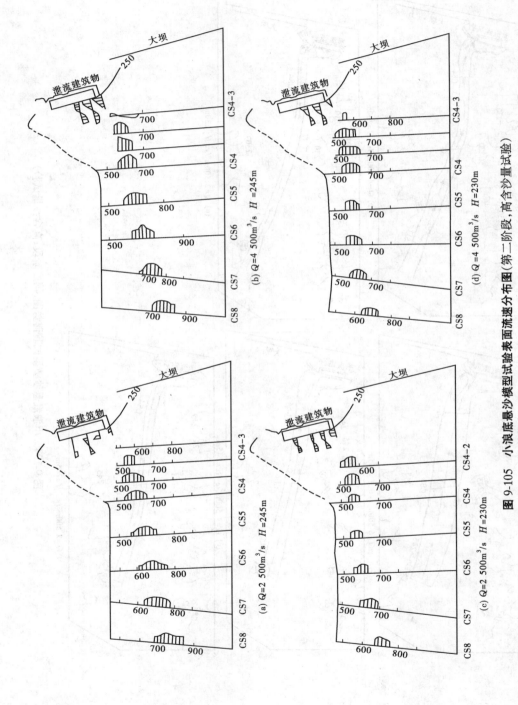

图 9-105　小浪底悬沙模型试验表面流速分布图（第二阶段，高含沙量试验）

试验比常规试验的河道窄且深,其主流更为集中,泄流建筑物门前所出现的单一回流流态则更趋稳定。

2. 表面流速

高含沙水流试验的表面流速横向分布如图 9-105 所示(见 464 页)。从图中可以看出,其主流流速较常规试验流速为大(同流量相比),这是由于高含沙水流比一般含沙量水流所形成的河道窄且深,水流集中所致。

3. 垂线含沙量分布

图 9-106 为泄流建筑物 1 号、2 号、3 号排沙洞门前垂线含沙量分布图,与常规试验垂

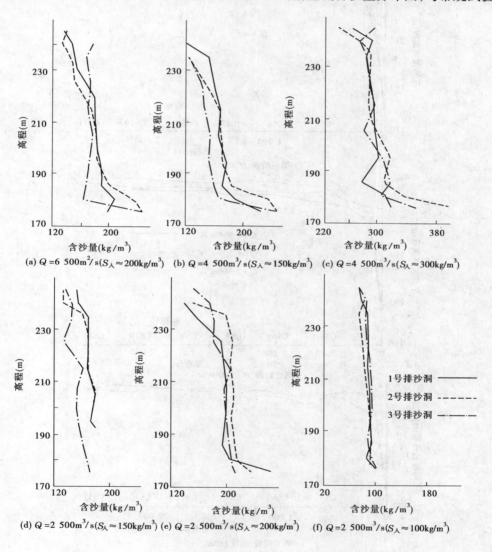

(a) $Q = 6\ 500\text{m}^2/\text{s}(S_\text{入} \approx 200\text{kg/m}^3)$ (b) $Q = 4\ 500\text{m}^3/\text{s}(S_\text{入} \approx 150\text{kg/m}^3)$ (c) $Q = 4\ 500\text{m}^3/\text{s}(S_\text{入} \approx 300\text{kg/m}^3)$

(d) $Q = 2\ 500\text{m}^3/\text{s}(S_\text{入} \approx 150\text{kg/m}^3)$ (e) $Q = 2\ 500\text{m}^3/\text{s}(S_\text{入} \approx 200\text{kg/m}^3)$ (f) $Q = 2\ 500\text{m}^3/\text{s}(S_\text{入} \approx 100\text{kg/m}^3)$

图 9-106   小浪底悬沙模型试验泄流建筑物门前含沙量垂线分布图

(第二阶段,高含沙量试验)

线含沙量分布图(图9-96)对比分析可知,二者垂线含沙量的分布规律基本一致,水面下10m水深内有较大梯度,10m水深以下至距河底5m以上的区域内,基本上是均匀分布。近河底时,含沙量梯度又比较明显。

4.河道纵剖面及小漏斗区地形

图9-107为高含沙量试验纵剖面图,与常规试验相比,纵剖面形态无大的差别。

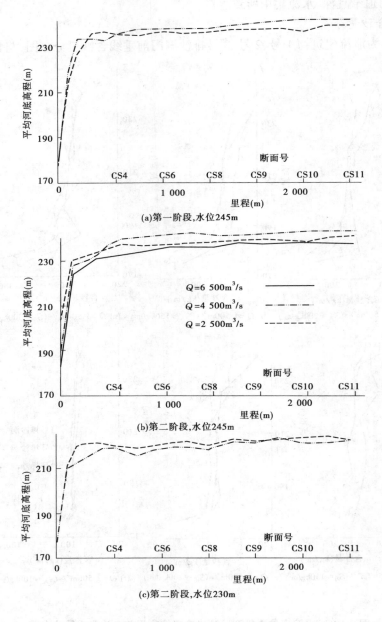

(a)第一阶段,水位245m

(b)第二阶段,水位245m

(c)第二阶段,水位230m

图9-107 小浪底悬沙模型试验河道纵剖面图

(第二阶段,高含沙量试验)

5. 异重流形成条件和运行规律

通过试验发现：

(1)在库水位 230m(或 245m)控制运用条件下形成的高滩深槽内,进行 230m(或 245m)水位的试验,未出现异重流现象。

(2)在此河槽内,将运用水位由 230m(或 245m)逐步抬高,能否形成异重流,则与水位抬高的速度有关。

当水位抬高的速度较慢时,由于入库含沙量较高,河床淤积速度快(河床淤积抬高的速度等于或大于水位抬高的速度),则很难形成异重流。

当库水位抬高的速度较快时,河床淤积抬高的速度小于库水位抬高的速度,河槽内水流流速愈来愈小,则有可能形成异重流。

(3)河槽内出现异重流时,①在异重流潜入点处,水面有明显大量的漂浮物存在;②含沙量垂线分布呈"椅子形",表层含沙量很小,几乎为清水,底层含沙量很大,见图 9-108;③潜入点处,Fr 的临界值为 $0.26\sim0.64$,见表 9-66;④异重流排沙比为 $0.43\sim0.87$,见表 9-67。

表 9-66   异重流试验潜入点处 Fr' 值统计

试验日期(月·日)	库水位(m)	入库流量(m³/s)	入库含沙量(kg/m³)	潜 入 点			
				位置	平均流速(m/s)	平均水深(m)	佛汝德数 Fr' $Fr'=\dfrac{v}{\sqrt{\frac{\Delta\gamma}{\gamma}gH}}$
4.27	253.3	2 500	100	CS1′	0.88	14.28	0.33
				CS1−1′	0.76	16.45	0.27
				CS1′	1.22	10.25	0.54*
				CS1−1′	1.1	11.39	0.46*
5.5	245	2 500	50	CS9′	0.73	19.07	0.33
5.9 下午	254	4 500	200	CS3′	1.89	10.83	0.587*
				CS1′	1.89	9.17	0.64*
5.9 上午	254	2 500	130	CS21′	1.14	17.58	0.34
				CS15′	1.27	14.56	0.41
				CS1′	0.88	10.16	0.34
5.12	245	4 500	200	CS9′	1.6	17.53	0.39
				CS1′	1.38	14.85	0.37
5.14	252	4 500	100	CS9′	1.45	18.19	0.48
				CS1′	0.86	20.46	0.27

注:* 异重流接近消失时数据。

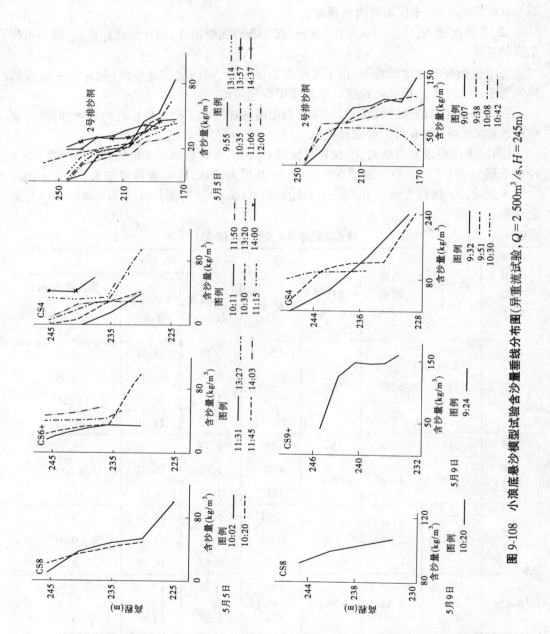

图 9-108 小浪底悬沙模型试验试验含沙量垂线分布图 (异重流试验, $Q = 2\,500\,\mathrm{m^3/s}, H = 245\,\mathrm{m}$)

表 9-67

异重流试验模型排沙比统计

试验日期（月·日）	进口		出口						排沙比 $Q_{S出}/Q_{S入}$
			电站		排沙洞		孔板洞		
	Q (m^3/s)	S (kg/m^3)	Q (m^3/s)	S (kg/m^3)	Q (m^3/s)	S (kg/m^3)	Q (m^3/s)	S (kg/m^3)	
4.27	2 460	87.2	1 480	44.6	1 000	67.8			0.43
5.5	2 320	45.8	1 360	20.7	1 010	36.2			0.61
5.9	2 500	141.9	1 370	84.2	1 260	123.2			0.76
5.9	4 570	171.5	1 940	144.1	1 340	163.5	1 110	154.9	0.87
5.12	4 280	213.0	1 610	146.6	1 770	183.2	970	181.5	0.81
5.14	4 510	76.6	1 600	48.9	1 440	68.1	1 420	68.3	0.79

（4）随着试验历时的增加,模型河床逐渐淤高,过水断面逐渐减小,Fr 逐渐增大,异重流潜入点位置逐渐下挫。当潜入点位置下挫至泄流建筑物门前时,异重流现象则全部消失。潜入点位置下挫过程见表 9-68。

表 9-68　　　　　　　**1992 年 5 月 14 日异重流试验潜入点下挫过程**

时间（时:分）	15:30	16:00	16:30	17:00	17:15
潜入点位置	CS13′	CS9′	CS5′	CS1′	CS1 − 1′
断面间距（m）		400	400	400	400

六、几点认识

通过以往多次模型试验以及近期进一步的试验研究,提出了以下几点认识。

（1）库水位逐步抬高淤积造床阶段,河道宽浅,河势散乱,主流不稳定。但泄流建筑物门前的流势较稳定,具有单一的逆时针方向的大回流。

（2）淤积造床阶段形成的宽浅散乱河床,降低水位运用后,水流逐渐归槽,向单一河槽发展。在下切过程的初期,可能形成两股甚至多股水流。但库水位进一步降低运用以后,河槽向窄深发展,两岸不断坍塌后退,最终仍形成单一窄深河槽。泄流建筑物门前仅有单一的逆时针方向的大回流。

（3）五级定常流量常规试验,河势流态均比较稳定,泄流建筑物门前均能形成单一的逆时针方向的大回流;进水塔前的含沙量垂线分布,除水面下 10m 水深内及近河底区域有梯度外,其余部分的含沙量沿水深分布基本上是均匀的。

（4）七种防淤堵方案的试验成果证明:三条排沙洞仅开其中一条或两条,其余排沙洞关闭,则在关闭排沙洞的洞前,会发生淤堵的现象。

第六节　小浪底枢纽塑料沙模型试验

一、模型沙选择试验任务及步骤

(一)模型沙选择

小浪底枢纽悬沙模型试验,因试验场地条件所限,模型几何比尺选为1:100。黄河泥沙极细,在1:100正态模型中,采用粉煤灰做模型沙,其中值粒径$d_{50} = 0.012 \sim 0.015$mm,经过长时段的连续试验,淤积在河床上的煤灰会发生板结(固结)。板结后的河床,抗冲强度增大,模型的冲刷现象则难以与原型相似。因此,在小浪底枢纽1:100悬沙模型中,采用两种模型沙进行模型试验。

第一种模型沙是$d_{50} = 0.012 \sim 0.015$mm的粉煤灰,实践证明,它能满足泥沙淤积相似条件,在未发生板结之前,基本上也能满足冲刷相似条件。因此,研究小浪底水库淤积过程和泄洪洞前的淤堵问题以及高含沙量水流运动特性(包括分水分沙、含沙量的分布、异重流形成条件等),采用这种模型沙进行试验。

第二种模型沙是$d_{50} = 0.17 \sim 0.22$mm的塑料沙(其颗粒级配见图9-109),经过计算,它既能满足泥沙淤积相似条件,又能满足泥沙冲刷相似条件。其主要缺点是:

(1)由于含沙量比尺小于1,进行淤积过程试验时,需要加沙量太大,很不经济。

(2)河床冲淤时间比尺与水流运动时间比尺相差太大,进行洪水过程的试验困难大,只能进行单一流量的定常流量的试验。因此,研究小浪底枢纽泄流建筑物门前冲刷漏斗最终的冲刷形态和淤积形态时,采用第二种模型沙进行试验。

1984~1985年,采用第一种模型沙,进行了五种布置方案对比试验。通过模型试验,发现在五种布置方案中,以龙抬头方案(B)防淤堵的效果较好。为了进一步弄清龙抬头方案(B)泄流建筑物门前冲刷漏斗的冲淤特性,在1:100正态模型中换用第二种模型沙又进行了检验性试验。

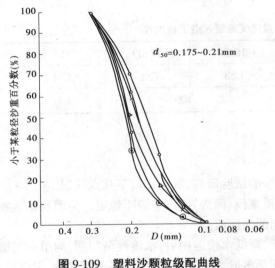

图9-109　塑料沙颗粒级配曲线

(二)试验的主要任务

(1)研究不同流量下,泄流建筑物门前局部冲刷漏斗的形态及其变化的特点。

(2)研究不同来流方向对坝前流态及漏斗形态的影响。

(3)研究不同流量下,坝前局部流态和流速场。

(4)研究泄洪洞前淤堵后,利用排沙洞拉沙将泄洪洞前淤积物冲走的可能性。

(5)在泄洪洞前大量加沙,观测排沙洞和泄洪洞前继续淤堵的情况。

根据上述试验任务,进行了两组试验(即两种不同来流方向的试验)。

第一组试验,水流的主流走中泓,到达坝前时,主流顶冲风雨沟口的泄流建筑物的塔架,然后进入风雨沟,见图 9-110(a)。

第二组试验,模型进口段主流偏左岸,沿左岸山崖下受山嘴顶托挑向右岸,在坝前形成弯曲水流,再进入风雨沟,见图 9-110(b)。

两组试验的坝前水位均为 230m。

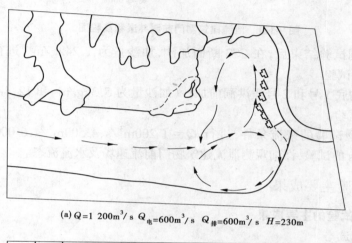

(a) $Q=1\,200\text{m}^3/\text{s}$ $Q_{电}=600\text{m}^3/\text{s}$ $Q_{排}=600\text{m}^3/\text{s}$ $H=230\text{m}$

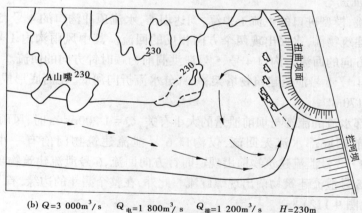

(b) $Q=3\,000\text{m}^3/\text{s}$ $Q_{电}=1\,800\text{m}^3/\text{s}$ $Q_{排}=1\,200\text{m}^3/\text{s}$ $H=230\text{m}$

图 9-110 泄流建筑物前表面流向图

(三)试验步骤

(1)清洗水库,清除模型中的第一种模型沙,关闭泄流建筑物的进水闸门,铺上第二种模型沙。泄流建筑物门前的铺沙高程为 190m。河床为平底。然后用水浸泡 48 小时,待模型沙浸透后测量起始地形,再开启模型进口闸门,进行 $Q=200\text{m}^3/\text{s}$ 清水冲刷试验。观测冲刷后泄流建筑物门前的漏斗形态。然后改变进口流量,在 $Q=1\,200\text{m}^3/\text{s}$ 冲刷试验的基础上,进行 $Q=3\,000\text{m}^3/\text{s}$ 的冲刷试验。图 9-111 是冲刷试验泄流建筑物门前漏斗形态图。

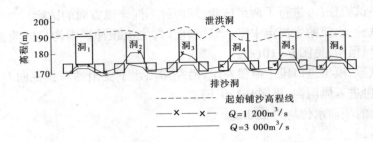

图 9-111　泄流建筑物门前漏斗淤积高程图

(2)清水冲刷试验结束后,在 CS3 断面加沙,加沙量为 1.24kg/m^3,进行 $Q=1\,200$ $\text{m}^3\text{/s}$ 其他项目的试验。

(3)在风雨沟底 1 号和 2 号泄洪洞前加沙(加沙量为 5.3kg/m^3 和 12.4kg/m^3),进行 $Q=3\,000\text{m}^3\text{/s}$ 试验。

(4)改变模型试验的来流条件,进行 $Q=1\,200\text{m}^3\text{/s}$、$4\,500\text{m}^3\text{/s}$、$6\,000\text{m}^3\text{/s}$、$8\,000$ $\text{m}^3\text{/s}$、$10\,000\text{m}^3\text{/s}$ 的试验,详细观测泄流建筑物门前流速场及水流流态。

二、模型试验主要成果

(一)第一组试验的主要成果

1.坝前水流流态

第一组试验,模型进口的主流走中泓,到达坝前,水流顶冲沟口的 4 号、5 号泄流建筑物塔架。泄流建筑物前,水面出现两个方向相反的回流。其中风雨沟内 1 号~4 号泄洪洞前为逆时针方向的回流。沟口 4 号、5 号泄洪洞前为顺时针方向的回流。

主流顶冲 4 号、5 号泄流建筑物塔架;一部分水流折向河底,在河底形成一个大漩坑,其底部高程为 170m。

坝前段底部水流的流态与坝前泄量的大小有关,$Q=1\,200\text{m}^3\text{/s}$ 时,风雨沟内 1~5 号泄流建筑物门前的底部水流无回流,仅沟口 6 号泄流建筑物门前有一小回流。$Q=3\,000\text{m}^3\text{/s}$ 时,1~3 号泄流建筑物前出现逆时针方向回流,6 号泄流建筑物出现逆时针方向回流。4 号、5 号泄流建筑物前出现螺旋流。此外,在整个漏斗的边缘,有一个顺时针方向的大回流(见图 9-112)。

2.泄流建筑物前冲刷漏斗的形态

(1)图 9-113 是清水冲刷试验泄流建筑物前局部冲刷地形,从图上可以看出,试验前泄流建筑物门前冲刷漏斗 180m 高程的面积仅为 311m^2,试验后扩大到 $5\,777.2\text{m}^2$。说明冲刷效果是明显的,见表 9-69。

表 9-69　　　　　泄流建筑物前局部漏斗 180m 高程平面面积统计

测验日期(年·月·日)	流量($\text{m}^3\text{/s}$)	平面面积(m^2)	备注
1986.06.14		611.1	试验前
1986.06.21	1 200	4 199	
1986.06.28	3 000	5 777.2	

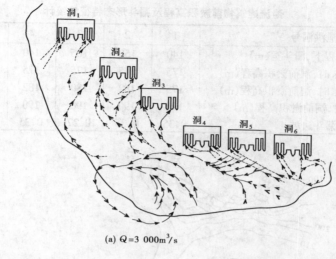

(a) $Q = 3\ 000\mathrm{m}^3/\mathrm{s}$

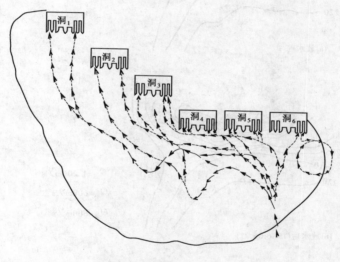

(b) $Q = 1\ 200\mathrm{m}^3/\mathrm{s}$

图 9-112 泄流建筑物底部流向图

(2)表 9-70 是清水冲刷试验泄流建筑物前淤积高程和冲刷漏斗特征值统计表,图 9-114 是局部冲刷漏斗横断面图。从图和表可以看出,试验开始时,泄洪洞前的淤积高程为 190m,试验以后 $Q = 1\ 200\mathrm{m}^3/\mathrm{s}$ 时泄洪洞前的淤积高程均低于 182m。$Q = 3\ 000\mathrm{m}^3/\mathrm{s}$ 时泄洪洞前的淤积高程普遍降到 175m。漏斗边坡 $m = 0.27 \sim 0.35$,230m 高程下,漏斗宽 140～190m。

图 9-115 是在泄洪洞前加沙试验时实测模型局部漏斗横断面图。从图 9-115 可看出:$Q = 3\ 000\mathrm{m}^3/\mathrm{s}$ 时,加沙率 $S = 5.3\mathrm{kg/m}^3$,泄洪洞前无明显淤高;$Q = 1\ 200\mathrm{m}^3/\mathrm{s}$ 时,加沙率 $S = 12.4\mathrm{kg/m}^3$,泄洪洞前的淤积高程普遍抬高 5m。

表 9-70 泄流建筑物前淤积高程及漏斗形态特征值统计

泄洪洞号	1	2	3	4	5	6
230m 高程下,漏斗宽(m)	140	150	165	140	190	180
$Q=3\,000\text{m}^3/\text{s}$ 时,洞前淤积高程(m)	175	175	175	175	175	175
$Q=1\,200\text{m}^3/\text{s}$ 时,洞前淤积高程(m)	175	182	180	182	180	179
试验开始时,洞前淤积高程(m)	190	190	190	190	190	190
漏斗边坡	0.35	0.35	0.27	0.35	0.27	0.35

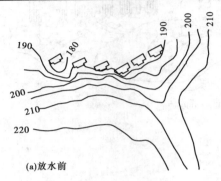

(a)放水前

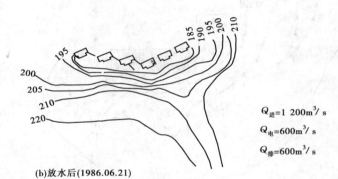

$Q_{进}=1\,200\text{m}^3/\text{s}$

$Q_{电}=600\text{m}^3/\text{s}$

$Q_{排}=600\text{m}^3/\text{s}$

(b)放水后(1986.06.21)

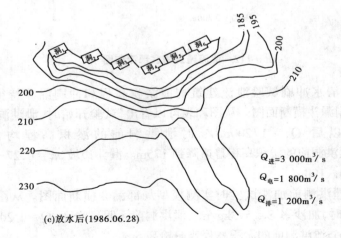

$Q_{进}=3\,000\text{m}^3/\text{s}$

$Q_{电}=1\,800\text{m}^3/\text{s}$

$Q_{排}=1\,200\text{m}^3/\text{s}$

(c)放水后(1986.06.28)

图 9-113 泄流建筑物前局部地形图

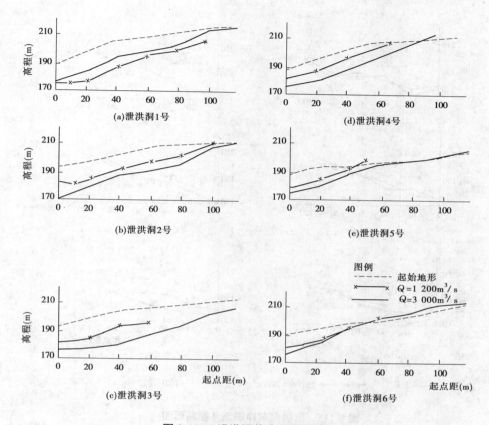

图 9-114　泄洪洞前冲刷漏斗横断面图

3. 泄流建筑物前流速分布情况

图 9-116(a)是 $Q=1\,200\text{m}^3/\text{s}$ 条件下表面流速分布图,从图上可以看出:1~3 号洞前表面流速(除个别测点外)小于 0.35m/s。4 号泄洪洞前 40m 范围内 $v=0.40\sim0.50\text{m/s}$,40m 范围以外 $v<0.35\text{m/s}$。5 号泄洪洞前,40m 范围内 $v=0.50\sim0.6\text{m/s}$,40~60m 范围以外 $v<0.40\text{m/s}$,100m 范围以外,随着距泄流建筑物的距离的增加(以下简称随着距离的增加),流速逐渐增大。6 号泄洪洞前,60m 范围以内 $v=0.40\text{m/s}$,比 5 号洞前的流速小,60m 范围以外进入主河槽,受来水行进流速影响,随着距离的增加,流速亦逐渐增大。

图 9-116(b)、图 9-116(c)、图 9-116(d)是 $Q=1\,200\text{m}^3/\text{s}$ 情况下,220m 和 200m 高程上的流速分布图。从图上可以看出:

(1)流速平面分布趋势与水面流速分布趋势一致,在 1~3 号泄洪洞,$v<0.35\text{m/s}$;4~6 号泄洪洞前 $v<0.40\text{m/s}$。

(2)在 4~6 号洞前,60m 范围内 200m 高程的流速,比其他高程的流速大。

图 9-117 是水下 40m、50m 及洞底流速分布图,从图中可以看出:

(1)洞底流速为 $0.30\sim0.57\text{m/s}$,180m 高程的流速为 $0.30\sim0.51\text{m/s}$,190m 高程的流速为 $0.30\sim0.60\text{m/s}$。

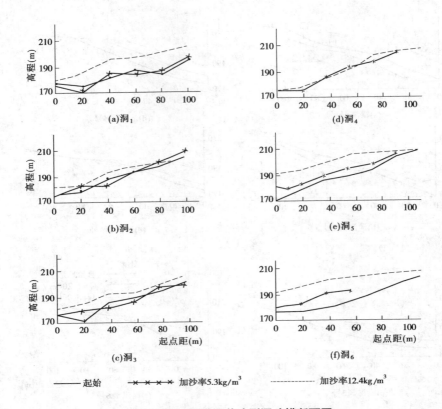

图 9-115 泄洪洞前冲刷漏斗横断面图

(2)4~5 号洞前的流速比其他洞前的流速大。

图 9-118 是 $Q = 3\,000\mathrm{m^3/s}$ 情况下,泄流建筑物门前流速分布图。从图中可以看出,各测点高程的流速在平面分布规律与 $Q = 1\,200\mathrm{m^3/s}$ 情况下的分布规律基本一致,仅流速的绝对值比 $Q = 1\,200\mathrm{m^3/s}$ 的流速大而已。

4．主河槽断面冲淤和水力因子的变化

清水冲刷试验结束后,分别在 CSA 断面和泄洪洞前进行了加沙试验,表 9-71 是模型加沙试验的实测水面宽、过水面积、平均水深和平均流速统计表。图 9-119 和图 9-120 是加沙试验主槽纵横断面图,从表和图可以看出,随着加沙试验历时的增加,过水断面愈来愈小,断面平均流速逐渐增大,河底逐渐形成沙浪,平均流速达到 0.96m/s。说明该断面的淤积接近平衡时的流速为 0.96m/s(接近于 1.0m/s)。

(二)第二组试验

1．坝前水流流态

(1)坝前水流的流态与流量的大小有密切关系,流量小于 3\,000m³/s 时,主河槽平均流速小于 1m/s,风雨沟口前期形成的大边滩很难被水流冲刷。边滩约束水流的作用大,迫使主流靠河槽右岸岸边,然后沿着拦河大坝的坝脚和 6 号泄洪洞右侧的导流墙流入风雨沟内。泄流建筑物门前仅有一个回流(见图 9-121)。

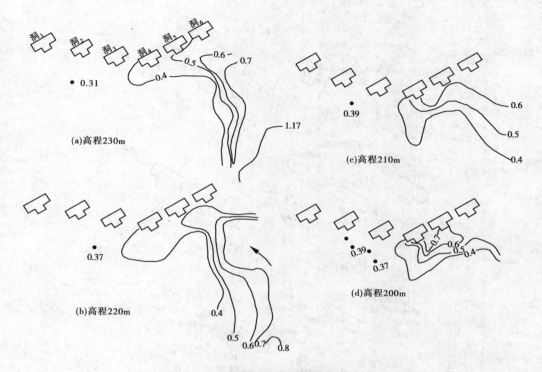

图 9-116　模型试验流速等值线图($Q=1\,200\mathrm{m}^3/\mathrm{s}$)

表 9-71　　　　　　　　　　　　CS1 断面水深流速统计表

试验日期 (月·日)	试验时间 (时:分)	Q (m^3/s)	A (m^2)	B (m)	H (m)	U_{pj} (m/s)	Fr
6.27	11:00	3 000	3 914	378	10.3	0.77	0.076
7.1	11:00	3 000	3 594	388	9.26	0.84	0.088
	16:00	3 000	3 636.5	388	9.37	0.83	0.086
7.2	11:00	3 000	3 372.5	385	8.76	0.89	0.096
	18:00	3 000	3 699.5	383	9.66	0.81	0.083
7.4	11:00	1 200	2 767.5	330	8.39	0.43	0.048
	17:00	1 200	2 865	320	8.95	0.42	0.045
7.5	11:00	1 200	2 510	290	8.66	0.48	0.052
	18:00	1 200	2 377.5	260	9.14	0.50	0.053
7.7	11:00	1 200	1 905	230	8.28	0.63	0.07
	17:00	1 200	1 750	260	6.73	0.69	0.084
7.8	11:00	1 200	1 428	250	5.71	0.84	0.112
	18:00	1 200	1 250	180	6.94	0.96	0.116

注:在 CSA 断面加沙,加沙率为 $1.1\sim2.4\mathrm{kg/m}^3$(水体中达到的含沙量)。

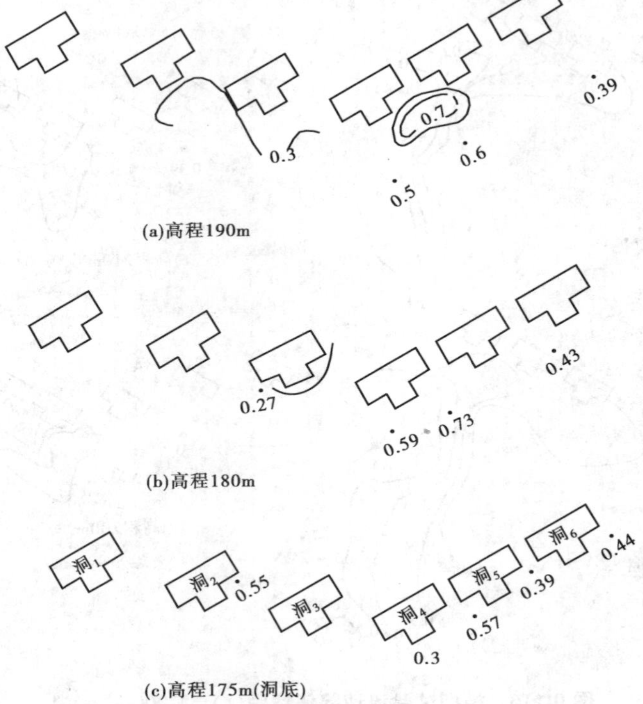

(a)高程190m

(b)高程180m

(c)高程175m(洞底)

图 9-117　模型试验流速分布图($Q=1\ 200\text{m}^3/\text{s}$)

　　流量大于 4 500m³/s 以后,主河槽内的平均流速大于 1.2m/s,并且随着流量的增大,平均流速也随之增大,风雨沟口前期淤积形成的大边滩逐渐被水冲刷而缩小,边滩迅速蚀退,其对水流约束的能力逐渐减小,主流逐渐左移,泄流建筑物前的来水方向逐渐接近第一组试验的来水方向,主流顶冲 5 号泄洪洞,闸前形成两个大回流,泄洪洞前的流态类似第一组试验的流态。这充分说明泄流建筑物门前的流态与风雨沟口的大边滩的消长有密切关系。而滩嘴能否被水流冲掉,完全取决于流量的大小。

　　(2)$Q=1\ 200\text{m}^3/\text{s}$ 时,4~6 号洞前的流迹比较明显,1~3 号泄洪洞前的流迹不明显。$Q=3\ 000\text{m}^3/\text{s}$ 时,流迹明显的范围扩大,流迹不明显的范围缩小。

　　(3)$Q=1\ 200\sim3\ 000\text{m}^3/\text{s}$ 时,底部流态与第一组试验大不相同,不管流量大小如何,在泄流建筑物门前 100m 范围内,均未见回流,也无竖向螺旋流(见图 9-122)。在 100m 范围以外,$Q=1\ 200\text{m}^3/\text{s}$ 时,在 4~6 号泄洪洞前有小回流,其他泄洪洞前仍未测出回流。

　　(4)$Q>4\ 500\text{m}^3/\text{s}$ 时,主流顶冲 5 号泄洪洞的进水闸,水流流态与第一组试验 $Q=1\ 200\sim3\ 000\text{m}^3/\text{s}$ 的流态类似。

　　2.泄流建筑物前局部冲刷漏斗的形态

　　图 9-123 是第二组试验泄流建筑物前局部漏斗地形图,表 9-72 是该地形 180m 高程下的平面面积统计表。由图及表可以看出:

　　(1)$Q<3\ 000\text{m}^3/\text{s}$ 情况下,加沙后泄流建筑物前 180m 高程的漏斗面积比不加沙减小 30%;漏斗的宽度仅 20m。

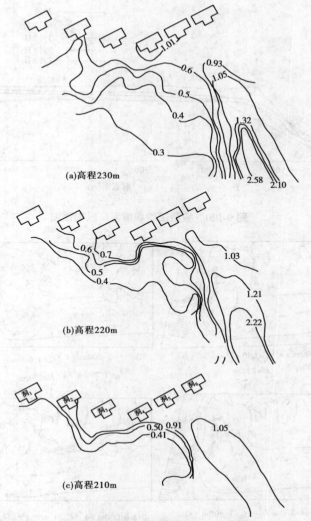

(a)高程230m

(b)高程220m

(c)高程210m

图 9-118　模型试验流速等值线图($Q = 3\,000\mathrm{m}^3/\mathrm{s}$)

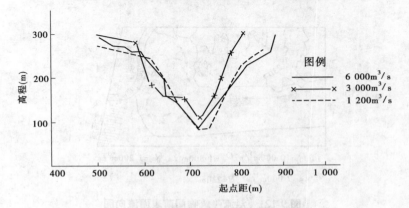

图 9-119　河槽 CS1 横断面图

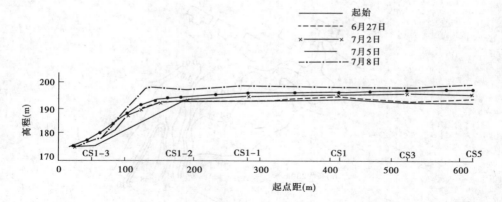

图 9-120　模型试验坝前河床纵剖面图

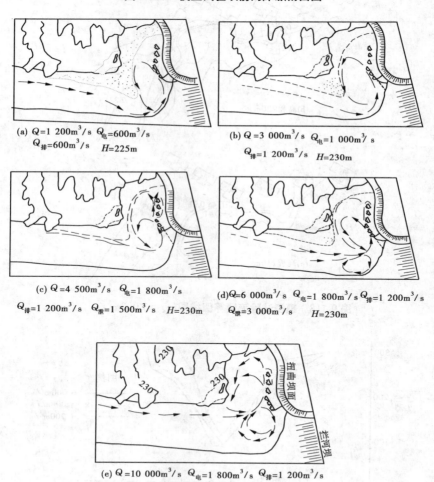

(a) $Q=1\,200\text{m}^3/\text{s}$　$Q_{电}=600\text{m}^3/\text{s}$
　$Q_{排}=600\text{m}^3/\text{s}$　$H=225\text{m}$

(b) $Q=3\,000\text{m}^3/\text{s}$　$Q_{电}=1\,000\text{m}^3/\text{s}$
　$Q_{排}=1\,200\text{m}^3/\text{s}$　$H=230\text{m}$

(c) $Q=4\,500\text{m}^3/\text{s}$　$Q_{电}=1\,800\text{m}^3/\text{s}$
$Q_{排}=1\,200\text{m}^3/\text{s}$　$Q_{泄}=1\,500\text{m}^3/\text{s}$　$H=230\text{m}$

(d) $Q=6\,000\text{m}^3/\text{s}$　$Q_{电}=1\,800\text{m}^3/\text{s}$　$Q_{排}=1\,200\text{m}^3/\text{s}$
$Q_{泄}=3\,000\text{m}^3/\text{s}$　$H=230\text{m}$

(e) $Q=10\,000\text{m}^3/\text{s}$　$Q_{电}=1\,800\text{m}^3/\text{s}$　$Q_{排}=1\,200\text{m}^3/\text{s}$
$Q_{泄}=7\,000\text{m}^3/\text{s}$　$H=230\text{m}$

图 9-121　泄流建筑物门前表面流向图

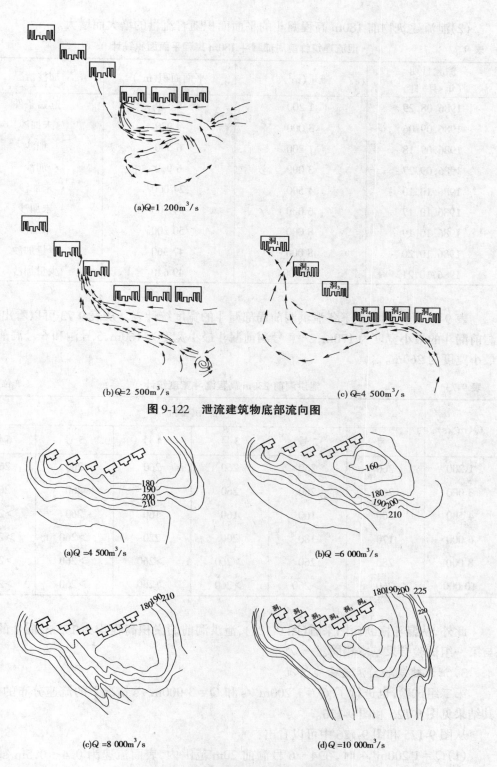

(a)Q=1 200m³/s

(b)Q=2 500m³/s

(c)Q=4 500m³/s

图 9-122　泄流建筑物底部流向图

(a)Q =4 500m³/s

(b)Q =6 000m³/s

(c)Q=8 000m³/s

(d)Q =10 000m³/s

图 9-123　泄流建筑物门前局部地形图

（2）泄流建筑物前180m高程漏斗的平面面积随着流量的增大而增大。

表 9-72　　　　　　　　泄流建筑物前局部漏斗180m高程平面面积统计

测验日期 （年·月·日）	流量（m³/s）	平面面积（m²）	加沙情况
1986.08.29	1 200	8 540	起始条件
1986.09.06	3 000	9 920	未加沙
1986.09.18	1 200	6 500	加沙
1986.09.27	3 000	6 960	加沙
1986.10.10	4 500	24 000	未加沙
1986.10.17	6 000	44 700	未加沙
1986.10.19	8 000	50 200	未加沙
1986.10.20	8 000	47 360	少量加沙
1986.10.21	10 000	49 640	少量加沙

表 9-73 是不同流量下各泄洪洞前局部漏斗的宽度统计表。从表 9-73 可以看出，1 号洞前漏斗的最小宽度为 170m，2～4 号洞前漏斗最小宽度为 160m，5 号洞和 6 号洞前漏斗最小宽度为 260m。

表 9-73　　　　　　　　泄洪洞前230m高程漏斗宽度统计　　　　　　　　（单位:m）

Q（m³/s）	泄洪洞					
	1 号	2 号	3 号	4 号	5 号	6 号
1 200	260	260	260	260	260	260
3 000	260	260	260	260	260	260
4 500	200	160	160	160	260	>260
6 000	170	180	200	220	>260	>260
8 000	280	260	>260	>260	>260	>260
10 000	260	>260	>260	>260	>260	>260

此外，从漏斗横断面图来看（图 9-124），泄洪洞前的淤积高程均为 175m，漏斗的前坡与第一组试验结果基本相同。

3．泄流建筑物前流速分布情况

第二组试验，也进行了 $Q=1\ 200\text{m}^3/\text{s}$ 和 $Q=3\ 000\text{m}^3/\text{s}$ 情况下的流速分布的观测，其结果见图 9-125 和图 9-126。

从图 9-125 和图 9-126 中可以看出：

（1）$Q=1\ 200\text{m}^3/\text{s}$ 时，在 4～6 号洞前 20m 范围内，表面流速为 0.4～0.5m/s；20～40m 的区间，表面流速为 0.30～0.40m/s；1～2 号洞前表面流速均小于 0.3m/s。

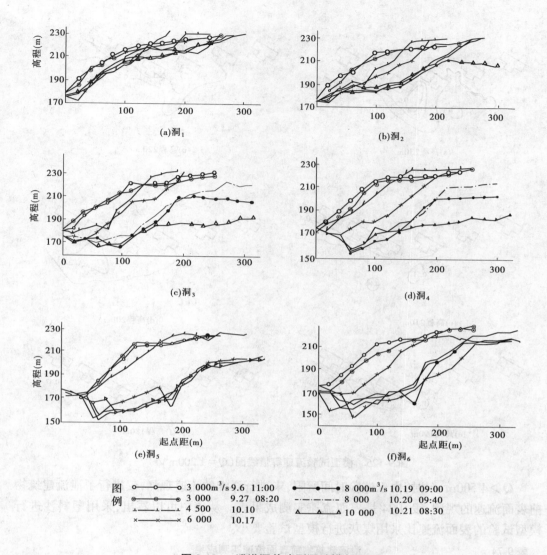

图例

	$3\ 000\text{m}^3/\text{s}$	9.6	11:00		$8\ 000\text{m}^3/\text{s}$	10.19	09:00
	$3\ 000$	9.27	08:20		$8\ 000$	10.20	09:40
	$4\ 500$	10.10			$10\ 000$	10.21	08:30
	$6\ 000$	10.17					

图9-124　泄洪洞前冲刷漏斗横断面图

水下 10m 处(即 220m 高程处)的流速分布情况与水面和流速分布情况一致;水下 20m 处(即 210m 高程处),3~6 号洞前 20m 范围以外流速均小于 0.3m/s;水下 30m 处,4~5 号洞前有一个 0.45~0.55m/s 的较高的流速区,其他区域流速<0.3m/s;水下 40m 高程处,各洞洞前的流速均小于 0.4m/s。

(2)$Q=3\ 000\text{m}^3/\text{s}$ 时,6 号洞前 50m 范围内,表面流速大于 0.6m/s;5 号洞前 20m 范围内,表面速度为 0.5~0.6m/s;2~4 号洞前 80m 范围内,表面流速为 0.4~0.5m/s;1 号洞前表面流速为 0.3~0.4m/s。总之,6 号洞前的表面流速大于 5 号和 4 号洞前的表面流速,而 5 号和 4 号洞前的表面流速又大于 1~3 号洞前的表面流速,即表面流速自沟口至沟底沿程递减。

水下 20m 高程处和水下 30m 以及水下 40m 高程处的流速分布情况与水面流速分布情况基本相同,也是自沟口至沟底沿程递减的。但流速的绝对值与表面流速不同。

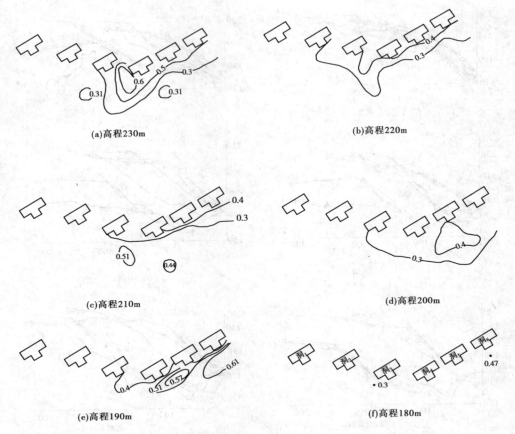

(a)高程230m

(b)高程220m

(c)高程210m

(d)高程200m

(e)高程190m

(f)高程180m

图 9-125　模型试验流速等值线图($Q=1\,200\mathrm{m}^3/\mathrm{s}$)

$Q>4\,500\mathrm{m}^3/\mathrm{s}$ 时,由于试验时间所限,未进行详细的流速观测,仅进行了泄流建筑物前表面流速的观测,表 9-74 是表面流速实测成果表。从表中可以看出,采用塑料沙进行模型试验的表面流速比采用煤灰进行模型试验要小。

表 9-74　　　　　　　　　　　　泄流建筑物前表面流速实测成果

试验日期 (月·日)	流量 (m^3/s)	测量位置	平均表面流速(m/s)	流向
10.9	4 500	6→1 号门前	0.28	由沟口流向沟底
10.11	6 000	4→1 号门前	0.54	由沟口流向沟底
10.20	8 000	5→1 号门前	0.64	由沟口流向沟底
		4→2 号门前	1.66	
10.21	10 000	4→2 号门前	2.40	由沟口流向沟底
		4→1 号门前	1.54	
		2→5 号进水闸外 100m	0.2	
		3→4 号进水闸外 140m	0.89	
		4 号进水闸外 180m	0.71	
		4 号进水闸外 100m	1.14	

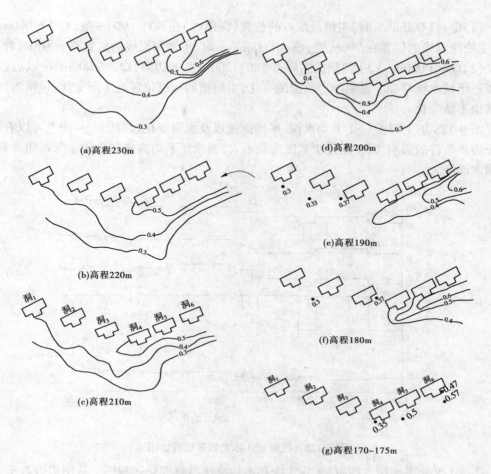

(a)高程230m   (d)高程200m

(b)高程220m   (e)高程190m

(c)高程210m   (f)高程180m

(g)高程170~175m

图 9-126　模型试验流速等值线图($Q = 3\ 000\text{m}^3/\text{s}$)

4. 主河槽冲淤特性及其水力因素沿程变化过程

在第二组试验过程中,除了对泄流建筑物的流态和漏斗形态进行了观测研究外,对主河槽的冲淤特性和表面流速也进行了相应的观测。图 9-127 是主河槽 CS1、CS2 和 CS3 三个断面的冲淤变化图。从图可以看出:

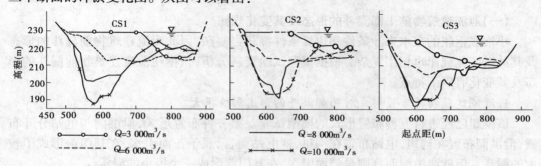

图 9-127　模型河槽横断面图

（1）$Q = 3\,000\,\text{m}^3/\text{s}$ 时,主槽最深点的位置（深泓线）在 $800\sim900\text{m}$ 处;$Q = 6\,000\,\text{m}^3/\text{s}$ 时,主槽深泓线的位置在 700m 处;$Q = 8\,000\,\text{m}^3/\text{s}$ 时,主槽深泓线的位置移至 600m 处。

（2）$Q = 3\,000\,\text{m}^3/\text{s}$,主河槽的左岸有 $100\sim200\text{m}$ 宽的边滩,$Q > 6\,000\,\text{m}^3/\text{s}$ 以后这块边滩逐渐被水流冲掉。说明随着流量的变化,主河槽的深泓位置也不断变化,风雨沟口的边滩也不断变化。

图 9-128 是主河槽 CS1 平均水深、平均流速以及水面变化过程图。从图上可以看出,由于边界条件的影响,CS1 的过水宽度变化不大,而断面平均流速和平均水深则随着流量的增大而增大。

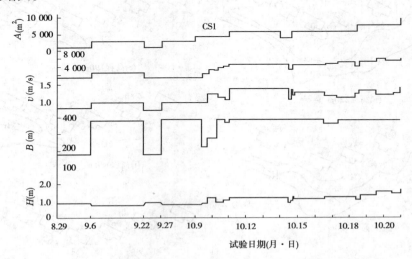

图 9-128　模型 CS1 水力因素过程线图

图 9-129 是主河槽水面宽、平均水深和平均流速沿程变化过程图。从图可以看出:

（1）在坝上游 $1.6\sim2.6\text{km}$ 河段内,水面宽、平均水深和平均流速的沿程变化不大。

（2）在坝上游 $0.4\sim1.6\text{km}$ 河段内,水面宽沿程变化不大,而平均水深和平均流速沿程变化较大。

三、模型试验资料初步分析

（一）泄流建筑物前局部漏斗的形态及其变化规律

小浪底枢纽的来水来沙条件和边界条件都相当复杂,因此泄流建筑物前漏斗的形态及其冲淤变化规律也相当复杂。根据模型试验资料分析,该枢纽泄流建筑物前漏斗的形态及其变化有以下特点。

1.泄流建筑物的布置形式对局部漏斗的形态影响很大

该枢纽已经进行五种布置形式的模型试验。第一种布置形式,泄洪洞与电站分开布置,泄洪洞布置在沟里,电站布置在沟口,就电站而言,属于正面引水,在其门前形成了较大的漏斗。但就泄洪洞而言则是侧面引水,在其门前形成一个极小的漏斗。

第二种布置形式,仍然是泄洪洞与电站分开布置的形式。经常过流的电站布置在沟里,经常不过流的泄洪洞布置在沟中和沟口,整个泄流建筑物都是侧向引水,在其门前形

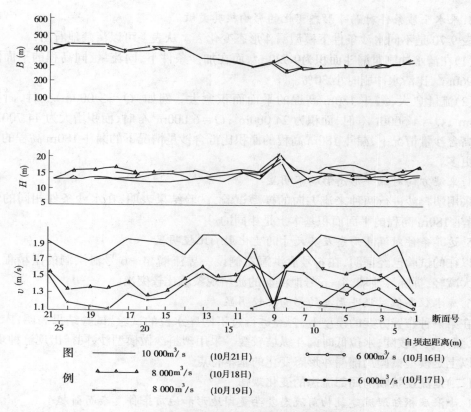

图 9-129　模型主槽水力因素沿程变化图

成的漏斗仍然很小,泄洪洞前淤堵问题依然突出。

第三种布置形式是泄洪洞与电站集中布置形式,其进水塔为"对冲进水"的圆塔,由于水流流态复杂,进水闸前未形成明显的漏斗。

第四种和第五种布置形式也都是泄洪洞与电站集中布置的形式,由于其进水塔为侧面进水的龙抬头进水塔,因此在正常运用的条件下,进水闸前都有一个较大的漏斗。特别是第五种布置形式[即龙抬头方案 B],泄洪洞两侧都设有排沙洞,在一般水沙条件下,闸前的淤堵问题并不突出。

以上情况说明,在多沙河流修建水利枢纽,泄流建筑物的布置形式对进水闸前漏斗形态影响很大。

2.泄流建筑物的位置不同,其进水闸前的漏斗形态也不同

经过五种不同布置方案的对比试验,证明在五种布置方案中,龙抬头方案 B 是五种布置方案中比较好的布置方案。但是该方案中每个泄洪洞进水闸前的漏斗形态却不相同。4~6 号泄洪洞前的漏斗尺寸比 1~3 号泄洪洞前漏斗尺寸大。3 号泄洪洞前的漏斗底部高程比其他漏斗要高,说明在同一种布置方式中,各泄流建筑物所在的位置不同,其漏斗的大小亦不相同。进一步说明试图用水槽试验资料来计算天然泄流建筑物前漏斗的形态和尺寸是不可靠的。但水槽试验边界条件容易控制,试验方便,可以取得更多的对比资料。

3.来水来沙条件对漏斗形态变化的影响极其灵敏

表9-70是不同水沙条件下模型漏斗形态变化表。从表上可以清楚地看出：

(1)在清水冲刷时漏斗面积为9 920m²,而在加沙条件下,同流量、同高程的平面面积仅6 960m²,比清水冲刷时小30%。

(2)流量愈大,漏斗180m高程的平面面积愈大。例如:$Q = 3\,000m^3/s$ 时,面积为9 920m²; $Q = 4\,500m^3/s$ 时,面积为24 000m²; $Q = 6\,000m^3/s$ 时,面积增大为44 700m²。

高含沙量情况下,漏斗180m高程的面积比低含沙量情况下的漏斗180m高程的面积小得更多。

4.来流方向对漏斗形态影响不明显

采用塑料沙进行两种来流方向的模型试验,试验结果表明,在水沙条件相同的情况下,漏斗180m高程的平面面积基本上是相同的。

5.边界条件对漏斗形态及其尺寸的变化影响比较明显

以往的试验已经证明,在6号泄洪洞右侧设一导流墙,4~6号泄洪洞的淤堵程度可以大大减轻,拆除导流墙,4~6号泄洪洞的淤堵现象就比较突出。

6.库水位高低对漏斗形态的影响比较明显

在第一种布置方案的模型上,曾经进行过不同库水位的试验,试验结果表明,库水位高时,漏斗纵坡较陡,水位低时漏斗纵坡较缓。采用塑料沙做模型沙,同样出现这种现象。

以上是模型试验局部漏斗形态变化的基本特点。

(二)泄流建筑物前局部流态的变化规律

1.小浪底枢纽泄流建筑物前流态复杂是因地形和地质条件复杂而引起

由于地形和地质条件复杂,小浪底枢纽的泄流建筑物必须全部布置在风雨沟内,大河的水流必须经过90°的急转弯才能进入风雨沟,流进泄流建筑物。在水流急转弯的过程中,往往产生复杂的回流,这是正常现象。因此,小浪底枢纽泄流建筑物前的流态复杂,首先是由于地形和地质条件复杂而引起的。

2.小浪底枢纽泄流建筑物前流态的变化与水库的淤积有关

水库运用初期,坝前淤积很少,泄流建筑物周围水深大,流速小,泥沙以异重流的形式向库外排泄,水流表面非常平静,泄流建筑物前没有明显的回流。说明小浪底水库运用初期,可以利用异重流将部分泥沙排出库外。

水库运用后期,拦沙库容已被泥沙淤满,库内仅剩下一个槽库容,水深小,流速大,水流惯性力也大,泥沙基本上是以明流运动的形式向库外排泄,泄流建筑物前出现复杂的流态。

3.泄流建筑物前的流态与来流方向、流量大小以及导流工程的形式有关

模型试验资料可以看出,当模型来水方向顶冲5号泄洪洞时,坝前产生2~3个方向彼此相反的回流,并在4号、5号泄流建筑物前产生竖向螺旋流;当模型的来水顶冲泄洪洞右侧扭曲坝面时,若无弧形导流墙来控导主流,则在6号泄流建筑物前形成顺时针方向的回流。4号和3号泄流建筑物门前淤积严重。

在此情况下,若在6号泄洪洞的右侧设立弧形导水墙,则泄流建筑物前的流态与来流顶冲5号泄洪洞的情况基本一致。

当风雨沟沟口的边滩很宽很长时,迫使模型水流向右移,紧靠主槽右岸的岸边,并沿着拦河大坝的坝脚,顺弧形导流墙流向泄流建筑物,在泄流建筑物前形成平顺的大回流。

但必须指出,这种流态仅仅在流量小、边滩淤积严重时才会出现,流量大时,边滩很快被水流切割,这种流态就不再出现。

4.底部流态与表面流态并不相同

泄流建筑物前的表面流态变化复杂,但底部流态与表面流态并不相同。在泄流建筑物门前20~30m范围内,除3号泄洪洞前有时出现小回流外,其他泄流建筑物前均未出现回流,仅4号、5号泄流建筑物前产生竖向螺旋流。说明表面的流态复杂,底部流态并不很复杂。

(三)泄流建筑物前流速分布的规律

泄流建筑物前流速分布与模型的来水方向有密切关系,而其绝对值的大小与流量的大小有关。

(1)当来流方向顶冲5号泄洪洞时,按流速的大小大致可以划分为三个区域:①主槽至5号泄洪洞前为流速较高的区域,其特点是从主槽至5号泄洪洞前流速沿程递减;②1~3号泄洪洞之前为流速较低的区域;③其他区域为流速忽大忽小的不稳定区域,一般为中等流速区。

(2)当来水方向紧靠主槽右岸岸边,沿着拦河大坝的坝坡,经弧形导流墙再进入泄流建筑物时,按流速的大小亦可以分为三个区域:①主槽至6号泄洪洞右侧为主流区,其特点是从主槽至6号泄洪洞流速沿程递减;②1~3号泄洪洞前仍为低流速区;③4号、5号泄洪洞前为流速不稳定区,各区域的流速绝对值见表9-75。

表9-75   泄流建筑物前表面流速分布情况

来流方向	高流速区的位置及其流速值	流速不稳定区的位置及其流速值	低流速区的位置及其流速值
主流顶冲5号泄洪洞	主槽至5号泄洪洞前 $Q=1\ 200m^3/s$ 时, $v=0.5m/s$; $Q=3\ 000m^3/s$ 时, $v=0.8\sim1.0m/s$	6号泄洪洞以右 $Q=1\ 200m^3/s$ 时, $v=0.35\sim0.4m/s$; $Q=3\ 000m^3/s$ 时, $v=0.4\sim0.7m/s$	1~3号泄洪洞之间, $Q=1\ 200m^3/s$ 时, $v<0.4m/s$; $Q=3\ 000m^3/s$ 时, $v=0.4\sim1.0m/s$
主流紧贴主槽右岸的岸边,沿着拦河大坝坝坡,经弧形导流墙进入泄流建筑物	主槽至6号泄洪洞右侧, $Q=1\ 200m^3/s$ 时, $v=0.57\sim0.65m/s$; $Q=3\ 000m^3/s$, $v=0.57\sim0.69$	4号、5号泄洪洞之前 $Q=1\ 200m^3/s$ 时, $v=0.45\sim0.69m/s$; $Q=3\ 000m^3/s$ 时, $v=0.45\sim0.55m/s$	1~3号泄洪洞之间 $Q=1\ 200m^3/s$ 时, $v<0.3m/s$; $Q=3\ 000m^3/s$ 时, $v=0.37m/s$

(3)不同高程的流速绝对值不同,但分布规律基本相同。

(4)在3号、4号泄洪洞前,离进水闸60~100m的区域,有时也出现较高的流速。

由于来水方向的不同,泄流建筑物前的表面流态和流速场也不同,但根据目前实测资料分析,对局部漏斗的影响并不大。例如 $Q = 3\,000\mathrm{m}^3/\mathrm{s}$ 时,主流顶冲 5 号泄洪洞情况下,整个泄流建筑物门前漏斗 180m 高程的面积为 $6\,500\mathrm{m}^2$,主流沿着弧形导流墙进入泄流建筑物时,同高程下漏斗的面积亦接近 $6\,500\mathrm{m}^2$。必须指出,由于目前塑料沙的数量不足,模型试验并未进行到淤积平衡阶段,因此严格的结论,还有待进一步试验研究。

(四)来沙量大时,泄洪洞前淤堵的可能性

为了研究来沙量大时泄洪洞门前淤堵的可能性,在模型 1 号泄洪洞和 2 号泄洪洞前大量加沙进行两次加沙试验。第一次加沙试验,$Q = 3\,000\mathrm{m}^3/\mathrm{s}$,加沙量为 $11\mathrm{kg}/\mathrm{m}^3$,试验历时为 20h;第二次加沙试验,$Q = 1\,200\mathrm{m}^3/\mathrm{s}$,加沙量为 $28\mathrm{kg}/\mathrm{m}^3$,试验历时亦为 20h。试验结果表明,在泄洪洞关闭的情况下,第一次加沙试验,泄洪洞前漏斗断面形态无明显变化;第二次加沙试验,泄洪洞前漏斗断面有明显的缩小,但还没将闸门完全堵死。若继续增大加沙量,则淤堵的可能性会存在。

(五)泄洪洞前淤堵以后,利用排沙洞拉沙将泄洪洞淤积物冲掉的可能性

以往的试验证明,在入库泥沙多或排沙洞关闭的情况下,泄洪洞前的淤堵现象比较突出,其淤积高程一般都在 190m 以上。

为了观测泄洪洞前淤死以后,采用排沙洞拉沙冲掉泄洪洞前淤积物的可能性,在这次模型试验中进行了专门排沙试验。试验方法,是先关闭排沙洞和泄洪洞闸门,使其门前的淤积高程超过 190m,然后打开排沙洞的闸门,观测拉沙效果。试验结果证明:

(1)在泄洪洞的进水闸被淤死后,打开排沙洞排沙,$Q = 1\,200\mathrm{m}^3/\mathrm{s}$,泄洪洞前的淤积高程可降到 180m。

(2)$Q = 3\,000\mathrm{m}^3/\mathrm{s}$ 时,打开排沙洞拉沙,泄洪洞前的淤积高程可降至 175m。

说明只要打开排沙洞,泄洪洞前的淤积物是可以被冲掉的。

四、模型试验相似性的论证

采用模型试验的手段来研究原型河床演变问题时,首先要进行验证试验,以检验模型试验的相似性。但遗憾的是小浪底枢纽当时还是拟建工程,无原型资料可供验证,因此无法进行验证试验。有人建议用天然河道的阻力资料来验证模型阻力的相似性;用天然河道的冲淤资料来验证模型冲淤的相似性。我们认为这种做法是不合适的。第一,这段河道是比降陡、水流急的冲刷性河床,河床组成是砂砾石,可以说没有泥沙淤积资料可供验证;第二,小浪底水利枢纽工程建成后,经过长期运用,砂砾石河床已经变成沙质河床,河床阻力情况与当时的阻力大不一样。因此,验证当时河床阻力说明不了未来的情况,是没多大意义的。

在此情况下,我们认为采用黄河干流上已建水库的实测资料与模型试验资料对比分析法,进行对比分析,来论证模型试验的相似性,是比较适宜的。因此,我们采用这种方法来论证模型试验成果的相似性。

(一)黄河已建水利枢纽泄流建筑物前局部漏斗的类比

黄河干流已建水利枢纽刘家峡、盐锅峡、八盘峡、青铜峡、三门峡及三盛公和天桥。这些水利枢纽,经过长期的控制运用,在库区都形成了一个淤积新河槽,在泄流建筑物门前都有一局部漏斗。其中刘家峡水利枢纽 5 号机组的局部漏斗在 1981 年泄水冲刷以前纵坡为1:21.3,泄水冲刷后,其纵坡为1:16.7;盐锅峡水利枢纽1号机组和4号机组前漏斗的纵坡分别为1:6.3和1:8.6;八盘峡水利枢纽泄流建筑物前的漏斗的纵坡为1:12,其6号机组前的漏斗纵坡为1:8.4;三门峡水利枢纽4号和8号钢管前的漏斗纵坡分别为1:4.4和1:8.1。这些资料说明每个水利枢纽由于边界条件和水沙条件以及控制运用情况不同,其漏斗的纵坡相差很大。因此,不考虑边界条件、水沙条件和运用条件,简单地用黄河某些水利泄流建筑物前的漏斗形态来估算小浪底枢纽建成后泄流建筑物前的漏斗形态是不可靠的。但这些资料是有参考价值的。

(二)坝前淤积新河槽的变化规律及流速与流量的关系

虽然每个水利枢纽泄流建筑物的布置形式千差万别,其坝前的局部漏斗形态也各不相同,但是在多沙河流上修建水利枢纽以后,在坝前局部漏斗的末端以上,最终都有一个冲淤相对平衡的新河槽,每个新河槽的断面形态、流速和流量的关系,都存在共同的变化规律,特别是三门峡水利枢纽与小浪底水利枢纽彼此相隔很近,坝前段的河床条件、边界条件、泄流规律以及水沙特点和运用原则都基本一致,其新河的冲淤变化规律及河槽基本稳定的流速与流量关系应该是相似的。因此,我们认为可以采用三门峡水库大坝上游新河的冲淤规律来论证模型试验泥沙冲淤的相似性。

众所周知,从河床演变的角度来讲,多沙河流的河槽断面形态是河床、水流和泥沙长期相互作用的结果,也是河流长期输送泥沙的结果。修建水库以后,水位抬高,流速减小,水流挟沙能力降低,河床大量淤积,长期保存下的相对稳定的河槽形态遭到破坏。但是随着水库淤积不断发展,库区拦泥库容愈来愈小,水流的流速愈来愈大,挟沙能力又逐渐增大,库区又逐渐形成一个相对稳定的新河槽。由于来水来沙条件和水库运用都很复杂,水位和流速经常变化,库区新河槽也经常在变化,在来沙量大于水流挟沙能力时,新河槽发生淤积,在水流挟沙能力大于来沙量时,新河槽发生冲刷。因此,所谓稳定新河槽,仅仅是相对的。

根据泥沙运动的基本原理,我们知道河床上的泥沙开始运动(被水流冲动时),要求水流的流速大于泥沙的起动流速,即 $v > v_0$。

v_0 可以用下式表示:

$$v_0 = k \sqrt{(\gamma_s - \gamma)D} \left(\frac{H}{D}\right)^{1/6} \tag{9-9}$$

即发生冲刷时:

$$\frac{v}{k \sqrt{(\gamma_s - \gamma)d} \left(\frac{H}{d}\right)^{1/6}} > 1 \tag{9-10}$$

式中　　v——水流平均流速;

H——水深;

d——泥沙粒径;

γ_s、γ——泥沙和水的密度;

k——随泥沙粒径大小而变的系数。

在河床泥沙粒径一定的情况下,d、γ_s 和 k 为常数,因此上式可以写成

$$\frac{v}{H^{1/6}} \geqslant k \qquad (9\text{-}11)$$

$k>1$ 时，$v>v_0$，河床发生冲刷；

$k<1$ 时，$v<v_0$，河床不发生冲刷。

故可以用 $v/H^{1/6}$ 作为判别河床冲刷的指标。

利用三门峡水库大坝上游 1km 处的断面实测资料和进出库水沙资料点绘 $S_出/S_入$ 与 $\frac{v}{H^{1/6}}$ 关系图，见图 9-130。从图上可以看出：

$S_出/S_入>1$，即河床发生冲刷时，$\frac{v}{H^{1/6}}>1$；

$S_出/S_入<1$，即河床发生淤积时，$\frac{v}{H^{1/6}}<0.5$；

$\frac{v}{H^{1/6}}=1\sim0.5$，河床有冲有淤。

根据以上分析，我们得知三门峡水库的新河槽(漏斗末端以上)河床发生冲刷的条件为 $v\geqslant H^{1/6}$(m/s)。

当 $H=1.0$ 时，得 $v=1.0$m/s。即在挟沙水流中，三门峡水库坝前的河床质的起冲流速为 1.0m/s。

小浪底枢纽建成投入运用后，新河槽达到相对稳定后，其河床质的组成与三门峡水库坝前的新河槽的情况基本相同。因此，我们认为小浪底枢纽坝前新河槽的底沙在浑水条件下，其起动流速也应该为 1m/s。

在塑料沙模型试验成果中，已经谈到塑料沙的冲刷流速为 1m/s(见前文)。说明采用塑料沙进行模型试验是能满足泥沙冲刷相似条件的。

为了进一步检验小浪底枢纽模型试验水流运动与原型的相似性，我们还利用三门峡水库的实测资料点绘了 $\frac{v}{H^{1/6}}>1$，$\frac{v}{H^{1/6}}<0.5$ 及 $\frac{v}{H^{1/6}}=0.5\sim1.0$ 三种情况下的 v—Q 关系图(图 9-131)。下面我们将利用这些关系图来说明模型试验水流运动的相似性。

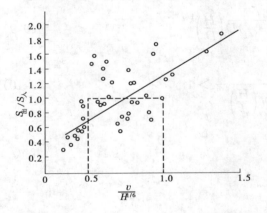

图 9-130 三门峡枢纽 $v/H^{1/6}$—$S_出/S_入$ 关系图

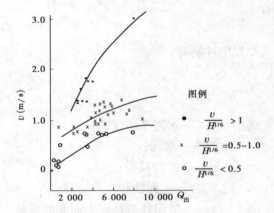

图 9-131 三门峡水利枢纽黄淤 1v—Q 关系图

（三）模型试验水流运动相似性的分析

前面已经谈到由于黄河泥沙很细,在 1:100 正态模型试验中,很难找到同时满足泥沙冲淤相似(包括冲淤过程相似)的模型沙,因此采用两种模型沙进行试验。图 9-132 和图 9-133 是用两种模型沙进行试验漏斗末端新河槽实测流速与流量关系图。从图 9-132 和图 9-133 可以看出,采用塑料沙进行试验所获得的河床相对稳定时的 $v—Q$ 关系,与三门峡水库大坝上游 1.0km 处新河槽的相对稳定时($\frac{v}{H^{1/6}}=0.5\sim1.0$)的 $v—Q$ 关系曲线基本上是一致的。而用煤灰做模型沙,所获得的河床相对稳定的 $v—Q$ 关系曲线,比三门峡水库大坝前新河槽相对稳定时实测 $v—Q$ 关系曲线高得多。这充分说明:

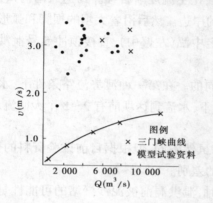
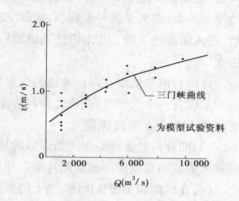

图 9-132　模型试验 $v—Q$ 关系图(煤灰)　　　**图 9-133　模型试验 $v—Q$ 关系图(塑料沙)**

(1)在该正态模型试验中,采用塑料沙进行冲刷试验,所获得新河槽时水流的运动特性与天然情况下水流的运动特性基本上是相似的,换句话说,在相应的水流条件下,天然河流处于冲淤相对平衡情况时,用塑料沙进行试验获得的模型小河道同样处于冲淤相对平衡情况。

(2)采用煤灰做模型沙出现板结现象后,所获得的河床相对稳定时的水流运动特性与天然河流的水流运动特性则是有差异的。在相应的水流条件下,天然河流处于冲刷状态时,而在用煤灰做模型沙的模型中,由于起动流速大于相似要求值,模型河床却处于非冲刷状态。

(3)必须指出,用煤灰做模型沙进行试验所获得的河床相对稳定时的 $v—Q$ 关系,在天然河流中是同样能出现的。例如从图 9-132 和图 9-133 可以看出,用煤灰试验所获得的 $v—Q$ 的关系,与三门峡水库淤积新河槽发生严重冲刷时的 $v—Q$ 关系曲线是接近的。不同的是在模型中还没达到严重的冲刷阶段。众所周知,在天然河流中,河床发生严重冲刷,一般讲是河床前期发生严重淤积,或者是前期小流量塑造的河床,突然遇大水而发生严重冲刷。因此,我们认为用煤灰进行模型试验所获得的试验是代表河床严重淤积的最终情况,仍然是有价值的。因为这种模型沙的淤积是相似的。

通过以上分析,我们认为两种模型沙的试验成果都是可信的,是相互补充的。研究严重淤积问题时,可以采用煤灰的模型试验成果;研究冲刷问题,淤积最终状态时,可以采用塑料沙试验成果。这次模型试验由于塑料沙的数量有限，未能进行淤积最终状态的试验，重点放在冲刷问题。至于淤积最终状态，有待以后进一步研究。

五、几点认识

(1)小浪底枢纽由于地形条件和地质条件复杂，泄流建筑物必须布置在与大河垂直相交的风雨沟内，水流必须经过 90°的大转弯才能到达泄流建筑物门前，这是造成泄流建筑物门前流态复杂的客观原因。

(2)小浪底枢纽的边界条件相当复杂，但来水和基本流路只有两条：①水流进入模型以后，主流顶冲土崖堤下首的大山嘴，受大山嘴顶托主流逐渐右移。到达风雨沟口，受大边滩的约束，主流又进一步右移，紧靠主槽左岸的岸边。然后沿着大坝的坝脚和弧形导流墙，进入泄流建筑物。②水流进入模型后，主流走中泓(左偏中)，直接顶冲 5 号泄洪洞的进水口。

这两种河势流路在坝前形成的流态是不相同的。在第一种河势流路条件下，水流到达坝前仅有一个大回流；在第二种河势流路条件下，水流到达坝前有 2~3 个大回流，并在 4~5 号泄洪洞前形成螺旋流。

(3)两种河势流路在坝前所形成的局部流态虽然不同，但根据目前试验资料的分析，两种河势流路在坝前形成的漏斗形态并无多大的差别。

(4)在泄洪洞关闭情况下，当上游来沙量大时，泄洪洞前被泥沙淤堵的可能性是存在的，但是淤堵以后，打开排沙洞拉沙，是能够把泄洪洞的淤积冲刷掉的。

(5)煤灰模型试验仅满足泥沙淤积相似条件，因此该模型试验成果仅仅反映淤积情况下的漏斗形态，不能反映冲刷情况下的漏斗形态。采用塑料沙进行模型试验，既满足淤积相似条件又同时满足冲刷条件。本来是可以做到冲淤两种漏斗形态的，遗憾的是由于模型沙太少，不能做到淤积平衡的漏斗形态。因此，这次模型试验成果，仅能反映冲刷情况下的漏斗形态。

(6)在泄流建筑物右侧未设圆弧导墙之前，6 号泄洪洞前曾出现顺时针方向的回流，引起 3 号与 4 号泄洪洞前严重淤积，在 6 号泄洪洞右侧设导流墙以后，这种流态即不复存在。

(7)风雨沟沟口大边滩能迫使主流不断右移，顶冲拦河大坝坝坡，但根据黄河"小水坐弯、大水趋直"的规律，试验证明 $Q > 4\,500\mathrm{m^3/s}$ 以后，风雨沟口的边滩即被冲刷掉，主流顶冲 5 号泄流建筑物，大坝坝坡受顶冲的可能性很小。

煤灰模型试验发现了 3 号泄洪洞前经常出现较大的沙埂；塑料沙模型试验 $Q = 1\,200\mathrm{m^3/s}$ 时，在相同的部位也出现沙埂，但 $Q > 3\,000\mathrm{m^3/s}$ 时，沙埂便消失，因为从流速分布图可以看出，当 $Q = 3\,000\mathrm{m^3/s}$，3 号、4 号泄洪洞前流速增大，沙埂很容易被冲掉。此外流路改变以后，沙埂也容易被冲掉。因此，采用煤灰做模型沙，3 号泄洪洞前出现沙埂很难冲掉的现象，完全是由于煤灰冲刷不相似所造成的。应用该试验成果时，要注意这一点。

第七节 小浪底枢纽库区动床模型设计方法

小浪底枢纽位于三门峡枢纽下游 131.1km 处,坝高 151m,控制流域面积 69.4 万 km², 控制黄河下游来水量的 90.5%、来沙量的 98.1%,是黄河干流上以防洪、减淤为主兼有发电、灌溉、防凌等综合效益的大型水利枢纽。

为了研究该枢纽建成投入运用后,水库不同运用阶段水流泥沙运动特性、排沙特性和库容变化过程,检验水库系统调度运用,优化出库水沙组合的可能性,并与实测资料分析和泥沙数学模型相结合,互相补充,互相印证,筛选出既能保持有效调节库容、又能提高下游减淤效果的切实可行的调度方案。

据此,在枢纽工程布置悬沙模型试验结束后,1993 年,我们开始汇集有关资料,并进行小浪底库区动床模型设计,着重对模型比尺和模型试验范围的选择进行了论证。

一、小浪底枢纽库区基本概况

(一)河道基本概况

小浪底枢纽库区河道系峡谷弯曲型河道,平面形态上窄下宽。

根据河道平面形态的不同,可以将库区划分为两段,见图 9-134。

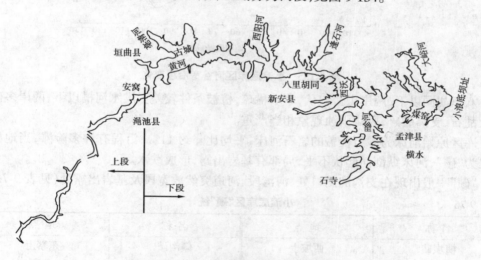

图 9-134 小浪底枢纽库区平面图

上段(自三门峡水文站至坂涧河口,见图 9-135)长约 65km,河谷底宽 200~400m,两岸高出谷底 150~300m,一般由四级阶地组成。一级阶地高出谷底约 15m,二级阶地高出谷底 40~60m,呈犬牙交错状分布在河谷的两侧,被支沟切割,阶面向河内倾斜(如白浪沟口处的二级阶地)。三级阶地高出谷底 100~150m,遭风化水蚀呈山梁状,部分三级阶地被开垦成梯田。四级阶地高出谷底 200~300m,多为荒山峻岭。这段河道,洪水河槽以上的岸壁,灌木丛生,杂草遍地,特别是老鸦山至宝山,山高林密,植被条件较好;洪水河槽以下的河岸,岩石交错复杂,乱石成堆,最大块石直径达 2~3m 以上。

下段河道（自坂涧河口至小浪底拦河坝，见图 9-135），长约 66km，河谷底宽 500～
800m，其中八里胡同最窄，河谷底宽仅 200m，垣曲附近河谷较宽，底部宽度约 1 200m，洪
水河槽以上，两岸有人工种植的桃林、杏林、梅林及白杨林。

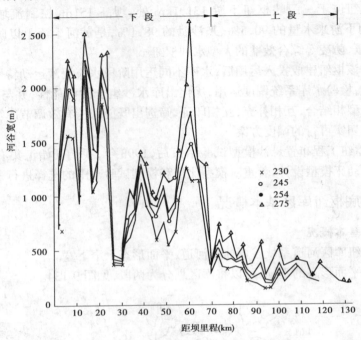

图 9-135　小浪底库区河谷宽沿程变化

八里胡同以下，两岸山峦起伏，草木稀疏，植被条件较差。洪水河槽以下，两岸多砂砾
石及乱石，支离破碎，风化雨蚀现象相当严重。

库区原始河床为砂石覆盖的岩石河床，平均比降约 11‰，沿程有许多险滩，当地群众
称之为"碛"，河床纵剖面起伏不平，局部有基岩出露，形成跌水。

"碛"一般出现在支沟的出口处、河湾段、河道突然放宽段及基岩出露处（见表 9-76）。

表 9-76　　　　　　　　　　　　　　小浪底库区"碛"统计

名　称	地　点	名　称	地　点
槐坝碛	西坡上	癞沟碛	东寨上
桃花碛	西坡	雀窝碛	东寨
拐弯碛	东村	龙潭碛	龙潭沟
仁家碛	史家滩	安河碛	安河口
赵家碛	史家滩下	老浆石碛	关家村下
碾磙碛	白浪	馄顺碛	芮村上
扑头碛	南沟上	柳梢碛	芮村
南沟碛	南沟	西阳河口碛	西阳河口
菩萨碛	南沟下	荸荠碛	芮村下
神仙碛	南沟下	石渠石碛	石渠

名 称	地 点	名 称	地 点
大五里图碛	老鸦石上	毛田西嘴碛	毛田西
老鸦石碛	老鸦石	石子河碛	毛田对岸
狮子石碛	老鸦石下	老白驴碛	毛田对岸
纺花碛	任家滩上	柿湾碛	小交沟上
三杆碛	井桐	小交口碛	小交沟
宝沙碛	宝山	小胳膊沃碛	大交沟上
蛤蟆碛	五涧	苏石碛	大交沟下
粗碛	鹰嘴	跑马碛	八里胡同
鱼碛	鹰嘴下	滚碛	八里胡同下
冬青卜楞碛	张圪塔	乱弹花碛	黄坡
末担碛	张圪塔下	老捍碛	南长泉上
虎视碛	阳上	白水碛	上关阳下
芝麻石碛	阳上、下	谷同碛	盐仓
小虎视浪碛	东柳窝下	打涝活碛	盐仓下
二郎碛	河堤村	荆门碛	洛峪
小碛	坂涧河	石河碛	沈家岭
老贯碛	狮子山上	青石碛	青石嘴
燕午碛	狮子山	圪塔碛	土崖堤
老坡窑碛	东寨上		

库区地形条件复杂,有十几条支流汇入,其中较大的支流有大峪河、畛水、石井河、东阳河、西阳河、东河等,其特征值见表 9-77。这些支流,全都分布在库区下段。

表 9-77　　　　　　　小浪底库区主要支流年平均流量和悬移质输沙量

河名	流域面积 (km²)	年平均流量 (m³/s)	坡降 (‰)	悬移质输沙量(万 t/a)	年平均含沙量(kg/m³)
大峪河	258	2.04	100	28	4.3
畛水	431	2.32	56	89.7	12.2
石井河	140	2.04	120	33.6	5.2
东阳河	571	2.89	92	27.5	3.0
西阳河	404	2.04	106	29.4	4.6
东河	576		120	35	5.4
亳清河	647		72	51.3	8.0
南沟涧河	148	1.38	173	13	3.0
坂涧河	360		126	9.2	2.1
五福涧河	204		80	4.8	2.1
老鸦石河	398		200	7.6	3.3
清水河	36		256	9.7	4.3
乾灵河	162		312	11.9	5.2
细流河	103		284	10.8	4.7
岳家河	84		255	9.7	4.3

(二)原始库容分布概况

在库水位 275m 下,原始库容为 126.5 亿 m^3,其中支流库容 40.7 亿 m^3,干流库容为 85.8 亿 m^3(见表 9-78)。其分布特点是:

表 9-78 小浪底水库库容、面积分布情况

高程 (黄海) (m)	任家堆以上 干支流		八里胡同以上				小浪底以上			
			干流		干支流合计		干流		干支流合计	
	面积 (km²)	容积 (亿 m³)	面积 (km²)	容积 (亿 m³)	面积 (km²)	容积 (亿 m³)	面积 (km²)	容积 (亿 m³)	面积 (km²)	容积 (亿 m³)
130							河底			
140							1.02	0.04	1.02	0.04
150							5.91	0.36	5.99	0.36
180			4.33	0.32	4.37	0.32	26	4.97	29.9	5.45
200			14.2	2.09	14.9	2.16	43.9	11.8	56.2	13.9
220			33.5	7.06	38.2	7.60	72.4	23.6	99.3	29.6
230			42.5	10.9	50.2	12.0	86.9	31.6	124.8	40.8
250	2.92	0.34	59.9	21.1	75.9	24.7	114.3	51.7	178.3	71.1
265	9.27	1.25	76.7	31.4	100.6	37.9	139.6	70.8	226.9	101.5
275	14.0	2.42	88.3	39.6	123.1	49.1	161.9	85.8	272.3	126.5
280	15.7	3.16	93.3	44.2	132.0	55.5	171.3	94.2	292.2	140.5

注:任家堆滩以上干流河底高程大于227m;八里胡同以上干流高程大于161m。

(1)由于库区河谷上窄下宽,88.4%的干流库容分布在水库的下段 66km 河段内,11.6%的库容分布在上段。

(2)由于主要支流均在水库下段汇入黄河,支流库容全部分布在库区下段。

(三)有效库容的预估

小浪底水库截流后,初期阶段,起调水位为 205m,开始蓄水、调水、拦沙。

205m 以下,库容仅 16.0 亿 m^3,很快将被泥沙淤死。然后逐步抬高水位,进行调水、调沙、拦沙运用。待坝前滩面淤积高程达到 254m 时,将库水位逐步下降至 230m。形成高滩深槽。根据有关资料分析,高滩深槽的主要参数如表 9-79 所示。

表 9-79 库区深槽主要参数

项目	坝前段	第二段	第三段	尾部段
库段长度(km)	33	33	46.8	15
比降(‰)	1.9	2.5	2.9	6.5
距坝里程(km)	0~33	33~66	66~112.8	112.8~127.8
水位(m)	230~236.6	236~246.2	246.2~262.6	262.6~271.6
河底高程(m)	226.3~232.9	232.9~242.5	242.5~258.9	258.9~267.9
滩面高程(m)	254~259.8	259.8~265.4	265.4~272.0	272.0
水面宽(m)	510	510	350	250
槽库容(亿 m³)	3.93	3.57	2.5	0

根据表 9-79,可以估算出,水位 230～254m 的槽库容(见图 9-136)约 10 亿 m³(其中 75％分布在下段),水位 254～275m,干流库容约 20 亿 m³。

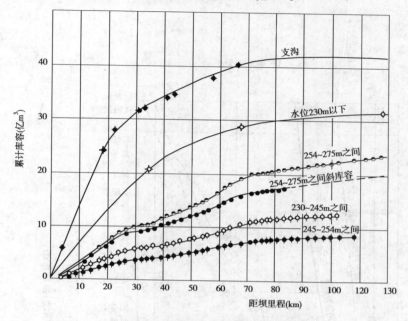

图 9-136 小浪底水库累计库容曲线

此外,从支流库容曲线(见图 9-137)可以查得水位 254～275m 支流库容约 18 亿 m³。即正式运用阶段,库区有效库容约 48 亿 m³。其中,槽库容用以调水调沙,其余库容供防洪运用。

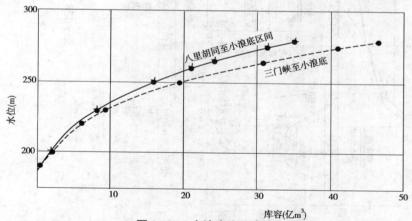

图 9-137 小浪底库区支沟库容曲线

(四)新河槽断面形态和河床组成的预估

根据不同阶段的运用,库区逐步形成新河槽(图 9-138),其河槽形态、水力因素及河床组成是本模型试验必须考虑的重要依据。

根据初步分析,库区新河槽的形态、河床组成及糙率等基本特征值如表 9-80 所示。

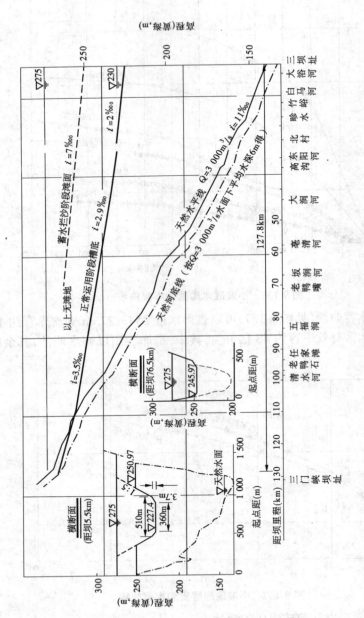

图 9-138　小浪底水库（三坝址）淤积形态

表 9-80　　　　　　　　　　　　库区新河槽基本特征值估算成果

项　目		悬移质淤积段			推移质淤积段（库尾段）
		坝前段	第二段	第三段	
库段长度(km)		33	33	46.8	15
河床质 D_{50}(mm)		0.105	0.141	0.157	5～7
$Q=1\,240\mathrm{m^3/s}$	B(m)	350	350	286～350	250
	h(m)	1.86	1.86	1.86～2.28	8.08
	A(m²)	651	651	651	769
	J(‰)	1.76	2.04	2.07～2.52	5.88
	n	0.011 5～0.012 4	0.012 4	0.013 2～0.014 7	0.019 6
$Q=4\,320\mathrm{m^3/s}$	B(m)	510～350	510	286～415	250
	h(m)	3.2～4.64	3.2	3.96～5.71	5.04
	A(m²)	1 632	1 632	1 632	1 509
	J(‰)	2.0～3.15	2.55	3.0～3.57	8.08
	n	0.012 2～0.017	0.013 1	0.016 2～0.021 1	0.025 4

（五）入库水文泥沙特征

小浪底水库的库区虽然支流汇入众多,但支流来沙所占的百分比极小。小浪底水库的入库泥沙,主要来自三门峡水库以上。

根据 1919～1975 年实测资料的统计,多年平均水量为 420 亿 m³,沙量为 16.0 亿 t。由于上中游地区水库调节引水灌溉不断发展,20 世纪 80 年代后期,小浪底水库入库水量仅 284 亿 m³,入库沙量为 13.4 亿 t(有水土保持的作用),水沙量大幅度减少。汛期平均流量为 1 220m³/s,平均含沙量 99kg/m³。发生特大洪水时,入库沙量在 22 亿～38 亿 t。

入库水沙的基本特点是:

(1)在上游龙羊峡、刘家峡未蓄水运用之前,汛期(7～10 月)的水量约占全年水量的 60%,龙羊峡、刘家峡投入运用后,汛期水量减少,非汛期水量增多。

(2)汛期沙量约占全年沙量的 85%,由于三门峡水库蓄清排浑运用,汛期下泄沙量增多,约占全年的 97%。

(3)总的说来,水少沙多;洪水期沙量多,含沙量高。

(4)水沙量年际变化大,汛期各月水沙分布不均。

(5)近年来,汛期洪峰流量变小。

（六）入库悬沙粒径变化特点

小浪底枢纽入库悬沙粒径的大小与三门峡枢纽的运用情况及上游来沙情况有关(见表 9-81～表 9-83 及图 9-139)。

表 9-81　　　　　　　　　　　　　小浪底站历年悬沙颗粒级配统计

年份	小于某粒径(mm)的沙量(%)								d_{50} (mm)
	0.007	0.01	0.025	0.05	0.075	0.1	0.25	0.50	
1961	28.0	42.6	64.4	79.0		93.6	99.0	100	0.012 8
1962	32.5	49.9	78.5	95.2		99.2	99.8	100	0.010 0
1963	26.0	33.2	55.0	80.4		99.0	100		0.021 2
1964	24.5	30.8	53.2	79.1		98.4	100		0.022 6
1965	14.0	16.8	26.6	54.0		98.0	100		0.047 5
1966	18.2	22.9	40.4	72.1		99.1	100		0.033 0
1967	19.5	23.4	39.3	65.8		92.6	100		0.035 5
1968	16.0	19.6	32.1	53.5		87.3	100		0.046 0
1969	19.6	24.5	41.3	66.4		94.0	100		0.035 5
1970	16.2	20.2	36.2	64.5		93.1	99.8	100	0.037 5
1971	15.6	19.4	33.6	58.9	79.8	91.1	99.6	100	0.041 0
1972	16.2	19.3	31.9	53.9	74.0	90.0	100		0.044 5
1973	18.7	23.1	40.3	68.1	85.9	93.3	99.3	100	0.032 8
1974	18.1	22.5	40.4	67.0	85.1	96.2	100		0.033 0
1975	17.0	20.7	38.2	70.8	91.9	99.0	100		0.034 2
1976	21.6	26.6	44.7	70.9	90.0	98.5	100		0.029 0
1977	15.7	19.1	35.2	59.3	79.1	90.6	97.5	100	0.040 0
1978	16.1	19.9	34.8	54.8	70.7	83.9	99.8	100	0.043
1979	18.0	22.3	37.1	60.6	77.5	92.2	100		0.038
1980	16.8	25.0	45.6	74.8	93.9	99.9	100		0.028
1981	20.4	28.2	49.1	79.2	96.4	100			0.026
1982	28.1	37.0	59.7	82.8	96.9	99.9	100		0.018
1983	22.5	29.4	52.1	80.7	97.0	100			0.024
1984	20.3	27.7	52.6	82.0	97.2	99.9	100		0.023
1985	20.1	26.5	48.9	77.6	96.1	100			0.025
1986									
1987	28.0	37.0	61.3	83.7	98.0	100			0.017
1988	17.6	24.7	48.7	76.6	96.9	100			0.021
平均	19.2	24.8	42.9	68.9	94.3	99.7	100		0.030

表 9-82　　　　　　　小浪底站 1974～1978 年汛期悬移质中值粒径与含沙量关系

含沙量 (kg/m³)	5	10	20	30	40	60	100	200	300	400	500
d_{50}(mm)	0.074	0.062	0.045	0.038	0.034	0.030	0.030	0.032	0.036	0.041	0.046

表 9-83

小浪底站年平均泥沙级配

年份	小于某粒径(mm)的沙量(%)							d_{50} (mm)	三门峡 运用方式
	0.007	0.010	0.025	0.050	0.10	0.25	0.50		
1961	28.0	42.6	64.4	79.0	93.6	99	100	0.013	蓄水运用
1964	24.5	30.8	63.2	79.1	98.4	100		0.023	滞洪运用
1965	14.0	16.8	26.6	54.0	98.0	100		0.048	洪水后冲刷
1970	16.2	20.0	36.2	64.5	93.1	99.8	100	0.038	降水冲刷
1974～1979	18.2	22.4	39.0	65.0	92.7	99.3	100	0.034	控制运用
1977	15.7	19.1	35.2	59.3	90.6	97.5	100	0.040	控制运用

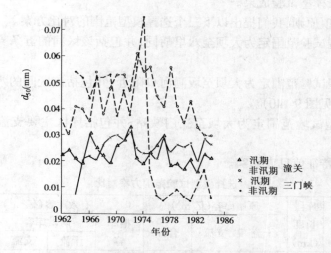

图 9-139 三门峡枢纽悬沙中值粒径变化过程线

(1)三门峡水库蓄水拦沙时,小浪底入库悬沙较细,大于 0.05mm 的粗沙仅占总沙量的 20%。

(2)三门峡水库泄水冲刷时,小浪底入库悬沙变粗,大于 0.05mm 的粗沙占总沙量的 50%。

(3)三门峡水库冲淤变化不大时,小浪底入库悬沙中的粗沙($D>0.05mm$)约占总沙量的 30%。

(4)小浪底入库悬沙粒径与入库含沙量的大小有关。三门峡水库以上来高含沙水流时,小浪底入库悬沙中的粗沙约占总沙量的 40%。

(七)入库底沙粒径及推移量的预估

小浪底库区原始河床系砂卵石河床(部分地区基岩出露),中值粒径 10～20mm,最大粒径大于 300mm。枢纽建成投入运用后,当三门峡枢纽下泄大流量时,小浪底水库的库尾段有可能形成砂卵石推移质。

根据有关资料的分析,形成推移质最大粒径约 0.17m,最大平均粒径约 0.015m,$Q=11\ 000m^3/s$ 时,推移质输沙率可达 302.4kg/m³,年平均推移质输沙量约 2.02 万 t。

库尾段有三条支流,估计三条支流进入库尾段的年平均推移量约 3.4 万 t。即小浪底枢纽建成后,库尾段年平均推移质输沙量可达 5.4 万 t。

库区其他支流的推移质输沙量多年平均值约 19.1 万 t。

二、模型试验范围的选择

模型试验范围的选择有以下几个基本原则:

(1)必须满足模型试验的要求,回答模型试验的中心问题(即回答不同运用阶段、不同运用条件下,库区干支流水沙运行规律、冲淤特性及排沙特性等关键问题)。

(2)必须包括可靠的控制进出口水沙过程的断面。

(3)在遵守第(1)条原则的前提下,力求采用最小的模型范围,即本着少花钱多办事的精神,提供高质量模型试验成果。

根据上述三项原则,我们提出以下三个选择模型范围的对比方案。

方案Ⅰ:模型试验范围定为大坝至八里胡同,并包括该区间的五条支流,试验河段长度约 33.3km。

方案Ⅱ:模型试验范围定为大坝至坂涧河口附近,并包括该区间的八条支流,试验河段长度约 66km(见图 9-140)。

方案Ⅲ:模型试验范围定为大坝至三门峡站,并包括库区主要支流,试验河段长度 131.3km。

三个方案的特征值见表 9-84。

表 9-84　　　　　　　　　　　**选择模型试验范围方案对比**

方案	起讫断面	库段长度(km)	原始库容(亿 m³)			有效库容(亿 m³)				汇入支流数
			干流	支流	合计	槽库容	防洪库容		合计	
							干流	支流		
Ⅰ	拦河大坝至八里胡同	33.3	46.2	31.2	77.4	3.93	9.5	10	23.43	5
Ⅱ	拦河大坝至坂涧河口	66	75.2	40.5	115.7	7.5	16	17.5	41	8
Ⅲ	拦河大坝至三门峡站	131.3	85.8	40.7	126.5	10	20	18	48	15

方案Ⅰ包括干流原始库容 46.2 亿 m³(占干流总库容 1/2 强),支流原始库容 31.2 亿 m³(占支流总库容 3/4 强),干支流库容之和为 77.4 亿 m³,占库区原始库容 60% 以上。因此,采用方案Ⅰ进行模型试验,研究近期施工导流防洪问题和初期运用方案,以及定性研究水库的冲淤特性和调水调沙问题,基本上是可行的。但是,由于库段偏短,还有 40% 的原始库容和 51% 的有效库容未包括在模型试验范围内,研究调水调沙问题和洪水冲淤过程问题是不严格的,会给试验研究成果带来很大的误差,而这些试验内容正是本模型试验研究的核心问题。此外,方案Ⅰ的模型进口距水库入口(三门峡站)将近 90km,在水库运行过程中,三门峡下泄的水沙过程,需经过 90km 河道的调整以后,才能到达模型试验河段。模型进口的水沙过程和泥沙颗粒级配很难控制。因此,方案Ⅰ是不可取的。

方案Ⅱ包括了库区 88% 的干流原始库容和 99% 的支流原始库容及 85% 以上的有效

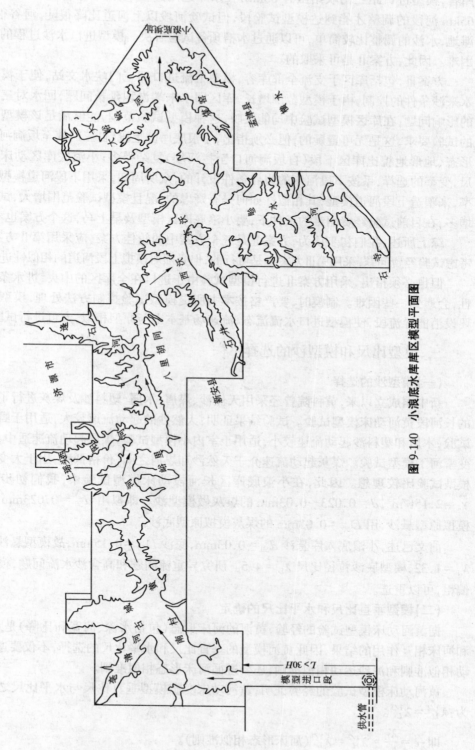

图 9-140 小浪底水库库区模型平面图

库容,模型进口距三门峡站虽有 65km,在水库运用过程中,入库水沙过程虽然也要经过 65km 河段的调整才能到达模型试验段,但试验河段以上河道比降很陡,河谷很窄,又无滩地,水沙的调整比较简单,可以通过水槽预备试验解决。模型进口水沙过程的控制并不困难。因此,方案Ⅱ是可采取的。

方案Ⅲ,包括库区干支流全部库容,模型干流进口即三门峡水文站,便于模型试验来水来沙条件的控制,由于模型范围增长,库区回水末端淤积延长问题,回水对三门峡水库的影响问题,在库区模型试验中均能反映,这种模型试验范围,能够满足该模型试验更多的试验要求,这是无可置疑的,但必须指出,小浪底库区上段(自三门峡至坂涧河口),河谷形态、地形地貌比库区下段(自坂涧河口至拦河坝)复杂得多;小浪底库区动床模型的比尺,变率的选择,系按下段河床的边界条件设计的,众所周知,采用下段河道模型比尺和变率,来塑造上段河道模型,其相似性如何是有疑虑的,况且模型试验范围增大,试验经费也增多,在目前试验经费困难的条件下,要小浪底库区模型及早上马,这个方案也不宜采用。

综上所述,我们初步认为,方案Ⅱ是三个方案中的较佳方案,应采用第Ⅱ方案;如果不考虑试验经费问题,采用第Ⅲ方案也是可行的,但必须对模拟上段河道的相似性进行论证。

但也必须指出,采用方案Ⅱ进行模型试验由于进口在全库区的中央,进水条件的相似性,会遇到一些困难。制模时,要严格按本书所提模型试验控制方法处理,模型的进口段要设消能导流段,使模型进口水流流态、流速场基本上与原型相似,方可进行试验。

三、模型比尺和模型沙的选择

(一)模型沙的选择

新中国成立以来,黄科院曾经采用天然沙、煤屑、木屑、塑料沙及煤灰进行了各种类型的长河段黄河动床模型试验。试验结果证明:天然沙的起动流速较大,适用于野外大模型试验,木屑和塑料沙起动流速较小,适用于室内小模型试验,煤屑起动流速适中,适用于小变率河工模型试验。煤灰起动流速介于天然沙和煤屑之间,价格低廉,用于大变率长河段模型试验比较理想。因此,在小浪底库区长河段动床模型试验中,我们初步选定采用 $\gamma_s = 2.15 \text{t/m}^3$, $d = 0.023 \sim 0.03 \text{mm}$ 的煤灰做模型沙。即拟用 $d_{50} = 0.023 \text{mm}$ 的模型沙模拟原型悬沙,用 $D_{50} = 0.03 \text{mm}$ 的煤灰模拟原型底沙。

前文已述,小浪底入库悬沙 $d_{50} = 0.03 \text{mm}$,底沙 $D_{50} = 0.15 \text{mm}$,故模型悬沙粒径比尺 $\lambda_d = 1.32$,模型底沙粒径比尺 $\lambda_D = 4.5$。研究异重流问题和高含沙水流问题,模型沙粒径偏粗,可以重选。

(二)模型垂直比尺和水平比尺的确定

据黄河动床模型试验的经验,黄河的河床形态(包括水深、河宽和比降)是水流、泥沙和河床相互作用的结果,因此黄河模型的垂直比尺和水平比尺的选择,不仅要遵循水流运动相似准则和泥沙运动相似准则,还要遵循河床形态相似准则。

黄河动床模型试验的经验证明,黄河动床变态模型垂直比尺与水平比尺之间的关系为:$\lambda_H^{1/2} = \lambda_L^{1/3}$。

即:$e = \dfrac{\lambda_L}{\lambda_H} = \lambda_H^{1/2} = \lambda_L^{1/3}$(河床形态相似准则)。

因此,小浪底库区动床模型垂直比尺和水平比尺的选择要遵循下列相似准则:

$$\lambda_v = \lambda_H^{0.5} \tag{9-12}$$

$$\lambda_n = \frac{\lambda_H^{2/3}}{\lambda_v}\lambda_J^{0.5} \tag{9-13}$$

$$\lambda_\omega = \lambda_v\left(\frac{\lambda_H}{\lambda_L}\right)^{0.5} \tag{9-14}$$

$$\lambda_d = \left[\frac{\lambda_\omega}{\lambda_{\gamma_s-\gamma}}\right]^{1/2}\cdot\lambda_\mu^{0.5} \tag{9-15}$$

$$\lambda_D = \frac{\lambda_H\lambda_J}{\lambda_{\gamma_s-\gamma}} \tag{9-16}$$

$$e = \frac{\lambda_L}{\lambda_H} = \lambda_H^{1/2} = \lambda_L^{1/3} \tag{9-17}$$

式中　　λ_L——模型水平比尺;

λ_H——模型垂直比尺;

λ_v——模型流速比尺;

λ_n——模型糙率比尺;

λ_J——模型比降比尺;

λ_ω——模型沙沉速比尺;

λ_d——模型悬沙粒径比尺,$\lambda_d = 1.32$(见前);

λ_μ——液体黏滞系数比尺;

λ_D——模型底沙粒径比尺,$\lambda_D = 4.5$(见前);

$\lambda_{\gamma_s-\gamma}$——模型沙浮比重比尺,$\lambda_{\gamma_s-\gamma} = 1.48$;

e——模型变率,$e = \lambda_L/\lambda_H$。

由式(9-12)、式(9-14)、式(9-15)及式(9-17)得:

$$\lambda_H = \lambda_{\gamma_s-\gamma}^4\lambda_d^8 \tag{9-18}$$

由式(9-16)、式(9-17)得:

$$\lambda_H = \lambda_{\gamma_s-\gamma}^2\lambda_D^2 \tag{9-19}$$

将 $\lambda_d = 1.32$,$\lambda_D = 4.5$,$\lambda_{\gamma_s-\gamma} = 1.48$ 代入式(9-17)、式(9-18)得:

$$\lambda_H = 45, \lambda_L = 300, e = 7$$

(三)模型比尺合理性分析

在变态河工模型中,为了避免变态加大边壁对水流的影响,通常要求模型的宽深比 $(B/H)_M$ 大于 10。

根据分析,原型 $Q = 4\,220\text{m}^3/\text{s}$ 时,水面宽为 350m(最窄处),平均水深 4.64m,模型相应水面宽 116cm,相应水深 11cm,模型宽深比 = 116/11 = 10.5 > 10。

满足模型试验的基本要求,比尺选择是合理的。

(四)模型沙运动相似性分析

黄河变态动床模型有三个表达泥沙运动相似的基本准则,即:

(1)泥沙冲刷相似准则：$\lambda_D = \dfrac{\lambda_H \lambda_J}{\lambda_{\gamma_s - \gamma}}$

(2)泥沙淤积相似准则：$\lambda_\omega = \lambda_v \left(\dfrac{\lambda_H}{\lambda_L}\right)^{0.5}$

(3)泥沙沉降相似准则：$\lambda_d = \left[\dfrac{\lambda_\omega}{\lambda_{\gamma_s - \gamma}}\right]^{1/2} \cdot \lambda_\mu^{0.5}$

用 $\lambda_H = 45, \lambda_L = 300$ 代入以上准则算式得：

$$\lambda_d = 1.32, \lambda_D = 4.5$$

与选用模型沙的比尺相符,证明能满足泥沙运动相似条件。

实际原型沙 5m 水深时的起动流速为 $0.419 \sim 0.903$m/s(按窦国仁公式计算 $v_0 = 0.419$m/s,按武汉水电学院公式计算 $v_0 = 0.42$m/s,按本书著者试验公式计算 $v_0 = 0.65$ m/s,按沙玉清公式 $v = 0.903$m/s),煤灰相应水深的起动流速约 10cm/s,采用本书著者试验资料,得：$v_{0p} = 0.65$m/s,$v_{0m} = 0.1$m/s。

$$\lambda_{v_0} = \frac{0.65}{0.10} = 6.5$$

$$\lambda_H = \lambda_{v_0}^2 = 43 \approx 45$$

由此证明,能满足泥沙起动相似条件。

(五)模型试验可行性论证初步试验

为了进一步论证小浪底库区动床模型比尺选择的正确性,我们采用煤灰做模型沙,$\lambda_d = 1.32, \lambda_D = 4.5, \lambda_S = 4$,取 $\lambda_L = 300, \lambda_H = 50$ 进行了三门峡枢纽库区局部河道概化模拟试验。

试验结果表明：

(1)模型和原型的 $B = f(Q)$ 关系是相似的(见图 9-141)。

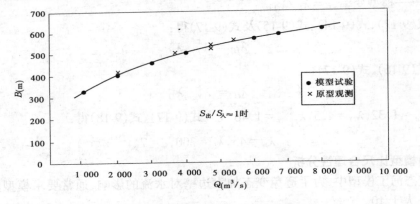

图 9-141　原型和模型 $B = f(Q)$ 对比图

(2)模型和原型的冲淤特征基本上是一致的。

因此,我们认为小浪底库区模型比尺的选择是可行的。

由于原型地形边界条件复杂,要取得优异试验成果,除精心设计外,还必须精心施工、精心操作,才能取得预期效果。否则,将会碰到种种困难。

第十章　黄河其他动床模型试验

第一节　黄河三盛公枢纽泥沙模型试验

黄河河套地区,灌溉事业有悠久的历史,可是在新中国成立前,由于种种原因,水利工程经久失修,管理不善,渠系紊乱,淤积相当严重,直接影响到当地的农牧业生产。新中国成立后,在人民政府的领导下,在调整渠系的同时,修建了三盛公引水枢纽工程(包括拦河闸、总干渠、沈乌干渠及伊盟干渠等工程)。每年灌溉期(即5～10月)壅水灌溉,非灌溉期(即11月至次年4月)敞泄排沙。在库区保持了一个长期使用的有效库容,利用这个库容和引水渠渠首拦沙坎及人工环流的共同作用,使进入渠系的泥沙比修建枢纽前减少了61%,减轻了渠系的淤积,提高了灌溉引水量,为发展当地农业生产起到了积极作用。

可是为了保持长期使用的有效库容,每年用于泄水拉沙的水量达100亿 m³ 左右,约占全年来水量的1/3,泄水冲刷的总天数近200天(包括汛期短期的错峰排沙),代价是相当巨大的。

因此,当地人民政府的水利主管单位提出,为了充分利用黄河水资源,必须减少泄水拉沙的耗水量,缩短泄水拉沙历时,让灌溉多余的水为当地农牧业生产服务。他们的具体设想是拟在已建水利枢纽的右侧增建一座低水头水电站,让灌溉多余的水进行发电。

由于增建水电站以后,枢纽的调度运用,必须随之改变。黄河泥沙问题极其复杂,增建电站以后,枢纽在新的调度运用条件下,库区的冲淤过程将发生怎样的变化? 能否仍然保持一个长期使用的有效库容? 能否保证灌区渠系淤积不再加剧? 这些都是人们非常关心的问题,都亟待在电站修建之前回答。

为此,当地水利局特委托黄科院进行库区动床模型试验和枢纽分水分沙模型试验。库区冲淤变化问题(包括泄水拦沙效果问题、最优冲刷流量和拦沙历时问题)利用长河段变态动床模型试验回答,枢纽分水分沙效果是局部河段的泥沙问题,采用正态模型试验回答。两个模型所研究的内容不同,其设计方法、模型比尺以及试验方法亦不同,现分别叙述如下。

一、三盛公枢纽库区变态动床模型试验

(一)模型试验范围的确定

三盛公水利枢纽是低水头灌溉引水枢纽,库区河床比降平缓,在正常运用水位下,回水长度约45km,但根据实测资料的统计分析,枢纽壅水运用以来,94%的泥沙淤积在距拦河闸上游27km的库段,故此模型试验范围定为27km。

根据实测资料分析:在距拦河闸上游27km库段内(库区模型试验范围内),河道比较顺直,平均水深1.45～1.70m,平均流速1.2～1.68m/s,河床平均比降 $J = 0.000\,175$,满

宁糙率 $n = 0.01 \sim 0.015$，主槽河床质中值粒径 $D_{50} = 0.1 \text{mm}$，多年汛期入库平均流量为 $1\,557 \text{m}^3/\text{s}$，非汛期平均流量为 $500 \text{m}^3/\text{s}$，多年平均含沙量为 4.5kg/m^3，悬移质中值粒径 $d_{50} = 0.029 \text{mm}$，平均沉速 $\omega_{\text{cp}} = 0.18 \text{cm/s}$。悬移质颗粒级配见表 10-1，床沙基本特性见表 10-2。

表 10-1   原型悬移质颗粒级配表

粒径（mm）	0.005	0.01	0.025	0.05	0.1	0.25	0.5	d_{50}（mm）
小于某粒径的百分数（%）	11.84	24.07	46.35	69.63	94.63	99.77	100	0.029 4

表 10-2   原型河床沙质基本特性

相对密度	河床质中值粒径 D_{50}（mm）	淤积物容重 γ_*（t/m³）
2.7	0.10	1.45

(二)模型设计原则

三盛公库区动床模型试验的主要任务是研究枢纽电站建成后，采用新的运用方式，在库区是否仍然可以保持一个可供长期使用的有效库容，因此在模型试验中，模型的冲淤变化必须与原型基本相似，即模型设计时，底沙起动相似条件和悬沙运动相似条件都必须同时满足，至于模型流速垂线分布相似条件和含沙量垂线分布相似条件，在此模型试验中属于次要地位，可以允许存在一些偏差。故此项模型的设计可以放弃几何相似条件，按几何变态模型设计。概括讲，此项模型设计必须遵循的相似条件有以下几条。

1. 水流运动重力相似条件

$$\lambda_v = \lambda_H^{0.5} \tag{10-1}$$

2. 水流运动阻力相似条件

$$\lambda_n = \lambda_v^{-1} \lambda_H^{2/3} \lambda_J^{1/2} \tag{10-2}$$

式中　λ_H——模型垂直比尺；

　　　λ_v——模型流速比尺；

　　　λ_J——模型比降比尺；

　　　λ_n——模型糙率比尺；

　　　n——糙率。

糙率 n 值是河道的综合阻力系数，包括沙粒阻力系数、沙浪阻力系数和河床形态阻力系数等的综合系数，在宽浅顺直的河流上，沙浪的阻力系数起主导作用。

根据我们对以往试验资料的分析，动床模型形成沙浪以后，沙浪的阻力比沙粒的阻力大得多，沙粒阻力可以略而不计，因此我们认为动床模型设计时，满足了沙浪阻力相似条件，就可以满足模型阻力相似条件。

根据以往有关学者的研究，河流的沙浪阻力 $\left(\dfrac{v}{gR''J}\right)$ 与 $\dfrac{\gamma_s - \gamma}{\gamma} \cdot \dfrac{D_{35}}{R'Je}$ 有关。

由此可以获得模型沙浪阻力相似条件

$$\lambda_{\gamma_s - \gamma} \cdot \lambda_D = \lambda_\gamma \lambda_H \lambda_J \qquad (10\text{-}3)$$

式中 γ_s、γ——泥沙和水流的密度;

D——河床质粒径;

H、J 含义同前。

换言之,按式(10-3)选择模型沙,就能满足沙浪阻力相似条件。

3. 悬沙运动相似条件

本书在讨论泥沙运动相似准则时,已经明确指出,黄河动床模型的悬沙运动相似条件可以用下式表示:

$$\lambda_\omega = \lambda_v \left(\frac{\lambda_H}{\lambda_L} \right)^m \qquad (10\text{-}4)$$

式中 λ_ω——模型悬沙沉速比尺;

m——比尺指数;

λ_v,λ_H,λ_L 的含义同前。

据分析,比尺指数 $m = 0.5 \sim 1.0$。

当 $m = 1.0$ 时:

$$\lambda_\omega = \lambda_v \frac{\lambda_H}{\lambda_L} \qquad (10\text{-}5)$$

人们称它为悬沙沉降相似条件。

当 $m = 0.5$ 时:

$$\lambda_\omega = \lambda_v \left(\frac{\lambda_H}{\lambda_L} \right)^{0.5} \qquad (10\text{-}6)$$

人们称它为泥沙悬浮相似条件。

在变态模型中 $\lambda_L > \lambda_H$,$\frac{\lambda_H}{\lambda_L} < 1$,$\left(\frac{\lambda_H}{\lambda_L} \right)^{0.5} > \frac{\lambda_H}{\lambda_L}$。

故按式(10-5)计算的 λ_ω 值小于按式(10-6)计算的 λ_ω 值,即按式(10-5)选配模型沙的沉速 ω 大于按式(10-6)选配模型沙的沉速 ω。即按式(10-5)选沙可能导致模型淤积偏多。

为了探讨这两个相似条件能否反映本模型与原型的悬沙运动相似情况,在本模型的验证试验过程中,著者按两种方法选沙,进行了验证试验,试验结果如图 10-1 所示。

通过试验,我们发现在黄河三盛公库区动床模型试验中,按 $\lambda_\omega = \lambda_v \left(\frac{\lambda_H}{\lambda_L} \right)^{0.5}$ 选沙,能使模型的冲淤过程与原型基本相似,因此在黄河三盛公库区动床模型试验中,采用 $\lambda_\omega = \lambda_v \left(\frac{\lambda_H}{\lambda_L} \right)^{0.5}$ 为悬沙运动相似条件。

4. 底沙起动相似条件

枢纽壅水灌溉时,枢纽上游水深加大,流速减小,悬移在水中的泥沙沉淀在河床上,便变为底沙;泄水拉沙时,枢纽上游水深减小,流速增大,淤积在河床上的泥沙,逐渐被水流冲走,使库容逐渐增大,保持长期使用的有效库容。

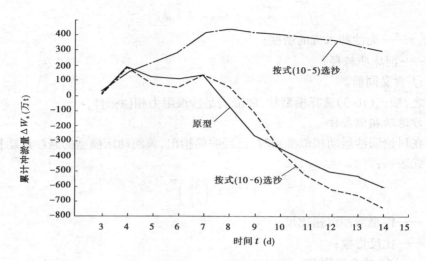

图 10-1　模型累计冲淤量过程线

因此,要使模型库容变化过程与原型相似,除了必须遵守泥沙淤积相似(或悬浮相似)条件外,还必须遵守泥沙冲刷相似条件。而泥沙起动相似是泥沙冲刷相似的基础。因此,在泥沙模型试验中,凡是研究泥沙冲刷问题或研究与泥沙冲刷有关的问题时,都必须满足泥沙起动相似条件。

通常,动床模型的泥沙起动相似条件有两种表示形式:

$$\lambda_{v_0} = \lambda_v \tag{10-7}$$

$$\lambda_{\tau_0} = \lambda_\tau \tag{10-8}$$

式中　λ_{v_0}——模型沙起动流速比尺;

　　　λ_{τ_0}——模型沙起动拖曳力比尺。

根据我们的分析,泥沙起动相似的两种表达式,最终都可以化成以下综合表达式:

$$\lambda_D = \frac{\lambda_\gamma \lambda_H \lambda_J}{\lambda_K \lambda_{\gamma_s - \gamma}} \tag{10-9}$$

式中　λ_D——河床质粒径比尺;

　　　$\lambda_{\gamma_s - \gamma}$——河床质泥沙浮重比尺;

　　　λ_K——泥沙起动系数比尺;

　　　其他符号含义同前。

5. 水流挟沙能力比尺

根据黄河三盛公枢纽 1963、1965 年及 1966 年的库区实测资料和室内预备试验资料的综合分析,获得三盛公枢纽原型和模型挟沙能力经验关系式:

$$S = 10^{\left(1.08 - 0.6\frac{\Delta H}{H_0}\right)} \left(\frac{v^3}{H_0 \omega}\right)^{0.178} \tag{10-10}$$

由此,获得模型挟沙能力比尺

$$\lambda_{S_*} = \left(\frac{\lambda_v^3}{\lambda_H \lambda_\omega}\right)^{0.178} = \left(\frac{\lambda_v}{\lambda_\omega}\right)^{0.178} \tag{10-11}$$

式中 λ_{S_*} ——模型水流挟沙能力比尺;

其他符号含义见前。

6. **库区冲淤过程相似条件**

根据冲积河流河床冲淤过程平衡方程式

$$\frac{\partial Q_s}{\partial x} = \gamma_0 \frac{\partial \overline{\omega} S}{\partial t}$$

可以获得:

$$\lambda_{t_2} = \frac{\lambda_{\gamma_0}}{\lambda_S} \frac{\lambda_x}{\lambda_v} = \frac{\lambda_{\gamma_0}}{\lambda_S} \lambda_{t_1} \tag{10-12}$$

式中 λ_{t_2} ——河床冲淤过程时间比尺;

Q_s ——水流输沙率, $Q_s = Q \cdot S$;

其他符号含义同前。

7. **模型水流的限制条件**

从理论上讲,进行动床模型试验,必须全面地满足各项相似条件,但是,在模型试验的实际操作过程中,由于场地条件所限和模型沙选配困难,很难全面满足各项相似条件。在此情况下,则必须满足以下限制条件:

(1)模型水流必须属于紊流区,即模型水流雷诺数必须大于临界雷诺数:

$$Re_m \geqslant Re_{kp} \tag{10-13}$$

式中 Re_m ——模型雷诺数;

Re_{kp} ——模型临界雷诺数,在模型中 $Re_{kp} = 1\,400$ 。

(2)模型水流必须属于缓流区,即:

$$Fr = \frac{v}{\sqrt{gH}} < 1 \tag{10-14}$$

或

$$J_m < J_{kp} \tag{10-15}$$

(3)模型最小平均水深必须大于克服表面张力影响所要求的水深,即:

$$h_{min} \geqslant 1.5\text{cm} \tag{10-16}$$

(4)敞泄排沙时,模型最小平均流速必须大于相应水深下的模型沙起动流速,即

$$v_m > v_{0(m)} \tag{10-17}$$

(5)模型水流汛期平均流速(敞泄拉沙流速)必须大于模型沙的扬动流速,即:

$$v_{拉m} > v_{s(m)} \tag{10-18}$$

式中 J_{kp} ——模型临界比降;

v_s ——模型沙扬动流速,由预备试验确定;

$v_{拉m}$ ——模型汛期敞泄拉沙期平均流速;

$v_{0(m)}$ ——模型沙起动流速,由预备试验确定,或按下式计算:

$$v_0 = K \left(\frac{H}{D} \right)^{1/6} \sqrt{(\gamma_s - \gamma)D} \qquad (10\text{-}19)$$

其他符号含义同前。

(三)模型沙和模型比尺的选择

众所周知,模型沙的选择是影响模型试验成败的关键,因此在进行此项动床模型试验之前,为了探求适用于黄河动床模型试验的模型沙,我们广泛调研,收集了有关模型沙基本特性的资料,并在室内对常用的模型沙进行了基本特性的试验研究。通过综合分析研究,我们认为郑州火电厂煤灰颗粒细、悬浮特性好,其起动流速、扬动流速及平均沉速值均比较适中(即不太大又不太小),能够满足三盛公动床模型设计中的泥沙运动相似条件,在20世纪70年代,火电厂煤灰是电厂的废品,亟待处理,不需花钱购买,本着就地取材、节约开支的原则,采用了郑州火电厂的煤灰做模型沙。郑州火电厂煤灰的颗粒级配曲线如图 10-2 所示,基本特性见表 10-3。

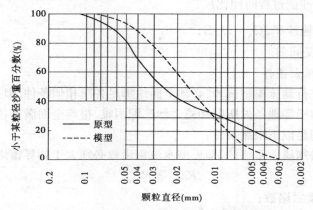

图 10-2　郑州火电厂煤灰颗粒级配曲线图

表 10-3　　　　　　　　　郑州火电厂煤灰基本特性

特性	相对密度	中径 d_{50}(mm)	平均流速 ω_{cp}(cm/s)	起动流速 v_0(cm/s)	淤积物容重 γ_*	扬动流速 v_s(cm/s)	河槽淤积物 D_{50}
原沙样	2.17	0.024 5	0.17	12~14	0.78	21.5	0.024 5
水选沙样	2.17	0.020	0.073	12~14	0.78	21.5	0.02
加 3‰分散剂	2.17	0.018	0.064 5	12~14	0.78	21.5	0.02

从表 10-3 得知,模型沙的扬动流速为 21.5cm/s,而原型汛期平均流速为 $v = 1.69\text{m/s}$。初步选定:

$$\lambda_v = \frac{v_{cp原}}{v_{s模}} = \frac{169}{21.5} = 7.8$$

代入式(10-1)得:$\lambda_H = \lambda_v^2 = 60$。

根据模型沙和原型沙的基本特性得:

$$\lambda_D = \frac{0.1}{0.02} = 5$$

$$\lambda_{\gamma_s-\gamma} = \frac{2.1-1}{2.17-1} = 1.45$$

$$\lambda_{\gamma_0} = \frac{1.45}{0.78} = 1.86$$

将以上数值代入上述相似条件式(10-3)$\lambda_J = \dfrac{\lambda_{\gamma_s-\gamma}\lambda_D}{\lambda_\gamma\lambda_H}$,得:

$$\lambda_J = 5 \times 1.45 \div 60 = 0.12, \quad \lambda_L = \frac{60}{0.12} = 500$$

$$\lambda_\omega = 60^{0.5} \times 0.12^{0.5} = 2.68, \quad \lambda_S = \left(\frac{\lambda_v}{\lambda_\omega}\right)^{0.178} = 1.2,采用\ \lambda_S = 1.0$$

$$\lambda_{t_2} = \frac{1.86 \times 500}{7.75 \times 1.0} = 120$$

要求模型沙的平均沉速 $\omega_{模} = 0.185/2.68 = 0.069$(cm/s);而实际选用的模型沙经过处理后,其 $\omega_{cp} = 0.064\ 5$cm/s(见表 10-3),基本上满足设计要求。模型各项比尺见表 10-4。

表 10-4 模型各项比尺

名称	符号	比尺	计算公式
水平比尺	λ_L	500	
垂直比尺	λ_H	60	
流速比尺	λ_v	7.75	$\lambda_v = \lambda_H^{0.5}$
流量比尺	λ_Q	232 000	$\lambda_Q = \lambda_L \lambda_H^{1.5}$
含沙量比尺	λ_S	1	$\lambda_S = (\lambda_v/\lambda_\omega)^{0.178}$
颗粒沉速比尺	λ_ω	2.7	$\lambda_\omega = \lambda_v(\lambda_H/\lambda_L)^{0.5}$
冲淤时间比尺	λ_{t_1}	120	$\lambda_{t_1} = \lambda_{\gamma_0}\lambda_L^2\lambda_H/\lambda_Q\lambda_\rho$
糙率比尺	λ_n	0.67	$\lambda_n = (\lambda_\gamma\lambda_D)^{1/3}\lambda_J^{1/3} = \lambda_H^{2/3}\lambda_L^{1/2}$
河床质粒径比尺	λ_D	5	$\lambda_D = \lambda_H\lambda_J/\lambda_{\gamma_s-\gamma}$
淤积物比重比尺	λ_{γ_0}	1.86	
泄空冲刷时间比尺	λ_{t_2}	120	$\lambda_{t_2} = \lambda_Q^{0.39}\lambda_\rho$
颗粒在水中比重比尺	λ_{γ_s-1}	1.45	

本模型设计的特点是按模型沙的扬动流速选沙,其目的是保证模型的悬沙淤积与原型相似。从验证试验的主要成果看,模型的冲淤总量、冲淤过程与原型基本上是相似的。

(四)模型制作

1. 模型制作的基本资料

三盛公枢纽是黄河干流上大型水利枢纽,自 1959 年起,就开始设站,进行了库区测验工作,自 1959 年至模型试验时,已有大量系统的库区测验资料,包括大断面测量资料、水文泥沙资料,以及河势变化资料,均可供模型试验采用。

2. 模型制作步骤

(1)根据原型库区测验平面布置图,缩制模型试验平面布置图,如图 10-3 所示,并按模型比尺,绘制成模型施工图。

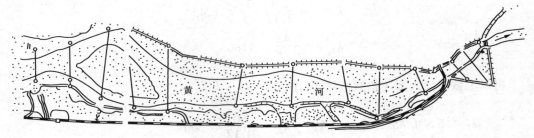

图 10-3　模型试验平面布置图

(2)清理场地,按模型施工图将模型范围布置在试验场地(即模型施工放线)。

(3)按原型水库的回水范围及洪水泄流范围修筑模型边墙,左岸以防洪堤为模型边墙,右岸以高崖上的铁路为模型边墙。边墙的高度以便于试验时观测为依据。

本模型的出口,有三个出口流量观测站,均采用三角量水槽测量流量,三角量水槽的底部高程基本上与实验室的地坪一致,故模型河床一般要高于三角量水槽20cm左右,即模型河底高程的最低点要高于地坪20cm左右,模型比降约0.001,模型长50m,则模型进口河床最低点,高于地面25cm左右。若模型局部冲刷的最大深度按10cm考虑,模型最大水深亦按10cm考虑,则模型边墙的高度必须大于45cm,若留5cm的安全超高,则模型边墙应按50cm修建。

由于三盛公库区模型是在一厅多用的实验室内进行,模型试验结束后,必须立即拆除,进行其他模型试验,为了便于拆除和模型边墙材料的重复使用,故模型边墙采用50cm×20cm×10cm的预制混凝土块砌筑。

(4)边墙筑好后,将水泥砂浆进行粉刷,并对模型场地进一步清理,用砂浆将模型的底部粉成一定底坡的斜面,以确保在试验过程中模型不向外漏水,也不倒塌。

(5)模型边墙粉平以后,将模型施工导线(或断面的控导起点)刻划在边墙顶部,以便安装模型断面板使用。

三盛公库区模型试验,是长河段河道冲淤模型试验,由于河道外形比较顺直,比降较平缓,模型断面间距一般控制在100cm左右,即可保证模型制作精度。故该模型在制作时,模型断面间距控制在100cm左右。

(6)模型泄流建筑物制作。原型拦河闸为多孔(18孔)拦河闸,模型变态后,若再按原型闸孔修成多孔闸,则不仅模型制作困难,而且由于闸孔太窄,过流情况也不相似。因此我们将拦河闸简化成三孔,闸墩用硬木制作,闸门用白铁皮制作。同理,灌溉渠的引水闸,亦由多孔闸改为单孔闸,闸后的消力池则按垂直比尺模拟。

(7)地形制作。黄河模型的地形制作有两种方法:①桩点法,即在模型河底打桩,用桩顶高程控制模型地形。例如黄河下游模型,滩区很大,地形又平坦,若采用断面板法做地形,则浪费很多断面板。在此情况下,采用桩点法控制模型高程,就可以把模型做好。②断面板法,将算好的模型同一断面上各点的高程绘在断面板上,经校核无误后,锯剪加工地形模板。用砂布将锯剪处磨光,再用清漆漆好,晾干,安装在相应的断面位置上,用水准仪定准高程,然后固定,填上选配好的模型沙,按模型沙要求的干容重,将模型沙填实,再用刮板按地形断面板的形状刮成模型地形。

地形断面板,一般是采用优质三合板或薄白铁皮为板料。三盛公库区模型是采用断面板法制作地形的,模型沙是经分选、晾干、过筛分散配制好的,模型刮好后,关闭模型尾部各退水闸门,从尾部徐徐灌水浸泡模型沙,泡模型沙时的水位超过模型滩面最高高程约5cm,浸泡2小时后,打开退水闸徐徐将模型内的水排空。发现模型地形仍同断面板一致,不沉陷,又经复测断面板高程和平面位置(高程控制绝对误差小于1mm,平面控制误差小于1cm),然后用手钳拔除断面板,打开进水闸开始试验。

(五)模型试验设备与测量仪器

黄河动床模型试验,由于各模型含沙量的大小不同,泥沙颗粒级配也不同,因此黄河模型的供水供沙系统只能采用单一式的循环系统,即专用式的供水供沙系统,这是黄河泥沙模型试验的特点,三盛公模型试验也不例外。

黄河模型水沙变化快,而且变幅大,一般水沙混合运行的供水方式不好使用,应采用水沙分开运行的供水加沙方式。三盛公动床模型试验即采用这种供水加沙方式。

模型供水系统与清水试验的供水系统基本相同,即由水库、供水池、水泵、平水塔、回水渠等组成;供沙系统由配沙室、搅拌池(分两池,在供沙时轮换使用,保证试验时连续供沙)、加沙箱、沉沙池等组成。

运行方式是:清水泵将清水打入平水塔(专用的),由平水塔送入量水堰(或电磁流量计),经量水堰测定,符合试验要求,再送入模型前池,同时启动浑水搅拌机,将搅拌池内的模型沙搅拌均匀,送入加沙孔口箱,并根据模型试验要求的含沙量大小,打开孔口向前池输沙,与清水混合,进入模型,并即时检测模型进口含沙量(水沙混合后,进入模型的含沙量),如不符合试验要求,则立即调节孔口的大小,直至进口含沙量符合试验要求为止。

孔口箱加沙浑水出流量由下式控制:

$$S_m = \frac{Q_1 S_1}{Q_0 + Q_1} \tag{10-20}$$

式中　　S_m——模型试验要求的进口含沙量;

　　　　S_1——搅拌池含沙水流的含沙量(孔口箱内的含沙量);

　　　　Q_0——模型进口由量水堰进入前池的清水流量;

　　　　Q_1——孔口箱进入模型前池的浑水流量。

孔口箱的流量是根据孔口过流公式计算获得,正确方法是在正式试验前先进行率定,以提高加沙的精度。

挟沙水流通过模型后,经尾门泄入退水渠,再入沉沙池,沉沙池的长度按下式进行设计:

$$L = K \frac{H \cdot v}{\omega_d} = K \frac{q}{\omega_d} \tag{10-21}$$

式中　　q——沉沙池单宽流量;

　　　　ω_d——模型沙的动水沉速;

　　　　K——系数,$K = 1.3$。

经沉沙池澄清的清水进入清水库,供清水循环使用。模型进出口含沙量及沿程含沙量均用比重瓶取样,由置换法求得。模型沙颗粒级配用比重计法求得。

在试验中,模型水位、流速均采用当时的常规测量仪器测量。模型淤积地形,待试验结束后,采用水准仪测量。

(六)验证试验

在黄河动床模型试验方法刚刚开始研究的年代里,进行三盛公库区动床模型试验,人们对该模型试验的相似性表示怀疑是可以理解的。因此,模型做好后,为了检验模型的相似性,在正式试验之前,我们根据原型 1972 年的实测资料(包括地形资料、大断面冲淤测量资料、进出口水沙过程资料、沿程水位资料等)进行了验证试验。

图 10-4~图 10-8 是验证试验成果图。从验证试验成果看,模型与原型基本上达到了阻力相似、冲淤规律相似。

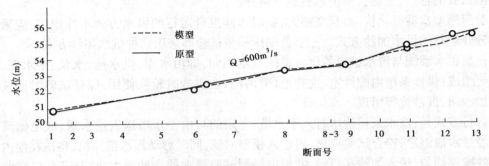

图 10-4　三盛公库区模型水面线验证图

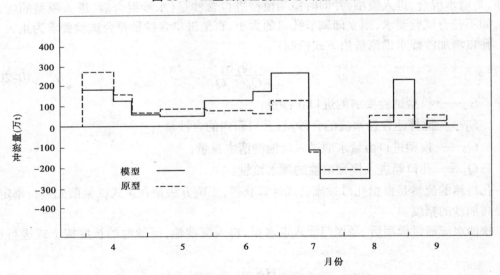

图 10-5　三盛公库区模型冲淤过程验证图

(七)最优冲刷条件试验研究

验证试验结束后,进行了最优冲刷条件的试验研究。

1. 最优冲刷流量试验研究

为了探索该枢纽泄水冲刷强度与流量之间的关系,进行了不同泄水的流量冲刷试验。根据模型试验资料和原型实测资料的综合分析(图 10-9),本枢纽泄水冲刷强度的经验关

系式为:

$$\Delta\overline{W}_s = 9\left(\frac{Q^3 J}{1+S_\lambda}\right) \tag{10-22}$$

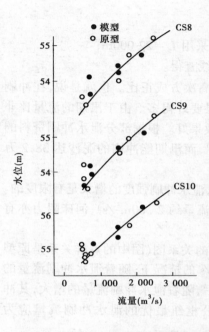

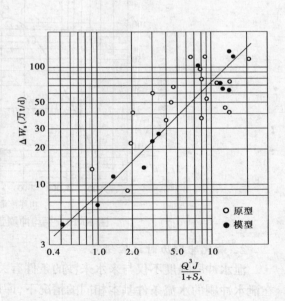

图 10-6　三盛公库区模型水位流量关系验证图　　　图 10-7　三盛公库区动床模型排沙比验证图

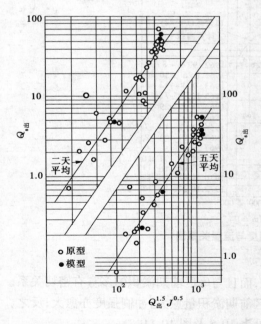

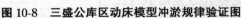

图 10-8　三盛公库区动床模型冲淤规律验证图　　　图 10-9　$\Delta W_s - \dfrac{Q^3 J}{1+S_\lambda}$ 关系图

式中　Q——泄水冲刷流量,m^3/s;

$\Delta \overline{W}_s$——泄水冲刷强度,万 t/d;

J——泄水冲刷时的有效比降,$J = \dfrac{\Delta H}{L}$;

ΔH——泄水冲刷开始时闸上水位,m;

L——壅水时库区水平回水长度,在试验过程中采用 $L = 22\,000m$;

$S_\text{入}$——入库含沙量,可以由入库 S—Q 关系曲线查得。

从式(10-22)可以看出,泄水冲刷的强度与流量的高次方成正比。也就是说,在冲刷耗水量相同的条件下,选择大流量比小流量冲刷的效果要好得多。由于汛期的流量比非汛期的流量大,因此汛期的冲刷效果比非汛期的冲刷效果好。根据部分泄水冲刷资料的分析,每耗水 1 亿 m^3,非汛期冲走的泥沙仅 4.6 万 m^3,而汛期能冲刷的泥沙达 38.2 万 m^3。

但应当指出,由于拦河闸的存在,随着流量的增大,泄水冲刷强度的增大是有限度的。此外,当流量大于库区漫滩流量以后(该枢纽库区平滩流量约 $2\,500m^3/s$),河床阻力亦有所增大,这个因素也会使泄水冲刷的强度减弱。

图 10-10 是根据式(10-22)计算的冲刷强度与流量的关系图(图中的点群关系是原型实测的成果)。从图上可以看出,在流量小于 $3\,000m^3/s$ 的情况下,随着泄水冲刷流量的增大,冲刷强度亦随之增大;当流量大于 $3\,000m^3/s$ 以后,随着泄水冲刷流量的增大,其冲刷强度不仅不增,反而递减。因此,我们认为,三盛公枢纽最优的泄水冲刷流量应为 $2\,000 \sim 3\,000m^3/s$。

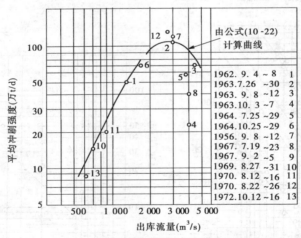

图 10-10　平均冲刷强度与流量关系图

2. 最优冲刷历时试验研究

泄水冲刷强度不仅与来水来沙的条件有关,而且与库区前期淤积的多寡有密切关系。在泄水冲刷的水流条件基本相同的情况下,库区前期淤积量愈大,冲刷强度亦愈大;反之,前期淤积量愈小,冲刷强度亦愈小。试验结果见表 10-5 及图 10-11。

在泄水冲刷过程中,随着泄水冲刷历时的增加,前期淤在库内的泥沙愈冲愈少,因而

· 520 ·

冲刷强度也逐渐减小(见图10-12)。在泄水冲刷刚刚开始的前两天,冲刷强度较高,此后冲刷强度逐渐降低。冲刷历时大于5天以后,冲刷效率甚微。因此,从冲刷效果来考虑,每次泄水冲刷的持续时间最多不宜超过5天。

表 10-5　　　　　　　　　　　　　　　　模型试验冲刷强度

次　序	泄空 冲刷天数	冲刷平均流量 (m^3/s)	冲刷量 (万 t)	冲刷强度 (万 t/d)	前期淤积量 (万 t)
1	6	2 075	834	139	992.9
2	7	3 217	668	95.4	661.4
3	4	2 640	190	47.5	340.4
4	7	2 519	207	29.6	308.4
5	7	2 596	926	132.3	866.4

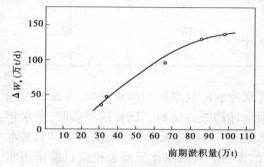

图 10-11　模型试验冲刷强度关系图

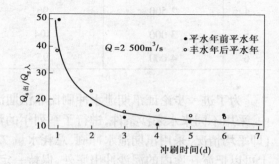

图 10-12　模型泄空冲刷时 $Q_{s出}/Q_{s入}$ 过程线

3. 减少全年拉沙耗水量和缩短全年拉沙历时的试验

根据部分资料的统计(表10-6),为了减少泥沙入渠,本枢纽在灌溉期内,库区每年平均要拦沙1 700万 t,也即要长期保持拦沙库容,平均每年的清淤量为1 700万 t。

表 10-6　　　　　　　　　　　　　　　　灌溉期库区拦沙量统计

序号	时段	入库沙量 (万 t)	出库沙量 (万 t)	拦沙量 (万 t)
1	1962 年 5～10 月	8 392	6 397	1 995
2	1963 年 5～10 月	5 098	4 458	640
3	1964 年 5～10 月	35 110	29 208	5 902
4	1965 年 5～10 月	8 013	5 340	2 673
5	1966 年 5～10 月	17 451	835	518
6	1969 年 5～9 月	2 440	1 936	504
7	1971 年 5～9 月	2 193	1 231	962
8	1972 年 5 月 9 日～10 月 9 日	4 033	3 280	753
9	1973 年 5 月 5 日～10 月 25 日	7 021	5 879	1 142
10	1974 年 5 月 10 日～10 月 30 日	3 430	2 440	990

如果采用 500m³/s 的流量(相当于非汛期平均流量)进行泄水冲刷,按照式(10-22)计算,将 1 700 万 t 的泥沙冲出库外,需要冲刷总天数为 213 天,耗水总量为 92 亿 m³。如果采用 1 000m³/s 的流量进行泄水冲刷,冲刷总天数仅需 57 天,耗水总量仅需 50 亿 m³(见表 10-7)。这进一步说明采用较大流量进行泄水冲刷,不仅可以大大缩短冲刷历时,而且可以大大节约冲刷耗水量。

表 10-7 各级流量泄水冲刷耗水量计算(总冲刷量 1 700 万 t)

序 号	流 量 (m³/s)	冲刷强度 (万 t/d)	冲刷历时 (d)	总耗水量 (亿 m³)
1	500	8	213	92
2	1 000	30	57	50
3	2 000	84	22	35
4	2 500	96	18	32
5	3 000	104	16	42
6	4 000	95	18	62

为了进一步论证汛期泄水冲刷比非汛期泄水冲刷的效率高和耗水量少,在试验过程中,采用不同来水来沙条件,进行了系列年的泄水冲刷效益试验。试验成果表明,平水年(即平均情况)采用汛期泄水冲刷,总耗水量 72 亿 m³,冲刷总天数 32 天(见表 10-8),基本上可以把淤在库内的泥沙冲出库外,保持一定的库容。其效果比三盛公枢纽目前采用非汛期泄水冲刷的效果还要好。

表 10-8 模型泄水冲刷效果试验成果

序号	典型年	汛期平均流量 (m³/s)	灌溉期水位 (m)	泄水冲刷天数 (d)	沙量(亿 t)			耗水量 (亿 m³)
					入库	出库	淤积	
1	平水年	1 550	1 055	32	1.64	1.48	0.16	72
2	丰水年	3 000	1 053.5	51	3.49	3.21	0.28	
3	平水年	1 550	1 055	32	1.85	1.79	0.06	72
4	平水年	1 500	1 055	32	1.70	1.685	0.015	72

二、三盛公枢纽分水分沙正态模型试验

为了探讨三盛公枢纽拟建电站后,枢纽分水分沙规律会发生怎样的变化,在进行三盛公库区变态动床模型试验的同时,还进行了枢纽分水分沙定床正态模型试验。

(一)模型设计原则

此项模型试验的中心任务,是研究枢纽各引水口(灌溉渠引水口、拟建电站引水口及泄水闸)的分水分沙问题,属于局部河段的泥沙模型试验。考虑到该枢纽为了减少泥沙入

渠,在枢纽附近修建了人工环流导流工程,在引水渠首修建了导沙坝。因此,此项模型试验,要使模型的分水分沙规律与原型相似,除了满足水流运动重力相似准则和泥沙淤积相似准则外,还必须满足水流流速和含沙量垂线分布相似准则,即还必须遵守模型几何相似准则,亦即必须按正态模型进行试验。由于试验目的只是研究枢纽分水分沙问题,故按定床加沙悬沙模型试验方法进行试验。

(二)相似条件

根据模型设计的基本原则,此项模型试验,必须按以下相似条件进行设计。

(1)几何相似条件:

$$\lambda_L = \lambda_H \tag{10-23}$$

(2)水流运动重力相似条件,同式(10-1):

$$\lambda_v = \lambda_H^{0.5}$$

(3)悬沙运动相似条件,同式(10-4):

$$\lambda_\omega = \lambda_v \left(\frac{\lambda_H}{\lambda_L} \right)^m$$

(4)挟沙能力相似条件:

$$\lambda_S = \lambda_K \left(\frac{\lambda_{\gamma_s}}{\lambda_{\gamma_s - \gamma}} \right) \frac{\lambda_v \lambda_J}{\lambda_\omega} \tag{10-24}$$

(5)河床冲淤过程相似条件,同式(10-12):

$$\lambda_{t_2} = \frac{\lambda_{\gamma_0}}{\lambda_S} \lambda_{t_1}$$

式中　λ_L——模型平面比尺;

　　　λ_H——模型垂直比尺;

　　　λ_v——模型流速比尺;

　　　λ_ω——模型沉速比尺;

　　　λ_{t_1}——模型水流运动时间比尺;

　　　λ_J——模型比降比尺;

　　　λ_{t_2}——模型冲淤过程时间比尺;

　　　λ_{γ_0}——模型淤积干容重比尺;

　　　λ_S——模型含沙量比尺;

　　　$\lambda_{\gamma_s - \gamma}$——模型沙浮容重比尺。

由于泥沙很细,$\lambda_\omega = \lambda_{\gamma_s - \gamma} \lambda_d^2$,即:

$$\lambda_d = \left(\frac{\lambda_\omega}{\lambda_{\gamma_s - \gamma}} \right)^{0.5} \tag{10-25}$$

式中　λ_d——模型悬沙粒径比尺;

　　　其他符号含义同前。

(三)原型枢纽拦河闸附近泥沙特性基本情况

三盛公枢纽是大型水利枢纽,有大量的观测资料,由枢纽(包括库区)的实测资料得知:在枢纽附近(拦河闸上游 4.0km 河段内),河床质 $D_{50} = 0.07$mm,悬移质 $d_{50} = 0.015$mm,在水温 20℃时,$\omega = 0.013 \sim 0.015$cm/s。

(四)模型比尺及模型沙选择

根据实验室场地条件和模型设计原则,取 $\lambda_H = \lambda_L = 80$,并初选煤灰做模型沙,以 $\lambda_H = \lambda_L = 80$ 代入上述相似准则后,得:

$$\lambda_v = \lambda_H^{0.5} = 8.93$$

$$\lambda_\omega = \lambda_v = 8.93$$

$$\lambda_d = \left[\frac{\lambda_\omega}{\lambda_{\gamma_s - \gamma}}\right]^{0.5} = 2.48$$

即要求模型沙的沉速 $\omega_m = \dfrac{0.015}{8.93} = 0.001\ 67$(cm/s),要求模型沙的 $d_{50} = \dfrac{0.015}{2.48} = 0.006$(mm)。

这种模型沙,仅靠一般的选沙方法,无法选配。

已有的模型沙(煤灰)$d_{50} = 0.015$mm,$\omega = 0.01$cm/s,大于模型设计要求。

上海电木粉(上海梅陇公社出产)$d_{50} = 0.032$,$\omega = 0.024$cm/s,也大于模型设计要求。

郑州石粉厂出产的滑石粉,$d_{50} = 0.007$mm,$\omega = 0.003$cm/s,沉速大于 $0.001\ 67$cm/s,也不符合模型设计要求。

经过反复试验研究,我们得知在模型试验中,若用六偏磷酸钠做分散剂,可以使煤灰沉速减小,能满足模型悬沙运动相似条件。因此,我们决定采用煤灰做模型沙,试验时采用六偏磷酸钠为分散剂,保证了模型沙的沉速满足试验要求(具体操作见煤灰基本特性章节)。

(五)验证试验

验证试验的起始地形是以 1972 年原型实测 1/5 000 的地形为依据的,模拟范围自拦河闸至 4 号断面,河道长度约 4km。模型建筑有拦河闸(18 孔)和灌溉引水闸,均按原型竣工图纸模拟。模型平面布置如图 10-13 所示。

试验方法是采用原型水沙过程和引水过程进行试验,检验模型分水分沙关系与原型的相似性,试验结果见图 10-14。

由图 10-14 得知,模型分水分沙情况与原型分水分沙情况基本上是相似的,说明用该模型及模型沙进行三盛公枢纽分水分沙试验,能够反映该枢纽的实际情况,可以进行正式试验,研究委托单位所提出的有关问题。

(六)正式试验

正式试验共进行三组试验。第一组试验是研究人工弯道环流减少入渠泥沙效果的试验,试验方法是在模型的凹岸和凸岸各布置一个引水闸,凹岸的引水闸为 1 号引水闸(简称闸$_1$),凸岸的引水闸为 2 号引水闸(简称闸$_2$),模型布置如图 10-15 所示。

然后用原型实测资料进行试验,观测闸$_1$ 和闸$_2$ 门前的含沙量的变化情况。通过试验分析论证:①人工环流减少入渠泥沙的效果;②闸$_2$ 引水对闸$_1$ 引沙的影响。

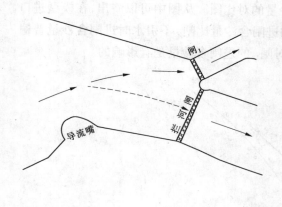

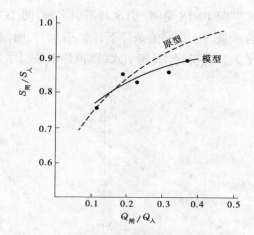

图 10-13　验证试验模型布置示意图　　　　图 10-14　原型分水分沙与模型分水分沙对比

图 10-16 是第一组试验闸$_1$和闸$_2$门前含沙量相关图，闸$_1$处于枢纽的左岸，是人工环流的凹岸，闸$_2$处于枢纽的右岸，是人工环流导流下游。由图可以看出，闸$_1$的含沙量小于闸$_2$的含沙量。进入闸$_1$的泥沙粒径也比进入闸$_2$的细（见图 10-17），说明人工环流的作用是明显的。

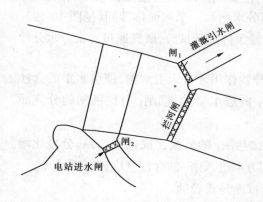

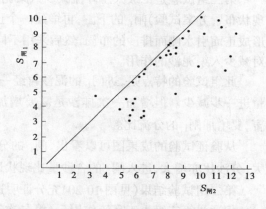

图 10-15　第一组试验模型平面布置示意图　　　图 10-16　第一组试验模型 $S_{闸_1}$—$S_{闸_2}$ 关系

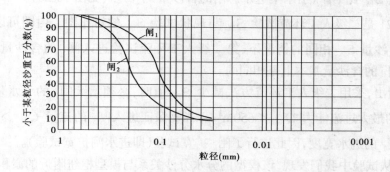

图 10-17　颗粒级配曲线

图 10-18 是闸$_2$ 引水与不引水时,闸$_1$ 含沙量的对比图。从图中可以看出,在模型进口含沙量 $S_入$ 相同的条件下,闸$_2$ 引水时,闸$_1$ 的进闸含沙量比闸$_2$ 不引水时进闸含沙量普遍增大。说明闸$_2$ 开闸引水(即拟建电站引水)对闸$_1$ 的进闸含沙量是有影响的。

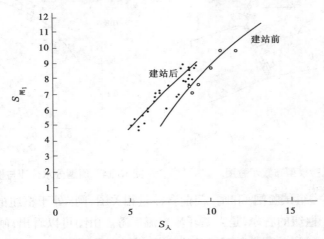

图 10-18　模型修建电站前后 $S_{闸_1}$ —$S_入$ 对比图

第二组试验是二级人工环流减少入渠泥沙的模型试验,试验方法是在第一组试验(即现状布置方案试验)闸$_1$ 的下游,再增建一个正面分水闸和一个侧面排沙闸(见图 10-19),形成正面引水侧面排沙的布局,然后采用不同水沙条件进行试验,研究通过二次分水分沙对减少入渠泥沙的作用。

此组试验的特点是,进闸$_1$ 的泥沙再经一次分沙作用才进入引水渠,使引水渠的含沙量进一步减少。但增加一次排沙是需要增加闸$_1$ 的进水量的,就闸$_1$ 与拦河闸的分流而言,要增加闸$_1$ 的分流比。

从验证试验的成果图可以看出,闸$_1$ 的分沙比与闸$_1$ 的分流比成正比关系,分流比增大,分沙比亦增大,进入闸$_1$ 的含沙量比现状运用方案进入闸$_1$ 的含沙量应该有所增大。

第二组试验结果(见图 10-20)充分证明这个推断是正确的。

但通过第二级人工环流作用后(第二次正面引水侧面排沙后),由闸$_3$ 进入灌溉引水渠的含沙量 $S_{闸_3}$ 比 $S_{闸_1}$ (引水渠进水总闸的含沙量)小得多(见图 10-20)。

图 10-21 是二级人工环流试验 $S_{闸_3}$ 与现状试验 $S_{闸_1}$ 的对比图。由图可以看出,在进入模型的含沙量 $S_入$ 相同的情况下,第二级人工环流试验进入闸$_3$ 的含沙量与现状模型试验进入闸$_1$ 的含沙量基本上是相同的。

必须指出,采用二级人工环流方法减少 $S_{闸_3}$ 值时,必须增大闸$_1$ 的引水量,在现状情况下,闸$_1$ 的最大过流能力 $Q_{max} < 650\text{m}^3/\text{s}$,若要保证进入闸$_3$ 的流量 $Q_{闸_3} > 500\text{m}^3/\text{s}$,则必须扩大闸$_1$ 的进水宽度,因此进行了闸$_1$ 扩宽试验(即进水闸扩宽试验)。

此外,从试验中我们发现,该模型的分水分沙关系与模型枢纽附近的淤积地形高低有关。为了反映引水闸前淤积地形对进水闸分水分沙的影响,在试验过程中还进行了不同

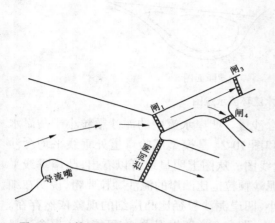

图 10-19　第二组试验模型平面布置图

图 10-20　模型二级分水分沙试验 $S_{闸_1}$ 及 $S_{闸_3}$ 对比图

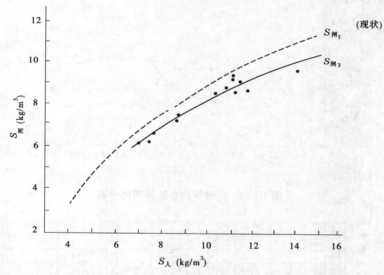

图 10-21　进闸含沙量 S_λ 与闸₃、闸₁ 含沙量关系

淤积地形下的分水分沙试验。

(七)模型试验资料初步分析

1. 在细沙河流上,采用人工弯道环流的引水方式减少入渠泥沙的效果

众所周知,在弯曲的河道中,水流会产生离心力,而水流表面和河底的离心力的大小不等,凸岸和凹岸的离心力也不相等。

因此,在弯道水流内,产生横向流动(横向环流),使表面的水流由凸岸流向凹岸,底部水流却由凹岸流向凸岸,如图 10-22 所示。

由于弯道水流的环流运动,底部的泥沙随着环流运动从凹岸向凸岸输移,表层的泥沙则随着环流运动从凸岸向凹岸输移,泥沙在垂线上的分布是不均匀的。一般来讲,水流表层的含沙量都小于底层的含沙量,表面的泥沙颗粒也比底层的泥沙颗粒细。因此,在弯道

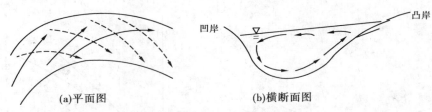

(a)平面图   (b)横断面图

图 10-22 弯道水流环流示意图

内,凹岸垂线平均含沙量小于凸岸垂线平均含沙量。凹岸水流中的泥沙颗粒小于凸岸水流中的泥沙颗粒,这是一般规律。图 10-23 和图 10-24 是模型试验弯道处垂线平均含沙量横向分布图和凸岸与凹岸泥沙颗粒级配曲线图。从图上明显地可以看出,凸岸垂线平均含沙量大于凹岸垂线平均含沙量,凸岸的泥沙颗粒也比凹岸的泥沙颗粒要粗,说明在细沙河流中,弯道凹岸的含沙量比凸岸含沙量小、凹岸泥沙粒径比凸岸细的现象依然存在。因此,在细沙河流上,采用人工弯道的形式引水,即在弯道凹岸引水,有可能使入渠含沙量小于大河的含沙量。

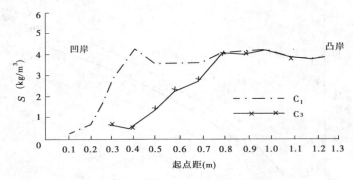

图 10-23 垂线平均含沙量横向分布

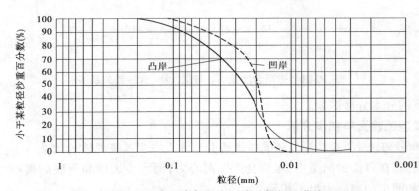

图 10-24 凹岸与凸岸泥沙颗粒级配曲线

图 10-25 是模型的凹岸引水闸和凸岸引水闸的含沙量相关图。尽管模型资料的范围还不广泛,试验中控制的水位条件也不全面,但大量试验资料证明,在模型凹岸引水所引入的含沙量比凸岸引水所引入的含沙量要小。这就说明,在细沙河流上,只要形成弯道水流运动,利用凹岸引水、凸岸排沙的基本原理来减少入渠泥沙,仍然是有效的。

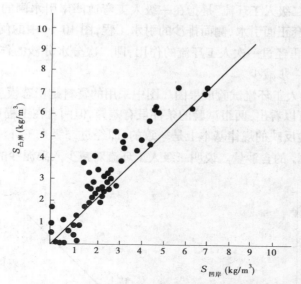

图 10-25　凹岸引水闸与凸岸引水闸含沙量相关图

　　但必须指出,模型出现的这种现象,只是在人工弯道产生正向环流的情况下才能出现,而原型是一个平原型河流,修建低水头枢纽以后,枢纽上游壅水段内河势并不稳定,主流经常变化。根据试验资料分析,在这段河道内,河势变化有三种基本流路:第一种河势流路是上游来水的主流紧靠人工弯道的控导工程,控导工程能够充分发挥控导作用,在引水段内能产生正向环流;第二种河势流路是上游来水的主流走中泓,人工弯道控导工程不起控制作用,在引水段内,水流运动的方向基本上是顺直的;第三种河势流路是上游主流下挫到控导工程以下,人工弯道的凸岸形成深槽,在壅水段内,产生反向环流。

　　根据实测资料分析,当引水段内发生第一种河势流路时,由于正向环流的作用,进入闸$_1$的含沙量比闸$_1$附近的大河全断面的平均含沙量小;当引水段内发生第二种河势流路时,进入凹岸闸$_1$的含沙量与大河的断面平均含沙量基本相等;当引水段内发生第三种河势流路时,由于反向环流的作用,则进入闸$_1$的含沙量反而大于大河断面平均含沙量。这种现象说明,在河床极不稳定的多沙河流上,采用人工环流的方式来减少入渠泥沙,首先要对引水段的河道进行整治,只有在保证壅水段内的水流运动能产生正向环流的前提下,才能利用人工弯道环流规律来减少入渠泥沙。所以说,在河床极不稳定的多河流上,采用人工弯道来处理入渠泥沙是有条件的。

　　在此,附带指出,细沙河流的平原型河段是大量细沙堆积而成的,河床和河岸都特别疏松,根据模型试验的观察,形成人工弯道以后,在人工弯道的凹岸将会产生淘刷,在环流强度较大的情况下,河床能淘深达 10m 以上,河岸坍塌也是相当严重的。因此,在细沙河流上,采用人工弯道来减少入渠泥沙,从控导河势流路和保护河岸方面都需要考虑河道整治。

　　2. 采用二级人工环流对减少入渠泥沙的作用

　　含沙量高、泥沙细的堆积性河流,河床演变非常复杂,特别是在河床宽阔的游荡型河段内,由于引水段内主流位置不稳定,很难产生正向环流。遇到这种情况,采用人工弯道的方式来减少入渠泥沙有许多困难。我们认为,可以考虑采用二级人工环流的方式来减少入渠泥沙。所谓"二级人工环流"是指在一级人工弯道凹岸引水闸的背后,根据人工环流的原理,再布置一套正面引水、侧面排沙的引水工程,图10-19中的闸₃和闸₄的布置形式让进入闸₁的泥沙再经过一次人工环流的作用,即二次分水分沙的作用,使进入闸₃(引水渠道)的含沙量进一步减少。

图10-26是二级人工环流试验成果图。图中采用的资料是正态模型第三组试验和第四组试验的资料。可以看出:两组试验的条件虽有差异,但两者在工程布局上基本上是相同的,因此,两组试验反映的规律基本上是一致的,即经过二级人工环流作用,进入闸₃的含沙量都小于进入闸₄的含沙量。说明二级人工环流对减少入渠泥沙的作用是肯定的。

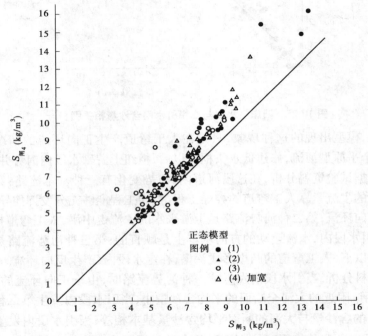

图 10-26　人工环流对入渠含沙量影响关系图

3. 抬高引水闸的闸底板高程对减少入渠泥沙的作用

在细沙河流上,采用一级人工环流和二级人工环流来减少入渠泥沙,在有些情况下,还会遇到一些具体的困难,这时还可以采用抬高引水闸的闸底板高程和降低排沙闸的闸底板高程的方法,来减少入渠的含沙量。即采用"表面引水,底层排沙"的原理,来减少入渠泥沙。

例如原型和模型引水闸的闸底板高程比河底高 2m 左右(即引水闸闸底板高程比排沙闸的底板高程高 2m),从模型试验资料和原型实测资料的分析可以看出,进入闸₁的含沙量比闸₁前的含沙量要小。说明在此情况下,采用抬高引水闸底板高程的方法来减少入渠泥沙也是有一定效果的,可以作为减少入渠泥沙的辅助性措施。

但必须指出,三盛公枢纽是在壅水情况下引水的,在引水的同时,由于壅水,水流挟沙能力降低,闸前会产生淤积。淤积的结果是:河床逐渐抬高,闸底板与河底之间的高差逐渐减小,河底泥沙进入渠道的量逐渐增多,入渠分沙比愈来愈大,减少泥沙入渠的作用则逐渐减弱。

从模型试验成果可以看出,每次试验开始,模型入渠泥沙的分沙比较小,随着试验历时的增加,模型河床淤积逐渐增多,入渠含沙量逐渐增大,入渠泥沙的分沙比就逐渐增大,见图 10-27 及表 10-9。

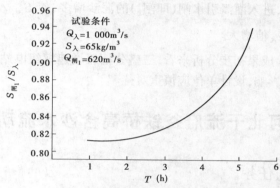

图 10-27　模型试验 $S_{闸_1}/S_\lambda$—T 关系图

表 10-9   模型分水分沙试验成果

试　验 (年·月·日)	组　次	试验流量 (m^3/s)	含沙量 (kg/m^3)	$S_{闸_1}$ (kg/m^3)	$S_{闸_1}/S_\lambda$	观测时间	历时 (h)
1974.11.13	1	1 000	6.65	4.8	0.8	试验开始	0
				6.0	0.9	试验结束	5
1974.11.14	2	1 500	8.6	6.2	0.72	试验开始	0
				6.5	0.78	试验结束	5
1974.11.29	3	2 500	9.3	7.11	0.76	试验开始	0
				8.0	0.89	试验结束	5

因此,我们认为,采用提高闸底板高程的方法来减少入渠含沙量时,首先必须采取措施,将淤在引水闸前的泥沙冲走,保证引水闸前的河底始终低于闸底板 2m 左右。否则,此项措施的减沙作用是很难保证的。

4. 修建电站对枢纽分水分沙及泄洪排沙的影响

三盛公枢纽是黄河干流灌溉引水大型水利枢纽,其中心任务是保证河套地区农牧业的引水。其运用方式是每年灌溉期(5～10 月)壅水灌溉,非灌期(10 月～次年 5 月)和汛期错峰拉沙,泄空冲刷,使库区河床基本上恢复到枢纽修建前天然河道的情况。

原设计资料介绍,三盛公枢纽,多年平均来水量为 316.6 亿 m^3,多年平均流量为 1 003m^3/s,汛期平均流量为 1 550m^3/s,其中灌溉引水流量为 500m^3/s,拦河闸排沙流量为 1 000m^3/s。

修建电站以后,新设计书要求,灌溉期除错峰拉沙和短期泄空排沙外,其余时间均壅水发电,发电流量为 500m^3/s。非灌溉期除 20 天降水排凌外,其余时间亦壅水发电。

因此,从新设计(增建枢纽电站)的要求可以看出,电站建成投入运用后,枢纽泄水拉沙的历时要大大缩短,拦河闸上水位经常处于壅水状况,在来水流量小于 1 000m³/s(即小于年平均流量)时,枢纽拦河闸经常处于关闭状态。这时,仅电站引水闸和灌溉引水闸过流,拦河闸前为死水落淤区,泥沙淤积非常突出,很快形成散乱的小三角洲,水流散乱,对拦河闸泄洪非常不利。此外,从模型试验成果可以看出,由于电站常年引水发电,枢纽慢慢形成两股分汊水流,一股进入电站引水闸,另一股进入灌溉引水闸,枢纽前人工导流措施的导流作用减弱,进入灌溉引水闸(即闸$_1$)的泥沙增多,使 $S_{闸_1}/S_入$ 值比电站修建前(原引水闸)的 $S_{闸_1}/S_入$ 值增大。

总之,从模型试验成果初步分析来看,三盛公枢纽增建枢纽电站,对原枢纽的分水分沙及泄洪排沙有不利影响,设计单位应慎重对待。

第二节　黄河北干流府谷铁桥高含沙水流动床模型试验

一、试验条件与任务

我国西北铁路神朔线于山西保德和陕西府谷两县城附近跨越黄河,桥位拟建于黄河与其支流孤山川交汇口下游约100m处。根据有关资料分析,黄河北干流及其支流(如孤山川)发生高含沙洪水的机会较多,这种高含沙洪水有"贴边淤积"和"淤滩刷槽"的特点,一旦出现"贴边淤积",则河槽愈淤愈窄,流量愈加集中,河槽的冲刷深度比一般清水冲刷大,对建桥非常不利。此外,在支流(孤山川)发生高含沙洪水时,由于比降陡,往往挟带大量砾石和大块石,形成泥石流,据委托单位分析约有 2.4 万 m³ 的大块石堆积在干支流汇合口处,引起黄河洪水位的壅高,也是委托单位选择桥位时非常关心的问题。

因此,铁道部第一勘测设计院委托黄科院进行该桥位选择的水工模型试验,证论该桥位处建桥的可行性。

由于该桥位水流流态极其复杂,高含沙水流冲刷特性又很难模拟,故在进行该桥位整体动床模型试验及断面泥沙模型试验的同时,在整体动床模型试验的基础上,按著者提出的高含沙水流模型试验方法(见第七章第一节)进行了该桥位高含沙水流模型试验。

其中心任务是:

(1)研究发生高含沙洪水时,桥址处河床冲淤形态及冲刷最深点高程。

(2)研究孤山川与黄河干流汇合口发生泥石流、砾石、块石堆积时,上游洪水位抬高情况。

高含沙水流模型试验的具体条件见表10-10。

表10-10　　　　　　　　　　浑水整体动床模型试验条件

组次	流量(m³/s)		桥跨	围堤	含沙量 (kg/m³)	尾水位 (m)	泥石流 堆积物	冲刷 历时	起始 地形
	黄河	孤山川							
H−1	13 000	7 000	8×80m	有	400	814	无	1 天	原河床
H−2	13 000	7 000	8×80m	有	400	814	无	达到平衡	原河床
H−3	13 000	7 000	8×80m	有	400	814	有	1 天	H−1地形

二、黄河高含沙水流模型试验实例

(一)原型概况

1. 河床情况

桥址处黄河河床比降为 0.000 5,河谷平均宽度约 600m,河床表层为沙、砾石覆盖,$D_{cp}=7.68$mm,$D_{50}=2.50$mm(见图 10-28)。少量孤石直径达 1 000mm 以上。

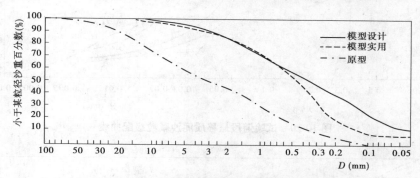

图 10-28 试验河段河床质颗粒级配曲线

桥址上游 100m 处,有支流孤山川汇入,孤山川河床比降为 0.017 1。

2. 水文泥沙特征

根据 1977 年实测洪水资料统计(见表 10-11),黄河府谷站洪峰流量为 11 100m³/s,含

表 10-11   原型水文泥沙因子

河名	站名	洪峰时间 (年·月·日)	水位 (m)	流量 (m³/s)	含沙量 (kg/m³)	河宽 (m)	水深 (m)	流速 (m/s)	比降 (‰)	糙率 n	Re (×10⁷)	Fr
黄河	府谷	1977.08.09	816.44	11 100	158	420	5.03	4.73	10	0.025	2.57	0.405
孤山川	高石崖	1977.08.02	50.32	10 300	779	480	3.15	6.81	171	0.041	2.12	1.502

沙量 158kg/m³,悬沙 $d_{50}=0.059$mm,平均水深 5.63m,平均流速 4.73m/s,水面比降 0.001,糙率 $n=0.025$,佛氏数为 0.405。支流孤山川高石崖站,汛期洪峰流量 10 300m³/s,含沙量为 779kg/m³,悬沙 $d_{50}=0.065$mm(见图 10-29),平均水深 3.13m,平均流速 6.81m/s,水面比降 0.017 1,糙率 $n=0.041$,佛氏数为 1.502。桥址处泥石流堆积物颗粒级配曲线见图 10-30。

桥渡设计流量为 20 000m³/s,相当于百年一遇洪水。洪水的组合有两种:一种组合是干流洪峰流量为 16 700m³/s,孤山川(支流)洪峰流量为 3 300m³/s;另一种组合是干流洪峰流量为 13 000m³/s;孤山川(支流)洪峰流量为 7 000m³/s。

3. 桥跨组合形式

设计单位提出两种桥跨组合形式进行对比试验。第一种桥跨组合形式为 3 孔 80m 和 n 孔 32m 组成,第二种桥跨组合形式为 8 孔 80m 和 m 孔 32m 组成。

主河槽桥墩有两种墩型,一种是 16 根管柱桩的墩型(如 17 号墩),另一种是 12 根管

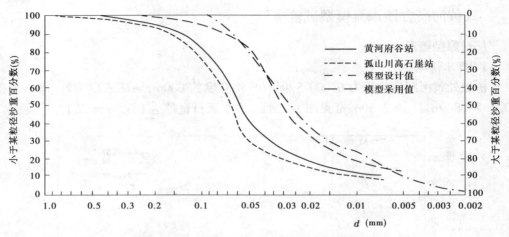

图 10-29 试验河段悬移质泥沙颗粒级配曲线

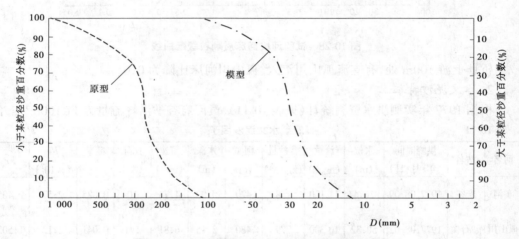

图 10-30 桥址断面泥石流堆积物颗粒级配曲线

柱桩的墩型(如 14 号墩)。管柱桩全部钻入基岩,但各墩的尺寸及基岩高程均不同。

(二)模型试验范围

整体模型干流进口在府谷水文站上游 200m 处,出口在贾家湾处。模型进口水位、流量以黄河府谷站为控制站,出口水位以贾家湾为控制站。黄河干流段的长度约 5km,孤山川长度为 1km。

整体模型布置见图 10-31。

整体模型的模型沙采用煤屑做底沙,用煤灰做悬沙。其颗粒级配曲线见图 10-28 及图 10-29。

(三)高含沙水流冲刷模型设计

高含沙水流也是在重力作用和阻力作用下运动的,因此高含沙水流洪水河工模型试验,首先应该遵循重力相似和阻力相似准则。本项试验的水流流态已进入阻力平方区,因而阻力方程也可近似地用满宁公式表示,因此模型设计首先满足:

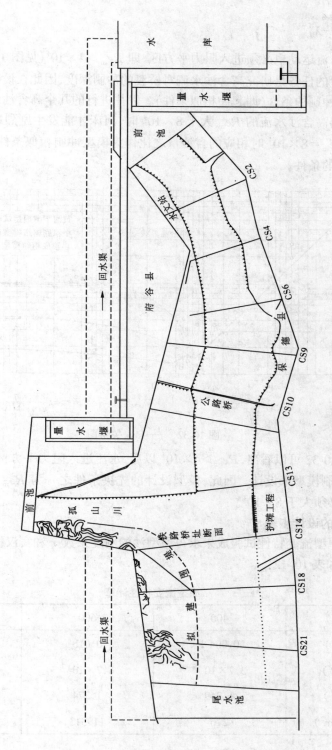

图 10-31 府谷黄河大桥水工模型试验平面布置图

（1）$\lambda_v = \lambda_H^{0.5}$。

（2）$\lambda_n = \dfrac{\lambda_H^{2/3}}{\lambda_v}\lambda_J^{0.5}$。

（3）模型水流运动也必须进入阻力平方区，即 $Re_m > 4 \times 10^4$（见图 10-32）。

（4）本试验的任务是研究高含沙水流对桥渡的冲刷深度，因此在设计中尚应满足高含沙水流能发生冲刷的条件（即起冲相似条件）。以往进行的几个高含沙水流河工模型试验的资料表明，当高含沙水流的 Re_m 大于 8×10^4 时，河床才能发生剧烈冲刷。因此可以把模型和原型 $Re_m = 8 \times 10^4$ 时相应的含沙量之比作为模型冲刷相似条件，从而也是确定模型含沙量比尺的条件。

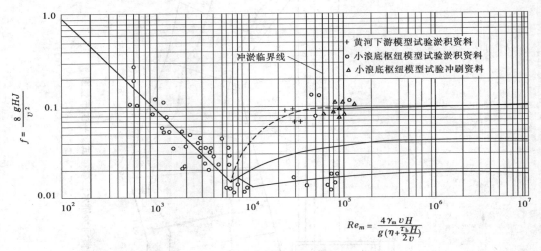

图 10-32　$f\text{—}Re_m$ 关系图

（5）由图 10-32 可以看出，$Re_m > 4 \times 10^4$ 以后，水流进入阻力平方区，模型就可以按一般挟沙水流冲刷模型来设计。因此，模型设计的先决条件之一为 $Re_m > 4 \times 10^4$。考虑冲刷相似，Re_m 必须大于 8×10^4。

（四）模型的设计步骤

（1）利用原型流变特性试验成果求得原型沙的刚度系数 η 和宾汉极限切应力 τ_b 以及有效黏度 μ_e，如表 10-12：

表 10-12　　　　　　　　　　　　　　　　**原型流变特性计算**

$S(\mathrm{kg/m^3})$	400	600	1 000
$\tau_b(\mathrm{g/cm^2})$	0.004 1	0.018	0.1
$\eta(\mathrm{g \cdot s/cm^2})$	3.7×10^{-5}	6.7×10^{-5}	27×10^{-5}
$\gamma_m(\mathrm{g/cm^3})$	1.249	1.374	1.623
$\mu_e(\mathrm{dyn \cdot s/cm^2})$	2.6	11.313	62.51

(2)用原型水力因子及泥沙特征值代入 $Re_m = \dfrac{4\gamma_m vH}{g\mu_e}$，求得 Re_m 值如表 10-13。

表 10-13 　　　　　　　　　　　原型水沙因子及 Re_m 统计

断面	S (kg/m³)	γ_m (g/cm³)	J	Q (m³/s)	v (m/s)	H (m)	Re_m
汇合口以下 CS18	400	1.249	0.001 9	20 000	5.05	6.44	6.25×10^5
	600	1.374	0.001 9	20 000	5.05	6.44	1.58×10^5
	1 000	1.623	0.001 9	20 000	5.05	6.44	3.38×10^4

根据表 10-13 可以求得原型 $Re_m = 8 \times 10^4$ 时,含沙量为 730kg/m³。

(3)将本模型的 $\lambda_L = 200$, $\lambda_H = 80$ 代入泥沙悬浮相似准则 $\lambda_\omega = \lambda_v \left(\dfrac{\lambda_H}{\lambda_L}\right)^{0.5}$ 及悬沙粒径相似条件 $\lambda_d = \left(\dfrac{\lambda_\omega}{\lambda_{\gamma_s - \gamma}}\right)^{0.5}$,求得模型悬浮中值粒径 $d_{50} = 0.039$mm。

(4)用 $d_{50} = 0.039$mm 的模型悬沙进行流变特性试验。求模型沙 S—μ 关系图(见图 10-33)。

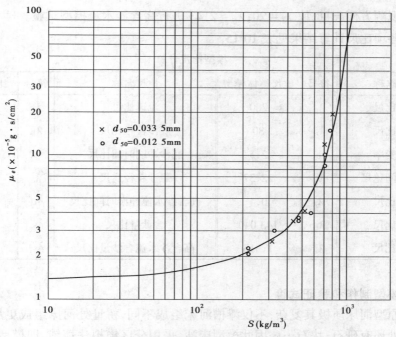

图 10-33　煤灰黏滞系数 μ 与 S 关系图

(5)根据 μ—S 关系,求得模型 Re_m—S 关系如表 10-14。

从表 10-13 得知,当模型桥址附近的 $Re_m = 7.9 \times 10^4 \approx 8 \times 10^4$ 时,模型含沙量为 300kg/m³,即原型和模型 $Re_m = 8 \times 10^4$ 时,$\lambda_S = \dfrac{730}{300} = 2.43$。

表 10-14 模型 S 与 Re_m 关系

断面位置	S (kg/m³)	γ_m (t/m³)	J	μ (g·s/cm²)	v (cm/s)	H (cm)	Re_m
汇合口以上 CS12	100	1.05	0.001 76	1.4×10^{-5}	30.3	10.7	9.9×10^4
	200	1.11		1.8×10^{-5}			8.16×10^4
	300	1.16		2.2×10^{-5}			7.98×10^4
	400	1.22		2.8×10^{-5}			5.77×10^4
	500	1.27		4.0×10^{-5}			4.20×10^4
汇合口以下 CS18	100	1.05	0.004 8	1.4×10^{-5}	50.3	7.3	1.1×10^4
	200	1.11		1.8×10^{-5}			9.2×10^4
	300	1.16		2.2×10^{-5}			7.9×10^4
	400	1.22		2.8×10^{-5}			6.5×10^4
	500	1.27		4.0×10^{-5}			4.7×10^4

(6)λ_{t_2} 计算。模型床沙的 $\gamma_s = 1.40\,t/m^2$,$\lambda_{\gamma_0} = 2.0$,将 $\lambda_{\gamma_0} = 2.0$ 和 $\lambda_S = 2.43$ 代入下式:

$$\lambda_{t_2} = \frac{\lambda_{\gamma_0}}{\lambda_S}\lambda_{t_1} = \frac{2.0}{2.43} \times 22.4 \approx 18.4$$

为了观测方便起见,取 $\lambda_t = 20, \lambda_S = 2.43$ 进行高含沙水流模型试验。

模型各项比尺计算结果见表 10-15。

表 10-15 模型比尺计算

比尺名称	符号	比尺整体模型	比尺名称	符号	比尺整体模型
水平比尺	λ_L	200	流速比尺	λ_v	8.94
垂直比尺	λ_H	80	底沙粒径比尺	λ_D	8.33
模型变率	e	2.5	底沙冲刷时间比尺	λ_{t_2}	20*
水流时间比尺	λ_{t_1}	22.37	悬沙粒径比尺	λ_d	2.0
比降比尺	λ_J	0.4	高含沙水流冲淤时间比尺	λ_{t_2}	20*
流量比尺	λ_Q	143 040	含沙量比尺	λ_{S_1}	1.93
糙率比尺	λ_n	1.313	高含沙水流含沙量比尺	λ_{S_2}	2.43

(五)模型制作和验证试验

由于原型河床质极其复杂,不仅滩槽河床组成不同,桥址处河床组成更加复杂,干支流汇合口处还有砾石、块石……因此模型床沙,采用分区模拟法填铺,即模型各段用不同粗细的模型沙填铺。

模型地形和工程,按委托单位提供资料模拟,模型做好后(未修桥),为检验模型水流运动阻力相似性,根据委托单位提供的水位流量关系曲线,在高含沙水流试验前,进行清水定床验证试验和清水动床冲刷试验。

验证结果证明,模型的水位—流量关系曲线与委托单位所给的原型水位—流量关系曲线基本上是相似的(见图 10-34、图 10-35)。但必须指出,原型的水位—流量关系曲线并非单一关系,而是点群关系(见图 10-36)。因此,模型的水位—流量关系,没有必要与原型的单一曲线完全吻合。

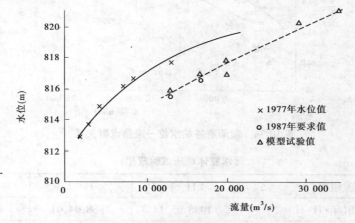

图 10-34　黄河府谷站水位—流量关系图

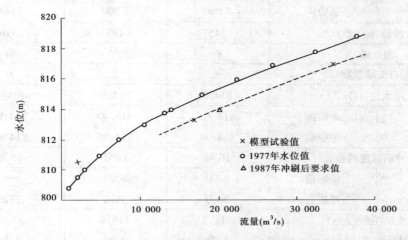

图 10-35　黄河贺家湾站水位—流量关系图

　　根据清水动床模型试验资料分析,在一场洪水过程中,模型冲刷平均含沙量为 2.9kg/m³,换算成原型为 5.4kg/m³,与原型相同流量下的冲刷含沙量 5.6kg/m³ 基本上是相同的。此外,从模型桥址处河床冲刷过程可以看出,在清水冲刷条件下,河床的冲刷率为 4.8m/d;原型 1977 年 8 月 2 日洪水资料分析的结果表明,在一场洪水过程中,府谷站的水位因冲刷下降约 4.4m,与模型试验的冲刷率也相当吻合。这进一步证明,模型的冲刷强度与原型是相似的。

　　经过验证试验,证明模型水位—流量关系和河床冲淤情况与原型基本相似,然后按委托单位所提的试验条件,进行了三组高含沙水流动床模型试验。

　　表 10-16 是该模型试验部分成果。

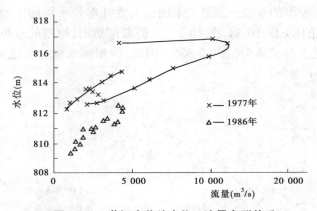

图 10-36　黄河府谷站水位—流量点群关系

表 10-16 　　　　　　　　　　　　　　浑水整体动床试验成果

试验组次		H-1	H-2	H-3
试验日期(年·月·日)		1988.05.14	1988.04.01	1988.05.19
试验流量 (m³/s)	黄河	13 000	13 000	13 000
	孤山川	7 000	7 000	7 000
含沙量(kg/m³)		345	483	391
围　堤		有	有	有
泥石流堆积物		无	无	有
尾水位(m)		814.0	814.0	814.0
桥址水位 (m)	冲刷前	816.40	816.40	814.94
	冲刷后	814.94	814.55	814.94
最大冲刷深度的位置		16 号	14 号	15 号
水深 (m)	冲刷前	8.00	8.24	—
	冲刷后	30.0	31.0	29.6
单宽流量[m³/(s·m)]		111.3	116.4	93.91
冲刷后流速(m/s)		3.76	3.83	3.19
河底高程 (m)	冲刷前	808.4	808.16	—
	冲刷后	784.94	783.55	785.39
历　时(h)	模型	1.0	2.0	1.0
	原型	20	40	20

从试验情况和表 10-16 可以看出：

(1)当桥址河段发生高含沙水流时,河床冲刷最深点的高程为 783.55～785.39m,低于相同洪水组成下的清水冲刷的河床高程。

(2)河床冲刷最深点的位置是变化的。试验开始,冲刷最深点的位置在 17 号桥墩处,随着试验历时的增加,冲刷最深点的位置逐渐左移,由 17 号桥址移至 16 号桥墩,再由 16 号桥墩移至 15 号桥墩,最后移至 14 号桥墩(见图 10-37、图 10-38),孤山口有泥石流堆积物时,床面有所回淤(见图 10-39)。

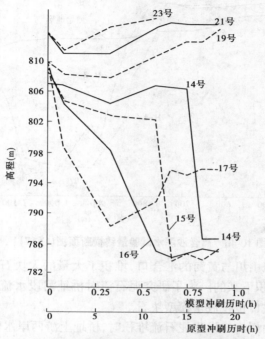

图 10-37 桥墩冲刷最深点高程变化过程图(H-1)

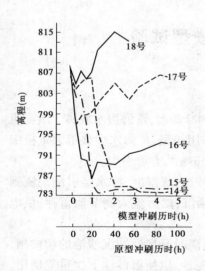

图 10-38 桥墩冲刷最深点高程
变化过程图(H-2)

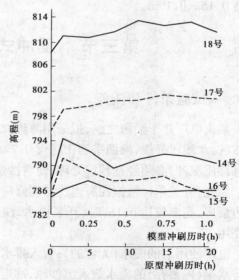

图 10-39 桥墩冲刷最深点高程
变化过程图(H-3)

(3)"贴边淤积"非常突出,在试验过程中,右岸边滩不断淤积扩大增高,左岸河槽不断刷深。最后形成一个窄深河槽(见图 10-40)。

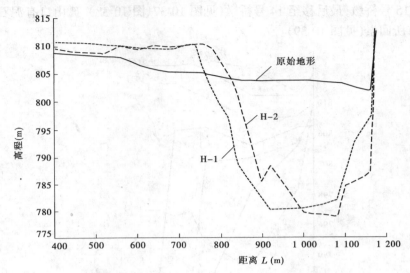

图 10-40　高含沙浑水试验最终横断面图(CS17)

原型查勘时,发现孤山川与黄河的汇合口,堆积了大量的大块石,这些大块石是由于孤山川发生泥石流时堆积下来的。为了研究泥石流对桥址河段水流流态的影响,在模型试验中,在模型孤山川进口也投放了模型块石。

试验结果证明,孤山川沟口发生泥石流堆积时,桥址上游两岸水位都有所抬高。例如在设计洪水下,发生泥石流堆积时的水位比无泥石流堆积时高,右岸高 $0.13\sim0.36m$,左岸高 $0.15\sim0.19m$。

第三节　反冲式沉沙池模型试验

一、试验条件和任务

某火电厂建于渤海之滨,拟采用海边取水作为电厂的冷却水,该海边水域属于淤泥质浅滩区,水浅比降缓,滩面平均比降仅 $0.7‰$,波浪掀沙作用较强,使海水中挟带大量极细的悬移质泥沙,必须经过预沉处理,使含沙量接近于 $0.1kg/m^3$,方可引用。

为此,有关单位暂拟在海边浅滩区修建一座反冲沉沙池,涨潮时,海水经引潮沟流到海边泵房,当潮位达 $0.1m$ 时,开泵提水,注入沉沙池内预沉,然后流入调节池蓄存,供电厂使用。

电厂使用后的废水(无毒的),暂入排水渠内蓄存,退潮时开启反冲沉沙池的切换闸,将排水渠(内蓄存)的废水放入沉沙池,冲走沉沙池内的泥沙,以便沉沙池下次重复使用。这种重复使用的沉沙池,叫反冲式沉沙池。

由于海水中悬浮的泥沙极细,据有关单位的分析研究,其中值粒径 $d_{50}=0.004\sim0.007mm$(见图 10-41)。这种细颗粒泥沙进入预沉沙池内,其冲淤特性极其复杂。因此,进入预沉沙池内的泥沙,其沉降效果如何? 有待模型试验来论证。因此,该电厂设计单位,于1976年委托黄科院进行海边取水反冲式沉沙池泥沙模型试验。

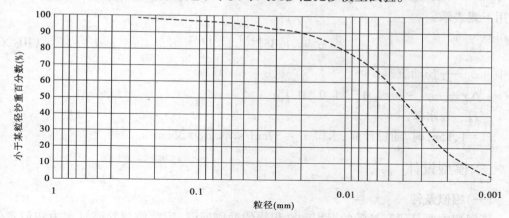

图 10-41　颗粒级配曲线

试验的中心任务是:

(1)检验设计沉沙池的预沉效果和反冲效果。

(2)对沉沙池的尺寸、平面布置和运用情况进行研究,提出修改建议。

(3)为该沉沙池的修建提供科学依据。

二、原型概况

原型反冲沉沙池全长2 284m,两端均设有扩散段,中间的顺直段长1 870m,宽250m,池底比降为4‰,起始糙率为0.022,底部高程为1.0~0.8m,池边围墙顶高程为5.5m,池中间设有一纵向隔墙,将沉沙池分为南北两槽,隔墙顶部高程为2.2m,高于反冲时水位。取水时,沉沙池全断面过水,海水在两槽中同时预沉,而反冲时为了提高冲刷效果,只开启部分切换闸,两槽轮换进行反冲。海边提水配有7台水泵,每台泵额定流量为20.5 m³/s,总出水率约144m³/s。预沉池出口净宽为6m,底坎高程为2.3m,反冲闸每孔设计流量为60m³/s,孔宽及底坎高程与泵房相同。切换闸共6孔,每孔设计流量为40m³/s。

沉沙池溢流墙位于沉沙池西端南侧,分为5孔,每孔净宽8m,墙顶高程2.2m,即墙高为1.5m。

根据设计要求,每次取水量为123m³/s,反冲时流量为120m³/s。

由于海水中的悬浮泥沙极细,在海水中絮凝现象严重,其沉速与含沙量有关。采用一般试验方法很难求得其沉降速度。通过沉降筒试验求细颗粒沉速的方法,测得原型沙的沉降速度如表10-17所示。

表10-17　　　　　　　　　　　　　原型沙沉速试验

含沙量(kg/m³)	0.5	1	2
温度(℃)	12.3	14.8	12.8
沉速(m/s)	0.010 3	0.019 5	0.028 6

该沉沙池反冲时冲刷前期的淤积物,其起动流速与淤积物的淤积容重有密切关系,根据有关研究,这种极细泥沙淤积容重 $\gamma_0 = 1.03 \sim 1.2 \text{t/m}^3$ 时,属于浮泥,其扬动流速,可以用下式表示:

$$v_s = 1.35 \left(\frac{\Delta\gamma}{\gamma}\right)^{3/4} H^{1/2} \tag{10-26}$$

式中　　v_s——扬动流速;

　　　　$\Delta\gamma$——$\gamma' - \gamma = 1.15 - 1.0 = 0.15$;

　　　　H——水深。

$H = 1.15 \text{m}$ 时,通过计算,求得 $v_s = 37 \text{cm/s}$,取 $v_0 = 35 \text{cm/s}$。

三、模型设计

(一)相似条件

该模型主要是研究悬沙的淤积和淤积物的冲刷问题,因此模型除满足水力相似条件外,在泥沙运动方面必须同时满足淤积相似和起动相似。另外,模型和原型在运用过程中泥沙有可能产生异重流淤积,故模型设计还应考虑异重流相似。即模型相似条件有以下几条:

(1)重力相似:

$$\lambda_{Fr} = 1, \lambda_v = \lambda_H^{1/2}$$

$$\lambda_Q = \lambda_v \lambda_L \lambda_H$$

$$\lambda_{t_1} = \frac{\lambda_L}{\lambda_v}$$

式中　　λ_{Fr}——佛氏数比尺;

　　　　λ_v——流速比尺;

　　　　λ_H——垂直比尺;

　　　　λ_Q——流量比尺;

　　　　λ_L——水平比尺;

　　　　λ_{t_1}——水流运动时间比尺。

(2)阻力相似,同式(10-2):

$$\lambda_n = \frac{1}{\lambda_v} \lambda_H^{2/3} \lambda_J^{1/2}$$

式中　　λ_n——糙率比尺;

　　　　λ_J——比降比尺。

(3)泥沙淤积相似,同式(10-5):

$$\lambda_\omega = \frac{\lambda_H}{\lambda_L} \lambda_v$$

式中　　λ_ω——沉速比尺。

(4)异重流产生条件相似。异重流产生的条件用修正佛氏数来判别:

$$Fr_1 = \frac{v}{\sqrt{\dfrac{\gamma - \gamma_0}{\gamma} gh}} \tag{10-27}$$

式中　γ——浑水容重；

　　　γ_0——清水容重；

　　　g——重力加速度。

为了使原型和模型在异重流产生上相似，则应该满足 $\lambda_{Fr'} = 1$，即满足：

$$\lambda_v = \sqrt{\lambda_{\frac{\gamma - \gamma_0}{\gamma}} \lambda_g \lambda_H}$$

式中，$\lambda_g = 1$，若模型采用原体泥沙做模型沙，则 $\lambda_{\frac{\gamma - \gamma_0}{\gamma}} = 1$，上式可简化成：

$$\lambda_v = \lambda_H^{1/2}$$

可见对于用原体沙做模型沙的情况，只要满足水流的重力相似条件，就基本上满足了异重流产生条件的相似。

(5)淤积物起动相似，同式(10-7)：

$$\lambda_{v_0} = \lambda_v$$

式中　λ_{v_0}——起动流速比尺，由计算和预备试验确定。

(6)挟沙能力相似，同式(10-24)：

$$\lambda_S = \frac{\lambda_{\gamma_s}}{\lambda_{\frac{\gamma_s - \gamma}{\gamma}}} \cdot \frac{\lambda_v \lambda_J}{\lambda_\omega} \quad \text{（低含沙量时）}$$

由于 $\lambda_\omega = \lambda_v \dfrac{\lambda_H}{\lambda_L}$，则：

$$\lambda_S = \frac{\lambda_{\gamma_s}}{\lambda_{\frac{\gamma_s - \gamma}{\gamma}}} \tag{10-28}$$

式中　λ_S——挟沙能力比尺；

　　　λ_{γ_s}——泥沙容重比尺。

(7)冲淤过程相似。模型与原型同时满足悬移质输沙平衡方程式，得到：

$$\lambda_{t_2} = \frac{\lambda_{\gamma'} \lambda_L^2 \lambda_H}{\lambda_Q \lambda_S} = \frac{\lambda_{\gamma'}}{\lambda_S} \lambda_{t_1} \tag{10-29}$$

式中　λ_{t_2}——冲淤时间比尺；

　　　$\lambda_{\gamma'}$——淤积物容重比尺。

(二)模型沙的基本特性

在浑水模型试验中，要满足上述相似条件，关键在于选择合适的模型沙。经过几种模型沙特性的比较，本试验采用经过洗盐处理的大港海泥(即天然海边淤泥)作为模型沙。

如前所述，海边浮泥颗粒极细，在海水中存在着严重的絮凝现象，若将海泥中盐分洗去，并变换介质(将海水换成自来水)，则絮凝现象就明显减弱，沉速也相应降低，经过洗盐处理海泥沉降试验,发现洗盐后海泥比未洗盐的海泥沉速相差 2～3 倍,并发现海泥的沉速与介质的含沙量有关,见表 10-18。

表 10-18   **模型沙沉速**

含沙量(kg/m³)	0.5	1.0	2.0
沉速(cm/s)	0.004 6	0.007 1	0.012 3

海泥的相对密度约 2.65,从天津大港地区运来时呈塑态,褐色,洗盐后稀释成泥浆。中值粒径和级配曲线与原型泥沙一致。

洗盐后的海泥在自来水中的沉速经沉降筒试验测定,考虑模型水深较小,取距筒底 40cm 处的成果作为其沉速资料。

考虑模型沙的不均匀性以及温度的影响,在试验放水时每次都测定了沉速,作为正式的沉速资料。

模型沙的起动试验在活动玻璃水槽(宽 40cm,高 40cm,长 24m)中进行,先将泥浆均匀铺在槽底,其容重控制在 1.05g/cm³ 左右,然后放水,测定不同水深下的起动流速,如表 10-19 所列。若模型水深在 5cm 左右,其起动流速范围为 6.8～8.05cm/s,取 $v_0 = 7.0$cm/s 比较合适。

表 10-19   **模型沙起动流速**

水深(cm)	2.73	10.96	15.5
起动流速(cm/s)	6.80	7.10	8.05

由于淤积物的冲刷与其容重有关,我们在做起动流速试验前先在 1 000mL 量筒内做了模型沙的容重随时间的变化过程,如图 10-42 所示,当 $t = 2$h 时,容重约为 1.04g/cm³。

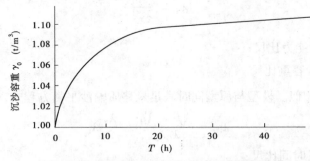

图 10-42   模型沙容重随沉积时间变化曲线

(三)模型比尺的选择

根据场地条件选取 $\lambda_L = 50$。

由于原型反冲时水深仅 1.15m,若做正态模型,模型水深太小,只有 2cm。更主要的是悬沙淤积相似和淤积物起动相似难以满足,故考虑变态模型。

原型沙起动流速为 35cm/s,模型沙起动流速为 7cm/s,则 $\lambda_{v_0} = \dfrac{35}{7} = 5$。

由式(10-1)得 $\lambda_H=25$，由式(10-5)得 $\lambda_\omega=2.5$。

根据原型沙的沉速，按 $\lambda_\omega=2.5$，模型要求的沉速如表 10-20 所列，洗盐海泥的沉速与此相近，可以满足淤积相似。因此，选择 $\lambda_H=25$，变率 $e=2$。

表 10-20   模型要求的沉速

含沙量(kg/m³)	0.5	1	2
模型要求的 ω(cm/s)	0.004 1	0.007 8	0.011 4
洗盐海泥的 ω(cm/s)	0.004 6	0.007 1	0.012 3

水流运动时间比尺 $\lambda_{t_1}=\dfrac{\lambda_L}{\lambda_v}=10$，泥沙冲淤时间比尺 $\lambda_{t_2}=\dfrac{\lambda_\gamma\cdot\lambda_L^2\lambda_H}{\lambda_Q\lambda_S}=10.9$，考虑到水流和泥沙运动的一致性，两个时间比尺应该统一，取 $\lambda_t=10$。其余比尺可以由前述各式计算得到。模型相似比尺见表 10-21。

表 10-21   模型相似比尺

名称	符号	比尺	计算公式
水平比尺	λ_L	50	
垂直比尺	λ_H	25	
比降比尺	λ_J	0.5	$\lambda_J=\dfrac{\lambda_H}{\lambda_L}$
流速比尺	λ_v	5	$\lambda_v=\lambda_H^{1/2}$
起动流速比尺	λ_{v_0}	5	$\lambda_{v_0}=\lambda_v$
流量比尺	λ_Q	6 250	$\lambda_Q=\lambda_v\lambda_L\lambda_H$
糙率比尺	λ_n	1.21	$\lambda_n=\dfrac{1}{\lambda_v}\lambda_H^{2/3}\lambda_J^{1/2}$
沉速比尺	λ_ω	2.5	$\lambda_\omega=\lambda_v\dfrac{\lambda_H}{\lambda_L}$
挟沙能力比尺	λ_S	1	$\lambda_S=\lambda_{\gamma_s}/\lambda_{\frac{\gamma_s-\gamma}{\gamma}}$
时间比尺	λ_{t_1}	10	$\lambda_{t_1}=\dfrac{\lambda_L}{\lambda_v}$
	λ_{t_2}	10	$\lambda_{t_2}=\dfrac{\lambda_\gamma\cdot\lambda_L^2\lambda_H}{\lambda_Q\lambda_S}$
淤积物容重比尺	λ_γ	1.09≈1	

四、模型布置与试验量测

模型布置如图 10-43 所示，模型范围长 50m，宽 6m，在顺直段布置五个断面，间距都是 9m(相当于原型 450m)。

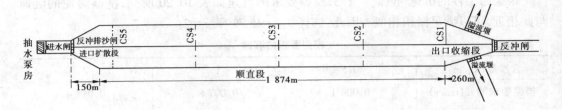

图 10-43　沉沙池平面布置图

模型供水供沙采用单一循环系统,由机械搅拌浑水加沙设备供沙。循环系统包括供水水泵、回水暗沟、泥浆搅拌池、测沙孔口箱、沉沙池、泥浆提升泵等。

(1)搅拌池为两个直径 3m、深 1.5m 的漏斗状圆池,每个容积 8m³,池中心装有转速为 40r/min 的电动搅拌机。输沙陡槽是三角形断面的水泥槽,比降 1%。

(2)流量用矩形量水堰测量;测水位用水位测针;测流速采用光电旋浆流速仪;测含沙量用光电含沙量计(个别含沙量较大时采用置换法);颗粒分析用比重计法;沉速用沉降筒法测定。

(3)沉沙池长 60m,宽 3m(分为两格),深 1m,容积 180m³。

根据原型工程运用情况,试验分为预沉试验和反冲试验两种,其供水方式有所不同。做预沉试验时从海边泵房进水,1 号水泵从回水暗沟中提取清水,用量水堰量测流量后进入模型前池。模型沙在搅拌池中配成 100～200kg/m³ 含沙量的高浓度泥浆,用电动搅拌机搅拌均匀,通过输沙陡槽送到加沙孔口箱,根据试验的要求开启不同的孔口来控制进口含沙量,泥浆经孔口泄入模型前池与清水混合,流进模型。试验后从溢流堰溢出的水流,经回水暗沟退入沉沙池,澄清后继续使用。沉沙池中的模型沙定期由泥浆提升泵抽到搅拌池中,供重复使用。

做反冲试验时,从切换闸进水,进来的是清水,出去的是浑水。2 号水泵由回水暗沟抽清水,通过切换闸进入模型,冲刷进排水渠中的泥沙,冲刷后水流由反冲闸退入沉沙池中澄清。

由于本试验冲淤量比较小,淤积地形很难测准确,所以采用输沙率法(进出口沙量之差)来计算冲淤量。

五、水面线的验证

模型用水泥砂浆抹面,经测定其糙率为 0.010,小于模型要求的糙率(0.018),需要加糙。采用将粒径为 2.5～5mm 的石子拌水泥浆后,均匀撒在模型面上,数量为每平方米 2 杯(高 10cm、口径 10cm 的搪瓷杯),待石子和模型面粘好后,用 120m³/s 流量进行验证试验,验证试验断面的水位见表 10-22,水面线如图 10-44,与原型计算值基本一致,模型糙率满足相似要求。应该指出,这一水面线是在渠道刚挖成时的水面线,经过一段时间运用后,渠道糙率将发生改变,那时的水面线也将相应发生变化。

表 10-22　　　　　　　　　　模型与原型水位对比

水位(m)		断面 1	断面 2	断面 3	断面 4	断面 5	泵房
原型(计算)		1.72	1.54	1.36	1.18	1.00	0.80
模型 (实测)	北槽	1.71	1.54	1.35	1.21	1.11	0.93
	南槽	1.67	1.52	1.32	1.19	1.09	0.96

六、正式试验

(一)运用工况的说明

原设计方案的工程布置前已叙述。运用方式采用四潮冲一次,每次只冲其中一条槽。试验以四潮为一组,第二潮之后冲刷北槽,第四潮之后冲南槽,每次冲刷历时为 2h(模型中为 12min),冲刷流量 $120m^3/s$,冲刷水量约 90 万 m^3。每潮取水时间 6h(模型中为 36min),提水流量 $120m^3/s$,水量约 260 万 m^3。

根据进水溢流堰不同的堰高和控制情况,进排水渠中的水位变化可以分为三种运用工况。工况 I,进水溢流堰堰顶高程 2.2m,不控制运用,当渠中水位超过堰顶就自由溢流,开泵后水位逐渐上升,最高水位到 3.5m,停泵后水位回落。工况 II,溢流堰堰顶高程 3m,并设闸门控制运用,开泵后水位可以逐渐上升到 4.3m,停泵时同时关闭溢流堰,使渠中水位维持在 4.3m,静水沉淀。工况 III,介于上述两种工况之间,溢流堰堰顶高程也是 3m,但不设闸门控制,水位超过堰顶就自由溢流,最高水位也可达到 4.3m,但停泵后水位即回落。

三种工况反冲时都要先通过溢流降低渠中水位。以反冲北槽为例,当堰上水位降到 2.8m 时开启四孔反冲闸,泄空冲刷;水位降到 2.2m 时,关闭南边两孔反冲闸,北槽继续泄空;水位降到 1.8m 时,开启北面的三孔切换闸,放排水渠中的水冲刷北槽;冲 2h 后,关闭冲刷闸,使进排水渠充水,水位回升到 2.2m 时关切换闸,然后等待涨潮开泵提水。冲刷南槽与之类似,仅位置相反。

(二)不同工况的对比试验

针对上述三种工况,安排了六组对比试验,即每种工况做了 $2kg/m^3$ 和 $0.5kg/m^3$ 两种含沙量试验。另外,为了比较不同单宽流量的预沉效果,工况 II 又做了一组提水流量为 $100m^3/s$ 的试验。这一阶段一共是七组试验。

在试验中,观察到海边泵房出口处流速较大,测得最大流速达 1.2m/s,两侧为负流速(见图 10-45),形成较大回流,回流一直影响到 5 号断面(距泵房出口 220m)附近。由于回流区的存在,压迫主流,使得实际过流宽度缩窄,另外,由于泵房几台泵不是同时开启,加上泵房宽度只有 75m,远小于沉沙条渠的宽度,连接段的扩散角比较大(北槽 32°20′,南槽 30°),因此在扩散段浑水流向变动较大,往往与纵向隔墙斜交,水流及两侧回流区均不对称,南北槽浑水前沿也不一致。这种现象一直影响到顺直段,有时两槽浑水前沿可以相距 200~250m,浑水到达进水溢流堰的时间可以相差 40~50min。

从泵房附近到 5 号断面,由于流速较大,水流紊动强烈,含沙量垂线分布比较均匀。

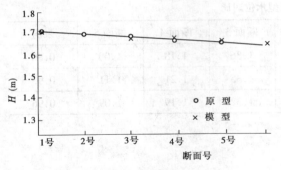

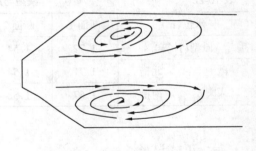

图 10-44　水面线验证　　　　　　图 10-45　沉沙地进口段流态示意图

到顺直段,水流逐渐平稳,流速减慢,海水所挟带的泥沙主要在这里淤积,其淤积形式随着进口含沙量的不同而有所不同。

根据不少学者研究,利用修正佛氏数 Fr' 来判别异重流,其临界值为 $0.6\sim0.8$。原型沉沙池平均水深约 4m,引水流量为 $120\text{m}^3/\text{s}$ 时,平均流速为 0.12m/s,可以计算出不同含沙量的 Fr' 值,如表 10-23 所示。由表得知,含沙量 2kg/m^3 时,属于异重流淤积,含沙量为 0.5kg/m^3 时,属于明流淤积。

表 10-23　　　　　　　　　　　　　不同含沙量的 Fr' 值

$S(\text{kg/m}^3)$	$\gamma(\text{g/cm}^3)$	$\dfrac{\Delta\gamma}{\gamma}$	Fr'
0.5	1.000 315	0.000 3	1.11
2	1.001 26	0.001 2	0.55

试验中,当进口含沙量为 2kg/m^3,在顺直段观察到明显的异重流现象。表层为清水(或者含沙量很小),浑水潜入渠底,潜流清晰可见,其头部犹如烟雾飘渺,向前推进。异重流流速为 $10\sim15\text{cm/s}$,到切换闸附近,由于渠宽缩窄,异重流流速加大,可达 $30\sim40\text{cm/s}$。异重流潜入在 4 号断面(距泵房出口 670m)与 5 号断面之间,放水过程中随着浑水面的抬高,潜入点略向前移。当溢流堰没有溢流时,表层清水流动缓慢,有倒流现象;溢流后,清水流动方向与底层浑水流向一致。

进口含沙量为 0.5kg/m^3 时,含沙量垂线分布比较均匀。工况 Ⅱ 时两种进口含沙量各断面含沙量垂线分布如图 10-46 所示。

进水溢流堰布置在渠道的南侧,南侧的水流宣泄比较平顺,而北槽的水流要翻越中隔墙经过南槽方能溢流,翻越隔墙时水流往往把南槽底层的泥沙重新搅起,增加了进入蓄水池的含沙量。

冲刷试验开始阶段为泄空冲刷,泵房反冲闸附近的水位先降低,冲刷由下向上发展。开启切换闸反冲后,则冲刷首先集中在切换闸附近,由上向下发展。反冲时水深 1.02m,平均流速 0.94m/s。从反冲时各断面所取的含沙量来看,从 1 号断面到 5 号断面沿程递增,如图 10-47 所示。冲刷后残留的淤积物较少,但仍可看出在渠道中段淤积物留得相对较多,而两端(特别是切换闸那一端)留得相对较少。

原方案各组试验见表 10-24。正式试验后,进行了修改试验。

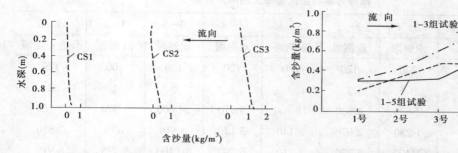

图 10-46 含沙量垂线分布   图 10-47 反冲试验含沙量沿程变化图

表 10-24 原方案各工况每天的冲淤量对比

编号	1－1	1－2	1－3	1－4	1－5	1－6	1－7
工况	Ⅰ	Ⅰ	Ⅱ	Ⅱ	Ⅲ	Ⅲ	Ⅲ
$Q(\text{m}^3/\text{s})$	120	120	120	120	120	120	100
$S(\text{kg/m}^3)$	2	0.5	2	0.5	2	0.5	2
入池沙量(t)	10 900	3 170	11 700	2 920	11 300	2 570	8 600
出池沙量(t)	5 560	1 780	3 570	1 620	3 550	1 390	1 540
淤积量(t)	5 340	1 390	8 130	1 300	7 750	1 180	7 060
淤积比(%)	50	44	70	45	68	46	82
冲刷量(t)	3 270	635	3 340	715	2 880	605	2 760
冲刷比(%)	61	46	41	55	37	51	39
模型沙沉速(cm/s)	0.012 4	0.004 6	0.009 4	0.004 7			

注:冲淤量系一天的冲淤量。

其他各种方案的试验成果见表 10-25～表 10-28。

表 10-25 不同布置方案每天冲淤效果对比

编号	2－1	2－2	2－3	2－4
方案	原方案	单侧高低堰	双侧堰	正面堰
$Q(\text{m}^3/\text{s})$	120	120	120	120
$S(\text{kg/m}^3)$	1	1	1	1
入池沙量(t)	5 600	5 820	5 390	5 400
出池沙量(t)	2 380	2 870	1 810	2 520
淤积量(t)	3 220	2 950	3 580	2 880
淤积比(%)	57	51	66	53
冲刷量(t)	1 460	1 300	1 570	1 520
冲刷比(%)	45	44	44	53
模型沙沉速(cm/s)	0.007 1	0.005 7	0.006 7	0.006 3
修正淤积比(%)	61	62	72	61

表 10-26　　　　　　　　　　推荐方案各组试验每天的冲淤效果

编号	3－1	3－2	3－3	3－4	3－5	3－6	3－7
组次	双侧堰	双侧堰	双侧堰	双侧堰	双侧堰	双侧堰	修改正面堰
$Q(\text{m}^3/\text{s})$	120	120	120	120	120	100	120
$S(\text{kg/m}^3)$	0.5	1	2	2	5	1	2
入池沙量(t)	2 680	4 800	10 300	9 910	24 000	3 370	9 760
出池沙量(t)	1 280	2 070	3 140	3 120	3 610	633	2 850
淤积量(t)	1 400	2 730	7 210	6 790	20 400	2 730	6 910
淤积比(%)	52	57	70	69	85	81	71
冲刷量(t)	820	1 520	3 680	3 760	11 600	1 380	3 840
冲刷比(%)	59	56	51	56	57	51	56
模型沙沉速(cm/s)	0.005 9	0.004 6	0.009 3	0.009 6	0.010 9	0.004 6	0.009 1
对应的原型沙沉速(cm/s)	0.015	0.012	0.023	0.024	0.027	0.012	0.023

表 10-27　　　　　　　　　　各组次试验每天的冲刷量比较

编号	S(kg/m^3)	前期淤积量(t)	冲刷量(t)			单位水量冲刷量(kg/m^3)		
			泄空阶段	反冲阶段	全过程	泄空阶段	反冲阶段	全过程
3－1	0.5	1 400	257	564	820	0.48	0.60	0.55
3－2	1	2 730	463	1 060	1 520	0.87	1.11	1.03
3－3	2	7 210	916	2 770	3 680	1.72	2.91	2.48
3－5	5	20 400	1 390	10 200	11 600	2.61	10.9	7.90

表 10-28　　　　　　　　　　第 3－3 组试验反冲过程

时间	10′	20′	30′	40′	50′	60′		小计	合计
含沙量(kg/m^3)	1.44	1.76	3.71	5.49	6.70	6.50			
冲刷量(t)	122	147	303	443	528	504		2 050	
时间	70′	80′	90′	100′	110′	120′	140′		
含沙量(kg/m^3)	2.94	1.71	1.71	1.13	1.76	1.04	0.77		
冲刷量(t)	222	101	98	28	97	62	49	720	2 770

七、结语

通过原方案和修改方案两个阶段的试验资料的初步分析,有以下几点看法:

(1)根据对泥沙的预沉效果、冲刷效果和水流平面流态的综合考虑,我们认为渠宽维持在 250m 左右为宜。

（2）从溢流堰不同布置方案的预沉效果对比分析，双侧堰方案的预沉效果较好，修改正面堰方案次之，原方案及单侧高低堰方案较差。我们建议溢流堰的布置形式采用双侧堰方案（即溢流堰对称布置在渠道两侧），并考虑将溢流堰位置离切换闸稍远，适当增加堰长，减小过堰流速，以提高预沉效果。

（3）双侧堰方案，在泥沙沉速 0.012～0.027cm/s 条件下，进口含沙量为 0.5kg/m³ 时，预沉效果约为 52%；含沙量为 1kg/m³ 时，预沉效果约为 57%；含沙量为 2kg/m³ 时，预沉效果约为 70%；含沙量为 5kg/m³ 时，预沉效果约为 85%。因此，工程全部投入运用以后，虽然经过进水渠、排水渠的预沉，每年仍有相当一部分泥沙进入蓄水池，应引起足够的重视。

（4）若采用每四潮进行一次冲刷的运用方式，可以将预沉下来的泥沙总量的 51%～59% 冲走，剩余的部分泥沙，要通过改变运用方式或采取其他措施加以清除。

由于海泥颗粒极细，在海水中絮凝现象极其复杂，此次试验仅仅是我们初次进行的海水模拟试验，对海泥的沉降和起动规律研究甚少，但提出了此类模型试验（即有细泥沙在海水中运动的模型试验）的试验方法，为开展类似模型试验打下了基础。

第十一章　动床河工模型的供水加沙设备和测试仪器

第一节　供水加沙设备

河工模型的供水加沙方式有两种:①水沙分开方式;②水沙混合方式。前者的供水方式与河工清水模型试验的供水方式完全一样,其供水设备一般由动力间、泵房、平水塔、输水管、蓄水池和回水渠组成(见图11-1、图11-2),这种供水设备的动力间、泵房、平水塔可以几个模型联用。

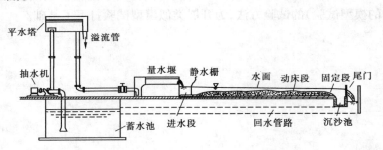

图 11-1　水沙分开式供水设备示意图(清水冲刷模型)

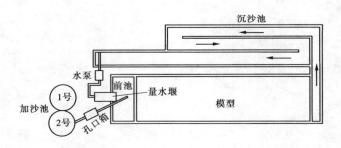

图 11-2　水沙分开运行式供水设备示意图

后者供水设备是水沙混合的供水设备,也称为浑水供水设备,可以有平水塔,也可不用平水塔,由于每个模型的含沙浓度不同,故这种供水设备,仅供一个模型专用(见图11-3)。

一般进行含沙量变幅较小的悬沙模型试验,采用水沙混合运行方式的供水设备较好;进行推移质模型试验和含沙量变幅较大且变化较快的悬沙模型试验,采用水沙分开的供水设备则比较方便。

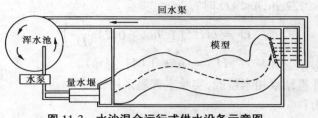

图 11-3 水沙混合运行式供水设备示意图

第二节 测流设备

常用的流量测量设备有量水堰、巴歇尔槽、差压式流量计、电磁流量计、涡轮流量计、超声波流量计等。

一、量水堰

实验室常用的量水堰为薄壁锐缘堰(图 11-4),按其断面形状可分为矩形堰和三角堰。

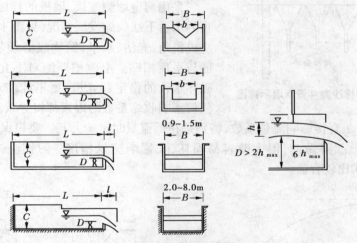

图 11-4 量水堰示意图

矩形堰基本公式为:

$$Q = m_0 b \sqrt{2g} h^{1.5} \tag{11-1}$$

式中 m_0——流量系数;

b——堰宽,m;

h——堰顶水头,m。

当 $B = b$, $h \geqslant 2.5$cm, $\frac{h}{d} \leqslant 2$, $D > 30$cm 时,雷伯克(Rehbock)获得:

$$m_0 = \frac{2}{3} \left(0.605 + \frac{0.001}{h} + 0.08 \frac{h}{D} \right) \tag{11-2}$$

当 $15\text{cm} < D < 122\text{cm}, h < 4D$ 时：

$$Q = bH_*^{3/2}\left(1.782 + 0.24\frac{H_*}{D}\right)$$

$$H_* = h + 0.011 \quad (\text{m}) \tag{11-3}$$

雷伯克公式计算结果相当精确,实验室普遍采用。

三角堰公式为：

$$Q = \frac{4}{5}m_0\tan\frac{\theta}{2}h^{5/2} = C\tan\frac{\theta}{2}h^{5/2} \tag{11-4}$$

式中　h——堰顶水头,m;

　　　C——系数;

　　　θ——夹角,(°)。

当 $\theta = 90°$ 时,可以写成 $Q = Ch^n$, $C = 1.343 \sim 1.4$, $n = 2.47 \sim 2.5$。

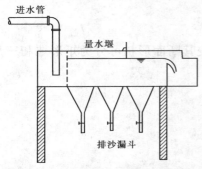

图 11-5　带排沙漏斗量水堰示意图

进行浑水模型试验时,利用量水堰测流量,泥沙淤积会影响量测精度。为了减少量水堰内泥沙淤积,提高量测精度,可以采用带排沙漏斗的量水堰(见图 11-5)。

采用薄壁堰测流量,堰板的性能完全取决于堰顶的水舌下线收缩发展情况(见图 11-6),堰顶 a 点应成锐角,光洁、水平,抛物线必须从 a 点起跳,不能与平顶相贴。上游槽壁绝对不允许有突出部分破坏水舌的稳定和光滑,更不能使水舌产生抖动。任何影响收缩系数的因素都将导致流量误差。

堰顶厚度 t 直接影响流量系数,特别是在低流量时影响尤其。要想保证低流量准确,原则上讲,堰顶就得做薄,但太薄容易损坏,又影响流量精度。习惯上,堰顶的尺寸以图 11-7 的形式比较合适。

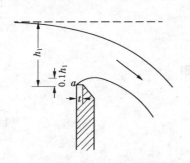

图 11-6　水舌过堰顶形态图

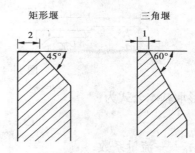

图 11-7　堰顶尺寸图(单位:mm)

堰板应采用耐腐蚀的材料制作,堰板内壁应避免粗糙。安装时,堰板本身应与底部垂直、与水流垂直。矩形堰的堰口要水平,误差在 0.1% 以内。90°三角堰中心线两边夹角各为 45°,误差应小于 $\pm 5'$。

量水堰的安装尺寸(包括长、宽、高)和使用范围(包括堰上最大水深、最小水深、最大流量)按照表11-1中的规定选用为宜。

表11-1 量水堰尺寸及量测范围

型　号	槽宽 B（m）	堰宽 b（m）	最大使用水头 h_{max}（m）	最小使用水头 h_{min}（m）	最大流量 Q_{max}（m³/s）	堰长 L（m）	堰板高 D（m）	堰槽高 C（m）	堰板下游长度 l（m）
60°三角堰		0.45	0.12	0.04	0.021	>1.50	0.12	0.37	
90°三角堰		0.60	0.20	0.07	0.025	>2.20	0.12	0.50	
90°三角堰		0.80	0.26	0.07	0.048	>2.90	0.30	0.75	
矩形堰	0.90	0.36	0.27	0.03	0.092	>3.69	0.20	0.60	
矩形堰	1.20	0.48	0.312	0.03	0.100	>4.60	0.25	0.75	
矩形堰	0.60	0.60	0.15	0.03	0.067	>2.70	0.30	0.60	0.15
矩形堰	0.90	0.90	0.225	0.003	0.190	>4.10	0.30	0.75	0.23
矩形堰	1.20	1.20	0.30	0.03	0.400	>5.40	0.40	0.90	0.30
矩形堰	1.50	1.50	0.375	0.03	0.700	>6.80	0.40	1.05	0.38
矩形堰	2.0	2.0	0.50	0.04	1.600	>9.00	0.50	1.50	0.50
矩形堰	3.0	3.0	0.75	0.03	3.950	>13.5	0.70	2.00	0.75
矩形堰	5.0	5.0	0.80	0.03	7.080	>18.0	1.00	2.50	0.80
矩形堰	8.0	8.0	0.80	0.03	11.33	>24.0	1.50	3.00	0.80

二、巴歇尔(Parshall)槽

巴歇尔槽是农田灌溉中常用的量水设备,其结构如图11-8。

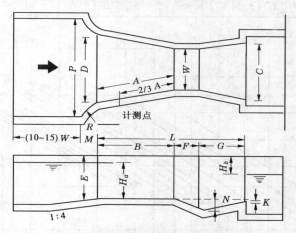

图 11-8　巴歇尔槽示意图

当喉径宽度 W 值在 0.3~2.4m 范围内,流量公式为:

$$Q = 4WH_a^{1.522W^{0.026}} \quad (ft^3/s) \tag{11-5}$$

式中　W——喉径宽,ft;

H_a——水深,ft。

采用巴歇尔槽测量流量时,应按照表 11-2 所列尺寸制作巴歇尔槽。巴歇尔槽 Q 与 H_a 的关系见图 11-9。

表 11-2 巴歇尔槽尺寸表

喉宽		各部尺寸(mm)							最大水深 $H_{a\max}$ (mm)	最小流量 $Q_{\min}$ (m^3/h)	最大流量 $Q_{\max}$ (m^3/h)
英制	mm	D	C	P	M	L	E	K			
1in	25.4	118	76	400	150	460	440	15	388	1.5	50
2in	50.8	195	118	500	180	680	440	25	388	2	100
3in	76.2	259	178	768	305	914	610	25	464	3	194
6in	152.4	397	394	902	305	1 525	610	76	456	5	397
9in	228.6	575	381	1 080	305	1 626	762	76	611	9	907
1ft	304.5	845	610	1 492	381	2 867	915	76	761	11	1 640
1.5ft	457.2	1 026	762	1 676	381	2 943	915	76	770	15	2 505
2ft	609.6	1 207	914	1 854	381	3 019	915	76	775	43	3 372
3ft	914.4	1 572	1 219	2 223	381	3 169	915	76	783	62	5 135
4ft	1 219.6	1 937	1 524	2 712	457	3 318	915	76	788	132	6 918
5ft	1 524.0	2 302	1 829	3 080	457	3 467	915	76	792	163	8 721
6ft	1 828.8	2 667	2 134	3 442	457	3 616	915	76	796	265	10 545
7ft	2 133.6	3 302	1 438	3 810	457	3 766	915	76	799	306	12 368
8ft	2 438.4	3 397	2 743	4 172	457	3 915	915	76	802	357	14 212

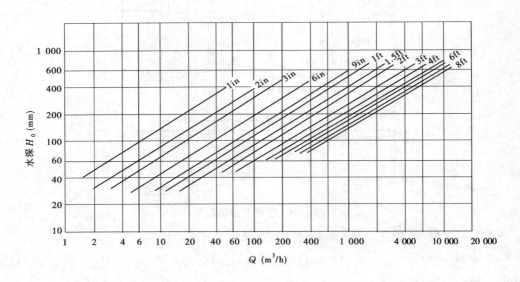

图 11-9 巴歇尔槽 Q—H_a 关系图

三、文杜里水计

文杜里水计属差压类量水仪器,因文杜里(G.B.Venturi)对喉部收缩管的试验研究而得名。该仪器主要由收缩管、喉管和扩大管三部分组成(见图 11-10)。其流量公式可由伯诺里方程和连续方程推导而得,即:

$$Q = C_d a \sqrt{\frac{2gh}{1 - \left(\frac{a}{A}\right)^2}} = C_d a \sqrt{\frac{2gh}{1 - \left(\frac{d}{D}\right)^4}} \tag{11-6}$$

式中　C_d——流量系数,由试验确定;

　　　d、a——喉部直径和断面积;

　　　D、A——管子直径、断面积。

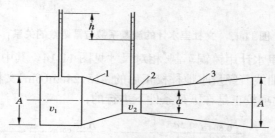

图 11-10　文杜里水计示意图

1—收缩管;2—喉管;3—扩大管

常用的文杜里水计分长型和短型两种(见图 11-11 和图 11-12)。其流量系数与雷诺数的关系见图 11-13。由图可见,文杜里水计的最大流量系数可达 0.984,通常取 0.975。

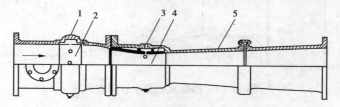

图 11-11　长型文杜里水计结构图

1—上游测压孔;2—上游管道;3—喉部测压孔;4—喉管;5—扩大管

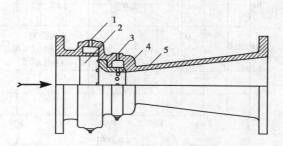

图 11-12　短型文杜里水计结构图

1—上游测压孔;2—上游管道;3—喉部测压孔;4—喉管;5—扩大管

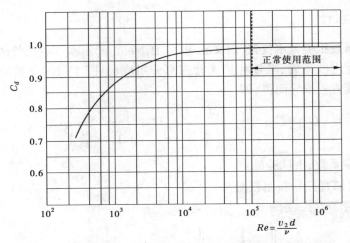

图 11-13　文杜里水计的流量系数与雷诺数的关系

常见的短型文杜里水计用铸铜车制,相对尺寸见图 11-14。其中 $d/D=0.56$,进口采用与管嘴相同的平顺曲线。经量水地秤校正后的 $\phi 15.24$cm(6in)文杜里水计的压差和流量关系见图 11-15。此项校正是在下列条件下进行的:

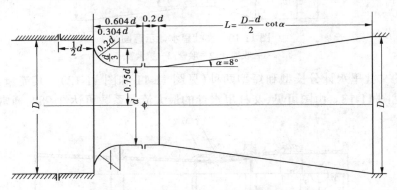

图 11-14　短型文杜里水计相对尺寸

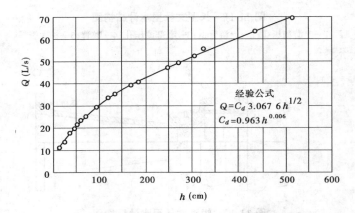

经验公式
$$Q=C_d\,3.067\,6h^{1/2}$$
$$C_d=0.963h^{0.006}$$

图 11-15　$\phi 15.24$cm(6in)文杜里水计经地秤校正后压差和流量的关系曲线

(1)水计上游 10 倍管径,下游 6 倍管径的距离内,无闸门、弯头等水管配件,以免水流产生漩涡而影响流量系数。

(2)管部测压孔位于水计上游 $(0.5\sim1)D$ 处,喉部测压孔位于喉部中央。同一断面内设 4 个测压孔(孔径为 1mm),用均压环串联,所得压强读数系平均值。均压环和比压计的连管查明无气泡。

(3)流量施测范围以设计要求为限。喉部绝对压力不小于水的汽化压力。否则,水中空气及水蒸气将聚集喉部,影响测量精度,并有气蚀之虞。

(4)水计的中心线呈水平。文杜里水计的优点是流量调整简捷,使用、装卸方便,不占或少占试验场地,故在工业上和实验室中均广泛应用。缺点是测流范围较小,精度不及量水堰。

四、差压式流量计

差压式流量计由节流装置、三通阀、流量变送器和显示记录仪组成(见图 11-16)。

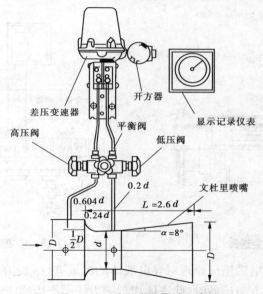

图 11-16　差压式流量计示意图

常用的"节流装置"有文杜里水计、管嘴和孔板。

采用文杜里水计做"节流装置"时,其流量公式同式(11-6),即:

$$Q = C_d a \sqrt{\frac{2gh}{1-\left(\dfrac{d}{D}\right)^4}}$$

式中　C_d——流量系数;

　　　d——喉部直径;

　　　D——管道直径;

　　　a——喉部断面面积;

　　　h——压差。

安装和使用文杜里水计时要注意:①文杜里水计前段 10 倍管径、后段 5 倍管径的距离内,不得有闸门、弯头等配件;②控制流量的闸门应安装在文杜里水计后段,确保小流量时管道内无明流现象;③文杜里水计与前后管道连接时,应尽量使中心线重合;④注意排气和校正工作;⑤流量的测定上限不能出现负压。

三通阀是由高、低压阀和平衡阀组成。当平衡阀打开时,高低压输出连通,两导压管输出压力相等(无差压)。当平衡阀关闭时,由管道与节流装置引出的不同压力分别送入高压容室和低压容室外,经过测量元件(膜片)转换成力,带动平面栓测线圈靠近检测片,产生电感、电压变化,经高频位移检测放大器处理,输出与压差成正比的电流,再送入流量变送器;转换成流量信号。通过显示记录仪便可获得被测量的流量数值。

五、电磁流量计

电磁流量计由电磁变送器、电磁转换器和显示记录仪表配套组成,见图 11-17 和图 11-18。

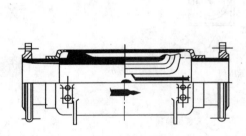

图 11-17　电磁变送器

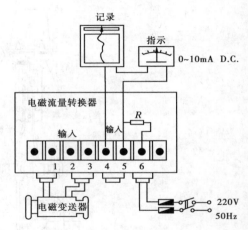

图 11-18　电磁流量计示意图

电磁流量计是利用电磁感应原理对导电液体的流量进行测定的。当导电液体在交变磁场中与磁力线成垂直方向运动时,此液体切割磁力线而产生感应电势 E:

$$E = Bdv \times 10^{-8} \tag{11-7}$$

式中　B——磁感应强度;

　　　d——导管内径;

　　　v——流速。

以 $Q = A \cdot v$ 代入式(11-7),得:$Q = \dfrac{E \cdot A}{B \cdot d} \times 10^8 = KE$,$K$ 为常数。

变送器的主要技术特征是:

(1)被测量液体的电阻率应不小于 $1 \times 10^{-3} \Omega \cdot m$;

(2)变送器至转换器的信号线长应小于 30m;

(3)成套仪表的精度为 $\pm 1.5\%$;

(4)流量测量范围与管径关系见表 11-3。

表 11-3   电磁流量计量测范围

型 号	通径(mm)	流量范围(m³/h)	外形长(mm)
LD—50	50	3.5~70	570
LD—150	150	32~640	720
LD—400	400	230~4 500	1 210

注:此表系一般流量计。

变送器可垂直或水平安装,但导管在任何时候均应满流,否则会引起测量误差。在它前后各 1m 处管道应妥安在另一地线上,决不可共用电动机或变压器的地线,周围不得有大于 5Oe(奥斯特)的磁场。

电磁流量转换的功能是:将来自变送器的 0~10mV 交流信号经高阻抗变换、交流电压放大、解调、电压与电流变换及干扰自动补偿后转换为与流量成比例的 0~10mA 直流信号输出。其主要技术特性:①输入信号 0~10mV(交流);②输出信号 0~10mA(直流);③负载电阻 0~3kΩ;④恒流特性 ±0.2%kΩ。

使用电磁流量计时要注意:①电源电压波动的影响;②停水时,泥沙沉积的影响,解决泥沙沉积的办法是加排沙管或加清水冲洗管;③严格按安装的要求安装(电磁流量前段的直管段的长度大于 5 倍管径)。

六、涡轮流量计

涡轮流量计由变送器、前置放大器和脉冲信号显示器组成(见图 11-19),当水流通过变送器时,导磁的叶轮旋转,周期性地切割电磁转换器的磁力线,使磁阻发生周期性变化,输出与流量成正比关系的脉冲信号,经前置放大器放大后送到显示仪表,即可以测定流量:

$$Q = f/\varepsilon \tag{11-8}$$

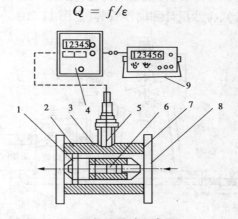

图 11-19   涡轮流量计示意图

1—壳体;2—导向架;3—叶轮;4—积算器;5—放大器;
6—轴承;7—支撑架;8—连接法兰;9—频率计

式中　Q——流量；

　　　f——频率；

　　　ε——仪表常数。

该仪器的特点是：能直接读取显示流量，精度较高，误差为 ±0.5%，反应快，稳定性好。但测量流量的变化范围较小，安装要求高，要有过滤装置，不适用于露天的泥沙模型。

变送器有多种，适合用于河工模型的见表 11-4。

表 11-4　　　　　　　　　　　　变送器应用范围

型号	通径(mm)	正常流量范围 （m³/h）	扩大流量范围 （m³/h）	外形长 （mm）
LW—100	100	25～160	20～200	220
LW—150	150	50～300	40～400	300
LW—200	200	100～600	80～800	360
LW—250	250	180～1 080	120～1 200	400

变送器应水平安装在供水管道上。变送器前应有 10 倍通径长度的直管段，其后应有 5 倍通径长度的直管段。

第三节　加沙设备

一、悬沙模型试验的加沙设备

采用水沙混合运行方式进行模型试验时，一般不需要加沙设备，试验时用水泵将搅拌好的浑水抽入模型前池，即可进行试验。在试验过程中，如需要改变模型进口的含沙量，可向蓄水池内加沙或加水，经检测、调整，使模型进口含沙量符合设计要求。

采用水沙分开运行的方式进行模型试验时，则需一套专门的加沙设备，包括搅拌池、孔口箱(或电磁流量计)、含沙量计和输沙管等(见图 11-20)。

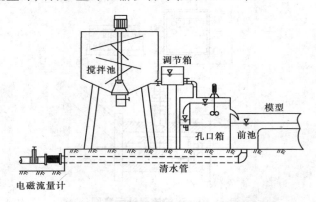

图 11-20　悬沙模型试验加沙设备示意图

试验时，先将模型沙放在搅拌池内搅拌成均匀的高浓度砂浆，然后通过含沙量计和孔口箱(或电磁流量计)的检测，由输沙管或陡槽送入模型前池与清水混合进行试验。模型进口含沙量由下式确定：

$$S_\lambda = \frac{Q_1 S_1}{Q_0 + Q_1} \tag{11-9}$$

式中　S_λ——模型进口含沙量；

　　　S_1——搅拌池内含沙量；

　　　Q_0——由清水泵送入模型前池的清水流量；

　　　Q_1——由孔口箱(或电磁流量计)送入模型前池的浑水流量。

　　采用这套设备进行试验时，需要配备一个大型沉沙池，模型出口的浑水经沉沙池沉清后，方可由回水渠送入蓄水池，供模型试验循环使用。沉沙池的长度按下式估算：

$$L = \frac{q}{\omega_{\text{动}}} \tag{11-10}$$

式中　q——单宽流量，$q = H \cdot u$；

　　　$\omega_{\text{动}}$——模型沙动水沉降速度。

　　如采用煤灰和黄河泥沙做模型沙时：

$$\omega_{\text{动}} = \frac{\omega_0}{k} \tag{11-11}$$

$$k = 10^{2.4u'_* + 0.875\omega_0} \tag{11-12}$$

$$u'_* = \frac{v}{H^{1/6}} \tag{11-13}$$

式中　ω_0——泥沙或煤灰在静水中的沉速，cm/s；

　　　v——平均流速，m/s；

　　　H——水深，mm。

二、推移质模型试验加沙设备

(一)南京式播沙机

南京式播沙机的外形为漏斗形，但底部为刮沙板(见图 11-21)。

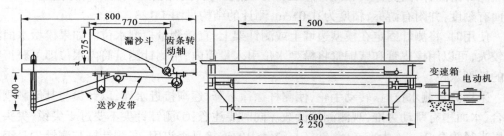

图 11-21　南京式播沙机示意图(单位:mm)

(二)郑州式加沙机

该机器由 JZT 磁调速异步电动机、测速发电机、摆线计轮减速机、链轮传动机、加沙漏斗和带有矩形槽的转动轴组成(见图 11-22)。

试验时，将干沙装在漏斗内，无级调速电动机带动 1:35 的针摆减速机转动，再通过正

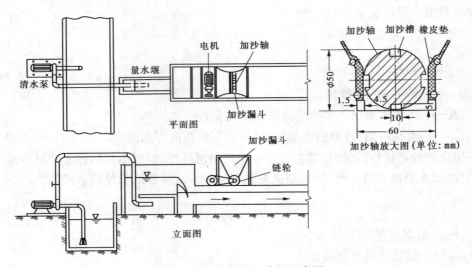

图 11-22　郑州式加沙机示意图

反两套链轮带动加沙轴转动。随加沙轴的转动,转动轴槽内的模型沙便进入模型。进入模型的沙量与转轴的转速成正比。采用微机控制器和调速控制器控制转轴的转速,即可控制模型加沙量。

第四节　测验仪器

泥沙模型试验常用的测验仪器有水位仪、流速仪、流量计、含沙量计、地形仪和颗分仪等。各种仪器都有各自的特性,使用时要全面掌握它们的特性。

一、水位仪

(一)测针

测针由测针杆、测针尖和测针座三部分组成。测针杆的长度有 60cm 和 40cm 两种,正面有刻度,并附有游标,精度为 0.01cm,测计的结构见图 11-23。

使用时,将测针固定在模型边墙上或测针架上,直接测量模型水位。如果模型水面波动较大,可以用橡皮管和紫铜管将模型水位引入量筒内,用测针测量筒内水位即可获得精确的模型水位。

采用测针测水位时,转动手轮,使测杆徐徐下降,逐渐接近水面,以针尖与其倒影刚好吻合、水面稍有跳动为准,观测测杆读数。同时要注意:①测针针尖不要过于尖锐,尖头大小以半径为 0.25mm 为准;②测针杆与测针尖的连接是否牢固;③测针杆与测针尖是否与水面垂直;④测针座是否活动,零点是否变动。

(二)电子跟踪式自记水位仪

电子跟踪式自记水位仪是利用水电阻的限值变化,使电桥产生不平衡的原理来测量水位的仪器,其传感器由两根不锈钢针组成。一根接地,另一根插入水中 0.5～1.5mm(可调)。当水位固定不变时,两测针之间的水电阻不变,两测针连接的电桥保持平衡,不输出信号。当水位变动时,水电阻随之变化,桥路失去平衡,产生信号输出,输出的信号经放大处理,驱动可逆电动机旋转,经机械转换,变成测针的上下位移,驱使测针跟踪于相应的水位,以获新的暂时平衡。水位的变化值,可以通过测针的相对位移值确定。

将上述水位仪的卷筒机构改换成模数转换装置的编码盘,就可以获得数字信号输出与水位仪数字显示器配套,可直接显示水位读数,或经专用接口由计算机进行集中数据采集和处理,得到水位变化过程线和沿程水面线图。

类似这种水位仪还有模拟量式跟踪水位仪,其原理图如图 11-24 所示。

常用的测针和跟踪式自计水位仪的性能见表 11-5。

除了上述两类常用水位仪外,新的超声式水位仪由于采用温度补偿,使精度和稳定性提高,近年来已开始在水位测量中使用。另外,电容式自计水位仪、压电晶体式水位仪由于其零漂和增益稳定性不够理想,其精度和稳定性只能满足于波浪的测量,故很少用于水位测量,在此不作详细介绍。

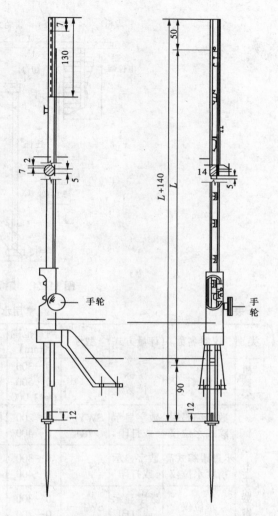

图 11-23 测针示意图(单位:mm)

二、流速仪

(一)毕托管

毕托管是根据流体力学原理设计的,其计算公式为:

$$v = C\sqrt{2g\Delta h} \tag{11-14}$$

式中　　C——流速综合系数,由率定确定,一般 $C=1$;

Δh——水柱压差。

使用毕托管时,应先在静水中检查水柱压差是否为零。如不为零,说明仪器内有气泡,要采用高压水排除气泡,使水柱压差为零以后,方可使用。

国内外水工实验室常用的毕托管类型有三种:

(1)标准型。动压孔为 $0.3d$(d 为毕托管直径),静压孔为 $0.1d$,离前端 $3d$;要避开首部球形干扰而造成的负压区,同时还要避开支持杆影响而引起压力增高的增压区。

(2)NPL 型锥形毕托管。

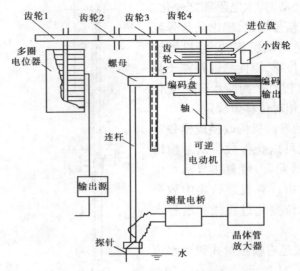

图 11-24　模拟量式跟踪水位仪

表 11-5　　　　　　　　　　　　　　常用水位仪性能

类别	仪器名称	计量方式	型号	测量范围 (mm)	探头型式	测量精度 (mm)	跟踪速度 (mm/s)	制造厂家	使用条件
机械类	测针	游标读数		0~300 0~500 0~1 000	针尖触水	设计精度 0.1 0.05	手动	重庆水工仪器厂及其他	静止水面
电子器械类	数字编码跟踪式水位仪	数字显示或打印	SWY—784	0~200 0~400	单针式跟踪水位	分辨±0.1 ±0.2	5.5 11	南京电子设备厂	流动水面 静止水面
	步进跟踪式高精度水位仪	数字显示或打印	GSG—A	0~300 0~400	单针式跟踪水位	分辨0.01 0.05	30 30	江西省水利科学研究所	流动水面 静止水面
	水位仪	数字显示或打印	SWJ—1	0~300 0~200	双针跟踪水位	±0.5	50	浙江河口海岸研究所	流动水面 静止水面
	快速动态水位仪	数字显示或打印		0~300	双针跟踪水位	±0.1 ±0.3	125 300	中国水利水电科学研究院、武汉水电学院	流动水面 静止水面

（3）NPL 型半圆形毕托管：$d = 5\sim6mm$，动压孔为 $d/2$，静压孔为 $0.12d$，距头部 $6d$，国内按此型仿制的毕托管 $d = 3mm$，动压用不锈钢管 $\phi = 1.2mm$ 焊接而成，支持杆和管身接合部用环氧树脂填补修光。

（二）光电式旋转流速仪

光电式流速仪由感应器（旋转叶轮）、导光纤维、放大器、运算器及显示器组成，其原理见图 11-25。

旋转叶轮的叶片边缘粘贴反射金箔，当电珠光束（电源）经发射导光纤维照射至反射纸时，由于反射纸的反射作用，使反射光经接受导光纤维传输至光电管，使感应信号转换

成电的脉冲信号,经放大器、运算器和数字显示器显示出测量数据(N)。然后按下列公式可求得流速:

$$v = K\frac{N}{T} + C \qquad (11\text{-}15)$$

式中　v——测点流速;

　　　K——叶轮系数,由率定确定;

　　　N——叶轮转数;

　　　C——叶轮惯性系数,由率定确定;

　　　T——施测时间。

(三)电阻式旋桨流速仪

该仪器是通过旋转叶轮和支座间电极电阻变化产生脉冲信号,经放大整形至计数门,而由计数显示器显示某一定时间内的旋桨转数,再经计算而得流速值。电阻式流速仪原理见图 11-26。

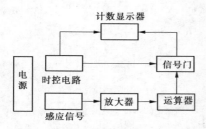

图 11-25　光电式流速仪原理图

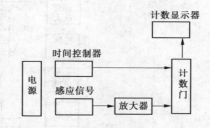

图 11-26　电阻式流速仪原理图

(四)电磁流速仪

电磁流速仪的工作原理与电磁流量计相同,即当导电液体流过一段绝磁材料的导管,以平均流速 v 切割与水流垂直的交变磁场的磁力线,从而在另一垂直方向的电极上产生感应电动势 E。E 与 v 成正比,通过 E—v 关系,即可获得流速。

天津产的电磁流速仪的探头为小圆锥体;美国产的电磁流速仪的探头为小圆球。

(五)超声多普勒流速仪

多普勒流速仪是根据物理学中多普勒效应原理而研制的流速仪,水流流速与多普勒频率的关系为:

$$v = Kf_D \qquad (11\text{-}16)$$

式中　v——测点流速,m/s;

　　　f_D——多普勒频率或多普勒平移量,Hz;

　　　K——与超声波传播速度 C(m/s)、超声波发射频率 f(Hz)等有关的常数,在某一
　　　　　具体水流中,某一台多普勒流速仪的 K 值为定值,可以通过率定求得。

采用多普勒流速仪测速时,必须注意:

(1)探头为本仪器的关键部件,不得磕碰。

(2)电源的电压要求在(220±10%)V 以内。

(3)探头必须对水流方向。

(4)流速脉动强度大的测点,测验历时应相应加长(详细要求按仪器说明书执行)。

(5)在高含沙水流中,当探头取出水面后,应用毛巾擦净探头表面,以免泥水干后结成薄膜,影响下次测速。

(6)探头应在水下工作。工作结束时,应先停机,再取出探头。

三、流向仪

河工模型试验的表面流向可以采用在水面撒纸屑、干木屑、铅粉或投放发光浮子、乒乓球、蜡球、泡沫塑料小球的办法测定,河底流向可以在河底投放湿木屑、高锰酸钾颗粒,白漆和四氯化碳调制而成的混合液,注水后的乒乓球等方法测定。

流水中各点的流向采用南京跟踪式流速流向仪测定。该仪器的工作原理如图 11-27 所示。

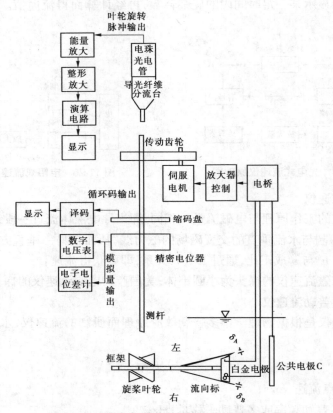

图 11-27 跟踪式流速流向仪工作原理示意图

该仪器在测杆的下端有一个框架,框架内侧水平地支承着一只流速仪叶轮,框架外侧垂直地支承着一只流向标。支承结构均采用玛瑙轴承及仪表轴尖。流向标的外形为 30° 三角翼形,其内侧有固定于框架上的白金电极 A、B,它与流向标两翼片间的间隙分别为 δ_A、δ_B,与共电极 C 之间的水电阻分别为 R_{AC}、R_{BC}。

白金极 A、B 和公共电极接在电桥上,电桥输出的信号通过放大和机械转换后便能带动测杆和框架工作。

（1）当框架的轴线与水流方向一致时，$\delta_A = \delta_B$，$R_{AC} = R_{BC}$。伺服电动机停转。

（2）当水流向左偏转时，$\delta_A < \delta_B$，$R_{AC} > R_{BC}$，伺服电动机通过传动齿轮带动测杆和框架右转，直到框架的轴线与流向标的轴线一致时为止（即 $\delta_A = \delta_B$）。

（3）当水流向右偏转时，$\delta_A > \delta_B$，$R_{AC} < R_{BC}$。伺服电动机通过传动齿轮带动测杆和框架向左转，直到框架的轴线与流向标的轴线一致时（即 $\delta_A = \delta_B$）为止。

随着测杆的转动，测杆上的编码盘也随之转动。测杆转动的方向不同，编码盘输出的码号不同。因此，经过译码电路和显示电路，便可以测出流向和角度值。

四、测沙仪

在河工模型试验中，常用的测沙方法有称重法（烘干称重法和比重瓶置换法）、光电测沙法、同位素测沙法、超声波测沙法、振动传感器测沙法。

（一）烘干法

烘干法是将沙样直接放在烘箱内烘干，然后称出沙重，计算含沙量。

（二）比重瓶置换法

比重瓶置换法是将水样装在比重瓶内称重，然后利用下列关系求含沙量：

$$W_s = \frac{W' - W_0}{\dfrac{\gamma_s - \gamma_0}{\gamma_s}} \tag{11-17}$$

$$S = \frac{W' - W_0}{\dfrac{\gamma_s - \gamma_0}{\gamma_s}\overline{V}} \tag{11-18}$$

式中　W_s——比重瓶内的沙重；

　　　S——含沙量；

　　　W'——比重瓶的瓶加浑水重（测量时水温下）；

　　　W_0——相应水温下，比重瓶加清水重；

　　　γ_s——模型沙比重；

　　　γ_0——相应水温下，水的比重；

　　　$\overline{V}$——比重瓶的体积。

（三）光电测沙法

光电测沙法是利用光电测沙仪测含沙量。其原理（见图 11-28）是：当光源发出的平行光束射入试样时，试样中的浑浊（含沙量）会使光的强度衰减。光强的衰减程度与试样的浊度（含沙浓度）的关系为：

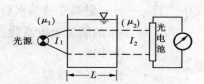

图 11-28　光电测沙仪原理图

$$I_2 = I_1 \cdot e^{-KSL} \tag{11-19}$$

式中　I_1——射入试样的光束的光强度；

　　　I_2——透过试样后的光束的光强度；

　　　S——含沙量；

L——试样的厚度；

K——常数(与泥沙粒径有关)。

当光源强度一定(即 I_1 = 常数)，泥沙粒径一定，就可以利用上述关系测量含沙量。国内比较成功的光电测沙仪是南京水科院研制的光电测沙仪。

光电测沙仪有多种类型，除了透射含沙量计外，还有散射含沙量计、散射透射含沙量计、表面散射含沙量计等。

(四)振动式测沙仪

振动式测沙仪由振动管和激发电路组成(见图 11-29 和图 11-30)，是根据不同密度(不同含沙量)的水流的振动管在激发电路的作用下，其振动频率与含沙量的大小成正比的关系研制的仪器。

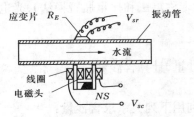

图 11-29　振动管示意图

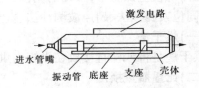

图 11-30　激发装置示意图

振动管的振动频率与管内含沙量的关系式为：

$$S = K(T_n - T_0) \tag{11-20}$$

式中　S——含沙量；

K——系数，由率定确定；

T_n——振动频率；

T_0——含沙量为零时的振动频率。

该仪器目前多用于测定管道含沙量，或用于模型进口含沙量控制系统。

(五)γ-射线测沙仪

γ-射线测沙仪是根据 γ-射线穿透浑水后，其射线强度(即衰减变化后的射线强度)与浑水含沙浓度成正比的原理研制的仪器。

$$I = I_w \cdot e^{-\mu_w \cdot S \cdot L} \tag{11-21}$$

式中　I_w——γ-射线穿透清水后的强度；

μ_w——水的质量吸收系数；

S——含沙量；

L——装水样容器厚度。

γ-射线测沙仪的探测器由放射源和光电增光管组成。放射源发出的 γ-射线，穿透浑水后的射线强度进入探测器，转换成脉冲信号，经放大、甄别号、整形、处理后，进入计数率计，变成电流信号，即可以用记录仪读出含沙量值。

类似 γ-射线测沙仪的仪器还有 X-射线测沙仪。该仪器将计数率与含沙量直接建立关系得 $I = k' e^{-ast}$，使用更加方便。

γ-射线(或 X-射线)含沙量计,探头太大,只能用于控制模型进口的含沙量。

(六)光电颗分仪

细泥沙颗粒分析的仪器有粒径计、比重计、移液管、底漏管和光电颗分仪。当前河工模型试验常用的颗粒分析仪器是 PA-720 型颗分仪和 GDY-1 型光电颗分仪。

PA-720 型颗分仪由采样器(包括传感器)、自动分析仪(其功能是接受和处理传感器传送来的数据)、数据打印器、输送装置和绘图仪组成。

其主要部件是传感器,当大小不同的颗粒通过传感器中能透光的矩形通道时,由于大小颗粒的遮光强度不同,输出不同高度的脉冲,根据脉冲高度与粒径大小的关系,经处理,便能自动绘出所分析的颗粒级配曲线。

GPY-1 型光电颗分仪由光电探头、直流稳压电源和指示记录仪表组成,是利用消光原理研制而成的仪器。其原理与光电测沙仪基本相同。

当进行颗分时,指示仪表可采用直流微安表,也可用数字电压表;当做含沙量定点采样与自动记录时,采用电子电位差计自动记录,并可自动绘制颗粒级配曲线。

五、地形仪

河流泥沙模型试验测量地形的方法有三:①采用摆等高线法测地形;②用测针或小测杆测地形;③用地形仪测地形。常用的地形仪有超声波地形仪、电阻式地形仪和拐点法地形仪。

(一)超声波地形仪

超声波地形仪是根据超声波在介质中传播时遇声阻抗相异的界面会产生回波的原理研制的仪器,也称为回声测深仪。该仪器最大优点是仪器探头不接触模型地形,保证模型地形不破坏,缺点是由于悬沙的杂散射和河床的不平整对回波有影响。

(二)电阻式地形仪

电阻式地形仪是利用探头(见图 11-31)在水中和泥沙中的阻抗不同能使音频振荡器产生振荡与停振的原理研制的仪器(见图 11-32)。

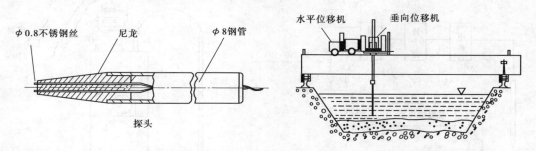

图 11-31　电阻式地形仪探头示意图　　图 11-32　电阻式地形仪装置示意图

使用时,将探头固定在测针杆上。当探头在水中时,由于水阻抗较低,使振荡器产生负反馈而停振,探头接触泥面时,阻抗稍增,负反馈减小,使振荡器产生间歇信号,经放大后,由扬声器发生声音。由测针标尺读出扬声器放音时的高程(或读数),即可求得河底高程。在清水动床模型试验和含沙量较低的动床模型试验中,采用此仪器测地形可以获得比较精确的资料。

如果将该仪器与位移检测器联用,就可以在显示器中直接读出河床高程数。

(三)拐点法地形仪(也属于电阻式地形仪)

"拐点法"地形仪是根据河床静止泥沙的容重与河底运动泥沙的容重存在明显差异(即电阻有明显差异)的原理研制而成的仪器。该仪器有自控式和简易式两种。

自控式地形仪由地形检测器、位移驱动器、位移检测器和微电脑组成(见图11-33)。

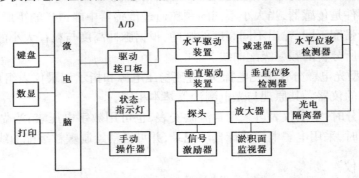

图 11-33　HD−2型微电脑地形仪硬件配置框图

地形检测器由探头、信号激励器、放大器、光电耦合隔离器、淤积面显示器、增益调节器组成。

位移(包括水平位移和垂直位移)驱动器的功能是驱动地形仪在水平方向和垂直方向移动。它由转速为 60r/min 的低速交流可逆电动机和驱动齿轮组成。

位移检测器由线性精度为1%的多圈电位器构成。能过 A/D 板采集地形仪水平位移量、垂直位移量和探头输出的电压信号,由微电脑经程序运算处理和接口板发出的开关控制信号,就能控制地形仪自动工作。

简易地形仪仅有地形检测器,无位移驱动器和位移检测器,其结构如图 11-34 所示。

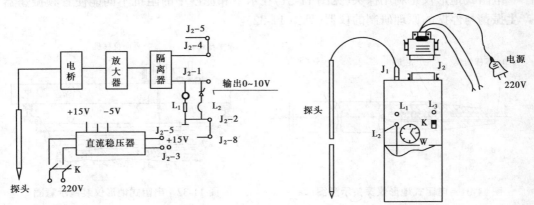

图 11-34　简易地形仪结构示意图

L_3—电源指示灯;K—电源开关;L_1、L_2—淤积面监视灯;W—增益调节电位器

该仪器能进行天然沙、塑料沙、煤灰、煤屑、电木粉等模型沙形成的河床的检测。

第五节 模型试验控制系统

目前河工模型试验的操作,逐渐由人工操作变为自控操作。常用的自控系统有以下三种。

一、模型进口流量控制系统

流量控制系统由微机控制器、流量显示操作器、电磁流量计、电动执行器和隔膜式调节阀组成(见图11-35)。

微机控制器可用单板机和功能齐全的接口板组成。

二、模型尾水位控制系统

尾水位控制系统由尾水位显示操作器、跟踪式水位计、电动执行器和尾门组成(见图11-36)。

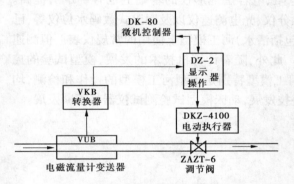

图11-35 进口流量自控系统示意图

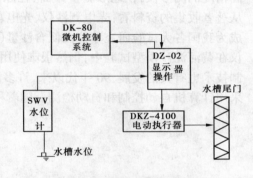

图11-36 尾水位自控系统示意图

三、模型加沙控制系统

模型加湿沙控制系统由微机控制器、加沙显示操作器、电磁流量计、电动执行器、隔膜阀和振动式含沙量计组成(用于悬沙模型试验),如图11-37所示。

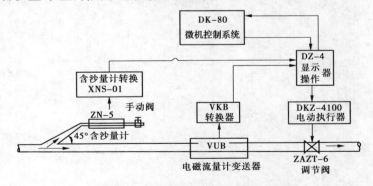

图11-37 进口含沙量自控系统示意图

模型加干沙控制系统由微机控制器、加干沙显示操作器、调速控制器、电磁调速异步电动机、测速发电机和漏斗加沙机组成(见图 11-38)。

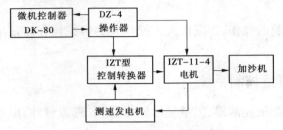

图 11-38　加干沙控制系统示意图

必须指出,20 世纪 80 年代以来,国家经济建设发展很快,动床模型试验技术的发展也很快。例如,在流速测量方面,有的单位已研制成功或开始使用旋桨流速仪、热膜流速仪、激光流速仪、超声多普勒流速仪、脉动流速仪等;在光电测沙方面,采用红外光发射与接受过程中粒子吸收程度原理,现已研制成 $d < 0.05mm$ 以下、含沙浓度小于 $30kg/m^3$、高精度的测沙仪;在地形测量方面、在原电阻、电容法地形仪的基础上也有一定的提高。从著者收集的资料看:光电测沙仪、光电颗分仪、光电测速仪以及跟踪式数码水位仪等,已成为我国各大试验研究单位在低含沙量(包括清水)河工模型上使用的常规仪表。但测速仪在黄河泥沙模型试验中,仍然很难使用。此外,随着计算机技术的发展,模型试验的控制技术也有大的发展,90 年代以来,许多河工模型特别是大型河工模型的操作和检测,均采用计算机自动控制和自动检测。随着科技发展,动床模型试验测试仪器将不断发展。

参 考 文 献

[1] Зегжда. А. П. "Теория Подобия И Методика Расчёта Гидротехнических Годелей". 莫斯科建筑书籍国家出版社, 1938

[2] Леви. И. И. "Моделирование Гидравлическцх Явлений". Госанергоизат, 1960

[3] Пикалов. Ф. И. "Моделирование И подбор состава Вавещенных И Донных Наносов При Гидравлицеских Исследованияах Поток". Гидротехникаи Мелиорация, 1952

[4] Гонцаров. В. Н. "Динамика Русловых Потоков". Москва, 1954

[5] Великанов. М. А. "Динамика Русловых Потоков". Москва, 1955

[6] Андреев. О. В. и Ярослацев. Ц. А. "Моделирование Русловых Дефомации". Ансссp, 1958

[7] Ражаницын. Н. А. "Моделирование Встественных Русловых Потоков На Размывамых Моделях". Русловые Прочесоы. Ансссp, 1958

[8] Резняков. А. Б. "Метод Подобия". Ансссp, 1959

[9] Потапов. М. В. "Регулирование Русел". Ансссp, 1953

[10] Шарашкин. Н. С. "Лабораторный Исследвания Русловых Процессов". Москва, 1945

[11] Einstein. H, A, and Ning chien. Similarity of disrorted river models with movabl bed. ASCE proc Vol 80 No566 Doc 1954

[12] 河村三郎. SimiLarity and design methods of river models with movable bed. ASCE NO:80 1962. 4

[13] J. F. Friedkin. A Laboratory Study of the Meandering of Alluvial Rivers. V. S Waterwas Experiment Station, 1944

[14] 屈孟浩. 河工模型的自然模型法. 黄河建设, 1959(7)

[15] 李保如. 自然河工模型试验. 见:水利水电科学研究院. 科学研究论文集(第二集). 北京:中国工业出版社, 1963

[16] 南京水利科学研究所. 水工模型试验. 北京:水利出版社, 1959

[17] 沙玉清. 泥沙运动学引论. 北京:中国工业出版社, 1965

[18] 钱宁, 万兆惠. 泥沙运动学. 北京:科学出版社, 1983

[19] 中国水利学会. 泥沙手册. 北京:科学出版社, 1992

[20] 泥沙研究工作组. 泥沙研究, 1980~2000